Cutting-Edge Technologies in
Smart
Environmental
Protection

智慧环保前沿技术丛书

国家科学技术学术著作出版基金资助出版

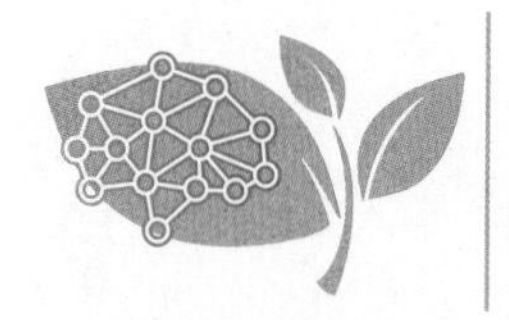

Cutting-Edge Technologies in Smart Environmental Protection

智慧环保前沿技术丛书

城市固废焚烧过程智能优化控制

Intelligent Optimization Control of Municipal Solid Waste Incineration Process

乔俊飞　汤　健　蒙　西　严爱军　著

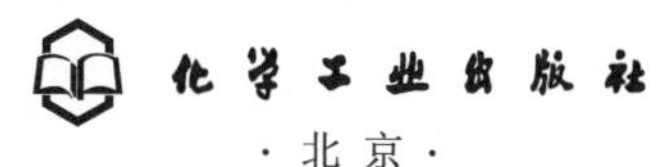

化学工业出版社

·北京·

内容简介

本书针对目前城市固废焚烧过程运行控制存在的若干关键科学问题，结合作者多年在该领域的研究工作积累，系统地分析和讨论了面向城市固废焚烧过程智能优化控制的方法与应用问题。内容包括城市固废处理研究现状及优化控制问题描述、焚烧过程数值仿真模型构建、数据驱动的过程对象建模与智能控制、关键污染物排放软测量模型及其概念漂移检测机制、数据驱动的智能故障诊断与优化设定方法等。

本书适合从事自动控制理论与技术、城市固废焚烧工程技术等领域的专业研究人员和工程技术人员阅读，也可作为高等院校相关专业研究生及高年级本科生的教材参考书。

图书在版编目（CIP）数据

城市固废焚烧过程智能优化控制 / 乔俊飞等著. —北京：化学工业出版社，2023.2
（智慧环保前沿技术丛书）
ISBN 978-7-122-42402-0

Ⅰ. ①城… Ⅱ. ①乔… Ⅲ. ①城市-固体废物-垃圾焚化-智能控制 Ⅳ. ①X799.05

中国版本图书馆CIP数据核字（2022）第194399号

责任编辑：宋 辉
文字编辑：毛亚囡
责任校对：王 静
装帧设计：王晓宇
出版发行：化学工业出版社
（北京市东城区青年湖南街13号 邮政编码100011）
印 刷：三河市航远印刷有限公司
装 订：三河市宇新装订厂
710mm×1000mm 1/16 印张26½ 字数502千字
2023年4月北京第1版第1次印刷
购书咨询：010-64518888
售后服务：010-64518899
网 址：http://www.cip.com.cn
凡购买本书，如有缺损质量问题，本社销售中心负责调换。
定 价：128.00元

序

环境保护是功在当代、利在千秋的事业。早在1983年，第二次全国环境保护会议上就将环境保护确立为我国的基本国策。但随着城镇化、工业化进程加速，生态环境受到一定程度的破坏。近年来，党和国家站在实现中华民族伟大复兴中国梦和永续发展的战略高度，充分认识到保护生态环境、治理环境污染的紧迫性和艰巨性，主动将环境污染防治列为国家必须打好的攻坚战，将生态文明建设纳入国家五位一体总体布局，不断强化绿色低碳发展理念，生态环境保护事业取得前所未有的发展，生态环境质量得到持续改善，美丽中国建设迈出重大步伐。

环境污染治理应坚持节约优先、保护优先、自然恢复为主的方针，突出源头治理、过程管控、智慧支撑。未来污染治理要坚持精准治污、科学治污，构建完善“科学认知－准确溯源－高效治理”的技术创新链和产业信息链，实现污染治理过程数字化、精细化管控。北京工业大学环保自动化研究团队从“人工智能＋环保”的视角研究环境污染治理问题，经过二十余年的潜心钻研，在空气污染监控、城市固废处理和水污染控制等方面取得了系列创新性成果。“智慧环保前沿技术丛书”就是其研究成果的总结，丛书包括《空气污染智能感知、识别与监控》《城市固废焚烧过程智能优化控制》《城市污水处理过程智能优化控制》《水环境智能感知与智慧监控》和《城市供水系统智能优化与控制》。丛书全面概括了研究团队近年来在环境污染治理方面取得的数据处理、智能感知、模式识别、动态优化、智慧决策、自主控制等前沿技术，这些环境污染治理的新范式、新方法和新技术，为国家深入打好污染防治攻坚战提供了强有力的支撑。

“智慧环保前沿技术丛书”是由中国学者完成的第一套数字环保领域的著作，作者紧跟环境保护技术未来发展前沿，开创性提出智能特征检测、自组织控制、多目标动态优化等方法，从具体生产实践中提炼出各种专为污染治理量身定做的智能化技术，使得丛书内容新颖兼具创新性、独特性与工程性，丛书的出版对于促进环保数字经济发展以及环保产业变革和技术升级必将产生深远影响。

清华大学环境学院教授
中国工程院院士
郝吉明

前言 PREFACE

随着人类社会文明的进步和公众环保意识的增强，科学合理地利用自然资源，全面系统地保护生态环境，已经成为世界各国可持续发展的必然选择。环境保护是指人类科学合理地保护并利用自然资源，防止自然环境受到污染和破坏的一切活动。环境保护的本质是协调人类与自然的关系，维持人类社会发展和自然环境延续的动态平衡。由于生态环境是一个复杂的动态大系统，实现人类与自然和谐共生是一项具有系统性、复杂性、长期性和艰巨性的任务，必须依靠科学理论和先进技术的支撑才能完成。

面向国家生态文明建设，聚焦污染防治国家重大需求，北京工业大学“环保自动化”研究团队瞄准人工智能与自动化学科前沿，围绕空气质量监控、水污染治理、城市固废处理等社会共性难题，从信息学科的视角研究环境污染防治自动化、智能化技术，助力国家打好“蓝天碧水净土”保卫战。作为环保自动化领域的拓荒者，研究团队经过二十多年的潜心钻研，在水环境智能感知与智慧管控，城市污水处理过程智能优化控制，城市供水系统智能优化与控制，城市固废焚烧过程智能优化控制以及空气质量智能感知、识别与监控等方面取得了重要进展，形成了具有自主知识产权的环境质量感知、自主优化决策、智慧监控管理等环境保护新技术。为了促进人工智能与自动化理论发展和环保自动化技术进步，更好地服务国家生态文明建设，团队在前期研究的基础上，总结凝练成“智慧环保前沿技术丛书”，希望为我国环保智能化发展贡献一份力量。

本书的主要内容包括城市固废处理现状分析、焚烧过程数值模型构建、关键污染物概念漂移检测机制及排放软测量模型构建、过程对象建模与数据驱动的智能控制、过程运行智能故障诊断与优化设定方法等，旨在解决城市固废焚烧过程优化运行与智能控制问题，推动和发展我国固废焚烧过程运行优化控制技术。

感谢国家自然科学基金委员会、科技部长期以来的支持，使得我们团队能够心无旁骛地潜心研究。感谢团队研究生何海军、孙剑、段滈杉、丁海旭、夏恒、孙子健、崔莺莺、王丹丹、庄家宾等同学，你们在资料整理、文字校对等方面做了大量的工作，加快了本书的出版进程。感谢固废焚烧领域的国内外专家学者，正是在你们的启迪和激励下，使得本书的内容得到进一步升华。

目录

CONTENTS

Cutting-Edge Technologies in
Smart
Environmental
Protection

第1章

概论

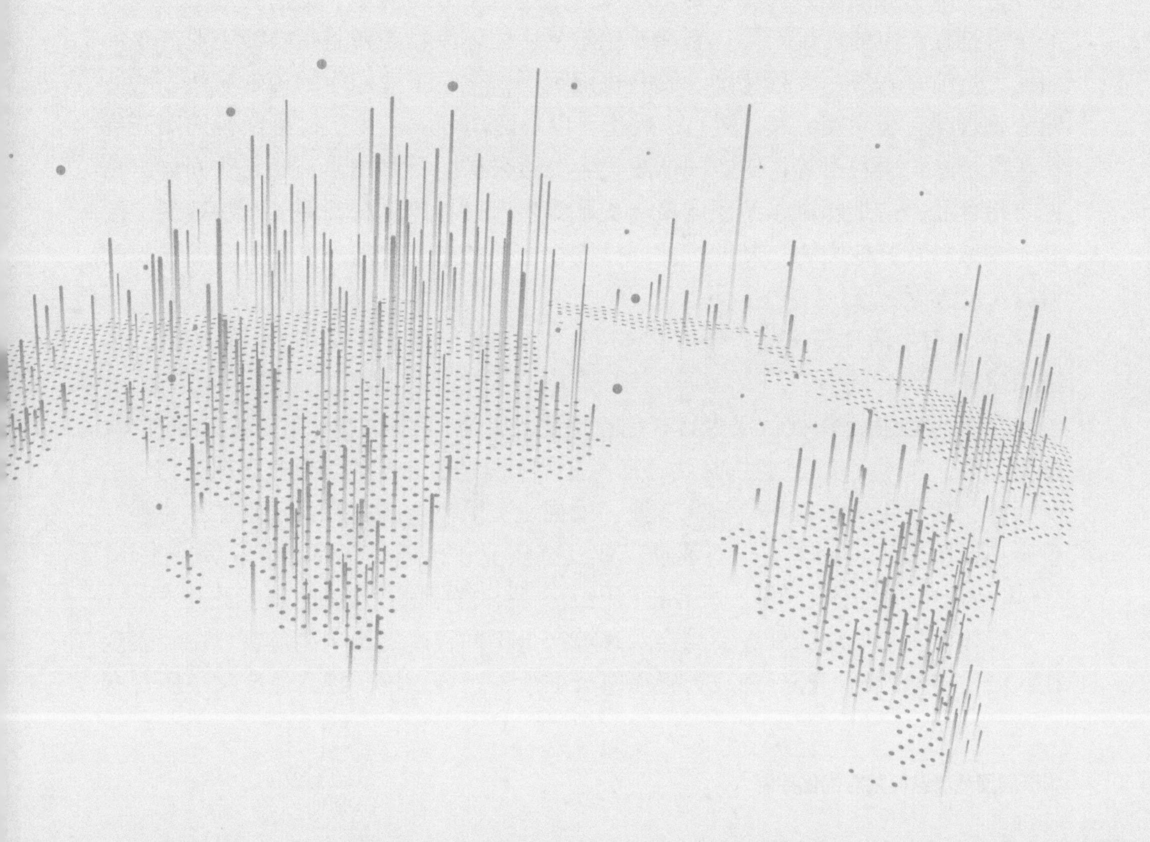

1.1 固体废物及其处理与处置

1.1.1 固体废物的定义及分类

依据《中华人民共和国固体废物污染环境防治法》，固体废物是指在生产、生活和其他活动中产生的丧失原有利用价值或者虽未丧失利用价值但被抛弃或者放弃的固态、半固态和置于容器中的气态的物品、物质以及法律、行政法规规定纳入固体废物管理的物品、物质[1]。固体废物的特性包括：①无主性，即无具体责任主体；②分散性，即丢弃、分散地不同；③危害性，即对人体健康无益、影响人们的生产和生活；④错位性，即其可能是另外时空领域的资源。

依据《中华人民共和国固体废物污染环境防治法》，我国将固体废物分为工业固体废物、城市生活垃圾（城市固体废物）和危险废物三类，分别介绍如下。

① 工业固体废物，按其产生行业划分为冶金工业、能源工业、石油及化学工业、矿业、轻工业和其他工业六种，其中，冶金工业固体废物主要是指由金属冶炼或加工过程中所产生的废渣，包括高炉渣、钢渣、有色金属渣、铁合金渣、赤泥等；能源工业固体废物主要是指燃煤发电厂产生的粉煤灰、炉渣、烟道灰以及采洗煤过程产生的煤矸石等；石油及化学工业固体废物主要是指石油工业产生的油泥、焦油页岩渣、废催化剂、废有机溶剂等，化学工业产生的硫铁矿渣、酸渣碱渣、盐泥、釜底泥、精（蒸）馏残渣，以及医药和农药生产过程产生的医药废物、废药品、废农药等；矿业固体废物主要指采矿废石和尾矿；轻工业固体废物主要指食品、造纸印刷、纺织印染、皮革等生产过程产生的污泥、动物残渣、废酸、废碱以及其他废物；其他工业固体废物主要指金属碎屑、电镀污泥、建筑废料以及废渣等。

② 城市生活垃圾又称为城市固体废物（MSW），本书中简称为城市固废，详细描述见本章 1.2 节。

③ 危险废物是指被认定为具有危险特性的废物，依据的标准包括《国家危险废物名录》和《危险废物鉴别标准》，其主要来源是前面所述的工业固体废物，主要行业包括：化学原料和化学制造业、采掘业、黑色金属冶炼及压延加工业、有色金属冶炼及压延加工业、石油加工业及炼焦业、造纸及制品制造业等。此外，MSW 中废电池、废日光灯、废弃日用化工产品和部分医疗废物也属于此类。

固体废物的处理或处置不当会对环境产生不同程度的影响和危害，主要表现在：侵占土地，指不经处理或处置而露天堆放；污染土壤，指固体废物中所含有的持续性有机污染物和重金属等元素渗入土壤，进而对生态环境造成长期毒害；污染水体，指固体废物中的有害物质通过多种方式进入河流、湖泊、地下水和海洋等水体；污染大气，指有机固体废物在适宜条件下被某些有机微生物分解后释放出有害气体，或经化学反应产生有毒气体，或小颗粒废渣因扬尘而造成粉尘污染，或因固体废物处理与处置而产生二次大气污染等；影响环境卫生，指固体废物的露天堆放造成市容不整，滋生蚊蝇、蟑螂等害虫和传染疾病等。

1.1.2 固体废物的处理与处置技术

固体废物的处理与处置是两个阶段的系统工程[2]，其涉及减量化、资源化和无害化等相关概念。其中，固体废物处理指采用物理、化学、生物等方法将其转化为适于运输、储存、资源化利用以及最终处置的过程，包括破碎、分选、沉淀、过滤、离心等物理处理方式，焚烧、焙烧、浸出等化学处理方式，好氧、厌氧分解等生物处理方式；固体废物处置指采用技术措施将无回收价值或确属不能再利用的物质长期置于与生物圈隔离的地带，包括堆置、填埋、海洋投弃等方式；固体废物减量化指通过实施适当的技术同时减少处理后的排出量和容积，包括废物产生之前采取的改革生产工艺、产品设计和废物排出之后采取的分选、压缩、焚烧等措施；固体废物资源化指从中回收有用组分和能源，广义资源化包括物质回收、物质转换和能量转换三个部分；固体废物无害化是指对废物进行处理以使其不产生环境污染和不影响人体健康，包括热解、分离、焚烧、生化分解等技术。

因此，固体废物可视为环境污染物的综合体，其处理与处置工作的复杂程度也远远超出其他污染物。下面分别对固体废物的处理与处置技术进行简单介绍。

（1）固体废物处理技术

固体废物处理技术的典型原则是减量化、无害化与资源化（简称“三化”），下面分别介绍。

① 固体废物减量化技术　指不增加固体废物体积（或质量）的资源化技术，包括质量、容积、毒性等要素的减量，其实施角度包括：在行业的产品设计、制造、销售流通等环节，通过政策限制、规范操作、技术改良等措施，从产生源头实现减量化；从收集运输环节控制，如居民通过生活垃圾分类实现减量化；从预处理环节控制，即采用物理、化学或生物学方法对固体废物进行破碎、压缩、分选等预先加工；从处理环节控制，如：针对生活垃圾采用堆肥、焚烧等方式实现减容，针对有机物采用发生生化反应等方式进行降解。

② 固体废物的无害化技术　包括焚烧、稳定化、固化、堆肥、发酵、化学处

理等技术，其中，焚烧通过剧烈燃烧过程将有害有毒物质氧化和热解，进而实现其无害化，但该过程也可能导致二次污染；稳定化是指通过物理、化学、生物等方法降低固体废物的毒害性、溶解性、迁移性、浸出率或将其转化为其他能源形式；固化是稳定化技术的一种，通过添加固化剂使其发生物理化学变化，进而降低塑性和流动性，主要用于危险废物。显然，固体废物的无害化处理需要由多种处理技术组成的综合体系完成，需注意无害化与减量化、资源化间的协同性并考虑其时效性等。

③ 固体废物的资源化技术　其贯穿固体废物的产生、收集、运输、处理、回收利用和处置等环节，必须同时兼顾经济性和技术可行性，尤其注意的是避免造成更为严重的二次污染问题，这要求针对不同类型的固体废物采用不同的资源化方法。针对生活垃圾，首先是分类收集，但目前我国仍然以效率较低的手工分选方式为主；然后采用其他的资源化方式进行处理，如采用焚烧余热实现发电或供热取暖，基于堆肥、沼气等生物处理法将有机组分转化为腐殖肥料、可用燃气，将高位热值组分经特定工序制成具有较高位热值和固定（或不定）形状的垃圾衍生燃料（RDF）。针对不同种类的废旧金属，需要采用不同的分离和富集技术，如：针对固体废物中的铝，主要是利用重力分离、电分离、磁分离、化学分离或热分离；针对废铜，可采取机械方法（滚筒式剥皮、剖割式剥皮）、低温冷冻法、化学剥离法、热分解法以及切、锯、熔化等方式。针对粉煤灰，将其在土工、水工和道桥等工程以及环保、农业等行业中再次应用。针对煤矸石，可用于采暖供热、生产建筑材料、制备无机高分子絮凝剂和制取高岭土。针对废塑料，可采用焚烧回收能量、熔融再生、热解、制 RDF 等方式。针对市政污泥、管网污泥、河湖淤泥和工业污泥等，可采用制造建材、污泥燃料化等方式，但存在烘干脱水能源成本偏高、易造成二次污染等问题。

（2）固体废物处置技术

固体废物处置的主要目的是无害化，是将固体废物长期放置于稳定安全的场所，以最大限度地与生物圈分离，进而避免或降低其对地球环境与人类的不利影响。显然，固体废物处置是固体废物污染控制的末端环节，即需要实现“安全处置”，其工作对象包括：城市固废、建筑垃圾、经过预处理与综合利用处理后的城市固废残渣、工业废渣以及泥状物质、固化处理后形成的构件、焚烧后的残渣，以及置于容器中的液态与气态物品、市政污泥、危险废物等。固体废物处置方法可以按照隔离屏障或处置场所进行分类，其中，按照隔离屏障的差异可分为天然和人工两类，前者是利用自然界已有的地质构造和特殊地质环境所形成的屏障对污染进行阻滞，后者是人为设置废物容器、废物预稳定化、人工防渗工程等隔离界面；按照处置场所的不同，可分为陆地处置和海洋处置，前者包括农用法、工程库或储留池储存法、土地填埋处置、深井灌注处置等，后者包括海洋倾倒与远洋焚烧方法，目前海洋处置已被国际公约禁止。

1.2 城市固体废物的概念与性质

1.2.1 城市固废的概念

城市固体废物（MSW）简称城市固废，指城市居民日常生活或在为城市日常生活提供服务的活动中产生的固体废物，其主要来自城市居民家庭、城市商业、餐饮业、旅馆业、旅游业、服务业、市政环卫业、交通运输业、街道打扫垃圾、建筑遗留垃圾、文教卫生业和行政事业单位、工业企业单位、水处理污泥和其他零散垃圾等[1]。MSW 成分包括厨余物、废纸、废塑料、废织物、废金属、废玻璃、陶瓷碎片、砖瓦渣土、废旧电池、废旧家用电器等，其成分变化的影响因素包括居民生活水平、生活习惯以及季节、气候等。

根据生态环境部 2020 年 12 月发布的《2020 年全国大、中城市固体废物污染环境防治年报》，2019 年我国统计在内的 196 个区域的 MSW 产生量为 23560.2 万吨，处理率达 99.7%。各省（区、市）发布的 MSW 产生量统计如图 1-1 所示。

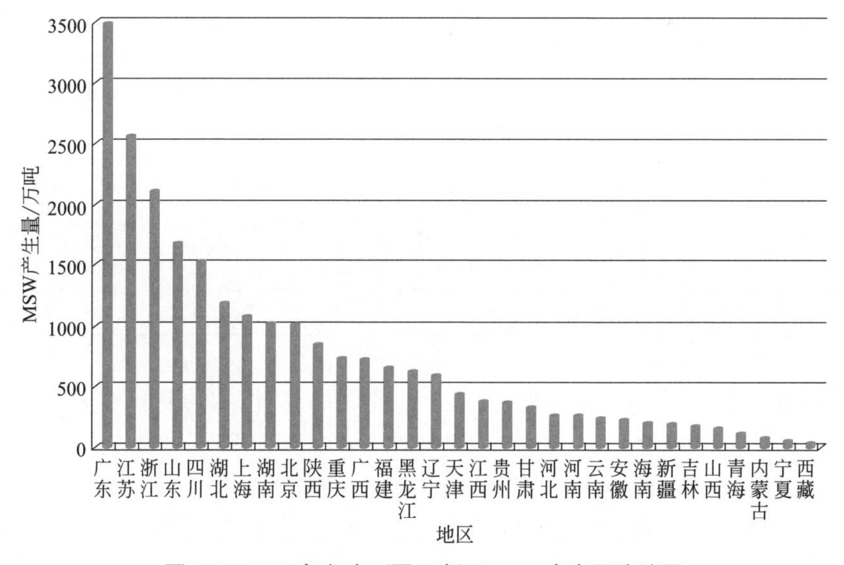

图 1-1　2019 年各省（区、市）MSW 产生量统计图

随着经济发展及城市化进程的加快，MSW 的产生量日益增多[3]。世界范围的 MSW 产生量预计将在 2050 年达到 95 亿吨[4,5]。

1.2.2 城市固废的性质

（1）城市固废的组分与热值

我国 MSW 根据产生或收集来源可分为：①家庭垃圾，即厨余垃圾以及纸类、废旧塑料、罐头盒、玻璃、陶瓷、木片等零散垃圾；②庭院垃圾，即植物残余、树叶、树杈及庭院其他清扫杂物；③清扫垃圾，即在城市道路、桥梁、广场、公园及其他露天公共场所清扫后收集的垃圾；④商业垃圾，即在城市商业、各类商业性服务网点，或如菜市场、饮食店等专业性营业场所产生的垃圾；⑤建筑垃圾，即维修或兴建建筑物产生的垃圾（但其通常不与常规 MSW 同时处理）；⑥其他垃圾。此外，根据处理方式或资源回收利用的可能性，MSW 分为可回收废品、易堆腐物、可燃物及其他无机废物四大类，又可分为有机物、无机物、可回收物品三大类。目前，我国 MSW 的典型组分及其热值统计详见表 1-1。

表 1-1 我国 MSW 的典型组分与热值统计

MSW 类别	组成（质量比）/%			热值 /（kJ/kg）		
	水分	挥发分	固定碳	干基	湿基	不可燃分
时蔬混合厨余废物	65.0 ～ 82.0	15.5 ～ 24.8	3.8 ～ 4.6	14220 ～ 18860	4010 ～ 4360	0.4 ～ 4.3
肉类混合厨余废物	2.0 ～ 42.2	47.6 ～ 95.5	1.4 ～ 2.2	25862 ～ 38010	14510 ～ 36229	0.2 ～ 3.3
废纸类	3.2 ～ 13.9	60.5 ～ 92.5	4.8 ～ 14.9	13906 ～ 27114	12443 ～ 25490	1.8 ～ 21.6
塑料类	0.02 ～ 0.50	86.2 ～ 98.5	0.05 ～ 9.6	23153 ～ 43220	22908 ～ 41465	0.7 ～ 8.9
木材、园林类	12.0 ～ 63.9	26.6 ～ 68.4	7.7 ～ 14.6	11340 ～ 20620	5120 ～ 18225	0.4 ～ 1.2
皮革橡胶类	2.9 ～ 12.6	52.0 ～ 88.2	3.5 ～ 18.6	18343 ～ 27881	16022 ～ 26340	9.2 ～ 12.4
废布料类	8.4 ～ 12.5	52.5 ～ 69.3	19.4 ～ 21.0	18559 ～ 20031	15052 ～ 16339	6.9 ～ 7.1
玻璃类	0.1 ～ 2.0	—	—	188 ～ 205	182 ～ 195	95.0 ～ 99.9
废金属类	1.0 ～ 2.0	—	—	1280 ～ 1519	1275 ～ 1530	98.0 ～ 99.0

区域经济发展的不平衡导致各地区 MSW 成分和性质的差异较大，表现在：挥发分、固定碳、水分和不可燃分的百分比不同，湿基和干基的热值规律存在不确定性。本质上，热值规律的不确定性不仅与 MSW 自身的化学组成与比例相关，而且与其产生区域的地理环境、气象条件、收集运输方式、暂存容器、暂存时间等属性因素存在强相关性。

MSW 热值是指单位质量的 MSW 完全燃烧所释放的热量，分为高位热值和低位热值，其中，前者是指化合物在一定温度下反应到达最终产物时焓的变化，通常采用氧弹量热计测量；后者与前者的含义相同，差别是热值检测时水的存在形态，前者为液态后者为气态，即区别为水的汽化潜热。根据一年四季的变化规律，春秋两季 MSW 水分较低、热值较高，冬季虽然水分低但存在较多灰渣类的物质导致热值偏低，夏季水分高于全年平均水平导致热值偏低。

（2）城市固废的性质影响因素

影响 MSW 性质变化的因素可归纳为内在、自然、个体和社会四类因素，其中，内在因素是指直接导致 MSW 产生量和成分变化的因素；自然因素是指地域与季节性因素；个体因素是指居民行为习惯、生活方式、受教育程度等因素；社会因素是指社会道德规范、行为准则、法律规章制度等因素。

① 内在因素涵盖城市规模扩张、城市居民生活水平和城市能源结构等方面。城市居住人口的多样性随城市规模的扩张而增加，MSW 成分的复杂度与常住人口数量和密度等呈正相关。城市居民经济收入的增长提高了城市居民生活水平，具体体现在收入水平、消费水平、市场商品品种和供应方式等方面的差异，进而直接影响 MSW 的成分变化[6]。研究表明，MSW 中的有机物含量随居民人均收入的增长而呈现为正比关系增长。同时，商品的过度包装直接导致 MSW 中有用成分和体积的改变，进而使 MSW 中可燃物质含量、可再利用物质含量、容重、发热量等随之变化。此外，城市能源的气化率对 MSW 成分的变化有着重要影响，如：经济发达城市以电和气态燃料为主，可燃物和有用物质成分含量相对较高；经济薄弱城市以煤为主要生活能源，煤灰占比相对较高。文献 [7] 的研究表明，城市气化率与 MSW 中有机物含量存在相关性，但并不一定成正相关，其原因在于部分居民同时混合使用煤和气两种燃料。另外，城市能源结构政策改善和燃气费用的降低，将使得 MSW 中的有机物含量提高。

② 自然因素也称外在因素，即地理位置、气候和季节等因素对 MSW 成分性质所产生的影响。针对地域而言，我国南方与北方存在明显差异，如：气温偏高、降雨量高区域的 MSW 热值普遍高于寒冷地区；北方干旱（半干旱）地区不可回收无机物比重高于南方；南方高温多雨地区的不可回收有机物的比重高于北方；北方冬季 MSW 中的灰渣类物质显著增加；从我国南北方的饮食结构差别上看，南方城市 MSW 中的有机物成分相对较高；从我国南北方的经济发展差别上看，南方城市 MSW 中的纸张、塑料等可燃可回收物的比例相对较大。季节变化对 MSW 成分的影响较为显著[8]，如：西瓜等水果的上市会明显增加 MSW 中易腐有机物的产量，有暖气和无暖气区域的 MSW 成分也表现出差异性。

③ 个体因素指居民的自身因素，如家庭人口结构、文化程度和职业状况等也是导致 MSW 成分变化的重要原因。研究表明，家庭人口规模的扩大和文化程度的提高会使 MSW 成分存在明显差异，但居民职业状况与 MSW 成分的波动关联相对较小[7]。通常，MSW 中所包含的塑料、纸类、木材、橡胶类物质等可燃组分的比例随居民生活水平的提高而显著上升。

④ 社会因素是间接的影响因素，主要是指社会道德规范、行为准则、法律规章制度等。其中城市管理、市政管理、环卫管理等制度会影响 MSW 的成分，MSW 分类、回收、再利用的宣传教育和规章制度也会对 MSW 的成分变化产生巨大影响。

上述第三类和第四类因素对 MSW 性质的影响最为显著。

1.3 城市固废焚烧技术发展

城市固废焚烧（MSWI）是将 MSW 中所含有的可燃性物质与空气中的氧在焚烧炉内进行氧化燃烧反应，进而使得有害物质在高温下氧化、热解而被破坏[9]。通过焚烧处理，固废体积可减少 80% ～ 90%，质量减少 20% ～ 80%，病原体和有害物质得到有效消除，最终产物为化学性质比较稳定的无害化灰渣和高温烟气。其中后者可被锅炉利用以产生高温蒸汽，既可以通过汽轮机进行发电也可用于供暖。

1.3.1 城市固废焚烧机理

通常，MSW 热解形成高温烟气和固态残渣的过程包含大量复杂的物理变化和化学反应过程，相应的炉内燃烧过程可划分为干燥、燃烧和燃烬 3 个阶段，如图 1-2 所示。

（1）干燥阶段

干燥阶段是指从 MSW 进入焚烧炉到开始析出挥发分和着火的时间段，过程是：MSW 表面水分随温度升高开始蒸发，当温度到达 100℃左右时，所包含的水分已经被大量蒸发，包含水分随着进一步地加热开始大量析出，当所包含水分基本析出后，温度开始迅速上升，进而准备进入燃烧阶段。显然，MSW 所含水分以蒸汽形态析出需要吸收大量热量。MSW 含水率的高低决定着干燥阶段所需要时间的长短，也影响后续的焚烧过程。

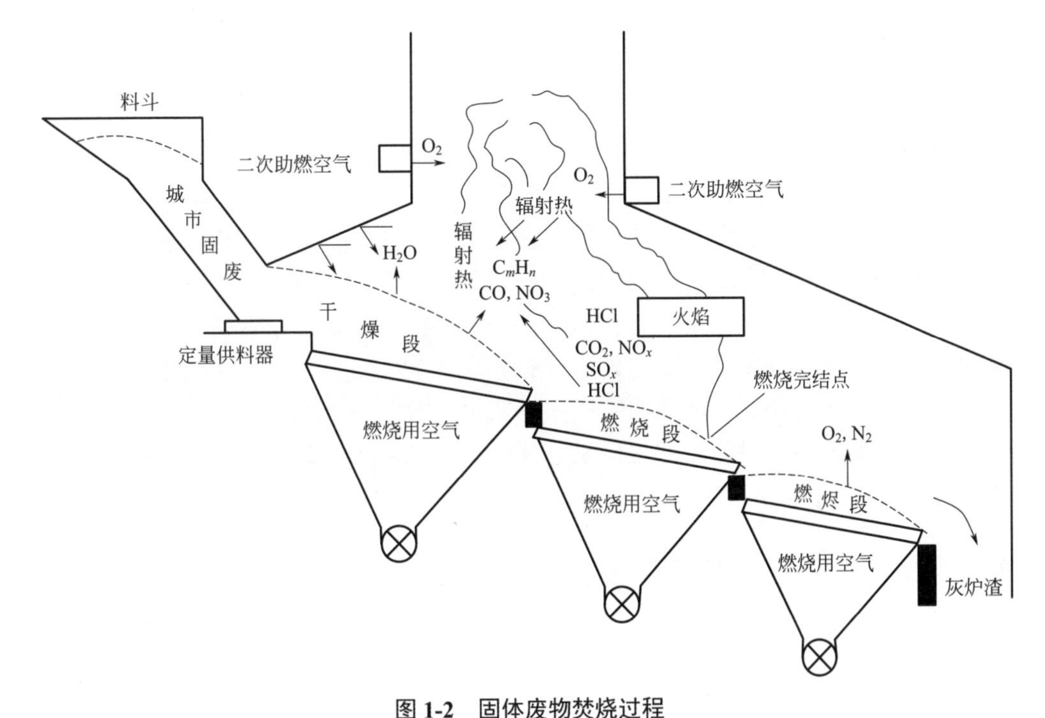

图 1-2 固体废物焚烧过程

（2）燃烧阶段

燃烧阶段是指从 MSW 开始着火到强烈地发热发光直到氧化反应结束的时间段，其包括强氧化、热解和原子基团碰撞 3 个反应模式。

① 强氧化反应　即 MSW 中的可燃组分发生完全燃烧的反应。反应式如下所示：

$$C_lH_mCl_n+\left(l+\frac{m-n}{4}\right)O_2 = lCO_2+nHCl+\frac{m-n}{2}H_2O \tag{1-1}$$

式中，l、m 和 n 分别为 C、H 和 Cl 的原子数。该反应的假设条件是以空气为氧化剂，并且理论上 MSW 处于完全燃烧状态下。

② 热解反应　热解反应是指利用热能破坏含碳高分子化合物元素间的化学键，进而使得含碳化合物被破坏或进行化学重组的过程，这需要在无氧或接近无氧的条件下进行。通常，为提供足够的氧与 MSW 进行有效的接触，焚烧中的过剩空气量占比为 50% ～ 150%。对于不能与氧接触的 MSW，只能发生热解反应，进而析出气态的 CO、CH_4、H_2 或分子量较小的 C_mH_n 等可燃成分，随后再进一步发生氧化反应。

③ 原子基团碰撞。燃烧过程所产生的火焰是富含原子基团的气流所产生的，原因在于原子基团电子能量的跃迁、分子的旋转和振动等行为产生红外热辐射、可见光和紫外线等。原子基团气流包括单原子形态的 H、C、Cl 等元素，双原子的 CH、CN、OH、C_2 等化合物，以及多原子的 HCO、NH_2、CH_3 等成分，其相

互之间的碰撞会促进 MSW 的热分解过程。

（3）燃烬阶段

燃烬阶段是指主燃烧阶段结束至燃烧完全停止的时间段。MSW 在燃烧阶段结束后，能够参与燃烧的物质浓度降低，反应所生成的惰性物质（气态的 CO、H_2O 和固态的灰渣）的增加和灰层的形成，使得剩余氧化剂难以与 MSW 内部未燃烬的可燃成分进行接触并发生氧化反应，导致燃烧过程减弱，相应地，MSW 周围温度逐渐降低。在此种情况下，若要使 MSW 内未燃的可燃成分能够燃烧干净，就要延长焚烧过程，以便具有足够的时间将剩余 MSW 完全燃烧掉。因此，燃烬阶段具有可燃物浓度降低、惰性物质增加、氧化剂含量相对较大、反应区温度较低等特点，通常采用的措施是通过翻动、拨火等方式减少 MSW 外表面的灰层、增加过剩空气量、延长炉内停留时间等。

1.3.2 城市固废焚烧特点

① 从燃烧工艺视角，MSWI 过程的主要目标是进行无害化处理而不是以实现热能利用为目的的常规燃料燃烧过程，这就需要在焚烧炉内实现充分燃烧。因此，国内 MSWI 工艺均维持在较高过剩空气量的运行模式下。

② 从热能利用视角，能量回收的重要性在现代 MSWI 电厂的设计中体现得比较充分，但其烟气含水量大、氯化氢浓度高等特性对焚烧炉的材料具有较大腐蚀性，也会因过热器、蒸汽式空气预热器等设备的存在而造成能量损失。

③ 从环境保护视角，MSWI 过程所排放的烟气包括颗粒物、SO_2、HCl、NO_x、CO、重金属，以及被称为“世纪之毒”的二噁英等污染物。此外，在 MSW 储存与灰渣冷却过程中所产生的飞灰和渗沥液也是常见的污染物，其中，渗沥液需要预处理后排入城市污水管道再送至污水处理企业进行深度处理，或回喷给炉膛以焚烧方式进行处理；飞灰通常需用代价比较昂贵的安全处置法进行处理。

④ 从焚烧技术视角，MSWI 技术能够减容 90% 以上，无害化效应相比于卫生填埋与堆肥处理具有显著优势，资源化效益主要体现在电能输出。

另外，MSWI 技术还具有集成度高、自动化程度高等特点。因此，上述这些因素使得 MSWI 技术在相当长的时间内能够作为 MSW 的主要处理技术之一，并且具有相当大的发展和提升空间。

1.3.3 城市固废焚烧发展阶段

以燃烧为主要手段的 MSWI 行业已历经上百年的发展演变。1896 年德国汉堡建起世界上最早的 MSWI 电厂后开启了科学处理与资源化利用 MSW 的新征程。

纵观 MSWI 的整体趋势，其可分为萌芽阶段、发展阶段和成熟阶段，充分反映了 MSWI 技术更新进步和人类环保意识加强的发展历程[10]。

① 萌芽阶段从 19 世纪下半叶到 20 世纪初期，以英国曼彻斯特的箱式焚烧炉为代表。1870 年世界上第一台 MSWI 炉在英国帕丁顿市投运，接着英国诺丁汉市和美国纽约市在 1874 年和 1885 先后建造焚烧炉，这代表 MSWI 技术的兴起[11]。德国汉堡和法国巴黎在 1895 年和 1898 建立了 MSWI 电厂[12]。这一阶段的 MSWI 技术还不成熟，因该技术所造成的二次污染比较严重，使其未成为当时 MSW 的主要处理方式。

② 发展阶段从 20 世纪初到 20 世纪 60 年代末。1902 年德国威斯巴登市建造了第一座立式焚烧炉，此后欧洲各国建造了各种改进型。与此同时，焚烧炉从固定炉排发展到机械炉排，从自然通风发展到机械供风，先后出现了阶梯式炉排、倾斜式炉排和链条式炉排以及转筒式焚烧炉[13]。在 1950 年前，MSWI 设备是采用基于耐火材料的焚烧炉和基于热量回收的锅炉组装而成的[14]。自 1954 年瑞士柏尼尔建成水墙式焚烧炉后，德国 Martin 炉、美国流化床、日本回转窑等各种 MSWI 技术开始涌现[15]。经济的快速发展和城市居民生活水平的提高使得 MSW 中的可燃物和易燃物含量大幅上升，这极大促进了 MSWI 技术的应用，但该阶段 MSW 产生量与填埋空间的矛盾尚不突出，因此 MSWI 技术的发展十分缓慢。

③ 成熟阶段从 20 世纪 70 年代开始，主要以炉排炉、流化床和旋转筒式焚烧炉为代表[16]。美国 MSW 产生量在 2000 年左右达到顶峰，之后受回收比例提升和环保意识增强的影响，MSW 产生量有所下降，2015 年美国 MSWI 处理占比为 12.8%[17]。在国土资源紧张的瑞士、法国、新加坡、日本等国，采用 MSWI 技术的比例已接近或超过填埋方式。日本是 MSWI 技术的先行者，其焚烧处理率位居世界第一[18]。德国拥有世界上最高效率的 MSWI 发电技术。除曾发生过二噁英污染事件的意大利对 MSWI 技术持十分谨慎的态度外[19]，大部分国家均在支持和发展该技术，其中瑞士和丹麦的 MSWI 技术占比已经达到 80% 和 70%[20]。该阶段是 MSWI 技术发展的最快速时期，原因在于 MSW 产生量快速递增、MSW 填埋场日益饱和或已经饱和、MSW 中可燃物易燃物的含量大幅增长和 MSW 的热值大幅提高[21]。

1.4 城市固废焚烧控制技术的发展

1.4.1 自动控制的必要性

MSWI 控制技术受限于 MSW 特有的组分波动范围大、热值不稳定等特性，致使其相较于一般工业过程的自动控制难度更大。

（1）主要目标

MSWI 过程自动控制的目的是实现 MSW 的稳定燃烧、烟气污染物排放的有效控制以及对燃烧热能的有效利用等，其主要目标为：保证燃烧稳定，减少炉内温度波动使之达到预定温度分布，保证蒸汽流量和锅炉负荷的稳定，降低焚烧后的热灼减率和烟气中主要污染物的排放浓度。

（2）具体要求

通常在中央控制室实现对 MSWI 全流程的集中监视与分散控制，基于对运行工况的实时监视与准确检测实现自动燃烧控制，达到最佳焚烧效果、最优烟气净化以及最稳定热能利用，具体要求为：采用工业界成熟的具有高可靠性、高维护性和强可扩展性的自动化系统，能够实现冗余配置；采用炉、机、电集中监视与分散控制方式，实现从焚烧炉点火至发电机并网的全过程自动程序控制，能够设置配合人工分析的有限数量断点，以便运行人员的介入操作；具有自动优化燃烧的控制功能，能够达到全量焚烧和完全燃烧的目标；能够对炉排上的 MSW、停留时间及炉渣热灼减率进行控制，基于料层厚度、燃烧区分配以及发电等因素实现对给料器和炉排连续运行的控制；一次风流量能够通过空气挡板和 / 或风机变频装置进行调节，并能够结合发电指标、烟气含氧量等被控量进行校正；能够对炉内烟气的停留时间、烟气温度及湍流度进行控制，通过调节炉膛出口含氧量及相关参数使得烟气及炉渣的排放满足环保要求；通过对脱酸反应器、布袋除尘器等烟气净化主系统，吸收剂制备与活性炭系统，以及与其相关的温度、压力、流量、料位、阀门开度等参数的各级显示和自动实时检测、处理以及工况监视，能够采取相关操作实现酸性污染物、有机污染物及颗粒物等烟气排放物的有效控制；通过控制给料器速度和炉排速度实现稳定的蒸汽流量及蒸汽质量；因燃烧线非正常状态而停炉时，能够维持余热锅炉的汽水循环，以防止水冷壁受热面过热变形和发生“干锅”事故，进而保证系统的安全运行。

1.4.2 MSWI 自动控制的发展

（1）PID 控制

目前，工业控制领域中 90% 以上的控制均采用具有结构简单、鲁棒性较好、参数整定技术成熟等优点的 PID 控制器[22-24]。因此，众多学者基于 PID 在相关领域应用的实际情况，结合其他算法对其进行改进，以解决 MSWI 过程控制中存在的问题。

文献 [25] 设计了用于炉膛温度和蒸汽流量控制的 PID 控制器，通过调整给料机运行时间控制其转速，通过风箱挡板开度控制烟气含氧量，实验验证了方法的有效性。文献 [26-30] 针对炉排炉的焚烧特性，基于经典 PID 的控制思想，设计 DCS 系统控制逻辑框图，实现了对 MSWI 过程现场控制的模拟。文献 [31-32] 结合 MSWI 电厂的实际情况，以 PID 控制为基础实现了分散控制和集中监视。文献 [33] 考虑多种因素，将主蒸汽流量通过主蒸汽温度和主蒸汽压力补偿计算后的修正值作为回路测量值，基于运行人员给定的设定值，通过 PI 控制器控制给料速度和炉排速度，进而达到提高焚烧量的控制目的。文献 [34] 针对炉排炉装置及特点，设计了具有负荷校正特点的闭环式 MSWI 控制策略，更好地适应了 MSW 热值的变化，在保证燃烧充分性的基础上实现了炉排系统的连续长期稳定运行。文献 [35] 针对炉排翻动时对炉膛负压所产生的扰动问题，设计滤波处理算法；同时，设计了渗沥液回喷的控制方案，保证炉膛负压与炉膛温度控制系统的稳定性。

（2）模糊控制

模糊控制以模糊集合理论为基础，模拟领域专家的知识表达和知识推理机制实现智能控制，具有算法简单、性能优良和鲁棒性强的优点，特别适用难以采用数学模型精确描述、具有较长时延的复杂工业系统。随着模糊控制理论的日益成熟，模糊控制技术在复杂工业控制中解决了许多实际性的问题，具有良好的应用前景 [36-38]。上述已有研究为解决 MSWI 过程的控制问题提供了很好的支撑与借鉴。

文献 [39] 针对 MSWI 固有的参数不稳定、精确数学模型难以建立及存在大滞后的特性，提出了基于比例因子的模糊控制器，其根据最小二乘支持向量机模型的预测输出在线调整比例因子实现 MSWI 过程的稳定控制。文献 [40] 针对 MSWI 过程的复杂性、非线性和工况的不确定性，建立了焚烧炉温度模糊控制系统，实现炉膛温度的有效控制。文献 [41] 基于马丁炉热力分区特性提出基于分区的控制策略，建立了面向 MSWI 过程的四维三层模糊控制模型，对控制参数及控制规则进行在线整定与优化，通过仿真实验验证了所提方法的有效性。

文献 [42] 采用专家控制与传统控制相结合的方法，设计了应用于锅炉送风量控制子系统的专家控制器，其模型采用产生式规则进行描述，弥补了原有控制系统的缺陷，具有很好的经济性和实用性；此外，该控制器的规则可在实际运行过程控制中不断修改、完善，具有较强的通用性。文献 [43-44] 基于当前焚烧炉的控制现状，在简单模糊控制的基础上，设计了具有自适应因子的模糊控制器，解决了 MSWI 过程炉温不稳定的问题，如图 1-3 所示。

文献 [45] 将模糊控制与专家系统结合，提取了影响 MSWI 过程的特征，获取了控制燃烧过程的规则，提高了燃烧温度的控制精度，降低了焚烧炉的能耗。文献 [46] 设计了输入和输出分别是炉膛温度和炉排速度的炉温模糊控制器，得到了较优的控制效果。文献[47]引入了基本模糊控制器，通过调节给料炉排和燃烧炉排的速度进而控制炉膛温度，同时对蒸汽参数进行控制。

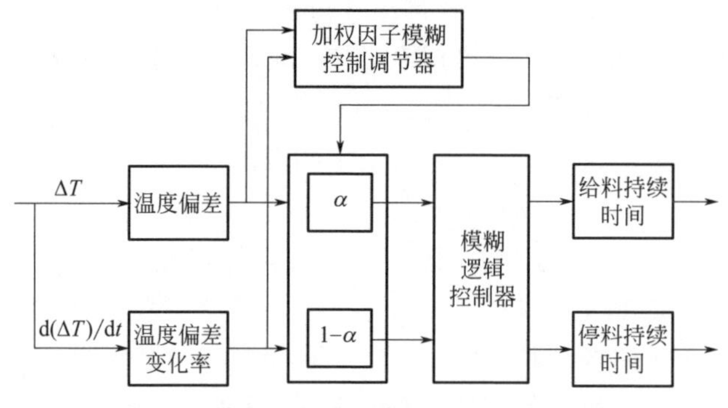

图 1-3　焚烧炉自适应模糊控制系统结构图

（3）神经网络控制

神经网络控制是模拟领域专家大脑神经元工作原理的控制策略，具有较好的学习、泛化、容错和非线性映射能力，可弥补常规方法的局限性，使得非线性、时变性和不确定性多变量系统的解耦控制成为可能。神经网络已经成为控制研究领域中的热门课题，其在非线性控制的某些方面具有无可比拟的优势，可用于处理常规控制方法难以处理的复杂非线性控制问题[48-50]。显然，这对于研究MSWI过程的控制策略非常有利。

文献[51]结合MSWI过程的运行特点，分析影响焚烧的主要因素，提出了基于模糊BP神经网络算法的控制方法，建立了基于双输入模糊神经网络的炉温控制模型，仿真实验表明其能够适应复杂多变的MSWI过程，具有良好的控制效果。文献[52]构建了基于径向基函数神经网络的MSWI过程蒸汽量在线预测模型，并设计了参数更新算法。文献[53]建立基于BP神经网络的MSWI过程控制模型，通过运行数据对控制参数的调节进行指导，为运行专家进行设备控制提供参考。文献[54]提出了基于Takagi-Sugeno（TS）模糊神经网络的控制方法、利用神经网络的自学习能力优化控制参数，解决了MSWI过程中炉温复杂多变、难以控制的问题。文献[55]采用模糊神经网络方法建立了MSWI过程的炉温控制模型，制定了控制查询表，通过仿真和现场应用的结果均表明该模型能够适应MSWI过程的控制要求。文献[56]采用“模式识别-人工神经网络”算法对现场运行数据进行识别，通过对内在规律的总结建立了炉膛参数优化的预测控制模型，有效地提高了焚烧炉的燃烧效率。

（4）自动燃烧控制（ACC）

自动燃烧控制（ACC）系统是为获得与MSW处理量相对应的稳定蒸汽量，

进而对焚烧炉的运行进行自动控制的方法[57-59]，其目的是实现 MSW 完全燃烧、保持燃烧温度在允许波动范围内、维持稳定蒸汽流量、控制排放烟气污染物浓度等。

文献 [60]针对 ACC 的设计原理进行分析，并对主蒸汽流量控制、料层厚度控制、炉膛温度调节、热灼减率最小化控制、氧气浓度调节等子系统的控制逻辑进行了说明。文献 [61-63] 对 ACC 系统的功能和技术进行了分析，论证了其实际应用价值与发展前景，为大型机械炉排固废焚烧炉自行开发国产化配套的 ACC 自动燃烧控制技术提供了参考。文献 [64-65] 探讨了 ACC 在实际应用时的手动干预情况，并列出了人工操作的规则表。文献 [66]结合现场实际数据，在料层厚度估计时引入经验值进行修正，使其不再依赖机组蒸发量的反算，减少了控制的滞后误差，使 ACC 控制更趋于稳定，也增加了其投入使用率。文献 [67-68] 在 ACC 控制的基础上，在燃烧一段与燃烧二段各增加了 1 套液压控制系统，接收由 DCS 输出的控制信号，进而实现对燃烧段左右炉排的单独控制，以改善不均匀现象。文献 [69]在 ACC 系统中增加了 CO 和 NO_x 的控制，修正燃烧用总风量和炉排速度，使燃烧更稳定，烟气排放指标更达标。文献 [59] 在 ACC 系统的基础上，通过实际蒸汽负荷、实际 MSW 量等参数对 MSW 热值进行估算，优化 ACC 的运行参数。文献 [70]利用起燃界面并结合专家系统对 ACC 系统进行了改进，通过模拟人的决策过程实现了干燥段、燃烧段、燃烬段的控制。

文献 [71]利用专用的火焰监视摄像探头采集炉膛火焰视频，在对 MSW 燃烧状态进行实时分析后，将火焰特征参数输出至操作员站，为运行专家调整炉排速度和助燃风量提供参考，如图 1-4 所示。

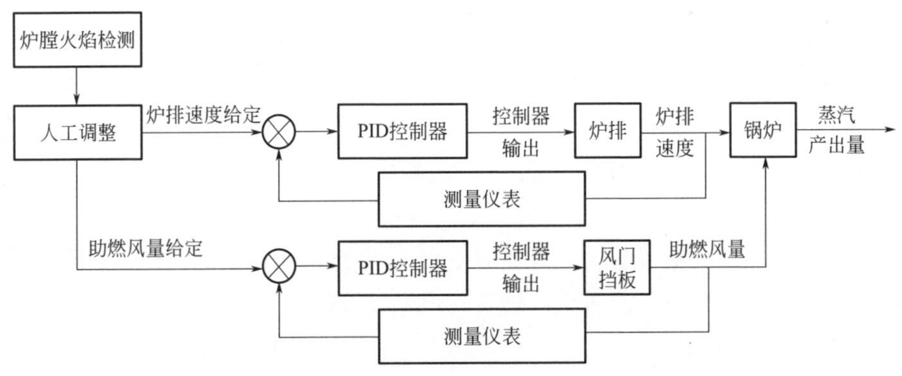

图 1-4　增加炉膛火焰检测环节的 MSWI 控制系统方框图

文献 [72] 设计了优化 ACC 系统的控制策略，将烟气排放指标控制前移，将脱硝石灰浆、排放因子等数据优化组合后参与 ACC 的控制逻辑，以实现 MSWI 过程的最优控制。

（5）其他控制方法

近年来，随着智能控制与复杂工业过程的结合越来越紧密，以上几种主要方法的相互结合与补充已成为当前 MSWI 过程控制发展的主流趋势，相关研究工作介绍如下。

文献 [73] 对焚烧炉的燃烧机理、焚烧过程、污染物生成机理和燃烧控制策略等进行分析研究，提出了一种模糊自适应 PID 控制方案用于炉膛温度控制，增强了系统的抗干扰能力、灵活性和适应性，并且提高了系统的控制精度。文献 [74] 针对 MSWI 过程的非线性、时变性和大滞后性等特点，提出对蒸汽负荷进行粗调和对炉温偏差进行细调，并将二者相结合的自适应模糊复合控制策略，如图 1-5 所示。

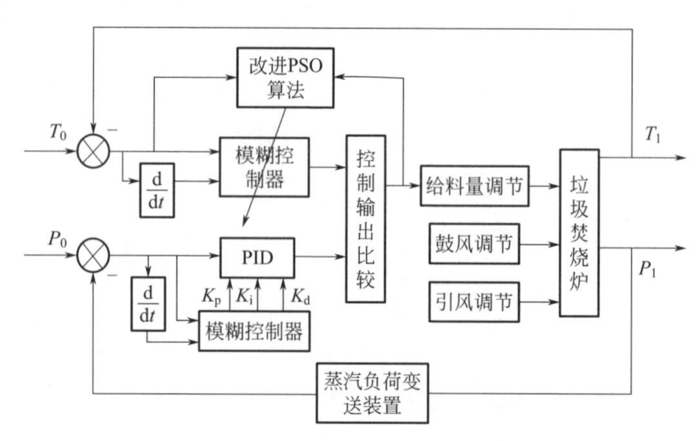

图 1-5　自适应模糊复合控制系统结构图

上述控制方法中，首先引入模糊 PID 控制策略，依据蒸汽负荷值对给料量进行粗调；其次，设计了自适应模糊控制策略，根据炉温偏差及其变化率对给料量进行细调；最后，对粗调和细调的给料量输出值进行比较，确定出当前给料量的变化值。所提方法在实际运行过程中的应用效果表明系统的控制曲线相对平稳。

文献 [75] 基于当前焚烧炉的控制现状，在传统 PID 控制的基础上，引入模糊因子设计模糊自调整 PID 控制器，对焚烧炉温度进行控制，如图 1-6 所示。

文献 [76] 针对 MSWI 控制过程，提出了一种智能集成控制策略。首先，根据蒸汽负荷值，采用模糊控制器对给料量进行粗调；然后，根据炉温偏差、偏差变化率，采用基于 BP 神经网络的 PID 控制器对给料量进行细调；最后，对二者的输出值进行比较，以便确定当前给料量的变化值。通过实际生产运行过程中的实验验证了其良好的控制性能，系统控制曲线响度平稳。其系统原理控制结构如图 1-7 所示。

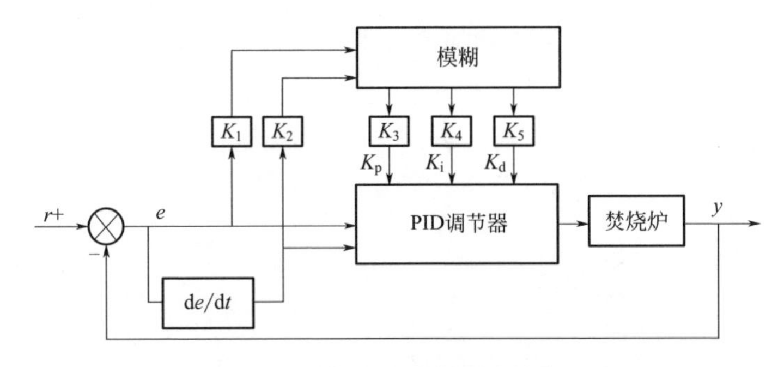

图 1-6　模糊 PID 控制系统结构图

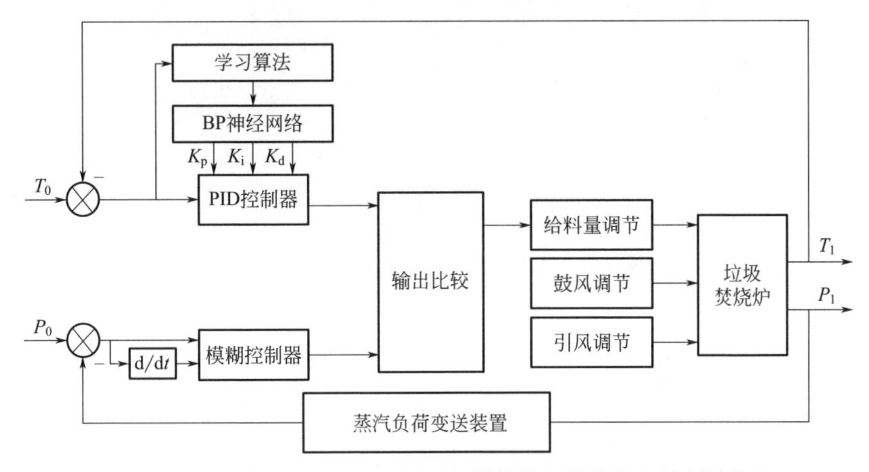

图 1-7　基于神经网络的 PID 控制与模糊控制器的混合控制结构图

文献 [77-78] 设计了一种基于遗传算法的模糊控制器提升 MSWI 过程的燃烧状况，采用神经网络辨识状态函数，并结合遗传算法获得鲁棒性更优的模糊规则库，取得了良好的控制效果。

文献 [79] 提出了如图 1-8 所示的 MSWI 过程智能控制系统，解决了燃烧控制中 MSW 含水量的估计问题，在日本某 MSWI 电厂的运行结果表明其能够改进 ACC 的控制效果。

针对 MSWI 过程中存在的控制难题，一些专家学者也提出了相应控制策略。文献 [80-82] 针对 MSWI 过程设计了一种基于仿人智能的融合控制策略，实验结果表明该策略控制精度高，静态、动态控制品质好，具有良好的鲁棒性。文献 [83] 建立了炉排炉的动态模型，通过分析各变量之间的关系构建了知识库规则，开发了基于知识的燃烧控制系统，对炉膛温度进行了有效的预测控制。文献 [84] 根据不同的图像火焰特征确定若干种典型燃烧状态，采用相关算法增减给料速度、炉排速度及一 / 二次风流量，在调整燃烧线位置的同时兼顾料层厚度以修正相关控制。文献 [85-86] 针对 MSWI 过程中的给料、料层厚度、锅炉负荷、烟气 O_2 浓度等主要对象制定专家规则，将各项参数维持在正常范围内以稳定运行，提高了燃烧效率。文献 [87] 开发了如图 1-9 所示的优化型 ACC 系统，利用红外热像仪获得的温度信息对焚烧炉内的空气流动和分布进行控制，减弱了过量的空气波动和炉排温度的不平衡性，降低了 CO 等污染物的排放浓度。

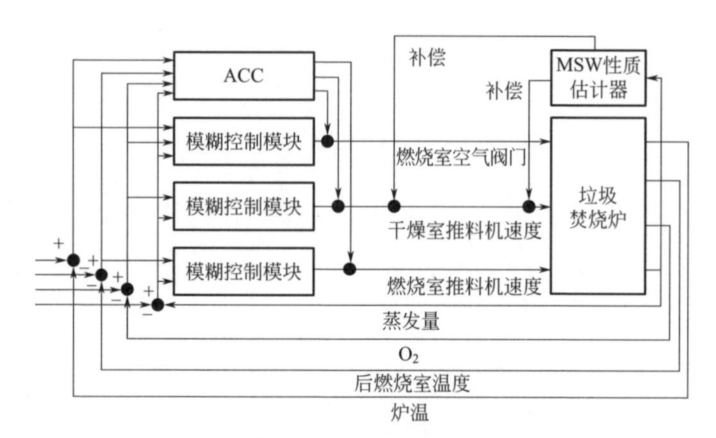

图 1-8　基于模糊的智能控制系统结构图

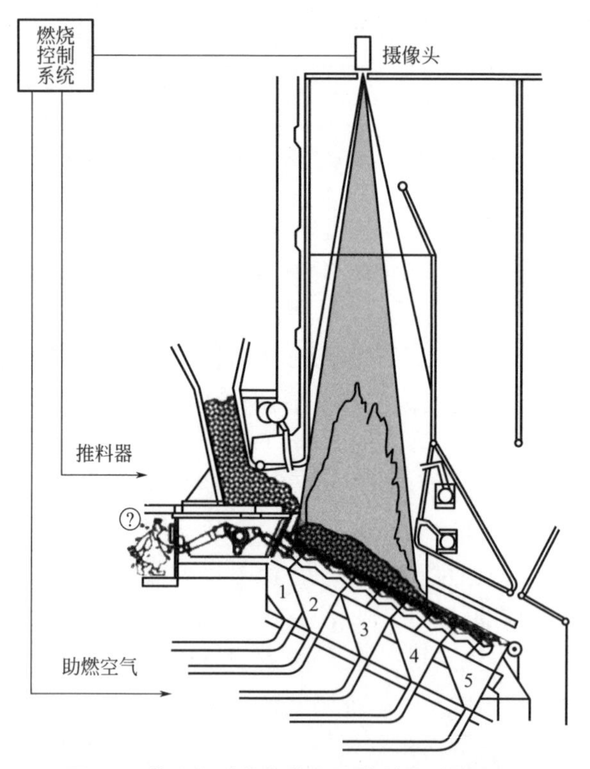

图 1-9　基于红外热像仪的固废焚烧控制系统

综合上述研究可知，PID控制、模糊控制、神经网络和仿人智能控制等算法具有各自的控制特性，其在MSWI过程控制中的研究与应用已逐渐深入，这些算法之间既可通过相互结合或改进以实现对关键被控工艺参数的控制，也可通过与现有ACC系统的结合实现进一步的优化。因此，结合实际应用的难点，进一步对这几类控制方法进行深入研究，对提升MSWI智能控制水平具有重要意义。

1.5 城市固废焚烧存在的问题

焚烧炉是MSWI发电厂的核心设备，MSW燃烧状态决定着该过程的稳定运行，所涉及的众多工艺参数间存在强耦合作用，相互间也具有明显的非线性关系。针对不同类型的焚烧炉，日本和欧美等国分别提出了与本国MSW特性相适配的ACC系统，通常包括主蒸汽流量控制、垃圾料层厚度控制、热灼减率最小化控制、焚烧炉内温度控制、烟气含氧量浓度控制等，在MSW成分和热值稳定的前提下获得了良好的控制成效。但是，针对我国MSWI过程的智能优化控制，仍然还存在着诸多问题。

（1）焚烧过程的精确数学模型难以建立

MSWI过程涉及复杂的物理化学反应且众多工艺参数之间相互影响，是典型的多输入多输出强耦合非线性系统。此外，MSW组分的多样性导致其物理化学性质的差异性也较大，焚烧机理复杂，MSW热值随季节变化幅度波动大，这些因素导致难以建立精确的数学模型对MSWI过程进行机理分析。因此，需要研究基于已有商业软件的MSWI过程数值仿真模型以代替机理模型进行焚烧机理的有效分析。

MSWI过程存在进料组分复杂、焚烧机理复杂且不确定、领域专家经验存在差异性等问题，这使得实际工业过程的工况呈现复杂性和动态性。传统的机理模型需要假定能够简化实际情况的众多约束条件，这使得能够表征炉膛温度、烟气含氧量等被控变量的精确数学模型难以建立。此外，基于多工况的历史数据包含的复杂特征难以构建有效的数据驱动被控对象模型。因此，需要结合实际MSWI过程进行工况划分，研究能够反映特定工况下操作变量与炉膛温度、烟气含氧量等被控变量间模糊映射关系的数据驱动过程对象模型。但是，本质上MSWI过程是具有多对象、多参量、强耦合、大时变等特征的典型多输入多输出（MIMO）工业过程，多个操作量与多个被控量间的耦合严重，需要研究能够同时反映多入多出关系的过程对象模型，以为多个被控量的同步控制提供支撑。

（2）焚烧过程的精准控制难以实现

MSWI 过程具有进料组分多变和热值不确定等特性，这使得实现能够覆盖全部动态工况的炉膛温度控制算法极为困难。因此，需要结合现场实际情况研究在焚烧量相对稳定的工况下的炉膛温度智能控制算法，为多工况下的温度切换控制提供支撑。MSWI 过程的烟气含氧量受给料量、进料速度、给风量等操作变量的影响，同时进料组分波动、设备磨损等因素会导致焚烧系统的动态特性发生未知难测的漂移，这使得采用基于经典控制算法的单变量反馈控制策略通常难以取得令人满意的效果。因此，需要研究基于先进控制策略的烟气含氧量控制算法。本质上，MSWI 过程的多个操作量与多个被控量间的耦合严重，因此需要在确定工况下，选择合适的多个操作变量研究能够对炉膛温度、烟气含氧量和蒸汽流量进行同时控制的有效策略。

（3）焚烧过程排放烟气含有的污染物浓度难以在线实时预测

MSWI 过程所排放的污染气体包括氮氧化物、硫化氢、二氧化硫以及剧毒有机污染物二噁英等。MSW 的分解、燃烧以及烟气冷却、净化等过程和二噁英的生成、分解、吸附等阶段相关，这使得构建其预测模型包括了 MSWI 过程的全部过程变量。因此，需要对高维过程变量进行选择，以构建经特征约简后的二噁英排放浓度预测模型。此外，工业现场的二噁英排放浓度多采用实验室离线化验的方法进行检测，其周期长、费用高的特点导致用于二噁英排放浓度建模的样本数量稀缺并且分布不平衡。所以，需要研究虚拟样本生成方法以扩展建模样本数量和缓解样本分布不平衡等问题。与此同时，作为主要烟气排放污染物之一的氮氧化物，其生成特性随 MSWI 过程工况的时变特性和不确定性而产生变化，生成机理复杂且与众多过程变量相关，这些变量之间也存在耦合性。以上影响因素使得传统的单神经网络难以准确描述过程变量和污染物排放浓度间的非线性关系。因此，需要建立能够处理不同工况的模块化神经网络模型，以提高污染物排放浓度的在线实时预测性能。

（4）焚烧过程的运行状态和故障难以实时检测与诊断

MSWI 过程具有进料组分多变和热值不确定等特性，同时设备磨损、维护等因素会导致焚烧系统具有动态时变特性，这导致基于历史数据所构建的污染物排放软测量模型在实际应用过程中的性能会逐渐恶化。因此，需要研究能够检测这种工况变化的漂移算法，以实现更新样本的识别，为提高模型的预测性能和适应性提供支撑。

我国 MSW 固有的特性导致已引进的国外 ACC 系统难以适应，进而导致实际 MSWI 运行过程的异常情况需要操作人员根据监控数据和自身经验预判，再通知巡检人员确认后以进行维护处理。显然，基于人工监控的故障诊断效率低且易出现误报和漏报，难以确保 MSWI 过程长时段的稳定运行。因此，需要研究基于人工智能技术的 MSWI 过程故障诊断，以辅助操作人员提前做出正确决策和及时调整 MSWI 过程的工艺参数，进而避免上述问题。

（5）焚烧过程的控制量难以优化设定

控制 MSWI 过程稳定运行的本质是如何合理地对进料和风量进行控制。引进的传统 ACC 系统仅采用锅炉蒸汽流量和烟气含氧量两个被控变量校正燃烧所需风量的设定值，其原因在于国外 MSW 热值波动小和系统控制量比较稳定。然而，我国 MSW 具有的组分多变、热值范围波动大等特性导致控制量随之变化，这使得现有传统 ACC 系统的风量设定策略不符合我国国情。因此，受 MSW 组分特殊性和管理制度不规范等因素的影响，导致多数 MSWI 过程长期处于非平稳工况。在这种情况下，现场领域专家多结合实际经验对 MSWI 过程的风量进行手动调整，具有较大的主观随意性和差异性，不能满足工业现场对智能化自动控制水平的需求。因此，需要研究智能风量设定方法，同时引入领域专家的控制经验对设定值进行辅助修正，以保证 MSWI 过程的安全稳定运行。此外，如何综合考虑燃烧效率和污染物排放浓度等多个运行指标的动态变化实现风量优化设定也是目前有待解决的难题。所以，需要研究结合数据驱动建模与多目标优化算法的 MSWI 过程风量优化设定方法。

参考文献

[1] 全国人民代表大会常务委员会．中华人民共和国固体废物环境污染防治法 [Z]，2020.

[2] 王敦球．固体废物处理工程 [M]. 3 版．北京：科学出版社，2000.

[3] DUAN Z，SCHEUTZ C，KJELDSEN P. Trace Gas Emissions from Municipal Solid Waste Landfills：A Review[J]. Waste Management，2021，119：39-62.

[4] PHAM T P T，KAUSHIK R，PARSHETTI G K，et al. Food Waste-to-Energy Conversion Technologies：Current Status and Future Directions[J]. Waste management，2015，38：399-408.

[5] MATERAZZI M，HOLT A. Experimental Analysis and Preliminary Assessment of an Integrated Thermochemical Process for Production of Low-Molecular Weight Biofuels from Municipal Solid Waste（MSW）[J]. Renewable Energy，2019，143：663-678.

[6] 刘东，江丁酉，喻晓，等．武汉市城市生活垃圾组分变化的主要成分分析 [J]. 环境卫生工程，2001，9（4）：173-176.

[7] 何德文，金艳，柴立元，等．国内大中城市生活垃圾产生量与成分的影响因素分析 [J]. 环境卫生工程，2005，13（4）：7-10.

[8] 孙剑毅，李坚，安惠惠．秦安县生活垃圾产生量预测与垃圾处理研究 [J]. 宁夏农林科技，2012，53（12）：176-178.

[9] 解强．固体废物处理与资源化丛书：城市固体废弃物能源化利用技术 [M]. 北京：化学工业出版社，2004.

[10] 白良成. 生活垃圾焚烧处理工程技术[M]. 北京：中国建筑工业出版社，2009.
[11] 高峰. 垃圾清洁焚烧技术简介[J]. 电站系统工程，2007(04)：70，72.
[12] 哲伦. 西方几大城市的垃圾焚烧处理[J]. 资源与人居环境，2011(07)：60-62.
[13] 赵绪平，李志波，李宣. 机械炉排式生活垃圾焚烧炉技术研究[J]. 中国资源综合利用，2017，35(09)：135-138.
[14] 吴秋玲，辛英杰. 垃圾焚烧炉用耐火材料及发展趋势[J]. 耐火与石灰，2001(01)：12-17.
[15] 潘冬冬. 常用四种垃圾焚烧炉炉型比对分析[C]. 中国石油和化工勘察设计协会，2015.
[16] 屠进，宋黎萍，池涌. 垃圾焚烧电厂焚烧炉炉型选择[J]. 热力发电，2003(10)：5-7，97.
[17] 钱学德，郭志平. 美国的现代卫生填埋工程[J]. 水利水电科技进展，1995(05)：9-13.
[18] 舟丹. 日本垃圾焚烧厂数量全球第一[J]. 中外能源，2018，23(07)：88.
[19] 孙玉修. 关于二噁英的环境污染[J]. 环境保护科学，1988(04)：14-18.
[20] 张震天. 丹麦建造欧洲最先进的垃圾焚烧厂[J]. 中国环保产业，1996(06)：39.
[21] 赵丽. 关于采用垃圾焚烧处理的可行性分析[J]. 科技创新与应用，2014(09)：104.
[22] BLEVINS T L. PID Advances in Industrial Control[J]. IFAC Proceedings Volumes，2012，45(3)：23-28.
[23] RITZ H，NASSAR M R，FRANK M J，et al. A Control Theoretic Model of Adaptive Learning in Dynamic Environments[J]. Journal of Cognitive Neuroscience，2018，30(10)：1405-1421.
[24] DU S L，YAN Q S，QIAO J F. Event-triggered PID Control for Wastewater Treatment Plants[J]. Journal of Water Process Engineering，2020，38：101659.
[25] 罗嘉. 大型垃圾焚烧发电厂燃烧控制策略[J]. 电力自动化设备，2009，29(07)：146-148.
[26] 孙丽亚. 固体垃圾焚烧发电装置自动控制系统设计与研究[D]. 郑州：郑州大学，2013.
[27] 闫伟. 炉排炉垃圾焚烧发电厂燃烧自动控制系统的仿真研究[D]. 沈阳：沈阳工程学院，2019.
[28] 陈志文. 生活垃圾焚烧炉控制系统的设计[D]. 南京：东南大学，2013.
[29] 田云. 基于DCS的垃圾焚烧炉排炉自动燃烧控制系统设计研究[J]. 机电产品开发与创新，2020，33(04)：56-57.
[30] 赵志营. 基于DCS的垃圾焚烧炉排炉自动燃烧控制系统设计与实现[D]. 南京：东南大学，2017.
[31] 徐宏. 城市垃圾焚烧发电的控制策略[J]. 能源工程，2005(05)：43-46.
[32] 武平丽，高国光. 基于DCS的垃圾发电焚烧炉优化控制方案设计[J]. 自动化与仪器仪表，2013(03)：55-57.
[33] 章伟杰，杨景祺. 垃圾焚烧炉的控制[J]. 发电设备，2002(04)：5-7.
[34] 许润，刘金刚. 一种炉排式垃圾焚烧炉燃烧自动控制策略[J]. 仪器仪表标准化与计量，2017(05)：28-30，36.
[35] 曾卫东，薛宪民，薛景杰. 炉排炉垃圾焚烧控制特点[J]. 热力发电，2004，33(012)：57-58.
[36] ZHANG X X，LI H X，QI C K. Spatially Constrained Fuzzy-Clustering-Based Sensor Placement for Spatiotemporal Fuzzy-control System[J]. IEEE Transactions on Fuzzy Systems，2010，

18 (5): 946-957.
[37] PRECUP R E, HELLENDOORN H. A Survey on Industrial Applications of Fuzzy Control[J]. Computers in Industry, 2011, 62 (3): 213-226.
[38] QIAO J F, ZHANG W, HAN H G. Self-Organizing Fuzzy Control for Dissolved Oxygen Concentration Using Fuzzy Neural Network[J]. Journal of Intelligent & Fuzzy Systems, 2016, 30 (6): 3411-3422.
[39] 胡兴武 . 垃圾焚烧发电厂燃烧智能控制系统的研究 [D]. 北京: 华北电力大学, 2011.
[40] 郭瑞国, 卞新高, 朱天宇, 等 . 模糊控制技术在垃圾焚烧炉控制系统中的应用 [J]. 河海大学常州分校学报, 2006 (01): 57-60.
[41] 王毅, 马晓茜, 廖艳芬 . 垃圾焚烧炉的分层模糊控制系统 [J]. 工业炉, 2004 (06): 29-34.
[42] 马平, 王琳, 王华春 . 燃烧控制系统智能控制 [J]. 电力系统及其自动化学报, 2002 (03): 55-59.
[43] 昌鹏 . 垃圾焚烧稳定性自适应控制研究 [D]. 武汉: 华中科技大学, 2004.
[44] 沈凯, 陆继东, 昌鹏, 等 . 模糊自适应方法在垃圾焚烧炉温度控制系统中的应用 [J]. 动力工程, 2004 (03): 366-369, 410.
[45] 葛一楠, 潘英章, 陈斌, 等 . 城市生活垃圾自动燃烧智能控制器设计 [J]. 测控技术, 2008 (02): 89-90, 94.
[46] ONISHI K. Fuzzy Control of Municipal Refuse Incineration Plant[J]. Automatic Measurement Control Society, 1991, 27 (3): 326-332.
[47] ONO H, OHNISHI T, TERADA Y. Combustion Control of Refuse Incineration Plant by Fuzzy Logic[J]. Fuzzy Sets & Systems, 1989, 32 (2): 193-206.
[48] LIU Y J, LI J, TONG S, et al. Neural Network Control-Based Adaptive Learning Design for Nonlinear Systems With Full-State Constraints[J]. IEEE Transactions on Neural Networks and Learning Systems, 2016, 27 (7): 1-10.
[49] WANG T, GAO H, QIU J. A Combined Adaptive Neural Network and Nonlinear Model Predictive Control for Multirate Networked Industrial Process Control[J]. IEEE Transactions on Neural Networks & Learning Systems, 2017, 27 (2): 416-425.
[50] LIU Y J, LI J, TONG S, et al. Neural Network Control-Based Adaptive Learning Design for Nonlinear Systems with Full-State Constraints[J]. IEEE Transactions on Neural Networks and Learning Systems, 2016, 27 (7): 1562-1571.
[51] 杨涛, 刘勇, 喻晓红 . 基于模糊 BP 神经网络的垃圾焚烧炉控制系统 [J]. 成都大学学报 (自然科学版), 2011, 30 (04): 356-360.
[52] GIANTOMASSI A, IPPOLITI G, LONGHI S, et al. On-line Steam Production Prediction for a Municipal Solid Waste Incinerator by Fully Tuned Minimal RBF Neural Networks[J]. Journal of Process Control, 2011, 21 (1): 164-172.
[53] 陶怀志, 孙巍, 赵劲松, 等 . 基于神经网络的垃圾焚烧炉过程控制 [J]. 计算机与应用化学, 2008 (07): 859-862.
[54] 王傲寒 . 垃圾焚烧炉控制系统的设计与实现 [D]. 西安: 西安建筑科技大学, 2018.
[55] 沈凯, 陆继东, 昌鹏, 等 . 垃圾焚烧炉炉温控制模糊神经网络模型研究 [J]. 燃烧科学与技术,

2004，10（6）：516-520.
[56] 苏小江．生活垃圾往复式机械炉排焚烧炉控制系统优化研究[D]. 北京：清华大学，2012.
[57] 白良成．生活垃圾焚烧处理工程技术[M]. 北京：中国建筑工业出版社，2009.
[58] SHIRAI M，FUJII S，TOMIYAMA S. Automatic Combustion Control System for a New-generation Stoker-type Waste Incineration Plant[J]. Eica，2004，9（76）：42-48.
[59] 朱亮，陈涛，王健生，等．自动燃烧控制系统（ACC）垃圾热值估算模型研究[J]. 环境卫生工程，2015，23（06）：33-35.
[60] 王庭军．垃圾发电厂自动燃烧控制系统分析[J]. 自动化应用，2018（12）：18-19.
[61] 张健．ACC技术在垃圾焚烧发电项目的应用分析[J]. 华东电力，2014，42（08）：1716-1718.
[62] 贾勋慧，许润，鲁勋，等．炉排式垃圾焚烧炉ACC自动燃烧技术[J]. 电站信息，2012，7：33-36.
[63] 刘鑫．垃圾焚烧发电厂自动燃烧控制系统的研究与开发[J]. 环境卫生工程，2018，26（04）：64-66.
[64] 孙晓军，肖正，王志强．生活垃圾焚烧厂自动燃烧控制系统的原理与应用[J]. 环境卫生工程，2009，17（04）：20-23.
[65] 滕刚，司朝阳．垃圾焚烧发电厂自动燃烧控制系统分析[J]. 黑龙江科技信息，2015（18）：68-69.
[66] 曾卫东，田爽，袁亚辉，等．垃圾焚烧炉自动燃烧控制系统设计与实现[J]. 热力发电，2019，48（03）：109-113.
[67] 白建云，白正刚．垃圾焚烧炉炉排自动控制策略研究[J]. 热力发电，2008，（01）：109-113.
[68] 闫伟，曹福毅．炉排炉垃圾焚烧发电厂燃烧自动控制系统简析[J]. 科技经济导刊，2019，27（01）：121.
[69] 郭谦．机械炉排垃圾焚烧炉ACC自动燃烧控制技术的探讨[J]. 天津科技，2008（05）：44-45.
[70] 秦宇飞．大型城市生活垃圾焚烧炉焚烧过程仿真及控制[D]. 北京：华北电力大学，2011.
[71] 李俊欣．垃圾焚烧自动控制系统应用研究[D]. 广州：华南理工大学，2015.
[72] 王海强．垃圾焚烧炉ACC自动燃烧控制系统的拓展应用研究[C]. 中国环境科学学会，2019，5：3731-3735.
[73] 肖爱国．垃圾焚烧电厂燃烧系统控制方案应用研究[D]. 保定：华北电力大学，2012.
[74] 肖会芹．垃圾焚烧过程自适应模糊复合控制策略[J]. 计算机工程与应用，2010，46（03）：201-203，206.
[75] 代启化，王俊．生活垃圾焚烧炉温的Fuzzy-PID控制[J]. 合肥学院学报（自然科学版），2008（03）：39-42，92.
[76] 湛腾西．垃圾焚烧过程智能集成控制[J]. 机床与液压，2010，38（18）：85-87.
[77] CHANG N B，CHEN W C. Fuzzy Controller Design for Municipal Incinerators with the Aid of Genetic Algorithms and Genetic Programming Techniques[J]. Waste Management & Research，2000，18（5）：429-443.
[78] CHEN W C，CHANG N B，CHEN J C. GA-based Fuzzy Neural Controller Design for Municipal Incinerators[J]. Fuzzy Sets & Systems，2002，129（3）：343-369.
[79] 钱大群，孙振飞．一个垃圾焚烧智能控制系统[J]. 信息与控制，1993（06）：374-377.
[80] 裴玉玲，杨志，杨小义．城市垃圾焚烧的智能

融合控制策略[J]. 辽宁工程技术大学学报（自然科学版），2010，29（05）：803-806.
[81] 华祥贵，杨志．基于DCS的垃圾焚烧炉系统智能控制策略[J]. 可编程控制器与工厂自动化，2006（9）：123-128.
[82] 刘玉成，刘玉斌，李太福．城市固体垃圾焚烧的二次污染控制实现技术[J]. 环境科学与技术，2006（05）：97-99，121.
[83] CARRASCO F，LLAURÓ X，POCH M. A Methodological Approach to Knowledge-based Control and Its Application to a Municipal Solid Waste Incineration Plant[J]. Combustion Science and Technology，2006，178（4）：685-705.
[84] 杨林，田福永．基于人工智能的垃圾电站焚烧炉自动燃烧控制系统研究[J]. 热电技术，2019（02）：13-15.
[85] 胡杰．垃圾焚烧炉排炉运行与常见问题处理[J]. 能源与节能，2016（11）：34-35.
[86] 胡亮．垃圾焚烧炉排炉燃烧控制与调整的探讨[J]. 电力系统装备，2019（8）：160-161.
[87] SCHULER F，RAMPP F，MARTIN J，et al. TACCOS：A Thermography-Assisted Combustion Control System for WASTE INCINERators[J]. Combustion & Flame，1994，99（2）：431-439.

Cutting-Edge Technologies in
Smart
Environmental
Protection

第 2 章

基于炉排炉的城市固废焚烧（MSWI）过程智能优化控制问题描述

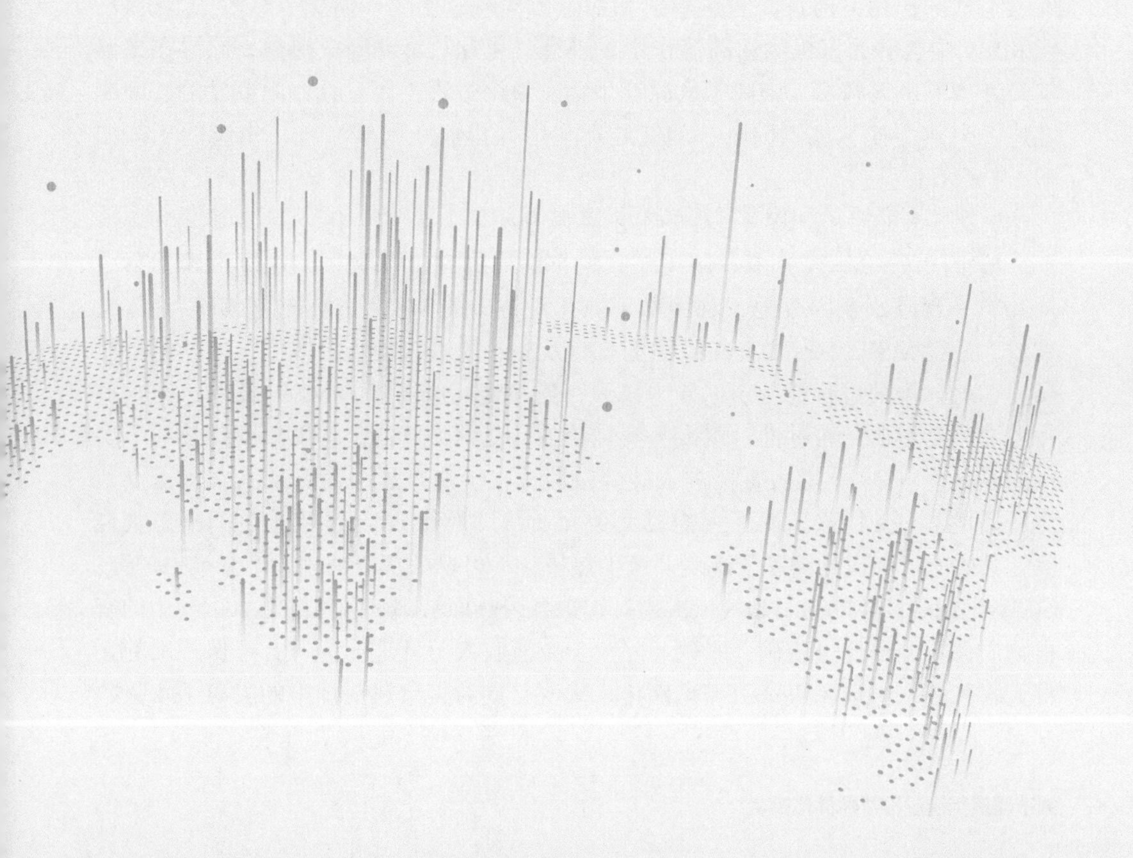

2.1 概述

截至2020年，全国已运行城市固废焚烧（MSWI）电厂495座，所涉及的1202台焚烧炉中，机械炉排炉占比已经超过86%。综合国家政策和统计数据分析表明，炉排炉已经成为我国MSWI过程所采用的主要炉型[1-3]。本章针对基于炉排炉的MSWI过程智能优化控制问题进行描述，首先，对MSWI的工艺流程进行描述与划分；接着，对基于炉排炉的MSWI过程的热质平衡及其控制系统进行描述；然后，对MSWI过程的运行指标以及相关影响因素进行分析；最后，描述MSWI过程的智能优化控制问题并进行复杂性分析。

2.2 基于炉排炉的MSWI过程工艺描述

基于炉排炉的MSWI过程中，城市固废（MSW）经由抓斗送入焚烧炉，在助燃空气的作用下通过高温热辐射和加温依次经过干燥、燃烧、燃烬三个阶段，使MSW中含有的有机物在高温作用下进行气化和热解并释放热量，同时在高温焚烧处理下杀灭病毒、细菌等病原性生物。整个过程主要包括：固废发酵、固废燃烧、余热交换、蒸汽发电、烟气处理与烟气排放六个子系统，相应的工艺如图2-1所示。

由图2-1可知，MSWI过程的工艺流程为：

城市固废（MSW）由专用压缩收集车运输到MSWI电厂，经过地磅称重后从卸料平台倾倒至固废池；利用吊车抓斗对池内的MSW进行充分破碎、混合、堆放，使得MSW中所含有的微生物自行发酵、脱水，剩余固体部分的热值将提高约30%，堆酵过程通常历时5～7天；抓斗将完成发酵的MSW抓起，送入料斗后滑落至料槽，通过推料器推至焚烧炉内；受到炉壁的热辐射以及预热后一次风的吹烘，MSW干燥后直接进入焚烧阶段；在焚烧过程中需要加入空气提供焚烧所需的氧气（特殊情况下还需要其他介质帮助燃烧），经过数小时的高温焚烧后，其内的可燃成分被完全燃烧并产生热量，不可燃的灰渣被燃烬炉排推出炉膛；MSW燃烧后产生的高温烟气依次通过锅炉各受热面被锅炉吸热降温，烟气中的有毒物质和重金属经过脱硝、脱硫、除尘、灰渣收集等处理成为符合环保标准的无毒无害气体，由引风机牵引经烟囱排入大气；同时，余热锅炉中的去离子水吸收焚烧时产生的热量，并将其转化为高温蒸汽，气体膨胀产生动力驱动汽轮机运行，进而带动发电机组产生电力。

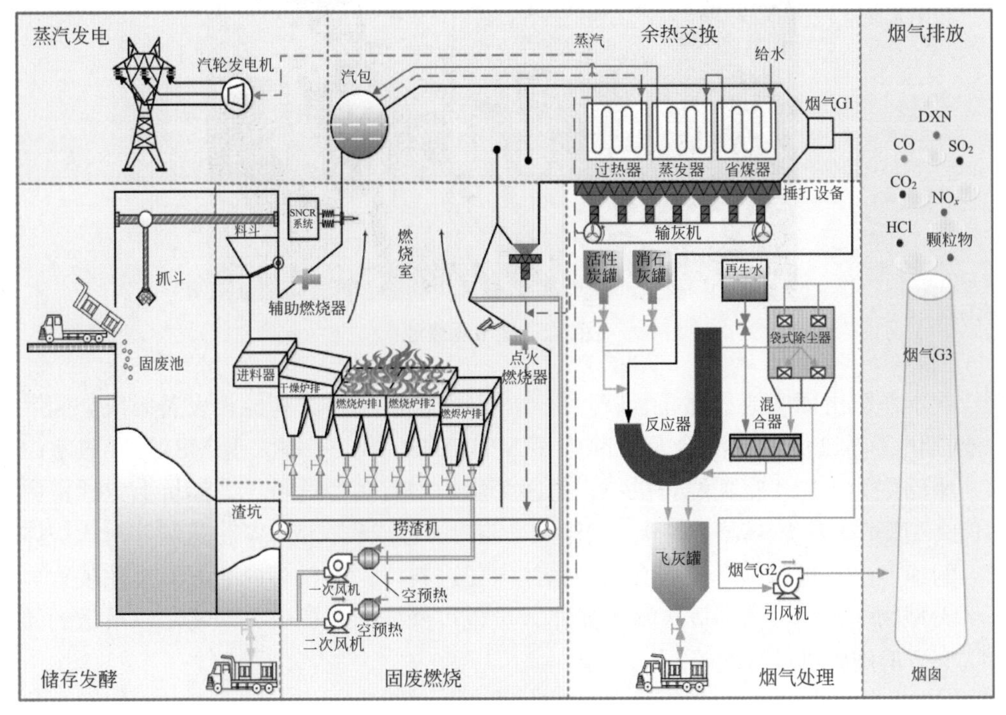

图 2-1　MSWI 过程工艺流程图

MSWI 过程以实现 MSW 无害化处理为主，发电或产热为辅。通常情况下，MSWI 电厂的汽轮发电机的发电量仅跟随焚烧炉的状态，外网的电力调度不限制其发电机功率。因此，MSWI 过程自动控制系统的首要目标是 MSW 的稳定燃烧，使锅炉蒸汽产生量实现稳定化，使炉渣热灼减率最小化，并尽可能地降低污染物的排放。

各系统的详细描述如下所示。

2.2.1　储存发酵系统

MSWI 电厂固废储运系统的功能是对 MSW 进行接收和储存[4-5]。一般情况下，MSW 由运输车运入，先经过称重系统称量并做记录，然后经卸料平台和卸料口倒入固废池。对于大件 MSW，需要在进入固废池前采用粉碎机进行粗碎。MSW 在固废池内进行储存的目的是对其进行脱水和发酵，同时抓斗对 MSW 进行搅拌以使其组分均匀分布并脱掉部分泥沙。固废池的容积设计一般以能储存 5 ～ 7 天的 MSW 焚烧量为宜，如图 2-2 所示。

图 2-2　城市固废池

本系统由固废池、抓斗、破碎机、进料斗及故障排除和监视设备组成。固废池提供了固废储存、混合及去除大型 MSW 的场所。一座大型 MSWI 厂通常设一座储坑为 3 ～ 4 座焚烧炉供料，每座焚烧炉均有多个进料斗，储坑上方通常由 1 ～ 2 座吊车及抓斗负责供料。操作人员监视屏幕或目视 MSW 由进料斗滑入炉体内的速度决定进料频率。若有大型物体卡住进料口，进料斗内的故障排除装置可将大型物体顶出，落回固废池。操作人员也可操控抓斗抓取大型物品，吊送到储坑上方的破碎机进行破碎。

2.2.2　固废燃烧系统

MSWI 电厂的焚烧系统是整个流程最核心的装置[6]，决定了整个焚烧厂的工艺流程和装配结构。焚烧系统一般由焚烧炉、给料机、助燃空气供给设备、辅助燃料供给及燃烧设备、添加试剂供给设备及炉渣排放与处理装置等组成。焚烧炉本体内的设备主要包括炉床及燃烧室，如图 2-3 所示。

通常，炉床多为机械可移动式炉排，可供 MSW 在上面翻转及燃烧。燃烧室一般处在炉床的正上方，可为燃烧废气提供数秒钟的停留时间，炉床下方往上喷入的一次风可与炉床上的 MSW 层充分混合，炉床上方喷入的二次风可提高燃烧气体的搅拌时间。

通常，MSW 的燃烧过程包括：①固体表面的水分蒸发；②固体内部的水分蒸发；③固体中的挥发性成分着火燃烧；④固体碳素的表面燃烧；⑤完成燃烧。从另外一个视角，前两项为干燥过程，后三项为燃烧过程。此外，燃烧也可分为一次燃烧和二次燃烧，其中，前者是燃烧的开始，后者是完成整个燃烧过程的重要阶段。MSW 的燃烧主要以分解燃烧为主，仅靠送入的一次风难以完成整个燃烧反应，其作用是将挥发性成分中的易燃部分燃烧掉的同时完成高分子成分的分解。

在一次燃烧过程中，产物 CO_2 有时会被还原，此时的燃烧反应受温度的影响较大。二次燃烧的燃物是一次燃烧过程所产生的可燃性气体和颗粒态碳素等物质，为均相的气态燃烧。二次燃烧是否完全可根据 CO 浓度进行判断。需要特别注意的是，二次燃烧对抑制二噁英的产生非常重要。因此，炉排炉的焚烧工艺必须根据上述燃烧机理和特点进行设计[7]。

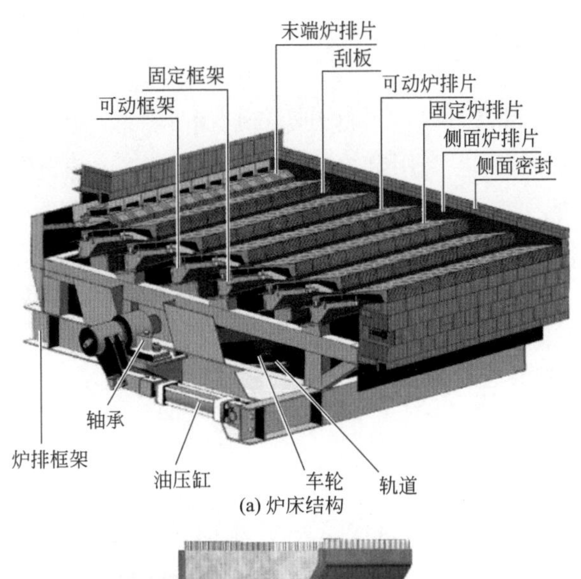

(a) 炉床结构

(b) 燃烧室结构

图 2-3　炉床与燃烧室结构

针对 MSWI 发电工艺，首要目标是 MSW 的减量化、无害化和资源化。因此，MSW 在焚烧炉内的具体工艺参数为：

① 燃烧温度：850℃以上（900℃以上最佳）。

② 烟气滞留时间：2s 以上。

③ CO 浓度：100mg/m³ 以下（1h 平均值）。

④ 稳定燃烧：尽量避免产生 100×10^{-6}g/m³ 以上的 CO 瞬时浓度。

⑤ 日常管理：设置温度计、CO 连续分析仪、O_2 连续分析仪等仪表对燃烧过程参数进行实时检测并监控。

依据 MSWI 过程的特点，焚烧炉内可划分为炉排上固相 MSW 的燃烧区、炉膛内气相组分的燃烧区、SNCR 脱硝区、余热锅炉换热区和烟气冷却区，详细分析见第 3 章内容。

2.2.3 余热交换系统

从焚烧炉中排出的高温烟气经冷却处理后向外排放，处理方法包括余热回收利用和喷水冷却两种方式。利用余热锅炉回收高温烟气中热量的方式一般有 3 种，即利用余热生产蒸汽进行发电、热电联用和提供热水。MSWI 电厂的余热锅炉按设计结构和布置情况，可分为烟道式和一体式余热锅炉，其中，前者与通常的余热锅炉基本相同，MSW 在焚烧炉炉膛内已燃烧完毕，进入余热锅炉的烟气只进行热交换，降低烟气温度，产生蒸汽或热水；后者则是将余热锅炉与焚烧炉组合为一体，锅炉的水冷壁往往构筑成焚烧炉的燃烧室。

2.2.4 蒸汽发电系统

利用余热锅炉进行发电时，进行能量转换的中间介质（即水）吸收烟气热量后，成为具有一定压力和温度的过热蒸汽，过热蒸汽驱动汽轮发电机组，将热能转换为电能。实践表明，在热能转变为电能的过程中，热能损失较大，其取决于垃圾热值、余热锅炉热效率以及汽轮发电机组的热效率。汽轮发电机组如图 2-4 所示。

图 2-4　汽轮发电机组

如果采用热电联供方式，利用余热锅炉回收高温烟气中的热量，则可以提高热利用率，原因在于蒸汽发电过程中的汽轮机、发电机的效率占较大的份额（62% ～ 67%），相对而言直接供热的热利用效率高。

2.2.5 烟气处理系统

焚烧炉烟气是MSWI过程的主要污染源，其含有大量颗粒状和气态污染物质，需要采用烟气处理系统进行处理，目的是去除烟气中的颗粒状污染物和气态污染物，实现烟气的达标排放[8-9]。通常，烟气中的颗粒状污染物可通过重力沉降、离心分离、静电除尘、袋式过滤等手段去除，烟气中的气态污染物如SO_2、NO_2、HCl及有机气体物质等主要通过吸收、吸附、氧化还原等技术实现净化。焚烧炉烟气处理系统的主要设备和设施有沉降室、旋风除尘器、静电除尘器、洗涤塔、布袋过滤器等，整体如图2-5所示。

图2-5 烟气处理设备

烟气处理工艺可分为以下几个阶段：

① 综合反应阶段：采用增湿灰循环脱硫（NID）❶技术进行烟气脱硫处理，向反应器内加入消石灰、SO_2、HCl等，使其在反应器中与湿处理后的石灰粉末发生中和反应，同时在反应器入口处添加活性炭，以吸附烟气中的二噁英和重金属等污染物。

② 烟气除尘阶段：烟气颗粒物、中和反应物、活性炭吸附物等在此处被除尘器捕集，干燥的循环灰被除尘器从烟气中分离出来，由输送设备输送到混合器，之后向混合器中加水，经过增湿及混合搅拌后进入反应器进行再次循环。

③ 飞灰产生阶段：气流由袋外流向袋内，使得粉尘从烟气中被分离并留在滤袋外，然后被运往灰仓。

❶ 此技术源于Alstom/ABB的半干法脱硫技术。

2.2.6 烟气排放系统

经过除尘后的烟气在引风机的作用下，通过烟气排放连续监测系统（CEMS）的监测后，排放至大气中。CEMS 是实现烟气排放连续监测的现代化仪器设备，可以检测烟气中典型污染物的排放浓度，包括粉尘量（颗粒物）、CO、SO_2、NO_x、CO_2、HCl、H_2O、O_2，还可以检测流量、温度、压力等参数，能够显示和打印各种参数和图表，并能通过传输系统将数据结果传输至 MSWI 过程的控制系统和国家环保局等管理部门[10]。典型 CEMS 系统的组成如图 2-6 所示。

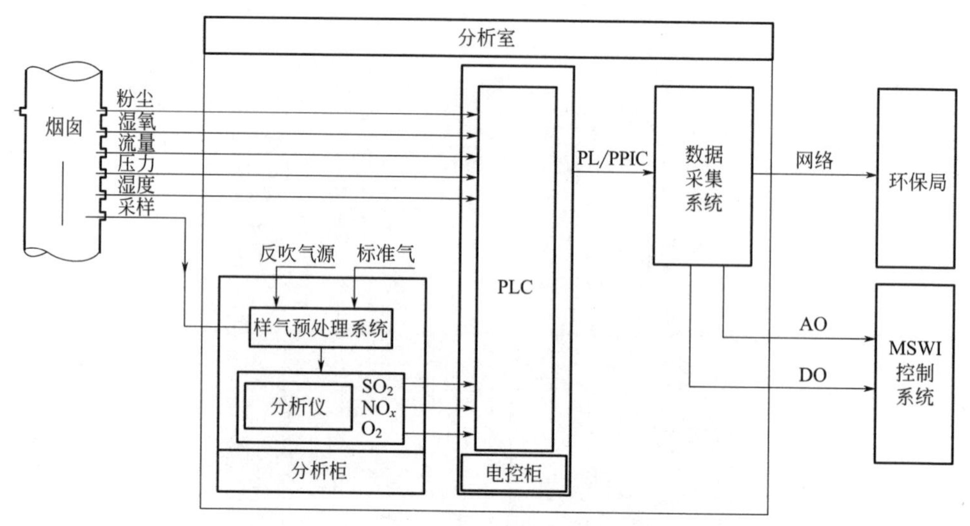

图 2-6 CEMS 系统的组成

由图 2-6 可知：CEMS 由气体污染物含量分析系统，烟尘浓度监测系统，流量检测系统，数据采集、处理及分析系统组成。气体污染物含量分析系统是关键，主要由采样探头、采样管线、预处理系统、分析仪等部分组成，主要分析方法分为稀释法、抽取法和直测法。目前在 MSWI 电厂中应用较多的为抽取法，即将烟气通过取样管线抽取，通过预处理后再由分析仪进行分析。

2.3 基于炉排炉的 MSWI 过程控制系统描述

2.3.1 MSWI 过程热质平衡

燃烧是伴有光和辐射并且具有强烈放热效应的化学反应现象，常伴有火焰，并且伴随着相互影响与相互制约的化学过程和物理过程。

固体物质的燃烧有3种方式，具体为：①蒸发燃烧，可燃固体受热后熔化成液体继而化成烟气，进一步与空气扩散混合后发生燃烧；②分解燃烧，可燃固体首先受热分解产生以烃类化合物为主的挥发分和固定碳及惰性物，其中挥发分与空气扩散混合后发生燃烧；③表面燃烧，木炭、焦炭等可燃固体受热后并不发生熔化、蒸发和分解等过程，而是在固体表面与空气发生反应并燃烧。

由于MSW所含有的可燃组分种类的复杂性，MSWI过程是包含蒸发燃烧、分解燃烧和表面燃烧的综合过程。下面着重对MSW的元素组成、物质平衡和能量平衡过程进行分析。

（1）元素组成分析

碳（C）作为MSW中的主要可燃元素，决定着MSW的热值，其完全燃烧后的产物为CO_2，包括固定碳量与挥发分含碳量两个部分。MSW中与含碳量相关的组分依次为厨余、果皮、橡塑、纸类和纤维等。

氢（H）作为MSW占比成分比例很小的高燃烧放热元素，包括挥发分形式的燃烧放热物质和与氧结合后的不可燃物质两种存在方式。MSW中的氢元素含量以橡塑最高，厨余最低，其余组分在二者之间。

硫（S）属于燃烧产物为硫氧化物等有害物质的元素，MSW中形成有机硫的主要物质为橡胶和塑料类，其对MSW热值的影响比较小。

氯（Cl）属于占比很小但燃烧产物为氯化氢及氯苯类等气态污染物的元素，MSW中的氯主要来源于MSW中的含氯塑料及厨余中的盐分等，对MSW热值的影响比较小。因MSW中的氯元素含量高于硫元素，故氯化氢的含量远高于硫氧化物。

氧（O）作为MSW中含量较高的元素，既属于助燃物质，又容易与氢化合成为不可燃物质，并且在一定温度条件下可与氮合成气态的污染物（氮氧化物）。MSW中的纸类、竹木、纤维等组分的氧元素含量都较高。

氮（N）是以化合态存在于MSW中的不可燃物质，其在一定温度条件下与氧合成有害的氮氧化物。

MSW中的元素分析按照计算基数分为湿基与干基两种表示方法，其中，前者以包括水分在内的实际应用成分的总量作为计算基数表示；后者以去掉水分（按MSW含水量检测方法）的MSW成分的总量作为计算基数。

由于MSW的组成复杂、测试烦琐，可参考文献[11]提出的MSW各物理成分的干基元素典型值，如表2-1所示。

表 2-1 MSW 元素分析的典型值 %

分析结果		纸类	橡塑	厨余	纤维	竹木	其他
C	综合	41.33	60.39	35.64	45.04	42.96	27.64
	范围	38 ～ 49	60 ～ 78	25 ～ 48	36 ～ 50	40 ～ 53	—
H	综合	5.90	7.83	5.12	6.41	6.02	4.06
	范围	5 ～ 6.5	7 ～ 14	5 ～ 6.5	5 ～ 6.5	5.5 ～ 6.5	—
S	综合	0.20	0.10	0.39	0.15	0.10	0.31
	范围	0 ～ 0.3	0 ～ 1.0	0 ～ 0.5	0 ～ 0.4	0 ～ 0.2	—
O	综合	42.59	17.85	36.51	42.59	41.24	16.74
	范围	39 ～ 44	4 ～ 20	28 ～ 38	32 ～ 45	35 ～ 44	
N	综合	0.30	0.48	2.60	2.18	2.35	1.94
	范围	—	—	—	—	—	—
Cl	综合	0.46	1.89	0.82	0.46	0.36	0.45
	范围	—	—	—	—	—	—
A	综合	7.42	5.18	19.64	3.17	6.97	48.76
	范围	3 ～ 12	4 ～ 10	14 ～ 25	1 ～ 10	1 ～ 10	—

以碳为例，湿基与干基的转换关系如下式所示：

$$C^{wet}=\frac{100-H_2O(\%)}{100}C^{dry} \tag{2-1}$$

式中，C^{wet} 和 C^{dry} 分别为采用湿基和干基时的 MSW 中的碳含量；$H_2O(\%)$ 为按 MSW 含水量检测方法检测的含水量百分比。

需要注意的是：尽管在 MSW 分析中采用的是基于多批次的分析措施，但是结果也只能反映大致 MSW 的元素组成，原因在于 MSW 物理成分复杂多变，取样的样品仅能反映某区域某时间段的 MSW 物理特征，研磨的 MSW 粒度难以全部达到小于 0.2mm 的样品粒度要求。

（2）物质平衡分析

① 焚烧物质转化分析 MSWI 过程的输入包括 MSW、空气、烟气净化所需的化学物质与水等固液气相物质。MSW 按工业分析又可进一步分为可燃分（挥发分和固定碳）、灰分和水分。MSW 中的可燃分与氧气发生氧化反应可生成碳氧化物、氮氧化物、硫氧化物等烟气和水蒸气，其也是烟气的主要组成部分。MSW 中灰分的小部分以细小固体颗粒物（飞灰）形态进入烟气处理系统，大部分以熔融态排出后经水冷处理形成炉渣。MSW 表面附着的水分在固废池中以渗出液的形式排出，MSW 内含水分的少部分参与可燃分的氧化过程。

MSWI 过程的物料输入与输出关系如图 2-7 所示。

图 2-7 中，M_{input}^{MSW} 为焚烧的 MSW 量，kg/d；M_{input}^{Air} 为实际供给空气量，kg/d；M_{input}^{Water} 为用水量，kg/d；$M_{input}^{Material}$ 为烟气处理系统所需的化学物质量，kg/d；M_{output}^{FGas} 为排出的干烟气量，kg/d；M_{output}^{WSteam} 为排出的水蒸气量，kg/d；M_{output}^{WWater} 为排出的废水量，kg/d；M_{output}^{FAsh} 为排出的飞灰量，kg/d；M_{output}^{Slag} 为排出的炉渣量，kg/d。

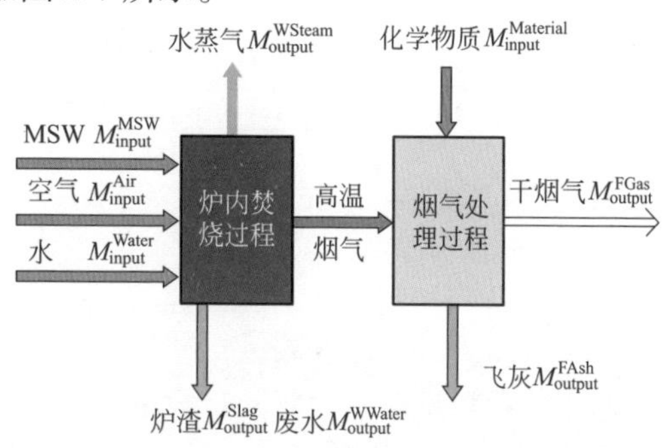

图 2-7　生活焚烧系统的物料输入与输出

基于单台焚烧炉和单台余热锅炉的 MSWI 系统的物料平衡示意图如图 2-8 所示[2]。

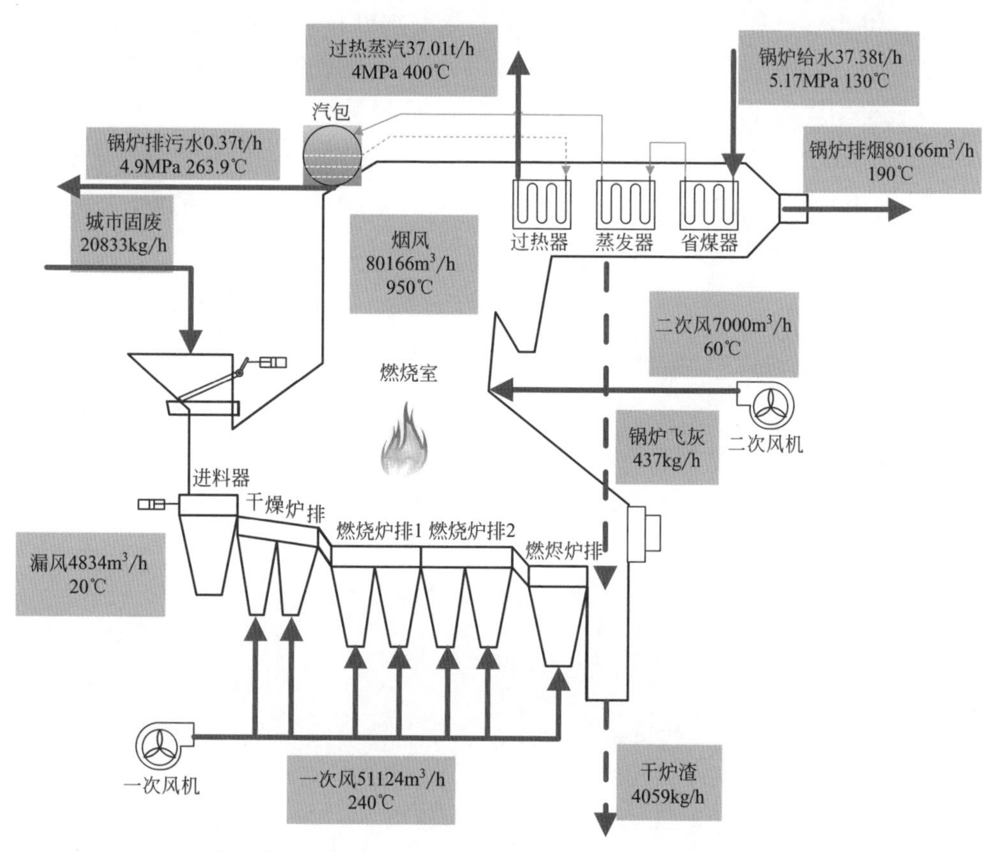

图 2-8　基于单台焚烧炉和单台余热锅炉的 MSWI 系统的物料平衡示意图

通常，MSWI 过程的物料输入量以 MSW、空气和水为主，输出量以干烟气、水蒸气及炉渣为主。为了简化计算，常以上述的六种物料作为平衡计算相关参数，而不考虑其他因素。

② 物质平衡参数计算　根据针对MSW的元素分析结果，其所包含的可燃组分可用$C_lH_mO_nN_uS_vCl_w$表示，完全燃烧的氧化反应可用下式表示：

$$C_lH_mO_nN_uS_vCl_w+\left(l+v+\frac{m-w}{4}-\frac{n}{2}\right)O_2 \longrightarrow lCO_2+wHCl+\frac{u}{2}N_2+\left(\frac{m-w}{2}\right)H_2O+vSO_2 \tag{2-2}$$

式中，l为碳元素数量；m为氢元素数量；n为氧元素数量；u为氮元素数量；v为硫元素数量；w为氯元素数量。

通过上述燃烧化学反应方程式和MSW的元素分析结果，可计算燃烧所需的空气量和产生的烟气量及其相应的组成。

理论燃烧空气量V^{ComAir}是指MSW完全燃烧时所需要的最低空气量。

MSW中碳、氢、氧、硫、氮和氯的含量分别以w_{C}、w_{H}、w_{O}、w_{S}、w_{N}和w_{Cl}表示，根据完全燃烧化学反应方程式即可计算得到理论空气量。通常，1kg的MSW完全燃烧的理论氧气量$V_{\text{Oxy}}^{\text{ComAir}}$的计算如下式所示：

$$V_{\text{Oxy}}^{\text{ComAir}}=1.866w_{\text{C}}+0.7w_{\text{S}}+5.66\left(w_{\text{H}}-0.028w_{\text{C}}\right)-0.7w_{\text{O}} \tag{2-3}$$

空气中氧气的体积含量为21%，所以1kg的MSW完全燃烧的理论空气需要量V^{ComAir}可采用如下公式计算：

$$V^{\text{ComAir}}\left(\text{m}^3/\text{kg}\right)=\frac{1}{0.21}\left[1.866w_{\text{C}}+0.7w_{\text{S}}+5.66\left(w_{\text{H}}-0.028w_{\text{Cl}}\right)-0.7w_{\text{O}}\right] \tag{2-4}$$

实际供给空气量V^{Air}的计算公式为：

$$V^{\text{Air}}=\alpha^{\text{EAC}}V^{\text{ComAir}} \tag{2-5}$$

式中，α^{EAC}为过量空气系数；V^{ComAir}为理论燃烧空气量。

若不考虑辅助燃料，并假定MSW中所含有的C、S和N均全部转化为CO_2、SO_2和N_2，则焚烧烟气量可采用如下公式计算得到：

$$\begin{cases}V^{\text{Gas}}=V_{\text{CO}_2}^{\text{Gas}}+V_{\text{SO}_2}^{\text{Gas}}+V_{\text{H}_2\text{O}}^{\text{Gas}}+V_{\text{N}_2}^{\text{Gas}}+V_{\text{O}_2}^{\text{Gas}}\\ V_{\text{CO}_2}^{\text{Gas}}=22.4\times\dfrac{w_{\text{C}}}{12}=1.866w_{\text{C}}\\ V_{\text{SO}_2}^{\text{Gas}}=22.4\times\dfrac{w_{\text{S}}}{32}=0.7w_{\text{S}}\\ V_{\text{H}_2\text{O}}^{\text{Gas}}=22.4\times\left(\dfrac{w_{\text{H}}}{2}+\dfrac{w_{\text{H}_2\text{O}}}{18}\right)=11.2w_{\text{H}}+1.244w_{\text{H}_2\text{O}}\\ V_{\text{N}_2}^{\text{Gas}}=0.79\lambda V_{\text{Air}}^{\text{ComAir}}+22.4\times\dfrac{w_{\text{N}}}{28}\\ V_{\text{O}_2}^{\text{Gas}}=0.21(\lambda-1)V_{\text{Air}}^{\text{ComAir}}\end{cases} \tag{2-6}$$

即：

$$V^{\text{Cas}} = (\lambda - 0.21)V^{\text{ComAir}} + 1.866w_{\text{C}} + 11.2w_{\text{H}} + 0.7w_{\text{S}} + 0.8w_{\text{N}} + 1.244w_{\text{H}_2\text{O}} \quad (2\text{-}7)$$

式中，w_C、w_H、w_S、w_N 和 w_{H_2O} 分别为烟气中 C、H、S、N 和 H_2O 的组分的质量分数。

（3）能量平衡分析

作为高温热处理技术的 MSWI 过程，其本质是过量的空气与 MSW 在焚烧炉内进行氧化燃烧反应，使得有害有毒物质在 800 ～ 1200℃的高温下发生氧化、热解等反应而被破坏，同时释放 MSW 中所含有的能量。

焚烧过程的能量平衡示意图如图 2-9 所示。

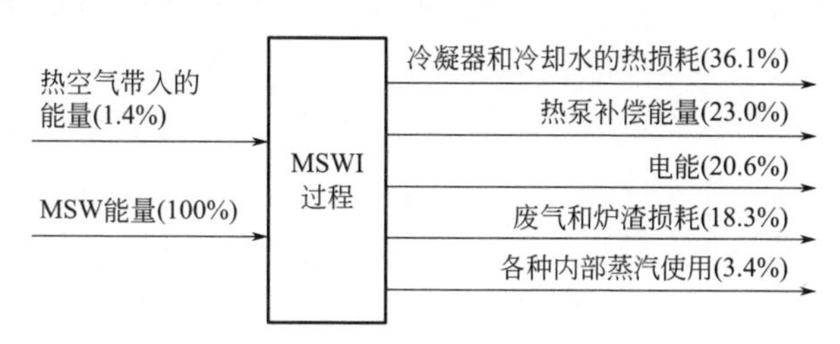

图 2-9　焚烧过程能量平衡

通常，可燃性 MSW 所含有潜在的能量可通过焚烧转换为热能。热值低的 MSW 需要添加辅助燃料维持燃烧，这导致运行成本增高，需要辅以适当的废热回收装置以降低焚烧成本。热值高的 MSW 焚烧所产生的热能可用于发电，在有效热值不够大时其所产生的热能可用于产生热水或蒸汽。

① 城市固废的挥发分　挥发分又称为挥发性固体含量，是指在绝热条件下将 MSW 样品加热到（900±10）℃并持续 7min 后所分解析出的除水蒸气外的气态物质，主要成分包括气态碳氢化合物以及氢气、一氧化碳、硫化氢等气体。因各组分的分子结构和断链条件的差异，橡胶、塑料、竹木、纸类等挥发分的析出初始温度为 150 ～ 200℃。研究表明，MSWI 过程是以挥发分燃烧为主要形式的过程。

挥发分的通常测定步骤为：首先称量试样重量得到 $W_{\text{MSW}}^{\text{ori}}$，然后将放入试样的坩埚置于马弗炉内加热到 600℃并灼烧 2h，接着将其冷却到室温后称量得到 $W_{\text{MSW}}^{\text{ash}}$，最后按下式计算得到挥发分：

$$Volatile = \frac{W_{\text{MSW}}^{\text{ori}} - W_{\text{MSW}}^{\text{ash}}}{W_{\text{MSW}}^{\text{ori}}} \times 100\% \quad (2\text{-}8)$$

② 城市固废的灰分　MSW 的灰分由有机物中的灰分和无机物组成，其中，前者由 MSW 中的有机成分和燃烧工况决定，一般在 5% ～ 6% 之间；后者主要包括废金属、玻璃、渣石及灰土等，其全部按灰分处理。

灰分的通常测定步骤为：首先称量试样重量得到$W_{\text{MSW}}^{\text{ori}}$，然后将其在马弗炉中以（815±10）℃的温度重复灼烧得到质量不发生变化时的$W_{\text{MSW}}^{\text{ash_con}}$，最后按下式计算得到灰分：

$$Ash = \frac{W_{\text{MSW}}^{\text{ash\_con}}}{W_{\text{MSW}}^{\text{ori}}} \times 100\% \tag{2-9}$$

也可按照下式进行计算：

$$Ash = 100\% - Volatile - H_2O \tag{2-10}$$

式中，H_2O为MSW中的水分含量百分比。

③ 城市固废的热值　MSW的热值是指单位质量的MSW在燃烧过程中所能释放的热量，单位为kJ/kg，是化学能含量的量度，可用于判断MSW的可燃性和能量回收潜力。显然，MSW能够维持正常焚烧的条件是，焚烧时所释放的热量足以对其进行加热并达到燃烧所需要的温度或者具备发生燃烧所必需的活化能；否则，需要通过添加辅助燃料以维持正常燃烧。

MSW的高位热值（粗热值）和低位热值（净热值）的区别在于所生成水的状态不同，分别为液态和气态，即两者的差别为水的汽化潜热。相应地，两者之间的转化关系如下式所示：

$$LHV = HHV - 2420\left[w_{\text{H}_2\text{O}} + 9\left(w_{\text{H}} - \frac{w_{\text{Cl}}}{35.5}\right)\right] \tag{2-11}$$

式中，LHV和HHV分别为低位热值和高位热值，kJ/kg。

MSW的高位热值测定方式是采用氧弹量热计。

MSW的低位热值可根据MSW组分的发热量或者Dulong方程式近似计算，后者如下式所示：

$$LHV = 2.32\left[1400w_{\text{C}} + 4500\left(w_{\text{H}} - \frac{1}{8}w_{\text{O}}\right) - 760w_{\text{Cl}} + 4500w_{\text{S}}\right] \tag{2-12}$$

式中，w_{C}、w_{O}、w_{H}、w_{Cl}和w_{S}分别为碳、氧、氢、氯和硫元素的质量分数。

④ 燃烧火焰温度　MSW所含有的某些有毒有害可燃污染物质需要在高温和一定条件下才能被有效分解和破坏。因此，维持足够高的焚烧温度和停留时间是确保实现MSWI过程减量化和无害化的基本前提。燃烧反应是由多个单反应所组成的复杂化学过程，其所产生的热量绝大部分储存在烟气中。当焚烧系统处于恒压和绝热状态时，焚烧系统所达到的最终温度即为理论燃烧温度。

然而，实际燃烧温度并不等于理论燃烧温度，后者能够以能量平衡方式实现精确计算，也能够以经验公式实现近似计算。

目前常用的计算理论燃烧温度的经验公式常借助于下式实现：

$$LHV = VC_{p_{\text{g}}}\left(T^{\text{GasTem}} - T^{\text{AirTem}}\right) \tag{2-13}$$

式中，V 为燃烧产生的废气体积百分比；C_{p_g} 为废气在温度 $T^{\text{GasTem}} \sim T^{\text{AirTem}}$ 条件下的平均比热容，kJ/（kg·℃）；T^{GasTem} 为最终废气温度，℃；T^{AirTem} 为大气或助燃空气温度，℃。

理论燃烧温度 $T^{\text{IdeGasTem}}$ 可由下式计算：

$$T^{\text{IdeGasTem}} = \frac{LHV}{VC_{p_R}} + T^{\text{AirTem}} \tag{2-14}$$

进一步，实际燃烧温度可由下式进行估算：

$$T^{\text{GasTem}} = \frac{LHV - \Delta H}{VC_{p_R}} + T^{\text{AirTem}} \tag{2-15}$$

式中，ΔH 为系统的总损失热值。

⑤ 热平衡分析　从能量转换的观点看，焚烧系统是将 MSW 的化学能通过燃烧过程转化成烟气的热能，后者再通过辐射、对流、导热等基本传热方式将热能分配交换给工质[1]或排放至大气环境中。

在稳定工况条件下，MSWI 过程的输入输出热量是平衡的，如图 2-10 所示[2]。

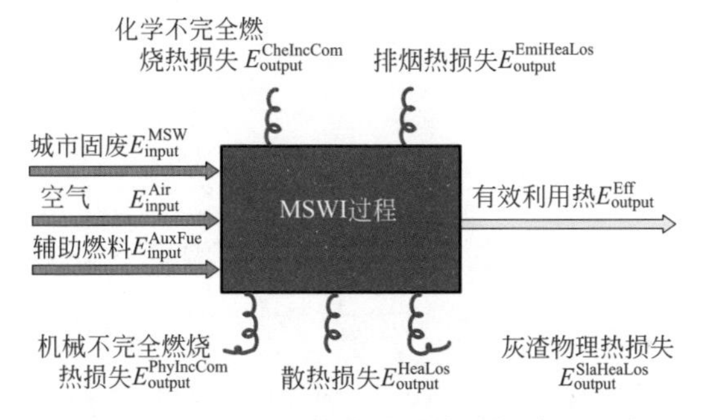

图 2-10　MSWI 过程的能量输入与输出关系

图 2-10 中，$E_{\text{input}}^{\text{MSW}}$ 为 MSW 的热量，kJ/h；$E_{\text{input}}^{\text{AuxFue}}$ 为辅助燃料的热量，kJ/h；$E_{\text{input}}^{\text{Air}}$ 为助燃空气的热量，kJ/h；$E_{\text{output}}^{\text{Eff}}$ 为有效利用热，kJ/h；$E_{\text{output}}^{\text{EmiHeaLos}}$ 为排烟热损失，kJ/h；$E_{\text{output}}^{\text{CheIncCom}}$ 为化学不完全燃烧热损失，kJ/h；$E_{\text{output}}^{\text{PhyIncCom}}$ 为机械不完全燃烧热损失，kJ/h；$E_{\text{output}}^{\text{HeaLos}}$ 为散热损失，kJ/h；$E_{\text{output}}^{\text{SlaHeaLos}}$ 为灰渣物理热损失，kJ/h。

下面分别对上述热量进行描述。

MSW 的热量 $E_{\text{input}}^{\text{MSW}}$ 等于送入炉内的 MSW 量与其热值 LHV(kJ / kg) 的乘积。

辅助燃料的热量 $E_{\text{input}}^{\text{AuxFue}}$ 等于辅助燃料量 $M_{\text{input}}^{\text{AuxFue}}$ (kg / h) 与其热值的乘积。需要注意的是，仅在维持 MSWI 过程正常运行中的高温状态，辅助燃料持续添加的情况下其所产生的热量才被计入输入热量；若在焚烧炉启动点火或者炉况不正常

[1] 实现热能和机械能相互转化的媒介物质称为工质。

时才使用辅助燃料，则其输入热量不计入输入热量。

助燃空气热量 $E_{\text{input}}^{\text{Air}}$ 等于入炉 MSW 量与送入空气量热焓的乘积，如下式所示：

$$E_{\text{input}}^{\text{Air}} = M_{\text{input}}^{\text{MSW}} \alpha^{\text{EAC}} \left(I_{\text{rk}}^{0} - I_{\text{vk}}^{0} \right) \tag{2-16}$$

式中，α^{EAC} 为过量空气系数；I_{rk}^{0} 和 I_{vk}^{0} 分别为 1kg 的 MSW 消耗的热风和自然风状态下理论空气量的焓值。

需要注意的是：助燃空气热量仅在采用外部热源加热空气时作为输入热量计算；若采用烟气对助燃空气进行加热，因该热量在本质上是焚烧炉内部的循环热量，其不能作为输入炉内的热量；若采用自然状态的空气进行助燃，则此项的值为零。

有效利用热 $E_{\text{output}}^{\text{Eff}}$ 是指被加热工质在焚烧时产生热烟气所获得的热量，如下式所示：

$$E_{\text{output}}^{\text{Eff}} = D\left(h_2 - h_1 \right) \tag{2-17}$$

式中，D 为工质（一般情况下是水）输出流量，kg/h；h_1 和 h_2 分别为进入和排出焚烧炉的工质热焓，kJ/kg。

排烟热损失 $E_{\text{output}}^{\text{EmiHeaLos}}$ 等于排烟容积与烟气单位容积的热容之积，如下式所示：

$$E_{\text{output}}^{\text{EmiHeaLos}} = M_{\text{input}}^{\text{MSW}} V_{\text{gas}} \left[(\partial C)_{\text{gas}} - (\partial C)_0 \right] \frac{100 - E_{\text{output}}^{\text{PhyIncCom}}}{100} \tag{2-18}$$

式中，$(\partial C)_{\text{gas}}$ 和 $(\partial C)_0$ 分别为排烟温度和环境温度下烟气单位容积的热容量；$\frac{100 - E_{\text{output}}^{\text{PhyIncCom}}}{100}$ 为因机械不完全燃烧所引起的实际烟气量减少的修正值。

化学不完全燃烧热损失 $E_{\text{output}}^{\text{CheIncCom}}$ 是指烟气成分中的某些可燃气体（如 CO、H_2 和 CH_4 等）未能够燃烧所引起的热损失，如下式所示：

$$E_{\text{output}}^{\text{CheIncCom}} = M_{\text{input}}^{\text{MSW}} \left(V_{\text{CO}}^{\text{Gas}} Q_{\text{CO}} + V_{\text{H}_2}^{\text{Gas}} Q_{\text{H}_2} + V_{\text{CH}_4}^{\text{Gas}} Q_{\text{CH}_4} + \cdots \right) \frac{100 - E_{\text{output}}^{\text{PhyIncCom}}}{100} \tag{2-19}$$

式中，$V_{\text{CO}}^{\text{Gas}}$、$V_{\text{H}_2}^{\text{Gas}}$ 和 $V_{\text{CH}_4}^{\text{Gas}}$ 分别为 1kg 的 MSW 所产生烟气包含的 CO、H_2、CH_4 气体的容积。

机械不完全燃烧热损失 $E_{\text{output}}^{\text{PhyIncCom}}$ 是指未燃或未完全燃烧的固定碳所引起的热损失，如下式所示：

$$E_{\text{output}}^{\text{PhyIncCom}} = 32700 M_{\text{input}}^{\text{MSW}} \times \frac{A^{\text{C}}}{100} \times \frac{c_{1\text{x}}}{100 - c_{1\text{x}}} \tag{2-20}$$

式中，A^{C} 为炉渣中的含碳百分比；$c_{1\text{x}}$ 为炉渣的比热容，kJ/（kg · ℃）。

散热损失 $E_{\text{output}}^{\text{HeaLos}}$ 是指因焚烧炉表面向周围空间的辐射和对流效用而引起的热量损失。

灰渣物理热损失 $E_{\text{output}}^{\text{SlaHeaLos}}$ 如下式所示：

$$E_{\text{output}}^{\text{SlaHeaLos}} = V_{\text{CH}_4}^{\text{Gas}} \alpha^{\text{EAC}} \frac{A^{\text{C}}}{100} c_{1x} t_{1x} \tag{2-21}$$

式中，α^{EAC} 为过量空气系数；t_{1x} 为炉渣温度，℃。

2.3.2 MSWI 过程自动燃烧控制系统

（1）燃烧图

燃烧图是 MSWI 技术的工程设计和运行指导图，给出了 MSW 焚烧量和发热量的相互关系，界定了满足环保和正常燃烧的标准以及添加燃油等辅助燃料的范围 [11]。典型燃烧图如图 2-11 所示。

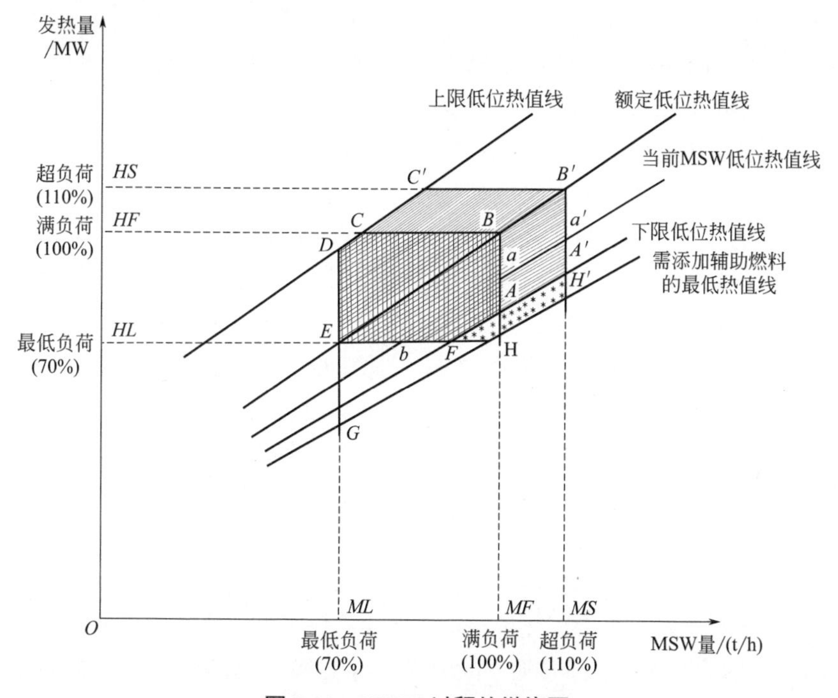

图 2-11　MSWI 过程的燃烧图

由图 2-11 可知，横坐标和纵坐标分别为 MSW 的焚烧量和发热量，坐标中的热值线包括上限低位热值线、额定低位热值线、当前 MSW 低位热值线、下限低位热值线和需添加辅助燃料的最低热值线，图中包含焚烧炉工作区域、超负荷工作区域和添加辅助燃料的工作区域，确定方式如下。

焚烧炉工作区域 *ABCDEFA* 的确定：首先，在横坐标满负荷 *MF* 处作垂线由上到下，交额定低位热值线于 *B* 点，交当前 MSW 低位热值线于 *a* 点，交下限低位热

值线于 *A* 点，交需添加辅助燃料的最低热值线于 *H* 点；接着，从 *B* 点作平行于横坐标的线段，交上限低位热值线于 *C* 点，交纵轴于满负荷发热量于 *HF* 点；再接着，从横坐标最低负荷 ML 处作垂线由上到下，交上限低位热值线于 *D* 点，交额定低位热值线于 *E* 点，交需添加辅助燃料的最低热值线于 *G* 点；最后，从 *E* 点作平行于坐标横轴的直线 *EF*，交当前 MSW 低位热值点于 *b* 点，交下限低位热值线于 *F* 点。若 *C*、*D* 两点重合，则表示焚烧炉运行达到上限极点，若该重合点位于上限低位热值线右侧，则表示超出焚烧炉运行范围，此时需要调低 MSW 的上限低位热值；如 *A*、*F* 两点重合，则表示焚烧炉运行达到下限极点，若该重合点位于下限低位热值线左侧，则表示超出焚烧炉运行范围，需要调高 MSW 的下限低位热值。

焚烧炉超负荷工作区域 $ABCC'B'A'A$ 的确定：首先，由横坐标 110% 超负荷点 *MS* 处作垂线，交额定低位热值线于 B'，交当前 MSW 低位热值线于 a' 点，交下限低位热值线于 A' 点，交需添加辅助燃料的最低热值线于 H' 点；最后，沿 B' 点作平行于横轴的线段交上限低位热值线于 C' 点，交纵轴超负荷发热量于 *HS* 点。超负荷工作时间过长会缩短设备的使用寿命，故该时间应是短时的，一般每次不超过 2h，每天最多 2 次。

需要添加辅助燃料的工作区域为 $AFHH'A'A$。

由图 2-11 可获得的分析结论包括：*B* 点表示焚烧炉额定工况下的工作点，从 *B* 点到 *C* 点表示 MSW 处理量逐渐减少但总发热量恒定不变，表示余热锅炉正常工作的上限，燃烧室容积、炉膛容积、风机容量、烟气处理设施容量、受电设备容量等设备工艺参数的上限是依据该点确定的；线段 *AB* 表示焚烧炉在满负荷 MSW 处理量条件下的正常工作区间，从 *A* 点到 *B* 点表示发热量随 MSW 热值的变化而变化，能够满足 MSW 热灼减率的要求；*A* 点表示焚烧炉在满负荷处理量条件下正常工作的下限，通常炉排速度（也称为机械负荷）、炉排面积、蒸汽空气加热器容量、辅助燃烧设备容量等依据该点参数所确定；从 *C* 点到 *D* 点表示 MSW 处理量逐渐减少、MSW 热值降低和偏离额定发热量；*E* 点表示焚烧炉正常工作的最低 MSW 处理量及发热量；折线 *EFA* 表示维持焚烧炉稳定燃烧和确保规定炉渣热灼减量的下限，沿线段 *FA* 的总发热量虽然在逐渐增加，但炉渣热灼减率已经不能保证满足指标要求。

显然，对 MSWI 过程的控制需要以燃烧图中的焚烧炉工作区域 *ABCDEFA* 为基准。

（2）自动燃烧控制（ACC）的结构

自动燃烧控制（ACC）系统的目的是实现 MSW 的完全燃烧，保持燃烧温度在允许波动范围内，维持稳定蒸汽流量，控制排放烟气中气态污染物的浓度等。

① 完全燃烧是指结合焚烧炉排的结构形式，通过控制 MSW 在炉排上燃烧的停留时间、MSW 的温度与搅动、一次风空气量等，达到设计的炉渣热灼减率和尾

气排放标准。

② 保持燃烧温度是指结合燃烧室的结构形式，在允许的波动范围内控制二次空气量，以确保挥发分的充分燃烧，实现烟气稳定在高于850℃且在炉内停留时间不低于2s，并减少氮氧化物、二噁英类等污染物的生成。

③ 维持稳定蒸汽流量是指结合MSW特性，以与其相应的蒸发量及炉内温度等为前馈，在设定条件范围内控制焚烧量、炉排速度、燃烧空气量与空气温度等，实现额定蒸汽压力、温度等工艺参数条件下的稳定蒸汽负荷。

④ 焚烧炉启动与停炉控制是指根据设定的启动升温曲线与停炉降温曲线，控制炉内温度变化速率，实现焚烧炉的安全启停。

针对炉排式焚烧炉，推料器供给的MSW与从炉排下方以分区供给方式输入的空气混合后进行燃烧，其中，在干燥段，通过下方供给的一次空气和来自燃烧室的高温辐射热对MSW进行加热干燥，进而使得MSW内的水分和挥发分蒸发，释放出一氧化碳与碳化氢等还原气体；在燃烧段，利用下方供给的一次空气和MSW进行氧化反应，并在燃烧段下游端部达到燃烬点；在燃烬段，利用下方供给的一次空气，使MSW含碳量达到规定的3%～5%；进一步，由焚烧炉中部供入二次空气，对未完全燃烧的气态挥发分与未燃烧的固态悬浮物质进行二次燃烧，所产生的高温烟气进入余热锅炉，并与其对流受热面进行热交换。

在上述燃烧过程中，ACC系统的基本流程为：首先，设定日或小时的MSW处理量；然后，根据不同季节的MSW特性计算得到余热锅炉的蒸发量和燃烧空气量，进而确定一次风流量、二次风流量和烟气含氧量；然后，由蒸发量的设定值计算得到炉排速度和一次风流量的设定值，再根据炉排速度设定值控制推料器的推料速度与炉排进料速度，并根据一次风流量设定值控制一次空气量；最后，由烟气含氧量设定值计算得到二次风量设定值，并根据该值控制二次风流量。基于上述策略，在保证余热锅炉蒸发量稳定的同时实现MSW的自动燃烧。

通常，ACC系统可集成在DCS中作为具有独立逻辑的控制功能模块[12]，控制结构如图2-12所示。

在实际工业过程中，对燃烧空气和进料量的控制尤为重要。

（3）典型的燃烧空气控制策略

① 利用蒸汽流量计检测实际蒸汽量，再与其设定值进行补偿计算，得到蒸汽量的补偿值，进而计算检测值与设定值的差值，最后根据差值的正负采用补偿值减少 / 增加一次风流量。

② 利用空气流量计检测实际的一次风流量，再与设定值进行补偿计算，得到一次风流量补偿值，然后计算检测值与设定值的差值，根据其差值的正负和一次风流量补偿值增加 / 减少MSW进料速度。

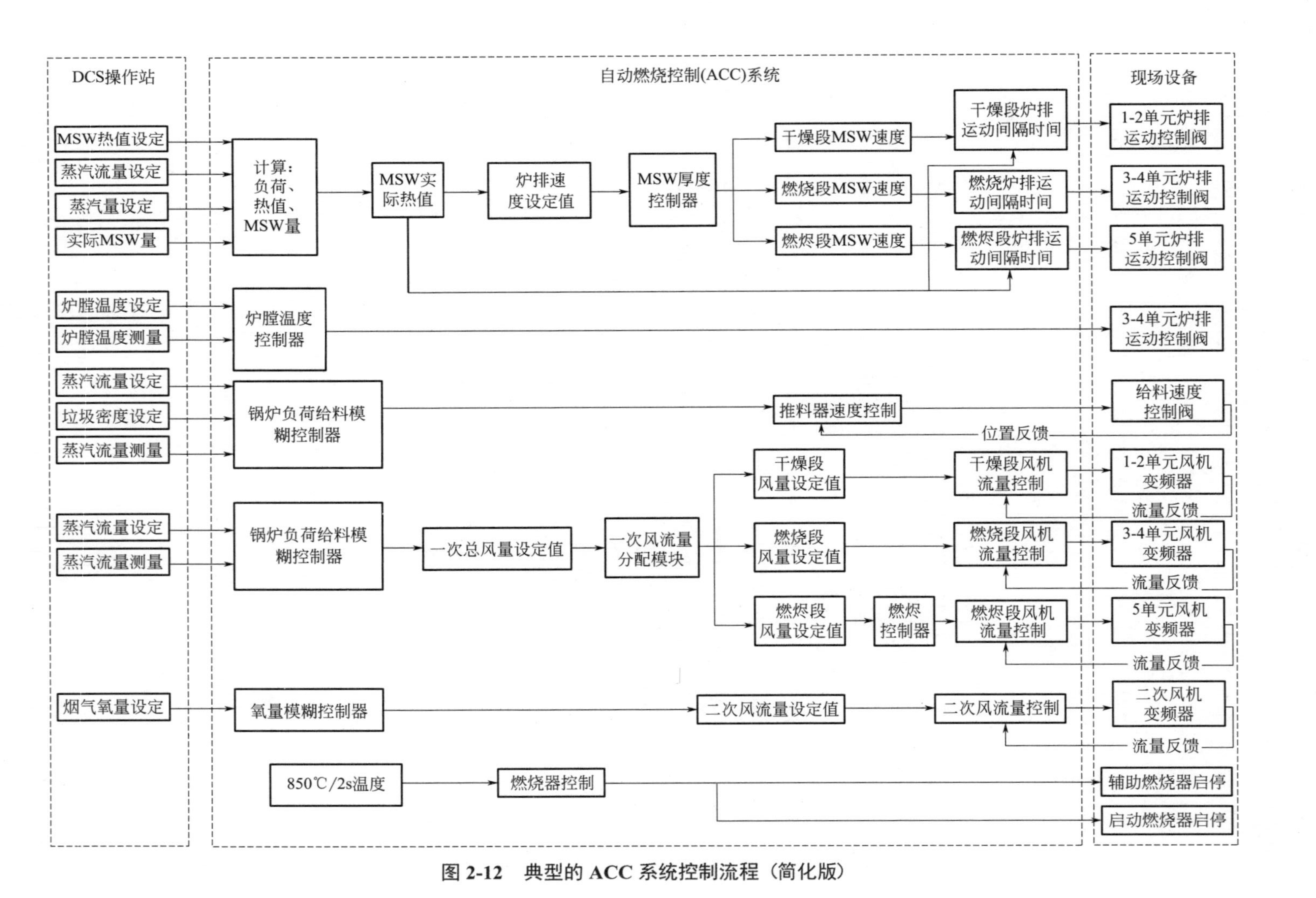

图 2-12 典型的 ACC 系统控制流程（简化版）

③ 利用氧浓度检测装置检测烟气中的实际氧浓度，再与设定值进行补偿计算，得到氧浓度补偿值，然后计算检测值与设定值的差值，根据差值的正负和氧浓度补偿值减少 / 增加二次风流量。

上述燃烧空气控制策略如图 2-13 所示 [11]。

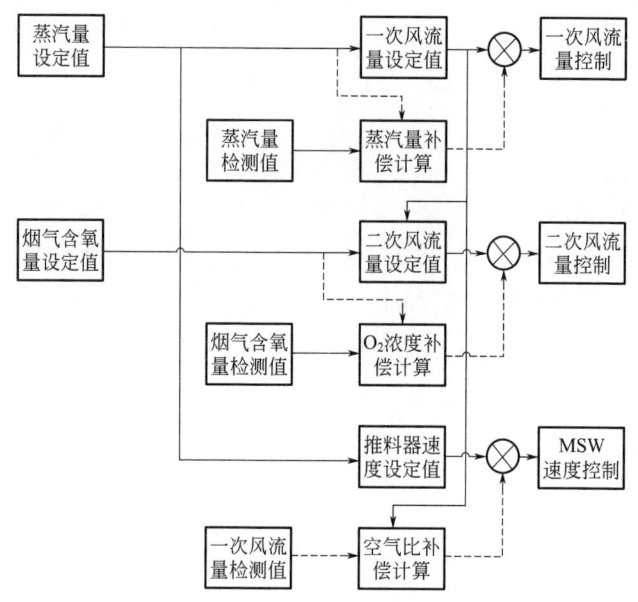

图 2-13　ACC 燃烧空气控制系统

2.4 MSWI 过程的运行指标及其影响因素分析

2.4.1　MSWI 过程运行指标

MSWI 过程运行指标主要包括热灼减率、燃烧效率、有机物脱除率和排放烟气中典型污染物浓度等。

(1) 热灼减率

热灼减率是指焚烧残渣经灼热减少的质量占其原始质量的百分数，如下式所示：

$$P=\frac{A-B}{A}\times 100\% \tag{2-22}$$

式中，A 为焚烧残渣经 110℃干燥 2h，再冷却至室温下的质量，g；B 为焚烧残渣经 600℃ ±25℃灼热 3h，再冷却至室温下的质量，g。

通常，MSW 中可燃物质氧化和焚毁得越彻底，在焚烧灰渣中残留的可燃成分也越少。因此，业界常用热灼减率评价焚烧效果。

（2）燃烧效率

燃烧效率是指烟道所排出气体中的 CO_2 浓度与 CO_2 浓度和 CO 浓度之和的百分比，如下式所示：

$$CE = \frac{[CO_2]}{[CO_2]+[CO]} \times 100\% \tag{2-23}$$

式中，$[CO_2]$ 和 $[CO]$ 分别为焚烧后所排出气体中 CO_2 和 CO 的浓度。

通常，MSW 中的碳在焚烧过程中会转化为 CO_2 和 CO，焚烧得越完全，CO_2 浓度越高。因此，业界采用燃烧效率反映 MSW 中所包含可燃物质的氧化和焚烧程度。

（3）有机物脱除率

有机物脱除率是指有机物经焚烧后所减少的质量分数，如下式所示：

$$DRE = \frac{W_{in} - W_{out}}{W_{in}} \times 100\% \tag{2-24}$$

式中，W_{in} 为 MSW 中某有机物质的质量；W_{out} 为烟道排放气和焚烧残渣中所残留的有害有机物的质量之和。

（4）排放烟气中典型污染物浓度

若对 MSWI 过程产生的一系列污染物控制和处理不当可能会造成二次污染。目前，MSWI 过程所排放的气体污染物包括 4 个方面，即：

① 烟尘：常将颗粒物、黑度和总碳量作为控制指标。

② 有害气体：包括 SO_2 、HCl 、HF 、CO 和 NO_x 等。

③ 重金属元素的单质或其化合物：如 Hg 、Cd 、Pb 、Ni 、Cr 、 As 等。

④ 有机污染物：二噁英（DXN），包括多氯代二苯并 - 对 - 二噁英（PCDDs）和多氯代二苯并呋喃（PCDFs）等有机化合物。

我国自 2016 年 1 月 1 日起执行新的 MSWI 过程污染控制标准，典型污染物排放浓度的限值见表 2-2。

表 1-2　MSWI 过程排放烟气中的典型污染物限值

序号	污染物项目	限值	取值时间
1	颗粒物 / （mg/m^3）	30	1h 均值
		20	24h 均值
2	氮氧化物（NO_x）/（mg/m^3）	300	1h 均值
		250	24h 均值

续表

序号	污染物项目	限值	取值时间
3	二氧化硫（SO_2）/（mg/m^3）	100	1h 均值
		80	24h 均值
4	氯化氢 /（mg/m^3）	60	1h 均值
		50	24h 均值
5	汞及其化合物（以 Hg 计）/（mg/m^3）	0.05	测定均值
6	镉、铊及其化合物（以 Cd+Tl 计）/（mg/m^3）	0.1	测定均值
7	锑、砷、铅、铬、钴、铜、锰、镍及其化合物（以 Sb+As+Pb+Cr+Co+Cu+Mn+Ni 计）/（mg/m^3）	1.0	测定均值
8	二噁英类 /（ng TEQ/m^3）	0.1	测定均值
9	一氧化碳（CO）/（mg/m^3）	30	1h 均值
		20	24h 均值

2.4.2 MSWI 过程影响因素分析

(1) MSW 性质

通常，MSW 性质是判断其是否能够进行焚烧处理以及处理效果好坏的决定性因素，尤其是 MSW 的热值、成分组成和颗粒粒度等因素。显然，MSW 的热值越高，焚烧越易进行，相应的焚烧效果也越好。国家规定，MSW 能够入炉的最低热值标准为 4184kJ/kg，达不到标准的 MSW 需通过添加煤或油等辅助燃料助燃。

MSW 组分的三要素为含水率、可燃组成和灰分，以上是进行焚烧炉设计的关键因素 [13]。含水率是指干燥某 MSW 样品时所失去的质量占总体质量的百分比。可燃分包括挥发分和固定碳，前者是指在标准状态下加热 MSW 后所失去的质量分数，其含量与燃烧火焰密切相关，含量越高表示所产生的燃烧火焰越大；后者为除挥发分后的余下部分，也称为炭渣。灰分是指 MSW 样品的干物质中无法由燃烧反应转化为气态物质的残余物，如玻璃和金属等。显然，三要素在任何情况下的总和都应为 100%。

通常，MSW 的可燃区界限值为水分≤ 50%、灰分≤ 60% 和可燃分≥ 25%，如图 2-14 所示，其中，斜线覆盖部分为可燃区，边界上或边界外为不可燃区。

若 MSW 的组分位于可燃区内，表明 MSW 的自身热值可提供 MSWI 过程所需要的干燥热量、热解过程热量，焚烧所产生的烟气也具有足够高的温度。若 MSW 的组分位于不可燃区，表明必须外加辅助燃料才能进行正常的焚烧。

此外，MSW 的粒度越小，单位质量（或体积）MSW 的表面积越大，其与周围氧气的接触面积也越大，焚烧过程的传热及传质效果也越好，燃烧也越完全。

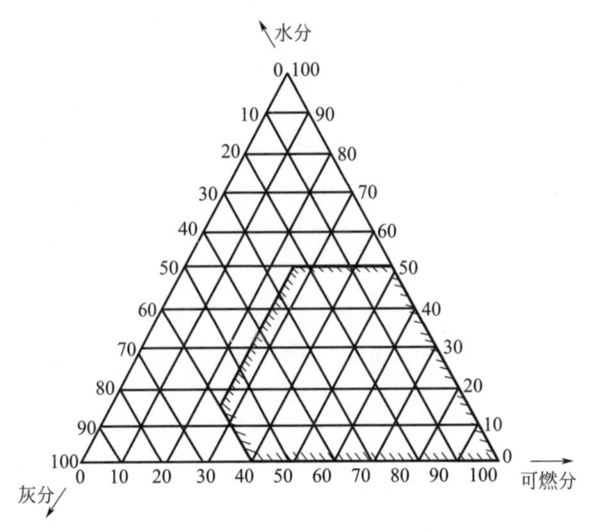

图 2-14　MSW 组分三元素图

(2) 焚烧温度

焚烧温度对 MSW 的减量化和无害化程度具有决定性的影响，取决于 MSW 燃烧特性（如热值、燃点、含水率）以及焚烧炉的结构、空气量等。此处的温度是指焚烧所能达到的最高温度，通常其值越高越有利于燃烧；但是，若温度过高，会对炉排、炉墙等部分产生不良影响，甚至可能发生炉膛结焦等问题。此外，温度与停留时间是相关因子，在较高温度下适当缩短停留时间也能够维持较好的焚烧效果。

一般地，由一定的停留时间下所达到完全焚烧的试验结果确定焚烧温度的具体数值[3]。大多数有机物的焚烧温度范围在 800 ～ 1100℃之间，通常在 800 ～ 900℃之间。针对 MSW，需要依据不同情况确定：当 MSW 粒子在 0.01 ～ 0.51μm 之间，并且供氧浓度与停留时间适当时，焚烧温度在 900 ～ 1100℃间即可避免产生黑烟；对含氯化物 MSW 的焚烧，温度在 800℃以上时，氯气转化为能够回收利用或以水洗涤除去的氯化氢，低于 800℃时则形成难以去除的氯气；含有碱土金属的 MSW 在焚烧时一般控制在 800℃以下，原因在于碱土金属及其盐类一般为低熔点化合物，在 MSW 中的灰分较少以至于不能形成高熔点炉渣时，这些熔融物易与焚烧设备的耐火材料和金属零件发生腐蚀而损坏炉衬和设备；焚烧含氰化物的 MSW 时，在温度为 850 ～ 900℃时氰化物几乎全部分解；焚烧可能产生氮氧化物（NO_x）的 MSW 时，温度应控制在 1500℃以下，原因在于过高的温度会产生 NO_x。此外，高温焚烧是防止生成二噁英（DXN）的最好方法。研究表明，在 925℃以上时这些毒性有机物会被破坏。

(3) 停留时间

MSW 中的有害组分在焚烧炉内燃烧时，发生氧化和燃烧反应进而使得有害物质变成无害物质所需的时间称为停留时间，其直接影响焚烧的完全程度，也是设计焚烧炉尺寸的理论依据。停留时间的两方面含义：其一，MSW 在焚烧炉内的停留时间，即 MSW 从进炉开始到焚烧结束成为炉渣排出所需的时间；其二，MSWI 过程所产生的烟气在炉中的停留时间，即 MSW 产生的烟气从固体状态层逸出到排出焚烧炉所需的时间。研究表明，前者取决于 MSW 在燃烧过程中蒸发、热分解、氧化还原反应等反应速率的大小，后者取决于烟气中颗粒状污染物和气态分子的分解与化学反应速率。停留时间的长短应根据 MSW 本质特性、燃烧温度、燃料颗粒大小和搅动程度等因素确定。通常，在其他影响焚烧的条件不变时，MSW 和烟气的停留时间越长则焚烧反应越彻底，相应的焚烧效果也越好；但是，停留时间过长会导致焚烧处理量减少，间接增大焚烧炉的生产运营成本。

焚烧温度维持在 850 ～ 1000℃并具有良好搅拌和混合条件时，通常要求 MSW 的停留时间达到为 1.5 ～ 2h，烟气停留时间大于 2s。

（4）湍流度

湍流度是指 MSW 与空气以及燃烧气化产物与空气的混合情况，其值越大表示 MSW 与空气的混合程度越好，也表示可燃物能够及时充分地获取燃烧所需要的氧气。湍流度受多种因素的影响，加大空气供给量与采用适宜的空气供给方式均可提高湍流度，改善传热与传质的效果，进而促进 MSW 的完全燃烧。

（5）过量空气系数

过量空气系数是指实际空气量与理论空气量的比值。因焚烧室内的 MSW 颗粒很难与空气形成理想混合，为保证燃烧完全，实际空气供给量要明显高于理论空气需要量，即过量空气系数大于 1。增大过量空气系数可提供过量氧气和增加炉内湍流度，有利于 MSW 的充分焚烧；但是，过量空气系数偏大会导致炉温降低和烟气量增大，进而会对烟气的净化处理不利，最终增加 MSW 过程的处理成本。

2.5 MSWI 过程智能优化控制问题描述及其复杂性分析

2.5.1 MSWI 过程智能优化控制问题描述

MSWI 过程是由多个工业装备组成的复杂系统，功能是将 MSW 转变成电能、无毒无害烟气和不可燃的灰渣，要实现运行效率、焚烧质量、物料消耗、污染物排放浓度等运行指标的优化必须协调控制多个子系统[14]。

下面将对 MSWI 过程的单变量和多变量智能优化控制问题进行阐述。

（1）从单变量优化控制角度描述

以 MSWI 炉膛温度为例，MSWI 过程的单变量智能优化控制问题可描述为：

$$
Y_{\text{Tem}}^{*}=\arg\left(\min\left\{\left\|R-R^{*}\right\|\right\}\right)
$$
$$
\text{s.t.}\begin{cases}\text{等式约束：}\begin{cases}\hat{R}=f_{R}(R,Y_{\text{Tem}},D)\\ \hat{Y}_{\text{Tem}}=f_{Y}(Y_{\text{Tem}},U_{\text{Tem}},D)\\ \hat{U}_{\text{Tem}}=f_{V}((Y_{\text{Tem}}^{*}-Y_{\text{Tem}}),D,\theta_{\text{Tem}})\end{cases}\\ \text{不等式约束：}\begin{cases}R^{\min}\leqslant R\leqslant R^{\max}\\ Y_{\text{Tem}}^{\min}\leqslant Y_{\text{Tem}}\leqslant Y_{\text{Tem}}^{\min}\\ U_{\text{Tem}}^{\min}\leqslant U_{\text{Tem}}\leqslant U_{\text{Tem}}^{\min}\end{cases}\end{cases}
\tag{2-25}
$$

式中，Y_{Tem}、Y_{Tem}^{*} 和 $\hat{Y}_{\text{Tem}}$ 分别为将 MSWI 过程的炉膛温度作为被控对象的实际值、期望值和动态模型估计值；R、R^{*} 和 $\hat{R}$ 分别为 MSWI 过程运行指标的实际值、期望值和动态模型估计值；U_{Tem} 和 $\hat{U}_{\text{Tem}}$ 分别为 MSWI 过程炉膛温度控制器的实际值和动态模型估计值；$f_{R}(\cdot)$ 和 $f_{Y}(\cdot)$ 分别为 MSWI 过程运行指标和炉膛温度未知非线性动态函数；U 为基础控制回路的操作变量；D 为 MSWI 过程的外部干扰，包括 MSW 成分波动、工况漂移、设备磨损与维修等；θ_{Tem} 为炉膛温度控制器的参数。

（2）从多变量优化控制角度描述

以 MSWI 过程的炉膛温度、烟气含氧量和锅炉蒸汽流量为例，MSWI 过程的多变量智能优化控制问题可描述为：

$$
\left\{Y_{\text{Tem}}^{*},Y_{\text{Oxy}}^{*},Y_{\text{Ste}}^{*}\right\}=\arg\left(\min\left\{\left\|R-R^{*}\right\|\right\}\right)
$$
$$
\text{s.t.}\begin{cases}\text{等式约束：}\begin{cases}\hat{R}=f_{R}(R,\{Y_{\text{Tem}},Y_{\text{Oxy}},Y_{\text{Ste}}\},D)\\ \{\hat{Y}_{\text{Tem}},\hat{Y}_{\text{Oxy}},\hat{Y}_{\text{Ste}}\}=f_{Y}(\{Y_{\text{Tem}},Y_{\text{Oxy}},Y_{\text{Ste}}\},\{U_{\text{Tem}},U_{\text{Oxy}},U_{\text{Ste}}\},D)\\ \{\hat{U}_{\text{Tem}},\hat{U}_{\text{Oxy}},\hat{U}_{\text{Ste}}\}=f_{V}((Y_{\text{Tem}}^{*}-Y_{\text{Tem}}),(Y_{\text{Oxy}}^{*}-Y_{\text{Oxy}}),(Y_{\text{Ste}}^{*}-Y_{\text{Ste}}),D,\\ \qquad\qquad\theta_{\text{Tem}},\theta_{\text{Oxy}},\theta_{\text{Ste}})\end{cases}\\ \text{不等式约束：}\begin{cases}R^{\min}\leqslant R\leqslant R^{\max}\\ Y_{\text{Tem}}^{\min}\leqslant Y_{\text{Tem}}\leqslant Y_{\text{Tem}}^{\max}\\ Y_{\text{Oxy}}^{\min}\leqslant Y_{\text{Oxy}}\leqslant Y_{\text{Oxy}}^{\max}\\ Y_{\text{Ste}}^{\min}\leqslant Y_{\text{Ste}}\leqslant Y_{\text{Ste}}^{\max}\\ U_{\text{Tem}}^{\min}\leqslant U_{\text{Tem}}\leqslant U_{\text{Tem}}^{\max}\\ U_{\text{Oxy}}^{\min}\leqslant U_{\text{Oxy}}\leqslant U_{\text{Oxy}}^{\max}\\ U_{\text{Ste}}^{\min}\leqslant U_{\text{Ste}}\leqslant U_{\text{Ste}}^{\max}\end{cases}\end{cases}
\tag{2-26}
$$

式中，$\left\{Y_{\mathrm{Tem}}^{*}, Y_{\mathrm{Oxy}}^{*}, Y_{\mathrm{Ste}}^{*}\right\}$ 分别为对应 MSWI 过程的炉膛温度、烟气含氧量和锅炉蒸汽流量优化值的集合。

针对实际 MSWI 过程，由于入料 MSW 组分的多变性和不确定性以及焚烧过程运行工况不稳定且多变，难以建立 MSWI 过程的多入单出和多入多出动态数学模型。本书主要利用实际工业过程的输入输出数据并结合运行知识进行智能优化控制的研究。

2.5.2 MSWI 过程智能优化控制复杂性分析

实际 MSWI 过程的稳定高效运行需要固废发酵、固废燃烧、余热交换、蒸汽发电、烟气处理与烟气排放六个子系统能够协同运行，每个子系统具有各自特性和功能，外部干扰因素众多，整个流程包括 MSW、烟气、蒸汽和飞灰等多个物质流及能量流的回路，具有典型的多变量耦合、非线性、时变等综合复杂性特性，具体表现如下。

（1）关键运行指标难以在线实时检测

从控制学科的视角，智能优化控制、智能优化决策和智能优化决策与控制一体化[15]等系统正常运行的前提是关键运行指标的实时检测。然而，实际 MSWI 过程中，由于检测技术限制以及关键运行指标自身特性等因素，这些参数难以在线实时检测。例如，MSWI 排放的二噁英（DXN）的检测，对检测技术的特异性、选择性和灵敏度要求很高[16]。目前常用的 DXN 检测手段是高分辨气相色谱 - 高分辨率质谱联机法（HRGC/HRMS）、生物检测法以及免疫法等离线直接检测法[17-18]。工业现场和环保部门监测 DXN 排放的主要手段仍然是上述具有复杂度高、滞后时间尺度大（月 / 周）、实验室化验分析等特点的离线直接检测法。在此情况下，为了降低 DXN 的排放浓度，大多数 MSWI 发电厂均采取不计成本的吸附收集策略，这不仅增加了运行成本，同时也增加了飞灰的处理成本。

（2）多变量耦合特性

由前面的分析可知，MSW 从进入焚烧炉进料斗至在炉膛内进行燃烧到最后燃烬成炉渣的过程，主要操作对象包括一次风机及其风门挡板、二次风机、干燥炉排、燃烧炉排、燃烬炉排等设备及其液压动力装置，主要被控变量包括烟气含氧量、炉膛温度、主蒸汽流量、炉膛负压等。MSWI 过程系统是由多个操作对象组成的，需要各操作对象之间紧密配合、协调一致，才能完成整个工艺流程，具有明显的多变量特性。此外，多个被控变量与操作变量之间的多个回路存在强烈的耦合性。干燥段炉排速度、燃烧一段的炉排速度等操作变量与锅炉蒸汽流量和烟气含氧量等被控变量之间存在很强的耦合性。另外，系统输入的一次风流量和二次风流量与系统输出的炉膛温度和烟气含氧量之间也存在很强的耦合性，进料器和炉排速度的变化与一次风流量之间也存在着严重耦合。

（3）时变非线性特性

通常，MSWI 过程的设计年运行时间不低于 8000h，该要求使得运行过程极易被设备磨损所导致的工况漂移改变动态特性。另外，季节和天气的变化使入炉 MSW 成分和特性发生改变，也会导致 MSWI 过程特性的变化。显然，众多干扰因素的未知时变特性会给 MSWI 过程的运行带来严重的影响和破坏。由于 MSW 成分的复杂多变和运行工况的漂移以及设备的故障维修等因素的影响，各参量之间存在未知的非线性动态关系，难以利用数学和线性关系对其进行定性和定量的描述。例如，一次风流量与烟气含氧量、二次风流量与炉膛温度、一次风流量和二次风流量与烟气含氧量、炉排速度与锅炉蒸汽流量之间均表现出明显的非线性动态关系。此外，其他影响因素，如渗沥液回喷、汽轮机发电、锅炉给水等操作也会随实际运行工况的变化而变化，这也影响 MSWI 过程的时变非线性特性。

（4）时滞特性

实际上，MSWI 系统是一个典型的慢处理、长流程和大时滞系统。焚烧过程中的各个工艺设备和子系统，如垃圾抓斗、炉排推进速度、捞渣机、锅炉汽包、烟气湍流以及炉渣输送过程等都是典型的时滞特性对象。此外，布风布料的基础回路控制也具有滞后性，MSW 从开始焚烧到最终产生灰渣与烟气以及获得烟气排放检测值的过程都具有非常大的滞后性。

（5）多源干扰以及不确定动态特性

实际 MSWI 过程的干扰因素众多并且具有显著的不确定性动态特性，主要干扰为 MSW 的成分和热值。MSW 成分波动大表现在可燃物所占比例的变化，占比大时，导致炉排上的燃烧线前移，反之则导致后移；相应地，需要运行操作专家根据炉内火焰和过程数据变化对 MSW 成分进行预判，然后对炉排的运行速度进行干预控制。此外，若 MSW 热值足够大时，焚烧过程可只采用自身焚烧所产生的火焰维持炉温，反之则需要利用辅助燃料进行助燃，相应地引入不确定性的干扰。

2.6 本章小结

本章针对炉排炉的 MSWI 过程特性进行面向智能优化控制的问题描述。首先，根据炉排炉的工艺过程将其划分为固废发酵系统、固废燃烧系统、余热交换系统、蒸汽发电系统、烟气处理系统、烟气排放系统，并对各个系统进行了详细的介绍；接着，对 MSWI 过程的物质平衡与热量平衡和 ACC 系统进行分析；然后，对焚烧过程运行指标及其影响因素进行详细介绍；最后，从 MSWI 过程的智能优化控制视角分析和讨论了控制难点及其复杂性。

参考文献

[1] 乔俊飞，郭子豪，汤健．面向城市固废焚烧过程的二噁英排放浓度检测方法综述 [J]. 自动化学报，2020，46（06）：1063-1089.

[2] 张弛，柴晓利，赵爱华，等．固体废物焚烧技术 [M].2 版．北京：化学工业出版社，2016：135-149.

[3] 解强．城市固体废弃物能源化利用技术 [M].2 版．北京：化学工业出版社，2018：129-140.

[4] 吴王圣，石靖宇．城市生活垃圾焚烧发电厂的前处理与后处理技术 [J]. 环境影响评价，2017，39（03）：75-78，83.

[5] 孔昭健，戴瑞峰．生活垃圾焚烧发电厂垃圾储存系统布置设计 [J]. 环境卫生工程，2014，22（05）：79-80.

[6] 吴靖，刘洪鹏，兰婧．城市生活垃圾资源化处理方法综述 [J]. 中国科技信息，2011（05）：27-28.

[7] 别如山，宋兴飞，纪晓瑜，等．国内外生活垃圾处理现状及政策 [J]. 中国资源综合利用，2013，31（09）：31-35.

[8] 李勇，赵彦杰．垃圾焚烧锅炉污染物的形成与防护 [J]. 资源节约与环保，2016（02）：164，166.

[9] 李春雨．我国生活垃圾处理及污染物排放控制现状 [J]. 中国环保产业，2015（01）：39-42.

[10] 王桂芬．CEMS 系统在垃圾焚烧发电厂中的应用 [J]. 科学与财富，2016（3）：693-694.

[11] 白良成．生活垃圾焚烧处理工程技术 [M]. 北京：中国建筑工业出版社，2009.

[12] 武平丽，高国光．基于 DCS 的垃圾发电焚烧炉优化控制方案设计 [J]. 自动化与仪器仪表，2013（03）：55-57.

[13] 王敦球．固体废物处理工程 [M]. 北京：科学出版社，2016.

[14] 柴天佑．生产制造全流程优化控制对控制与优化理论方法的挑战 [J]. 自动化学报，2009，35（6）：641-649.

[15] 柴天佑．自动化科学与技术发展方向 [J]. 自动化学报，2018，44（11）：1923-1930.

[16] 林海鹏，于云江，李琴. 二噁英的毒性及其对人体健康影响的研究进展 [J]. 环境科学与技术，2009，32（9）：93-97.

[17] 李海英，张书廷，赵新华．城市生活垃圾焚烧产物中二噁英检测方法 [J]. 燃料化学学报，2005，33（3）：379-384.

[18] 张诺，孙韶华，王明泉．荧光素酶表达基因法（CALUX）用于二噁英检测的研究进展 [J]. 生态毒理学报，2014，9（3）：391-397.

Cutting-Edge Technologies in
Smart
Environmental
Protection

第3章

城市固废焚烧（MSWI）过程数值仿真

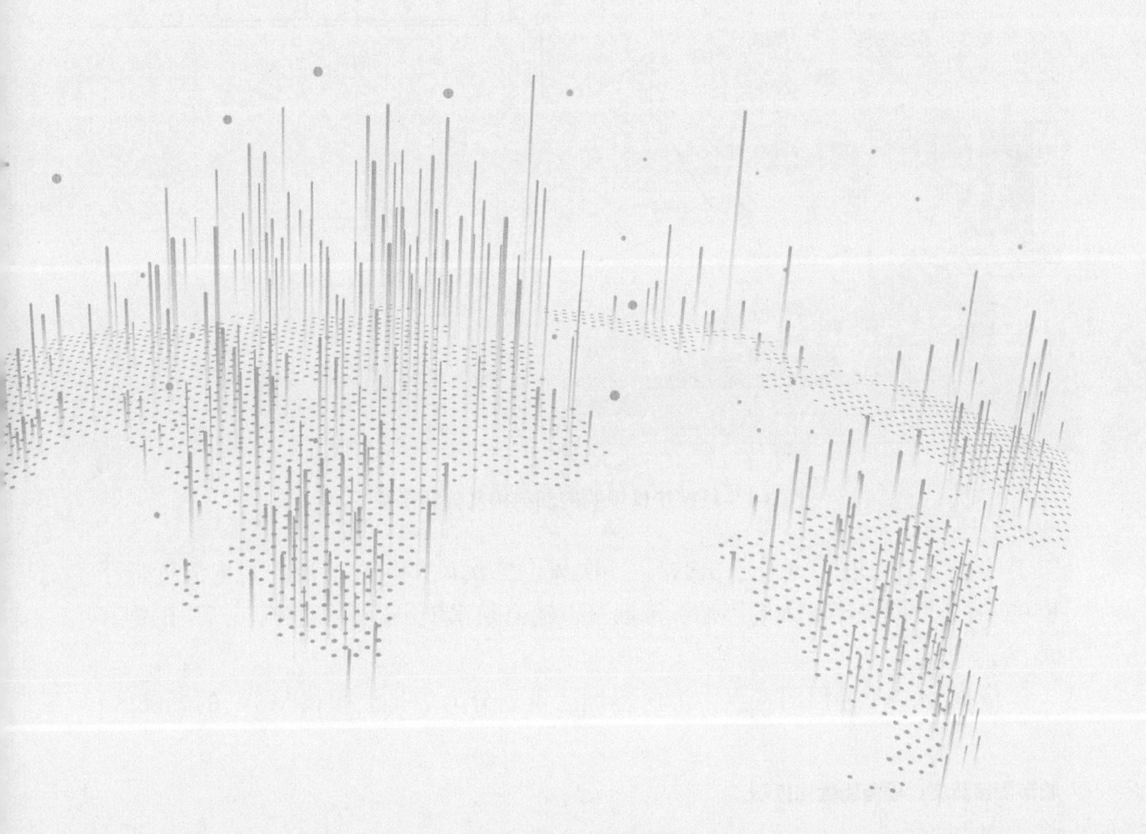

3.1 面向数值仿真的 MSWI 过程描述

MSWI 过程涉及众多因素的物理化学反应并且各因素之间相互影响，是典型的具有强耦合、多输入多输出特性的非线性动态系统[1]。此外，由于季节和区域的波动性、物理化学性质的复杂性等因素导致 MSWI 过程的精确数学模型难以建立。因此，需要研究基于数值仿真软件的数值仿真模型以代替机理模型进行焚烧机理的深入分析，为实际 MSWI 过程的控制与优化提供机理支撑。

3.1.1 工艺过程描述

(1) 炉内燃烧过程

典型机械炉排炉的内部结构及分区示意图如图 3-1 所示。

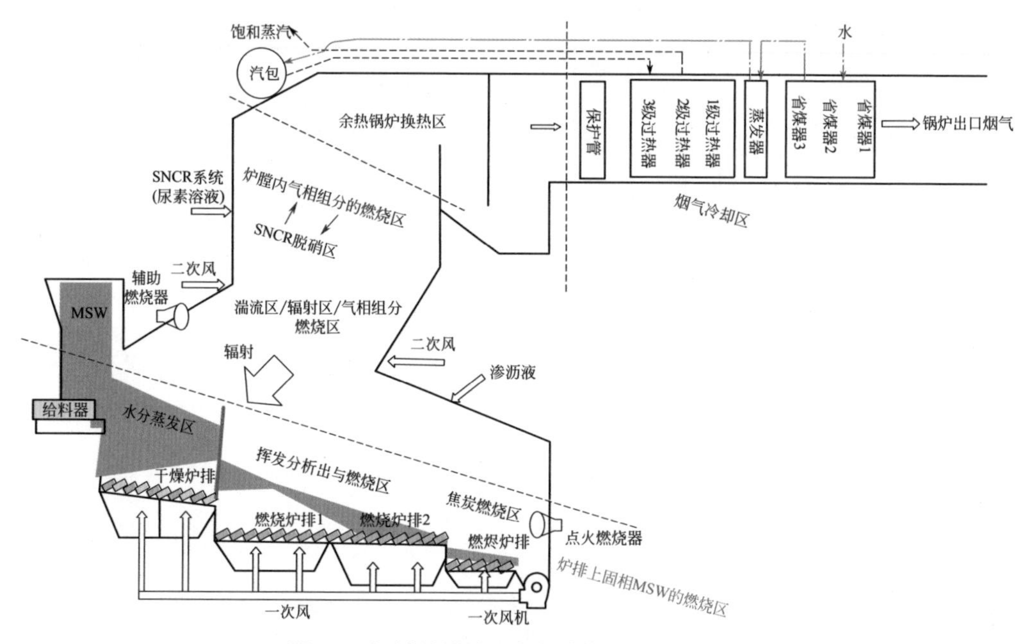

图 3-1　机械炉排炉的内部结构及分区示意图

由图 3-1 可知，输入是 MSW、一次风、二次风、尿素溶液、炉内温度低于 850℃时辅助燃烧器喷入的燃油、渗沥液，输出是锅炉出口烟气、汽包产生的饱和蒸汽。

依据 MSWI 过程的特点，炉内燃烧区可划分为炉排上固相 MSW 的燃烧区、炉膛内气相组分的燃烧区、SNCR 脱硝区、余热锅炉换热区和烟气冷却区。

① 炉排上固相 MSW 的燃烧区：可分为水分蒸发区、挥发分析出与燃烧区和焦炭燃烧区。

a. 水分蒸发区：MSWI 在炉排上干燥，热源来自炉壁与高温火焰的辐射换热和一次风的对流传热，通过干燥将 MSW 中的水分蒸发并扩散到烟气中。

b. 挥发分析出与燃烧区：MSW 中的有机物开始分解，高分子碳氢化合物在高温下发生裂解反应后析出分子量较小的物质。

c. 焦炭燃烧区：此区域的炭来源于 MSW 中原有的焦炭和挥发分析出过程中产生的焦炭，与 O_2 发生氧化反应；若 O_2 量不足，则焦炭会与 CO_2 和水蒸气进行焦炭气化反应。

② 炉膛内气相组分的燃烧区：可分为湍流区、辐射区和气相组分燃烧区。在此区域内，床层析出的可燃性气体进入炉膛与二次风混合并进行充分燃烧。

a. 湍流区：烟气在炉膛烟道内的流动方式为湍流运动，可采用相应的湍流模型进行描述。

b. 辐射区：烟气在炉膛的燃烧过程中会出现燃料和炉膛壁面进行辐射换热的现象，可采用相应的辐射模型进行描述。

c. 气相组分燃烧区：在炉膛内的燃烧可采用相应的气相燃烧反应模型进行描述。

③ 选择性非催化还原（SNCR）脱硝区：在不需要催化剂的条件下，在炉膛 850 ～ 1100℃的区域喷入尿素溶液，尿素溶液分解为 NH_3 后与烟气中的氮氧化物反应，还原得到 N_2 和 H_2O，目的是降低氮氧化物的含量。

④ 余热锅炉换热区：燃烧释放出来的高温烟气经烟道输送至余热锅炉入口，再流经过热器，利用烟气所释放出的热量使水变成蒸汽，用于推动蒸汽轮机发电。

⑤ 烟气冷却区：烟气经过过热器、蒸发器、省煤器进行对流换热，温度降至 190 ～ 220℃，之后进入烟气处理过程。

（2）烟气处理过程

锅炉出口烟气经过烟气净化处理后排放至大气，工艺流程如图 3-2 所示。

由图 3-2 可知，其输入是锅炉出口烟气、活性炭、石灰和水，输出是飞灰和净化后的烟气。

烟气净化工艺可分为烟气综合反应阶段、烟气除尘阶段、飞灰产生阶段和烟气排放阶段。

① 烟气综合反应阶段：此处采用增湿灰循环脱硫技术（NID）进行烟气脱硫处理，通过向 NID 反应器中加入石灰与二氧化硫、氯化氢等酸性气体发生中和反应，进而除去酸性气体，同时在反应器入口处添加活性炭以吸附烟气中的二噁英（DXN）和重金属等污染物。

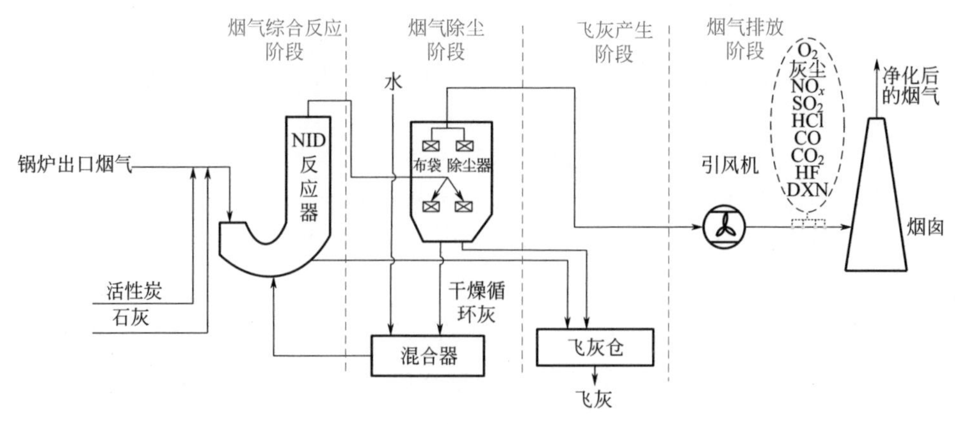

图 3-2　烟气处理工艺流程图

② 烟气除尘阶段：烟气颗粒物、中和反应物、活性炭吸附物等在此处被布袋除尘器捕集，干燥的循环灰被布袋除尘器从烟气中分离出来后由输送设备输送到混合器，之后向混合器中加水，再经过增湿及混合搅拌后进入反应器进行循环利用。

③ 飞灰产生阶段：附着在布袋上的粉尘状物质被布袋除尘器上方的脉冲反吹装置从布袋上分离进入混合器，下方无法被流化风机流化的飞灰被输送到飞灰仓。

④ 烟气排放阶段：除尘后的烟气在引风机的牵引作用下直接排放到大气中。

3.1.2　数学模型描述

(1) 炉排上固相 MSW 燃烧机理

① 水分蒸发模型　MSW 受热后温度升高，使得颗粒空隙中的水蒸气压力增大，当蒸汽饱和压力超过外部压力时蒸汽通过对流排出。当蒸汽浓度在粒子的孔隙中下降时，剩余的液态水蒸发以填充孔隙。这个过程一直持续到 MSW 颗粒中的水分完全干燥完毕。

常用的描述水分蒸发过程的模型是：阿伦尼乌斯模型、恒温模型和平衡模型[2]。

a. 阿伦尼乌斯模型[3]。此模型采用一阶动力学反应速率描述水分蒸发过程，其速率通常表示为：

$$R_{\mathrm{evp}} = A\mathrm{e}^{-E_{\mathrm{a}}/RT_{\mathrm{s}}}C_{\mathrm{w,s}} \tag{3-1}$$

式中，R_{evp} 为水分蒸发速率，kg/（m^3 • s）；A 为指前因子，s^{-1}；E_{a} 为活化能，kJ/mol；R 为摩尔气体常数，8314.34 J/（mol • K）；T_{s} 为 MSW 温度，K；$C_{\mathrm{w,s}}$ 为 MSW 中水的质量浓度，kg/m^3。

b. 恒温模型[4]。此模型假设在温度达到373.15K时水分开始蒸发，在高于该温度时，假设MSW吸收的所有热量都被消耗以蒸发水分；低于该温度时则假设水分蒸发速率为0，如下式所示：

$$R_{\text{evp}}=\begin{cases}\dfrac{\left(T_{\text{s}}-T_{\text{evap}}\right)C_{\text{w,s}}c_{\text{p}}}{H_{\text{evp}}\Delta t} & ,T_{\text{s}}\geqslant T_{\text{evap}}\\ 0 & ,T_{\text{s}}<T_{\text{evap}}\end{cases}\tag{3-2}$$

式中，T_{evap} 为水分开始蒸发时的温度，K；H_{evp} 为单位质量水分蒸发需要吸收的热量，J/kg；c_{p} 为水的比热容，J/（kg·K）。

c. 平衡模型[5]。此模型充分考虑了蒸发速率与MSW颗粒、气体中水的浓度和颗粒表面积的关系。根据MSW温度将水分蒸发过程分为两部分：在温度小于373.15K时以扩散机制为主，在温度大于等于373.15K时服从热平衡模型，如下式所示：

$$R_{\text{evp}}=\begin{cases}A_{\text{s}}h_{\text{s}}\left(C_{\text{w,s}}-C_{\text{w,s}}\right), & T_{\text{s}}<373.15\text{K}\\ Q_{\text{cr}}/H_{\text{evp}}, & T_{\text{s}}\geqslant 373.15\text{K}\end{cases}\tag{3-3}$$

式中，A_{s} 为颗粒的比表面积，m²/m³；h_{s} 为对流传质系数，m/s；$C_{\text{w,g}}$ 为气相中水分的质量浓度，kg/m³；Q_{cr} 为MSW颗粒吸收的对流和辐射传热方式传播的热量，W/m²，其计算如下式所示[6]。

$$Q_{\text{cr}}=A_s'\left(h_s'\left(T_{\text{g}}-T_{\text{s}}\right)+\varepsilon\delta\left(T_{\infty}^4-T_{\text{s}}^4\right)\right)\tag{3-4}$$

式中，h_{s}' 为对流换热系数，m/s；T_{g} 为气体的温度，K；ε 为MSW发射率，值为0.8；δ 为玻尔兹曼辐射常量，W/（m²·k⁴）；T_{∞} 为环境温度，K；A_{s}' 为粒子的表面积，m²，如下式所示。

$$A_{\text{s}}'=6(1-\phi)/d_{\text{p}}\tag{3-5}$$

式中，ϕ 为孔隙率；d_{p} 为颗粒直径，m。

式（3-3）中，$C_{\text{w,s}}$ 和 $C_{\text{w,g}}$ 的计算为

$$C_{\text{w,s}}=\frac{P_{\text{w,s}}\left(T_{\text{s}}\right)}{RT_{\text{s}}}M_{\text{H}_2\text{O}}\tag{3-6}$$

$$C_{\text{w,g}}=\rho_{\text{g}}Y_{\text{H}_2\text{O}}\tag{3-7}$$

式中，$P_{\text{w,s}}\left(T_{\text{s}}\right)$ 为对应于 T_{s} 温度下的蒸汽压，Pa；$M_{\text{H}_2\text{O}}$ 为水的分子量，kg/kmol；ρ_{g} 为气体密度，kg/m³；$Y_{\text{H}_2\text{O}}$ 为水的质量分数。

蒸汽压 $P_{\text{w,s}}\left(T_{\text{s}}\right)$ 的计算如下式所示：

$$P_{\text{w,s}}\left(T_{\text{s}}\right)=10^{\left(0.622+\frac{755}{238}+T_{\text{s}}\right)}\tag{3-8}$$

对流传质系数 h_s 和对流换热系数 h'_s 分别根据 Sherwood 数（Sh）和 Nusselt 数（Nu）计算，如下式所示：

$$h_s = \frac{D_g\left(2+1.1Sc^{\frac{1}{3}}Re^{0.6}\right)}{d_p} = \frac{D_g Sh}{d_p} \tag{3-9}$$

$$h'_s = \frac{D_g\left(2+1.1Pr^{\frac{1}{3}}Re^{0.6}\right)}{d_p} = \frac{D_g Nu}{d_p} \tag{3-10}$$

$$Sh = 2+1.1Sc^{\frac{1}{3}}Re^{0.6} \tag{3-11}$$

$$Nu = 2+1.1Pr^{\frac{1}{3}}Re^{0.6} \tag{3-12}$$

式中，d_p 为颗粒直径，m；D_g 为气体扩散系数，m^2/s，由以下经验公式计算 [7]。

$$D_g = 1.5\times10^{-5}\left[\frac{T_g+273.15}{298}\right]^{1.5}\phi^{1.41} \tag{3-13}$$

Pr 为普朗特数，公式如下：

$$Pr = \frac{\mu C_{pg}}{k_g} \tag{3-14}$$

式中，μ 为气体动力黏滞系数，Pa • s；C_{pg} 为气体比热容，J/（kg • K）；k_g 为气体导热系数，W/（m • s）。

Sc 为施密特数，公式如下：

$$Sc = \mu/\rho_g D_g \tag{3-15}$$

Re 为雷诺数，公式如下：

$$Re = \frac{\rho_g u d_p}{\mu} \tag{3-16}$$

式中，u 为气体速度，m/s；μ 计算公式如下 [8]。

$$\mu = \frac{\sum Y_{ig}\mu_i\sqrt{M_i}}{\sum Y_{ig}\sqrt{M_i}} \tag{3-17}$$

$$\mu_i = 2.67\times10^{-6}\frac{\sqrt{M_i T}}{\sigma_i^2 \Omega} \tag{3-18}$$

式中，下标 i 代表挥发分中的不同气体组分；M_i 为每种气体各自的气体摩尔质量，kg/kmol；σ 为分子碰撞半径；Ω 为无量纲常数。

② 挥发分析出与燃烧模型　在挥发分析出的过程中，随着温度的升高，有机物被分解为气体、焦油和焦炭。常用的挥发分析出模型包括一步反应模型、竞争

平行反应模型、二次反应模型[3]和燃烧模型，下面分别进行描述。

a. 一步反应模型。该模型假设挥发分的析出为下式所示的一步反应过程：

$$\text{Waste} \longrightarrow \text{Volatile}\left(C_mH_n, CO, H_2, CO_2, O_2, \text{etc.}\right) + \text{Char} \tag{3-19}$$

式中，Waste 代表炉排上的 MSW； Volatile(•) 代表挥发分气体的种类；Char 代表焦炭。

通常，挥发分析出速率与燃料中剩下的挥发分量成正比，即：

$$R_v = k_{r0}\rho_s Y_v \tag{3-20}$$

式中，R_v 为挥发分析出速率，kg/（m^3 • s）；k_{r0} 为反应速率常量，s^{-1}；ρ_s 为固相密度，kg/m^3；Y_v 为挥发分的质量分数。

反应速率常量 k_{r0} 随温度的变化规律由如下的 Arrhenius 定律方程确定：

$$k_{r0} = A\exp\left(-E_a / RT_s\right) \tag{3-21}$$

不同文献中针对反应速率常量的取值也存在差异，具体如表 3-1 所示。

表 3-1　反应速率常量的取值

A/s^{-1}	E_a/（kJ/mol）	E_a/R/K	文献
3×10^3	69	—	本章参考文献 [8]
3.63×10^4	—	9340	本章参考文献 [9]
5.16×10^6	10.7	—	本章参考文献 [10]

b. 竞争平行反应模型。在挥发分析出过程中，MSW 转化为气体、焦油和焦炭，这些反应相互独立，其中气体主要由 CO、CO_2 和其他气体组成。该模型中挥发分的析出速率是上述多个反应的析出速率之和，其应用包括：文献 [11] 中采用此模型对生物质的挥发分析出过程进行描述；文献 [12] 采用此方法对木材的挥发分析出进行描述，通过求解方程得到不同气体的质量分数。

c. 二次反应模型。此模型假设析出的挥发分在炉排区域停留时间较长，所产生的焦油经裂解会再次产生 CO、CO_2 和煤焦。目前此模型在 MSWI 过程中应用得较少，仅有少量研究在生物质燃烧上予以应用，如文献 [13] 在三次平行反应模型的基础上发展了二次焦油反应热解法。该模型的主要问题在于不能得到每种燃料的二次焦油反应数据。

d. 燃烧模型。MSW 析出的挥发分在燃烧之前需要先与周围的空气进行混合。通常，挥发性气体的燃烧同时受到反应动力学（与相关温度）和其与空气混合速率的限制。假设炉排上的混合速率与通过炉排上的能量损失（压降）成正比，其通过欧拉方程可表示为[14]：

$$R_{\text{mix}} = C_{\text{mix}}\rho_g\left\{150\frac{D_g(1-\phi)^{2/3}}{d_p^2\phi} + 1.75\frac{V_g(1-\phi)^{1/3}}{d_p\phi}\right\}\times\min\left\{\frac{C_{\text{fuel}}}{S_{\text{fuel}}}, \frac{C_{O_2}}{S_{O_2}}\right\} \tag{3-22}$$

式中，R_{mix} 为混合速率；C_{mix} 为经验常数；V_g 为空气速度，m/s；C_{fuel} 、C_{O_2} 为气体反应物的质量浓度，kg/m^3；S_{fuel} 、S_{O_2} 为反应中的化学计量系数；下标 fuel 和 O_2 分别代表燃料和氧化剂。

③ 焦炭燃烧模型　MSW 的挥发分析出过程会在炉排上逐渐形成焦炭，在高温和一次风的作用下，新生成的焦炭和 MSW 中原有的焦炭继续与 O_2 发生反应，其为固态和气态反应物之间的非均相反应，其中焦炭与 O_2 的反应称为焦炭氧化反应，与 CO_2、水蒸气等的反应称为焦炭气化反应。

焦炭氧化反应的主要产物是 CO 和 CO_2，如下式所示：

$$C+\alpha O_2 \longrightarrow 2(1-\alpha)CO+(2\alpha-1)CO_2 \tag{3-23}$$

式中，吸收系数 α 是 CO 和 CO_2 的质量比率，其定义如下[15]：

$$\alpha = m_{CO}/m_{CO_2} = 2500\exp(-6420/T) \tag{3-24}$$

式中，m_{CO} 和 m_{CO_2} 分别为 CO 和 CO_2 的质量；T 为温度，K。

上式适用于温度在 730 ～ 1170K 之间的情况。

焦炭的消耗率表示为：

$$R_C = \frac{P_{O_2}}{\dfrac{1}{K_r}+\dfrac{1}{K_d}} \tag{3-25}$$

式中，R_C 为由于焦炭燃烧而引起的反应速率，kg/（m^3 • s）；P_{O_2} 为氧的分压，Pa；K_r 为化学动力学扩散速率常数，kg/（kPa • m^2 • s）；K_d 为扩散速率常数，kg/（kPa • m^2 • s）。上述系数的具体计算如下[16]：

$$K_r = AT_s\exp\left(\frac{E_a}{RT_s}\right) \tag{3-26}$$

$$K_d = \frac{5.06\times10^{-7}}{d_p}\times\left(\frac{T_s+T_g}{2}\right)^{0.75} \tag{3-27}$$

焦炭气化反应如下式所示：

$$C+CO_2 \longrightarrow 2CO \tag{3-28}$$

$$C+H_2O(g) \longrightarrow H_2+CO \tag{3-29}$$

（2）气相组分燃烧模型

炉膛气相组分燃烧的常用方程如下[17]：

连续性方程：

$$\frac{\partial\rho_g}{\partial t}-\frac{\partial\rho_g\overline{u}_i}{\partial x_i}=0 \tag{3-30}$$

动量守恒方程：

$$\frac{\partial}{\partial t}\left(\rho_{\mathrm{g}}\bar{u}_i\right)+\frac{\partial}{\partial x_j}\left(\rho_{\mathrm{g}}\overline{u_i u_j}\right)=\frac{\partial}{\partial x_j}\left(\mu\frac{\partial u_j}{\partial x_j}-\overline{\rho_{\mathrm{g}}u_i u_j}\right)-\frac{\partial\rho_{\mathrm{g}}}{\partial x_i}+\rho_{\mathrm{g}}g_i \tag{3-31}$$

能量守恒方程：

$$\frac{\partial}{\partial t}\left(\rho_{\mathrm{g}}C_{\mathrm{pg}}T\right)+\frac{\partial}{\partial x_i}\left(\rho_{\mathrm{g}}C_{\mathrm{pg}}\bar{\mu}_j T\right)=\frac{\partial}{\partial x_j}\left(k_{\mathrm{eff}}\frac{\partial T}{\partial x_j}\right)-\rho_{\mathrm{g}}C_{\mathrm{pg}}\overline{\mu_j T}+S_h \tag{3-32}$$

式中，ρ_{g} 为气相密度，kg/m^3；u_i 为气体流速在 i 方向上的分量，m/s；u_j 为气体流速在 j 方向上的分量，m/s；g_i 为 i 方向上的体积力；t 为时间，s；k_{eff} 为有效热导率，W/（m・s）；S_h 能量方程的源项。

炉膛气相组分燃烧的常用模型描述如下所示。

① 湍流模型　标准 $k-\varepsilon$ 模型：通过求解湍流动能（k）方程和湍流耗散率（ε）方程，得到 k 和 ε 的解，然后计算湍流黏度，最终得到雷诺应力的解，具体公式如下所示[18,19]。

k 方程为：

$$\frac{\partial\left(\rho_{\mathrm{g}}k\right)}{\partial t}+\frac{\partial\left(\rho_{\mathrm{g}}ku_i\right)}{\partial x_i}=\frac{\partial}{\partial x_j}\left(\mu+\frac{u_i}{\sigma_k}\right)+G_k+G_b-\rho_{\mathrm{g}}\varepsilon-Y_{\mathrm{M}}+S_k \tag{3-33}$$

ε 方程为：

$$\frac{\partial\left(\rho_{\mathrm{g}}\varepsilon\right)}{\partial t}+\frac{\partial\left(\rho_{\mathrm{g}}\varepsilon u_i\right)}{\partial x_i}=\frac{\partial}{\partial x_j}\left[\left(\mu+\frac{\mu_i}{\sigma_\varepsilon}\right)\frac{\partial\varepsilon}{\partial x_j}\right]+C_{1\varepsilon}\frac{\varepsilon}{k}\left(G_k+C_{3\varepsilon}G_b\right)-C_{2\varepsilon}\rho_{\mathrm{g}}\frac{\varepsilon^2}{k}+S_\varepsilon \tag{3-34}$$

湍流流动黏度公式如下式所示：

$$\mu_t=\rho_{\mathrm{g}}C_\mu\frac{k^2}{\varepsilon} \tag{3-35}$$

式中，k 为紊流脉动动能；ε 为紊流脉动动能的耗散率；G_k 为速度梯度产生的端流动能项；G_b 为浮升力产生的端流动能项；S_k 和 S_ε 为自定义的源相；Y_{M} 为波动系数；u_i 为速度，m/s；μ_t 为湍流流动黏度；x_i 和 x_j 为坐标；σ_k 和 σ_ε 为湍流普朗特数，值为 1.0 和 1.3；$C_{1\varepsilon}$、$C_{2\varepsilon}$ 和 $C_{3\varepsilon}$ 为常数，值为 1.44、1.92 和 0.09。

② 辐射模型

a. DO 模型。DO 模型的适用范围广，其求解方程如下[20]：

$$\nabla\cdot(I(\boldsymbol{r},\boldsymbol{s})\boldsymbol{s})+\left(a+\sigma_{\mathrm{s}}\right)I(\boldsymbol{r},\boldsymbol{s})=an^2\frac{\sigma T^4}{\pi}+\frac{\sigma_{\mathrm{s}}}{4\pi}\int_0^{4\pi}I(\boldsymbol{r},\boldsymbol{s})\Phi\left(\boldsymbol{r},\boldsymbol{s}^2\right)\mathrm{d}\Omega' \tag{3-36}$$

式中，$I(\cdot)$ 为辐射强度；$\boldsymbol{r}$ 为位置矢量；$\boldsymbol{s}$ 为方向矢量；a 为吸收系数；σ_{s} 为扩散系数；n 为折射率；$\Phi(\cdot)$ 为相函数；Ω' 为固定角。

b. P-1模型。P-1模型的计算公式如下：

$$\frac{\partial}{\partial x_i}\left(\frac{1}{3a_g}\times\frac{\partial G}{\partial x_i}\right)=a_g G-4a_g\delta T_g^4 \tag{3-37}$$

式中，a_g为炉膛内气体的吸收系数；G为入射辐射；δ为玻尔兹曼辐射常量，W/（$m^2 \cdot K^4$）。

③ 气相燃烧反应模型

a. 有限速率/涡耗散模型[17]。该模型的物质传输方程如下式所示：

$$\frac{\partial}{\partial t}\left(\rho_g Y_i\right)+\nabla\left(\rho_g \boldsymbol{v} Y_i\right)=\nabla \boldsymbol{J}_i+R_i+S_i \tag{3-38}$$

式中，Y_i为物质i的质量分数；$\boldsymbol{v}$为运动黏度；$\boldsymbol{J}_i$为物质i的扩散通量，kg/（$m^2 \cdot s$）；R_i为净产生速率，kg/（$m^3 \cdot s$）；S_i为额外产生速率，kg/（$m^3 \cdot s$）。

b. 涡耗散概念模型[21]。该模型假设在一定时间尺度内，气相燃烧反应在微细尺度的湍流结构中发生；相应地，微细尺度的容积比率计算如下式所示：

$$\xi^*=C_\xi\left(\frac{\nu\varepsilon}{\kappa}\right)^{0.75} \tag{3-39}$$

式中，C_ξ为容积比率常数，值为2.1377；ν为运动黏度；κ为湍流动能。

时间尺度的计算如下式所示：

$$\tau^*=C_\tau\left(\frac{\nu}{\varepsilon}\right)^{0.5} \tag{3-40}$$

式中，C_τ为时间尺度常数，取0.4082。

该模型中净产生速率R_i的计算如下式所示：

$$R_i=\frac{\rho(\varepsilon)^2}{\tau^*\left[1-(\varepsilon)^3\right]}\left(Y_i^*-Y_i\right) \tag{3-41}$$

式中，ε为紊流脉动动能的耗散率；τ^*为时间尺度；Y_i^*为经历时间τ^*后物质i的质量分数。

c. 涡耗散模型[19]。该模型中，反应r中物质i的产生速率$R_{i,r}$来自以下两个公式计算得到的较小值：

$$R_{i,r}=v'_{i,r}M_{w,i}A\rho_g\frac{\varepsilon}{k}\min\left(\frac{Y_R}{v_{R,r}M_{w,R}}\right) \tag{3-42}$$

$$R_{i,r}=v'_{i,r}M_{w,j}AB\rho_g\frac{\varepsilon}{k}\times\frac{\sum_P Y_P}{\sum_j^N v''_{j,r}M_{w,j}} \tag{3-43}$$

式中，$v'_{i,r}$ 为反应 r 中反应物 i 的化学计量系数；$M_{w,i}$ 为第 i 种物质的分子量；$v_{R,r}$ 为反应 r 中反应物 R 的化学计量系数；$M_{w,R}$ 为反应物 R 的物质分子量；$v''_{j,r}$ 为反应 r 中生成物 j 的化学计量系数；$M_{w,j}$ 是第 j 种物质的分子量；Y_R 为反应物的质量含量；A 为经验常数，值为 0.4；B 为经验常数，值为 0.5。

(3) SNCR 脱硝模型

MSWI 过程中生成的 NO_x 包括 NO、NO_2、N_2O 等，其中，NO 的占比达 90%，NO_2 的占比为 5% ～ 10%，N_2O 的占比仅 1% 左右。因此，NO_x 主要是指 NO 和 NO_2。

按照生成途径，NO_x 分为热力型、燃料型和快速型三种，如图 3-3 所示[20]。

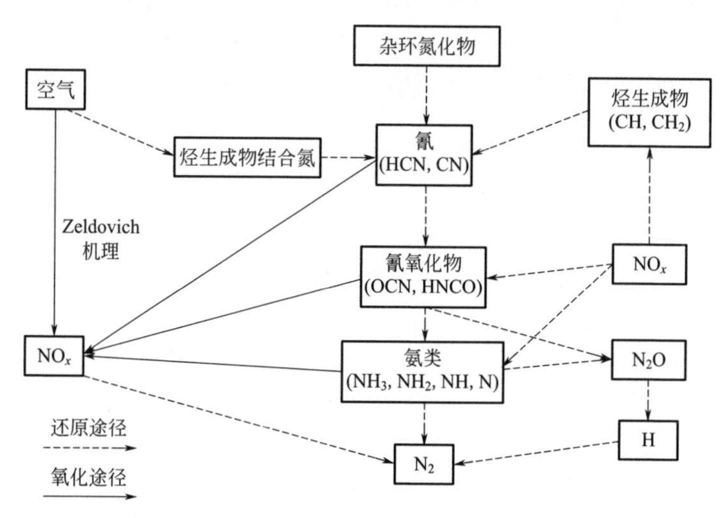

图 3-3　NO_x 生成和脱除的反应途径示意图

① 热力型 NO_x：主要是指在 MSWI 过程中参与燃烧的空气中的 N_2 在一定温度下被氧化生成 NO_x。研究表明，当燃烧温度小于 1773K 时，热力型 NO_x 生成量极少；当温度大于 1773K 时，热力型 NO_x 生成量增多，占总生成量的 20% 以上。热力型 NO_x 的生成机理如下式所示[22]：

$$N_2 + O_2 \longrightarrow 2NO \tag{3-44}$$

$$NO + \frac{1}{2}O_2 \longrightarrow NO_2 \tag{3-45}$$

② 燃料型 NO_x：由燃料中存在的化合氮元素在燃烧过程中被氧化而生成。随着燃烧的进行，燃料中的有机氮被还原成 NH_3 和 HCN，随后与 O_2 反应生成 NO_x，其在燃烧过程中的占比为 60% ～ 80%，是 NO_x 生成的主要来源。燃料型 NO_x 在温度为 873 ～ 1073K 时大量生成，但在温度超过 1173K 时生成量急剧下降，此时

影响其生成的主要因素是过量空气系数，其较小时生成量也随之减少[20]。

③ 在实际 MSWI 过程中，焚烧炉内的实际温度低于 1800K，因此快速型 NO_x 的生成量极少，远小于燃料型 NO_x 的生成。因此，通常忽略快速型 NO_x 和热力型 NO_x 的生成，只考虑燃料型 NO_x 的排放控制[20]。

MSWI 过程可用 SNCR 进行脱硝，其原理为：氨或尿素等还原剂喷入烟气中，在无催化剂的作用下还原剂将选择性地与烟气中的 NO_x 进行反应，将其还原为 N_2 和 H_2O。当还原剂为尿素时，其主要反应如下式所示[23]：

$$(NH_2)_2CO + H_2O \longrightarrow 2NH_3 + CO_2 \tag{3-46}$$

$$4NH_3 + 4NO + O_2 \longrightarrow 4N_2 + 6H_2O \tag{3-47}$$

SNCR 脱除 NO_x 的中间产物和反应途径[24-25]如图 3-4 所示。

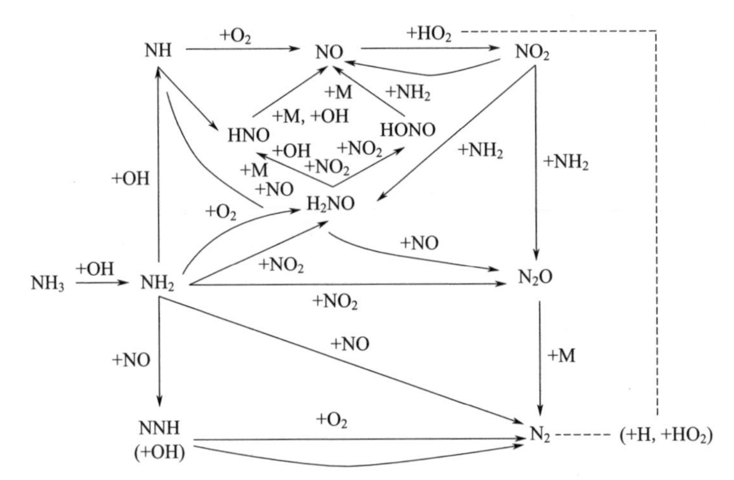

图 3-4 SNCR 脱除 NO_x 的中间产物和反应途径示意图

（4）烟气处理过程机理

烟气处理过程的主要目的是经过脱酸、除尘等过程使焚烧炉排出的烟气污染物浓度符合国家排放标准。

① 烟气综合反应阶段机理　此阶段主要利用湿处理的石灰吸收烟气中的酸性气体，其反应如下式所示[26-27]：

$$SO_2 + Ca(OH)_2 = CaSO_3 + H_2O \tag{3-48}$$

$$SO_3 + Ca(OH)_2 = CaSO_4 + H_2O \tag{3-49}$$

$$2HCl + Ca(OH)_2 = CaCl_2 + 2H_2O \tag{3-50}$$

② 烟气除尘阶段机理　布袋除尘器中的清洁滤料由滤料纤维组成，当滤料上捕集的粉尘不断增多时，一部分粉尘嵌入滤料内部，一部分附在表面形成灰层，此时含尘烟气的过滤主要依靠灰层，滤料起着形成及支撑灰层的作用。此

外，滤袋上存在的灰层的作用是：在使布袋除尘器高效去灰的同时对酸性污染物进行深层吸收。在整个除尘过程中，含尘烟气在筛分、惯性、拦截、扩散、静电和重力等过滤机理的共同作用下实现气固两相分离，并将粉尘阻留在滤料上。

③ 飞灰产生阶段机理　在脉冲控制系统及压缩空气储气罐的作用下，以脉冲反吹清灰方式产生与过滤气流方向相反的气流，以将滤料上的粉尘清理掉，进一步完成飞灰的收集过程。

④ 烟气排放阶段机理　从布袋除尘器出来的烟气，在引风机的作用下经烟囱直接排入大气。

3.2 基于CFD技术的MSWI炉内燃烧过程数值仿真

3.2.1 概述

随着经济的发展及城市化进程的加快，MSW的产生量日益增多[28-29]。MSWI技术具有速度快、减容率高、能量可循环利用等优势，使用范围不断推广扩大，其中以基于机械炉排炉的MSWI处理工艺应用最为广泛[30]。因入口MSW物理及化学性质差异、焚烧工况频繁波动等原因造成MSWI过程难以长期运行在优化状态，这给焚烧过程的建模与优化控制带来困难[31-32]。因此，需要对MSWI过程进行接近实际运行工况的数值仿真，分析不同运行条件对MSWI过程的影响，这将有助于进一步了解MSW焚烧炉的运行特性，掌握不同工况下的燃烧规律，获得理论上的优化运行参数，进而为MSWI过程的控制与优化提供支撑。

焚烧炉内的燃烧状况受多个运行参数的影响，其中二次风风速是影响MSWI过程炉内烟气停留时间的重要因素，直接影响炉内燃烧状况。计算流体力学（CFD）技术具有可靠、无破坏、可反复试验的优势，通过CFD模拟可辅助MSWI过程运行优化的研究[33]。为洞悉焚烧过程机理，文献[34]采用CFD的方法对350 t/d焚烧炉进行分析，研究富氧及烟气再循环对焚烧炉燃烧特性的影响，结果表明：在有烟气循环的富氧燃烧时，焚烧炉内的平均湍流强度最高，烟气的平均停留时间也更均匀。文献[35]对750t/d焚烧炉进行分析，通过分析炉膛内气相组分的燃烧，为二噁英（DXN）的控制及 SNCR 设计提供了一定的参考。文献 [36] 对 750t/d 焚烧炉进行分析并模拟炉内的气相燃烧过程，进行了 SNCR 反应多喷嘴布置的模拟，分析了温度、停留时间及烟气组分分布对 SNCR 的影响，结果表明：无二次风时，焚烧炉内燃烧不完全，通过优化布置二次风喷嘴可使焚烧炉内的可燃组分燃烧更为充分。

综上可知，对二次风风速及与其相关的主要因素进行的研究较少。本节针对二次风风速进行炉内燃烧过程的数值仿真研究，进而为优化设定二次风风速提供理论支撑。

本节采用 CFD 技术对某基于炉排炉的 MSWI 过程的炉内燃烧进行数值模拟，重点对炉膛内气相组分燃烧过程进行模拟分析，分析二次风风速对炉内 MSWI 过程的影响。通过上述研究，本节能够为探究燃烧的机理特性和构建炉内燃烧机理模型提供支撑。

3.2.2 研究对象

本节的研究对象是某 MSWI 电厂的一台 800t/d 的炉排炉，工艺流程如图 3-5 所示 [30]。

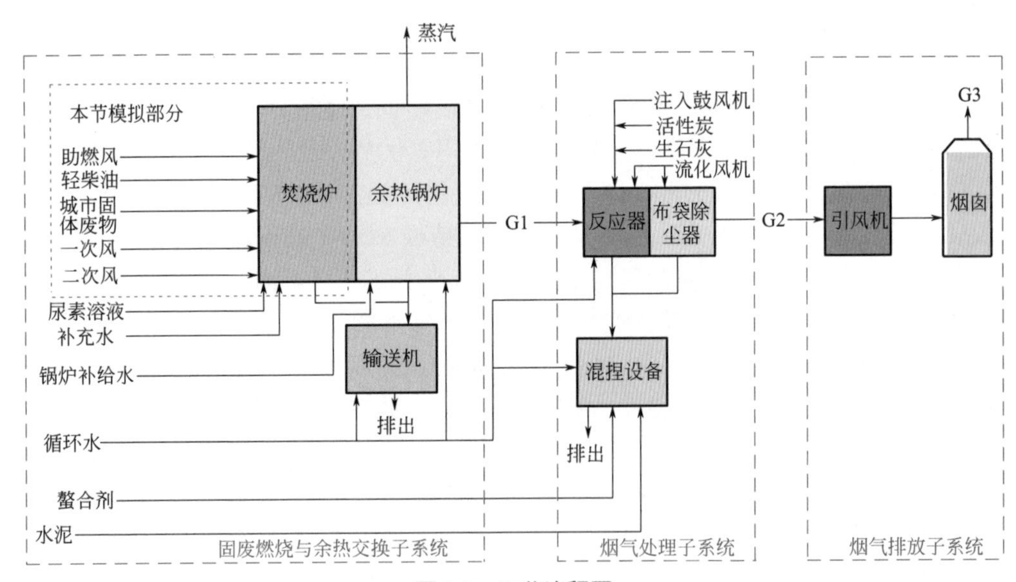

图 3-5 工艺流程图

图 3-5 中的左侧小虚线框部分为本节数值仿真部分。数值仿真的阶梯式（倾斜 + 水平）顺推炉排炉的具体参数为高度 27.00m、长度 11.03m、宽度 12.90m，分为干燥段、燃烧一段、燃烧二段和燃烬炉排 4 段；干燥段炉排倾斜角度为 8°，

其他段炉排的倾斜角度均为 0°；焚烧时，一次风经七个风室喷入炉膛，各风室的风量分别单独调节，二次风经喷嘴直接喷入炉膛。

3.2.3 模拟策略与模型设置

（1）模拟方法

MSWI 的炉内燃烧可分为炉排上固相 MSW 的燃烧和炉膛内气相组分的燃烧两部分，气相组分由炉排上固相 MSW 受热后析出产生。本节采用 CFD 软件对上述两部分进行模拟，其中模拟气相组分燃烧时所需边界条件参考文献 [35]，设置如表 3-2 所示。

表 3-2 模拟气相组分燃烧时的气体浓度

气体	CH_4	CO	H_2	CO_2	H_2O
浓度	0.13%	1%	0.1%	12.2%	10.6%

炉内燃烧过程的数值仿真策略如图 3-6 所示。

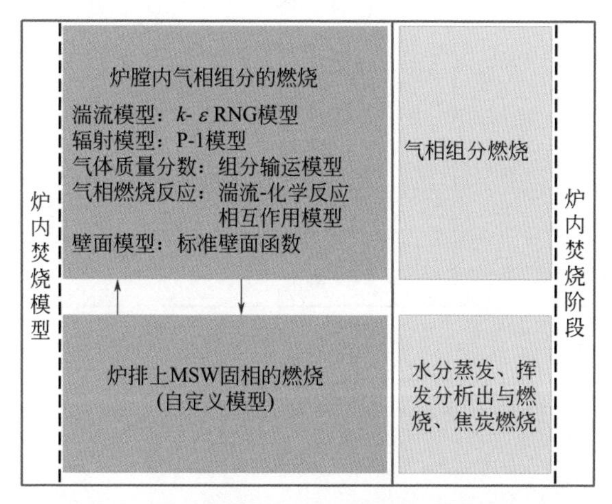

图 3-6 炉内燃烧过程的数值仿真策略示意图

由图 3-6 可知：炉排上固相 MSW 的燃烧过程可分为水分蒸发、挥发分析出与燃烧、焦炭燃烧三部分，炉膛内气相组分的燃烧对应挥发分燃烧过程。进行气相组分燃烧模拟时，常用以下反应 [37]：

$$2CH_4 + 3O_2 = 2CO + 4H_2O \quad (3\text{-}51)$$

$$2CO + O_2 = 2CO_2 \quad (3\text{-}52)$$

$$2CO_2 = 2CO + O_2 \quad (3\text{-}53)$$

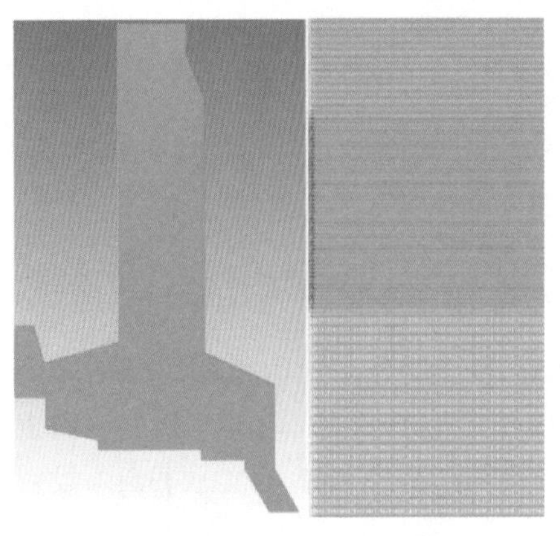

图 3-7　焚烧炉网格图（左半部分）和网格局部加密图（右半部分）

（2）模型设置

本节采用CFD软件对焚烧炉进行2D建模。在划分网格时，对二次风入口及流场流动幅度较大的位置单独进行了网格加密处理，网格数量为311427。通过对模型进行网格划分得到的焚烧炉网格图和对局部位置进行处理的加密图如图3-7所示。

（3）边界条件

本节依据某MSWI电厂的焚烧工况进行边界条件设置，其相对应的基准工况参数值的设置如表3-3所示。

表 3-3　焚烧炉相关参数

名称	数值	说明
挥发分气体温度	1056K	
一次风速度	1.7m/s	
一次风含氧量	25%	
二次风温度	350K	采用文献[35]中的温度
二次风速度	80m/s	
过量空气系数	1.6	
炉墙温度	300K	

3.2.4　模拟结果与分析

（1）基于基准工况的数值仿真结果

① 炉排上MSW固相的燃烧模拟结果　此处采用基于煤颗粒燃烧的方式进行模拟，所获得的气相组分浓度沿炉排长度方向的分布如图3-8所示。

由图3-8可知：a.受一次风对流换热及炉膛火焰辐射热的影响，在0.4m处 H_2O 的浓度开始增加，这表明 H_2O 的蒸发速度开始加快；b. O_2 的浓度在0.5m处开始下降，表明在此位置处，部分可燃物质与 O_2 发生了反应；同时，CO_2 的浓度开始增加，表明燃烧反应生成了部分 CO_2；c. CO的浓度在2.5m处开始增加，表明析出的挥发分已经开始累积；d.在3.5m处，H_2O 和 CO_2 的浓度开始下降，同时焦炭的浓度也开始下降，表明此处焦炭开始与 CO_2 和 H_2O 发生了反应。

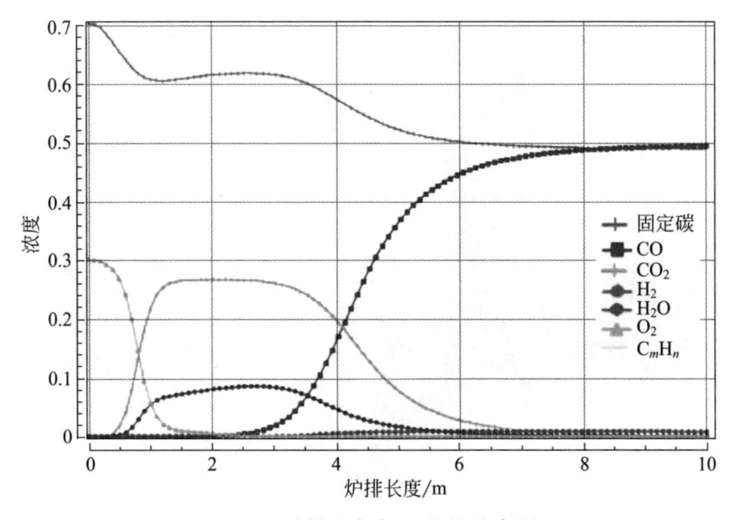

图 3-8　炉排上气相组分的分布图

② 炉膛内气相组分的燃烧模拟结果　基于表 3-2 和表 3-3 中的数据进行炉膛内气相组分的燃烧模拟，模拟结果中的温度分布如图 3-9 所示。

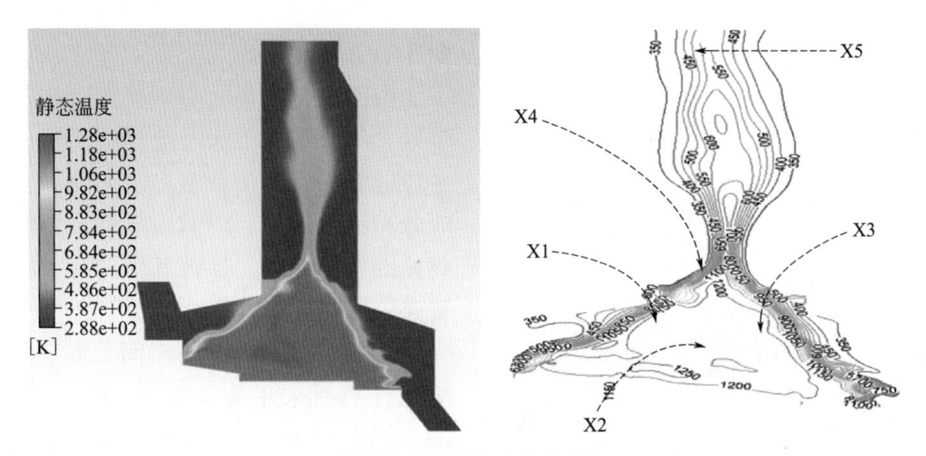

图 3-9　炉内温度分布图

由图 3-9 可知：炉内温度最高值为 1280K，烟道出口处的烟气温度接近 450K；在二次风喷嘴附近，温度明显较高，原因在于，此处 O_2 浓度较高，有利于烟气中的可燃成分充分燃烧，进而释放出更多的热量。图 3-9 中，X1 ～ X5 位置的温度值分别为 1050K、1200K、1050K、700K 和 450K，这与理论分布相符合。

焚烧炉内的 O_2 浓度分布如图 3-10 所示。

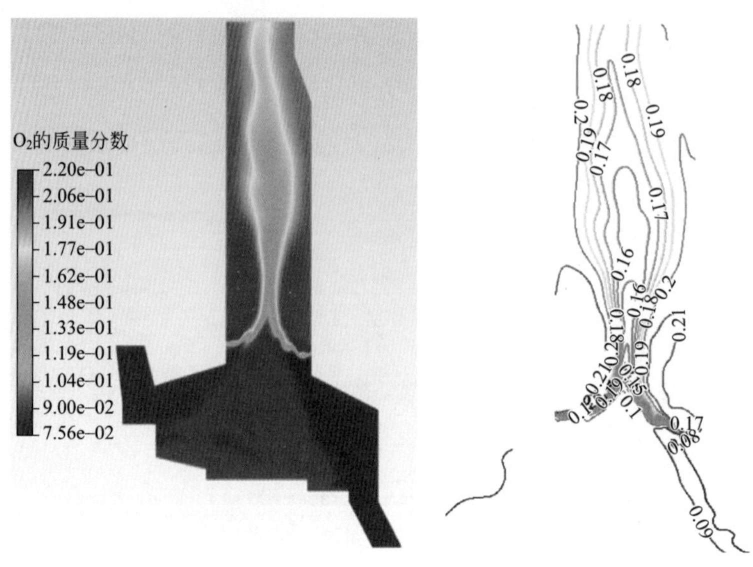

图 3-10 炉内 O_2 浓度分布图

由图 3-10 可知：焚烧炉烟气出口处的 O_2 浓度最高可达 19%。为充分燃尽烟气中的可燃物，烟气中的含氧量一般控制在 6% 以上 [38]。

焚烧炉内的气体速度场分布如图 3-11 所示。

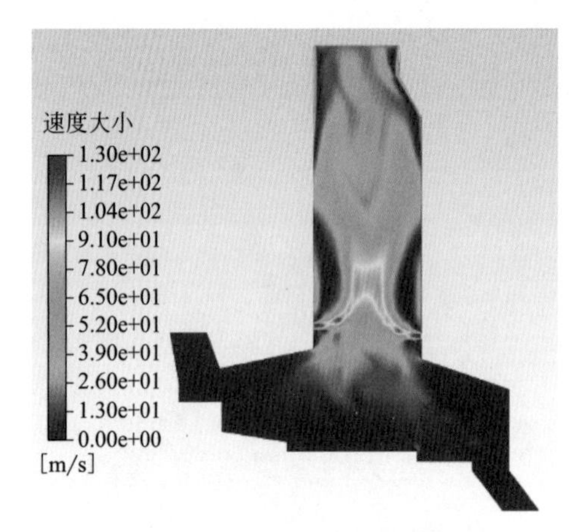

图 3-11 炉内气体速度场分布图

由图 3-11 可知：在焚烧炉二次风喷嘴处，气流速度最大。适当的高速度二次风能够加剧气流混合，进而使炉膛气流分布更加饱满，同时也能增加烟气在此处的停留时间，保证其中的有害物质被充分燃烧分解。

③ 计算资源与运行时间 本节进行模拟计算所采用的计算机 CPU 配置为 Intel 酷睿 i7 8550U，模拟时间为 26 天。当改变二次风风速和一次风含氧量的设置值时，模拟结果趋于稳定的时间基本相同；但是，焚烧炉的网格数量越多，模拟结果趋于稳定的时间消耗也越长；模拟挥发分燃烧时采用的化学方程式越多，模拟结果趋于稳定的时间也越长。显然，需要更为强大的计算资源予以支撑，并进行自适应网格配置算法或代理模型研究以加快模拟仿真速度。

(2) 基于非基准工况的参数分析结果

本节分别研究一次风含氧量和二次风风速对焚烧状况的影响。

① 一次风含氧量对 MSWI 过程的影响　当二次风速度为 80m/s 时，一次风的含氧量对沿炉排方向 CO 浓度的影响如图 3-12 所示。

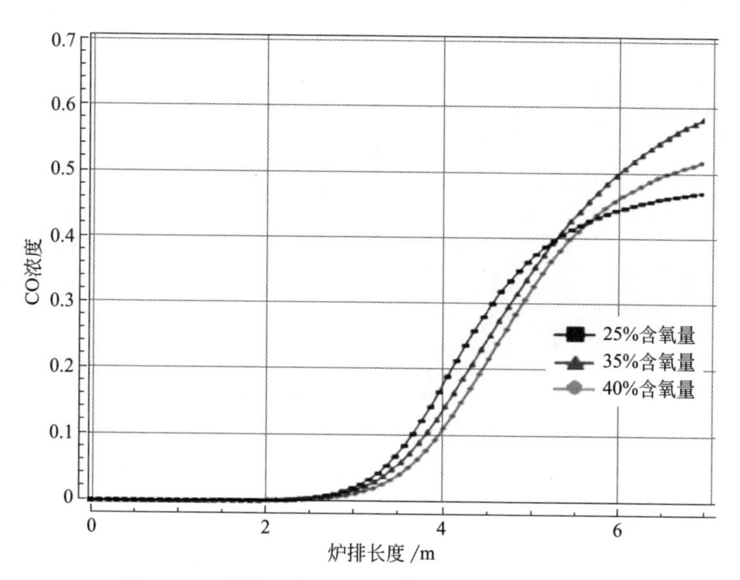

图 3-12　不同一次风含氧量下的 CO 浓度分布图

由图 3-12 可知：在炉排长度 4m 处，25% 含氧量曲线的 CO 浓度最大，40% 含氧量曲线的 CO 浓度最小。上述现象表明，较高的一次风含氧量有利于 CO 的充分燃烧，其相应的积累浓度就较低。

② 二次风速度对 MSWI 的影响　二次风速度对炉内温度场分布的影响如图 3-13 ～图 3-15 所示。

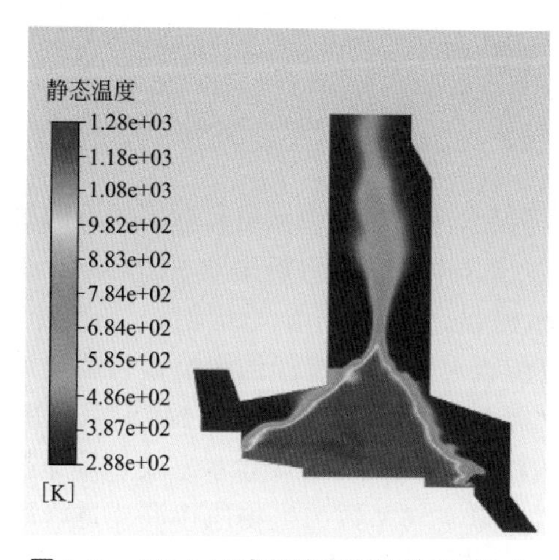

图 3-13　80m/s 二次风速度下的温度场分布

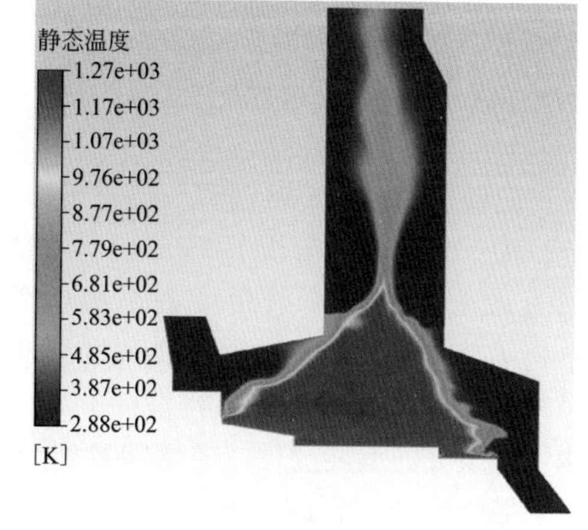

图 3-14　100m/s 二次风速度下的温度场分布

不同风速的炉内最高温度变化如图 3-16 所示。

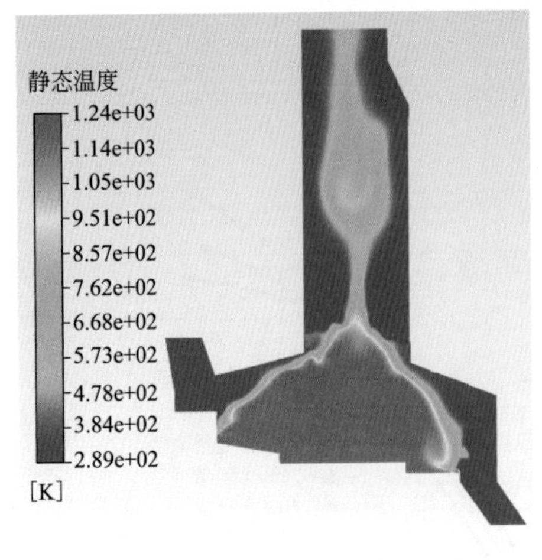

图 3-15　120m/s 二次风速度下的温度场分布

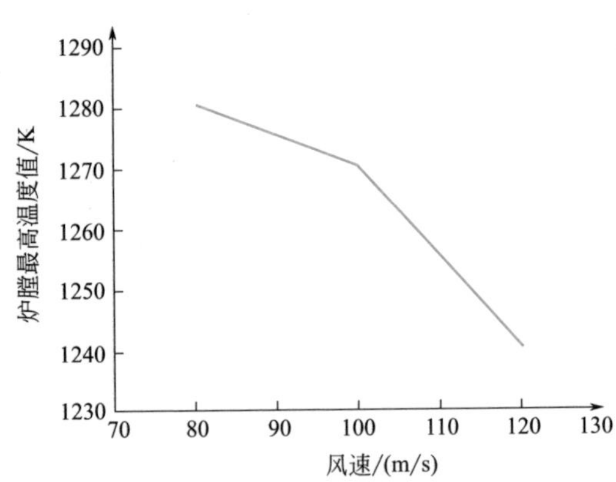

图 3-16　不同二次风速度时的炉内最高温度

由图 3-16 可知：炉膛最高温度值随二次风风速的提高而降低。图 3-13 ～图 3-15 中，炉内温度分布的整体趋势具有一致性，这表明二次风的速度对炉内整体温度分布的影响较小。对比图 3-13 和图 3-15 可知，二次风风速为 120m/s 时的炉内火焰高度比其值为 80m/s 时低。

3.3 基于炉排固相和炉膛气相耦合的 MSWI 炉内燃烧过程数值仿真

3.3.1　概述

目前，针对 MSWI 过程，已进行过许多结合床层燃烧模型进行数值仿真的研究，如：文献 [39] 分析了 750t/d 焚烧炉中二次风喷射角度对脱硝效率的影响，为通过改变二次风喷射角度提高脱硝效率提供了一定的参考价值；文献 [40] 分析了 750t/d 焚烧炉的前后拱角度和烟道位置对 MSWI 过程的影响，为焚烧炉结构的优化设计提供了可行设计方案；文献 [41] 模拟炉排上固相 MSW 和炉膛内气相组分的燃烧过程；文献 [42] 研究一次风含氧量、MSW 含水率及炉排速度对炉膛内燃烧过程的影响；文献 [43] 针对过量空气系数、生物质掺混比进行研究，获得炉膛温度和 NO_x 排放浓度与上述两个参数间的关联性；文献 [44-45] 对二次风配风进行研究，结果表明，二次风缺少时会导致烟气混合不均匀进而易发生耐火层裂缝、烧损、脱落等现象，二次风足量时则有利于可燃成分实现充分燃烧。

上述研究多集中于二次风喷射角、喷射风速及炉体结构等角度进行研究。目前，针对 800t/d 焚烧炉二次风流量、一次风流量和炉排速度的研究报道仍较少。

本研究采用计算流体力学方法对 800t/d 焚烧炉内的 MSWI 过程进行数值仿真，分析了二次风流量、一次风流量和炉排速度对焚烧烟气 O_2 含量、CO_2 含量和炉内温度的影响，为了解不同工况下 MSWI 过程的规律提供参考。

3.3.2 研究对象

本节的研究对象是某 MSWI 电厂，相关参数同 3.2.2 节。焚烧炉的结构较为复杂，在建模时进行了简化处理。此处，根据焚烧炉实际结构尺寸建立如图 3-17 所示的二维模型，其网格数量为 734400。

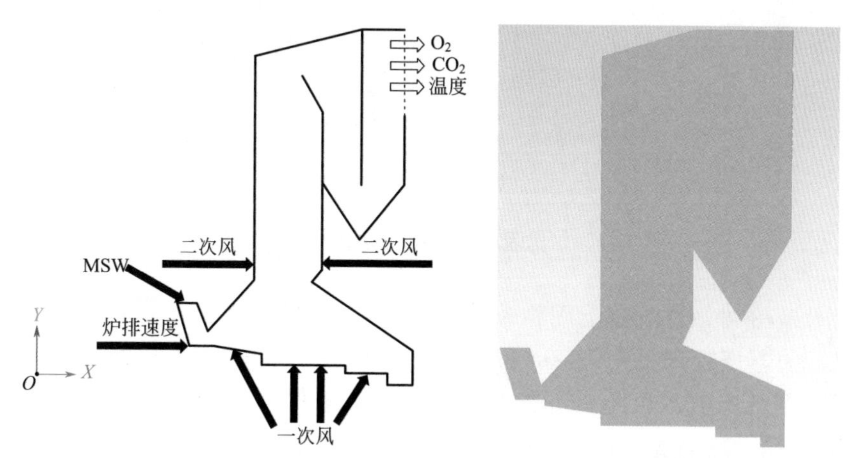

图 3-17 焚烧炉示意图（左半部分）及其网格示意图（右半部分）

如图 3-17 所示，模拟时的输入变化量为炉排速度、一次风流量和二次风流量，输出量为焚烧炉内温度（烟气保护管处）、焚烧烟气 O_2 含量和 CO_2 含量，其相应的位置如图中所示。

3.3.3 模拟策略与模型设置

（1）方法假设

MSW 组分复杂且燃烧过程涉及众多的物理化学反应，进行数值模拟时需进行假设与简化[45-49]，包括：MSW 所在的床层被视为连续多孔介质；不考虑炉排炉内部颗粒物的流动；床层被视为以恒定的速度向前运动；MSW 由水分、挥发分、固定碳和灰分组成；模型中包含的气相组分为 O_2 、CO 、CO_2 、H_2O 、H_2 、CH_4 和 N_2 ；MSWI 过程包括水分蒸发、挥发分析出、气体燃烧和焦炭燃烧等子过程。

（2）模拟策略

MSW 在焚烧炉内的燃烧分为炉排上固相 MSW 燃烧过程和炉膛内气相组分燃烧过程。此处所采用的模拟策略如图 3-18 所示。

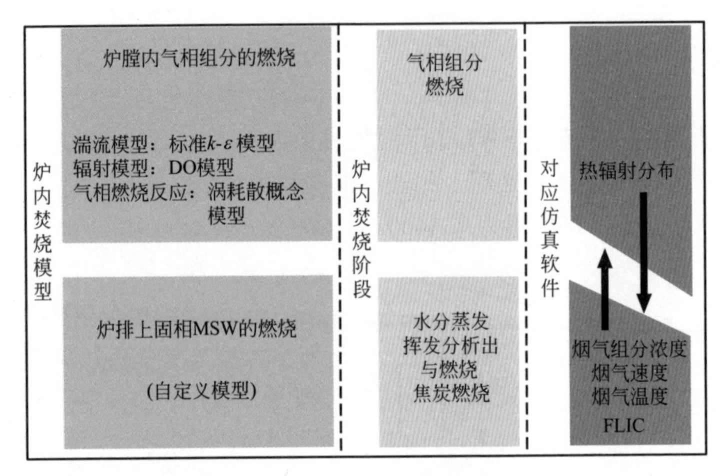

图 3-18　炉排固相和炉膛气相耦合模拟策略图

由图 3-18 可知：炉排上固相 MSW 的燃烧过程采用 FLIC 进行模拟，炉膛内气相组分的燃烧过程采用 Fluent 软件进行模拟；FLIC 模拟得到的烟气温度、烟气速度和烟气组分浓度等分布数据作为 Fluent 软件的入口边界条件，Fluent 软件为 FLIC 提供热辐射分布数据；二者通过不断迭代直至收敛，进而结束该模拟过程。

（3）边界条件

此处所采用 MSW 的工业分析、元素分析和低位热值数据如表 3-4 所示。

表 3-4　MSW 的工业分析、元素分析和低位热值

工业分析 /%				元素分析 /%					LHV_{ar} /（kJ/kg）
水分	挥发分	固定碳	灰分	C	H	O	N	S	
45.32	25.36	11.46	17.86	56.9	8.75	32.37	0.38	0.41	7980

FLIC 需要设置炉排各段的一次风温度、一次风流量、炉排速度、炉排长度与宽度、MSW 的工业分析和元素分析、预先假设的热辐射等参数；属性参数，如水的比热容、水的密度、固定碳的相关属性参数、挥发分的相关属性参数、化学反应的活化能、指前因子、粒子大小、床层孔隙率等采用默认值。Fluent 软件需要设置二次风流量、二次风温度、二次风组分、二次风喷射角度以及来自 FLIC 的烟气温度、烟气速度和烟气组分浓度等参数。

主要工艺参数均取自某 MSWI 电厂的实际值，其中，一次风温度为 500K，其风量为 68000N • m^3/h，占总风量的 90.7%；二次风的温度为 300K，其风量为 7000N • m^3/h，占总风量的 9.3%；干燥段、燃烧一段、燃烧二段和燃烬段炉排的风量配比为 0.24 ：0.50 ：0.20 ：0.06，具体数值为 16000N • m^3/h、34000N • m^3/h、14000N • m^3/h 和 4000N • m^3/h；焚烧炉的焚烧量为 700t/d；炉排速度为 8m/h；初始料层厚度为 516 mm。

此处定义基准运行工况为：一次风流量为 68000N • m^3/h，二次风流量为 7000 N • m^3/h，炉排速度为 8m/h。表 3-5 ～表 3-7 分别给出了基于基准运行工况调整二次风流量、一次风流量和炉排速度的 12 个非基准工况。

表 3-5　二次风流量变化时的非基准工况

工况	二次风流量 /（m^3/h）	一次风流量 /（m^3/h）	炉排速度 /（m/h）
1	4200	68000	8
2	5600	68000	8
3	8400	68000	8
4	9800	68000	8

表 3-6　一次风流量变化时的非基准工况

工况	二次风流量 /（m^3/h）	一次风流量 /（m^3/h）	炉排速度 /（m/h）
5	7000	40800	8
6	7000	54400	8
7	7000	81600	8
8	7000	95200	8

表 3-7　炉排速度变化时的非基准工况

工况	二次风流量 /（m^3/h）	一次风流量 /（m^3/h）	炉排速度 /（m/h）
9	7000	68000	6
10	7000	68000	8
11	7000	68000	10
12	7000	68000	12

3.3.4 模拟结果与分析

(1) 基于基准工况的数值仿真结果

基于上节所描述的基准工况数据进行 MSWI 过程的数值仿真实验，炉排上固相 MSW 燃烧结果和炉膛内气相组分燃烧模拟结果如下。

① 炉排上固相 MSW 燃烧结果　炉排上固相 MSW 燃烧的过程速率以及烟气所含组分的分布如图 3-19 所示。

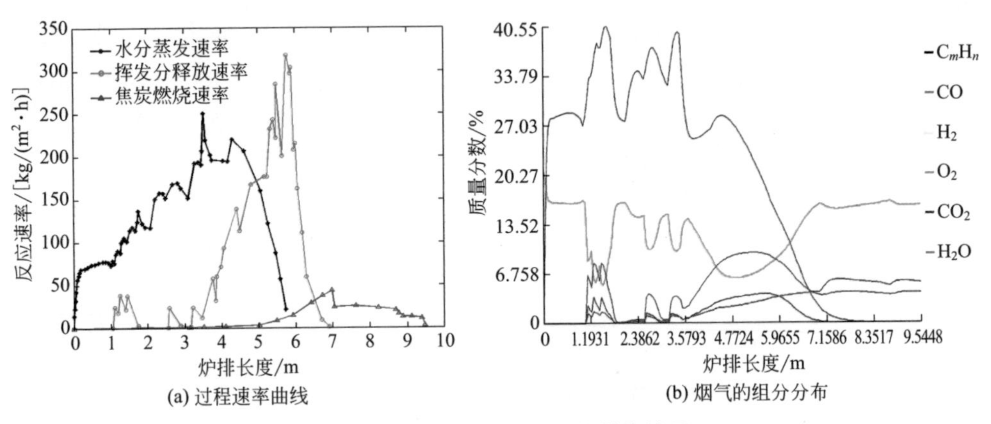

图 3-19　炉排上固相 MSW 的燃烧结果

由图 3-19 可知：MSW 进入焚烧炉后，最先开始水分蒸发过程，之后进行挥发分析出过程，最后进行焦炭燃烧过程；水分在炉排 0.5m 附近的含量开始增加，之后水分开始迅速上升，MSW 的重量也相应地开始下降；约至 7.7m 处，水分的含量减至 0；随着 MSW 温度的升高，CO 和 H_2 的含量升高，同时 O_2 的含量相应减少；此外，O_2 含量因挥发分的燃烧而产生波动。

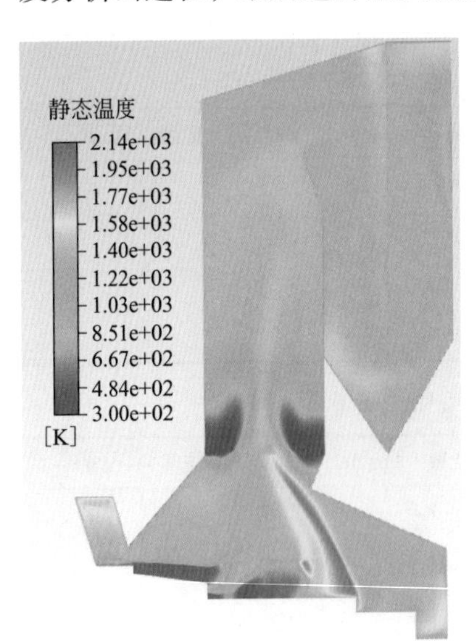

图 3-20　焚烧炉内的温度分布图

② 炉膛内气相组分燃烧结果　可燃气体在炉膛内进行充分燃烧后的温度分布图、O_2 质量分数分布图和 CO_2 质量分数分布图分别如图 3-20 ～图 3-22 所示。

由图 3-20 可知：随着燃烧的进行，烟气温度沿其流动方向降低；在二次风喷嘴附近，由于二次风的喷入使得可燃物质与氧气混合进行充分燃烧，温度再次升高；同时，二次风有利于延长烟气在炉膛内的停留时间；焚烧炉出口处的烟气温度降至 912.37K。由图 3-21 和图 3-22 可知：焚烧炉出口处 O_2 含量的平均值为 8.46%，满足可燃物燃烬的要求；焚烧炉出口处 CO_2 含量的平均值为 2.71%。

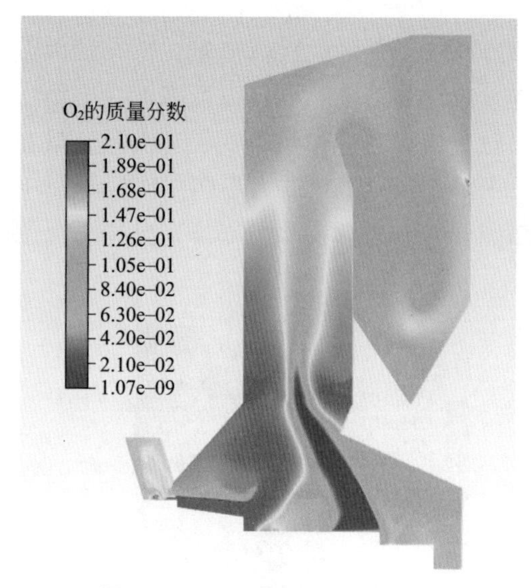

图 3-21　O_2 质量分数分布图

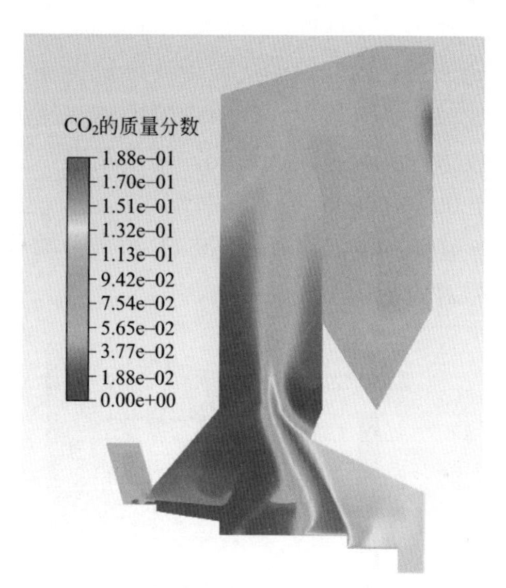

图 3-22　CO_2 质量分数分布图

③ 运行数据与数值模拟结果　为验证数值仿真结果的准确性，将数值仿真结果与 MSW 焚烧厂的实际数据进行对比，其中实际值取的是现场 DCS 系统所采集数据的 2 小时平均值，具体如表 3-8 所示。

表 3-8　实际值与数值仿真值的对比结果

参数名称	实际值	模拟值	绝对误差	相对误差	备注
O_2 含量	8.46%	8.94%	0.48	4.80%	—
CO_2 含量	—	2.71%	—	—	—
烟气温度	936.52K	912.37K	-24.15	2.58%	保护管进口处

由表 3-8 可知：O_2 含量和保护管进口处烟气温度与实际现场测量运行数据的相对误差约为 4.80% 和 2.58%；CO_2 含量的模拟值约为 2.71%。上述结果表明所建立的数值仿真模型具有一定的可信度，能够反映焚烧炉内的焚烧状况。影响结果精度的部分原因如下：a. 实际焚烧时 MSW 的成分波动导致热值和产物存在差异；b. 实际焚烧时所配置的相关工艺参数的波动导致焚烧结果变化；c. 与数值仿真值进行对比的实际值是选取某段时间的平均值。

下面分析不同工况下的变化趋势对 MSWI 过程的影响。

（2）基于非基准工况的参数分析结果

MSWI状况受多个运行参数的影响，本节分别研究二次风流量、一次风流量和炉排速度对焚烧状况的影响。

① 二次风流量对MSWI过程的影响　二次风不仅为燃烧提供充足氧量，还能加强炉内气体的扰动以使燃烧更加充分。喷入合适的二次风流量，可在炉内形成较好的二次燃烧，对炉膛内的湍流强度、流场和温度场分布以及降低污染物排放浓度具有重要的影响。基于基准工况参数，保持其他参数不变，二次风流量在4200～9800N•m^3/h的范围内进行模拟。图3-23～图3-25为不同二次风流量下焚烧炉内的温度分布图、O_2质量分数分布图和CO_2质量分数分布图，其中工况编号对应于表3-5。

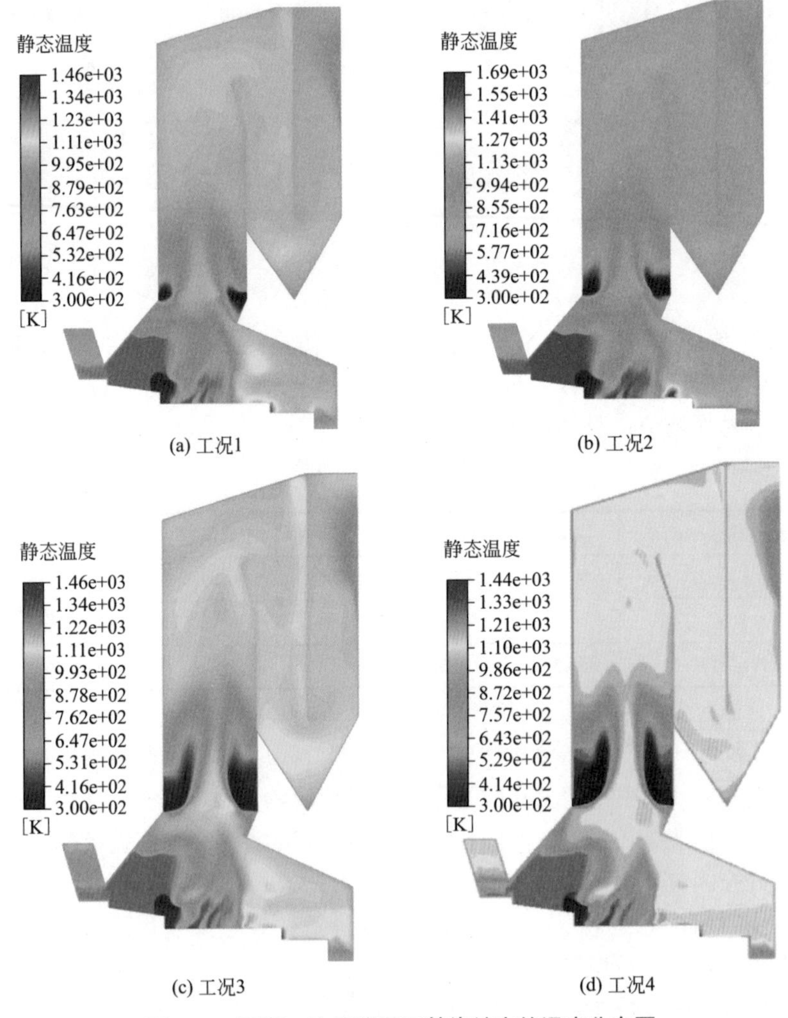

(a) 工况1　(b) 工况2
(c) 工况3　(d) 工况4

图3-23　不同二次风流量下焚烧炉内的温度分布图

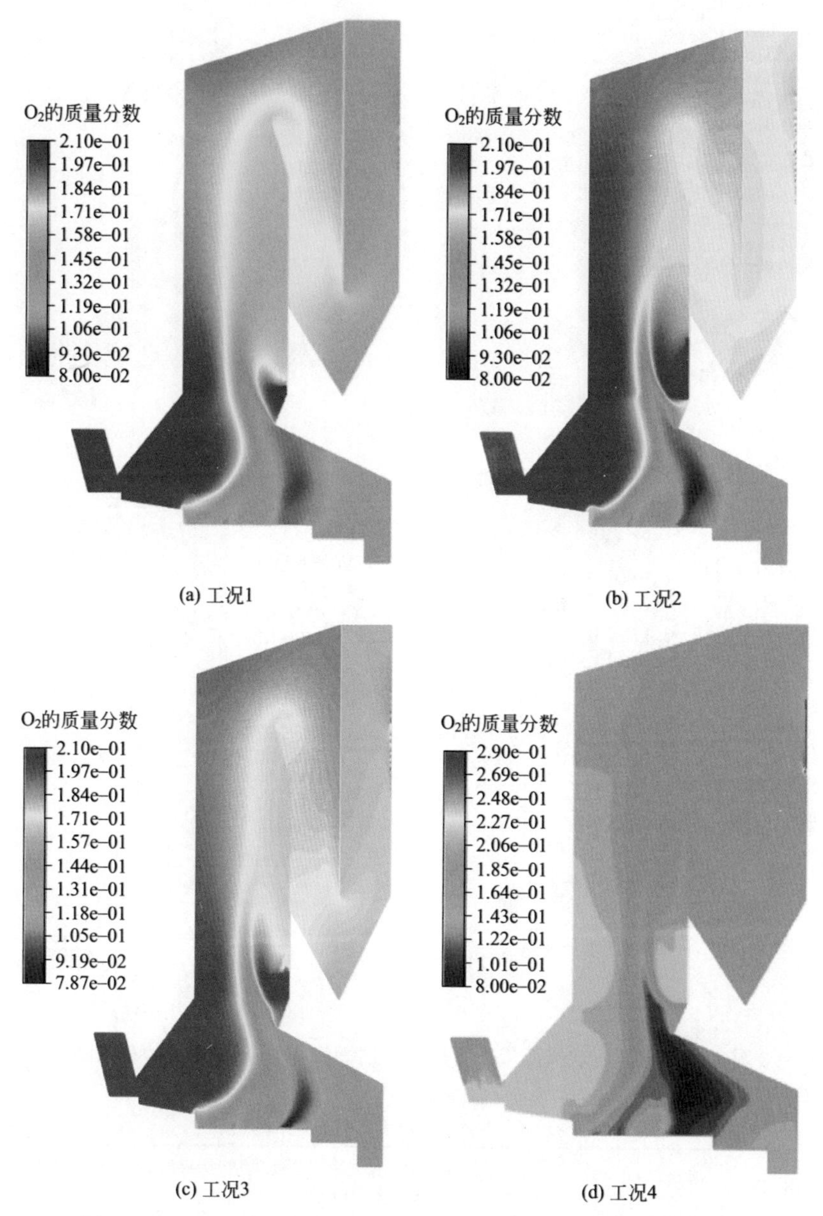

图 3-24　不同二次风流量下焚烧炉出口烟气的 O_2 质量分数分布图

表 3-9 为二次风流量调整时，所对应的焚烧炉出口处 O_2 和 CO_2 的质量分数，以及烟气温度的数值仿真结果。

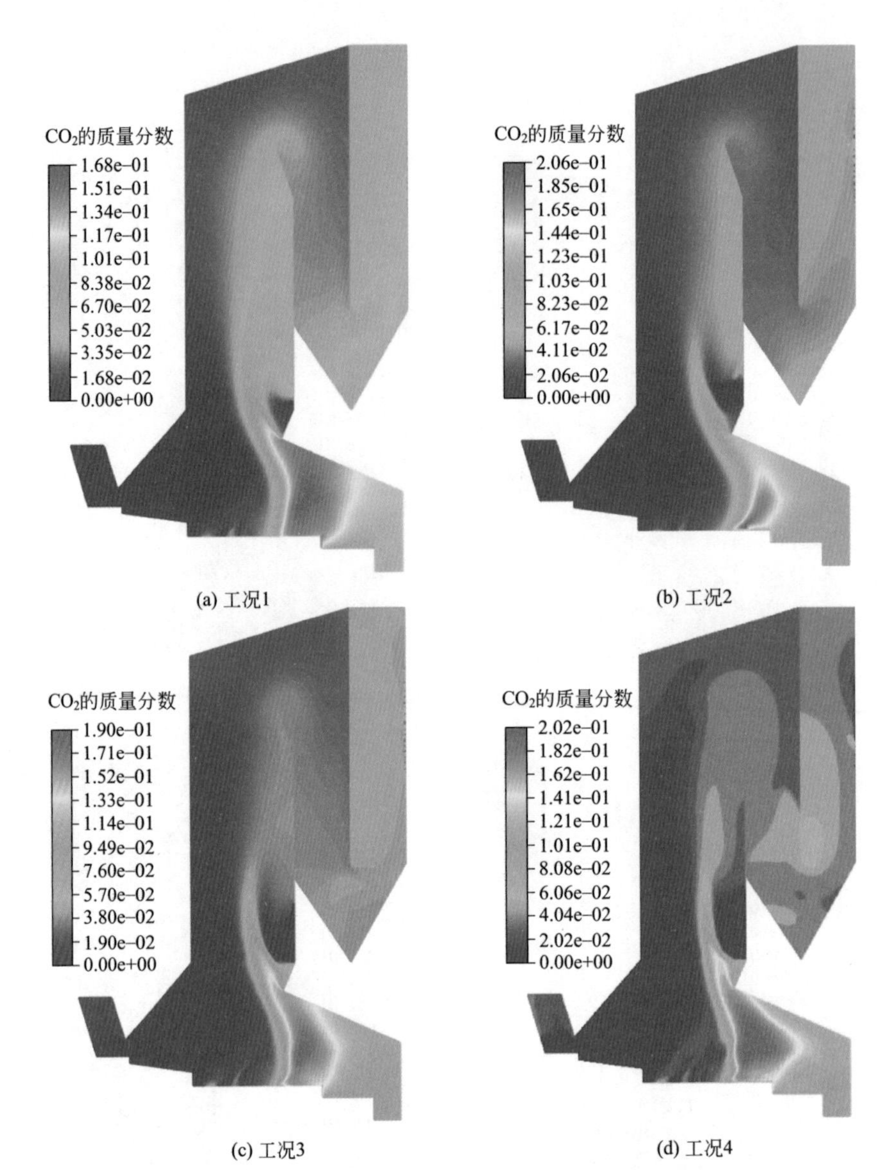

(a) 工况1　(b) 工况2

(c) 工况3　(d) 工况4

图 3-25　不同二次风流量下焚烧炉出口烟气的 CO_2 质量分数分布图

表 3-9　二次风流量调整时的模拟结果

工况	二次风流量 /（m^3/h）	O_2 的质量分数 /%	CO_2 的质量分数 /%	烟气温度 /K
1	4200	14.02	4.37	813.03
2	5600	14.61	3.80	846.79
3	8400	15.54	3.54	831.05
4	9800	15.50	2.85	819.42

不同二次风流量下焚烧炉烟气出口处的 O_2 质量分数、CO_2 质量分数和烟气温度的数值变化趋势如图 3-26 ～图 3-28 所示。

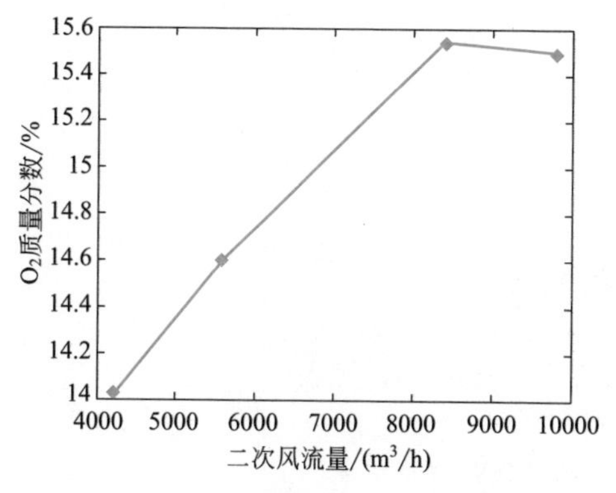

图 3-26　不同二次风流量下的焚烧炉烟气出口处 O_2 质量分数变化趋势图

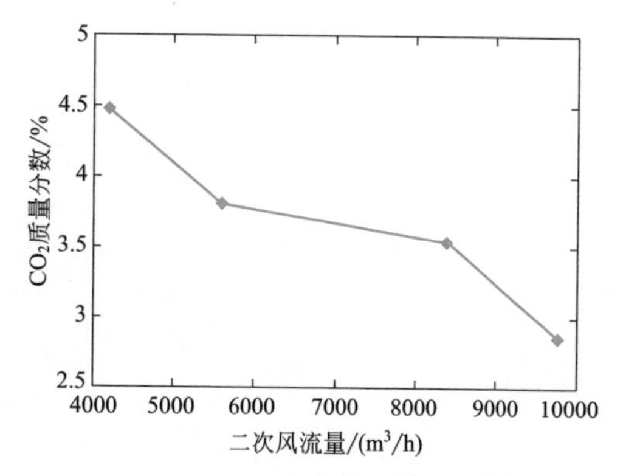

图 3-27　不同二次风流量下的焚烧炉烟气出口处 CO_2 质量分数变化趋势图

由图 3-26 ～图 3-28 可知：焚烧炉出口处的 O_2 质量分数随着二次风流量的增加呈现出逐渐增加的趋势，其数值从 14.02% 增至 15.50%，部分原因在于喷入焚烧炉内 O_2 量的增加导致炉内含氧量增加；焚烧炉出口处的 CO_2 质量分数随二次风流量增加逐渐减小，其数值从 4.37% 减至 2.85%；焚烧炉出口处的烟气温度（烟气保护管处）随二次风流量的增加呈现先增后减的趋势，其数值先由 813.03K 增至 846.79K 后减至 819.42K，部分原因在于合适的二次风流量有利于燃烧的充分进行及炉膛温度的维持，过多的二次风流量尽管能保证可燃物的充分燃烬，但也导致炉膛温度降低。

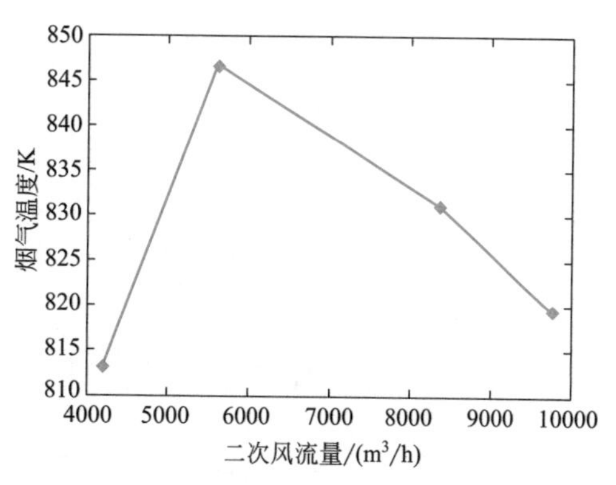

图 3-28　不同二次风流量下的焚烧炉烟气温度变化趋势图

② 一次风流量对 MSWI 过程的影响　合适的一次风流量能够使炉排上的 MSW 更加充分燃烧，因炉排各段对空气量的需求不同，应进行分级配风。MSW 成分的不确定性导致难以获得通用的一次风流量配置；通过数值仿真可模拟不同的一次风流量对焚烧炉燃烧特性的影响。基于基准工况参数，保持其他参数不变，一次风流量在 40800 ～ 95200m³/h 的范围内进行模拟。图 3-29 ～图 3-32 分别为不同一次风流量下的炉排上固相 MSW 燃烧结果示意图，图 3-33 ～图 3-35 为不同一次风流量下焚烧炉内的温度分布图、O_2 质量分数分布图和 CO_2 质量分数分布图，

其中工况编号对应于表 3-6。

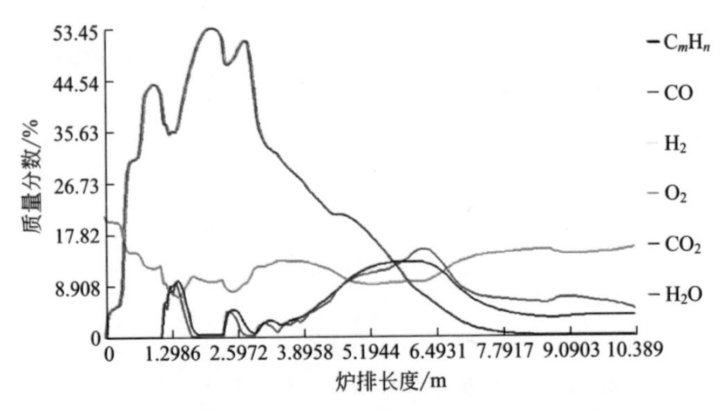

图 3-29 工况 5 下炉排上固相 MSW 燃烧结果

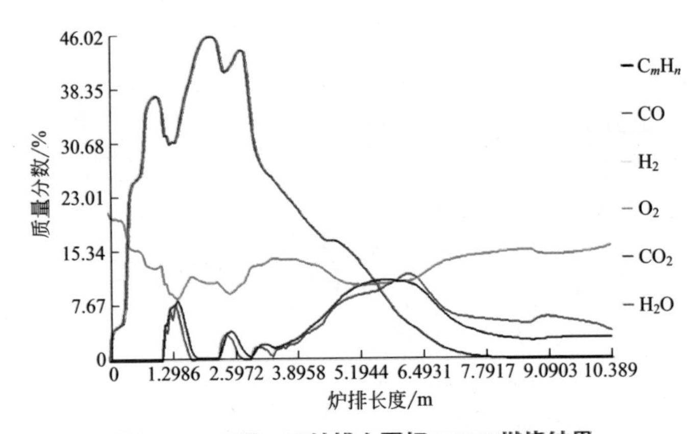

图 3-30 工况 6 下炉排上固相 MSW 燃烧结果

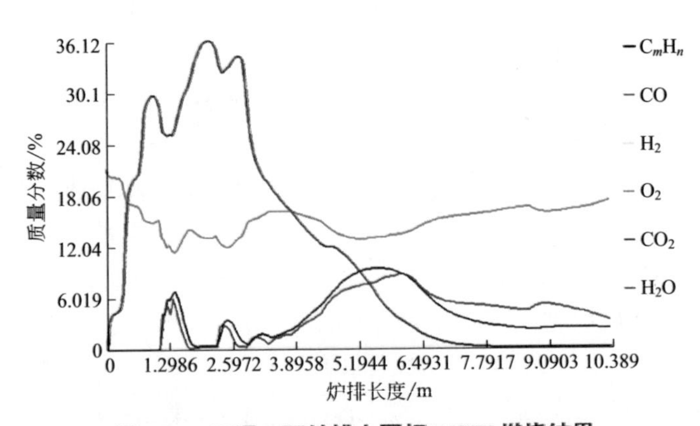

图 3-31 工况 7 下炉排上固相 MSW 燃烧结果

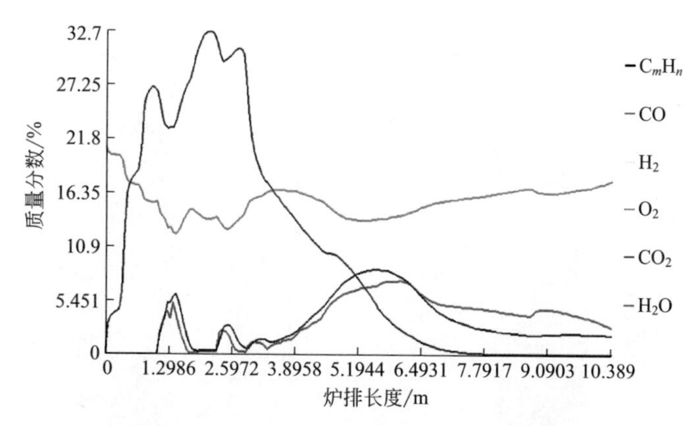

图 3-32　工况 8 下炉排上固相 MSW 燃烧结果

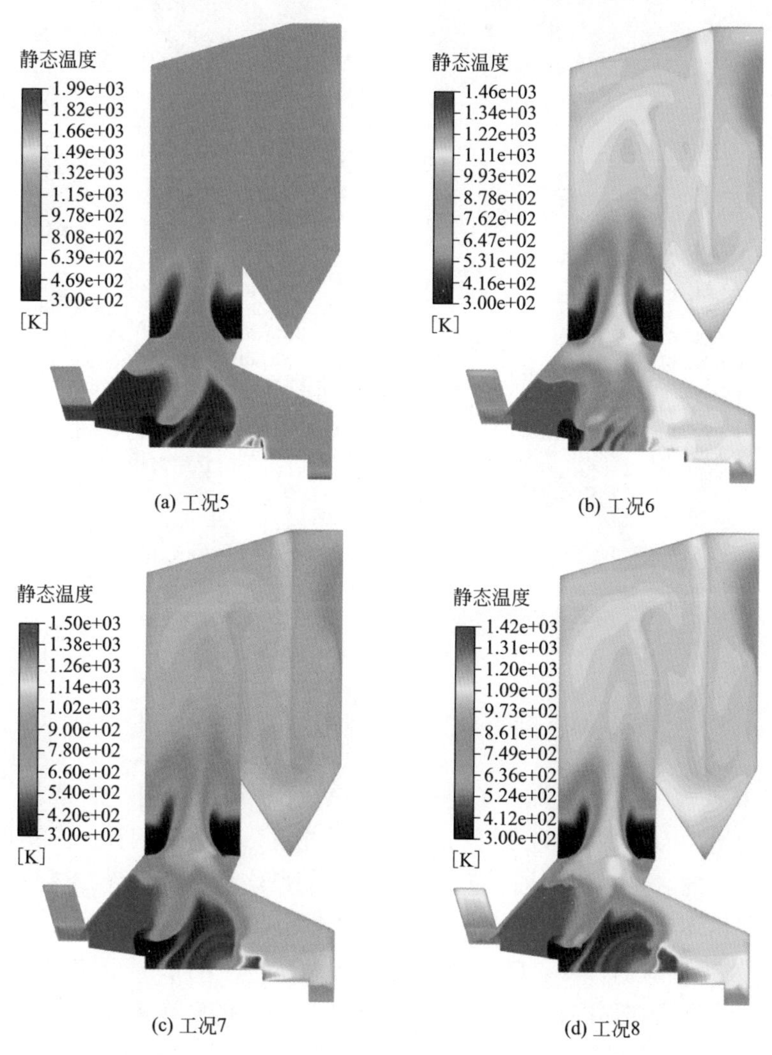

图 3-33　不同一次风流量下的焚烧炉温度分布图

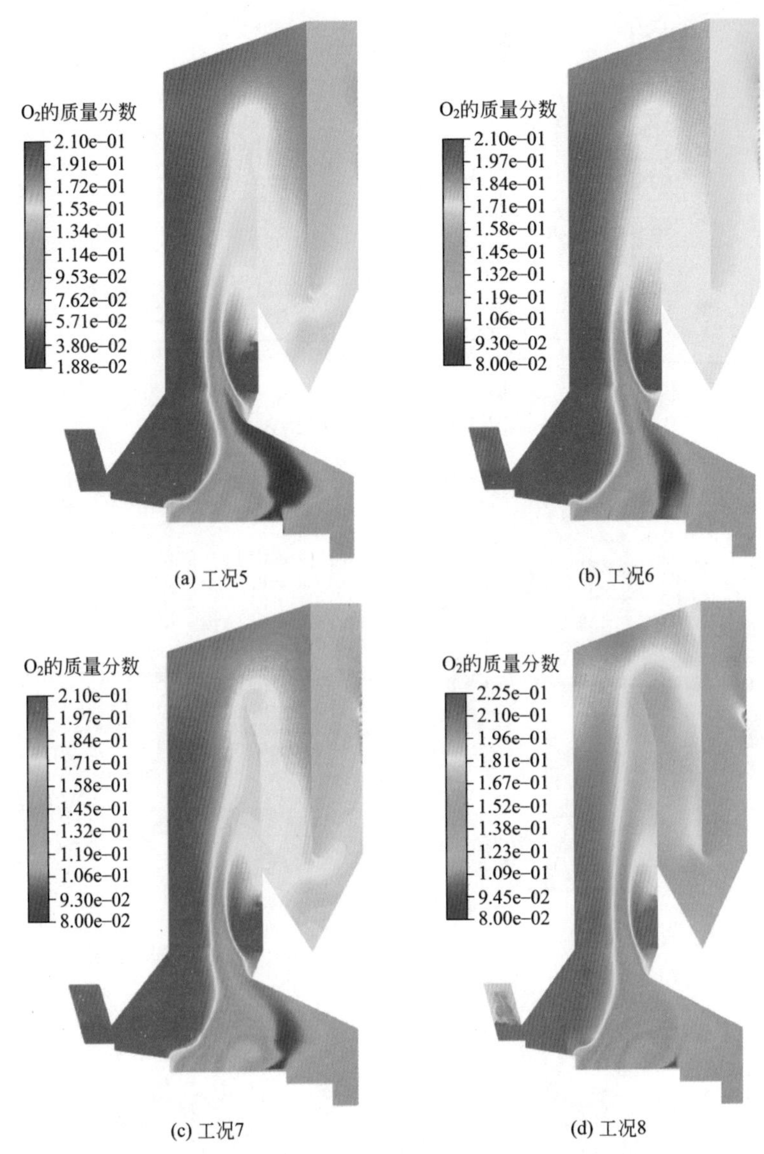

图 3-34 不同一次风流量下的 O_2 质量分数分布图

由图 3-29 ～图 3-32 可知，炉排固相 MSW 燃烧结果表明：O_2 质量分数随一次风流量的增加而增加，CO_2 质量分数却与其相反，部分原因在于一次风流量的增加导致输入的氧量相应增加，但由于 MSW 的燃烧量不变，导致燃烧所需消耗的氧量也保持不变，因此使得燃烧后的 O_2 质量分数增加；同时，部分 CO_2 由挥发分与 O_2 发生反应后产生，O_2 消耗量越少导致所产生的 CO_2 也越少；烟气温度随一次风流量的增加而降低，部分原因在于配置适量的一次风流量利于燃烧，过量的一次风流量会降低烟气的温度。

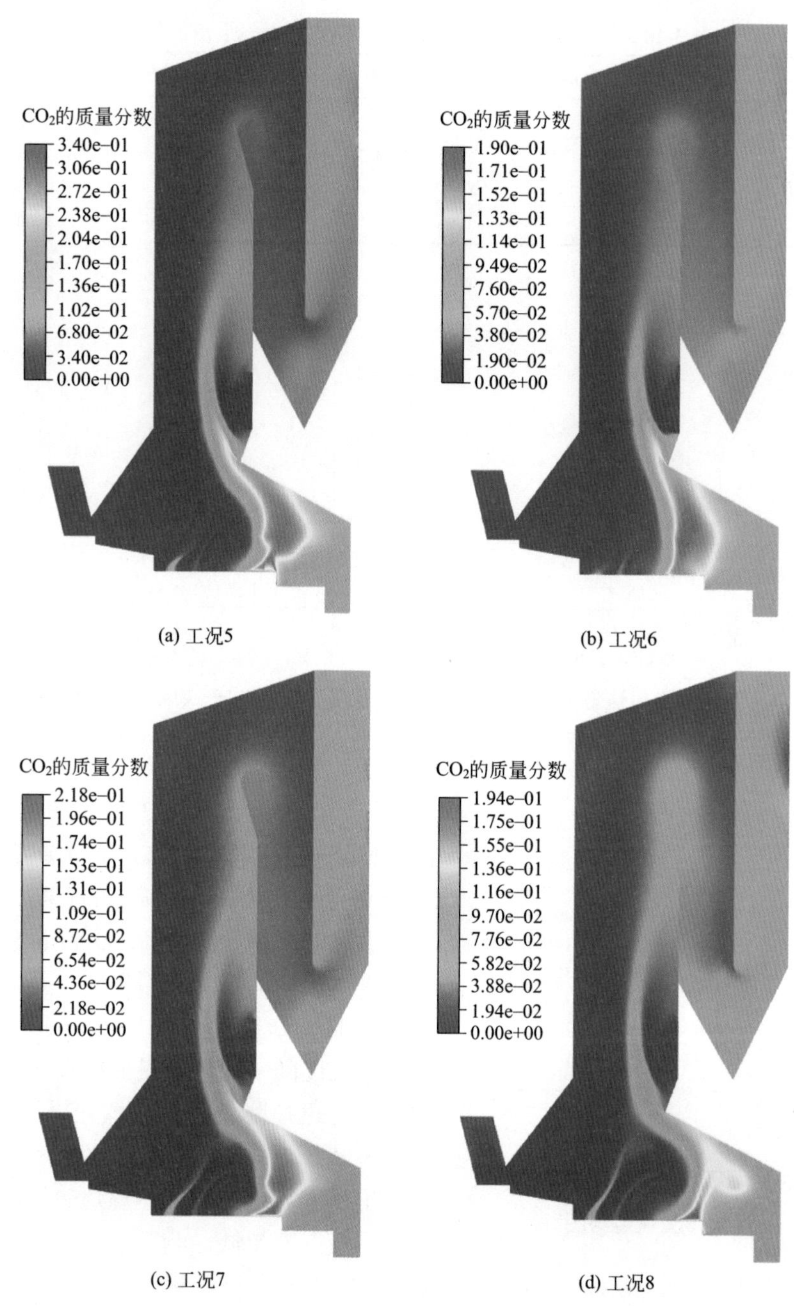

图 3-35 不同一次风流量下的 CO_2 质量分数分布图

一次风流量调整时，焚烧炉出口处 O_2 和 CO_2 质量分数以及烟气温度数值仿真结果的统计表格如表 3-10 所示，焚烧炉出口处的 O_2 质量分数、CO_2 质量分数和炉膛温度的数值变化趋势如图 3-36 ～图 3-38 所示。

表 3-10　一次风流量调整时的 O_2、CO_2 和烟气温度的模拟值

工况	一次风流量 / (m^3/h)	O_2 质量分数 /%	CO_2 质量分数 /%	烟气温度 / K
5	40800	13.11	5.97	829.32
6	54400	15.54	3.54	831.05
7	81600	14.57	4.04	813.62
8	95200	13.60	3.01	804.22

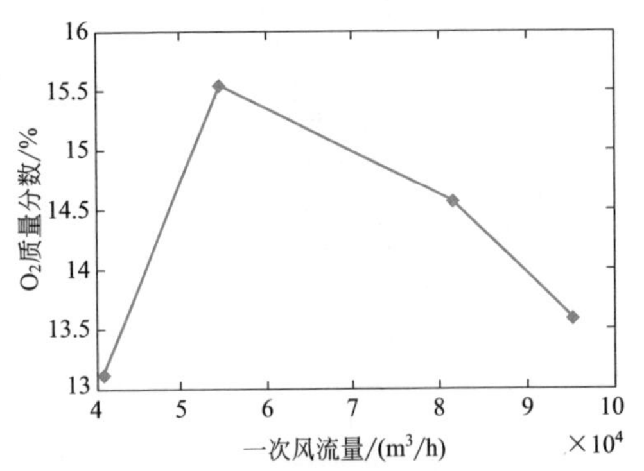

图 3-36　不同一次风流量下的 O_2 质量分数变化趋势图

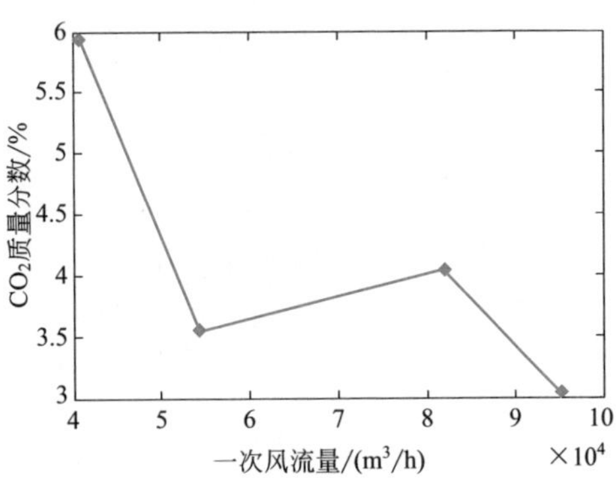

图 3-37　不同一次风流量下的 CO_2 质量分数变化趋势图

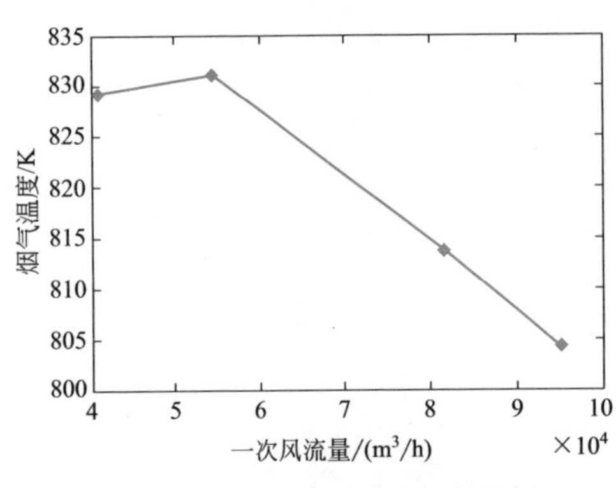

图 3-38　不同一次风流量下的烟气温度变化趋势图

由表 3-10 和图 3-36 ～图 3-38 可知，焚烧炉出口处的 CO_2 质量分数随一次风流量的增加呈现减小的趋势，其数值由 5.97% 减至 3.01%；O_2 质量分数随一次风流量的增加先增后降，其数值先由 13.11% 增至 15.54% 后减至 13.60%；烟气温度随一次风流量的增加先略有增加后再迅速降低，其数值先增至 831.05K 再减至 804.22K，部分原因是一次风流量越大导致炉膛气相燃烧边界条件中的烟气温度越低。

③ 炉排速度对 MSWI 过程的影响　炉排速度会显著影响床层固相 MSW 燃烧和生成物燃烧的剧烈程度，合适的炉排速度对 MSW 的充分燃烧具有重要作用。在给料量一定的情况下，炉排速度越慢，床层堆积高度越高，MSW 燃烧越不充分；相反，床层堆积高度越低，MSW 燃烧越快，但易造成炉排暴露在高温下而被腐蚀的问题。为了定量分析炉排速度对 MSWI 过程的影响，基于基准工况参数，保持其他参数不变，炉排速度在 6 ～ 12m/h 的范围内进行模拟。图 3-39 ～

图 3-42 分别为不同炉排速度下的炉排固相 MSW 燃烧结果示意图，图 3-43 ～图 3-45 为不同炉排速度下焚烧炉内的温度分布图、焚烧炉出口烟气 O_2 质量分数分布图和 CO_2 质量分数分布图，其中工况编号对应于表 3-7。

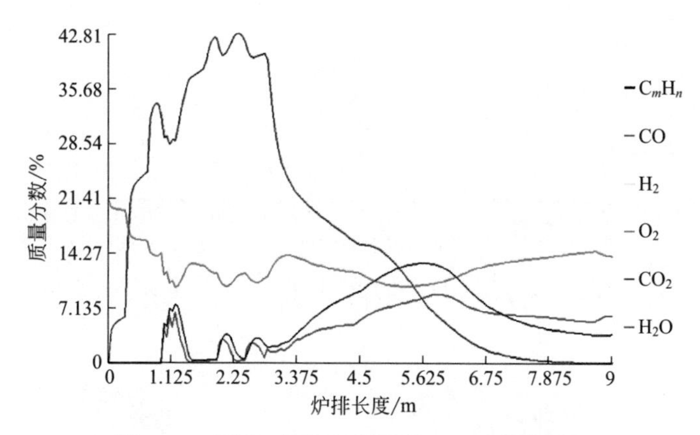

图 3-39　工况 9 下的炉排固相 MSW 燃烧结果

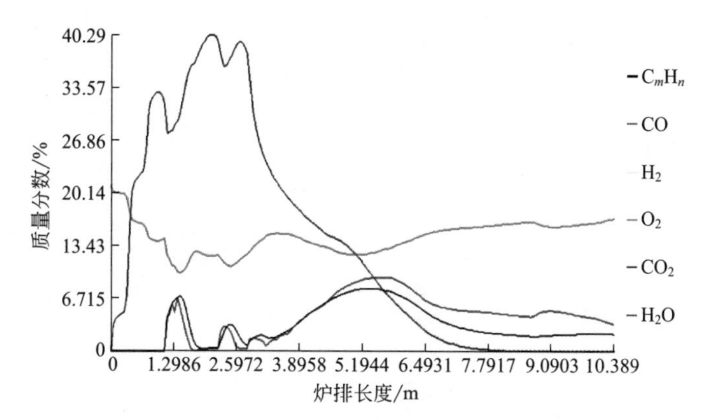

图 3-40　工况 10 下的炉排固相 MSW 燃烧结果

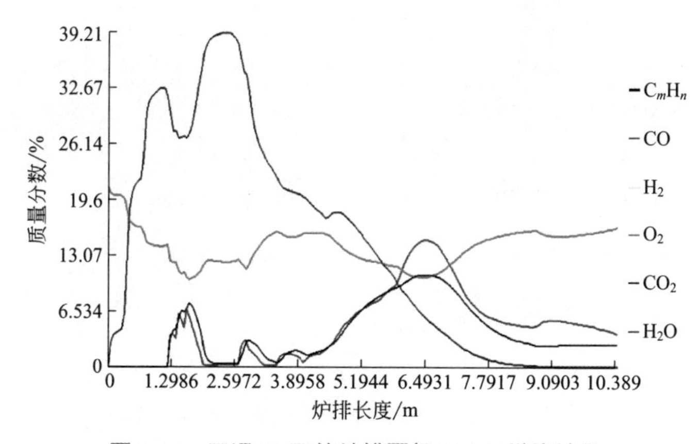

图 3-41　工况 11 下的炉排固相 MSW 燃烧结果

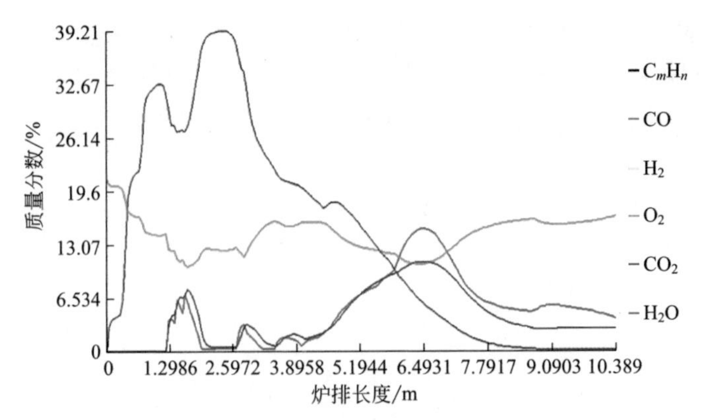

图 3-42　工况 12 下的炉排固相 MSW 燃烧结果

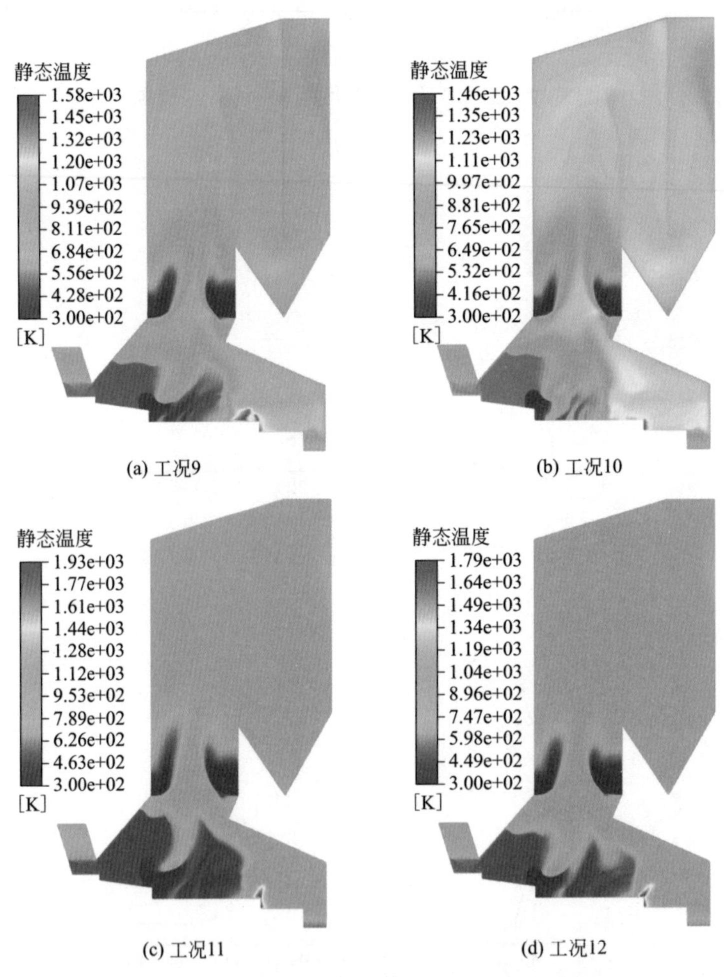

图 3-43　不同炉排速度下的焚烧炉内温度分布图

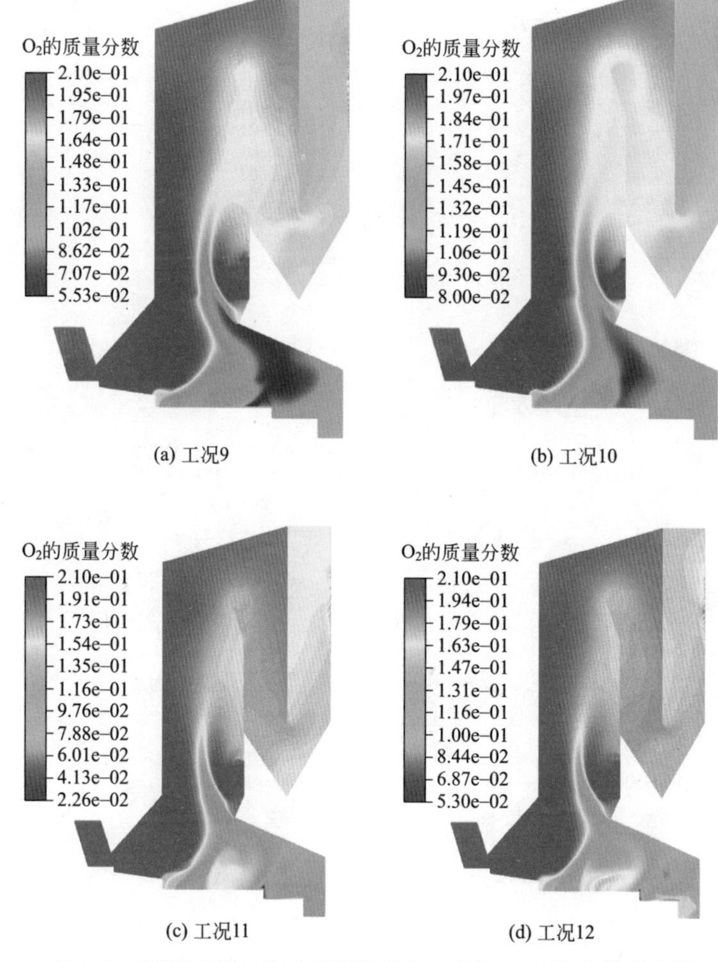

(a) 工况9　(b) 工况10

(c) 工况11　(d) 工况12

图 3-44　不同炉排速度下的焚烧炉出口烟气 O_2 质量分数分布图

由图 3-39 ～图 3-42 可知，炉排固相 MSW 燃烧中，O_2 质量分数随炉排速度的增加逐渐增加，部分原因在于炉排速度增加后，炉排上 MSW 的厚度减小，导致燃烧所消耗的 O_2 量相应减少；与此相反，CO_2 质量分数呈现减小的趋势，部分原因在于料层越薄，由挥发分产生 CO_2 的量也越少；烟气温度随炉排速度的增加而先增后减，原因在于合适的炉排速度利于燃烧的充分进行，炉排速度过慢使得床层堆积高度过高，导致焚烧不充分而使得温度相应降低，炉排速度过快导致析出挥发分的量有限而使得温度降低。

炉排速度调整时，所对应的焚烧炉出口处 O_2 质量分数和 CO_2 质量分数，以及炉膛内烟气温度的模拟值如表 3-11 所示，不同炉排速度下焚烧炉出口处的 O_2 质量分数、CO_2 质量分数和烟气温度的数值变化趋势如图 3-46 ～图 3-48 所示。

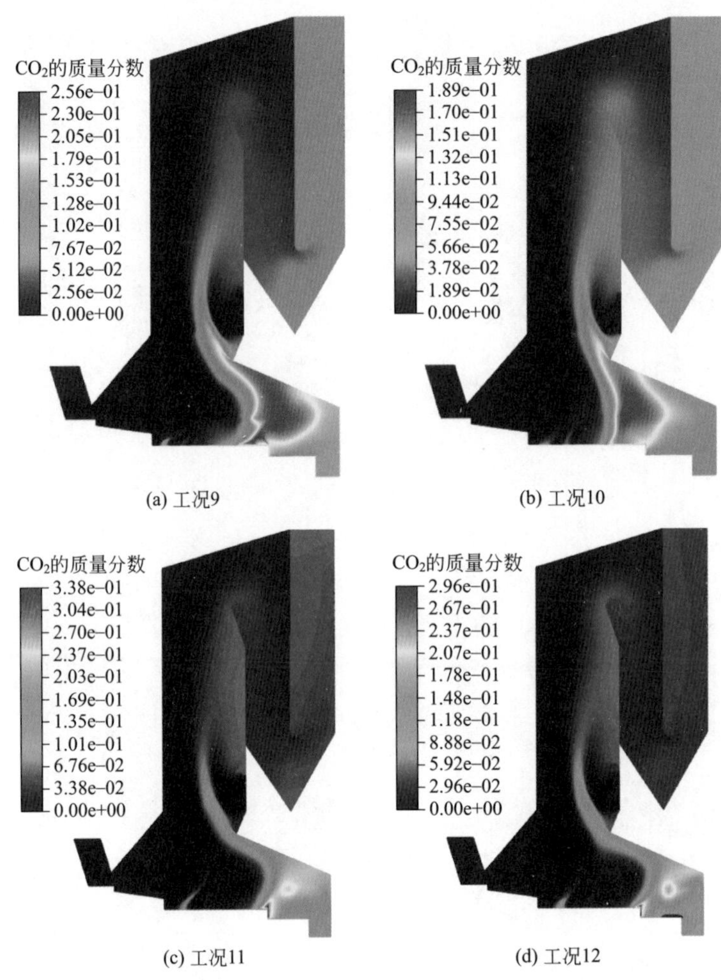

图 3-45 不同炉排速度下的焚烧炉出口烟气 CO_2 质量分数分布图

表 3-11 炉排速度调整时的 O_2 质量分数、CO_2 质量分数和烟气温度的模拟值

工况	炉排速度 /（m/h）	O_2 质量分数 /%	CO_2 质量分数 /%	烟气温度 /K
9	6	14.04	4.98	822.06
10	8	14.69	4.09	818.70
11	10	14.36	4.65	820.25
12	12	15.55	3.58	821.29

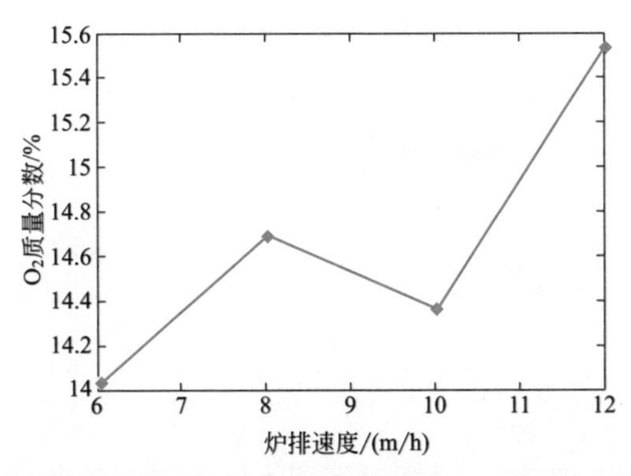

图 3-46　不同炉排速度下焚烧炉出口烟气的 O_2 质量分数变化趋势图

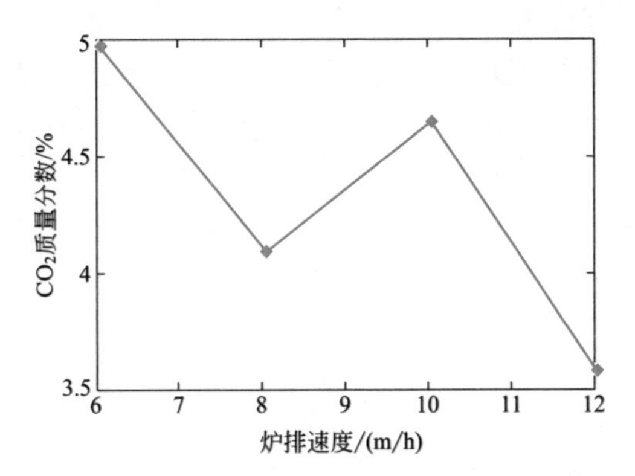

图 3-47　不同炉排速度下焚烧炉出口烟气的 CO_2 质量分数变化趋势图

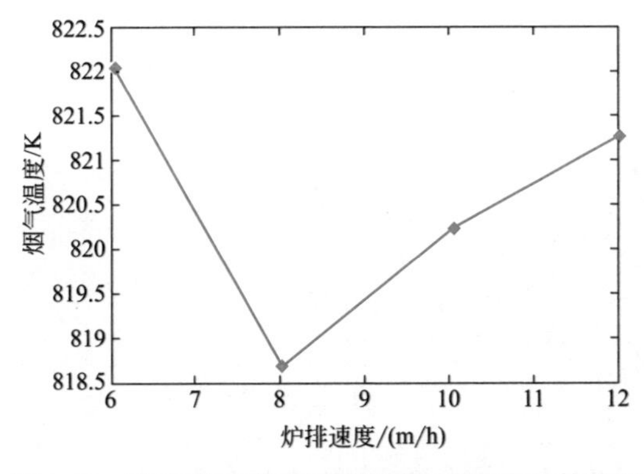

图 3-48　不同炉排速度下焚烧炉的温度变化趋势图

由表 3-11 和图 3-46 ～图 3-48 可知：焚烧炉出口处的 O_2 质量分数随炉排速度的增大而增大，其数值从 14.04% 增至 15.55%，CO_2 的质量分数随炉排速度的增大而减小，其数值从 4.98% 减至 3.58%，部分原因在于炉排速度越快，导致炉膛气相燃烧边界条件中 O_2 的质量分数越大，可燃物的质量分数也越少，从而导致 O_2 质量分数增加和 CO_2 质量分数减小；烟气温度随炉排速度的增大而波动变化，其数值波动范围为 818.70 ～ 822.06 K。

3.4 本章小结

掌握 MSWI 过程中的炉内燃烧机理和不同工况下的燃烧规律，有利于实现 MSWI 过程的智能优化与控制。鉴于 MSWI 过程的炉内燃烧精确数学模型难以建立，本章提出了两种建模策略：第一种是基于 CFD 技术的 MSWI 炉内燃烧过程数值仿真方法，其能有效模拟炉膛内气相组分的燃烧，但其边界条件的取值难以有效匹配实际焚烧时的状态；第二种是基于床层燃烧和炉膛燃烧耦合模拟的 MSWI 炉内燃烧数值仿真方法，其在一定程度上解决了上述边界条件取值的问题，但床层燃烧模型中参与化学反应的元素种类有限。对 MSW 包含所有元素种类的反应进行模拟以及建立 MSWI 过程全流程数值仿真模型的问题尚未解决，这些问题有待后续进行深入研究。

参考文献

[1] 秦宇飞 . 大型城市生活垃圾焚烧炉焚烧过程仿真及控制 [D]. 北京：华北电力大学，2011.

[2] RAHDAR M H，NASIRI F，LEE B. A Review of Numerical Modeling and Experimental Analysis of Combustion in Moving Grate Biomass Combustors[J]. Energy and Fuels，2019，33（10）：9367-9402.

[3] PETERS B，BRUCH C. A Flexible and Stable Numerical Method for Simulating the Thermal Decomposition of Wood Particles[J]. Chemosphere，2001，42（5-7）：481-490.

[4] SIMSEK E，BROSCH B，WIRTZ S，et al. Numerical Simulation of Grate Firing Systems Using a Coupled CFD/discrete Element Method（DEM）[J]. Powder Technology，2009，193（3）：266-273.

[5] BRUCH C，PETERS B，NUSSBAUMER T. Modelling Wood Combustion Under Fixed Bed Conditions[J]. Fuel，2003，82（6）：729-738.

[6] WESTERLUND L，DAHL J，HERMANSSON R. Heat and Mass Transfer Simulations of the Absorption Process in A Packed Bed Absorber[J]. Applied Thermal Engineering，1998，18（12）：1295-1308.

[7] RYU C，SHIN D，CHOI S. Effect of Fuel Layer Mixing in Waste Bed Combustion[J]. Advances in Environmental Research，

2001，5（3）：259-267.

[8] 谷天宝 . 垃圾焚烧炉床层数值模拟软件开发与计算分析 [D]. 天津：天津大学，2018.

[9] ISMAIL T M，ABD EL-SALAM M，EL-KADY M A，et al. Three Dimensional Model of Transport and Chemical Late Phenomena on a MSW Incinerator[J]. International Journal of Thermal Sciences，2014，77：139-157.

[10] 费俊 . 层燃炉排上城市固体垃圾燃烧过程的数值模拟 [D]. 哈尔滨：哈尔滨工业大学，2006.

[11] STRÖM H，THUNMAN H. CFD Simulations of Biofuel Bed Conversion：A Submodel for the Drying and Devolatilization of Thermally Thick Wood Particles[J]. Combustion and Flame，2013，160（2）：417-431.

[12] THUNMAN H，NIKLASSON F，JOHNSSON F，et al. Composition of Volatile Gases and Thermochemical Properties of Wood for Modeling of Fixed or Fluidized Beds[J]. Energy & Fuels，2001，15（6）：1488-1497.

[13] THURNER F，MANN U. Kinetic Investigation of Wood Pyrolysis[J]. Industrial & Engineering Chemistry Process Design and Development，1981，20（3）：482-488.

[14] THUNMAN H，LECKNER B. Modeling of the Combustion Front in a Countercurrent Fuel Converter[J]. Proceedings of the Combustion Institute，2002，29（1）：511-518.

[15] VAN DER LANS R P，PEDERSEN L T，JENSEN A，et al. Modelling and Experiments of Straw Combustion in A Grate Furnace[J]. Biomass and Bioenergy，2000，19（3）：199-208.

[16] GOH Y R，LIM C N，ZAKARIA R，et al. Mixing，Modelling and Measurements of Incinerator Bed Combustion[J]. Process Safety & Environmental Protection，2000，78（1）：21-32.

[17] 刘健 . 烟气再循环对生物质层燃特性及脱硝性能的影响 [D]. 济南：山东大学，2020.

[18] 李艳丽 . 垃圾焚烧烟气脱硝的 CFD 数值模拟研究 [D]. 哈尔滨：哈尔滨工业大学，2013.

[19] 吴军 . 氧气 / 二氧化碳气氛下垃圾焚烧的数值模拟研究 [D]. 北京：华北电力大学，2013.

[20] 李坚 . 炉排式垃圾焚烧炉燃烧与 SNCR 系统优化设计的模拟研究 [D]. 上海：华东理工大学，2015.

[21] 王乾 . 生活垃圾焚烧烟气脱硝模拟及在运行优化中的应用 [D]. 哈尔滨：哈尔滨工业大学，2017.

[22] 钟北京，傅维标 . 锅炉低 NO_x 排放煤粉分级燃烧的优化 [J]. 燃烧科学与技术，1997，003（002）：169-174.

[23] ALZUETA M U，BILBAO R，MILLERA A，et al. Interactions between Nitric Oxide and Urea under Flow Reactor Conditions[J]. Energy & fuels，1998，12（5）：1001-1007.

[24] MILLER J A，BOWMAN C T. Mechanism and Modeling of Nitrogen Chemistry in Combustion[J]. Progress in Energy and Combustion Science，1989，15（4）：287-338.

[25] ALZUETA M U，BILBAO R，MILLERA A，et al. Interactions between Nitric Oxide and

Urea Under Flow Reactor Conditions[J]. Energy & Fuels，1998，12（5）：1001-1007.

[26] 陈扬 . 垃圾焚烧炉实时仿真模型的研究 [D]. 北京：华北电力大学，2012.

[27] 李树森 . 城市固体生活垃圾 O_2/CO_2 燃烧发电厂流程仿真模拟与优化 [D]. 北京：北京交通大学，2015.

[28] 张益 . 我国生活垃圾焚烧处理技术回顾与展望 [J]. 环境保护，2016，44（13）：20-26.

[29] 徐海云 . 城市生活垃圾处理行业 2017 年发展综述 [J]. 中国环保产业，2018，7（9）：5-9.

[30] 乔俊飞，郭子豪，汤健 . 面向城市固废焚烧过程的二噁英排放浓度检测方法综述 [J]. 自动化学报，2020，46（6）：1063-1089.

[31] DUAN Z，SCHEUTZ C，KJELDSEN P. Trace Gas Emissions from Municipal Solid Waste Landfills：A Review[J]. Waste Management，2020，119：39-62.

[32] HU Z，JIANG E，MA X. Numerical Simulation on NO_x Emissions in a Municipal Solid Waste Incinerator[J]. Journal of Cleaner Production，2019，233（OCT.1）：650-664.

[33] GODDARD C D，YANG Y B，GOODFELLOW J，et al. Optimisation Study of A Large Waste-to-Energy Plant Using Computational Modelling and Experimental Measurements[J]. Journal- Energy Institute，2016，78（3）：106-116.

[34] 王克，张世红，付哲，等 . 垃圾炉排焚烧炉的富氧燃烧改造数值模拟研究 [J]. 太阳能学报，2016，37（009）：2257-2264.

[35] 黄昕，黄碧纯，纪辛，等 . 750t/d 垃圾焚烧炉燃烧过程的数值模拟 [J]. 工业安全与环保，2011（04）：39-42.

[36] 黄昕 . 生活垃圾焚烧烟气脱硝技术的优选及优化设计的数值模拟 [D]. 广州：华南理工大学，2010.

[37] 刘瑞媚 . 大型炉排炉垃圾焚烧过程的 CFD 模拟研究 [D]. 杭州：浙江大学，2017.

[38] 张风坡 . 城市垃圾清洁焚烧过程数值模拟研究 [D]. 哈尔滨：哈尔滨工程大学，2005.

[39] XU J，LIAO Y，YU Z，et al. Co-combustion of Paper Sludge in a 750t/d Waste Incinerator and Effect of Sludge Moisture Content：A Simulation Study[J]. Fuel，2018，217（APR.1）：617-625.

[40] 韩乃卿，周国顺，付志臣，等 . 高热值垃圾炉排炉焚烧过程的数值模拟研究 [J]. 环境保护与循环经济，2020，40（3）：25-28.

[41] WANG J F，XUE Y Q，ZHANG X X，et al. Numerical Study of Radiation Effect on the Municipal Solid Waste Combustion Characteristics Inside An Incinerator[J]. Waste Management，2015，44：116-124.

[42] 马剑 . 基于 ANSYS Fluent 系统的炉排炉垃圾焚烧过程数值模拟 [J]. 环境与发展，2014，26（3）：17-21.

[43] 张艳，解海卫. 炉排型垃圾焚烧炉燃烧过程的数值模拟 [J]. 热科学与技术，2015，14（6）：512-516.

[44] 郑新港，黄云，陈竹，等 . 垃圾焚烧炉二次配风优化数值研究 [J]. 热能动力工程，2019，34（8）：116-121，181.

[45] 岳优敏 . 生活垃圾焚烧炉炉型及炉内配风对燃烧的影响研究 [J]. 工程技术研究，2019，34（3）：22-25.

[46] 王进 . 燃料氮及烟气再循环对垃圾焚烧炉出口 NO_x 浓度的影响研究 [D]. 杭州：浙江大学，

2019.
[47] 王占磊 . 大型生活垃圾焚烧炉的运行和结构优化研究 [D]. 徐州：中国矿业大学，2019.
[48] 曾祥浩，马晓茜，王海川，等 . 900t/d 生活垃圾焚烧炉二次风优化数值模拟 [J]. 热能动力工程，2020，35(09)：95-103.
[49] XIA Z，JIAN L，WU T，et al. CFD Simulation of MSW Combustion and SNCR in A Commercial Incinerator[J]. Waste Management，2014，34(9)：1609-1618.

Cutting-Edge Technologies in
Smart
Environmental
Protection

第 4 章

城市固废焚烧（MSWI）过程被控对象建模

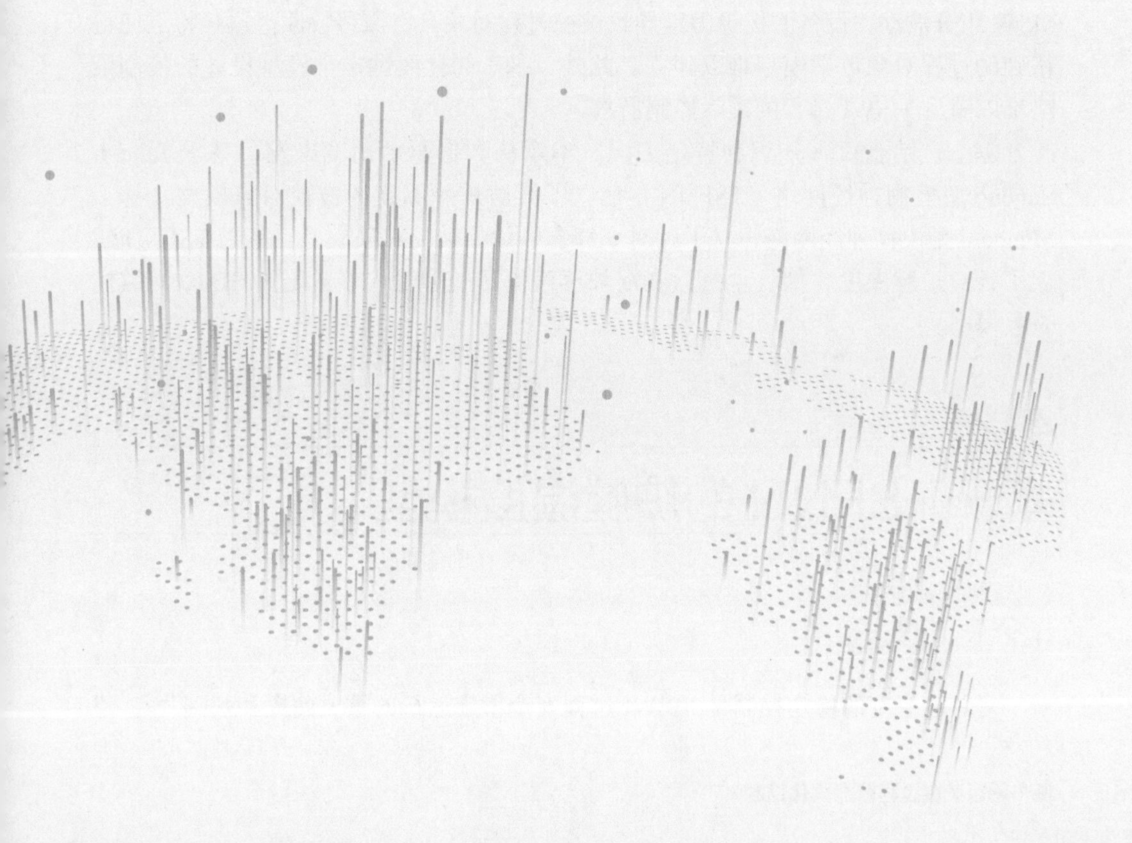

4.1 MSWI 过程的对象模型描述

城市固废焚烧（MSWI）过程具有非线性、强耦合、大时变等诸多不确定特性[1-3]，这需要采用先进控制技术以保证其稳定焚烧和高效运行。显然，建立精准被控过程的对象模型是实现 MSWI 过程智能优化控制的基础[4-6]。

以炉排炉为主的 MSWI 过程主要包含炉膛温度、烟气含氧量和锅炉蒸汽流量三个关键被控变量，其中，炉膛温度的稳定控制是 MSWI 过程安全稳定运行的重要保障；烟气含氧量能够间接反映炉内燃烧情况，其值的大小与炉型结构、MSW 组分和性质、运行配风及设备运行状态等因素有关；锅炉蒸汽流量对汽轮机的发电效率、MSWI 电厂的经济效益、稳定性和安全性起着至关重要的作用[7]，蒸汽流量越高发电量越多，表示经济效益也越好，然而随着蒸汽流量的提高，锅炉受热面的腐蚀问题也随之越来越严重，极易出现爆管等事故。因此，建立炉膛温度、烟气含氧量和锅炉蒸汽流量模型是实现 MSWI 过程智能优化控制的重要前提之一。

但是，MSWI 过程控制存在如下特点：①多对象，需多个操作对象间紧密配合、协调一致完成全流程的稳定运行；②强耦合，单个执行机构的动作会引起多个工艺参数发生变化，单个工艺参数的变化也可由多种因素引起；③动态时变，MSW 组分波动、设备磨损等因素导致被控过程对象具有漂移特性。这些特点使得精确的过程对象数学模型难以建立。此外，基于简化线性定常模型设计的控制策略难以满足 MSWI 过程的实际控制需求。

综上，结合机理知识和特定工况，本章从数据驱动角度出发，基于 Takagi-Sugeno 型模糊神经网络（TSFNN）建立了针对炉膛温度的被控对象模型，基于 Mandani 型模糊神经网络建立了针对烟气含氧量的被控对象模型，基于 TSFNN 建立了针对炉膛温度、烟气含氧量和锅炉蒸汽流量的多输入多输出（MIMO）被控对象模型。

4.2 基于 TSFNN 的炉膛温度模型

4.2.1 概述

对炉膛温度的稳定控制是 MSWI 过程安全稳定运行的重要前提和基础[8,9]，建立有效的炉膛温度模型是实现智能控制的重要前提[10-11]。现有的炉膛温度建模方法主要包括机理建模、数值仿真建模和数据驱动建模。

机理建模方面，马晓茜等人[12]建立了基于焚烧炉分区的热力学模型；吕亮等人[13]利用料层质量、料层能量、气体质量、气体能量等平衡方程建立了焚烧炉的数学模型。数值仿真建模方面，浙江大学能源清洁利用国家重点实验室将 Gibbs 自由能最小化法与 Fluent 软件结合，通过计算 MSWI 过程的热化学反应产物建立了炉内烟气的温度、浓度和速度的三维分布模型[14]；江苏双良锅炉有限公司对焚烧炉中的温度分布进行了仿真模拟[15]。然而，以上模型无法全面反映 MSWI 系统的特性，难以获得有效的炉膛温度模型。

相比于上述两类方法，基于最小二乘法、神经网络及支持向量机等算法的数据驱动建模方法在化工、钢铁等流程工业中成功应用[16-19]。王祥民等人[20]建立了一种基于动态主元分析的分解炉出口温度模型，通过仿真实验验证了所建模型的有效性；孙友文等人[21]构建了基于最小二乘法多元线性回归的气化炉炉膛温度软测量模型，并在不同运行负荷下验证了有效性；Hu 等人[22]建立了基于多信息广义增广最小二乘辨识的焚烧炉动态模型；Shi 等人[23]利用偏最小二乘和主成分分析建立了铁水温度模型；Zhang 等人[24]建立了高炉铁水温度的集成模型，同时采用变量重要性分析衡量输入变量对铁水温度的影响；针对高炉炉温输入信息量少、难以揭示各变量间相互关系及变化规律的特点，崔桂梅等人[25]建立了基于反向传播神经网络（BPNN）和 TSFNN 的多元时间序列模型；唐振浩等人[26]建立了基于多模型智能组合算法的炉膛温度模型，采用实际生产数据验证了所建模型的精确性。上述研究为构建 MSWI 过程的炉膛温度模型提供了支撑。

基于以上分析，本节从数据驱动角度提出基于 TSFNN 的 MSWI 过程炉膛温度建模方法。首先根据专家知识选取出相关过程变量作为 TSFNN 网络的输入特征；然后进行预处理；最后基于 TSFNN 建立炉膛温度模型。

4.2.2 炉膛温度建模策略

为实现 MSWI 过程炉膛温度的精确建模，本节设计了炉膛温度建模策略，如图 4-1 所示。该建模策略主要包含三部分，即基于专家知识的变量选择模块、数据预处理模块和基于 TSFNN 的炉膛温度模型构建模块。

4.2.3 建模算法及实现

（1）基于专家知识的变量选择

在选定的工况下，本节所构建炉膛温度模型的输入为一次风流量、二次风压

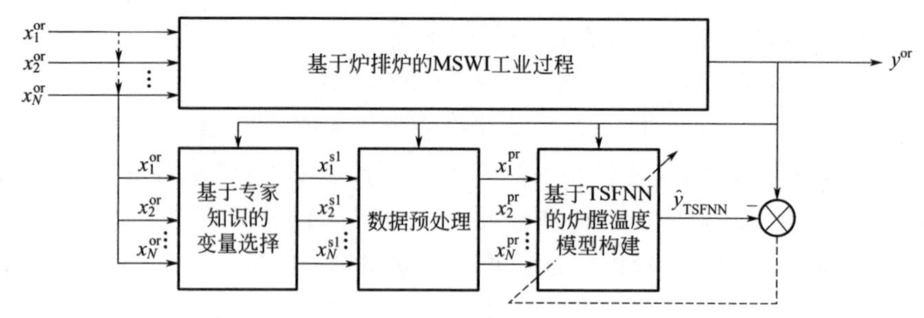

图 4-1　炉膛温度建模策略

和一次风加热温度，原因在于：一次风流量提供焚烧所需空气对 MSWI 过程具有主导作用；二次风压能够调节炉膛二次风流量，进而增加空气扰动，以调节炉温并补充燃烧所需氧气；一次风加热温度能够促使 MSW 充分干燥并迅速达到着火点，为后续焚烧提供有利的先决条件。

（2）数据预处理

涉及用于炉膛温度建模的过程变量存在差异性，需要将其统一至相同的数量级以保证所建模型的精确度。因此，需要对输入特征量进行归一化处理。

（3）基于 TSFNN 的炉膛温度模型

TSFNN 包括前件网络和后件网络两部分，前件网络用于模糊规则及模糊推理，后件网络则进行网络线性组合输出 [27-30]。典型的 TSFNN 结构如图 4-2 所示。

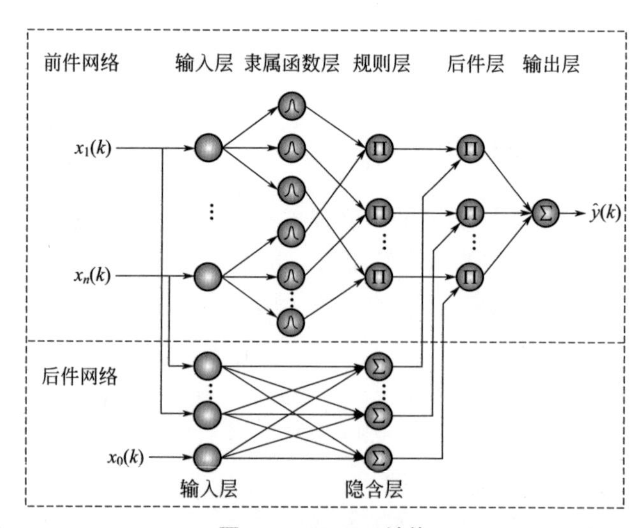

图 4-2　TSFNN 结构

① 前件网络

a. 输入层。该层神经元不参与任何计算，直接将输入量 $x_i(k)$ 送入网络中：

$$x_i(k),\ i=1,2,\cdots,n \tag{4-1}$$

式中，本节构建的 TSFNN 中，n=3。

b. 隶属度层。采用高斯函数作为激活函数，主要作用是对输入量进行模糊化处理。输入隶属度为：

$$u_{ij}(k)=\exp\left[-\frac{\left(x_i(k)-c_{ij}(k)\right)^2}{\delta_{ij}(k)}\right],\ j=1,2,\cdots,m \tag{4-2}$$

式中，$c_{ij}(k)$ 和 $\delta_{ij}(k)$ 分别为隶属函数的中心和宽度。

c. 规则层。将各隶属度进行模糊计算，采用连乘的形式求得不同的模糊规则 $w_j(k)$，公式如下：

$$w_j(k)=\prod_{i=1}^{n}u_{ij}(k) \tag{4-3}$$

式中，$w_j(k)$ 为规则层第 j 个神经元的输出。对该层的输出进行去模糊化以获得输出权重：

$$\theta_j(k)=\frac{w_j(k)}{\sum_{j=1}^{m}w_j(k)} \tag{4-4}$$

式中，$\theta_j(k)$ 为去模糊化后规则层第 j 个神经元的输出。

d. 后件层。该层共有 m 个神经元，每个节点执行 TS 型模糊规则的线性求和。该层的作用是计算每条规则所对应输出的后件参数。后件参数是由后件网络计算得出的，将其表示为 $\hat{y}_j(k)$。

e. 输出层。该层设有 h 个输出节点，每个节点对输入参数执行加权求和，可以表示为：

$$\hat{y}(k)=\sum_{j=1}^{m}\theta_j(k)\hat{y}_j(k) \tag{4-5}$$

② 后件网络

a. 输入层。后件网络输入层传入 n+1 个变量，其中第 0 个节点的输入为常数，即 $x_0(k)$ =1，它用来提供模糊规则后件部分的常数项，其余输入和前件网络的输入层输入一样，如下式所示：

$$x_i(k),\ i=0,1,\cdots,n \tag{4-6}$$

b. 隐含层。它的作用是进行模糊规则后件的计算，如下式所示：

$$\hat{y}_j(k)=p_{0j}(k)x_0(k)+p_{1j}(k)x_1(k)+\cdots+p_{nj}(k)x_n(k) \tag{4-7}$$

式中，$p_{0j}(k)$，$p_{1j}(k)$，…，$p_{nj}(k)$ 为模糊系统的参数。

③ 网络更新　采用梯度下降法对 TSFNN 网络的中心、宽度和权值进行调整。定义目标函数：

$$e(k)=\frac{1}{2}(y(k)-\hat{y}(k))^2 \tag{4-8}$$

式中，$\hat{y}(k)$ 和 $y(k)$ 分别为网络的预期输出和实际输出；$e(k)$ 为期望输出和实际输出的误差。

更新隶属度函数的中心和宽度：

$$c_{ij}(k+1)=c_{ij}(k)-\eta\frac{\partial e(k)}{\partial c_{ij}(k)} \tag{4-9}$$

$$\delta_{ij}(k+1)=\delta_{ij}(k)-\eta\frac{\partial e(k)}{\partial \delta_{ij}(k)} \tag{4-10}$$

式中，$i=1,2,\cdots,n$；$j=1,2,\cdots,m$；$c_{ij}(k+1)$、$c_{ij}(k)$ 分别为 k+1 时刻和 k 时刻高斯函数的中心值；$\delta_{ij}(k+1)$、$\delta_{ij}(k)$ 分别为 k+1 时刻和 k 时刻高斯函数的宽度值；η 为学习率，$\eta\in[0,1]$。

更新输入层和输出层之间的连接权值，如下式所示：

$$p_{ij}(k+1)=p_{ij}(k)-\eta\frac{\partial e(k)}{\partial p_{ij}(k)} \tag{4-11}$$

式中，$p_{ij}(k+1)$、$p_{ij}(k)$ 分别为 k+1 时刻和 k 时刻的连接权重；η 为学习率，$\eta\in[0,1]$。

④ 基于 TSFNN 的建模步骤

a. 步骤 1：通过专家知识确定输入输出变量。

b. 步骤 2：对数据进行归一化处理。

c. 步骤 3：网络数据的初始化，确定 TS 模糊神经网络参数初值，以及隐含层个数、学习速率等。

d. 步骤 4：采用梯度下降法更新网络参数 c_{ij}、δ_{ij} 和 p_{ij} 的值。

e. 步骤 5：若满足停止条件则跳出，否则返回步骤 4 继续。

4.2.4　实验验证

(1) 数据描述

从某 MSWI 厂采集固废发酵情况良好、焚烧量相对稳定时的焚烧数据，主要包括一次风流量、二次风压、一次风加热温度及炉膛温度。选定 1500 组数据，将数据划分为 2 部分，其中，前 1000 组数据用于建立炉膛温度模型，后 500 组数据用于验证建立模型的性能。

（2）建模结果

通过之前专家知识分析可知，一次风流量起主要作用，二次风压和一次风加热温度起辅助作用。因此，选取这三组变量为炉膛温度模型的输入变量。此处建模所选择的特定工况下输入 / 输出的变化范围如表 4-1 所示。

表 4-1　输入 / 输出的变化范围统计表

变量名	变化范围
一次风流量	66.87 ～ 70.46km^3/h
二次风压	0.16 ～ 0.96kPa
一次风加热温度	146.72 ～ 220℃
炉膛温度	927.14 ～ 960.83℃

设置 TSFNN 网络结构为 3-9-1（本书算法网络结构的表示形式为“输入层节点数 - 隐含层节点数 - 输出层节点数”），参数学习率 $\eta = 0.45$；将预处理后的数据用于 TSFNN 网络进行炉膛温度建模实验，结果如图 4-3 ～图 4-8 所示。其中，图 4-3 为炉膛温度训练 *RMSE*（均方根误差）的变化过程；图 4-4 ～图 4-6 为模型训练过程中 TSFNN 网络权值、隶属度函数宽度和中心的变化过程；图 4-7 为炉膛温度建模结果；图 4-8 为炉膛温度建模误差。

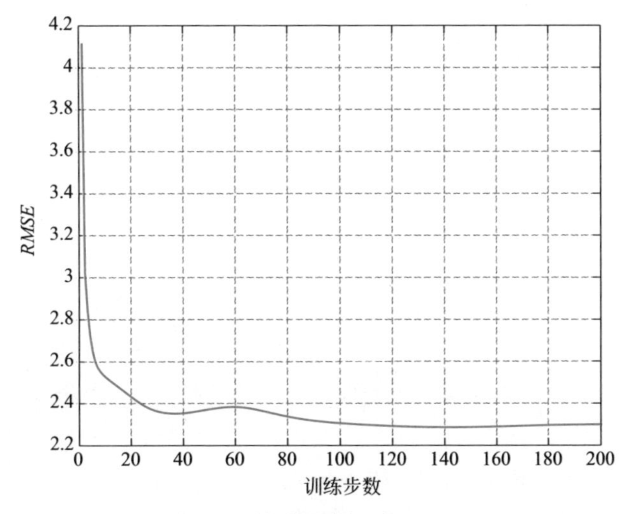

图 4-3　炉膛温度训练 *RMSE*

由图 4-3 可知，当训练步数到 120 步时，*RMSE* 基本保持稳定。由图 4-7 和图 4-8 可知，基于 TSFNN 网络建立炉膛温度模型能较好地反映炉膛温度的变化趋势，具有较高的拟合精度。上述实验结果说明了 TSFNN 算法对炉膛温度建模的有效性。

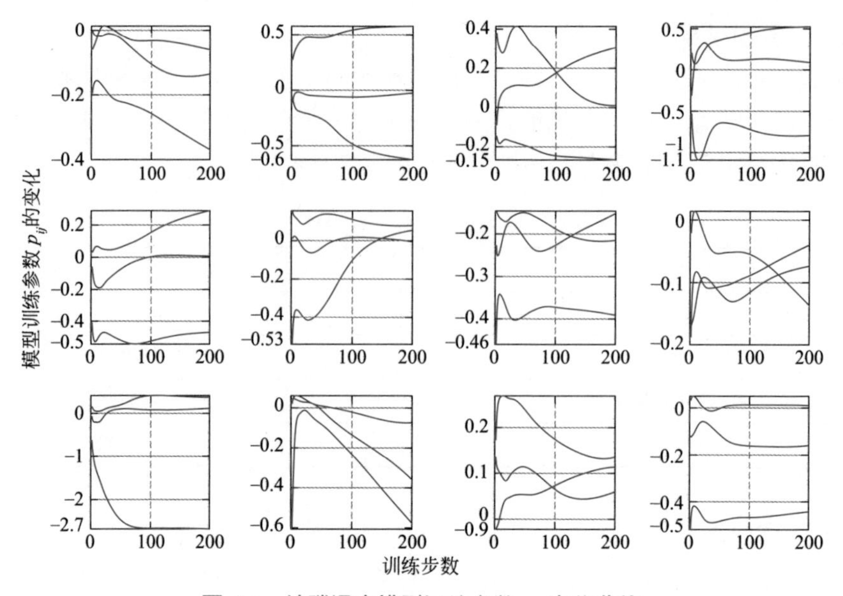

图 4-4　炉膛温度模型训练参数 p_{ij} 变化曲线

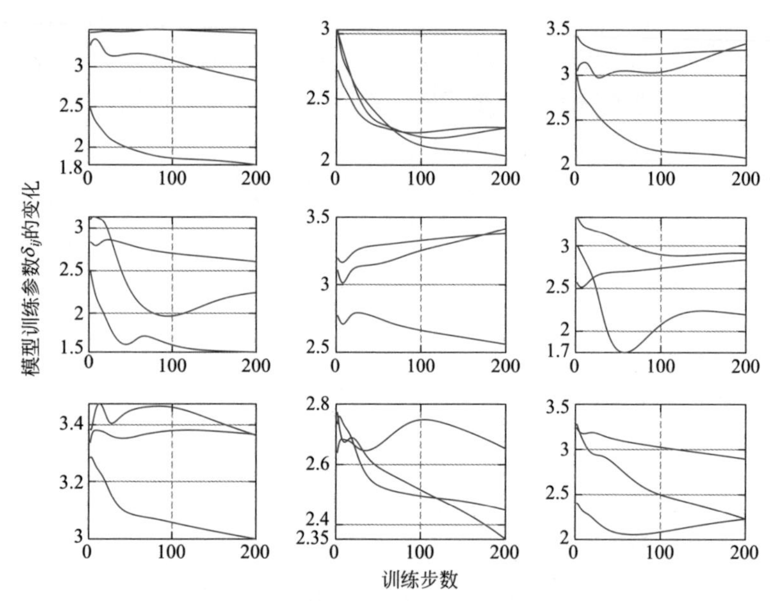

图 4-5　炉膛温度模型训练参数 δ_{ij} 变化曲线

（3）讨论与分析

将 RBF 网络与 TSFNN 网络的建模效果进行对比，其中 RBF 网络的结构为 3-10-1，学习率设置为 $\eta = 0.055$ 。采用均方根误差（*RMSE*）和回归系数作为建模性能的评价指标，其定义如下：

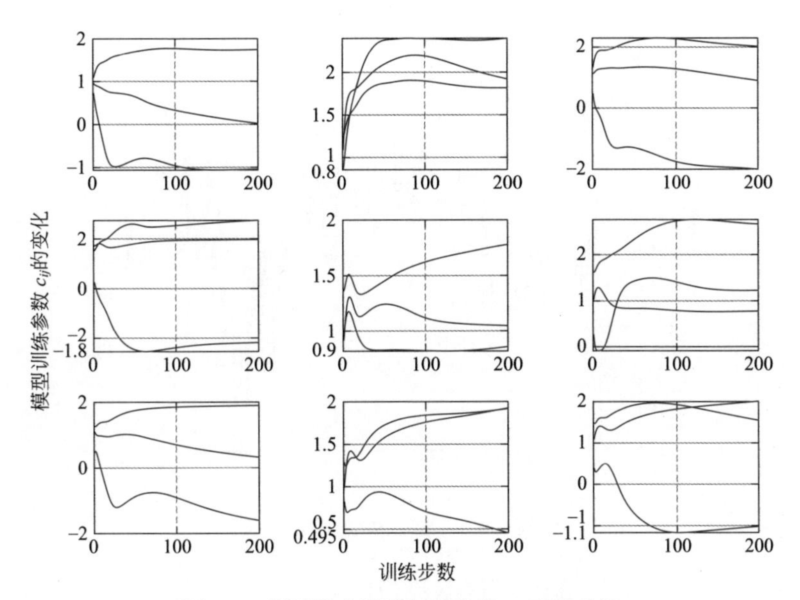

图 4-6　炉膛温度模型训练参数 c_{ij} 变化曲线

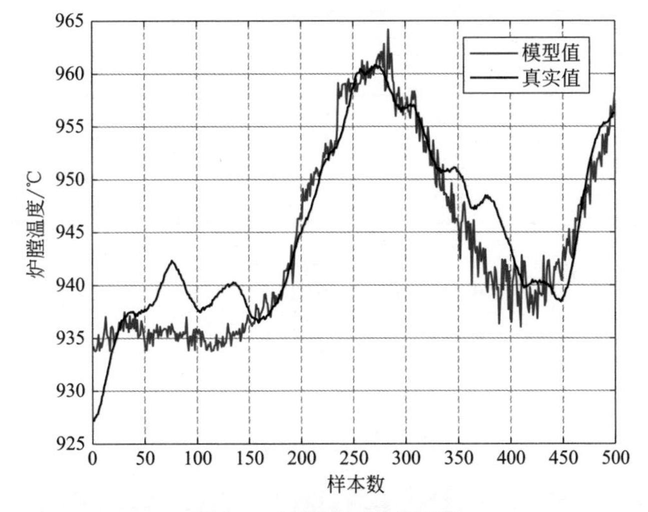

图 4-7　炉膛温度建模结果

$$RMSE=\sqrt{\frac{1}{N}\sum_{k=1}^{N}(y(k)-\hat{y}(k))^2} \tag{4-12}$$

$$R^2=1-\frac{\sum_{k=1}^{N}(\hat{y}(k)-y(k))^2}{\sum_{k=1}^{N}(\overline{y}-y(k))^2} \tag{4-13}$$

式中，R^2 为回归系数；N 为样本数。

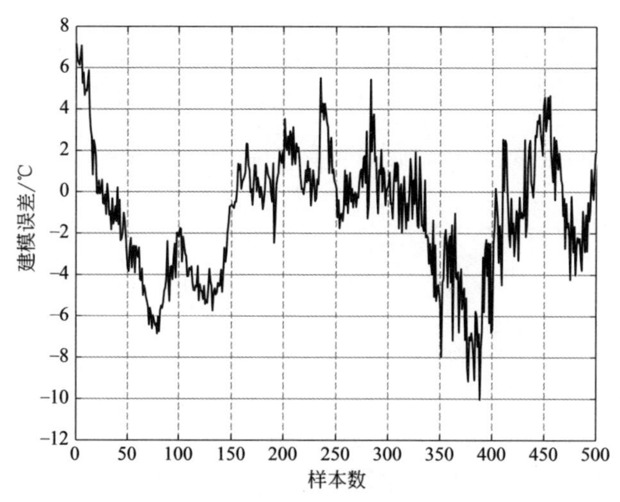

图 4-8 炉膛温度建模误差

表 4-2 给出了 RBF 网络和 TSFNN 网络的炉膛温度建模性能比较结果。

表 4-2 不同炉膛温度模型的性能比较结果

算法		*RMSE*	R^2
RBF	训练	1.3981	0.9694
	测试	3.7972	0.8217
TSFNN	训练	2.2982	0.9129
	测试	3.0398	0.8644

由表 4-2 可知，在测试集中 TSFNN 网络的 *RMSE* 和 R^2 均优于 RBF 网络，表明 TSFNN 网络在 MSWI 过程炉膛温度建模中的有效性。

4.3 基于 Mandani 型 FNN 的烟气含氧量模型

4.3.1 概述

烟气含氧量是焚烧炉运行重要被控参数之一，能够间接反映炉内燃烧情况，其值的大小与炉型结构、MSW 的种类和性质、运行配风工况及设备密封状况等因素有关。烟气含氧量越小，即过量空气系数越小，焚烧越不充分，炉膛中易产生还原性气体（如 CO），进一步，灰中熔点较高的 Fe_2O_3 被 CO 还原成熔点较低的 FeO，易造成炉膛严重结焦，影响焚烧过程安全[31]；若烟气含氧量越大，即过量空气系数越大，则空气量送入过大。根据 MSWI 过程机理分析和现场操作经验，烟气含氧量一般应控制在 6% ～ 9% 较为理想。水平烟道出口处的烟气含氧量最能反映实际的焚烧状况，因此选择此处的烟气含氧量作为控制目标。

建立有效的过程对象模型是设计控制器的前提。借助 Fluent 或 OpenFOAM 等商业软件，基于计算流体动力学（CFD）数值模拟的方法，可以模拟炉膛几何形状边界处多孔区域中的固体燃料转化过程以及气相反应[32]，进而建立机理模型。然而，在构建机理模型的过程中，通常要求具有充足的能够反映工况变化的过程参数，这依赖于科研人员对实际 MSWI 过程物理、化学反应机理的认知，并需要在苛刻的假设条件下才能成立[33]。因此，机理模型的精度和精简性难以得到保证，无法满足 MSWI 过程烟气含氧量控制的实际需求。

随着能够存储大量实际运行数据的分散控制系统（DCS）、厂级监控系统（SIS）、管理信息系统（MIS）的应用普及，基于数据驱动的建模方法得到了广泛应用。数据驱动建模不依赖被控过程的内部运行机理，仅通过提取数据中蕴含的信息建立过程模型，其中，以神经网络、支持向量机等为代表的机器学习方法最受关注。例如，张倩等人[34]提出了一种基于支持向量回归方法的火电厂烟气含氧量软测量模型。刘千等人[35]利用自适应神经模糊推理系统学习能力与泛化能力较强的优点，研究了基于该系统的烟气含氧量预测方法。Yao 等人[36]提出了一种用于非线性多模态过程质量预测的增强非线性高斯混合回归算法，并成功应用于多模态一次转炉的含氧量预测中。针对小样本、高维度等问题，王勇等人[37]提出了一种基于最小二乘支持向量机的火电厂烟气含氧量软测量模型。Yan 等人[38]将深度学习引入烟气含氧量软测量建模中，建立了堆叠降噪自动编码器模型，提高了模型精度。Pan 等人[39]提出了一种基于长短期记忆网络的锅炉烟气含氧量软测量方法。然而，上述建模方法均以烟气含氧量的软测量或预测为目的，而对以烟气含氧量控制为目的的数据驱动过程对象模型鲜有研究。

现场 DCS 系统中存储的大量历史数据蕴含着 MSWI 工况和对象特性，为建立基于数据驱动的 MSWI 过程模型提供了可能。本节针对某实际 MSWI 厂的特定焚烧工况，研究烟气含氧量的数据驱动建模方法。通过分析某特定工况下的焚烧特性，首先确定影响水平烟道出口处烟气含氧量的主要输入变量，再利用具有良好分布式信息存储及学习能力且易于表达的 Mandani 型模糊神经网络建立数据驱动模型，最后通过实际数据验证所提方法的有效性。

4.3.2 烟气含氧量建模策略

MSWI 过程水平烟道出口处的烟气含氧量主要与炉排速度、给料速度、一次风流量和二次风流量等诸多因素密切相关。通过分析 DCS 系统中存储的这些历史数据识别焚烧工况，并针对某一种工况建立烟气含氧量数据驱动模型，具体建模策略如图 4-9 所示。

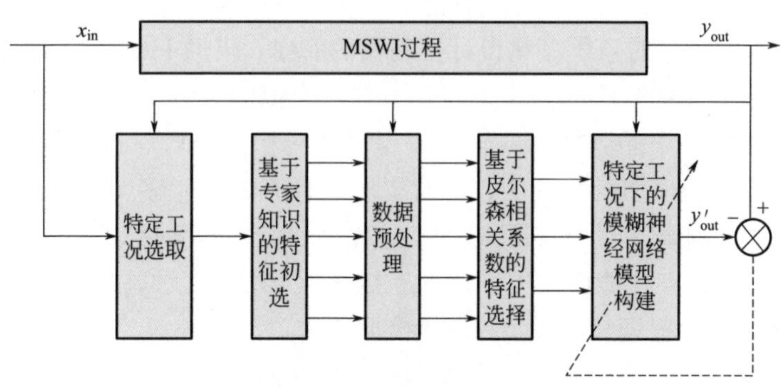

图 4-9 烟气含氧量建模策略

由图 4-9 可知，所提建模策略主要包括特定工况选取、基于专家知识的特征初选、数据预处理、基于皮尔森相关系数的特征选择和特定工况下的模糊神经网络模型构建五部分。

4.3.3 建模算法及实现

（1）特定工况选取和基于专家知识的特征初选

由于 MSW 成分和焚烧过程存在不确定性，实际 MSWI 过程的运行工况复杂多变，进料量和负荷波动是其重要表现，但是现场很难直接获得具体值。给料速度和炉排速度能够间接表示进料量和负荷值，可用于识别不同工况。

工业现场所采集的约 6h 的给料速度和炉排速度分布曲线如图 4-10 所示。

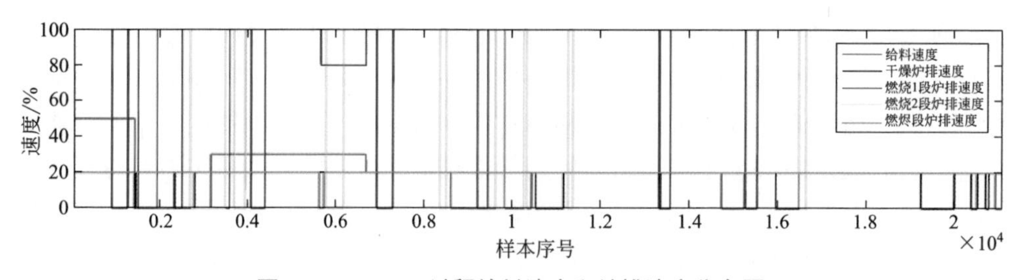

图 4-10 MSWI 过程给料速度和炉排速度分布图

由图 4-10 可知，给料速度和炉排速度是额定速度的百分比且成阶梯状分布，所表征的工况很复杂。此外，炉排分为干燥段、燃烧 1 段、燃烧 2 段和燃烬段。

本节仅对给料速度和各阶段炉排速度均稳定时的典型工况建立烟气含氧量模型。

(2)数据预处理

为了消除MSWI过程数据中存在的噪声，采用五点三次滑动滤波方法对烟气含氧量进行平滑处理，其中，前两个样本数据分别由式(4-14)和式(4-15)计算，后两个样本数据分别由式(4-17)和式(4-18)计算。

$$y_1 = \frac{1}{70}\left[69y_1 + 4\left(y_2 + y_4\right) - 6y_3 - y_5\right] \tag{4-14}$$

$$y_2 = \frac{1}{35}\left[2\left(y_1 + y_5\right) + 27y_2 + 12y_3 - 8y_4\right] \tag{4-15}$$

$$y_k = \frac{1}{35}\left[12\left(y_{k-1} + y_k + 1\right) - 3\left(y_{k-2} + y_k + 2\right) + 17y_k\right] \tag{4-16}$$

$$y_{n-1} = \frac{1}{35}\left[2\left(y_{n-4} + y_n\right) - 8y_{n-3} + 12y_{n-2} + 27y_{n-1}\right] \tag{4-17}$$

$$y_n = \frac{1}{70}\left[-y_{n-4} + 4\left(y_{n-3} + y_{n-1}\right) - 6y_{n-2} + 69y_n\right] \tag{4-18}$$

此外，为避免输入特征(即过程变量)物理意义和单位的不同对建模结果的影响，在变量相关性分析和模型构建之前，需对输入特征进行归一化处理。

(3)基于皮尔森相关系数的特征选择

为准确建模，必须选取模型的输入特征。此外，将每个输入特征与烟气含氧量之间的关系简单地近似为线性关系。采用皮尔森相关系数 r 判断每个输入特征与烟气含氧量间的相关性，其计算公式为：

$$r = \frac{\sum_{i=1}^{n}\left(x_{i,v} - \overline{x_v}\right)\left(y_i - \overline{y}\right)}{\sqrt{\sum_{i=1}^{n}\left(x_{i,v} - \overline{x_v}\right)^2 \sum_{i=1}^{n}\left(y_i - \overline{y}\right)^2}} \tag{4-19}$$

式中，$\overline{x_v}$ 和 $\overline{y}$ 分别为第 v 个输入特征和输出 y 的平均值。

通常，当 $r>0$ 且系数越大时，表示两个变量间的正相关性越强；当 $r<0$ 且系数越小时，表示两个变量负相关性越强；当 r 越靠近0时，表示两者的相关性越差。

(4)模糊神经网络

模糊神经网络(FNN)集合模糊系统的透明结构和神经网络的学习能力，已在复杂工业过程的建模与控制中成功应用。针对MSWI过程的烟气含氧量建模问题，本节建立面向该问题的多入单出(MISO)型Mamdani模糊模型。

FNN 是由输入层、隶属函数层、规则层和输出层构成的网络，其结构如图 4-11 所示。

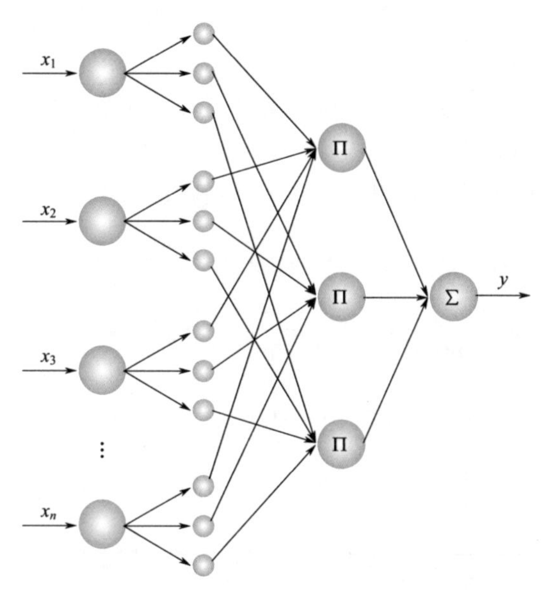

图 4-11　MISO 型 FNN 结构图

每层的具体数学描述如下：

第一层：该层为输入层，具有 n 个节点，每个节点代表一个输入语言变量，其输出如下。

$$\boldsymbol{u}_i = \boldsymbol{x}_i, \quad i = 1,2,\cdots,n \tag{4-20}$$

式中，$\boldsymbol{u}_i$ 为每个节点的输出值；$\boldsymbol{x} = \left[x_1, x_2, \cdots, x_n\right]^{\mathrm{T}}$ 为输入变量。

第二层：该层为隶属函数层，具有 $n \times r$ 个节点，每个节点代表一个高斯函数型的隶属函数（MF），其输出如下。

$$\mu_{ij}\left(x_i\right) = \exp\left[-\frac{\left(x_i - c_{ij}\right)^2}{\sigma_{ij}^2}\right], \quad i = 1,2,\cdots,n; \quad j = 1,2,\cdots, \quad r \tag{4-21}$$

式中，μ_{ij} 为 x_i 的第 j 个 MF 值；c_{ij} 和 σ_{ij} 分别为 x_i 的第 j 个 MF 的中心和宽度。

第三层：该层为规则层，具有 r 个节点，每个节点代表一条模糊规则的前件，其中，第 j 个规则节点的输出如下。

$$\varphi_j(\boldsymbol{x}) = \prod_{i=1}^{n} \mu_{ij}\left(x_i\right) = \exp\left[-\sum_{i=1}^{n} \frac{\left(x_i - c_{ij}\right)^2}{\sigma_{ij}^2}\right] \tag{4-22}$$

该层的规范化输出为：

$$\boldsymbol{h}_j(x)=\frac{\varphi_j(x)}{\sum_{j=1}^{r}\varphi_k(x)}=\frac{\exp\left[-\sum_{i=1}^{n}\frac{\left(x_i-c_{ij}\right)^2}{\sigma_{ij}^2}\right]}{\sum_{j=1}^{r}\exp\left[-\sum_{i=1}^{n}\frac{\left(x_i-c_{ij}\right)^2}{\sigma_{ij}^2}\right]} \tag{4-23}$$

式中，$\boldsymbol{h}=\left[h_1,h_2,\cdots,h_r\right]^{\mathrm{T}}$ 为规则层的规范输出向量。

第四层：该层为输出层，其输出是其输入信号的加权，如下式所示。

$$y(x)=\sum_{j=1}^{r}w_jh_j=\frac{\sum_{j=1}^{r}w_j\exp\left[-\sum_{i=1}^{n}\frac{\left(x_i-c_{ij}\right)^2}{\sigma_{ij}^2}\right]}{\sum_{j=1}^{r}\exp\left[-\sum_{i=1}^{n}\frac{\left(x_i-c_{ij}\right)^2}{\sigma_{ij}^2}\right]} \tag{4-24}$$

式中，w_j 为第 j 个规则节点与输出节点之间的连接权值。

为了提高 FNN 的收敛速度和泛化性能，利用 LM 算法训练网络参数（中心、宽度和权值）。根据 LM 算法，参数的更新规则可表示为：

$$\boldsymbol{\Theta}(t+1)=\boldsymbol{\Theta}(t)-\left(\boldsymbol{J}^{\mathrm{T}}(t)\boldsymbol{J}(t)+\eta(t)\boldsymbol{I}\right)^{-1}\boldsymbol{J}^{\mathrm{T}}(t)e(t) \tag{4-25}$$

式中，$\boldsymbol{\Theta}(t)=[\boldsymbol{w}(t),\boldsymbol{c}(t),\boldsymbol{\sigma}(t)]^{\mathrm{T}}$ 为参数向量；$\boldsymbol{J}$ 为 Jacobian 矩阵；$\eta(t)$ 为学习系数；$\boldsymbol{I}$ 为用于矩阵求逆时避免奇异的单位矩阵；$\boldsymbol{e}(t)=\left[e_1(t),e_2(t),\cdots,e_p(t)\right]^{\mathrm{T}}$ 为误差向量。

对于第 p 个样本，期望输出和网络实际输出之间的误差 e^p 定义为：

$$e^p(t)=y_{\mathrm{d}}^p(t)-y^p(t),p=1,2,\cdots,P \tag{4-26}$$

式中，P 为样本总数。

Jacobian 矩阵可表示为：

$$\boldsymbol{J}=\begin{bmatrix}\frac{\partial e_1}{\partial w_1},\cdots,\frac{\partial e_1}{\partial w_r},\frac{\partial e_1}{\partial c_{11}},\cdots,\frac{\partial e_1}{\partial c_{nr}},\frac{\partial e_1}{\partial\sigma_{11}},\cdots,\frac{\partial e_1}{\partial\sigma_{nr}}\\ \frac{\partial e_2}{\partial w_1},\cdots,\frac{\partial e_2}{\partial w_r},\frac{\partial e_2}{\partial c_{11}},\cdots,\frac{\partial e_2}{\partial c_{nt}},\frac{\partial e_2}{\partial\sigma_{11}},\cdots,\frac{\partial e_2}{\partial\sigma_{nr}}\\ \cdots\quad\cdots\quad\cdots\quad\cdots\quad\cdots\quad\cdots\\ \frac{\partial e_P}{\partial w_1},\cdots,\frac{\partial e_P}{\partial w_r},\frac{\partial e_P}{\partial c_{11}},\cdots,\frac{\partial e_P}{\partial c_{nt}},\frac{\partial e_P}{\partial\sigma_{11}},\cdots,\frac{\partial e_P}{\partial\sigma_{nr}}\end{bmatrix} \tag{4-27}$$

由上可知，Jacobian 矩阵的行数等于训练样本的数目，Jacobian 矩阵的列数等于参数的数目。因此，LM 算法的计算复杂度和存储容量将随着训练样本数目的增加而增加。为了解决该问题，利用改进的 LM 算法优化 FNN 的参数 [40]。

参数向量 $\boldsymbol{\Theta}(t)$ 的更新规则如下：

$$\boldsymbol{\Theta}(t+1)=\boldsymbol{\Theta}(t)-(\boldsymbol{\Psi}(t)+\eta(t)\boldsymbol{I})^{-1}\boldsymbol{\Omega}(t) \tag{4-28}$$

式中，$\boldsymbol{\Psi}(t)$ 为准黑塞（quasi-Hessian）矩阵；$\boldsymbol{\Omega}(t)$ 为梯度向量。$\boldsymbol{\Psi}(t)$ 和 $\boldsymbol{\Omega}(t)$ 分别为所有样本的子矩阵 $\boldsymbol{\psi}_p(t)$ 和子向量 $\boldsymbol{w}_p(t)$ 的累加，即：

$$\boldsymbol{\Psi}(t)=\sum_{p=1}^{P}\boldsymbol{\psi}_p(t) \tag{4-29}$$

$$\boldsymbol{\Omega}(t)=\sum_{p=1}^{P}\boldsymbol{w}_p(t) \tag{4-30}$$

式中，子矩阵 $\boldsymbol{\psi}_p(t)$ 和子向量 $\boldsymbol{w}_p(t)$ 分别定义为：

$$\boldsymbol{\psi}_p(t)=\boldsymbol{j}_p^{\mathrm{T}}(t)\boldsymbol{j}_p(t) \tag{4-31}$$

$$\boldsymbol{w}_p(t)=\boldsymbol{j}_p^{\mathrm{T}}(t)\boldsymbol{e}_p(t) \tag{4-32}$$

式中，$\boldsymbol{j}_p(t)$ 为 Jacobian 矩阵的行向量，即：

$$\boldsymbol{j}_p(t)=\left[\frac{\partial e_p}{\partial w_1},\cdots,\frac{\partial e_p}{\partial w_r},\frac{\partial e_p}{\partial c_{11}},\cdots,\frac{\partial e_p}{\partial c_{ij}},\cdots,\frac{\partial e_p}{\partial c_{nr}},\frac{\partial e_p}{\partial \sigma_{11}},\cdots,\frac{\partial e_p}{\partial \sigma_{ij}},\cdots,\frac{\partial e_p}{\partial \sigma_{nr}}\right] \tag{4-33}$$

根据梯度下降学习算法的更新规则，Jacobian 矩阵行向量的元素可表示为：

$$\frac{\partial e_p(t)}{\partial w_j(t)}=\frac{\partial e_p(t)}{\partial y_p(t)}\times\frac{\partial y_p(t)}{\partial w_j(t)}=-h_j(t) \tag{4-34}$$

$$\frac{\partial e_p(t)}{\partial c_{ij}(t)}=\frac{\partial e_p(t)}{\partial y_p(t)}\times\frac{\partial y_p(t)}{\partial h_j(t)}\times\frac{\partial h_j(t)}{\partial \varphi_j(t)}\times\frac{\partial \varphi_j(t)}{\partial \mu_{ij}(t)}\times\frac{\partial \mu_{ij}(t)}{\partial c_{ij}(t)}=-w_j(t)\frac{\sum\limits_{k\neq j}^{r}\varphi_k(t)}{\left(\sum\limits_{k=1}^{r}\varphi_k(t)\right)^2}\prod_{k\neq i}^{n}\mu_{kj}(t)\frac{\partial \mu_{ij}(t)}{\partial c_{ij}(t)} \tag{4-35}$$

$$\frac{\partial e_p(t)}{\partial \sigma_{ij}(t)}=\frac{\partial e_p(t)}{\partial y_p(t)}\times\frac{\partial y_p(t)}{\partial h_j(t)}\times\frac{\partial h_j(t)}{\partial \varphi_j(t)}\times\frac{\partial \varphi_j(t)}{\partial \mu_{ij}(t)}\times\frac{\partial \mu_{ij}(t)}{\partial \sigma_{ij}(t)}=-w_j(t)\frac{\sum\limits_{k\neq j}^{r}\varphi_k(t)}{\left(\sum\limits_{k=1}^{r}\varphi_k(t)\right)^2}\prod_{k\neq i}^{n}\mu_{kj}(t)\frac{\partial \mu_{ij}(t)}{\partial \sigma_{ij}(t)} \tag{4-36}$$

式中：

$$\frac{\partial \mu_{ij}(t)}{\partial c_{ij}(t)}=\frac{2\left(x_i(t)-c_{ij}(t)\right)\exp\left(-\left(x_i(t)-c_{ij}(t)\right)^2/\sigma_{ij}^2(t)\right)}{\sigma_{ij}^2(t)} \tag{4-37}$$

$$\frac{\partial \mu_{ij}(t)}{\partial \sigma_{ij}(t)}=\frac{2\left(x_i(t)-c_{ij}(t)\right)^2\exp\left(-\left(x_i(t)-c_{ij}(t)\right)^2/\sigma_{ij}^2(t)\right)}{\sigma_{ij}^3(t)} \tag{4-38}$$

需要指出的是，对于样本 p、子矩阵 $\boldsymbol{\psi}_p(t)$ 和子向量 $\boldsymbol{w}_p(t)$ 的计算仅需要计算 $\boldsymbol{j}_p(t)$ 的 $(2n+1)\times r$ 个元素，不需要储存 Jacobian 矩阵，也不需要执行 Jacobian 矩阵的乘法，可直接计算准黑塞矩阵 $\boldsymbol{\Psi}(t)$ 和梯度向量 $\boldsymbol{\Omega}(t)$，从而降低了存储容量和计算复杂度。

4.3.4 实验验证

（1）数据描述

本节使用的数据源于某 MSWI 电厂的特定工况数据，选择的过程变量为：干燥段一次风流量（x_{p1}）、燃烧 1 段一次风流量（x_{p2}）、燃烧 2 段一次风流量（x_{p3}）、燃烬段一次风流量（x_{p4}）和二次风流量（x_s）。

现场采集 3800 组实测数据，选取前 3040 组（80%）数据作为训练样本，后 760 组（20%）数据作为测试样本。

（2）建模结果

采用五点三次滑动方法对烟气含氧量进行平滑滤波的效果如图 4-12 所示。

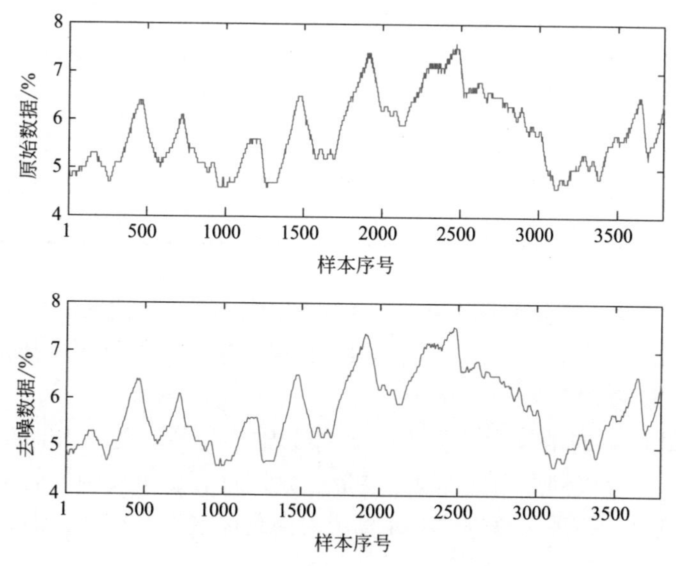

图 4-12　烟气含氧量平滑滤波效果

由图 4-12 可知，烟气含氧量的噪声得到部分抑制，数据曲线更加平滑连续。

本节所选特定工况下输入 / 输出变量的变化范围如表 4-3 所示。

表 4-3　输入 / 输出变量变化范围统计表

变量名	变化范围
x_{p1}	10.75 ～ 14.76km^3/h
x_{p2}	25.90 ～ 35.56km^3/h
x_{p3}	11.25 ～ 15.72km^3/h
x_{p4}	2.27 ～ 5.06km^3/h
x_s	18.91 ～ 21.84km^3/h
y_{out}	4.6% ～ 7.6%

根据归一化公式（4-23）对初步选取的 5 个变量进行归一化处理，以避免输入变量物理意义和单位的不同对结果的影响。选取合适且精简的特征变量是模型准确构建的前提，计算输入特征与烟气含氧量的皮尔森相关系数，结果如表 4-4 所示。

表 4-4　输入变量与烟气含氧量的皮尔森相关系数

变量名	r
x_{p1}	−0.4303
x_{p2}	0.3015
x_{p3}	−0.1034
x_{p4}	0.0697
x_s	0.1413

由表 4-4 可知，需要剔除 [−0.11，0.11] 范围内的相关性弱的变量，即最终选择：干燥段一次风流量（x_{p1}）、燃烧 1 段一次风流量（x_{p2}）和二次风流量（x_s）作为模型的输入变量。

以滤波处理后的烟气含氧量（y_{out}）作为输出变量，建立 Mandani 型模糊神经网络模型。设置模糊规则数（规则层节点数）为 12，隶属函数的初始中心和宽度设置为随机值，并采用改进的 LM 算法对网络参数进行更新，训练迭代次数为 500 次。

烟气含氧量 FNN 建模训练阶段的 *RSME* 曲线如图 4-13 所示，c_{ij} 变化曲线如图 4-14 所示，σ_{ij} 变化曲线如图 4-15 所示，建模测试结果如图 4-16 所示，建模测试误差如图 4-17 所示。

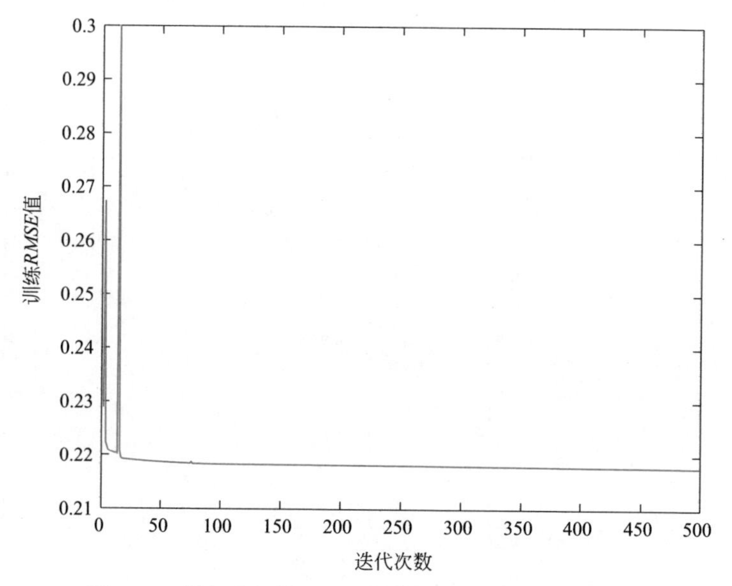

图 4-13　烟气含氧量 FNN 建模训练阶段的 *RMSE* 曲线

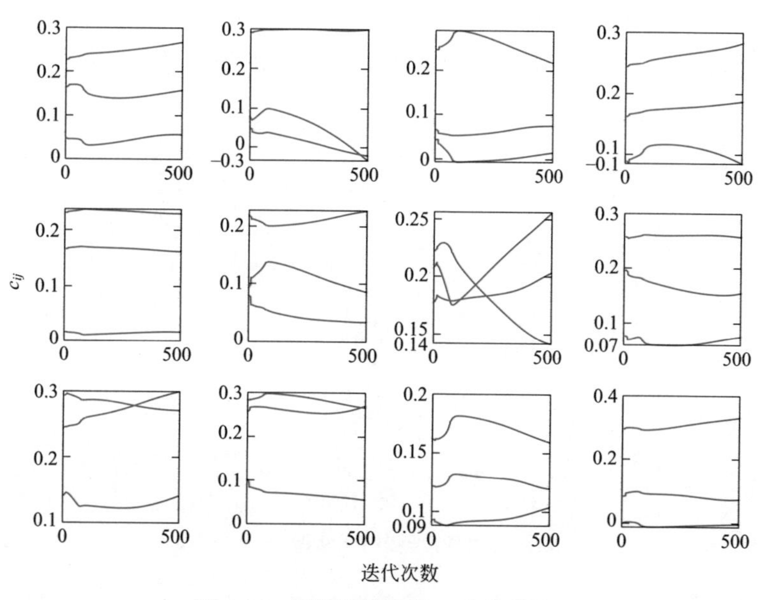

图 4-14　模型训练参数 c_{ij} 变化曲线

由图 4-13 可知，FNN 训练阶段的 *RSME* 在 150 次迭代后基本不再变化，说明网络具有快速的收敛性。由图 4-16 和图 4-17 可知，本节所建立的 FNN 神经网络模型能够基本反映该工况下的烟气含氧量变化趋势。但是由于测量误差和现场噪声的干扰，在部分烟气含氧量变化剧烈时段的建模效果较差。

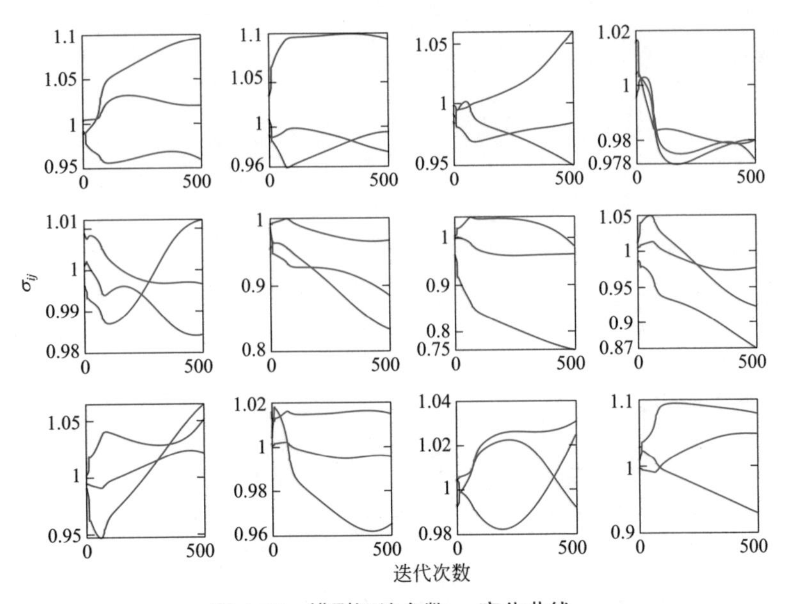

图 4-15 模型训练参数 σ_{ij} 变化曲线

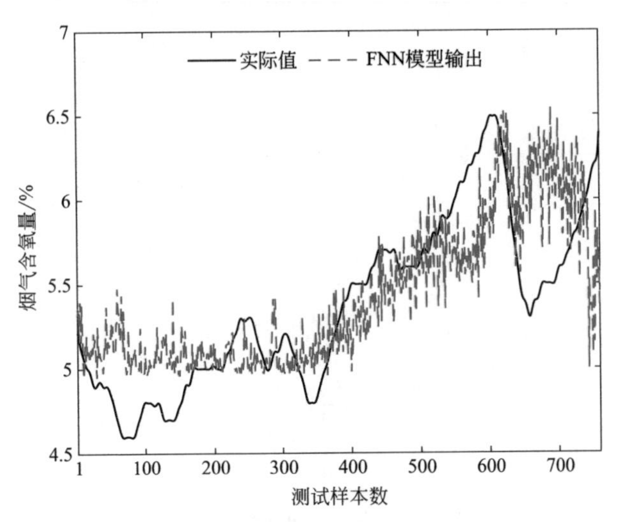

图 4-16 烟气含氧量 FNN 建模测试结果

(3) 讨论与分析

为了进一步验证本节所构建模型的预测效果，采用 3-12-1 结构的 RBF 神经网络与其进行对比实验，其中，采用 LM 算法对网络参数进行更新，高斯函数的初始中心和宽度设置为随机值，训练迭代次数为 200 次，RBF 网络训练阶段的 *RMSE* 曲线如图 4-18 所示。

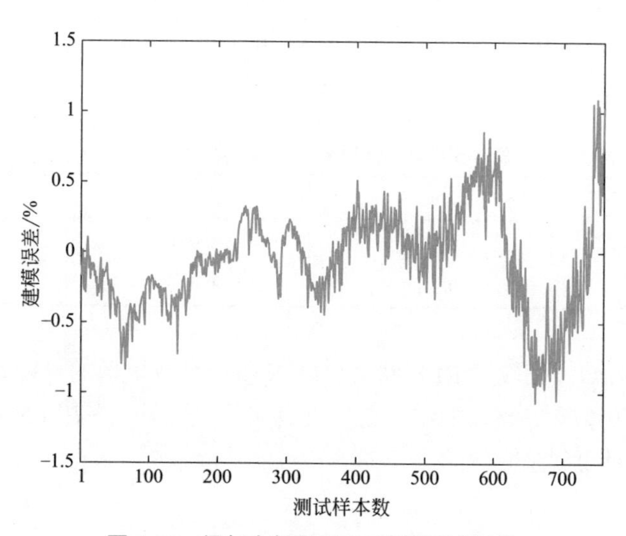

图 4-17　烟气含氧量 FNN 建模测试误差

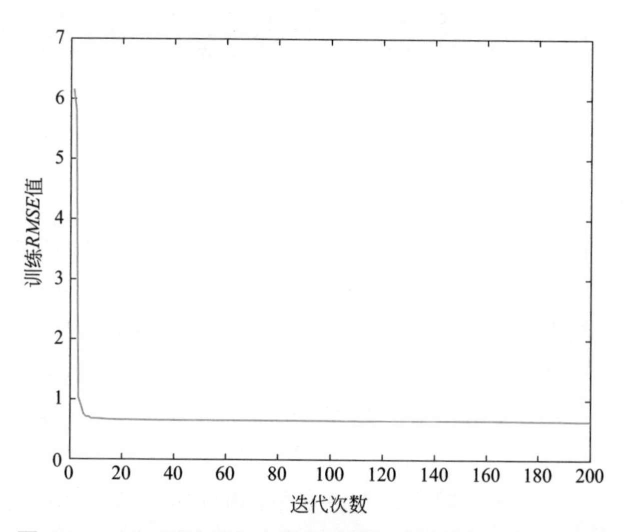

图 4-18　RBF 网络烟气含氧量建模训练阶段的 *RMSE* 曲线

选取均方根误差（*RMSE*）、平均绝对百分比误差（*MAPE*）和平均绝对误差（*MAE*）作为模型预测的评价指标，*RMSE* 的定义如式（4-12）所示，*MAPE* 和 *MAE* 的定义如下：

$$MAPE = \frac{1}{n}\sum_{i=1}^{n}\left|\frac{y_i' - y_i}{y_i}\right| \tag{4-39}$$

$$MAE = \frac{1}{n}\sum_{i=1}^{n}\left|y_i' - y_i\right| \tag{4-40}$$

式中，n 为样本数量；y_i' 和 y_i 分别为输出预测值和真实值。

两种神经网络的建模结果评价对比如表 4-5 所示。

表 4-5　烟气含氧量的建模结果评价对比

网络模型	*RMSE*	*MAPE*	*MAE*
RBF	0.4215	0.0611	0.3168
FNN	0.3606	0.0516	0.2798

由表 4-5 可知，相较于 RBF 网络，FNN 模型具有更低的 *RMSE* 值、*MAPE* 值和 *MAE* 值，说明 FNN 建模的结果更接近真实值。可见，采用 FNN 建立特定工况下的烟气含氧量模型是有效的。

4.4 基于 TSFNN 的 MSWI 过程多入多出模型

4.4.1　概述

城市固废焚烧（MSWI）技术具有减量化、资源化、无害化等突出优势，已成为目前世界上处理城市固废（MSW）的主要技术手段之一[41-43]。截至 2016 年，中国内地已运行的 MSWI 发电厂有 303 座，其中使用机械炉排炉的 MSWI 电厂有 220 座，占比超过 72%。因此，炉排炉已经成为我国 MSWI 过程所采用的主要焚烧炉型[44-46]。基于炉排炉的 MSWI 过程具有强非线性、强耦合、大时变等诸多不确定性特征[1-3]，涉及众多控制领域的问题，需要依靠先进的控制技术才能稳定焚烧状态和提升运行效率，而建立精准的被控对象模型是实施智能控制技术的基础与必要准备[4-6]。因此，针对 MSWI 过程的对象模型进行研究具有重要意义。

传统的被控对象模型通常是基于机理分析构建的机理模型，也称为“白箱模型”[47]。机理模型是依据于物料平衡方程、能量平衡方程、生物学定律、化学动力学等原理建立的，通过推导操作变量、状态变量与被控变量之间的函数关系获得相对精确的数学模型。文献 [48-49] 通过分析循环流化床锅炉的物料平衡、氧气体积平衡和能量平衡方程，建立了燃烧系统的机理模型，并对其做了阶跃响应仿真，证明了系统运行的稳定性。文献 [50] 针对氧化铝蒸发过程构建机理模型，依据物料平衡和质量平衡原理对各单元的热量等式进行推导，并根据传热原理计算出每个单元中的温度，为该过程的优化运行奠定基础。文献 [51] 建立了以蒸汽阀门开度和蒸汽流量为输入输出的工业换热过程模型。文献 [52] 针对并罐式无钟布料设备建立了从流量控制闸门到坯料表面的综合数学模型，该模型对预测和识别并联料斗式高炉负荷分布不均、进一步改善高炉运行具有一定的意义和应用价值。文献 [53] 针对高炉中竖井角度和炉料消耗不均匀的问题，在几何轮廓模型和势流模型上进行改进，提高了机理模型的精度。文献 [54] 基于离子液体体系的传递机理开发了一种用于实际溶剂的筛查模型，为被研究系统提供了温度效应预测。机理模型具有直观反映系统内在规律与结构联系的能力，然而，与传统复杂工业过程不同，MSWI 过程中使用的原材料在本质上具有复杂多变的特性。影响 MSW 成分的因素诸多，包括季节气候，MSW 的分类程度，区域内人民的生活水平、生活习惯及环保意识等 [55-56]。对于类似 MSWI 的强非线性工业过程，基于机理分析构建的模型不仅难以分析强非线性系统的性质与内部机理，且难以在多工况下适用。近年来，随着人工智能的兴起，基于数据驱动的机器学习方法为 MSWI 过程的控制对象建模提供了解决思路。

数据驱动模型通过挖掘系统输入输出数据间的映射关系建模，也称为黑箱模型 [53]。人工神经网络（ANN）因具有良好的学习能力、计算能力和非线性逼近能力而被广泛地应用于复杂工业系统的过程分析 [57-60]，将其用于内部机理未知的被控对象模型构建，具有重要的应用价值。文献 [61-62] 通过神经网络对锅炉燃烧系统的主要物理量关系进行了建模，讨论了网络结构设计、训练算法等神经网络建模问题。文献 [6] 设计了一种基于有效噪声估计改进的 Kalman 神经网络模型，并将其用于氢氰酸生产过程中，提高了被控对象模型的建模精度。文献 [63] 设计了一种基于 RBF 神经网络的锅炉燃烧系统非线性模型，通过网络的自学习能力良好地适应了锅炉的时变特性，为系统的优化控制和在线预测提供支撑。文献 [64] 采用动态递归神经网络构建多输入被控对象模型，将周期性测试影响应用于神经网络模型的相应输入，获取了系统的频率特性，对识别具有连续生产性质的工业被控对象具有良好的应用效果。文献 [65] 针对锅炉燃烧发电中煤质与负荷波动频繁难以建模的问题，将锅炉模型的输入按照实际物理规律进行优化组合，设计了一种基于非对称神经网络的被控对象模型。文献 [66] 针对医药生产工业过程中具有强非线性和参数不确定性，难以建立对象模型的问题，设计了一种基于改进 BP 算法和浮点式遗传算法的网络模型，仿真结果表明该模型具有准确反映系统特征与快速稳定的学习能力。文献 [67] 针对火力发电厂多变量耦合难以使用常规分析算法建立数学模型的问题，利用现场测量数据建立了基于模糊神经网络的被控对象模型，取得了良好的建模效果。综上所述，ANN 在工业过程的被控对象建模中已经得到了越来越多的应用，已成为目前的研究热点。

MSWI 过程是一个典型的多输入多输出（MIMO）工业过程。MSW 波动范围大，内部机理反应复杂，多个操作量与被控量耦合严重，系统规则难以挖掘，具有典型的模糊特性。针对 MSWI 这类复杂工业过程，模糊神经网络（FNN）为其提供了良好的解决方案 [68-69]。FNN 作为一种模糊的自适应方案，兼具模糊系统的非线性处理与分析能力和 ANN 的参数学习与动态优化能力，近年已被广为研究，并成为智能计算与神经科学中的重要分支，是一种优于 ANN 与模糊系统单独使用的技术 [70-72]。

根据以上分析，本节针对 MSWI 工艺过程特点，构建了一种基于 TS（Takagi-Sugeno）型 FNN 的 MIMO（MIMO-TSFNN）被控对象模型。首先，通过异常数据剔除与数据归一化进行预处理；然后，通过计算皮尔逊相关系数（PCC）提取能够反应系统状态的关键操作量与被控量；接着，构建多个后件子网络，采用梯度下降算法对网络的局部参数与整体参数进行优化，以保证模型的收敛精度与输出的同步性；最后，通过某 MSWI 电厂的过程数据验证了被控对象模型的有效性。

4.4.2 建模策略

MSWI 过程的控制流程如图 4-19 所示。

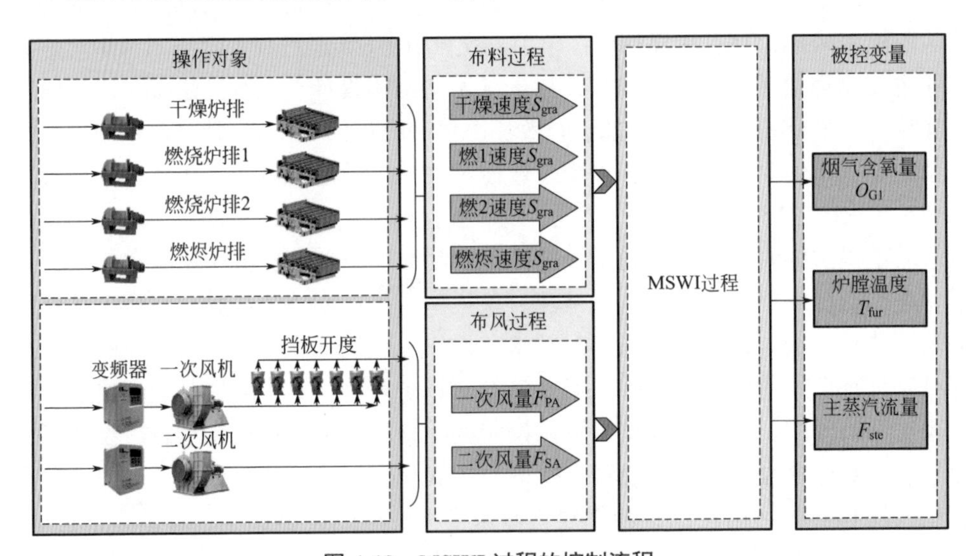

图 4-19　MSWI 过程的控制流程

由图 4-19 可知，MSWI 过程的主要操作对象为一次风机及其风门挡板、二次风机、干燥炉排、燃烧炉排、燃烬炉排等设备及其液压动力装置，相应的主要被控变量为烟气含氧量、炉膛温度、主蒸汽流量等。面对过程、结构、环境和控制均十分复杂的 MSWI 过程，在构建被控对象模型之前，需要先对 MSWI 过程中关键参数的影响因素进行分析。

本节采用皮尔逊相关系数（PCC）对 MSWI 过程的关键操作变量与被控变量之间的相关性进行评估，根据计算公式（4-19）对 MSWI 中关键变量之间的 PCC 值进行计算。通常，当 PCC 为正数时，变量之间呈正相关；当 PCC 为负数时，变量之间呈负相关；PCC 绝对值越大，变量之间的相关性越强，当计算结果为 NAN 时，则表明该数据序列为定值。

计算结果如图 4-20 ～图 4-25 所示。

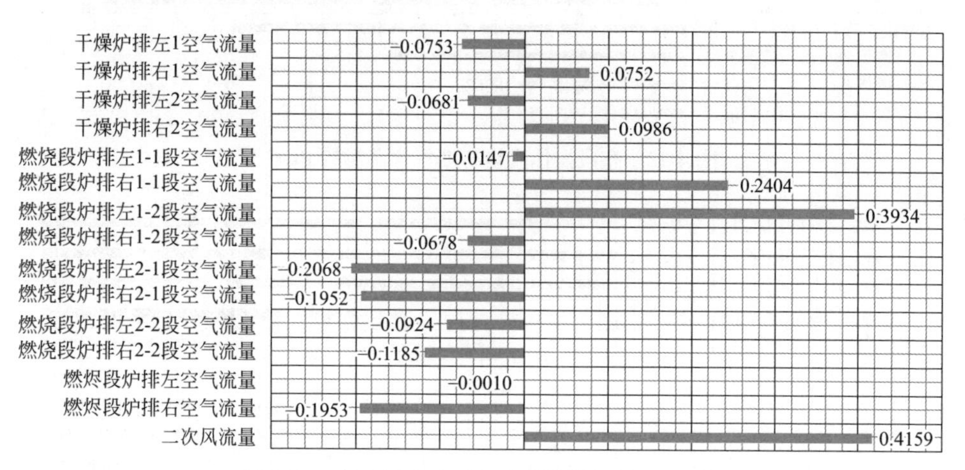

图 4-20　布风操作变量与主蒸汽流量的 PCC 值

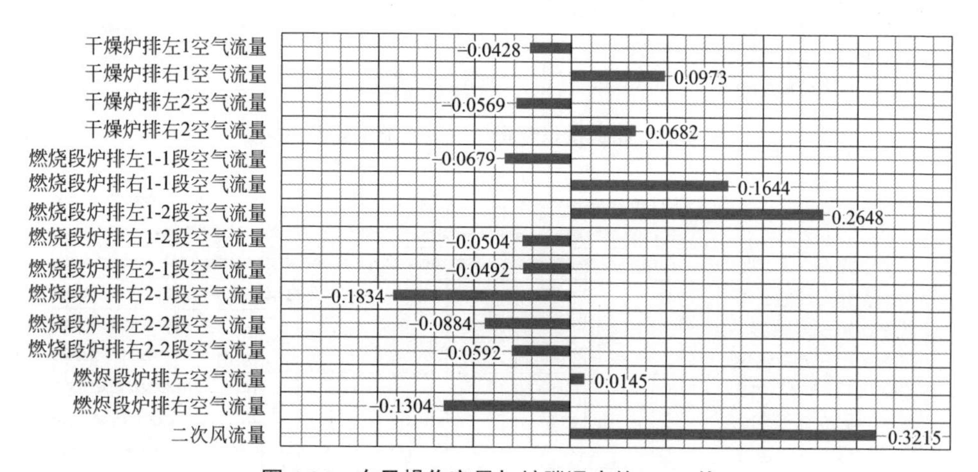

图 4-21　布风操作变量与炉膛温度的 PCC 值

通过对 PCC 值的计算结果对 MSWI 过程中的输入输出变量进行初步分析，计算结果说明了布风布料变量与被控变量之间的关系强弱，为构建被控对象模型奠定了基础。

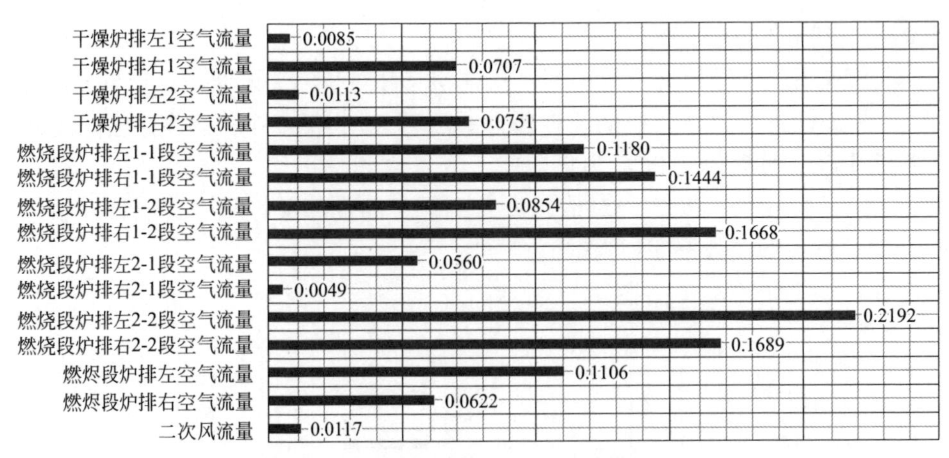

图 4-22 布风操作变量与烟气含氧量的 PCC 值

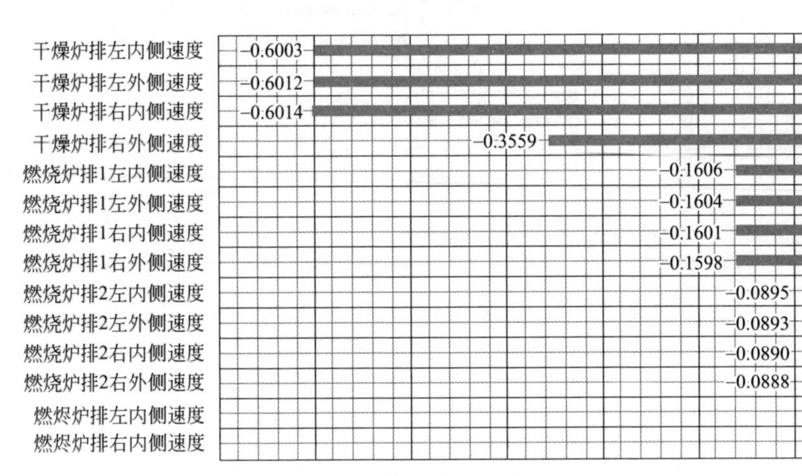

图 4-23 布料操作变量与主蒸汽流量的 PCC 值

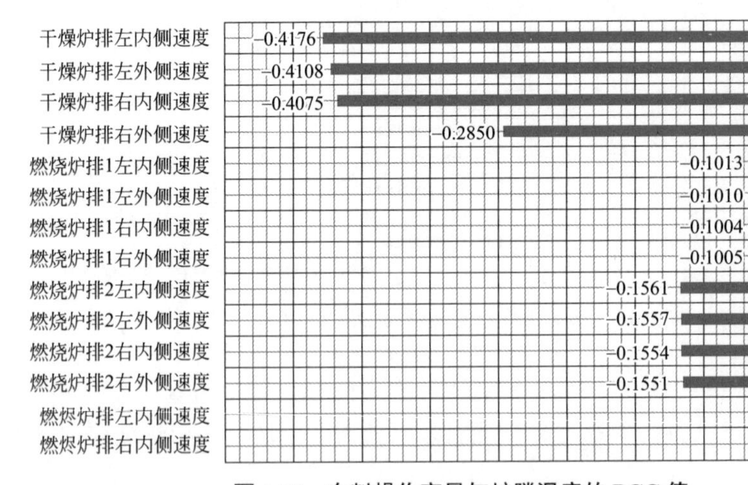

图 4-24 布料操作变量与炉膛温度的 PCC 值

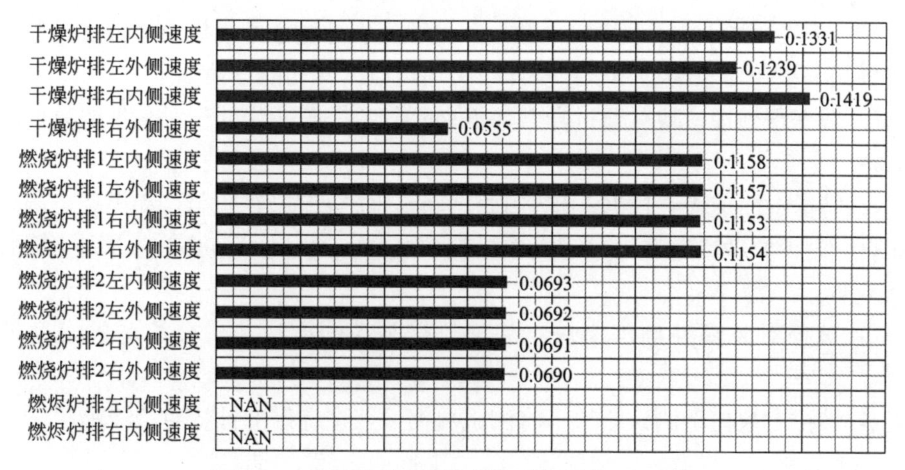

图 4-25　布料操作变量与烟气含氧量的 PCC 值

针对 MSWI 过程的工艺特点，这里提出基于 TSFNN 的 MSWI 过程被控对象建模策略，如图 4-26 所示。相关变量及符号定义如下：原始操作变量为 N 个，记为 x_1^{or}，x_2^{or}，…，x_N^{or}；被控变量为 Q 个，记为 y_1^{or}，y_2^{or}，…，y_q^{or}；数据预处理后变量，记为 x_1^{pr}，x_2^{pr}，…，x_N^{pr}，y_1^{pr}，y_2^{pr}，…，y_Q^{pr}；特征约简后的训练集输入变量为 n 个，记为 x_1^{tr}，…，x_n^{tr}；特征约简后的训练集输出变量为 q 个，记为 $\hat{y}_1^{\text{tr}}$，…，$\hat{y}_q^{\text{tr}}$；测试集输入变量记为 x_1^{te}，…，x_n^{te}；模型计算输出变量记为 $\hat{y}_1^{\text{te}}$，…，$\hat{y}_q^{\text{te}}$；模型输出误差记为 e_1^{tr}，…，e_q^{tr}；模型内部结构参数记为 c_{ij}、δ_{ij}、p_{ij}^q。

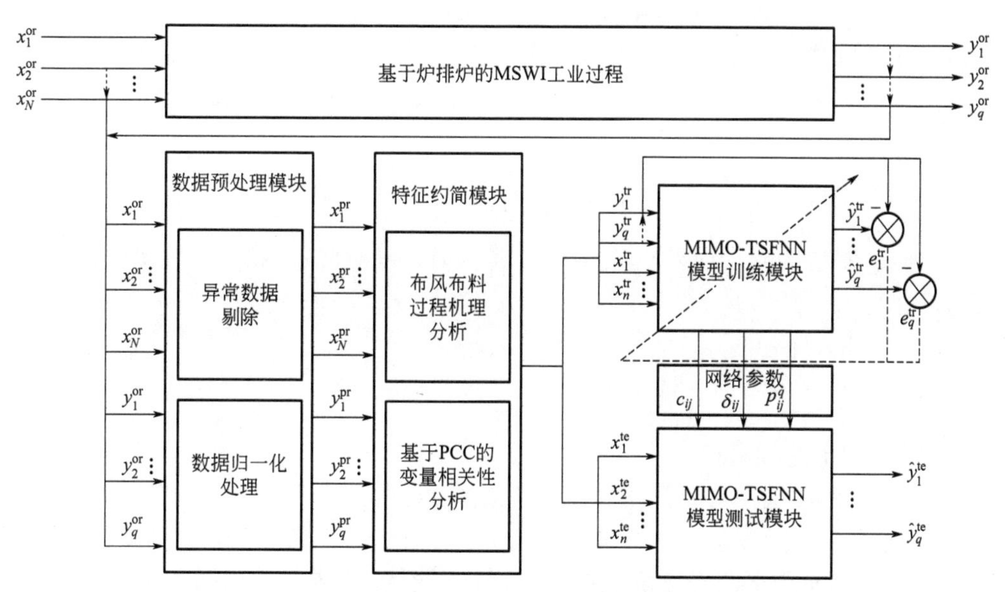

图 4-26　基于 TSFNN 的 MSWI 过程被控对象模型构建方法

由图 4-26 中可知，该策略由数据预处理模块、特征约简模块、被控对象模型训练模块与被控对象模型测试模块 4 个模块组成，其功能描述如下：

① 数据预处理模块：通过异常数据剔除与数据归一化处理对采集的数据进行预处理。

② 特征约简模块：根据 MSWI 过程特点，结合专家经验与自动燃烧控制系统（ACC）设计原理，遴选出关键操作量与被控量，通过计算 PCC 值得到约简后的输入变量。

③ 被控对象模型训练模块：基于数据驱动的方法，对被控对象模型进行训练。

④ 被控对象模型测试模块：将测试数据输入训练好的被控对象模型中，用于评估模型效果。

4.4.3 建模算法及算法实现

（1）数据预处理模块

① 异常数据剔除　MSWI 过程中的检测设备长时间处于高温与强污染中，检测环境恶劣、设备损耗大，如未及时排除仪器故障，会造成检测数据失真，进而影响被控对象模型的建模精度和稳定性。因此，在基于同一工况的前提下，剔除异常值对保证模型的有效性具有重要的意义。

首先，通过绘制分位数图对数据的正态分布性进行检测，之后通过 3σ 准则[73-74]对异常数据进行剔除，其基本原理为：设定原始样本数据的维度为 $Q\times K$，Q 为 MSWI 过程的被控变量数量，K 为样本的总数量，样本数据用 φ_{sk}（s=1, 2, ⋯, Q, k=1, 2, ⋯, K）表示，其中 v_{sk} 为数据剩余误差，其标准偏差的计算方法如下。

$$\sigma_s = \sqrt{\sum_{k=1}^{K} v_{sk}^2 / (K-1)} \tag{4-41}$$

当 φ_{sk} 对应的剩余误差 v_{sk} 符合以下条件时，则对此 φ_{sk} 执行剔除操作，其计算方法为：

$$|v_{sk}| > 3\sigma_s \tag{4-42}$$

② 数据归一化处理　详见 4.2.3 节。

（2）特征约简模块

研究 MSWI 被控对象模型的关键是选择合适的操作变量与被控变量，MSWI 过程变量众多，操作量与被控量多达几十个，且部分变量之间具有高度耦合性。欧洲部分国家研制的自动燃烧控制（ACC）系统为 MSWI 被控对象的特征约简提供了支撑[75-77]，其核心思想“布风布料”侧重于燃烧控制过程，关键操作变量包括进料量、炉排速度、一次风流量、一次风温与二次风流量，关键被控变量包括烟气含氧量、炉膛温度、主蒸汽流量与燃烧线。

目前 ACC 系统是针对发达国家固废具有分类好、热值高、水分低等特点设计的，而我国目前的 MSW 分类正处于起步阶段，且 MSW 成分受区域、季节、经济等因素影响，导致引进 ACC 系统在投入过程中容易出现偏料、空料、风机频繁动作等问题。在此基础上，本模块建立一种基于过程数据分析的特征约简机制，通过计算变量之间的 PCC 值选取与融合 MSWI 的过程变量。

（3）MIMO-TSFNN 模型训练模块

针对 MSWI 过程的 MIMO 特性，本节设计了如图 4-27 所示的 MIMO-TSFNN 模型结构，由前件网络与后件网络两部分组成，其中前件网络包括输入层、隶属函数层、规则层、后件层和输出层 5 层；后件网络包括输入层、规则层和后件层 3 层。对其数学描述如下。

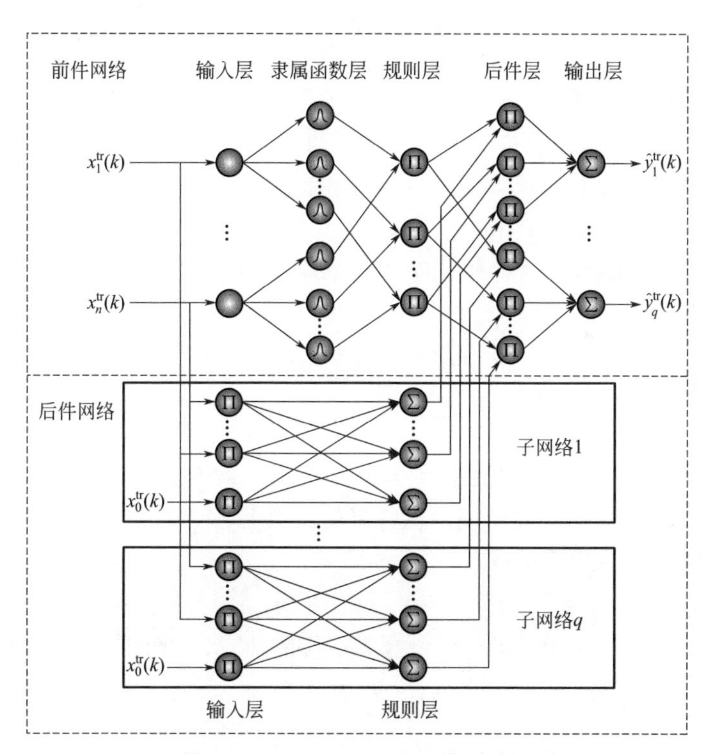

图 4-27　MIMO-TSFNN 模型结构

① 前件网络

a. 输入层。该层设有 n 个神经元，本节中 n=3，其作用是传递输入值，当第 k 个样本进入时，输入层的输出可表示为：

$$x_i^{\text{tr}}(k), i=1,2,\cdots,n \tag{4-43}$$

b. 隶属函数层。该层设有 $n\times m$ 个神经元，每个节点的输出代表对应输入量的隶属度值。隶属函数可以表示为：

$$u_{ij}(k)=\exp\left[-\frac{\left(x_i^{\text{tr}}(k)-c_{ij}(k)\right)^2}{\delta_{ij}(k)}\right], j=1,2,\cdots,m \tag{4-44}$$

式中，$c_{ij}(k)$ 和 $\delta_{ij}(k)$ 为隶属函数的中心和宽度。

c. 规则层。该层设有 m 个神经元，采用模糊连乘算子作为模糊逻辑规则。规则层的输出可表示为：

$$w_j(k)=\prod_{i=1}^{n}u_{ij}(k) \tag{4-45}$$

式中，$w_j(k)$ 为规则层第 j 个神经元的输出。对该层的输出进行去模糊化以获得输出权重：

$$\theta_j(k)=\frac{w_j(k)}{\sum_{j=1}^{m}w_j(k)} \tag{4-46}$$

式中，$\theta_j(k)$ 为去模糊化后规则层第 j 个神经元的输出。

d. 后件层。该层共有 $m\times q$ 个神经元，每个节点执行 TS 型模糊规则的线性求和。该层的作用是计算每条规则所对应输出的后件参数。后件参数是由后件网络计算得出的，将其表示为 $\hat{y}_j^s(k)$ 。

e. 输出层。该层设有 h 个输出节点，每个节点对输入参数执行加权求和，可表示为：

$$\hat{y}_s^{\text{tr}}(k)=\sum_{j=1}^{m}\theta_j(k)\hat{y}_j^s(k) \tag{4-47}$$

② 后件网络

a. 输入层。后件网络输入层传入 n+1 个变量，其中第 0 个节点的输入为常数，即 $x_0^{\text{tr}}(k)$ =1，它用来提供模糊规则后件部分的常数项，其余输入和前件网络的输入层输入一样，如下式所示：

$$x_i^{\text{tr}}(k), i=0,1,\cdots,n \tag{4-48}$$

b. 隐含层。它的作用是进行模糊规则后件的计算，如下式所示：

$$\hat{y}_j^s(k)=p_{0j}^s(k)x_0^{\text{tr}}(k)+p_{1j}^s(k)x_1^{\text{tr}}(k)+\cdots+p_{nj}^s(k)x_n^{\text{tr}}(k), s=1,2,\cdots,q \tag{4-49}$$

式中，$p_{0j}^s(k)$ ，$p_{1j}^s(k)$ ，…，$p_{nj}^s(k)$ 为模糊系统的参数。

③ 模型参数学习　梯度下降算法是一种常用的经典学习算法，正梯度方向是函数值变大的最快方向，负梯度方向是函数值变小的最快方向，沿着负梯度方向一步一步迭代，便能快速地收敛到函数最小值。具有通用性强、泛化能力好、计算复杂度低、训练速度快和相对稳定等特点 [78-79]。本模块设计的 MIMO-TSFNN

模型采用梯度下降算法调整网络参数，相关算法定义如下所示。

误差定义如下：

$$e_s^{\mathrm{tr}}(k)=\frac{1}{2}\left(y_s^{\mathrm{tr}}(k)-\hat{y}_s^{\mathrm{tr}}(k)\right)^2 \tag{4-50}$$

式中，$y_s^{\mathrm{tr}}(k)$为第k个输入样本对应的第s个实际输出；$\hat{y}_s^{\mathrm{tr}}(k)$为第$k$个输入样本对应的第$s$个计算输出；$e_s(k)$为两者之间的误差。

网络的中心、宽度及其更新算法如下：

$$c_{ij}(k)=c_{ij}(k-1)-\eta\frac{\partial\left(\sum_{s=1}^{q}e_s^{\mathrm{tr}}(k)\right)}{\partial c_{ij}(k)} \tag{4-51}$$

$$\delta_{ij}(k)=\delta_{ij}(k-1)-\eta\frac{\partial\left(\sum_{s=1}^{q}e_s^{\mathrm{tr}}(k)\right)}{\partial \delta_{ij}(k)} \tag{4-52}$$

式中，η为在线学习率，这里中η在[0.01，0.05]之间选择较为合适。

模糊系统的参数更新算法如下：

$$p_{ij}^s(k)=p_{ij}^s(k-1)-\eta\frac{\partial e_s^{\mathrm{tr}}(k)}{\partial p_{ij}^s(k)} \tag{4-53}$$

④ 模型评价指标　为验证该模型的有效性，将均方根误差（*RMSE*）与平均百分比误差（*APE*）用于评估建模效果。*RMSE* 的定义如式（4-12）所示，*APE* 定义如下：

$$APE_s^{\mathrm{tr}}=\frac{1}{K}\sum_{k=1}^{K}\left|\frac{y_s^{\mathrm{tr}}(k)-\hat{y}_s^{\mathrm{tr}}(k)}{y_s^{\mathrm{tr}}(k)}\right|\times 100\% \tag{4-54}$$

式中，k为当前输入样本；K为样本总数。

（4）MIMO-TSFNN 模型测试模块

MIMO-TSFNN 模型在训练完成后，需要通过验证以证明模型的有效性。测试数据集也需通过数据预处理与特征约简后得到，测试集输入变量记为：x_1^{te}，…，x_n^{te}；模型计算输出变量记为：$\hat{y}_1^{\mathrm{te}}$，…，$\hat{y}_q^{\mathrm{te}}$。计算测试数据集的 *RMSE* 与 *APE*，当模型测试模块达到期望的拟合效果与建模误差后，则证明 MSWI 过程的被控对象模型建模有效。

4.4.4　实验验证

（1）实验描述

本实验针对某 MSWI 电厂，选取了 2020 年某日共计 3000 组过程数据。本节分别针对特征约简、被控对象模型训练与测试等模块进行了相应实验，结果如下。

（2）实验结果

① 特征约简实验　在 ACC 系统的基础上，结合专家经验对 MSWI 过程的关键过程变量，即各炉排速度、一次风流量、二次风流量、烟气含氧量、炉膛温度与主蒸汽流量进行了选取，计算输入输出变量之间的 PCC 值，如表 4-6 所示。

表 4-6　输入输出变量间的 PCC 值

变量	烟气含氧量	炉膛温度	主蒸汽流量
一次风总流量	0.2527	−0.0117	−0.0090
二次风流量	0.0117	0.3215	0.4159
干燥炉排平均速度	0.1303	−0.4199	−0.6042
燃烧炉排 1 平均速度	0.1156	−0.1008	−0.1603
燃烧炉排 2 平均速度	0.0691	−0.1556	−0.0892
燃烬炉排平均速度	NAN	NAN	NAN

综合以上分析，本实验选取的关键操作变量为：干燥段炉排速度、一次风总流量和二次风流量；关键被控变量为：主蒸汽流量、炉膛温度和烟气含氧量。

② MIMO-TSFNN 模型训练实验　MIMO-TSFNN 模型训练实验在数据预处理和特征约简实验的基础上，将 3000 组数据中的 2400 组（80%）作为训练样本。模型参数设置为：输入层神经元个数为 3 个，隶属度函数层神经元个数为 3×12 个，规则层神经元个数为 12 个，后件层神经元个数为 12×3 个；输出层神经元个数为 3 个；训练迭代步数为 500 次。被控对象模型训练过程中的 *RMSE* 与参数学习的变化曲线如图 4-28 ～图 4-31 所示，模型训练过程中的拟合效果如图 4-32 所示。

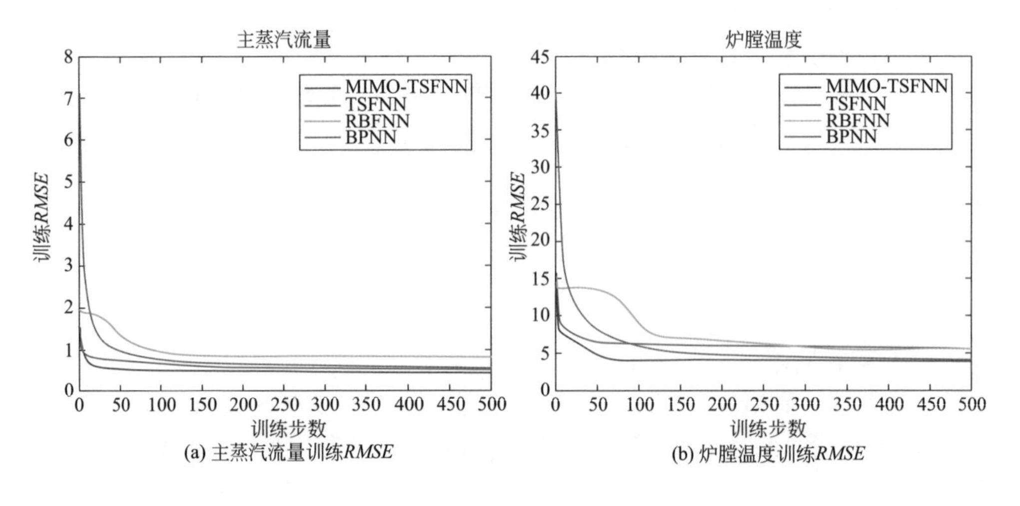

(a) 主蒸汽流量训练*RMSE*　　(b) 炉膛温度训练*RMSE*

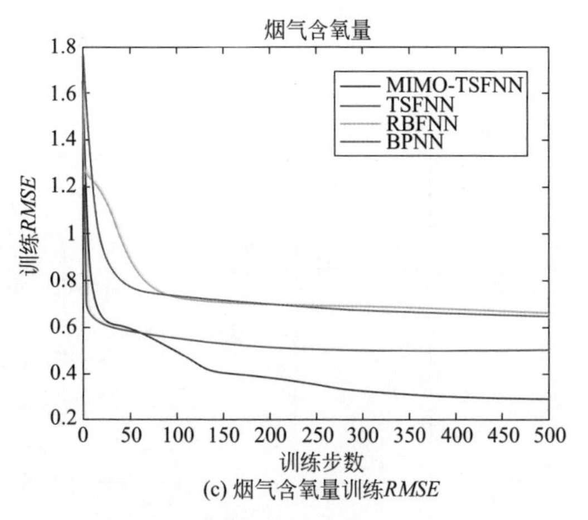

(c) 烟气含氧量训练$RMSE$

图 4-28　模型训练过程 *RMSE* 变化

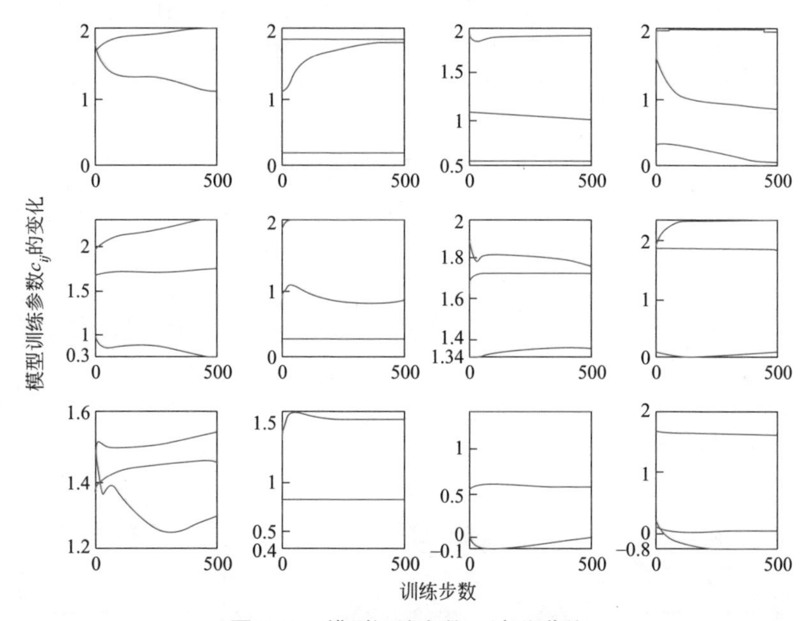

图 4-29　模型训练参数 c_{ij} 变化曲线

由图 4-28 ～图 4-32 所示，本节所提出的 MIMO-TSFNN 模型在训练过程中收敛速度快，学习能力强，能够快速达到期望误差，模型的拟合效果较好，建模精度较高。

③ MIMO-TSFNN 模型测试实验　MIMO-TSFNN 模型训练实验在数据预处理和特征约简实验的基础上，将得到的 3000 组数据中的 600 组（20%）作为测试样本。将测试样本输入训练好的模型结构中，模型测试过程中的拟合效果与建模误差如图 4-33、图 4-34 所示。

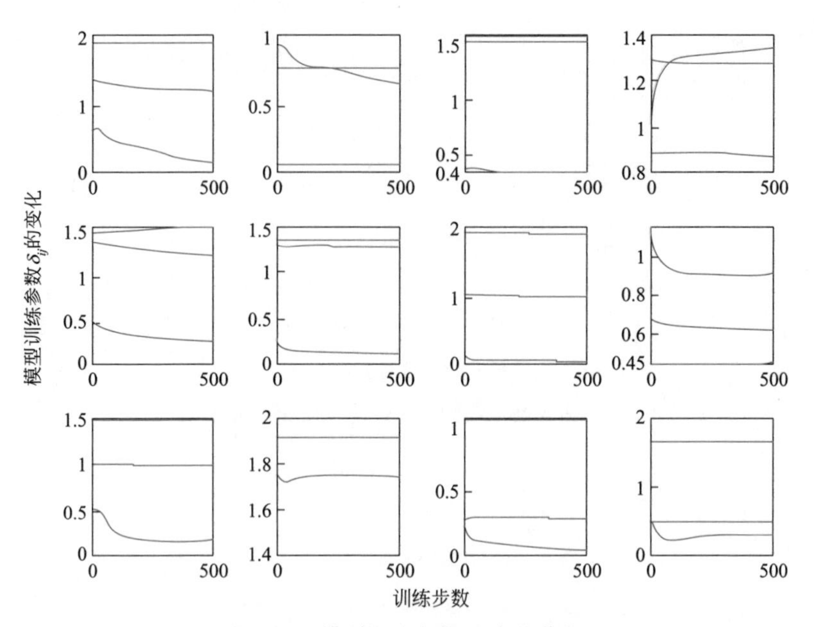

图 4-30 模型训练参数 δ_{ij} 变化曲线

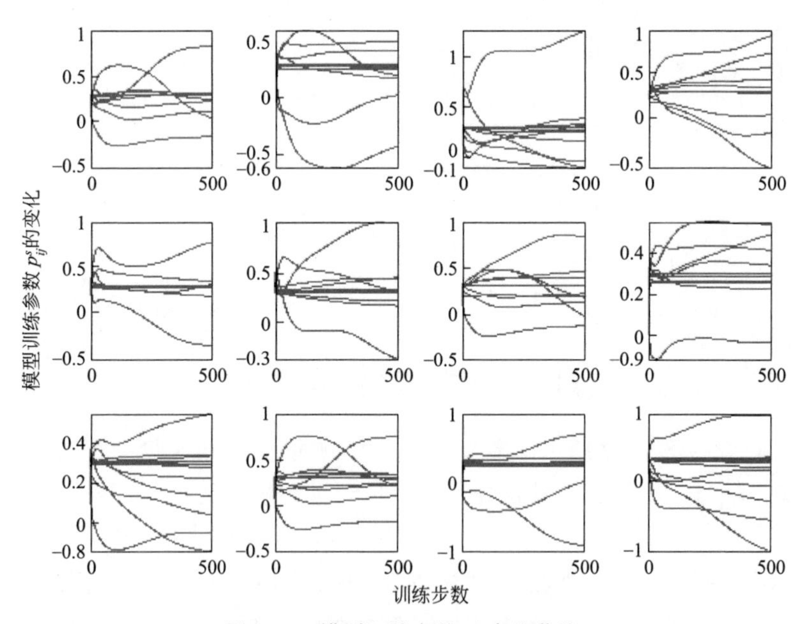

图 4-31 模型训练参数 p_{ij}^{s} 变化曲线

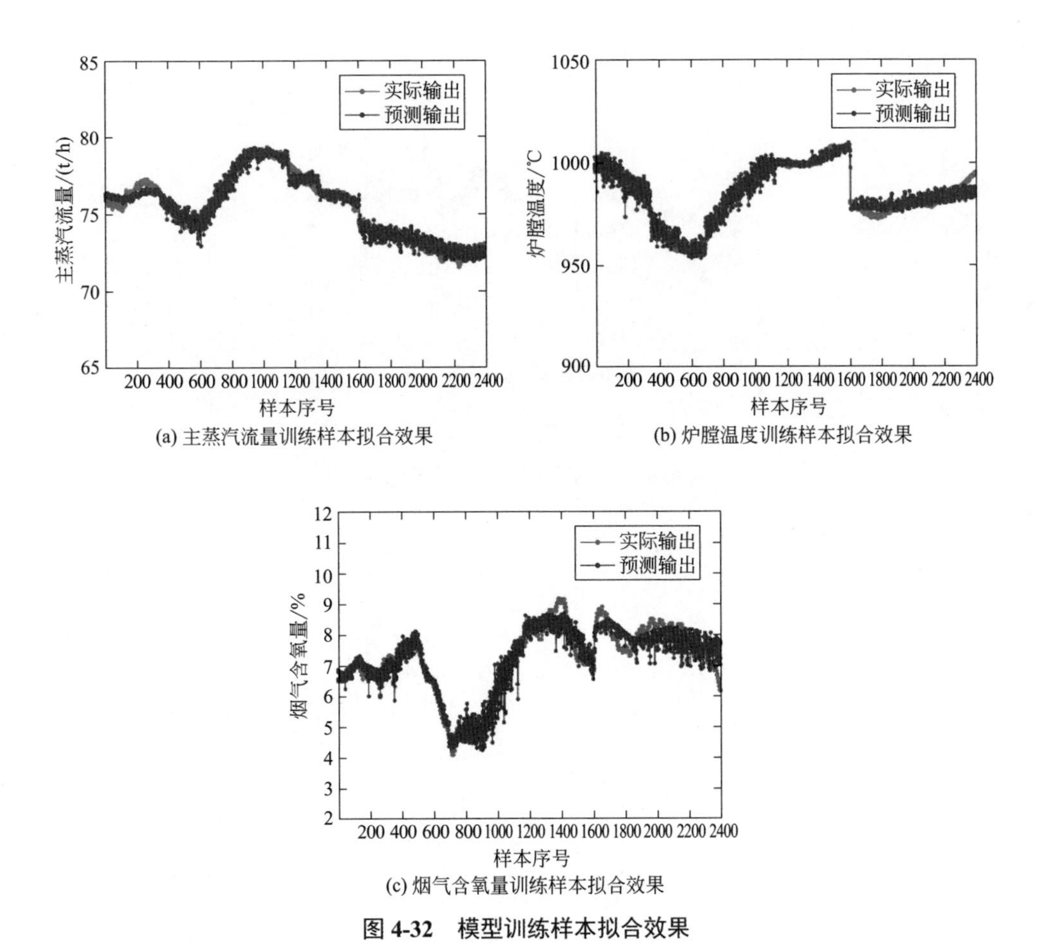

(a) 主蒸汽流量训练样本拟合效果

(b) 炉膛温度训练样本拟合效果

(c) 烟气含氧量训练样本拟合效果

图 4-32　模型训练样本拟合效果

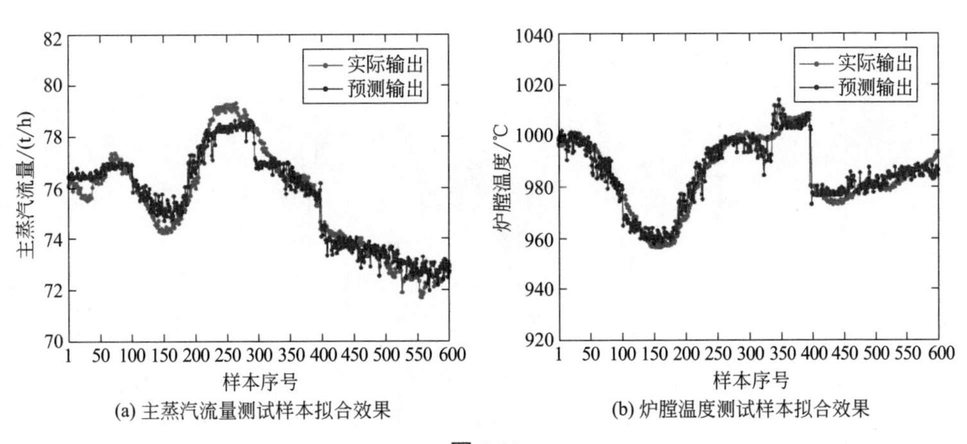

(a) 主蒸汽流量测试样本拟合效果

(b) 炉膛温度测试样本拟合效果

图 4-33

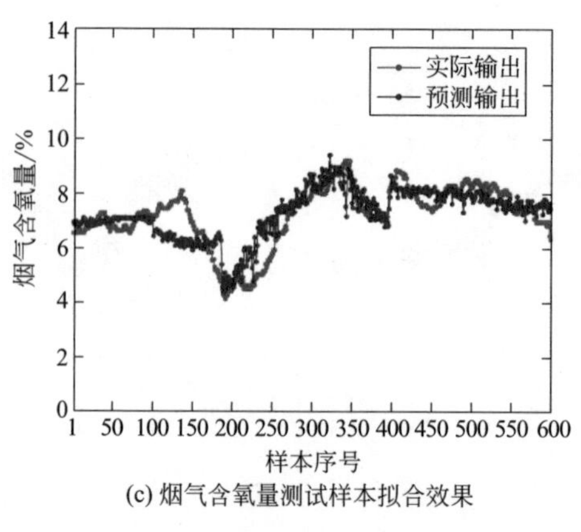

(c) 烟气含氧量测试样本拟合效果

图 4-33　模型测试样本拟合效果

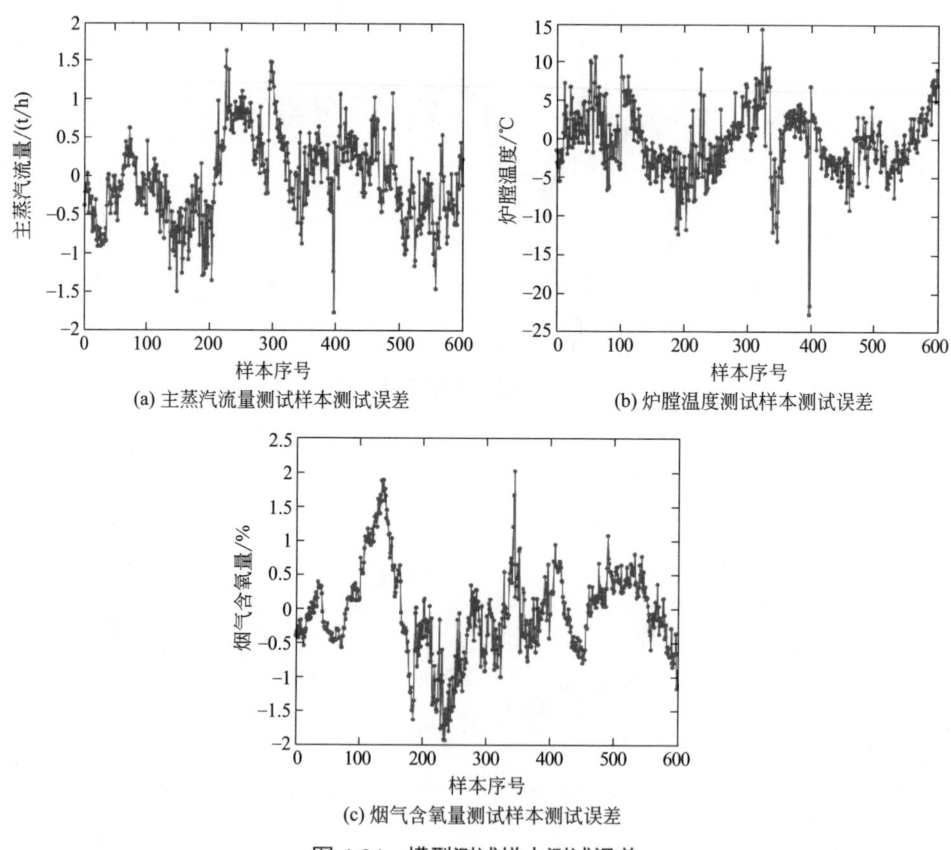

(a) 主蒸汽流量测试样本测试误差

(b) 炉膛温度测试样本测试误差

(c) 烟气含氧量测试样本测试误差

图 4-34　模型测试样本测试误差

由图 4-33、图 4-34 可知，模型在多输出样本中均体现出了良好的逼近能力，兼顾了多样本输出的学习任务，具有良好的泛化能力。

（3）对比讨论

为了验证该模型的有效性，本节选取基准前馈神经网络 TSFNN、径向基函数神经网络（RBFNN）和反向传播神经网络（BPNN）进行对比实验，其中，TSFNN、RBFNN 和 BPNN 的隐含层神经元设置为 12 个，网络训练的迭代步数设置为 500 次。使用 *RMSE* 与 *APE* 作为性能评价指标，被控对象模型的建模效果评价如表 4-7 所示。

表 4-7　被控对象模型的建模效果评价

网络模型	评价指标		主蒸汽流量	炉膛温度	烟气含氧量
MIMO-TSFNN	训练	*RMSE*	0.4319	3.8849	0.2972
		APE	0.45%	0.27%	3.16%
	测试	*RMSE*	0.4939	4.1787	0.5823
		APE	0.59%	0.31%	6.97%
TSFNN	训练	*RMSE*	0.5235	5.6246	0.4985
		APE	0.56%	0.43%	5.57%
	测试	*RMSE*	0.5465	6.7009	0.7137
		APE	0.67%	0.55%	8.38%
RBFNN	训练	*RMSE*	0.8111	5.6625	0.6617
		APE	0.85%	0.41%	8.09%
	测试	*RMSE*	1.4605	9.5924	0.7417
		APE	1.54%	0.79%	10.91%
BPNN	训练	*RMSE*	0.5566	4.2409	0.6424
		APE	0.59%	0.33%	7.56%
	测试	*RMSE*	0.5930	4.4419	0.6952
		APE	2.38%	1.33%	30.24%

由表 4-7 可知，MIMO-TSFNN 模型在仿真实验中体现了良好的泛化能力，网

络的训练与测试 *RMSE* 和 *APE* 均达到了理想精度。MIMO-TSFNN 能够利用多个学习任务中所包含的有用信息帮助每个任务学习，从而得到更为准确的回归模型。由于 MIMO-TSFNN 模型能够同时对同一系统的多个参数进行学习，且多个输出任务之间具有互补性与容错性。因此，与同类基准网络相比，本节提出的 MIMO-TSFNN 模型具有良好的预测精度，获得了对比方法中最小的训练 *RMSE*（0.4319，3.8849，0.2972）、*APE*（0.45%，0.27%，3.16%）和最小的测试 *RMSE*（0.4939，4.1787，0.5823）、*APE*（0.59%，0.31%，6.97%）。

参考文献

[1] MAGNANELLI E，TRANÅS O L，CARLSSON P，et al. Dynamic Modeling of Municipal Solid Waste Incineration[J]. Energy，2020，209：118426.

[2] LUO H，CHENG Y，HE D，et al. Review of Leaching Behavior of Municipal Solid Waste Incineration（MSWI）Ash[J]. Science of the total environment，2019，668：90-103.

[3] CHENG H，HU Y. Municipal Solid Waste（MSW）as a Renewable Source of Energy：Current and Future Practices in China[J]. Bioresource Technology，2010，101（11）：3816-3824.

[4] 易诚明，周平，柴天佑. 基于即时学习的高炉炼铁过程数据驱动自适应预测控制 [J]. 控制理论与应用，2020，37（2）：295-306.

[5] 陈宁，周佳琪，桂卫华，等. 针铁矿法沉铁过程双层结构优化控制 [J]. 控制理论与应用，2020，37（1）：222-228.

[6] 李太福，侯杰，姚立忠，等. Gamma Test 噪声估计的 Kalman 神经网络在动态工业过程建模中的应用 [J]. 机械工程学报，2014，50（18）：29-35.

[7] 杨培培，骆嘉辉，姚心，等. 基于垃圾焚烧运行参数的主蒸汽参数预测研究 [J]. 有色设备，2021，4（01）：15-19.

[8] SHEN K，LU J D，LI Z H，et al. An Adaptive Fuzzy Approach for the Incineration Temperature Control Process[J]. Fuel，2005，84（9）：1144-1150.

[9] BUNSAN S，CHEN W Y，CHEN H W，et al. Modeling the Dioxin Emission of A Municipal Solid Waste Incinerator Using Neural Networks[J]. Chemosphere，2013，92（3）：258-264.

[10] GIANTOMASSI A，IPPOLITI G，LONGHI S，et al. On-line Steam Production Prediction for A Municipal Solid Waste Incinerator by Fully Tuned Minimal RBF Neural Networks[J]. Journal of Process Control，2011，21（1）：164-172.

[11] HU L J，TONG A Y，LIU H B，et al. Modeling and Control of Combustion Temperature System of CFB Boiler[J]. Computer Simulation，2019，36（01）：119-123，128.

[12] 马晓茜，卢苇，张笑冰，等. 垃圾焚烧炉热力模型研究 [J]. 化学工程，2000，28（4）：36-40.

[13] 吕亮，朱琳，吴占松. 城市生活固废焚烧炉的仿真 [J]. 动力工程学报，2006，26（5）：

634-637.

[14] WANG R，HUANG Q，ZHANG L，et al. A Model for Numerical Study of Municipal Solid Waste Combustion in A Moving Grate Incinerator[C]//Proceedings of the 9th Asia-Pacific Conference on Combustion，2013.

[15] 王康，黄伟，陆娟，等 . 垃圾焚烧炉排炉动态特性建模与仿真 [J]. 工业锅炉，2015，(4)：6-9.

[16] HAN H G，ZHANG L，HOU Y，et al. Nonlinear Model Predictive Control Based on A Self-Organizing Recurrent Neural Network[J]. IEEE Transactions on Neural Networks and Learning Systems，2016，27 (2)：402-415.

[17] ZHOU P，GUO D，WANG H. Data-driven Robust M-LS-SVR-based NARX Modeling for Estimation and Control of Molten Iron Quality Indices in Blast Furnace Ironmaking[J]. IEEE Transactions on Neural Networks and Learning Systems，2017，29 (9)：4007-4021.

[18] XIE S W，XIE Y X，HUANG T W，et al. Generalized Predictive Control for Industrial Processes Based on Neuron Adaptive Splitting and Merging RBF Neural Network[J]. IEEE Transactions on Industrial Electronics，2019，66 (2)：1192-1202.

[19] YU Q X，HOU Z S，XU J X. D-type ILC Based Dynamic Modeling and Norm Optimal ILC for High-speed Trains[J]. IEEE Transactions on Control Systems Technology，2017，26 (2)：652-663.

[20] 王祥民，董学平，于广宇 . 基于动态主元分析和极限学习机的分解炉出口温度预测 [J]. 测控技术，2019，38 (12)：35-39，76.

[21] 孙友文，赵志超，李乐伦，等 . 基于最小二乘法多元线性回归的气化炉炉膛温度软测量建模研究与设计 [J]. 中氮肥，2020，(5)：12-14，28.

[22] HU H，DING R. Least Squares Based Iterative Identification Algorithms for Input Nonlinear Controlled Autoregressive Systems Based on the Auxiliary Model[J]. Nonlinear Dynamics，2014，76 (1)：777-784.

[23] SHI L，LI Z L，YU T，et al. Model of Hot Metal Silicon Content in Blast Furnace Based on Principal Component Analysis Application and Partial Least Square[J]. Journal of Iron and Steel Research，International，2011，18 (10)：13-16.

[24] ZHANG X，KANO M，MATSUZAKI S. Ensemble Pattern Trees for Predicting Hot Metal Temperature in Blast Furnace[J]. Computers & Chemical Engineering，2018，121：442-449.

[25] 崔桂梅，李静，张勇，等 . 高炉铁水温度的多元时间序列建模和预测 [J]. 钢铁研究学报，2014，26 (4)：33-37.

[26] 唐振浩，张宝凯，曹生现，等 . 基于多模型智能组合算法的锅炉炉膛温度建模 [J]. 化工学报，2019，70 (S2)：301-310.

[27] QIAO J F，LI W，HAN H G. Soft Computing of Biochemical Oxygen Demand Using An Improved T-S fuzzy Neural Network[J]. Chinese Journal of Chemical Engineering，2014，22 (011)：1254-1259.

[28] QIAO J F，LI W，ZENG X J，et al.

Identification of Fuzzy Neural Networks by Forward Recursive Input-output Clustering and Accurate Similarity Analysis[J]. Applied Soft Computing，2016，49：524-543.

[29] ZHANG R D，TAO J L. A nonlinear fuzzy neural network modeling approach using an improved genetic algorithm[J]. IEEE Transactions on Industrial Electronics，2018，65（7）：5882-5892.

[30] WEN Z T，XIE L B，FENG H W，et al. Infrared Flame Detection Based on A Self-organizing TS-Type Fuzzy Neural Network[J]. Neurocomputing，2019，337：67-79.

[31] LESKENS M，VAN KESSEL L，BOSGRA O. Model Predictive Control as A Tool for Improving the Process Operation of MSW Combustion Plants[J]. Waste Management，2005，25：788-798.

[32] RAHDAR M，NASIRI F，LEE B. A Review of Numerical Modeling and Experimental Analysis of Combustion in Moving Grate Biomass Combustors[J]. Energy & Fuels，2019，33（10）：9367-9402.

[33] 胡桂川，朱新才，周熊．垃圾焚烧发电与二次污染控制技术[M]. 重庆：重庆大学出版社，2011.

[34] 张倩，杨耀权．基于支持向量机回归的火电厂烟气含氧量软测量[J]. 信息与控制，2013，42（2）：258-263.

[35] 刘千，韩璞，王东风．基于ANFIS模型的烟气含氧量建模和预测[J]. 计算机仿真，2014，31（10）：437-439.

[36] YAO L，GE Z. Nonlinear Gaussian Mixture Regression for Multimode Quality Prediction with Partially Labeled Data[J]. IEEE Transactions on Industrial Informatics，2019：4044-4053.

[37] 王勇，刘吉臻，刘向杰，等．基于最小二乘支持向量机的软测量建模及在电厂烟气含氧量测量中的应用[J]. 微计算机信息，2006（28）：241-243.

[38] YAN W W，TANG D，LIN Y J. A Data-driven Soft Sensor Modeling Method Based on Deep Learning and Its Application[J]. IEEE Transactions on Industrial Electronics，2017，64（5）：4237-4245.

[39] PAN H G，SU T，HUANG X D，et al. LSTM-based Soft Sensor Design for Oxygen Content of Flue Gas in Coal-fired Power Plant[J]. Transactions of the Institute of Measurement and Control，2020，43（2）.

[40] WILAMOWSKI B M，YU H. Improved Computation for Levenberg-Marquardt Training[J]. IEEE Transactions on Neural Networks，2010，21（6）：930-937.

[41] LU J，ZHANG S，HAI J，et al. Status and Perspectives of Municipal Solid Waste Incineration in China：A Comparison with Developed Regions[J]. Waste Management，2017，69：170-186.

[42] KORAI M S，MAHAR R B，UQAILI M A. The Feasibility of Municipal Solid Waste for Energy Generation and Its Existing Management Practices in Pakistan[J]. Renewable and Sustainable Energy Reviews，2017，72：338-353.

[43] KALYANI K A，PANDEY K K. Waste to

Energy Status in India: A Short Review[J]. Renewable and Sustainable Energy Reviews，2014，31：113-120.

[44] 乔俊飞，郭子豪，汤健．面向城市固废焚烧过程的二噁英排放浓度检测方法综述 [J]. 自动化学报，2020，46（06）：1063-1089.

[45] 张弛，柴晓利，赵爱华，等．固体废物焚烧技术 [M]. 2 版．北京：化学工业出版社，2016：135-149.

[46] 解强．城市固体废弃物能源化利用技术 [M]. 2 版．北京：化学工业出版社，2018：129-140.

[47] 李卓．混合建模方法研究及其在化学化工过程中的应用 [D]. 杭州：浙江工业大学，2020.

[48] 张悦，弭尚文，申晓光，等．循环流化床锅炉 J 型返料阀机理建模与仿真 [J]. 计算机仿真，2017，34（7）：133-136.

[49] 张悦，刘云飞，袁一丁．循环流化床锅炉燃烧系统模型研究 [J]. 山东电力技术，2017，44（1）：54-57，61.

[50] ZHU H，CHAI Q，YANG C，et al. Vortex Motion-based Particle Swarm Optimization for Energy Consumption of Alumina Evaporation[J]. The Canadian Journal of Chemical Engineering，2012，90（6）：1418-1425.

[51] 杨天皓，李健，贾瑶，等．虚拟未建模动态补偿驱动的双率自适应控制 [J]. 自动化学报，2018，44（2）：299-310.

[52] ZHAO G，CHENG S，XU W，et al. Comprehensive Mathematical Model for Particle Flow and Circumferential Burden Distribution in Charging Process of Bell-less Top Blast Furnace with Parallel Hoppers[J]. Isij International，2015，55（12）：2566-2575.

[53] DONG F，YAN C，ZHOU C Q. Mathematical Modeling of Blast Furnace Burden Distribution with Non-uniform Descending Speed[J]. Applied Mathematical Modelling，2015，39（23-24）：7554-7567.

[54] WLAZŁO M，ALEVIZOU E I，VOUTSAS E C，et al. Prediction of Ionic Liquids Phase Equilibrium with the COSMO-RS Model[J]. Fluid Phase Equilibria，2016，424：16-31.

[55] 杨国清，刘康怀．固体废物处理工程 [M]. 北京：科学出版社，2016.

[56] 刘敬武．城市固体废物现状及处置技术比较分析 [J]. 中国资源综合利用，2019，37（02）：107-109，138.

[57] DING H X，LI W J，QIAO J F. A Self-organizing Recurrent Fuzzy Neural Network Based on Multivariate Time Series Analysis[J]. Neural Computing and Applications，2021，33（10）：5089-5109.

[58] TANG J，QIAO J F，ZHANG J，et al. Combinatorial Optimization of Input Features and Learning Parameters for Decorrelated Neural Network Ensemble-based Soft Measuring Model[J]. Neurocomputing，2018，275：1426-1440.

[59] MENG X，ROZYCKI P，QIAO J F，et al. Nonlinear System Modeling Using RBF Networks for Industrial Application[J]. IEEE Transactions on Industrial Informatics，2018：931-940.

[60] 乔俊飞，丁海旭，李文静．基于 WTFMC 算法的递归模糊神经网络结构设计 [J]. 自动化学报，2020，46（11）：2367-2378.

[61] 石云，陆金桂，宣兆新．基于神经网络和遗传算法的锅炉燃烧建模与优化 [J]. 计算机应用与软件，2010，27（6）：226-229.
[62] 倪宏伟，彭辉．神经网络在热电厂对象建模中的应用 [J]. 计算机测量与控制，2006（5）：622-624.
[63] 马翔，陈新楚，王劭伯．基于 RBF 神经网络的电站锅炉燃烧系统非线性建模 [J]. 福州大学学报（自然科学版），2004（3）：295-297，306.
[64] SHUMIXIN A G，ALEKSANDROVA A S. Identification of a Controlled Object Using Frequency Responses Obtained from a Dynamic Neural Network Model of a Control System[J]. Computer Research and Modeling，2017，9（5）：729-740.
[65] 吴恒运，高林，田建勇，等．基于非对称神经网络结构的电站锅炉智能燃烧控制模型 [J]. 热力发电，2017，46（12）：6-10，17.
[66] 李敏远，都延丽．一类过程控制对象的神经网络建模及仿真 [J]. 系统仿真学报，2003（11）：1533-1536.
[67] LIU X J，KONG X B，HOU G L，et al. Modeling of a 1000 MW Power Plant Ultra Super-critical Boiler System Using Fuzzy-neural Network Methods[J]. Energy Conversion and Management，2013，65：518-527.
[68] 韩改堂，乔俊飞，韩红桂．基于自适应递归模糊神经网络的污水处理控制 [J]. 控制理论与应用，2016，33（9）：1252-1258.
[69] 张伟，乔俊飞，李凡军．溶解氧浓度的直接自适应动态神经网络控制方法 [J]. 控制理论与应用，2015，32（1）：115-121.
[70] 丁海旭，李文静，叶旭东，等．基于自组织递归模糊神经网络的 BOD 软测量 [J]. 计算机与应用化学，2019，36（4）：331-336.
[71] ZHENG K，ZHANG Q，HU Y，et al. Design of Fuzzy System-fuzzy Neural Network-backstepping Control for Complex Robot System[J]. Information Sciences，2021，546：1230-1255.
[72] KHATER A A，EL-NAGAR A M，EL-BARDINI M，et al. Online Learning based on Adaptive Learning Rate for a Class of Recurrent Fuzzy Neural Network[J]. Neural Computing and Applications，2020，32（12）：8691-8710.
[73] SHEN C，BAO X，TAN J，et al. Two Noise-robust Axial Scanning Multi-image Phase Retrieval Algorithms based on Pauta Criterion and Smoothness Constraint[J]. Optics Express，2017，25（14）：16235-16249.
[74] LI L，WEN Z，WANG Z. Outlier Detection and Correction During the Process of Groundwater Lever Monitoring base on Pauta Criterion with Self-learning and Smooth Processing[M]. Theory，Methodology，Tools and Applications for Modeling and Simulation of Complex Systems.Singapore：Springer，2016：497-503.
[75] 白良成．生活垃圾焚烧处理工程技术 [M]. 北京：中国建筑工业出版社，2009.
[76] SHIRAI M，FUJII S，TOMIYAMA S . Automatic Combustion Control System for a New-generation Stoker-type Waste Incineration Plant[J]. Eica，2004，9（76）：42-48.

[77] 朱亮，陈涛，王健生，等．自动燃烧控制系统（ACC）垃圾热值估算模型研究[J]. 环境卫生工程，2015，23(06)：33-35.

[78] 丁海旭．自组织递归模糊神经网络设计及污水处理应用研究[M]. 北京：北京工业大学，2020.

[79] SOUDRY D，CASTRO D D，GAL A，et al. Memristor-based Multilayer Neural Networks with Online Gradient Descent Training[J]. IEEE Transactions on Neural Networks & Learning Systems，2017，26(10)：2408-2421.

Cutting-Edge Technologies in
Smart
Environmental
Protection

第5章

城市固废焚烧（MSWI）过程智能控制

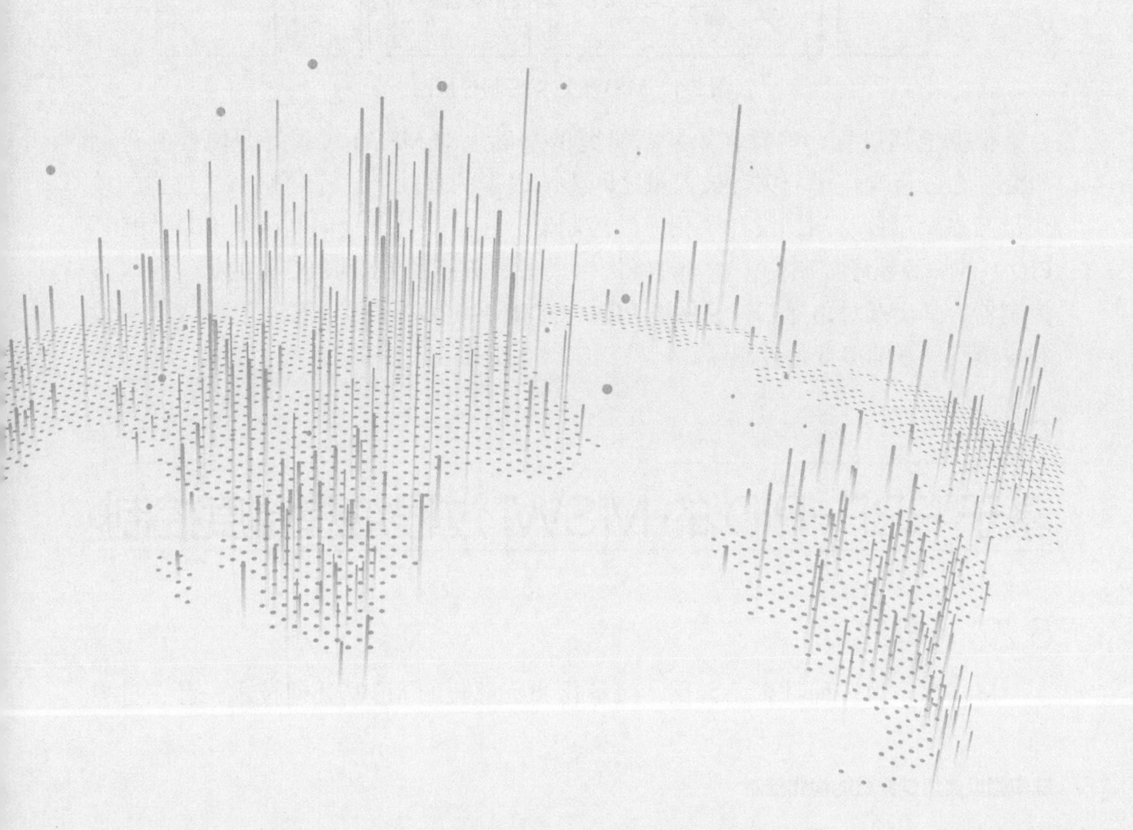

5.1 MSWI 过程的控制分析

城市固废焚烧（MSWI）电厂的控制过程主要是指城市固废（MSW）从进入焚烧炉进料斗到在炉膛内进行燃烧直至燃尽排除炉渣和排放烟气的过程，其主要操作对象包括一次风机及其风门挡板、二次风机，以及干燥炉排、燃烧炉排、燃烬炉排等设备及其液压动力装置，主要被控变量包括烟气含氧量、炉膛温度和主蒸汽流量等。典型的 MSWI 控制过程如图 5-1 所示。

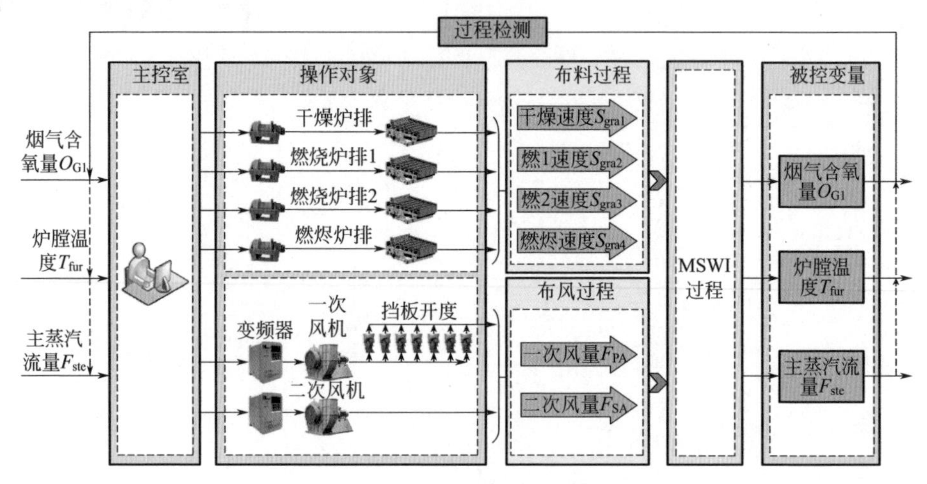

图 5-1　MSWI 过程控制过程图

根据上述过程，本章在第 4 章研究的基础上对 MSWI 过程的智能控制进行研究，在分析操作量与关键被控量之间影响因素的基础上，针对 MSWI 过程的单变量与多变量控制问题设计了相应的控制器，包括：基于径向基函数 PID（RBF-PID）的炉膛温度控制器，基于神经网络模型预测控制（NNMPC）的烟气含氧量控制器，基于准对角递归神经网络 PID（QDRNN-PID）的炉膛温度、烟气含氧量和主蒸汽流量的多变量控制器。

5.2 基于 RBF-PID 的 MSWI 过程炉膛温度控制

5.2.1 概述

MSWI 作为一种具有无害化、减量化和资源化的 MSW 处理技术，已在世界范围内得到广泛应用。研究表明，炉膛温度的有效控制是提高固废处理效率、抑制污染物排放和实现 MSWI 过程安全稳定运行的关键[1-3]。然而，MSWI 过程是一个复杂的物理化学反应过程，具有非线性、非平稳和大时变等特点[4-5]。同时，固废成分容易受到气候、地域等因素的影响，并且随季节转变呈现周期性变化，这些不确定性加大了炉膛温度控制的难度[6]。目前，我国相当一部分 MSWI 发电厂在实际运行中离不开领域专家的干涉与调节，存在滞后性和主观性，导致炉膛温度控制精度较低且波动范围大。因此，快速有效地将炉膛温度控制在合理范围之内仍是目前面临的极具挑战性的难题之一[7]。

学者们针对 MSWI 过程炉膛温度控制问题的研究较少，但对其他工业过程的温度控制问题进行了大量研究。针对加热温度，Aruna 等人[8]提出了一种模糊 PID 控制器，与传统 PID 控制器相比具有更快的响应速度和更高的控制精度。易诚明等人[9]提出了一种基于即时学习的数据驱动自适应预测控制方法，并将其应用于高炉炼铁工业过程的铁水温度控制。Zhou 等人[10]基于多输出最小二乘支持向量机建立了高炉铁水温度与控制量之间的非线性预测模型，并将此模型应用于高炉铁水温度非线性预测控制中，实验结果表明该控制器能有效减少异常值的干扰，提高控制器的鲁棒性，实现铁水温度的精确控制。刘志远等人[11]提出了一种基于神经网络在线学习的自适应控制方法，并将其应用于电厂锅炉过热气温控制系统，实现了过热气温的精确控制。赵彦涛等人[12]针对水泥分解温度控制问题，提出了一种基于信任度模糊 C 聚类和改进查表法模糊规则自提取的温度控制方法，实验结果表明提取到的控制规则鲁棒性好、准确性高，对分解炉温度的控制效果良好。朱红霞等人[13]针对循环流化床锅炉床温控制问题，提出了一种预估滑模控制方法，实验结果表明该方法具有超调量小、抗干扰能力强的特点。PID 控制凭借其算法简单、可靠性高、易于实现的特点，在工业生产应用中占比高达 90%[14-18]。然而，传统的 PID 控制器参数选择较为复杂，参数若固定不变则难以跟随实际过程的动态变化[19]。研究表明，基于径向基函数神经网络的 PID（RBF-PID）控制能够有效改善常规 PID 控制器的不足，对参数进行在线自适应调整，实现精确控制[20]。

基于以上分析，本节提出基于 RBF-PID 的 MSWI 过程炉膛温度控制方法。首先，初始化 RBF 网络和 PID 参数；然后，基于 TSFNN 模型计算的输出值与设定值之差更新 RBF 网络，获得 Jacobian 信息；最后，动态更新 PID 参数。

5.2.2 炉膛温度控制策略

为实现 MSWI 过程炉膛温度的有效控制，设计基于 RBF-PID 的炉膛温度控制策略，包含 RBF 网络参数更新、PID 控制器参数及 PID 控制器，其中炉膛温度

TSFNN 模型参见第 4 章。控制策略如图 5-2 所示。

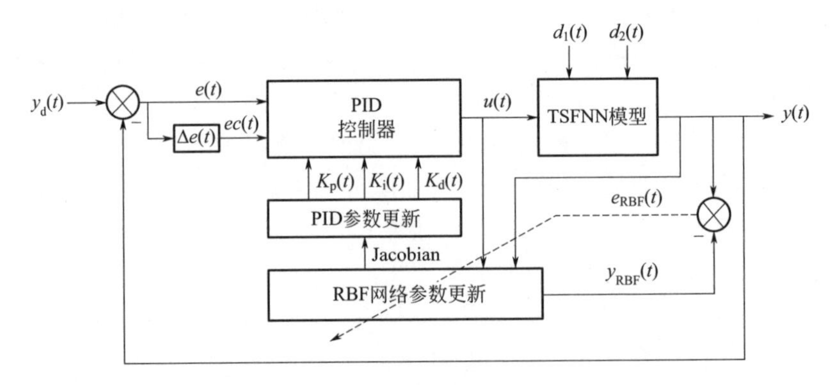

图 5-2　炉膛温度控制策略

图 5-2 中，$e(t)$ 表示炉膛温度的期望值 $y_d(t)$ 与实际值 $y(t)$ 的误差；$u(t)$ 为一次风流量；$d_1(t)$ 和 $d_2(t)$ 表示从 MSWI 中引入的扰动，$d_1(t)$ 为二次风压，$d_2(t)$ 为一次风加热温度；$y_{RBF}(t)$ 为 RBF 网络的辨识输出值；$e_{RBF}(t)$ 为 RBF 网络的辨识误差；$K_p(t)$、$K_i(t)$ 和 $K_d(t)$ 为 PID 的控制器参数。

5.2.3　控制算法及实现

(1) RBF 网络参数更新

RBF 网络是一种典型的三层前馈神经网络，主要由输入层、隐含层以及输出层组成，如图 5-3 所示。

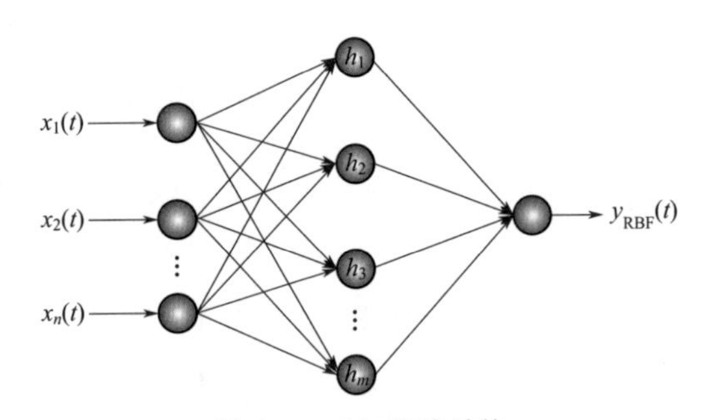

图 5-3　RBF 网络结构

RBF 网络隐含层的激活函数为：

$$h_j(\boldsymbol{x}(t)) = \exp\left[-\frac{\left\|\boldsymbol{x}(t) - c_j(t)\right\|^2}{2\sigma_j(t)^2}\right], j = 1, 2, \cdots, m \tag{5-1}$$

式中，$\boldsymbol{x}(t)$ 为 n 维输入向量，本节构建的 RBF 网络中，n=2，输入为 [$u_1(t)$，$y(t)$]；$c_j(t)$ 和 $\sigma_j(t)$ 分别为激活函数的中心和宽度；m 为隐含层神经元个数。

RBF 网络辨识输出为：

$$y_{\mathrm{RBF}}(t)=\sum_{j=1}^{m} w_j(t)h_j(\boldsymbol{x}(t)) \tag{5-2}$$

式中，$w_j(t)$ 为网络的输出权重；$y_{\mathrm{RBF}}(t)$ 为 RBF 网络辨识输出；t 为当前样本数。

RBF 网络收敛性是神经网络工作的前提，获取快速收敛的神经网络算法是其能否成功应用的关键。因此，采用梯度下降法对 RBF 网络的中心、宽度和权值进行调整，从而加快网络的收敛速度。

定义辨识器的性能指标为：

$$J(t)=\frac{1}{2}\left(\hat{y}(t)-y_{\mathrm{RBF}}(t)\right)^2 \tag{5-3}$$

中心和宽度更新公式为：

$$c_j(t+1)=c_j(t)-\eta\frac{\partial J(t)}{\partial c_j(t)} \tag{5-4}$$

$$\sigma_j(t+1)=\sigma_j(t)-\eta\frac{\partial J(t)}{\partial \sigma_j(t)} \tag{5-5}$$

$$\frac{\partial J(t)}{\partial c_j(t)}=-\left(\hat{y}(t)-y_{\mathrm{RBF}}(t)\right)w_j(t)\frac{\boldsymbol{x}(t)-c_j(t)}{\sigma_j^2(t)} \tag{5-6}$$

$$\frac{\partial J(t)}{\partial \sigma_j(t)}=-\left(\hat{y}(t)-y_{\mathrm{RBF}}(t)\right)w_j(t)h_j(\boldsymbol{x}(t))\frac{\left\|\boldsymbol{x}(t)-c_j(t)\right\|^2}{\sigma_j^3(t)} \tag{5-7}$$

式中，η 为学习率，$\eta\in[0,1]$。

权值更新公式为：

$$w_j(t+1)=w_j(t)-\eta\frac{\partial J(t)}{\partial w_j(t)} \tag{5-8}$$

$$\frac{\partial J(t)}{\partial w_j(t)}=-\left(\hat{y}(t)-y_{\mathrm{RBF}}(t)\right)h_j(t) \tag{5-9}$$

式中，η 为学习率，$\eta\in[0,1]$。

(2) PID 控制器

控制系统中，控制器输入为 $e(t)$ 和 $ec(t)$，其方程如下式所示：

$$e(t)=y_{\mathrm{d}}(t)-y(t) \tag{5-10}$$

$$ec(t)=e(t)-e(t-1) \tag{5-11}$$

式中，$e(t)$ 为炉膛温度的期望值与实际值的误差；$ec(t)$ 为误差变化量；$y_{\mathrm{d}}(t)$ 和 $y(t)$ 分别为控制过程中炉膛温度的期望值及控制系统的实际输出值。

控制器采用增量式 PID，控制器输出为：

$$u(t)=u(t-1)+\Delta u(t) \tag{5-12}$$

式中，$\Delta u(t)$ 为控制量的增量，即：

$$\Delta u(t)=K_{\mathrm{p}}[e(t)-e(t-1)]+K_{\mathrm{i}}e(t)+K_{\mathrm{d}}[e(t)-2e(t-1)+e(t-2)] \tag{5-13}$$

式中，$K_{\mathrm{p}}(t)$ 、$K_{\mathrm{i}}(t)$ 和 $K_{\mathrm{d}}(t)$ 为 PID 控制器的调节参数。

(3) PID 参数更新

引入输出误差平方函数作为性能指标：

$$E(t)=\frac{1}{2}\left[y_{\mathrm{d}}(t)-\hat{y}(t)\right]=\frac{1}{2}e(t)^2 \tag{5-14}$$

采用梯度下降法动态调整 PID 控制器参数，即：

$$\Delta K_{\mathrm{p}}(t)=-\eta_c\frac{\partial E(t)}{\partial K_{\mathrm{p}}(t-1)}=\eta_{\mathrm{p}}e(t)\frac{\partial\hat{y}(t)}{\partial u(t)}[e(t)-e(t-1)] \tag{5-15}$$

$$\Delta K_{\mathrm{i}}(t)=-\eta_i\frac{\partial E(t)}{\partial K_{\mathrm{i}}(t-1)}=\eta_i e(t)\frac{\partial\hat{y}(t)}{\partial u(t)}e(t) \tag{5-16}$$

$$\Delta K_{\mathrm{d}}(t)=-\eta_{\mathrm{d}}\frac{\partial E(t)}{\partial K_{\mathrm{d}}(t-1)}=\eta_{\mathrm{d}}e(t)\frac{\partial\hat{y}(t)}{\partial u(t)}[e(t)-2e(t-1)+e(t-2)] \tag{5-17}$$

利用 RBF 网络辨识输出近似替代系统输出，获得对象 Jacobian 信息：

$$\frac{\partial\hat{y}(t)}{\partial u(t)}=\frac{\partial y_{\mathrm{RBF}}(t)}{\partial u(t)}=\sum_{j=1}^{m}w_j(t)h_j(t)\frac{c_j(t)-\Delta u(t)}{\sigma_j^2(t)} \tag{5-18}$$

控制器参数的调整均采用梯度下降法，则控制器参数 $K_{\mathrm{p}}(t)$ 、$K_{\mathrm{i}}(t)$ 和 $K_{\mathrm{d}}(t)$ 的调节方式如下：

$$K_{\mathrm{p}}(t)=K_{\mathrm{p}}(t-1)+\Delta K_{\mathrm{p}}(t) \tag{5-19}$$

$$K_{\mathrm{i}}(t)=K_{\mathrm{i}}(t-1)+\Delta K_{\mathrm{i}}(t) \tag{5-20}$$

$$K_{\mathrm{d}}(t)=K_{\mathrm{d}}(t-1)+\Delta K_{\mathrm{d}}(t) \tag{5-21}$$

(4) TSFNN 模型

TSFNN 网络模型详见 4.2 节。

(5) 控制算法步骤

步骤 1：系统初始化，确定 RBF 神经网络的参数初值，以及隐含层个数、学习速率、PID 控制量的初始值等。

步骤 2：依据 TSFNN 模型获得炉膛温度输出值，并得到控制误差 $e(t)$，并以此计算出 $u(t)$。

步骤 3：计算当前网络输出 $y_{\text{RBF}}(t)$ 和 $\dfrac{\partial \hat{y}(t)}{\partial u(t)}$ 的值。

步骤 4：采用梯度下降法校正 PID 的参数，即用该学习过程算法计算 $K_{\text{p}}(t)$、$K_{\text{i}}(t)$ 和 $K_{\text{d}}(t)$ 的值。

步骤 5：调整 RBF 网络各层间权值，并计算网络参数中心、半径和权值。

步骤 6：令 $t=t+1$，若满足终止条件，则跳出循环；否则，返回步骤 2 继续控制。

5.2.4 实验验证

（1）数据描述

从北京市某 MSWI 厂采集堆酵情况良好且焚烧量相对稳定时的 500 组数据进行本节方法验证。

（2）炉膛温度控制结果

采用试凑法确定 RBF 网络结构为 3-6-1。恒定设定值和变设定值控制时控制器参数的初始值设置为 $K_{\text{p}}(0)=0.03003$、$K_{\text{i}}(0)=0.1002$、$K_{\text{d}}(0)=0.1504$ 与 $K_{\text{p}}(0)=0.145$、$K_{\text{i}}(0)=0.13$、$K_{\text{d}}(0)=0.085$。

① 恒定设定值控制　依据焚烧要求与人工经验将炉膛温度设定为 935°C，控制效果如图 5-4 和图 5-5 所示。

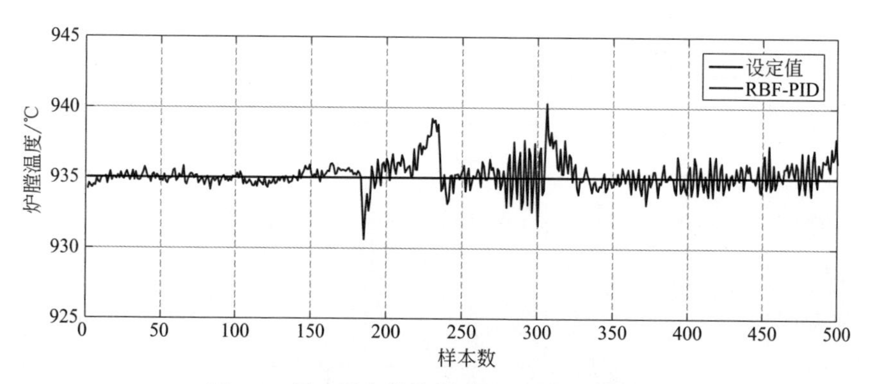

图 5-4　恒定设定值控制时炉膛温度控制结果

由图 5-4 和图 5-5 可知，所采用的 RBF-PID 控制器能够有效地跟踪炉膛温度设定值，控制误差小，控制精度高。

$K_{\text{p}}(t)$、$K_{\text{i}}(t)$ 和 $K_{\text{d}}(t)$ 参数的调整过程如图 5-6 ～图 5-8 所示，可知 RBF-PID 控制器能够对参数进行动态调整。

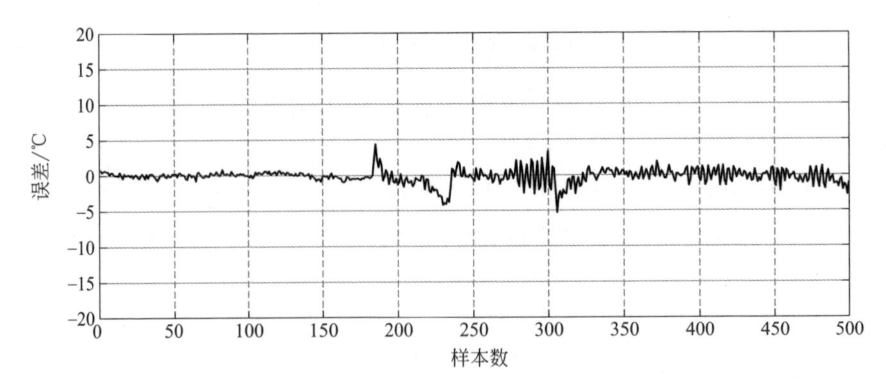

图 5-5　恒定设定值控制时炉膛温度控制误差

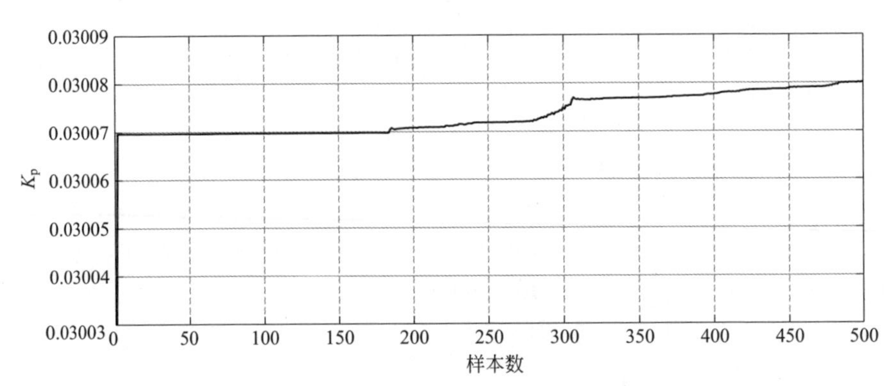

图 5-6　恒定设定值控制时参数 K_p 的调整曲线

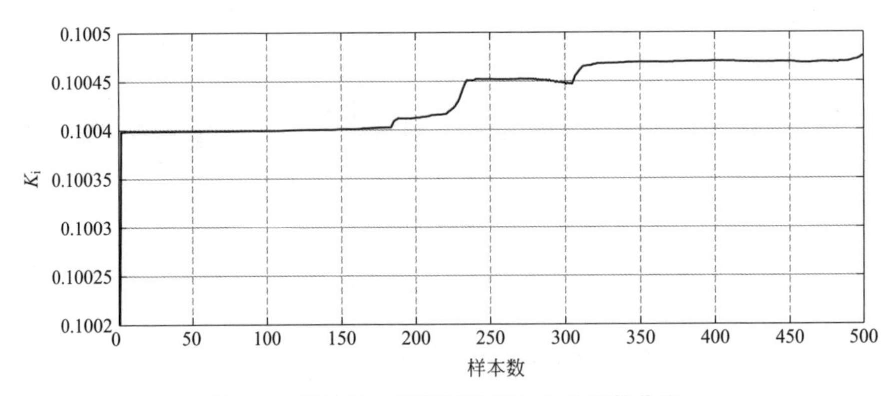

图 5-7　恒定设定值控制时参数 K_i 的调整曲线

② 变设定值控制　为了进一步验证 RBF-PID 控制器的自适应能力，炉膛温度的设定值在 935 ～ 940℃范围内进行阶跃变化，控制效果和 PID 参数的动态调整如图 5-9 ～图 5-13 所示。

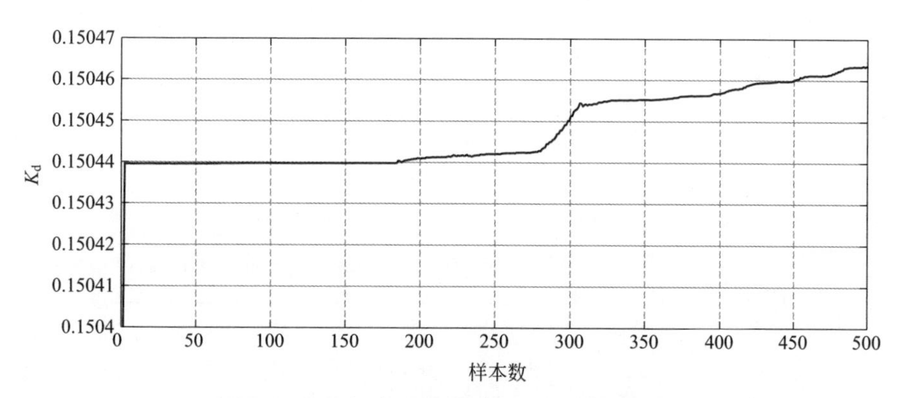

图 5-8　恒定设定值控制时参数 K_d 的调整曲线

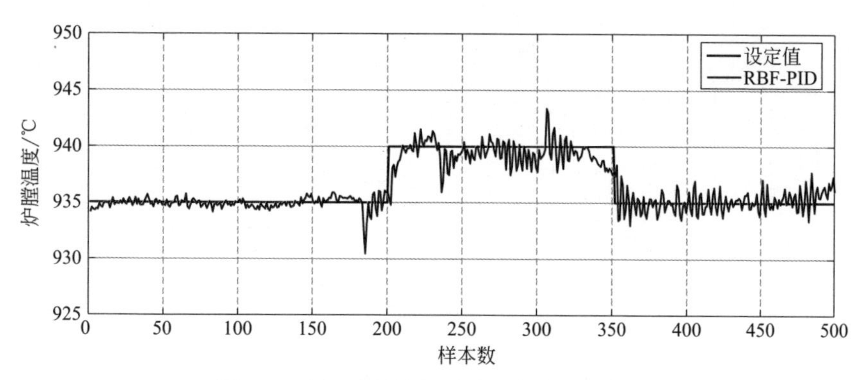

图 5-9　变设定值控制时炉膛温度控制结果

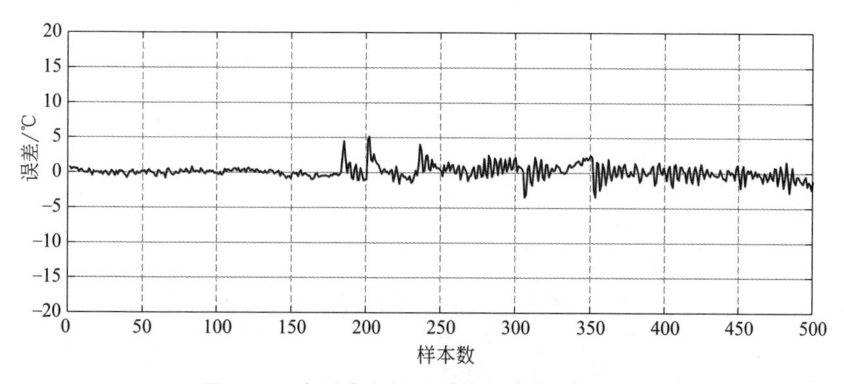

图 5-10　变设定值控制时炉膛温度控制误差

由图 5-9 和图 5-10 可知，当炉膛温度设定值呈阶跃变化时，RBF-PID 控制器能够快速响应设定值的变化，具有较快的响应速度和较高的响应精度。图 5-11 ～图 5-13 表明具有自校正能力的 RBF-PID 控制器能够随着 MSWI 过程的变化实现控制参数的在线自适应调整。

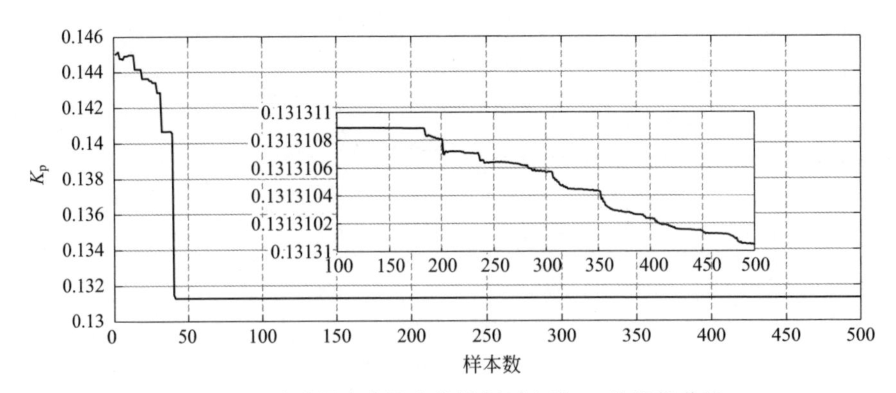

图 5-11　炉膛温度变设定值控制时参数 K_p 的调整曲线

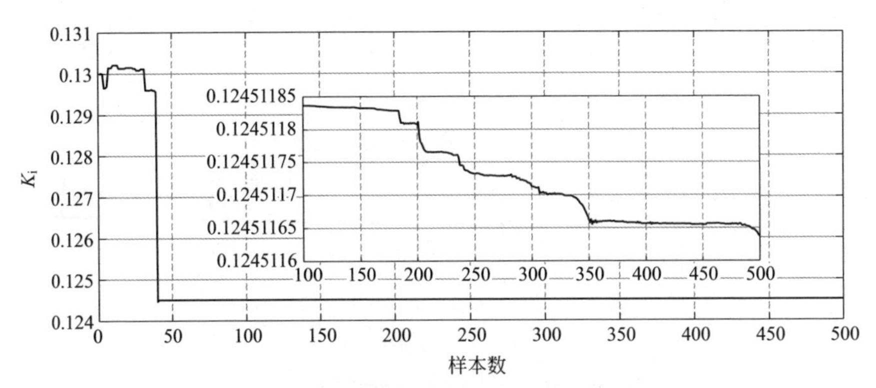

图 5-12　炉膛温度变设定值控制时参数 K_i 的调整曲线

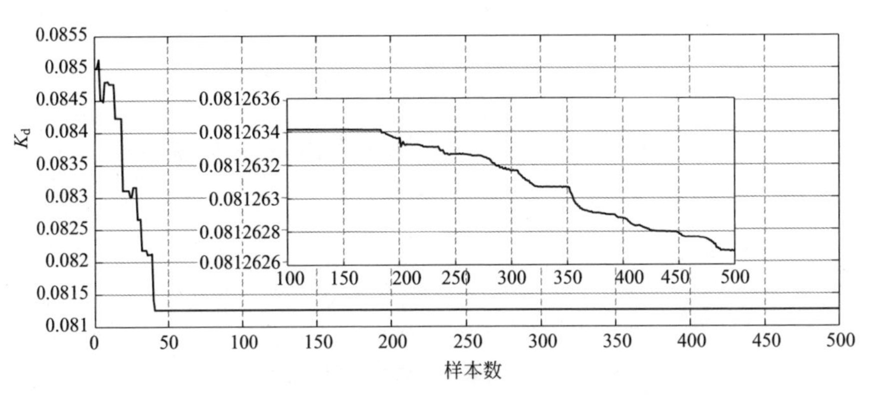

图 5-13　炉膛温度变设定值控制时参数 K_d 的调整曲线

（3）讨论与分析

采用平方积分误差（*ISE*）、绝对积分误差（*IAE*）和误差最大偏差（Dev^{max}）

分析控制器精度和稳定性，其定义如下：

$$ISE = \int_{t_0}^{t_f} \left(e_s(t)\right)^2 \mathrm{d}t \tag{5-22}$$

$$IAE = \int_{t_0}^{t_f} \left|e_s(t)\right| \mathrm{d}t \tag{5-23}$$

$$Dev^{\max} = \max\left\{\left|e_s(t)\right|\right\} \tag{5-24}$$

式中，$e_s(t)$ 为炉膛温度与设定值间的误差。

RBF-PID 控制器和 PID 控制器的性能比较结果如表 5-1 所示，其中，恒定设定值控制时，PID 控制器参数设置为 $K_\mathrm{p}(t)=0.15$、$K_\mathrm{i}(t)=0.38$ 和 $K_\mathrm{d}(t)=0.008$；变设定值控制时，控制器参数设置为 $K_\mathrm{p}(t)=0.15$、$K_\mathrm{i}(t)=0.35$ 和 $K_\mathrm{d}(t)=0.01$。

表 5-1　炉膛温度控制器性能比较

项目	控制器	*ISE*	*IAE*	$Dev^{\max}$
恒定设定值	PID	1.9648	0.9635	5.6969
	RBF-PID	1.1039	0.7141	5.3098
变设定值	PID	1.1308	0.7606	5.6292
	RBF-PID	1.0225	0.7075	5.1768

由表 5-1 中可知，恒定设定值情况下，RBF-PID 控制器的 *ISE*、*IAE* 和 $Dev^{\max}$ 分别为 1.1039、0.7141 和 5.3098，可见，与 PID 相比，RBF-PID 在 MSWI 过程中具有更高的控制精度和更好的稳定性，原因在于 RBF-PID 控制器能实现参数的在线自适应调整，变设定值情况下，RBF-PID 控制器的 *ISE*、*IAE* 和 $Dev^{\max}$ 分别为 1.0225、0.7075 和 5.1768，表明在炉膛温度设定值变化时仍能维持稳定。

5.3 基于 NNMPC 的 MSWI 过程烟气含氧量控制

5.3.1　概述

MSWI 过程具有多变量、大时延、强耦合、非线性、工况复杂以及随机干扰等特点，使得烟气含氧量控制难度较大。传统工业焚烧过程通过专家经验调节给风量和给料量来控制烟气含氧量。但是，由于操作人员的经验与水平的差异，以及控制过程中偶尔出现的异常情况，烟气含氧量的控制难以保证一致性和可靠性。

目前，PID 控制是焚烧过程烟气含氧量控制的主要技术之一[21-23]。PID 控制方法虽然原理简单，工程实现容易，但存在超调大，难以胜任多输入多输出（MIMO）复杂控制系统的多目标受限优化控制问题。随着专家控制、模糊控制、学习控制、神经网络控制以及预测控制等技术的迅猛发展，智能控制算法在烟气含氧量控制中的应用研究屡见不鲜，尤其以模型预测控制方法的研究最为活跃[24-27]。此外，自抗扰控制[28]、模型自适应控制[29]、切换控制[30]、分布式预估[31]、线性二次调节控制（LQR）[32]、模糊控制[33]等其他方法也已应用于烟气含氧量的控制问题。

模型预测控制（MPC）是一种基于过程逼近模型和有限水平优化的先进控制方法。自 20 世纪 70 年代工业上提出该方法以来，MPC 在炼油和石化领域取得了良好的经济效益和控制效果。目前，MPC 已经成为流程工业中热门的先进控制算法。本节提出一种基于神经网络模型的 MPC 算法（NNMPC）。通过 LSTM 神经网络离线建立烟气含氧量预测模型，并利用粒子群优化算法滚动优化非线性目标函数求解控制量，从而实现烟气含氧量的非线性模型预测控制。

5.3.2 烟气含氧量模型预测控制策略

NNMPC 的基本思想是在有限的时域内，利用神经网络构建准确的预测模型，通过求解一个成本函数最小化优化问题，得到系统的最优控制序列，并选择当前的控制输入作用于系统，从而实现 MSWI 过程烟气含氧量的稳定控制。这里，采用 LSTM 神经网络预测指定范围内的系统未来响应，具体的 NNMPC 策略如图 5-14 所示。

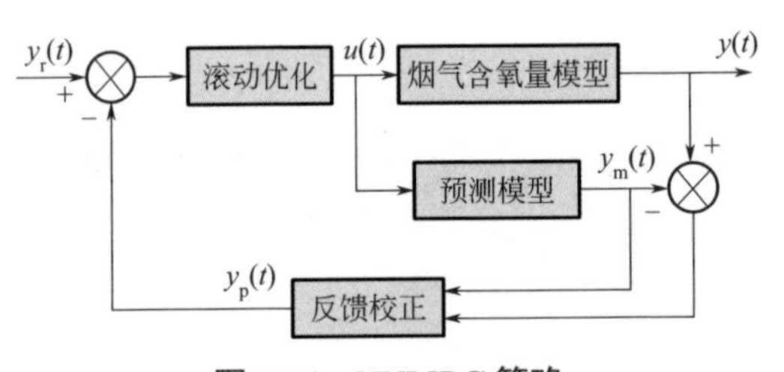

图 5-14 NNMPC 策略

图 5-14 中，$y_r(t)$ 为输出参考值；$y(t)$ 为系统实际的输出值；$y_m(t)$ 为模型的预测输出；$y_p(t)$ 为反馈校正后的预测输出；$u(t)$ 为控制器输出。

MSWI 过程受设备量程、操作条件和环保要求等因素的影响，操作量存在着各种限制条件。结合现场经验和数据特点，对于烟气含氧量、操作变量及其增量变化范围的约束，可定义如下：

$$
\begin{aligned}
&u_{\min} \leqslant u(t) \leqslant u_{\max} \\
&\Delta u_{\min} \leqslant \Delta u(t) \leqslant \Delta u_{\max} \\
&y_{\min} \leqslant y(t) \leqslant y_{\max}
\end{aligned}
\tag{5-25}
$$

式中，$u(t)$ 为操作变量；$u_{\max}$ 和 $u_{\min}$ 分别为允许变化范围的最大值和最小值；$\Delta u(t)$ 为操作变量增量；$\Delta u_{\max}$ 和 $\Delta u_{\min}$ 分别为允许变化范围的最大值和最小值；$y(t)$ 为被控变量；$y_{\max}$ 和 $y_{\min}$ 分别为允许变化范围的最大值和最小值。

假设现在和未来控制时域内的控制动作集合为 $\Delta u(t)$，$\Delta u(t+1)$，…，$\Delta u\left(t+H_u\right)$，通过 LSTM 模型预测未来时域 H_p 内的系统输出 $y(t+1|t)$，$y(t+2|t)$，…，$y\left(t+H_\text{p}|t\right)$，要求控制时域 H_u 小于预测时域 H_p。通过设计基于 LSTM 网络的模型预测控制器，将烟气含氧量的参考值跟踪问题转化为如下式所示的最小化目标函数的优化问题。

$$
J(u)=\sum_{i=1}^{H_\text{p}}[r(t+i)-y(t+i)]^\text{T}\times W_i[r(t+i)-y(t+i)]+\sum_{j=1}^{H_u}\Delta u(t+j-1)^\text{T}W_j\Delta u(t+j-1)
\tag{5-26}
$$

式中，W_i 和 W_j 为烟气含氧量预测控制的权重参数；$r(t)$ 为需要跟踪的烟气含氧量参考值。

由于直接求解目标函数的解析解十分困难，本节采用粒子群优化算法求解该优化问题。

5.3.3 控制算法及实现

水平烟道出口处的烟气含氧量控制对 MSW 的高效安全焚烧起着十分重要的作用。由于 MSWI 过程具有非线性、强耦合和不确定性等特点，烟气含氧量控制是一个具有挑战性的问题。本节提出一种基于两阶段粒子群优化（PSO）的神经网络模型预测控制（NNMPC）方法解决这一问题。该方法首先使用粒子群优化算法对 LSTM 超参数进行优化；然后，再次使用粒子群优化算法解决 NNMPC 中的滚动优化问题以获得合适的控制量；最后，在 4.3 节所建立的烟气含氧量模型的基础上对该方法进行验证，进而实现对烟气含氧量的精确控制。

（1）预测模型

预测模型是 NNMPC 算法的基础，其作用是根据设定的输入以及历史信息预测被控对象未来的输出。在建立烟气含氧量非线性动态预测模型时，系统可表示为以下形式的非线性自回归模型：

$$
y(t)=h\left[y(t-1),\cdots,y\left(t-n_y\right),u(t-1),\cdots,u\left(t-n_u-t_\text{d}\right)\right]+d(t)
\tag{5-27}
$$

式中，$u(t)$ 和 $y(t)$ 分别为过程的输入和输出；$d(t)$ 为噪声；$h(\bullet)$ 为 MSWI 过

程烟气含氧量的 LSTM 预测模型；n_y 和 n_u 分别为输出和输入的最大滞后；t_d 为延迟时间。

针对上式，在忽略噪声作用的情况下，当获得过去的输入输出量后，系统的输出估计 $y_m(t)$ 可借助已建立的离线 LSTM 预测模型得到。同理，系统的输出估计值 $y_m(t+1)$ 由待优化的系统输入 $u(t)$ 、输出估计 $y_m(t)$ 和过去的输入输出得到。

近年来，随着人工神经网络算法的成熟和计算机处理性能的极大提升，深度学习的预测方法得到广泛应用。与浅层结构机器学习方法相比，深度学习方法具有较强的数据学习和泛化能力，可挖掘出数据中隐藏的信息。循环神经网络（RNN）包含记忆和遗忘结构，可利用过去的状态和信息表达现在的状态，非常适用于处理时间序列数据。RNN 的递归部分将以前的状态存储在内存中，并参与当前状态的计算，具有处理强非线性和海量数据的能力。

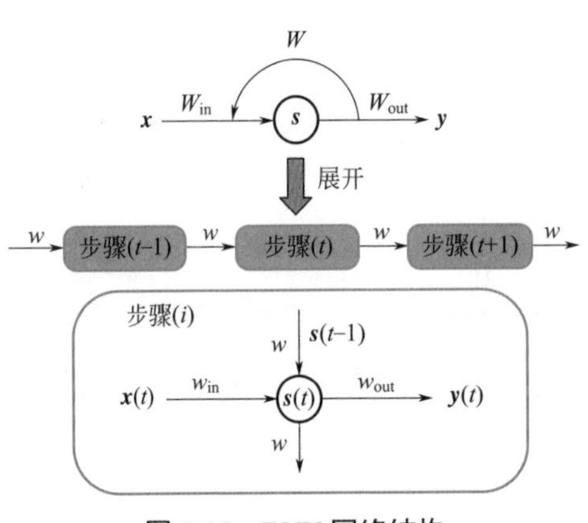

图 5-15　RNN 网络结构

传统的 RNN 是一种递归神经网络，如图 5-15 所示。

RNN 的网络时延递归使每一种状态都能传输并连接到下一种隐藏状态，同时，利用当前输入和前一状态计算输出。隐藏状态 $\boldsymbol{s}(t)$ 和输出 $\boldsymbol{y}(t)$ 可由文献 [34] 定义：

$$\boldsymbol{s}(t)=\psi\left(w_{in}\boldsymbol{x}(t)+w\boldsymbol{s}(t-1)+b_s\right) \tag{5-28}$$

$$\boldsymbol{y}(t)=w_{out}\boldsymbol{s}(t)+b_y \tag{5-29}$$

式中，$\boldsymbol{x}(t)$ 为时刻 t 的输入向量；b_s 和 b_y 为偏置项；$\psi(\bullet)$ 为激活函数；w_{in} 、w 和 w_{out} 分别为输入向量、隐藏向量和输出向量的连接权值。

RNN 的原始结构难以学习长期相关性，容易受到梯度消失和爆炸问题的困扰。Hochreiter 和 Schmidhuber 提出的 LSTM 网络 [35] 与传统的 RNN 相比，前者通过控制门结构的设计有效解决梯度消失、梯度爆炸和长期记忆能力不足等问题，使 RNN 能够有效地利用远距离的时序信息，其中的隐藏层神经元被 LSTM 单元所代替，如图 5-16 所示。

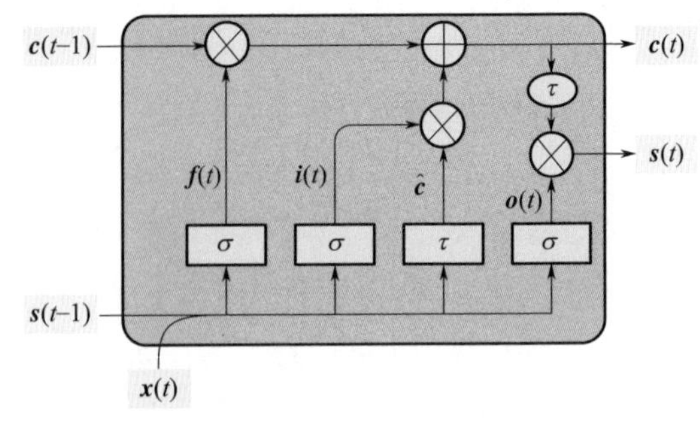

图 5-16　LSTM 单元结构图

如图 5-16 所示，根据输入门、输出门、遗忘门和中央单元的特殊结构控制单元的信息流，并添加前一时刻的细胞状态 $\boldsymbol{c}(t-1)$ 作为 LSTM 单元的基本输入。三个门结构的输出计算方法如下：

$$\boldsymbol{f}(t)=\sigma\left(W_{fx}\boldsymbol{x}(t)+W_{fs}\boldsymbol{s}(t-1)+b_f\right) \tag{5-30}$$

$$\boldsymbol{i}(t)=\sigma\left(W_{ix}\boldsymbol{x}(t)+W_{is}\boldsymbol{s}(t-1)+b_i\right) \tag{5-31}$$

$$\boldsymbol{o}(t)=\sigma\left(W_{ox}\boldsymbol{x}(t)+W_{os}\boldsymbol{s}(t-1)+b_o\right) \tag{5-32}$$

式中，W_{fx}、W_{fs}、W_{ix}、W_{is}、W_{ox} 和 W_{os} 分别为对应门输入的连接权值；b_f、b_i 和 b_o 为相应的偏置项；σ 为非线性 sigmoid 函数。

细胞状态更新如下式所示：

$$y(t)=h\left[y(t-1),\cdots,y\left(t-n_y\right),u(t-1),\cdots,u\left(t-n_u-t_{\mathrm{d}}\right)\right]+d(t) \tag{5-33}$$

LSTM 中央细胞单元和隐藏状态的输出可以计算为：

$$\boldsymbol{c}(t)=\boldsymbol{c}(t-1)\boldsymbol{\cdot}\boldsymbol{f}(t)+\hat{\boldsymbol{c}}(t)\boldsymbol{\cdot}\boldsymbol{i}(t) \tag{5-34}$$

$$\boldsymbol{s}(t)=\tau\left(\boldsymbol{c}(t)\right)\boldsymbol{\cdot}\boldsymbol{o}(t) \tag{5-35}$$

式中，$\cdot$ 为两个向量的点乘运算。

根据式（5-28）计算LSTM网络的前向传播输出。采用时间反向传播（BPTT）算法对 LSTM 网络参数进行优化。LSTM 单元内部的梯度可通过下式计算[36]：

$$\delta\boldsymbol{s}(t)=\Delta(t)+\delta\boldsymbol{o}(t+1)\boldsymbol{W}_{os}^{\mathrm{T}}+\delta\boldsymbol{i}(t+1)W_{is}^{\mathrm{T}}+\delta\boldsymbol{f}(t+1)\boldsymbol{W}_{fs}^{\mathrm{T}}+\delta\hat{\boldsymbol{c}}(t+1)\boldsymbol{W}_{\hat{c}s}^{\mathrm{T}} \tag{5-36}$$

$$\delta\boldsymbol{o}(t)=\left(\delta\boldsymbol{s}(t)\right)^{\mathrm{T}}\boldsymbol{\cdot}\boldsymbol{\tau}\left(\boldsymbol{c}(t)\right)\boldsymbol{\cdot}\boldsymbol{o}'_{(t)} \tag{5-37}$$

$$\delta\hat{\boldsymbol{c}}(t)=\left(\delta\boldsymbol{s}(t)\right)^{\mathrm{T}}\boldsymbol{\cdot}\boldsymbol{o}(t)\boldsymbol{\cdot}\left(1-\boldsymbol{\tau}\left(\boldsymbol{c}(t)\right)^2\right)\boldsymbol{\cdot}\boldsymbol{i}(t)\boldsymbol{\cdot}\boldsymbol{c}'(t) \tag{5-38}$$

$$\delta\boldsymbol{f}(t)=\left(\delta\boldsymbol{s}(t)\right)^{\mathrm{T}}\boldsymbol{\cdot}\boldsymbol{o}(t)\boldsymbol{\cdot}\left(1-\boldsymbol{\tau}\left(\boldsymbol{c}(t)\right)^2\right)\boldsymbol{\cdot}\boldsymbol{c}(t-1)\boldsymbol{\cdot}\boldsymbol{f}'(t) \tag{5-39}$$

$$\delta\boldsymbol{i}(t)=\left(\delta\boldsymbol{s}(t)\right)^{\mathrm{T}}\boldsymbol{\cdot}\boldsymbol{o}(t)\boldsymbol{\cdot}\left(1-\boldsymbol{\tau}\left(\boldsymbol{c}(t)\right)^2\right)\boldsymbol{\cdot}\hat{\boldsymbol{c}}'(t) \tag{5-40}$$

在 LSTM 神经网络的建模过程中，合适的超参数选择对保证建模性能起着不可或缺的作用，通常需要不断的试错验证。此处，为减轻人工调参的烦琐工作，采用粒子群优化算法确定 LSTM 网络的三个主要超参数，即学习率、隐含层神经元数量、批处理大小。

（2）反馈校正

由于容易受到系统干扰或模型失配等因素的影响，预测模型输出 $y_{\mathrm{m}}(t)$ 与实际输出 $y(t)$ 之间存在偏差，一般采用 t 时刻的偏差对下一时刻的预测值进行修正。为了缩小这种偏差，采用检测被控对象实际输出与预测模型输出的偏差进行反馈消除。MPC 通过性能指标优化确定了一系列未来的控制输入，只将当前时刻的控制输入予以实施；到下一时刻，被控对象的实际输出将首先被检测，比较实际输出与预测模型输出，得到两者的偏差，将其用于校正模型下一时刻的预测值，从而使得预测值更为准确。具体校正公式如下：

$$e(t)=y(t)-y_{\mathrm{m}}(t) \tag{5-41}$$

$$y_{\mathrm{p}}(t+1)=y_{\mathrm{m}}(t+1)+e(t) \tag{5-42}$$

（3）滚动优化

NNMPC 通过求解式（5-26）所示的非线性优化问题确定被控对象未来的控制输入，并不断在线执行该过程。本质上 NNMPC 的滚动优化并不是全局优化，而是有限时域内的优化，即每一采样时刻的优化时段只涉及从该时刻起到未来有限的时间段，而下一个采样时刻的优化时段将向后推移。

随着 MPC 的发展，复杂的预测模型使得性能指标的直接求解变得越来越困难。针对式（5-26）所表征的非线性优化问题，采用粒子群优化算法进行优化求解。

PSO 算法是一种随机搜索、并行的优化算法，具有简单、容易实现和收敛速度快等特点，其中，控制量 $\boldsymbol{u}_i=\left(u_{i1},u_{i2},\cdots,u_{im}\right)$ 表示粒子的位置向量，$\boldsymbol{p}_i=\left(p_{i1},p_{i2},\cdots,p_{im}\right)$表示第 i 个粒子所经历过的最好位置，每个粒子的速度向量表示为 $\boldsymbol{v}_i=\left(v_{i1},v_{i2},\cdots,v_{im}\right)$，所有粒子经历过的最好位置为 $\boldsymbol{P}_g=\left(P_{\mathrm{g}1},P_{g2},\cdots,P_{gm}\right)$，则该粒子在$t+1$时刻的速度和位置信息更新公式为：

$$\begin{cases} v_{im}^{t+1}=wv_{im}^{t}+c_1r_1\left(p_{im}-u_{im}^{t}\right)+c_2r_2\left(p_{gm}-u_{im}^{t}\right) \\ u_{im}^{t}=u_{im}^{t}+v_{im}^{t+1} \end{cases} \tag{5-43}$$

式中，w 为惯性权重，用于控制粒子在全局探索和局部开发间的有效平衡；c_1 和 c_2 为学习因子，分别用于调整粒子自身和全局最好位置方向的步长；r_1 和 r_2 为均匀分布在 $[0,1]$ 之间的随机数。为避免粒子盲目搜索，一般将其速度和位置分别限制在$\left[-v_{\max},v_{\max}\right]$和$\left[-u_{\max},u_{\max}\right]$之内。

（4）算法流程

综上所述，以某种特定工况下的烟气含氧量数据驱动模型为研究对象，借助现场运行数据，首先建立基于 LSTM 网络的烟气含氧量预测模型，使用 PSO 算法对模型的超参数进行优化；其次通过反馈校正环节对预测模型结果进行修正；最后再次使用 PSO 算法求解每一时刻的最优控制量，进而对烟气含氧量进行控制。具体算法流程如下。

步骤 1：选择特定工况下的 DCS 系统采集的输入输出数据构成样本集，划分训练集和测试集并进行数据归一化处理；设置 LSTM 模型参数，如学习率、隐含层节点个数、批处理大小等；初始化粒子群参数，确定种群规模、迭代次数、学习因子以及位置和速度取值的限定区间。

步骤 2：使用 LSTM 网络对训练样本进行训练，建立烟气含氧量预测模型，并在测试集上验证结果。使用 PSO 算法对模型的超参数进行优化，直至建模训练误差在允许范围内。

步骤 3：在第 t 个时刻，假设已经得到系统控制量 $\boldsymbol{u}(t)$、系统实际输出 $y(t)$ 和实际输出与预测输出之间的偏差 $e(t)$，基于历史输入输出数据，通过 LSTM 预测模型得到 $t+1$ 时刻的预测输出 $y_{\mathrm{m}}(t+1)$，然后通过偏差修正该预测输出；随机生成一个控制量种群粒子，将其位置向量为 $\boldsymbol{u}(t+1)$ 代入被控对象模型得到系统实际输出 $y(t+1)$，进而得到适应度函数。

步骤 4：计算每个粒子位置对应的适应度值，根据初始粒子适应度值确定个体最佳值和群体最佳值，并将每个粒子的最好位置作为其历史最佳位置。

步骤 5：在每一次迭代过程中，根据式（5-43）通过个体最佳值和全局最佳值更新粒子自身的速度和位置；计算新粒子适应度值，根据新种群粒子适应度值更新粒子个体最佳值和群体最佳值。

步骤 6：当满足 PSO 算法最大迭代次数后，输出最优控制量 $\boldsymbol{u}(t+1)$，并作用于烟气含氧量模型进行控制；令 $t=t+1$，转向步骤 3 直至控制结束。

5.3.4 实验验证

（1）数据描述

在 DCS 系统上采集 3800 组数据，并对其进行归一化处理，其中前 2660 组数据（70%）作为训练样本，后 1140 组数据（30%）作为测试样本。

（2）预测控制结果

选用 4.3 节描述的特定工况烟气含氧量模型作为实际研究对象，验证所提出的 NNMPC 策略对烟气含氧量变设定参考值的跟踪能力。基本流程为：首先通过 LSTM 网络建立 MSWI 烟气含氧量预测模型，再基于粒子群优化算法求解系统的控制量，最后评价所提出的 NNMPC 变设定参考值跟踪能力。

① 基于 LSTM 网络的预测结果　通过 LSTM 网络建立 MSWI 烟气含氧量预测模型，选取模型输入输出阶数 $n_y=n_u=2$，时延 $k_{\mathrm{d}}=0$，不考虑噪声干扰，则 LSTM 预测模型的输入变量为：

$$x(t)=\left[y(t-1),y(t-2),u_1(t-1),u_1(t-2),u_2(t-1),u_2(t-2),u_3(t-1),u_3(t-2)\right] \quad (5\text{-}44)$$

此外，实际输出为 $y(t)$。经过粒子群优化算法得到 LSTM 的主要超参数：学习率为 0.001、隐含层神经元数量为 41 和批处理大小为 32。烟气含氧量预测模型的预测结果和预测误差如图 5-17 和图 5-18 所示。

由图 5-17 和图 5-18 可知，LSTM 网络的预测值基本与实际值吻合，预测误差较小，预测效果越好，能够为模型预测控制提供反映烟气含氧量动态特性的精确预测模型。

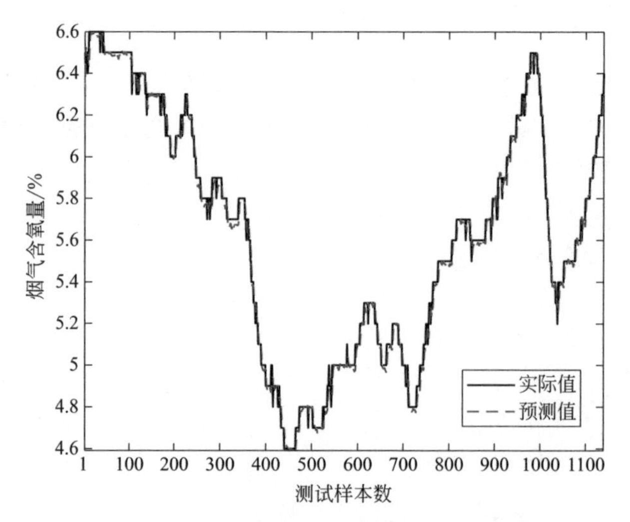

图 5-17　烟气含氧量 LSTM 模型的预测结果

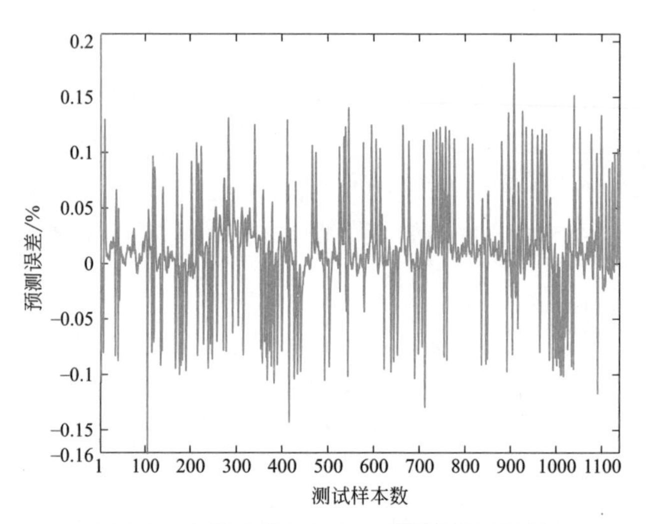

图 5-18　烟气含氧量 LSTM 模型的预测误差

② 基于 NNMPC 的烟气含氧量控制结果　为了能够有效地控制焚烧过程，基于已建立的 LSTM 预测模型，采用模型预测控制算法对 MSWI 过程烟气含氧量进行控制。在 PSO 算法中，参数设置为：粒子群规模为 20、最大迭代次数为 20 和采样周期为 1s。在实际生产过程中，燃烧过程动态特性随着运行工况变化具有非线性和不确定性。因此，为保证控制系统的性能，需要及时调整控制器输出以跟随对象的变化。烟气含氧量变设定参考值的 NNMPC 控制效果及误差如图 5-19 和图 5-20 所示，三组操作变量的变化如图 5-21 所示。

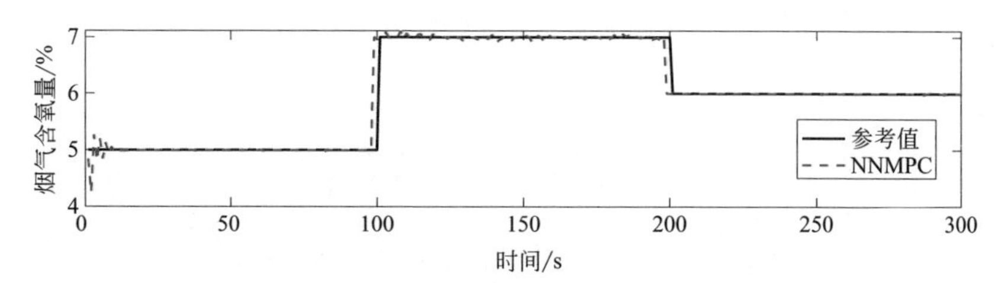

图 5-19 烟气含氧量变设定参考值的 NNMPC 控制效果

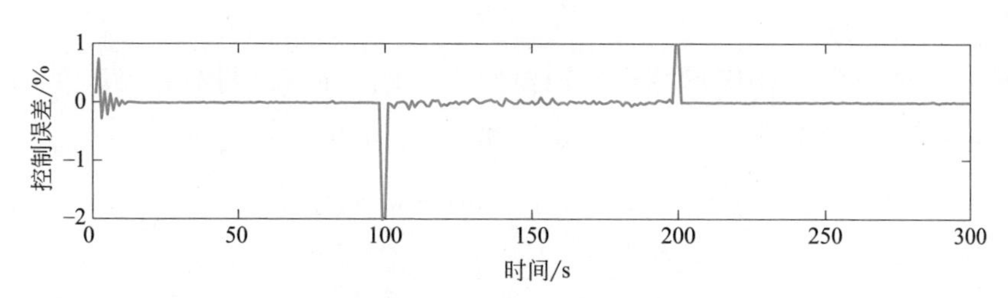

图 5-20 烟气含氧量变设定参考值的 NNMPC 控制误差

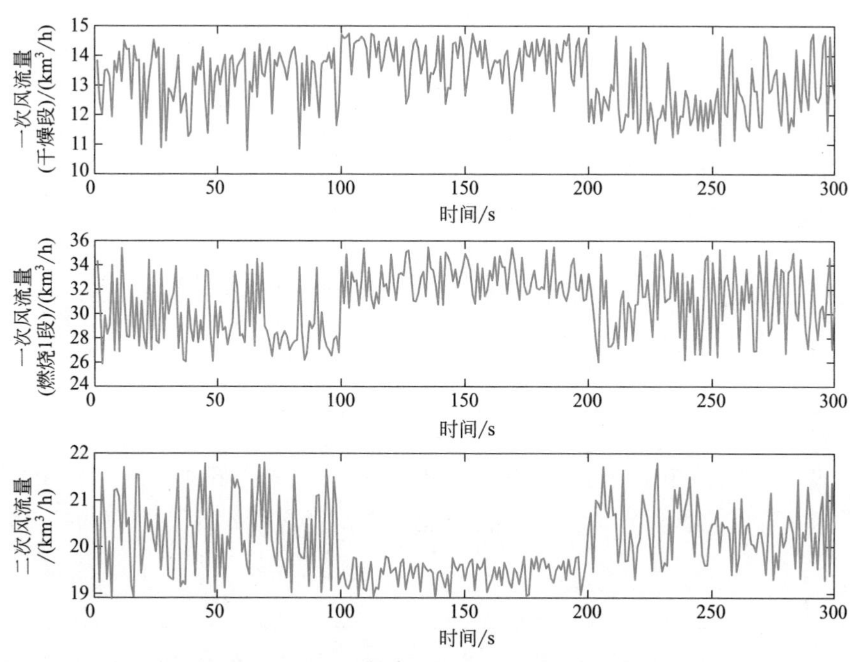

图 5-21 烟气含氧量 NNMPC 控制的操作变量

由图 5-22 可知，当烟气含氧量设定点发生变化时，基于 PSO 优化的 LSTM 预测控制算法能够及时地给出相应的控制输出，使系统能够较好地跟踪烟气含氧量的设定参考值轨迹。

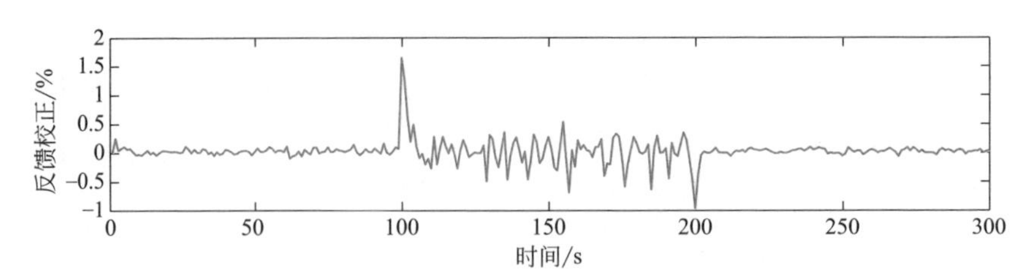

图 5-22　烟气含氧量 NNMPC 控制的反馈校正量

(3) 讨论与分析

将 LSTM 网络与 RBF 网络进行预测模型性能的比较，利用 *RMSE* 值、*MAPE* 值和 *MAE* 值进行评价，两种神经网络预测性能的评价对比如表 5-2 所示。

表 5-2　烟气含氧量预测模型的性能比较

网络模型	***RMSE***	***MAPE***	***MAE***
RBF 网络	0.0543	0.0073	0.0398
LSTM 网络	0.0422	0.0049	0.0274

由表 5-2 可知，采用 LSTM 网络模型得到的预测结果比 RBF 模型得到的预测结果更准确。

控制评估指标采用绝对误差积分（*IAE*）、平方误差积分（*ISE*）和最大绝对误差（Dev^{max}），分别体现控制系统的瞬态响应、平稳性和抗干扰能力。表 5-3 给出了 NNMPC 算法用于控制烟气含氧量的控制指标结果。

表 5-3　NNMPC 针对烟气含氧量控制性能指标对比

控制器	***IAE***	***ISE***	Dev^{max}
RBF-MPC	0.0437	0.0420	2.0241
LSTM-MPC	0.0367	0.0360	2.0061

由表 5-3 可知，相较于 RBF-MPC，LSTM-MPC 具有更低的 *IAE*、*ISE* 和 Dev^{max}，说明在烟气含氧量变设定参考值情况下，能够对烟气含氧量实现更精确的控制。

5.4 基于 QDRNN-PID 的 MSWI 过程多变量控制

5.4.1　概述

城市固废焚烧（MSWI）因具有资源化、无害化、减量化的优势，已成为当前处置城市固废（MSW）的主要方式之一[37-39]。MSWI 是典型的机理反应复杂的多输入多输出（MIMO）工业过程，其多个操作量与被控量之间耦合严重，难以挖掘其间控制规律。研究 MSWI 过程的控制方法对提升工艺智能化程度、提高运行效率、减少污染物排放和促进城市固废资源回收具有重要意义。

研究表明，当前工业控制领域中 90% 以上的控制是采用比例积分微分（PID）控制实现的[40-42]，一些学者结合实际应用情况对 PID 控制器进行了改进，以增强其解决复杂工业控制问题的能力。文献 [43] 构建了一种基于多步预测控制的动态补偿 PID 控制器，并用于纸浆中和过程的 pH 值控制中。通过实验验证，该方法提高了控制精度，减小了出口纸浆的 pH 值波动范围。文献 [44] 针对污水处理厂的溶解氧控制问题，提出了基于动态事件触发的 PID 控制策略，减少了控制输入的更新次数，同时保持了良好的跟踪性能。文献 [45] 开发了一种基于分数阶建模的 PID 动态矩阵控制器，并在具有分数阶动力学的典型工业加热炉系统上进行了测试，实现了对加热炉温度的有效控制。尽管以上 PID 控制器在动态响应、设定值跟踪上具有良好的性能，然而所针对的问题主要是工业领域的单变量控制问题，通过构建单 PID 控制回路即可实现控制目标。但是，面对具有多对象、多变量、强耦合等诸多不确定特征的 MSWI 过程[46-48]，仅通过单回路 PID 控制器无法满足同步控制多个被控量的控制需求。

针对复杂工业过程的多变量控制问题，一些学者在 PID 控制的基础上，构建了多回路 PID 控制器[49-50]。文献 [51] 设计了一种多回路 PID 控制器，用于同步控制地热发电厂的流量、压力和不凝性气体（NCG）的百分比含量，保证了系统在不确定性扰动和环境温度变化时的稳定性，将发电厂的发电效率提高了 23%。文献 [52] 针对流化催化裂化（FCC）装置的 MIMO 系统，设计了具有多个独立回路的多变量控制系统，同时计算了各个闭环的局部损失函数与全局成本函数，实现了对多变量的协同控制。文献 [53] 设计了一种多回路自整定 PID 控制器，通过调节冷水阀门和热水阀门实现对水箱中的水位和混合水温度的同步控制。多回路 PID 控制器为复杂工业的多变量控制问题提供了解决方案，然而多个控制器需要整定的参数随着回路的增加而增加，这对系统的参数整定提出了更高的要求。

近年来，人工智能（AI）理论与技术的发展使得工业控制方法也随之革新。人工神经网络（ANN）的出现为多回路 PID 控制器的参数自整定提供了更好的解决方案。文献 [54] 设计了一种基于神经网络的 PID（NN-PID）控制器用于压水反应堆加压系统的压力和液位控制，能够排除干扰影响并将系统输出有效地调整到参考值。文献 [55] 设计了一种用于非线性 MIMO 系统的神经网络自适应 PID（APID）控制器，将显式神经网络与 PID 控制相结合，使系统具有更快的响应时间和更好的跟踪性能。文献 [56] 针对无人行走平台液压动力系统的双控参数，设计了混合神经网络 PID（MNN-PID）控制器，构建了双环 PID 控制回路用以调节发动机转速和变量泵压力。基于 ANN 的多回路 PID 控制器在面对复杂工业控制问题时，不仅能够通过自身的计算能力与非线性逼近能力对多个控制器进行参数自整定，还能够通过自身的学习能力提升控制器在面对强不确定性工业过程时的稳定性。

综上所述，本小节针对 MSWI 的多变量控制问题，构建了一种基于准对角递归神经网络（QDRNN）的多回路 PID 控制器。首先，描述了典型 MSWI 的工艺流程，提取了能够反映系统状态的关键操作量与被控量，通过相关性分析对变量进行匹配；接着，构建多回路 PID 控制器，利用 QDRNN 处理瞬态信息的能力对 PID 参数进行整定；然后，利用第 4 章构建的 MIMO-TSFNN 模型，实现多回路闭环反馈；最后，通过某 MSWI 电厂的过程数据仿真，验证了方法的有效性。

5.4.2 多变量控制策略

根据以上分析，面对过程、结构、环境和控制均十分复杂的 MSWI 过程，在构建控制器之前，需要先对 MSWI 控制过程特性进行分析，进而对关键变量进行特征约简（详见 4.4.2 节）。本节进一步对一次风总流量与关键被控量之间的 PCC 值进行计算。

关键变量之间的 PCC 值如表 5-4 所示。

表 5-4 输入输出变量间的 PCC 值

项目	烟气含氧量	炉膛温度	主蒸汽流量
一次风总流量	0.2527	−0.0117	−0.0090
二次风流量	0.0117	0.3215	0.4159
干燥炉排平均速度	0.1303	−0.4199	−0.6042

综合以上分析，本实验选取的关键操作变量为一次风总流量、二次风流量、干燥炉排平均速度；关键被控变量为烟气含氧量、炉膛温度、主蒸汽流量。首先选取相关性最强的一次风总流量与烟气含氧量、干燥炉排平均速度与主蒸汽流量进行配对，最后将二次风流量与炉膛温度进行配对。

针对 MSWI 过程工艺特点，本节提出基于 QDRNN-PID 数据驱动的 MSWI 过程被控对象建模策略，如图 5-23 所示。

图中相关变量及符号定义如下：$r_1(t)$、$r_2(t)$、$r_3(t)$ 分别为 t 时刻的烟气含氧量、炉膛温度、主蒸汽流量在设定值；$u_1(t)$、$u_2(t)$、$u_3(t)$ 分别为 t 时刻的一次风总流量、二次风流量和干燥炉排平均速度；$y_1(t)$、$y_2(t)$、$y_3(t)$ 分别为 t 时刻的烟气含氧量、炉膛温度、主蒸汽流量的实际值；$y_{m1}(t)$、$y_{m2}(t)$、$y_{m3}(t)$ 分别为 t 时刻的烟气含氧量、炉膛温度、主蒸汽流量的模型输出值；$e_1(t)$、$e_2(t)$、$e_3(t)$ 分别为 t 时刻的烟气含氧量、炉膛温度和主蒸汽流量的设定值与实际值偏差；$K_p^1(t)$、

$K_i^1(t)$、$K_d^1(t)$、$K_p^2(t)$、$K_i^2(t)$、$K_d^2(t)$、$K_p^3(t)$、$K_i^3(t)$、$K_d^3(t)$ 分别为 t 时刻的控制器的比例积分微分系数。

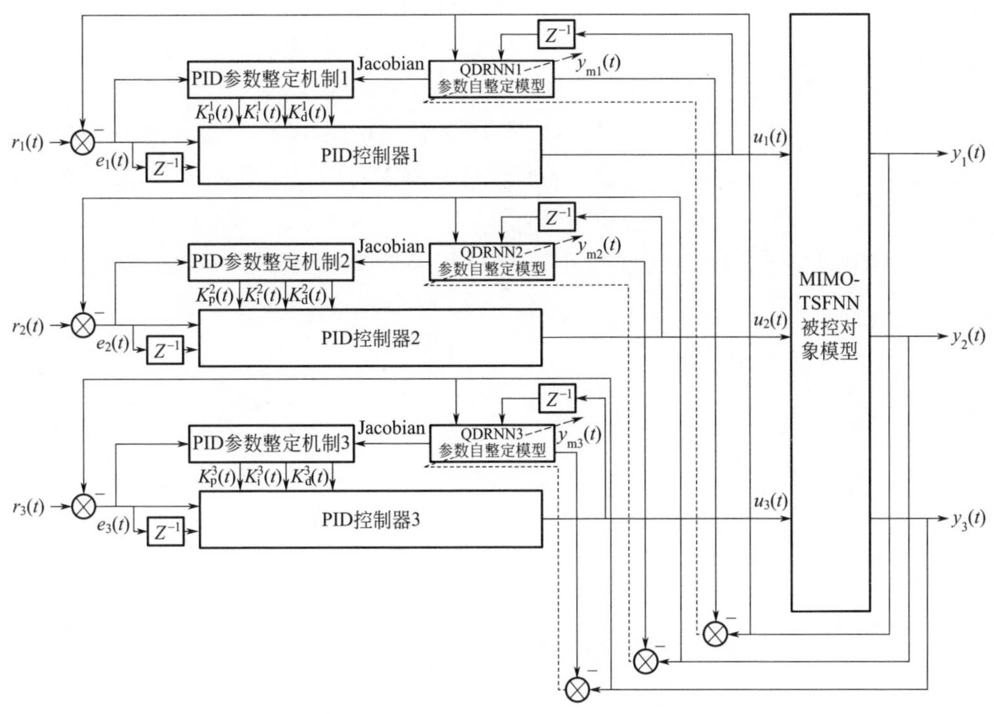

图 5-23 基于 QDRNN-PID 的 MSWI 过程多变量控制器

该策略由 QDRNN 参数自整定模型、PID 控制器、PID 参数整定机制和 MIMO-TSFNN 被控对象模型组成，各部分功能描述如下。

① QDRNN 模型：构建 QDRNN 模型对 MSWI 被控对象的雅可比（Jacobian）信息进行辨识。

② PID 控制器：定义控制器的输入误差，计算误差的比例、积分与微分，控制器将其与 PID 参数计算后得到控制器输出。

③ PID 参数整定机制：将 QDRNN 辨识得到的 Jacobian 信息用于对 PID 参数 $K_p(t)$、$K_i(t)$ 和 $K_d(t)$ 的整定。

④ 基于 MIMO-TSFNN 的被控对象模型：详见 4.4 节。

5.4.3 控制算法及实现

(1) QDRNN 参数自整定模型

QDRNN 是通过模仿生物神经元互连特点构建而成的一种局部递归神经网络

（RNN），它是在对角递归神经网络（DRNN）的基础上演变而来的[57-58]。QDRNN不仅在隐含层神经元上构建了自反馈通道，还在隐含层神经元之间增加了互连通道，使网络具有更强的表达能力与处理瞬态信息的能力[59-60]。与全连接 RNN 不同，QDRNN 仅在相邻隐含层神经元之间建立连接，其构建的递归权值矩阵为准对角矩阵。QDRNN 减少了连接权数，因而极大地减少了网络计算量，加快了网络的学习速度，更适用于实时控制。综上所述，QDRNN 具有强大的映射能力、记忆能力和动态响应能力，构建的递归通道能够实时捕捉系统的动态特性，更适用于非线性系统的多变量控制问题。

① QDRNN 模型结构　QDRNN 由输入层、回归层、输出层 3 层组成，网络结构如图 5-24 所示，对其数学描述如下。

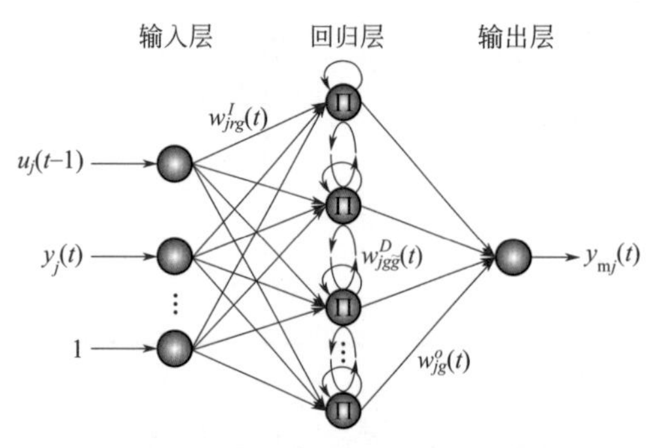

图 5-24　MSWI 过程多变量控制策略

a. 输入层。该层设有 λ 个神经元，其作用是将输入值进行传递，第 j 个模型在 t 时刻时，网络的输入可以表示为：

$$I_{jr}(t), r=1,2,\cdots,\lambda, j=1,2,\cdots,\gamma \tag{5-45}$$

式中，本节构建的 QDRNN 中，λ=3，γ=3，输入为[$u_j(t-1)$，$y_j(t)$，1]，其中，常数 1 为偏置项，其作用是增强网络的平移能力。

b. 回归层。该层设有 ω 个神经元，回归层的输入包括输入层信息、自反馈信息与互连神经元信息，可将其表示为：

$$S_{jg}(t)=\sum_{r=1}^{\lambda} w^I_{jrg}(t) I_{jr}(t)+\sum_{\tilde{g}=1}^{\omega} w^D_{jg\tilde{g}}(t) D_{j\tilde{g}}(t-1) \tag{5-46}$$

式中，$D_{j\tilde{g}}(t-1)$ 为模型 j 在 t-1 时刻回归层神经元的输出；$w^I_{jrg}(t)$ 为输入层到回归层的连接权值；$w^D_{jg\tilde{g}}(t)$ 为回归层神经元的递归权值，$g=1,2,\cdots,\omega, \tilde{g}=1,2,\cdots,\omega$。

回归层各个神经元的递归权值可以表示为如下式所示的准对角矩阵形式：

$$\boldsymbol{w}^D_j(t)=\begin{bmatrix} w^D_{j11}(t) & w^D_{j12}(t) & 0 & \cdots & & 0 \\ w^D_{j21}(t) & w^D_{j22}(t) & & & & \vdots \\ 0 & w^D_{j32}(t) & & \ddots & & \\ & & \ddots & & & \\ \vdots & & \ddots & & w^D_{j,\omega-2,\omega-1}(t) & 0 \\ & & & & w^D_{j,\omega-1,\omega-1}(t) & w^D_{j,\omega-1,\omega}(t) \\ 0 & & \cdots & 0 & w^D_{j,\omega,\omega-1}(t) & w^D_{j,\omega,\omega}(t) \end{bmatrix} \tag{5-47}$$

根据式（5-46）和式（5-47），通过 sigmoid 函数 $f(\bullet)$ 对回归层的每个节点进行激活，计算回归层的输出为：

$$D_{jg}(t)=f\left(S_{jg}(t)\right)=\frac{1-\mathrm{e}^{-S_{jg}(t)}}{1+\mathrm{e}^{-S_{jg}(t)}} \tag{5-48}$$

c. 输出层。该层设有单个输出节点，该节点对输入参数执行加权求和，可以表示为：

$$y_{\mathrm{m}j}(t)=\sum_{g=1}^{\omega}w_{jg}^{O}(t)D_{jg}(t) \tag{5-49}$$

式中，$w_{jg}^{O}(t)$ 为回归层到输出层的连接权值。

② QDRNN 辨识被控对象 Jacobian 信息　首先，将系统输出与网络输出的误差作为辨识器的调整信号，定义系统的辨识误差为：

$$e_{\mathrm{m}j}(t)=y_j(t)-y_{\mathrm{m}j}(t) \tag{5-50}$$

式中，$y_j(t)$ 为系统实际输出值；$y_{\mathrm{m}j}(t)$ 为模型计算输出值。

定义性能指标计算方法如下：

$$J_j(t)=\frac{1}{2}\left(e_{\mathrm{m}j}(t)\right)^2=\frac{1}{2}\left(y_j(t)-y_{\mathrm{m}j}(t)\right)^2 \tag{5-51}$$

采用梯度下降算法对 QDRNN 模型的参数进行更新：

$$w_{jrg}^{I}(t)=w_{jrg}^{I}(t-1)+\eta_I\Delta w_{jrg}^{I}(t)+\mu\left(w_{jrg}^{I}(t-1)-w_{jrg}^{I}(t-2)\right) \tag{5-52}$$

$$w_{jg\tilde{g}}^{D}(t)=w_{jg\tilde{g}}^{D}(t-1)+\eta_D\Delta w_{jg\tilde{g}}^{D}(t)+\mu\left(w_{jg\tilde{g}}^{D}(t-1)-w_{jg\tilde{g}}^{D}(t-2)\right) \tag{5-53}$$

$$w_{jg}^{O}(t)=w_{jg}^{O}(t-1)+\eta_O\Delta w_{jg}^{O}(t)+\mu\left(w_{jg}^{O}(t-1)-w_{jg}^{O}(t-2)\right) \tag{5-54}$$

式中，η_I、η_D 和 η_O 分别为输入层、回归层和输出层的学习率；μ 为惯性系数；$\Delta w_{jrg}^{I}(t)$、$\Delta w_{jg\tilde{g}}^{D}(t)$、$\Delta w_{jg}^{O}(t)$ 为权值变化量，其计算公式如下：

$$\begin{aligned}\Delta w_{jrg}^{I}(t)&=-\frac{\partial J_j(t)}{\partial w_{jrg}^{I}(t)}=e_{\mathrm{m}j}(t)\frac{\partial y_{\mathrm{m}j}(t)}{\partial w_{jrg}^{I}(t)}=e_{\mathrm{m}j}(t)\frac{\partial y_{\mathrm{m}j}(t)}{\partial D_{jg}(t)}\times\frac{\partial D_{jg}(t)}{\partial w_{jrg}^{I}(t)}\\&=e_{\mathrm{m}j}(t)w_{jg}^{O}(t)f'\left(S_{jg}(t)\right)I_{jr}(t)\end{aligned} \tag{5-55}$$

$$\begin{aligned}\Delta w_{jg\tilde{g}}^{D}(t)&=-\frac{\partial J_j(t)}{\partial w_{jg\tilde{g}}^{D}(t)}=e_{\mathrm{m}j}(t)\frac{\partial y_{\mathrm{m}j}(t)}{\partial w_{jg\tilde{g}}^{D}(t)}=e_{\mathrm{m}j}(t)\frac{\partial y_{\mathrm{m}j}(t)}{\partial D_{jg}(t)}\times\frac{\partial D_{jg}(t)}{\partial w_{jg\tilde{g}}^{D}(t)}\\&=e_{\mathrm{m}j}(t)w_{jg}^{O}(t)f'\left(S_{jg}(t)\right)D_{j\tilde{g}}(t-1)\end{aligned} \tag{5-56}$$

$$\Delta w_{jg}^{O}(t)=-\frac{\partial J_j(t)}{\partial w_{jg}^{O}(t)}=e_{\mathrm{m}j}(t)\frac{\partial y_{mj}(t)}{\partial w_{jg}^{O}(t)}=e_{mj}(t)D_{jg}(t) \tag{5-57}$$

根据以上推导，计算被控对象的 Jacobian 信息为：

$$\frac{\partial y_j(t)}{\partial u_j(t)}\approx\frac{\partial y_{\mathrm{m}j}(t)}{\partial u_j(t)}=\sum_{g=1}^{\omega}w_{jg}^{o}(t)f'\left(S_{jg}(t)\right)w_{j1g}^{I}(t) \tag{5-58}$$

（2）PID 控制器

基于 QDRNN 的 PID 控制器如图 5-23 所示，控制器的输出可以表示为：

$$u_j(t)=k_p^j(t)\phi_{j1}(t)+k_i^j(t)\phi_{j2}(t)+k_d^j(t)\phi_{j3}(t) \tag{5-59}$$

式中，定义控制器的输入误差为 $e_j(t)$，误差的比例、积分与微分分别为 $\phi_{j1}(t)$、$\phi_{j2}(t)$、$\phi_{j3}(t)$，其计算公式如下：

$$e_j(t)=r_j(t)-y_j(t) \tag{5-60}$$

$$\begin{cases}\phi_{j1}(t)=e_j(t)\\ \phi_{j2}(t)=\sum_{\bar{t}}^{t}\left(e_j(t)T\right)\\ \phi_{j3}(t)=\left(e_j(t)-e_j(t-1)\right)/T\end{cases} \tag{5-61}$$

式中，T 为采样时间。

（3）PID 参数整定机制

使用 QDRNN 对多变量 PID 控制器的参数进行整定，首先，定义性能指标为：

$$E_j(t)=\frac{1}{2}\left(r_j(t)-y_j(t)\right)^2 \tag{5-62}$$

之后，根据性能指标，定义 PID 参数的调整公式如下：

$$\begin{aligned}k_p^j(t)&=k_p^j(t-1)-\eta_p\frac{\partial E_j(t)}{\partial k_p^j(t)}\\&=k_p^j(t-1)+\eta_p\left(r_j(t)-y_j(t)\right)\frac{\partial y_j(t)}{\partial u_j(t)}\times\frac{\partial u_j(t)}{\partial k_p^j(t)}\\&=k_p^j(t-1)+\eta_p e_j(t)\frac{\partial y_j(t)}{\partial u_j(t)}\phi_1(t)\end{aligned} \tag{5-63}$$

$$\begin{aligned}k_i^j(t)&=k_i^j(t-1)-\eta_i\frac{\partial E_j(t)}{\partial k_i^j(t)}\\&=k_i^j(t-1)+\eta_i\left(r_j(t)-y_j(t)\right)\frac{\partial y_j(t)}{\partial u_j(t)}\times\frac{\partial u_j(t)}{\partial k_i^j(t)}\\&=k_i^j(t-1)+\eta_i e_j(t)\frac{\partial y_j(t)}{\partial u_j(t)}\phi_2(t)\end{aligned} \tag{5-64}$$

$$\begin{aligned}k_d^j(t)&=k_d^j(t-1)-\eta_d\frac{\partial E_j(t)}{\partial k_d^j(t)}\\&=k_d^j(t-1)+\eta_d\left(r_j(t)-y_j(t)\right)\frac{\partial y_j(t)}{\partial u_j(t)}\times\frac{\partial u_j(t)}{\partial k_d^j(t)}\\&=k_d^j(t-1)+\eta_d e_j(t)\frac{\partial y_j(t)}{\partial u_j(t)}\phi_3(t)\end{aligned} \tag{5-65}$$

式中，$\frac{\partial y_j(t)}{\partial u_j(t)}$为被控对象的Jacobian信息，可由上面的QDRNN辨识获得。

（4）基于MIMO-TSFNN的被控对象模型

详见4.4节。

（5）基于QDRNN-PID的多变量控制算法流程

综上所述，基于QDRNN-PID的多变量控制算法流程如下。

步骤1：创建多控制回路中的QDRNN模型，初始化各网络各层之间的连接权值$w_{jrg}^{I}(t)$、$w_{jg\tilde{g}}^{D}(t)$和$w_{jg}^{O}(t)$，设定网络的学习率与惯性系数，设定多控制回路中PID控制器的学习率。

步骤2：输入各个被控量的设定值$r_1(t)$、$r_2(t)$和$r_3(t)$，计算设定值与系统输出值的误差$e_1(t)$、$e_2(t)$和$e_3(t)$，将控制误差输入PID控制器中，计算得出各操作量$u_1(t)$、$u_2(t)$和$u_3(t)$。

步骤3：构建基于MIMO-TSFNN的被控对象模型，并通过数据驱动的方法对网络模型进行训练，将各个操作量输入训练完成的被控对象模型中，计算得出各被控量$y_1(t)$、$y_2(t)$和$y_3(t)$。

步骤4：通过QDRNN模型推导被控对象的Jacobian信息，计算模型与系统的输出误差$e_{\mathrm{m1}}(t)$、$e_{\mathrm{m2}}(t)$和$e_{\mathrm{m3}}(t)$，并采用梯度下降算法对网络参数进行更新。

步骤5：通过梯度下降算法对PID参数进行整定，计算得出比例、积分和微分系数$k_p^1(t)$、$k_i^1(t)$、$k_d^1(t)$、$k_p^2(t)$、$k_i^2(t)$、$k_d^2(t)$、$k_p^3(t)$、$k_i^3(t)$和$k_d^3(t)$。

步骤6：令$t=t+1$，若计算误差满足要求或达到时间上限，则跳出循环，否则，返回步骤2继续进行参数整定。

5.4.4 实验验证

（1）数据描述

本实验以4.4节所述方法构建的基于某MSWI电厂运行过程数据的对象模型为基础，对本节所建立的QDRNN-PID控制器进行验证，实现对多变量的控制。

（2）实验结果

确定各个QDRNN模型结构为3-7-1，并设定各个PID控制器的比例、积分、微分系数的初始值为：$k_p^1(0)=k_p^2(0)=k_p^3(0)=0.3$，$k_i^1(0)=k_i^2(0)=k_i^3(0)=0.15$，$k_d^1(0)=k_d^2(0)=k_d^3(0)=0.2$。

① 多变量恒定值控制　依据现场实际工况，本节实验设定烟气含氧量为7%，炉膛温度为950℃，主蒸汽流量为74t/h，仿真实验如图5-25、图5-26所示。

由图 5-25 和图 5-26 可知，QDRNN-PID 控制器具有较好的控制结果，能够有效地跟踪多个被控变量设定值，控制误差小，控制精度高。

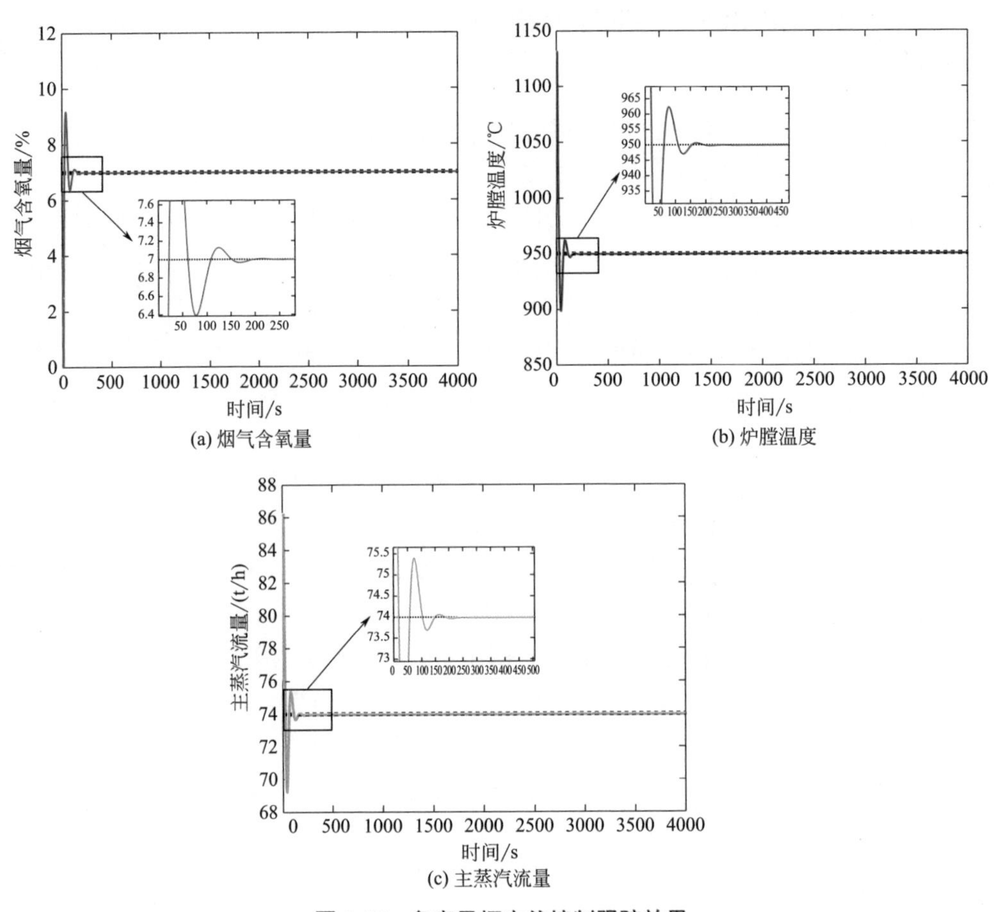

(a) 烟气含氧量

(b) 炉膛温度

(c) 主蒸汽流量

图 5-25　多变量恒定值控制跟踪效果

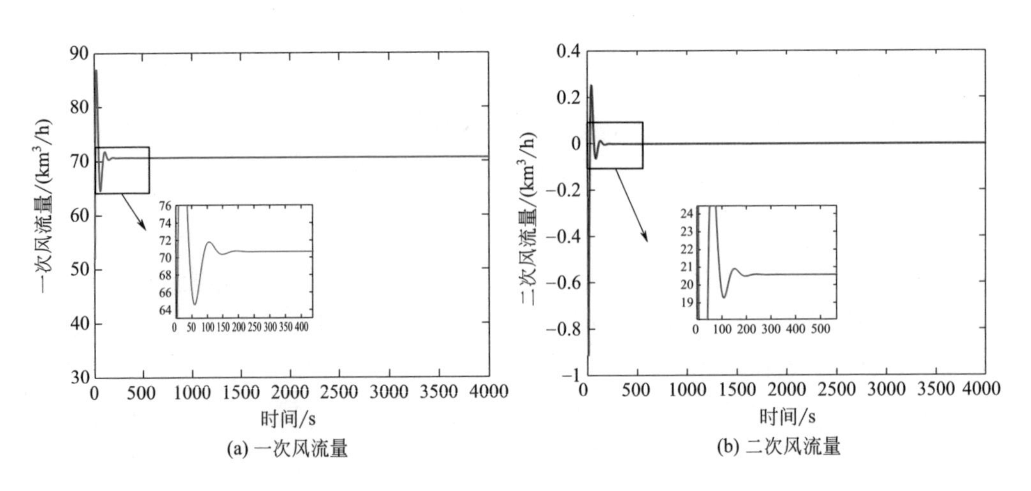

(a) 一次风流量

(b) 二次风流量

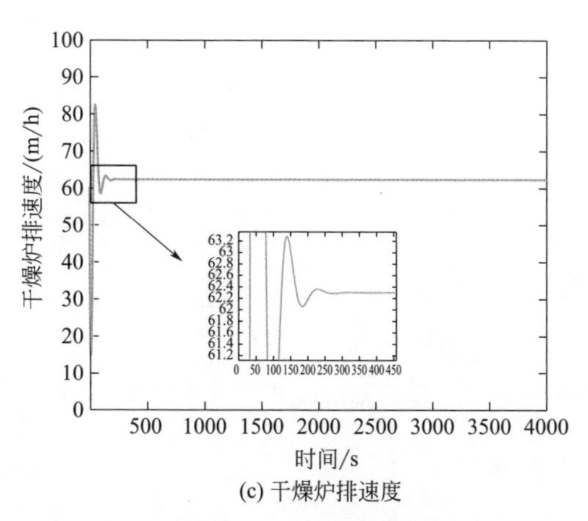

(c) 干燥炉排速度

图 5-26　多变量恒定值控制操作量变化曲线

由图 5-27 所示 k_p^j 、k_i^j 和 k_d^j 参数的调整过程可知，QDRNN-PID 控制器能在多变量恒定值控制的情况下有效地对参数进行调整，以实现对多变量的精确控制。

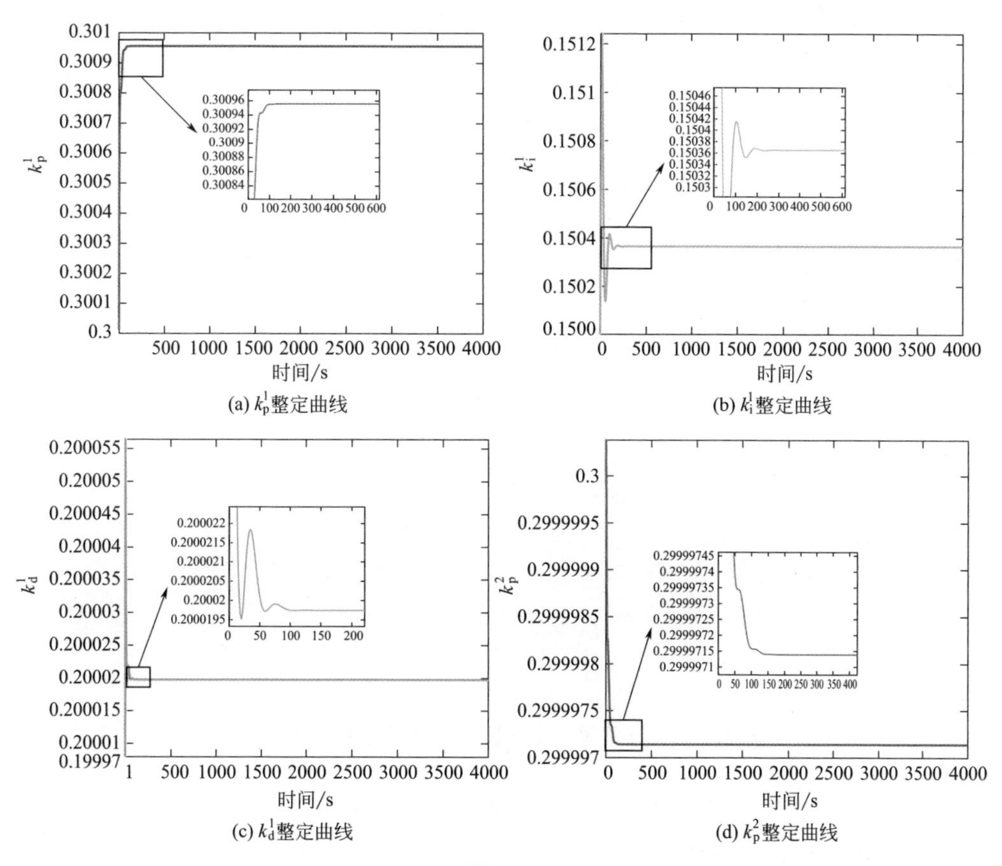

(a) k_p^1整定曲线　(b) k_i^1整定曲线

(c) k_d^1整定曲线　(d) k_p^2整定曲线

图 5-27

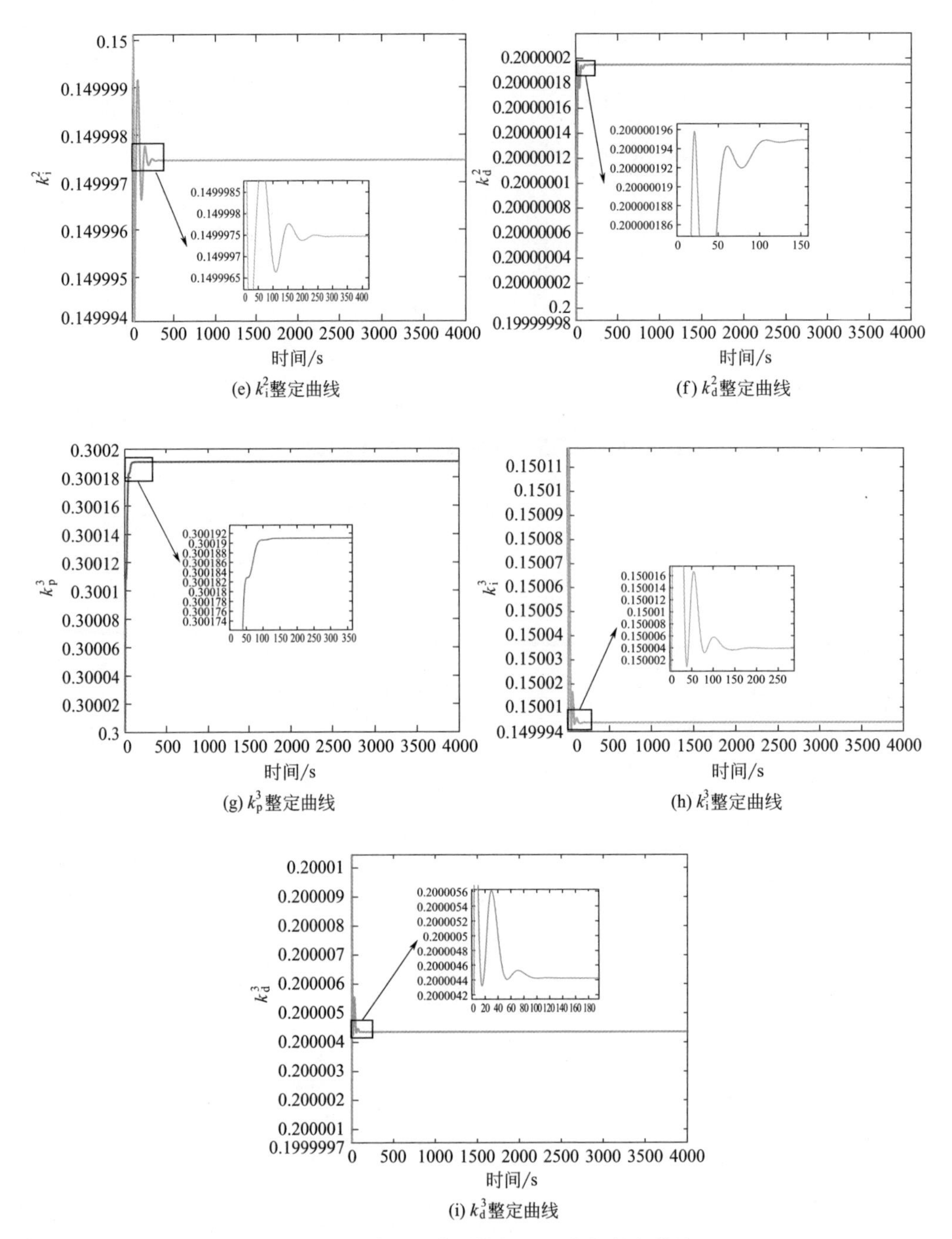

(e) k_i^2整定曲线

(f) k_d^2整定曲线

(g) k_p^3整定曲线

(h) k_i^3整定曲线

(i) k_d^3整定曲线

图 5-27　多变量恒定值控制 PID 参数整定曲线

② 多变量变设定值控制　本节实验以 MSWI 的实际运行为基准，在时刻 1000s 与时刻 2000s 时分别设定设定值，控制效果如图 5-28、图 5-29 所示。

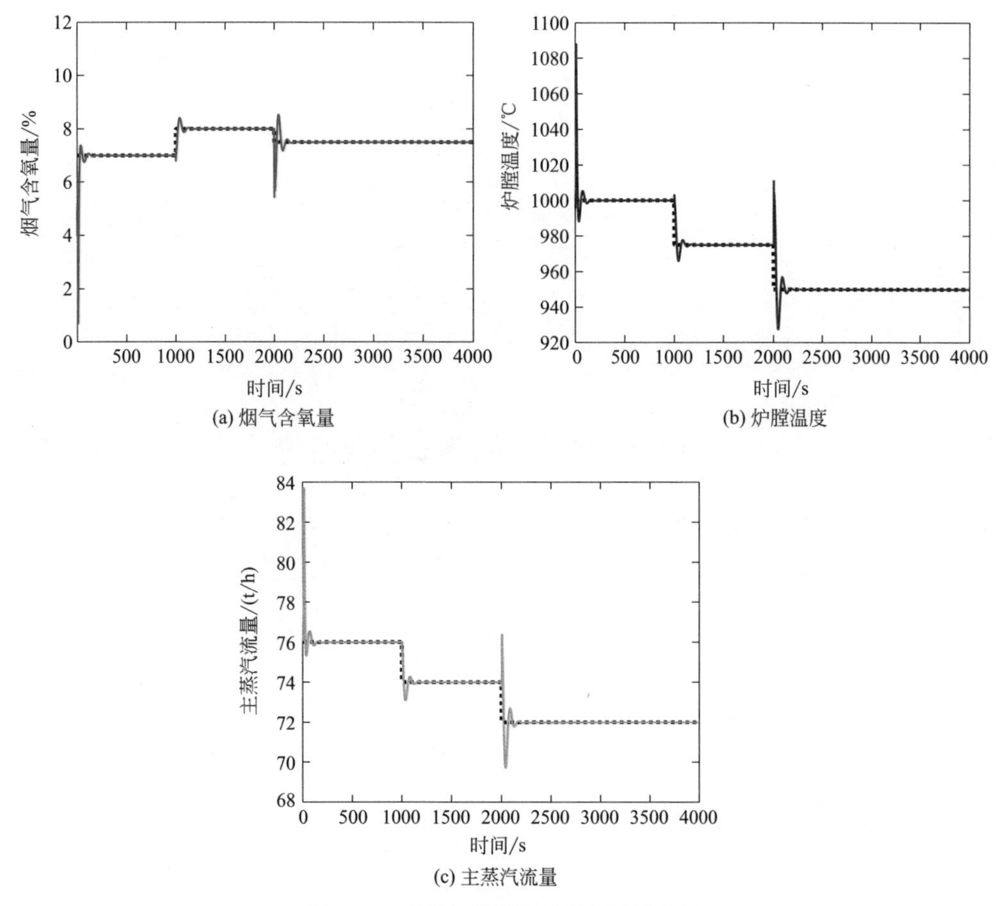

(a) 烟气含氧量
(b) 炉膛温度
(c) 主蒸汽流量

图 5-28 多变量变设定值控制跟踪效果

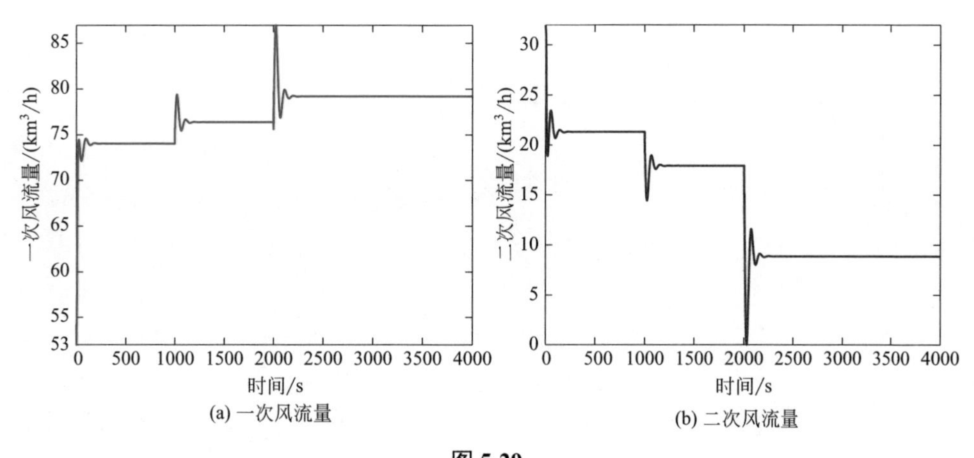

(a) 一次风流量
(b) 二次风流量

图 5-29

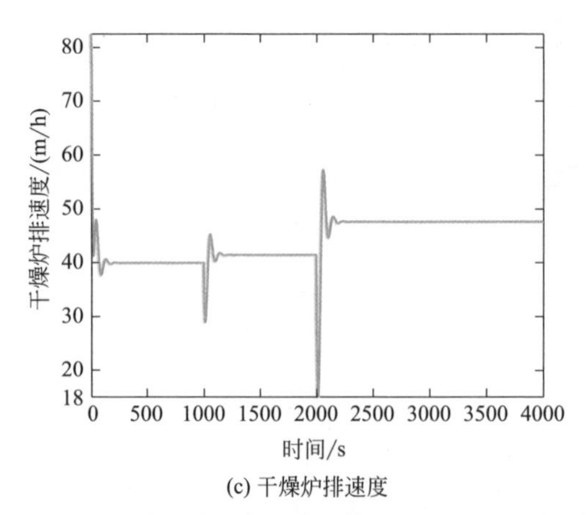

(c) 干燥炉排速度

图 5-29　多变量变设定值控制操作量变化曲线

由图 5-28 和图 5-29 可知，QDRNN-PID 控制器具有较好的控制结果，能够有效地跟踪多个被控变量的变设定值，控制误差小，控制精度高。

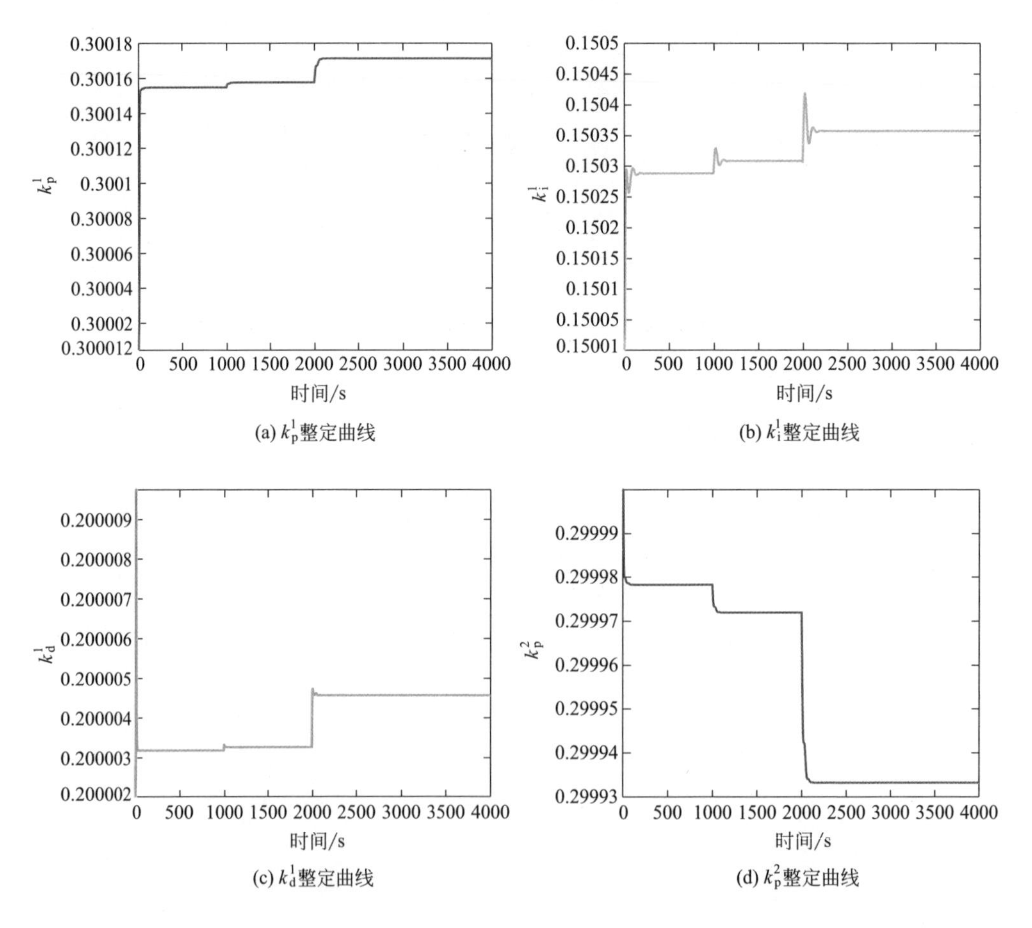

(a) k_p^1整定曲线　(b) k_i^1整定曲线

(c) k_d^1整定曲线　(d) k_p^2整定曲线

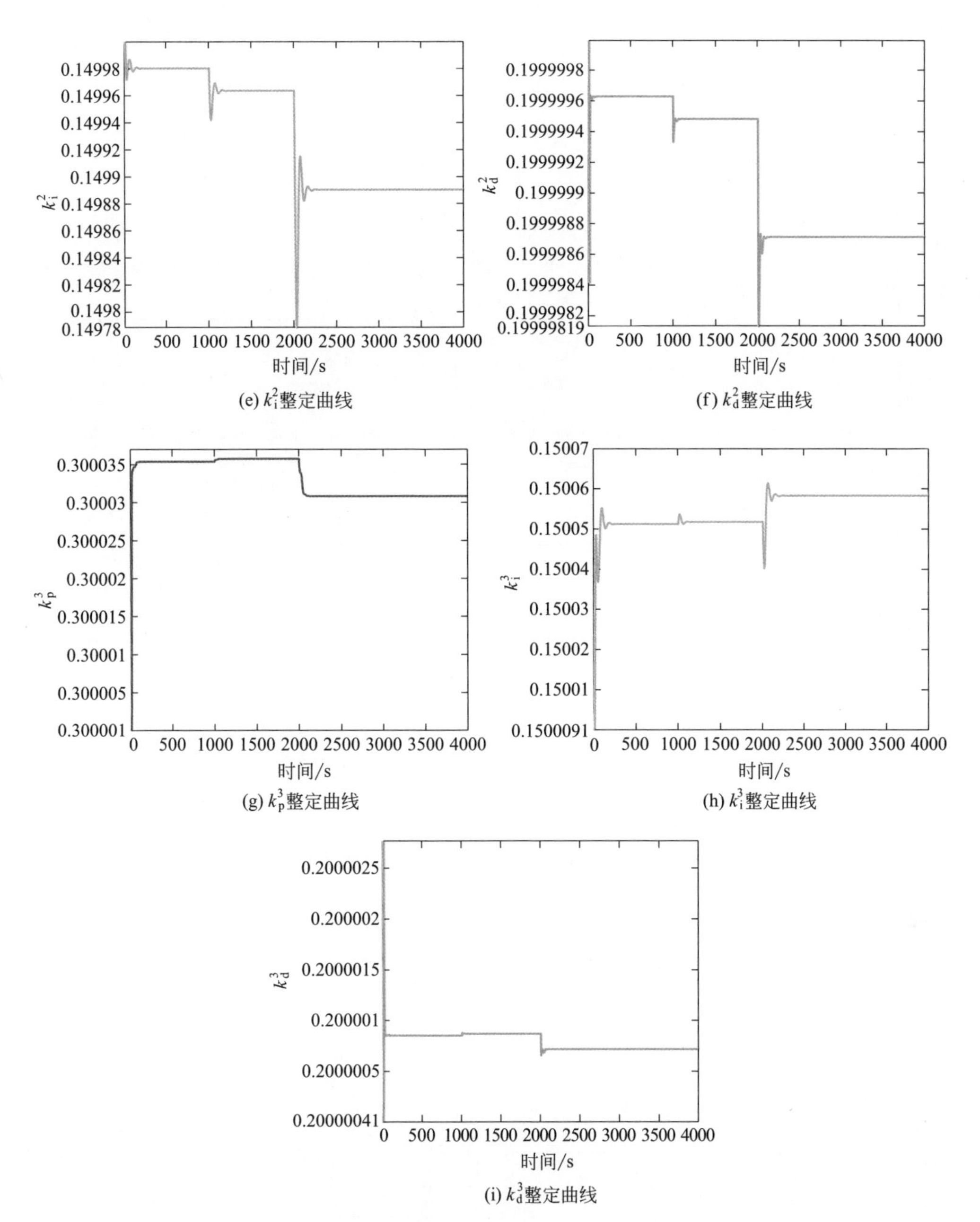

(e) k_i^2整定曲线

(f) k_d^2整定曲线

(g) k_p^3整定曲线

(h) k_i^3整定曲线

(i) k_d^3整定曲线

图 5-30　多变量变设定值控制 PID 参数整定曲线

由图 5-30 中 k_p^j 、k_i^j 和 k_d^j 参数的调整过程可知，QDRNN-PID 控制器能在多变量变设定值控制的情况下有效地对参数进行调整，以实现对多变量的精确控制。

③ 单变量变设定值控制　在实际 MSWI 过程中，需要在不改变其他变量状态的情况下对单变量进行控制。烟气含氧量是最常用的单变量控制变量，本节控制

效果如图 5-31、图 5-32 所示。

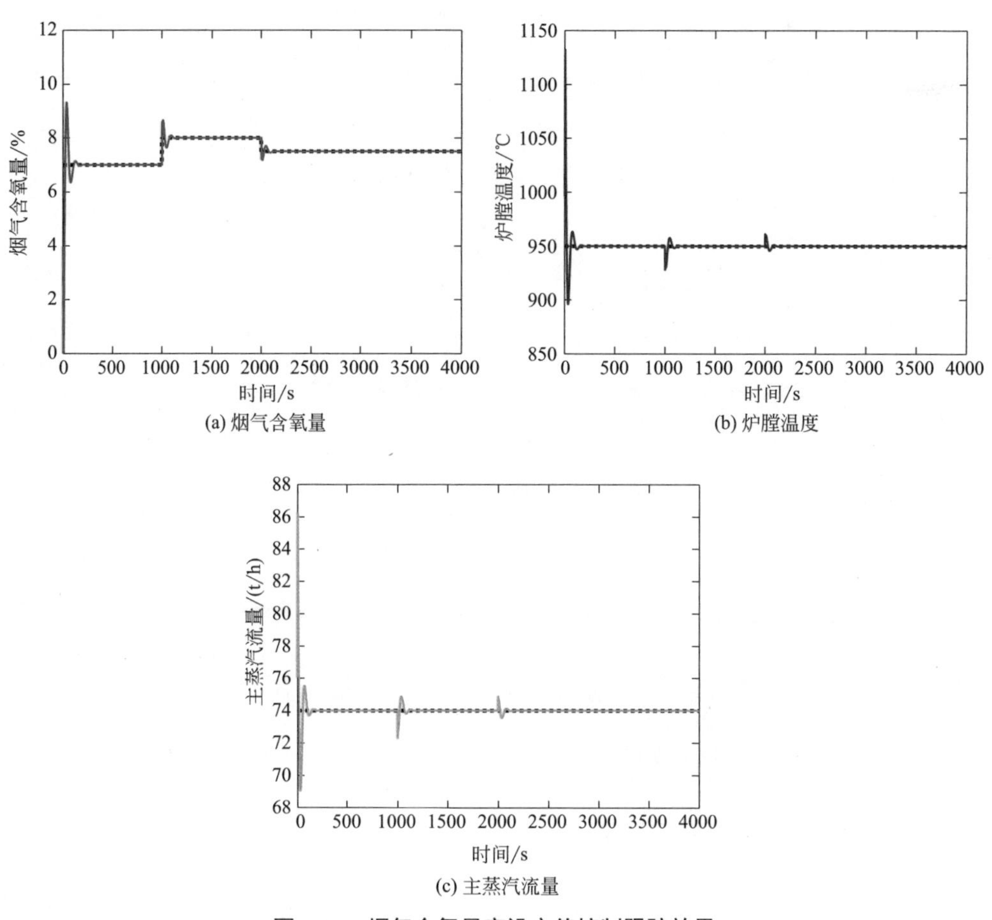

图 5-31　烟气含氧量变设定值控制跟踪效果

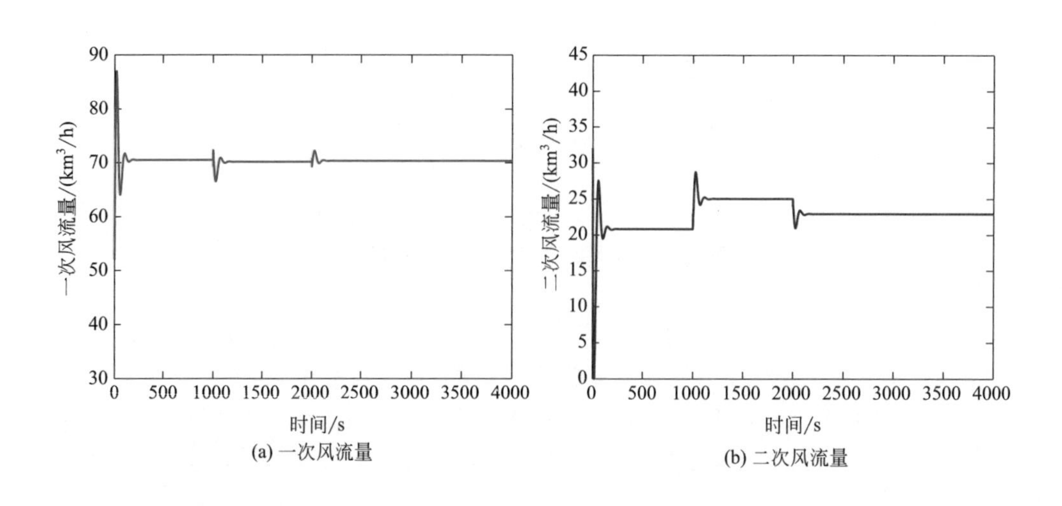

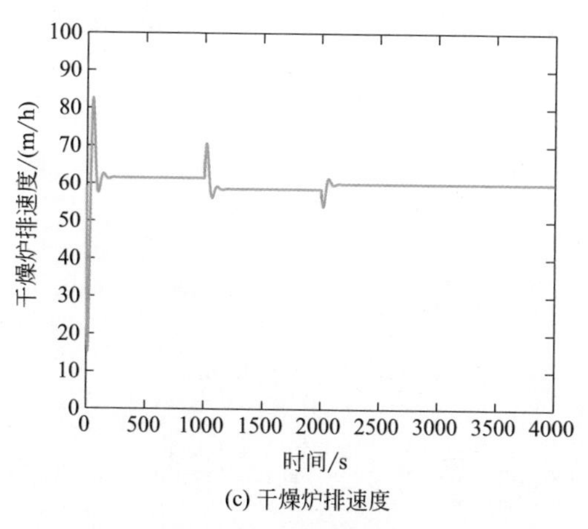

(c) 干燥炉排速度

图 5-32　单变量变设定值控制操作量变化曲线

由图 5-31 和图 5-32 可知，QDRNN-PID 控制器具有较好的控制结果，能够在跟踪烟气含氧量变设定值时有效地保证其他被控变量的稳定性，控制误差小，控制精度高。

由图 5-33 中 k_p^j 、k_i^j 和 k_d^j 参数的调整过程可知，QDRNN-PID 控制器能在单变量变设定值控制的情况下有效地对控制器参数进行调整，并实现对多变量的精确控制。

（3）方法比较

采用平方积分误差（*ISE*）、绝对积分误差（*IAE*）和误差最大偏差（Dev^{max}）分析控制器的瞬态响应、平稳性和抗干扰能力。将 QDRNN-PID 控制器与 PID 控制器进行比较，结果如表 5-5 所示。

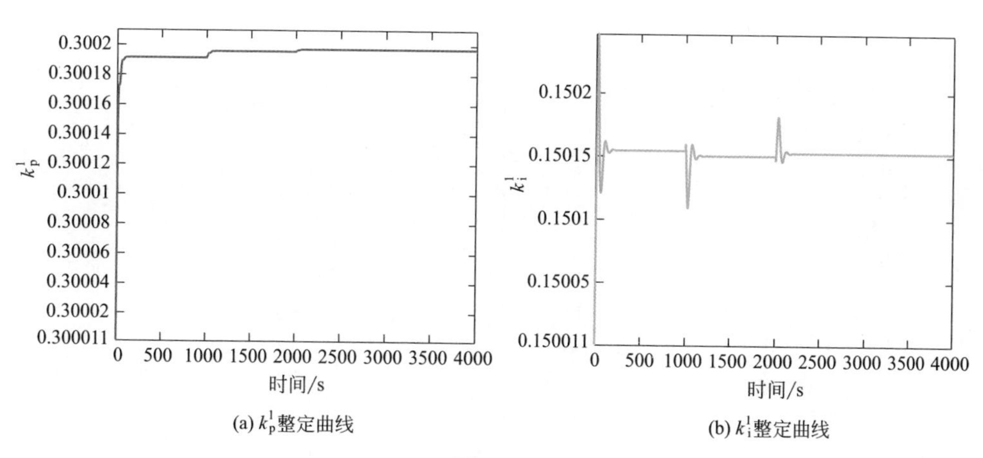

(a) k_p^1整定曲线　(b) k_i^1整定曲线

图 5-33

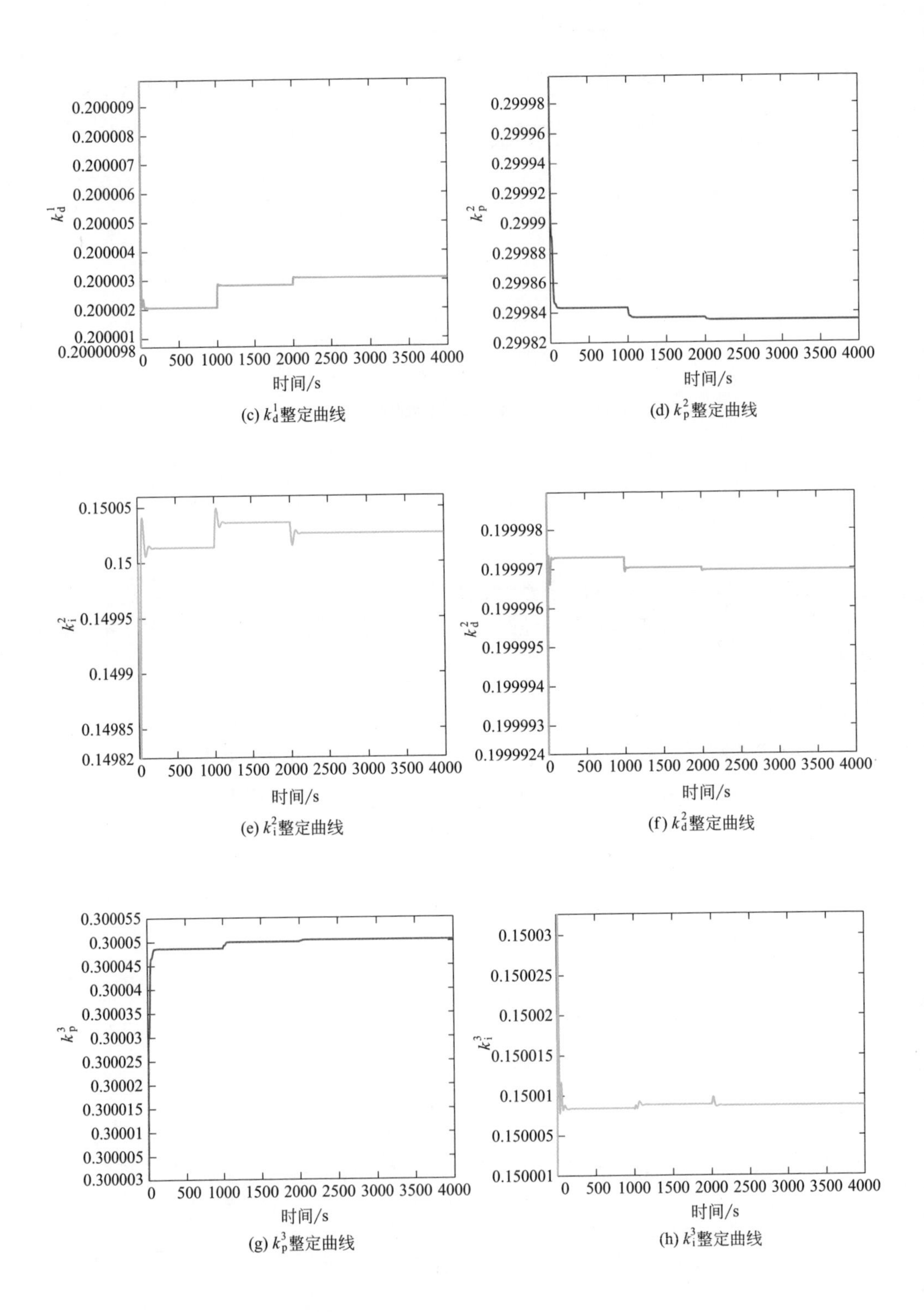

(c) k_d^1整定曲线

(d) k_p^2整定曲线

(e) k_i^2整定曲线

(f) k_d^2整定曲线

(g) k_p^3整定曲线

(h) k_i^3整定曲线

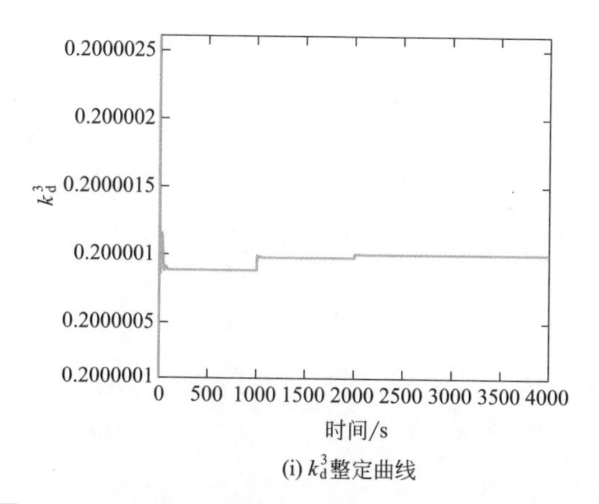

(i) k_d^3整定曲线

图 5-33　烟气含氧量变设定值控制 PID 参数整定曲线

表 5-5　MSWI 过程多变量控制的不同控制器性能比较

项目	控制器	被控量	*ISE*	*IAE*	Dev^{max}
多变量恒定设定值	PID	烟气含氧量	17.4651	27.7725	3.3465
		炉膛温度	8.6691	20.1022	2.2457
		主蒸汽流量	6.6691	18.1221	2.5557
	QDRNN-PID	烟气含氧量	15.7671	25.2319	2.4640
		炉膛温度	7.2318	17.8973	1.9096
		主蒸汽流量	5.3729	16.1943	1.7640
多变量变设定值	PID	烟气含氧量	9.0960	28.8976	2.5962
		炉膛温度	4.4863	20.4108	2.5288
		主蒸汽流量	4.1875	19.1871	2.2157
	QDRNN-PID	烟气含氧量	8.0528	27.7172	1.8998
		炉膛温度	3.4744	19.3297	1.4392
		主蒸汽流量	3.1778	18.1183	1.4813
单变量变设定值	PID	烟气含氧量	17.7238	33.4618	3.2346
		炉膛温度	8.9002	25.1322	2.4589
		主蒸汽流量	6.8309	22.5796	2.4561
	QDRNN-PID	烟气含氧量	16.3900	31.6728	2.4643
		炉膛温度	7.6684	23.4902	1.9098
		主蒸汽流量	5.6730	21.0638	1.7642

由表 5-5 可知，与 PID 相比，QDRNN-PID 控制器的性能指标均达到了较好的效果，表明所设计的控制器在 MSWI 过程中具有更高的控制精度和更好的稳定性，原因在于 QDRNN-PID 控制器能够实现参数的在线自适应调整。

5.5 本章小结

城市固废焚烧过程是一个复杂的非线性动态系统过程，对炉膛温度、烟气含氧量、主蒸汽流量等关键被控变量的控制是当前 MWSI 过程亟待解决的难题。针对关键被控量控制精度不高的问题，基于不同的控制需求设计了相应的单变量控制器和多变量控制器，并基于现场运行数据进行仿真验证。实验结果表明，本章所设计的控制器能够快速、平稳地跟踪设定值，具有较高的控制精度和较好的稳定性，能够满足当前 MSWI 过程的高效稳定运行。

参考文献

[1] 应雨轩，林晓青，吴昂键，等．生活垃圾智慧焚烧的研究现状及展望 [J]. 化工学报，2021，72（2）：886-900.

[2] SHEN K，LU J D，LI Z H，et al. An Adaptive Fuzzy Approach for the Incineration Temperature Control Process[J]. Fuel，2005，84（9）：1144-1150.

[3] HE H J，MENG X，TANG J，et al. Prediction of MSWI Furnace Temperature Based on TS Fuzzy Neural Network[C]//2020 39th Chinese Control Conference，Shenyang，China.New York：IEEE，2020：5701-5706.

[4] 乔俊飞，郭子豪，汤健．面向城市固废焚烧过程的二噁英排放浓度检测方法综述 [J]. 自动化学报，2020，46（6）：1063-1089.

[5] HE H J，TANG J，QIAO J F. Identification of MSWI Furnace Temperature Model Based on Weighted Adaptive Particle Swarm Optimization[C]//2019 Chinese Automation Congress，Hangzhou，China. New York：IEEE，2020：3100-3105.

[6] 沈凯．垃圾焚烧炉自适应控制策略及热值监测模型研究 [D]. 武汉：华中科技大学，2005.

[7] HU L J，TONG A Y，LIU H B，et al. Modeling and Control of Combustion Temperature System of CFB Boiler[J]. Computer Simulation，2019，36（1）：119-123，128.

[8] ARUNA R，CHRISTA S T J. Modeling，System Identification and Design of Fuzzy PID Controller for Discharge Dynamics of Metal Hydride Hydrogen Storage Bed[J]. International Journal of Hydrogen Energy，2020，45（7）：4703-4719.

[9] 易诚明，周平，柴天佑．基于即时学习的高炉炼铁过程数据驱动自适应预测控制 [J]. 控制理论与应用，2020，37（2）：295-306.

[10] ZHOU P，GUO D W，WANG H，et al. Data-driven Robust M-LS-SVR-based NARX Modeling for Estimation and Control of Molten Iron Quality Indices in Blast Furnace Ironmaking[J]. IEEE Transactions on Neural Networks and Learning Systems，2017，29（9）：4007-4021.

[11] 刘志远，吕剑虹，陈来九．基于神经网络在线学习的过热气温自适应控制系统 [J]. 中国电机工程学报，2004（04）：183-187.

[12] 赵彦涛，陈宇，陈英豪，等．基于 BFCM-iWM 模糊规则自提取的水泥分解炉温度控制 [J]. 控制与决策，2019，34（2）：383-389.

[13] 朱红霞，沈炯，李益国．循环流化床锅炉床温的预估滑模控制 [J]. 动力工程学报，2016，36（5）：365-371.

[14] GUZMÁN H，VICTOR M. PID Control of Robot Manipulators Actuated by BLDC Motors [J]. International Journal of Control，2021，94（2）：267-276.

[15] SIMONE F, ITALO C, MATTIA I, et al. Extension of a PID Control Theory to Lie Groups Applied to Synchronising Satellites and Drones[J]. IET Control Theory and Applications, 2020, 14 (17): 2628-2642.

[16] OSCAR M E, JULIO-ARIEL R P. Regular Quantisation with Hysteresis: A New Sampling Strategy for Event-based PID Control Systems[J]. IET Control Theory and Applications, 2020, 14 (15): 2163-2175.

[17] LIN P, WANG X D. Variable Pitch Control on Direct-driven PMSG for Offshore Wind Turbine Using Repetitive-TS Fuzzy PID Control[J]. Renewable Energy, 2020, 159: 221-237.

[18] ZHAO D, WANG Z, WEI G, et al. A Dynamic Event-triggered Approach to Observer-based PID Security Control Subject to Deception Attacks[J]. Automatica, 2020, 120 (4): 109128.

[19] ZHANG J H, ZHOU S Q, REN M F, et al. Adaptive Neural Network Cascade Control System with Entropy-based Design[J]. IET Control Theory & Applications, 2016, 10 (10): 1151-1160.

[20] SHI K J, LI B, WANG F M, et al. Research on the RBF-PID Control Method for the Motor Actuator Used in a UHV GIS Disconnector[J]. Journal of Engineering, 2019, 2019 (16): 2013-2017.

[21] 王杰，吴强．锅炉烟气含氧量的混合 Fuzzy-PI+PD 控制 [J]. 锅炉技术，2009，40 (6): 24-27.

[22] 夏车奎．循环流化床锅炉燃烧系统烟气氧含量控制 [J]. 仪器仪表用户，2020，27 (05): 41-44.

[23] HÍMER Z, KOVÁCS J, BENYÓ I, et al. Neuro-Fuzzy Modeling and Genetic Algorithm Optimiza-tion for Flue Gas Oxygen Control[J]. IFAC Proceedings Volumes, 2004, 37 (16): 121-125.

[24] 龙文，梁昔明，龙祖强．基于混合 PSO 优化的 LSSVM 锅炉烟气含氧量预测控制 [J]. 中南大学学报（自然科学版），2012，43 (03): 980-985.

[25] HUANG X Y, WANG J C, ZHANG L W, et al. Data-driven Modelling and Fuzzy Multiple-model Predictive Control of Oxygen Content in Coal-fired Power Plant[J]. Transactions of the Institute of Measurement and Control, 2017, 39 (11): 1631-1642.

[26] LESKENS M, KESSEI L B M V, BOSGRA O H. Model Predictive Control as a Tool for Improving the Process Operation of MSW Combustion Plants[J]. Waste Management, 2005, 25 (8): 788-798.

[27] GRANCHAROVA A, KOCIJAN J, JOHANSEN T A. Explicit Stochastic Predictive Control of Combustion Plants based on Gaussian Process Models[J]. Automatica, 2008, 44 (6): 1621-1631.

[28] 赵钢，李斌．燃气锅炉燃烧效率优化控制仿真研究 [J]. 计算机仿真，2017，34 (1): 376-379.

[29] 徐凯，赵玉明．循环流化床锅炉燃烧过程无模型自适应控制研究 [J]. 机械设计与制造，2019 (2): 199-203.

[30] 张培建，施广仁．工业锅炉的燃烧控制策略研究与应用 [J]. 电力自动化设备，2010，30 (1): 102-105.

[31] 陈铁军，杨阳，彭皎龙．锅炉燃烧系统分布式

预估控制的研究与应用[J]. 热力发电，2012，041（12）：90-93.

[32] ZHANG R D，CAO Z X，LI P，et al. Design and Implementation of an Improved Linear Quadratic Regulation Control for Oxygen Content in a Coke Furnace[J]. Control Theory & Applications let，2014，8（14）：1303-1311.

[33] ONO H，OHNISHI T，TERADA Y. Combustion Control of Refuse Incineration Plant by Fuzzy Logic[J]. Fuzzy Sets & Systems，1989，32（2）：193-206.

[34] YUAN X F，LI L，WANG Y L. Nonlinear Dynamic Soft Sensor Modeling with Supervised Long Short-term Memory Network [J]. IEEE Transactions on Industrial Informatics，2020：3168-3176.

[35] HOCHREITER S，SCHMIDHUBER J. Long Short-term Memory[J]. Neural Computation，1997，9（8）：1735-1780.

[36] JAMES S，WU B. Neural Network Training with Levenberg-Marquardt and Adaptable Weight Compression[J]. IEEE Transactions on Neural Networks and Learning Systems，2019，30（2）：580-587.

[37] LU J W，ZHANG S，HAI J，et al. Status and Perspectives of Municipal Solid Waste Incineration in China：A Comparison with Developed Regions[J]. Waste Management，2017，69：170-186.

[38] KORAI M S，MAHAR R B，UQAILI M A. The Feasibility of Municipal Solid Waste for Energy Generation and Its Existing Management Practices in Pakistan [J]. Renewable and Sustainable Energy Reviews，2017，72：338-353.

[39] KALYANI K A，PANDEY K K. Waste to Energy Status in India：A Short Review [J]. Renewable and sustainable energy reviews，2014，31：113-120.

[40] BLEVINS，TERRENCE L . PID Advances in Industrial Control[J]. IFAC Proceedings Volumes，2012，45（3）：23-28.

[41] RITZ H，NASSAR M R，FRANK M J，et al. A Control Theoretic Model of Adaptive Learning in Dynamic Environments[J]. Journal of Cognitive Neuroscience，2018，30（10）：1405-1421.

[42] SHAH P，AGASHE S. Review of Fractional PID Controller[J]. Mechatronics，2016，38：29-41.

[43] ZHANG Y，JIA Y，CHAI T，et al. Data-driven PID Controller and Its Application to Pulp Neutralization Process[J]. IEEE Transactions on Control Systems Technology，2017，26（3）：828-841.

[44] DU S L，YAN Q S，QIAO J F. Event-triggered PID Control for Wastewater Treatment Plants[J]. Journal of Water Process Engineering，2020，38：101659.

[45] WANG D，ZOU H，TAO J. A New Design of Fractional-order Dynamic Matrix Control with Proportional-integral-derivative-type Structure[J]. Measurement and Control，2019，52（5-6）：567-576.

[46] ASRI R E，BAXTER D . Process Control in Municipal Solid Waste Incinerators：Survey and Assessment[J]. Waste Manag Res，2004，22（3）：177-185.

[47] LUO H，CHENG Y，HE D，et al. Review of Leaching Behavior of Municipal Solid Waste

Incineration (MSWI) Ash[J]. Science of the total environment, 2019, 668: 90-103.

[48] MAGNANELLI E, TRANÅS O L, CARLSSON P, et al. Dynamic Modeling of Municipal Solid Waste Incineration[J]. Energy, 2020, 209: 118426.

[49] SAAB S S, HAUSER M, RAY A. Multivariable Nonadaptive Controller Design[J]. IEEE Transactions on Industrial Electronics, 2020, 68 (7): 6181-6191.

[50] GARRIDO J, RUZ M L, Morilla F, et al. Iterative Method for Tuning Multiloop PID Controllers based on Single Loop Robustness Specifications in the Frequency Domain[J]. Processes, 2021, 9 (1): 140.

[51] ÇETIN G, ÖZKARACA O, KEÇEBAŞ A. Development of PID based Control Strategy in Maximum Exergy Efficiency of a Geothermal Power Plant[J]. Renewable and Sustainable Energy Reviews, 2021, 137: 110623.

[52] ARRUDA L V R, SWIECH M C S, NEVES-JR F, et al. Um Método Evolucionário Para Sintonia De Controladores PI/PID Em Processos Multivariáveis[J]. Sba: Controle & Automação Sociedade Brasileira de Automatica, 2008, 19: 1-17.

[53] ASHIDA Y, WAKITANI S, YAMAMOTO T. Design of an Augmented Output-based Multiloop Self-Tuning PID Control System[J]. Industrial & Engineering Chemistry Research, 2019, 58 (26): 11474-11484.

[54] HOSSEINI S A, SHIRANI A S, LOTFI M, et al. Design and Application of Supervisory Control based on Neural Network PID controllers for pressurizer system[J]. Progress in Nuclear Energy, 2020, 130: 103570.

[55] SLAMA S, ERRACHDI A, BENREJEB M. Neural Adaptive PID and Neural Indirect Adaptive Control Switch Controller for Nonlinear MIMO Systems[J]. Mathematical Problems in Engineering, 2019, 2019: 1-11.

[56] WANG J, LIU Y, JIN Y, et al. Control of Hydraulic Power System by Mixed Neural Network PID in Unmanned Walking Platform[J]. Journal Of Beijing Institute Of Technology, 2020, 29 (3): 273-282.

[57] ELKENAWY A, EL-NAGAR A M, EL-BARDINI M, et al. Full-state Neural Network Observer-based Hybrid Quantum Diagonal Recurrent Neural Network Adaptive Tracking Control[J]. Neural Computing and Applications, 2021, 33: 9221-9240.

[58] LU X Q, HAO L J . The Research of the Temperature Decoupling Control Based on QDRNN in Ammonia Synthesis Converter[J]. Applied Mechanics & Materials, 2014, 556-562: 2502-2506.

[59] WANG Z C, ZHAO X, BI R. Decoupling Control Research of the Strip-Cast Looper Height and Tension QDRNN Network[J]. Advanced Materials Research, 2013, 616-618: 1869-1876.

[60] WEI X, WANG P, ZHAO F. Design of a Decoupled AP1000 Reactor Core Control System Using Digital Proportional-integral-derivative (PID) Control based on a Quasi-diagonal Recurrent Neural Network (QDRNN) [J]. Nuclear Engineering and Design, 2016, 304: 40-49.

Cutting-Edge Technologies in
Smart
Environmental
Protection

第6章

城市固废焚烧（MSWI）过程二噁英排放浓度软测量

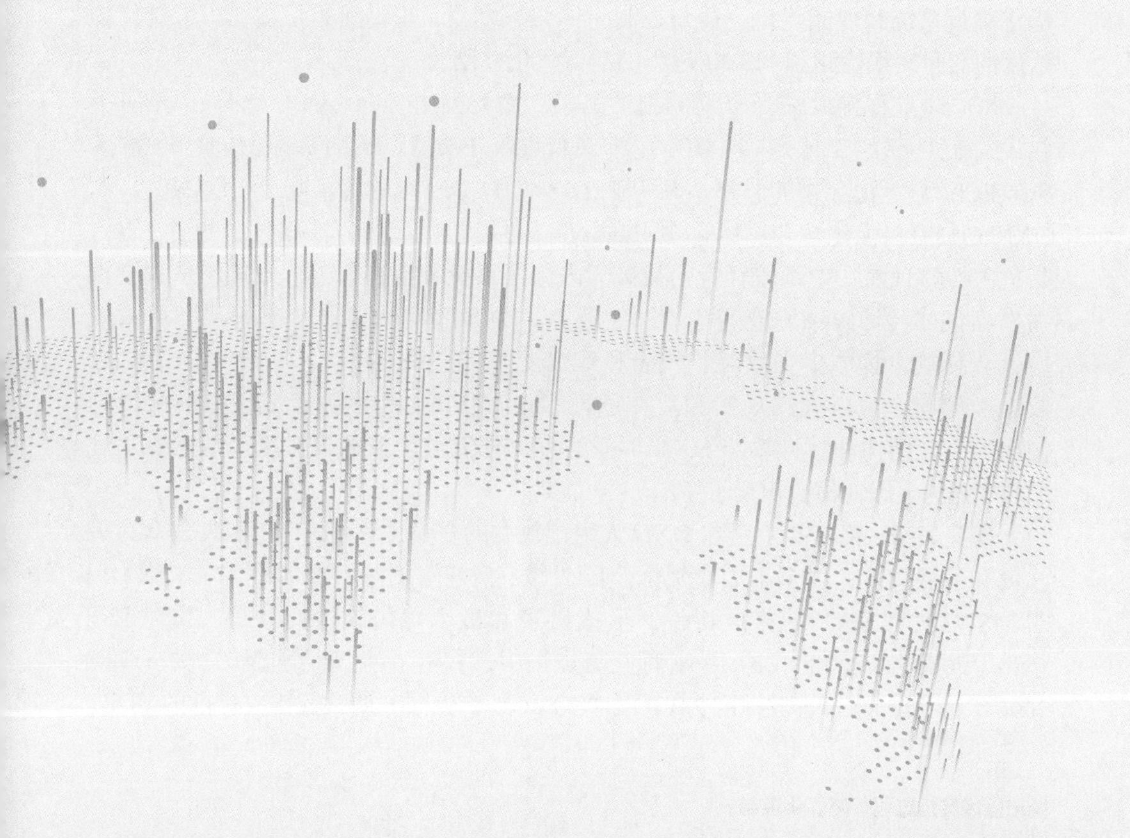

6.1 MSWI 过程的二噁英（DXN）检测

6.1.1 概述

研究表明，城市固废（MSW）的产生受多种因素共同影响，其中家庭大小、收入水平和受教育程度是主要因素，如文献 [1] 指出，MSW 的组成和产生速率依赖于社会、经济和环境条件。文献 [2] 认为城市固废焚烧（MSWI）企业的配置需要考虑环境条件、地区经济和社会因素。文献 [3] 将 MSW 管理定义为综合考虑成本和污染排放的多目标优化问题。与德国、瑞典、日本等国家相比，发展中国家在回收机制、处理技术和管理策略等方面仍存在很多亟待解决的问题[4]，尤其是污染物排放易超标[5,6]。研究表明，污染排放低的热解汽化炉主要分布在日本和欧洲[7]。针对我国现状，文献 [8] 指出我国 MSWI 的重点是预防烟气排放所造成的二次污染，需要研究适合我国 MSW 特性的本土化高级焚烧技术。显然，解决上述问题需要从环保规定、监督管理、工艺保障和控制策略等多个维度进行考虑。从控制学科的视角，途径之一是研究面向 MSWI 过程的智能优化控制系统、智能优化决策系统和智能优化决策与控制一体化系统[9]，首要问题是实现污染排放物浓度的实时在线检测和 MSWI 过程的运行优化控制[10]。

MWSI 过程排放最受争议的副产品是二噁英类化合物（DLC），DLC 是对多氯代二苯并 - 对 - 二噁英（PCDDs）、多氯代二苯并呋喃（PCDFs）和共面多氯联苯（Co-PCBs）等化合物的总称，其中 PCDDs 和 PCDFs 统称为二噁英（DXN）[11-12]。DXN 是具有极强化学和热稳定性的剧毒持久性有机污染物，被称为“世纪之毒”，其危害性体现在：中毒较轻者会被破坏内分泌系统和损害智力，中毒严重者会被损伤染色体和导致细胞癌变[12-13]。更甚者，DXN 在生物体内具有积累和放大效应，会导致生物体出现致畸、致癌和致突变等“三致”效应[14]，对生态环境以及人类健康产生巨大的现实和潜在危害[15]。如图 6-1 所示为造成美国旧金山湖泊污染，其结构和特性均与 DXN 类似的有机含氯类杀虫剂双对氯苯基三氯乙烷（DDT）的生态食物链积聚示意图。

研究表明，MSWI 占全球 DXN 人为排放源的 37.6%[16]，这也是引发公众高关注度和强烈抗议，以至于形成焚烧建厂“邻避效应”的重要原因[17-18]。文献 [19] 对 MSWI 过程 DXN 的排放特性、形成机理和最小化措施进行简述。文献 [20] 指出，2006 年调研的我国 19 座商业焚烧炉中，仅有 6 座满足欧盟的排放标准。2006年，我国DXN排放标准为 1.0 ng TEQ/m^3 [21]，为同时期欧盟排放标准的10倍。

2014 年，我国将排放标准提高为与欧盟一致的 0.1ng TEQ/m^3[22]。文献 [23] 测量了我国 10 座焚烧炉，DXN 排放浓度为 0.016 ～ 0.104ng TEQ/m^3，其中 9 座达标。

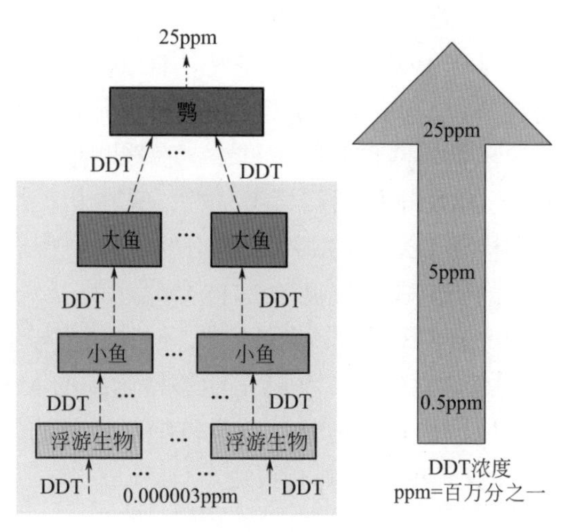

图 6-1　与 DXN 具有类似结构和特性的 DDT 生态食物链积聚示意图

针对 DXN 所带来的环境问题和健康隐患，国内科研人员进行了多个维度视角的研究 [24-28]，但 DXN 的组分多样性和性质差异性导致现有技术难以实现普适性检测 [29]。MSWI 排放的 DXN 浓度为超痕量气体，对检测技术的特异性、选择性和灵敏度要求很高 [30]。目前常用的 DXN 检测手段是高分辨气相色谱 - 高分辨率质谱联机（HRGC/HRMS）法、生物检测法以及免疫法等离线直接检测法 [31-32]，这类方法需要在线连续采样烟气 4 ～ 6h 后，在实验室进行离线和分析化验，需要近 1 周时间，因此具有周期长、滞后大、成本高等缺点 [33]。针对上述问题，文献 [34] 所提方法减少了操作时间，降低了有害溶剂消耗及成本，但仍未实现在线实时检测；文献 [35] 研制了对含 DXN 的排放烟气进行连续采样的装置，但仍然需要离线化验。目前，工业现场和环保部门监测 DXN 排放的主要手段仍然是上述具有复杂度高、滞后时间尺度大（月 / 周）、实验室化验分析等特点的离线直接检测法。

文献 [36] 指出，进行 DXN 排放浓度的在线测量对 MSWI 过程的优化控制是十分必要的。先检测与 DXN 具有密切映射关系的高浓度化学物质（如单氯苯）等指示物 / 关联物，再采用映射模型计算 DXN 排放浓度的在线间接检测法 [37]，是目前研究的热点 [38-43]；该类方法的目标是依据 DXN 排放浓度的在线检测值制定 MSWI 操作参数的调整策略，进而实现变工况下 MSWI 过程的控制与优化 [44]。文献 [45] 通过在线检测低挥发性有机氯（LVOCl）后进一步估计 DXN 排放浓度，将时间滞后尺度缩短至 1h。上述方法存在的问题是：指示物 / 关联物在线检测设备的高复杂性和低性价比导致此类方法难以工业应用，DXN 映射模型的精度也有待提升。此外，这类方法的时间滞后性难以满足以降低 DXN 排放为目标的 MSWI 过程的实时运行优化控制。因此，该方法具有检测设备复杂度高和造价昂贵、滞后时间尺度居中（小时）、在线测量等特点。

由以上内容可知，基于上述方法难以实现对 DXN 排放浓度的在线实时检测。软测量技术在工业过程难以检测参数的实时在线推理估计中得到了广泛应用，其具有检测设备复杂度要求低、滞后时间尺度小、在线测量等特点 [46]。面向 MSWI 过程，以少量样本构建 DXN 排放回归模型 [47-48]，采用相关性分析、主成分分析（PCA）确定输入变量构建 DXN 排放神经网络软测量模型 [33] 等研究均有报道。我国基于控制学科视角的研究成果仅见于 2015 年结题的以“二噁英软测量精简化建模研究”为目标的国家自然科学基金项目 [49]，但其建模样本数量极为稀少，所以其模型精度也有待提高。总体上，文献中能够检索到的 MSWI 过程 DXN 排放软测量成果较少 [50-51]。以国内正在运行、数量占绝对优势的炉排炉的实际数据进行 DXN 排放浓度软测量建模的研究鲜有报道。

6.1.2 DXN 描述

MSWI 过程排放 DXN 的现象在 1977 年首次引起科研人员的关注 [52]，研究表明，DXN 的 210 种同类物中包括 5 种 PCDDs 和 135 种 PCDFs [17]，其中剧毒有 30 种。文献 [53] 指出 17 种主要 PCDD/F 同类物中仅有 3 种是线性独立的。图 6-2 为 DXN 的两种最常见结构。

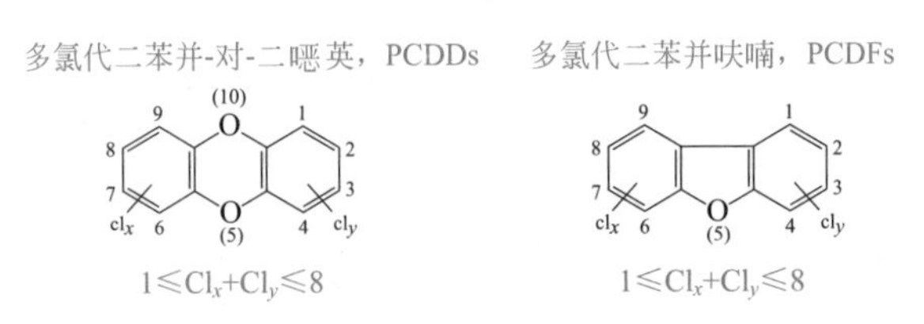

图 6-2 PCDDs 与 PCDFs 分子结构图

在所有的同类物中，毒性最强的 2, 3, 7, 8- 四氯代二苯并二噁英（TCDD）已被世界卫生组织首批列入 12 种持久性有机污染物 [54]。2001 年，DXN 被列入以减少、消除和防范持久性有机污染物对人类健康和生态环境危害为宗旨的《斯德哥尔摩公约》[55]，其主要来源包括：城市和工业固体废物焚烧过程、含氯化学品及农药生产过程、纸浆和造纸工业的氯气漂白过程等。文献 [56] 指出，因工业结构和垃圾处理方式与西方的差异导致我国 DXN 来源有所不同。文献 [18] 指出，我国 2004 年排放 10.211kg 毒性当量（TEQ）的 DXN，其中空气中 5.0kg TEQ，水体中 0.041kg TEQ，产品中 0.17kg TEQ，通过残渣、飞灰等环境排放 5.0kg TEQ。统计表明，2010 年后我国 MSW 焚烧炉的数量急剧增长。因此，MSWI 过程排放的 DXN 占全部人为来源的比例在我国将逐渐增加。

6.1.3 面向 DXN 排放的 MSWI 过程描述

MSWI 的主要设备包括焚烧炉、移动炉排、余热锅炉和尾气处理设备等，其中，焚烧炉将 MSW 转化为残渣、灰尘、烟气与热量，位于焚烧炉底部的移动炉排促使 MSW 有效和完全燃烧，余热锅炉产生蒸汽，推动汽轮机产生电力，烟气中的灰尘和污染物通过尾气处理设备净化后排入大气。其工艺过程如图 6-3 所示。

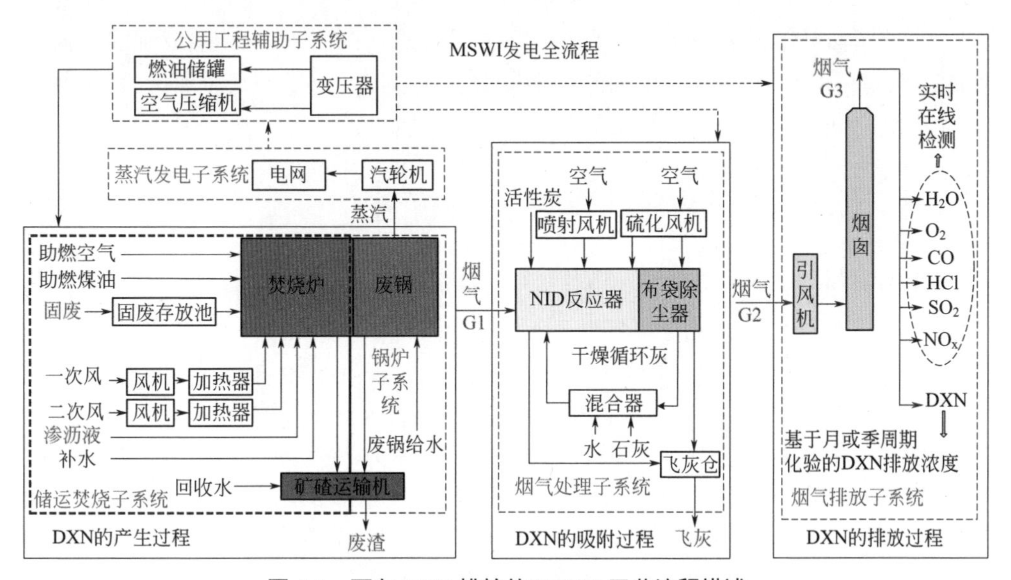

图 6-3 面向 DXN 排放的 MSWI 工艺流程描述

结合图 6-3 可知，MSWI 包含了 DXN 的生成、吸附和排放 3 个子过程，其分别包含在标记为 G1、G2 和 G3 的烟气中。这些不同阶段的烟气中所包含的 DXN 浓度具有差异性。研究表明，除了 MSW 中原本含有的 DXN，在焚烧炉和余热锅炉内的“加热 - 燃烧 - 冷却”过程也产生 DXN。为保证有毒有机物的有效分解，焚烧烟气应达到至少 850℃并保持至少 2s。在到达该温度之前，DXN 在不同温度区域的产生机理具有差异性。

在焚烧阶段，DXN 的生成过程可表示为：

$$f_{\mathrm{DXN}}^{\mathrm{generation}}(\cdot): \qquad f_{\mathrm{DXN}}^{1_{\mathrm{tempreture}}}(\cdot) \Rightarrow \cdots \Rightarrow f_{\mathrm{DXN}}^{j_{\mathrm{tempreture}}}(\cdot) \Rightarrow \cdots \Rightarrow f_{\mathrm{DXN}}^{J_{\mathrm{tempreture}}} \tag{6-1}$$

式中，$f_{\mathrm{DXN}}^{j_{\mathrm{tempreture}}}(\cdot)$ 表示 DXN 产生的第 $j_{\mathrm{tempreture}}$th 温度区域。

在烟气处理阶段，石灰和活性炭被喷射入反应器，用以移除酸性气体和吸附 DXN 及某些重金属，再经袋式过滤器过滤后通过引风机排入烟囱。此处将 DXN 的吸附处理过程标记为 $f_{\mathrm{DXN}}^{\mathrm{absorption}}(\cdot)$。需要指出的是，此阶段存在的 DXN 记忆效应

$f_{DXN}^{memory}(\cdot)$也会导致排放浓度增加，但其机理目前仍未清晰。

通常，上述炉内燃烧和烟气处理阶段中与 DXN 产生和吸收相关的过程变量以秒为周期，由分布式控制系统（DCS）采集与存储。同时，排放烟气中的易检测气体（CO、HCl、SO_2 和 HF 等）的浓度通过在线检测仪表实时检测，这些易检测气体与 DXN 间的映射关系可表述为 $f_{DXN}^{stackgas}(\cdot)$。焚烧企业或环保部门通常以月或季为周期对 DXN 排放浓度采用直接检测法离线化验。综上，MSWI 过程中与 DXN 排放浓度相关的流程可表示为：

$$f_{DXN}^{generation}(\cdot) \Rightarrow f_{DXN}^{absorption}(\cdot) \Rightarrow f_{DXN}^{stackgas}(\cdot) \tag{6-2}$$

因此，MSWI 过程的 DXN 排放存在如下特点：第一、DXN 生成和吸附阶段的机理复杂不清，难以构建精确的数学模型进行描述；第二、工业现场 DXN 排放浓度检测周期长、成本高，导致可标记建模样本稀缺。

6.1.4 MSWI 过程的 DXN 生成描述

因国情和区域差异，MSW 的组分具有复杂性、多样性和不均匀性等特点。文献 [57] 首先提出建立在氯酚反应基础上的 DXN 气相生成模型。文献 [17] 将 DXN 生成反应分为新规合成和基于氯酚等前驱物生成 2 类，其中前者表示由未燃烬的炭与多种碳氢化合物进行氧化生成杂环碳氢化合物再氯化后生成，后者表示前驱物经聚化反应生成。文献 [58] 对炉内 DXN 生成、飞灰表面催化反应、新规合成等模型进行比较。虽然不同研究者所提出的 DXN 生成模型具有差异性，但影响 DXN 生成的主要物质保持不变，包括氯、氧气、铜、硫、水、氨和尿素等[59]。文献 [60] 给出了 MSW 燃烧中和燃烧后的 DXN 生成模式。依据 DXN 的生成机理和反应条件，文献 [61] 将焚烧过程分为如图 6-4 所示的 5 个不同区域，即预热区、炉膛反应区、高温换热区、低温换热区和灰渣区。

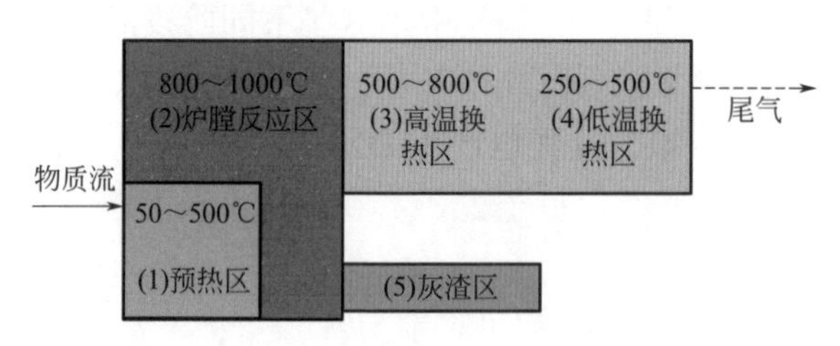

图 6-4　MSWI 过程 DXN 生成区域示意图

图 6-4 中：①预热区的温度在 50 ～ 500℃之间，释放固废中含有的 DXN 类物质，其中 DXN 前驱物通过化学反应生成 DXN，在此区域内释放和生成的 DXN 将进入炉膛反应区；②炉膛反应区的温度在 800 ～ 1000℃之间，理论上预热区内释放和生成的 DXN 及前驱物会被高温分解，此阶段分解状况的好坏将影响后续

阶段 DXN 类物质的再生成；③高温换热区的温度在 500 ～ 800℃之间，此区域 DXN 的生成以高温蒸汽为主，与低温换热区和灰渣区相比具有生成时间短、生成量少等特点，以高温气相反应为主且满足一阶动力学反应模型；④低温换热区的温度在 250 ～ 500℃之间，主要进行前驱物表面催化生成和新规合成，其中前者包括 DXN 的生成、解吸附、脱氯和分解，后者受碳形态、催化剂、含氧量以及反应区温度的影响，分为气态氧被金属化学吸收、碳被氧化、碳结构被分解、碳结构卤化与脱卤反应产生芳香烃和 DXN 以及 DXN 分解转化等；⑤灰渣区以新规合成为主，研究表明烟气中的残碳含量和含氧量与新规合成的 DXN 量成正比。

6.1.5 DXN 排放的控制措施

文献 [62] 指出，通过优化 MSWI 过程操作参数实现 DXN 排放浓度最小化是焚烧企业当前的关注焦点。文献 [63] 综述的 DXN 排放控制措施如下。

① 良好的燃烧实践经验与末端处理（洗涤处理与布袋除尘）相结合，前者包含：原料与进料控制、燃烧效率最大化与余热锅炉状态管理、MSWI 过程变量控制与监视、故障安全与应急系统等。难点在于：一是含有大量氯的原料使 DXN 排放浓度很难控制，二是 MSWI 过程存在的难以解释的 DXN 记忆效应现象导致 DXN 排放浓度具有不确定性。

② 采用基于 NH_3-SCR 催化剂、NH_3 和尿素的选择性催化还原措施，将重新加热的烟气注入催化反应器以促使高温下 DXN 进行氧化，缺点是投资高、运行成本高和需要控制催化剂供给量。

③ 注入循环使用的硫化合物，需要对原料进行粉碎等处理。存在缺点：一是该方法会毒化金属催化剂的表面层、增加 SO_2 排放浓度和电厂运行成本，二是未燃烧物质增加 DXN 生成量。

④ 注入氮化合物，其优点是不会毒化金属催化剂表面层，但其他相关检测研究还鲜有报道。

对比可知，措施①从工程技术角度较容易实现并且具有费用低和效率高的优点，注入氮或硫化合物的措施②或③可取得降低 DXN 排放的效果，采用选择性催化还原措施的措施③有效但导致成本增加，使得焚烧过程低效。

文献 [64] 针对工业硫化炉采用以硫脲为抑制剂进行 DXN 和 NO_x 同时控制的实验。文献 [65] 建立基于电子束辐照去除 DXN 的动力学模型。文献 [66] 评估垃圾衍生燃料（RDF）- 焚烧模式和 MSW- 煤混烧方式，指出因 RDF 具有更高的能量回收效率使得前者更有利于控制污染排放，认为杭州区域 MSWI 过程存在的问题在于其低效的 MSW 源头分离模式。文献 [67] 给出了固废气化燃烧过程中同时控制 DXN 和氮氧化物浓度的实验参数。文献 [68] 指出采用活性炭吸附处理烟气中的 DXN 仅是将其转移到飞灰中，采用抑制剂防止 DXN 生成才是当前的研究热点。文献 [23] 给出不同烟气净化方式对 DXN 排放的影响，表明有效的末端处置装置有利于 DXN 的减排。

文献 [69] 以常州市为例，对 3 种不同类型的烟气处理技术进行评价，指出应从 MSWI 过程全生命周期考虑选择哪种类型的末端处理装置。

由上述描述可知，目前的 DXN 减排措施主要是从机理和工艺流程的视角入手，均未与 MSWI 过程的控制参数直接优化相关，其原因在于 DXN 排放浓度难以实时测量。因此，构建数据驱动的 MSWI 过程 DXN 排放浓度软测量模型是首先需要解决的问题。

6.2 基于多层特征选择的二噁英排放浓度软测量

6.2.1 概述

面向 MSWI 过程 DXN 排放浓度软测量的已有研究包括：依据机理和经验选择的输入特征，文献 [47-48,70] 采用数十年前欧美研究机构针对不同类型焚烧炉采集的小样本数据，基于线性回归、人工神经网络（ANN）、选择性集成（SEN）最小二乘 - 支持向量机（LS-SVM）等方法构建模型；文献 [33] 选用我国台湾省某 MSWI 厂 4 年多的实际过程数据，综合相关性分析、主成分分析（PCA）和人工神经网络（ANN）等算法，从 23 个易检测过程变量中选择 13 个为输入构建 DXN 软测量模型，指出贡献率较大的输入特征为活性炭注入频率、烟囱排放气体 HCL 浓度和混合室温度；文献 [71] 以炉膛温度、锅炉出口烟温、烟气流量、SO_2 浓度、HCL 浓度及颗粒物浓度为输入变量构建了基于支持向量机（SVM）的 DXN 排放浓度与毒性当量预测模型。实际 MSWI 过程的变量有数百维，这些变量在不同程度上均与 DXN 的生成、吸附与排放相关 [72]。上述过程均未结合 MSWI 过程的多工序特性和变量间的共线性进行特征选择。此外，DXN 软测量的标记样本难以获得，建模中应考虑如何解决小样本高维数据的特征选择问题。

特征选择的本质就是去除原始数据中的“无关特征”与“冗余特征”，保留重要特征。从消除“无关特征”的视角，应考虑 MSWI 过程中的单个特征（自变量）和 DXN 排放浓度（因变量）间的相关程度。文献 [73] 对高维数据利用相关系数进行维数约简，缩短运算时间和建模复杂度。文献 [74] 提出基于相关系数的多目标半监督特征选择方法。但研究表明，基于相关系数的线性方法难以描述自变量与因变量间的复杂任意映射关系[75]。文献 [76] 指出互信息对特征间的相关性具有良好的表征能力。文献 [77] 提出基于个体最佳互信息的特征选择方法。文献 [78] 提出基于条件互信息的特征选择方法，能够有效地对上一步所选择的特征进行评价。由此可知，相关系数与互信息均可以表征自变量和因变量间的相关性[74-79]；前者的着重点在于线性关系，后者的着重点在于非线性关系[80-81]。针对实际的复杂工业过程，自变量和因变量间的映射关系难以采用单一的线性或非线性进行统一表征。上述这些方法均未考虑如何进行特征的自适应选择。

在获得与 DXN 具有较好相关性单输入特征的基础上，从消除“冗余特征”的视角，主要考虑 MSWI 过程众多过程变量间的冗余性。文献 [82] 采用相关系数表示已选特征与当前特征之间的冗余性。文献 [46] 提出采用 PCA 解决变量间的共线性问题，但所提取的潜在变量破坏了原始特征的自身物理含义。文献 [83] 提出改进岭回归方法的回归系数为有偏估计量，从而处理多重共线性问题。文献 [84] 验证了偏最小二乘（PLS）算法对输入特征间的多重共线性问题有良好的解释与分解能力。文献 [85] 提出了结合遗传算法（GA）全局优化搜索能力和 PLS 算法多重共线性处理能力的特征选择方法，即遗传 - 偏最小二乘（GA-PLS）算法。汤健等人的研究表明，GA-PLS 对高维谱数据具有良好的选择性[86]，但在面对小样本高维数据时，GA 的随机性导致其每次特征选择的结果存在着差异性，有必要对多次选择的特征进行统计，以提高鲁棒性和可解释性。

本节进行特征选择的目标是提高软测量模型的预测性能和可解释性。此外，上述特征选择过程主要从数据驱动视角出发，样本数量有限时可能存在偏差。依据已有的研究成果和先验知识，有必要扩充机理含义明确的重要特征，使得软测量模型更具可解释性并且符合焚烧过程的 DXN 排放特性，进而为后续的优化控制研究提供支撑。

综上，本节提出基于多层特征选择的 MSWI 过程 DXN 排放浓度软测量方法。首先，从单特征与 DXN 相关性视角，结合相关系数和互信息构建综合评价值指标，实现 MSWI 多个子系统过程变量的第 1 层特征选择；其次，从多特征冗余性和特征选择鲁棒性视角，多次运行基于 GA-PLS 的特征选择算法，实现第 2 层特征选择；最后，结合上层选择特征的统计频次、模型预测性能及机理知识进行第 3 层特征选择，构建得到 DXN 排放浓度软测量模型。结合某 MSWI 厂的多年 DXN 排放浓度实际检测数据验证了所提方法的有效性。

6.2.2 建模策略

结合焚烧工艺将 MSWI 过程分为 6 个子系统，即焚烧、锅炉、烟气处理、蒸汽发电、烟气排放、公用工程。本节中，软测量模型的输入数据 $\boldsymbol{X} \in \mathbb{R}^{N \times P}$ 包括 N

个样本（行）和 P 个变量（列），其源于 MSWI 流程的不同子系统。此处，将第 ith 子系统的输入数据表示为 $\boldsymbol{X}_i \in \mathbb{R}^{N \times P_i}$，即存在如下关系：

$$\boldsymbol{X} = \left[\boldsymbol{X}_1, \cdots, \boldsymbol{X}_i, \cdots, \boldsymbol{X}_I\right] = \left\{\boldsymbol{X}_i\right\}_{i=1}^{I} \tag{6-3}$$

$$P = P_1 + \cdots + P_i + \cdots + P_I = \sum_{i=1}^{I} P_i \tag{6-4}$$

式中，I 为子系统个数；P_i 为第 ith 子系统包含的输入特征个数。

相应地，输出数据 $\boldsymbol{y} = \left\{y_n\right\}_{n=1}^{N} \in \mathbb{R}^{N \times 1}$ 包括 N 个样本（行），其来源于采用离线直接检测法得到的 DXN 检测样本。

显然，模型的输入 / 输出数据在时间尺度上具有较大的差异性：过程变量以秒为单位在 DCS 系统采集与存储，DXN 排放浓度以月 / 季为周期离线直接化验获得，故存在 $N \ll P$。

为便于后文描述和理解，将 $\boldsymbol{X}_i$ 改写为如下形式：

$$\begin{aligned}\boldsymbol{X}_i &= \left[\left\{\left(x_n^1\right)_i\right\}_{n=1}^{N}, \cdots, \left\{\left(x_n^{p_i}\right)_i\right\}_{n=1}^{N}, \cdots, \left\{\left(x_n^{P_i}\right)_i\right\}_{n=1}^{N}\right] \\ &= \left[\left(\boldsymbol{x}^1\right)_i, \cdots, \left(\boldsymbol{x}^{p_i}\right)_i, \cdots, \left(\boldsymbol{x}^{P_i}\right)_i\right] \\ &= \left\{\left(\boldsymbol{x}^{p_i}\right)_i\right\}_{p_i=1}^{P_i}\end{aligned} \tag{6-5}$$

式中，$\left(\boldsymbol{x}^{p_i}\right)_i$ 为第 ith 子系统的第 p_ith 输入特征；$\boldsymbol{x}^{p_i} = \left\{x_n^{p_i}\right\}_{n=1}^{N}$ 为列向量。

本节提出基于多层特征选择的 MSWI 过程 DXN 排放浓度软测量策略，如图 6-5 所示。

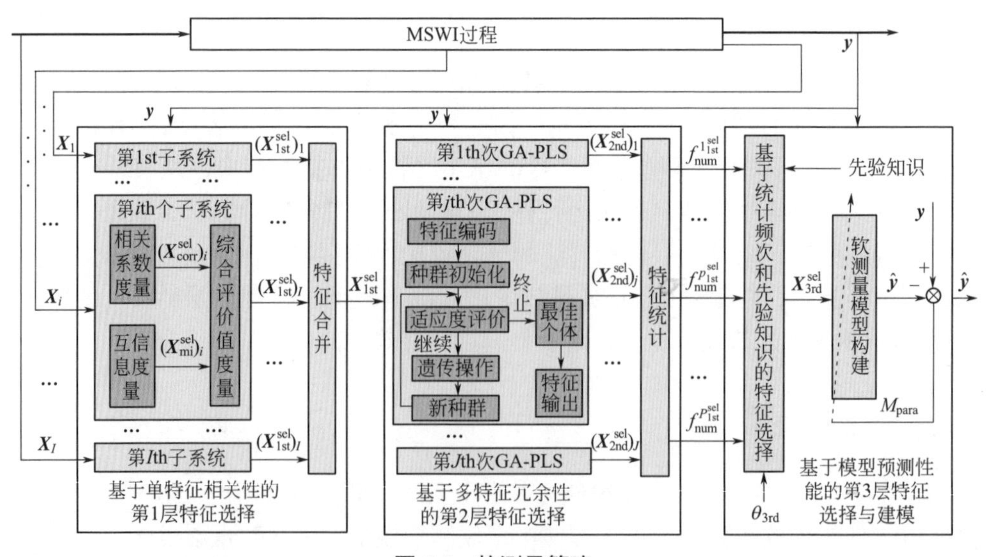

图 6-5　软测量策略

在图 6-5 中，$\left(\boldsymbol{X}_{\text{corr}}^{\text{sel}}\right)_i$ 和 $\left(\boldsymbol{X}_{\text{mi}}^{\text{sel}}\right)_i$ 表示针对第 ith 子系统的输入特征采用相关系数和互信息度量所选择的候选特征集合；$\left(\boldsymbol{X}_{\text{1st}}^{\text{sel}}\right)_i$ 表示对基于相关系数法和互信息法所选择的候选特征集合采用综合评价值度量所选择的对第 ith 子系统的第 1 层特征；$\boldsymbol{X}_{\text{1st}}^{\text{sel}}$ 表示串行组合全部子系统的第 1 层特征所得到的基于单特征相关性的第 1 层特征；$\left(\boldsymbol{X}_{\text{2nd}}^{\text{sel}}\right)_j$ 表示运行第 jth 次 GA-PLS 算法所选择的基于多特征冗余性的第 2 层特征；$f_{\text{num}}^{p_{\text{1st}}^{\text{sel}}}$ 表示第 1 层特征中第 $p_{\text{1st}}^{\text{sel}}$th 特征被选择的次数；$\boldsymbol{X}_{\text{3rd}}^{\text{sel}}$ 表示依据特征选择阈值 θ_{3rd} 和先验知识从 $\boldsymbol{X}_{\text{1st}}^{\text{sel}}$ 中所选择的第 3 层特征；M_{para} 表示软测量模型的参数；$\hat{\boldsymbol{y}}$ 表示预测值。

6.2.3 建模算法

（1）基于单特征相关性的第 1 层特征选择

① 基于相关系数的单特征相关性度量　首先，计算不同原始输入特征与 DXN 排放浓度间的原始相关系数。此处以第 ith 子系统的第 pth 输入特征 $\left(x^{p_i}\right)_i=\left\{\left(x_n^{p_i}\right)_i\right\}_{n=1}^{N}$ 为例进行描述：

$$\left(\xi_{\text{corr\_ori}}^{p_i}\right)_i=\frac{\sum_{n=1}^{N}\left[\left(\left(x_n^{p_i}\right)_i-\bar{x}_{p_i}\right)\left(y_n-\bar{y}\right)\right]}{\sqrt{\sum_{n=1}^{N}\left(\left(x_n^{p_i}\right)_i-\bar{x}_{p_i}\right)^2}\sqrt{\sum_{n=1}^{N}\left(y_n-\bar{y}\right)^2}} \tag{6-6}$$

式中，$\bar{x}_{p_i}$、$\bar{y}$ 分别为第 ith 子系统的第 pth 输入特征及 DXN 排放浓度 N 个建模样本的平均值。将原始相关系数 $\left(\xi_{\text{corr\_cri}}^{p_i}\right)_i$ 进行如下预处理：

$$\left(\xi_{\text{corr}}^{p_i}\right)_i=\left|\left(\xi_{\text{corr\_ori}}^{p_i}\right)_i\right| \tag{6-7}$$

式中，$|\cdot|$ 表示绝对值。

重复上述过程，获得全部原始输入特征的相关系数并记为 $\left\{\xi_{\text{corr}}^{p_i}\right\}_{p_i=1}^{P_i}$。结合依据经验确定的比例系数 f_i^{corr}（默认值为 1），将基于相关系数选择输入特征的阈值 θ_i^{corr} 采用如下公式计算：

$$\theta_i^{\text{corr}}=f_i^{\text{corr}}\frac{1}{p_i}\sum_{p_i=1}^{P_i}\left(\xi_{\text{corr}}^{p_i}\right)_i \tag{6-8}$$

式中，f_i^{corr} 为第 ith 子系统的权重因子。当该值大于 1 时表示从该子系统选择较少的特征。反之选择较多的特征。其可以依据子系统与 DXN 排放浓度的先验知识进行预设定。为求取其最大值 $\left(f_i^{\text{corr}}\right)_{\max}$ 和最小值 $\left(f_i^{\text{corr}}\right)_{\min}$，定义函数：

$$\Gamma_1\left(\left(\xi_{\text{corr}}^{p_i}\right)_i,p_i\right)=\frac{\max\left(\left(\xi_{\text{corr}}^{1}\right)_i,\cdots,\left(\xi_{\text{corr}}^{p_i}\right)_i,\cdots,\left(\xi_{\text{corr}}^{P_i}\right)_i\right)}{\frac{1}{p_i}\sum_{p_i=1}^{P_i}\left(\xi_{\text{corr}}^{p_i}\right)_i}$$

$$\Gamma_2\left(\left(\xi_{\text{corr}}^{p_i}\right)_i,p_i\right)=\frac{\min\left(\left(\xi_{\text{corr}}^{1}\right)_i,\cdots,\left(\xi_{\text{corr}}^{p_i}\right)_i,\cdots,\left(\xi_{\text{corr}}^{P_i}\right)_i\right)}{\dfrac{1}{p_i}\sum\limits_{p_i=1}^{P_i}\left(\xi_{\text{corr}}^{p_i}\right)_i}$$

$\left(f_i^{\text{corr}}\right)_{\max}$ 和 $\left(f_i^{\text{corr}}\right)_{\min}$ 的计算如下式所示：

$$\begin{cases}\left(f_i^{\text{corr}}\right)_{\max}=\Gamma_1\left(\left(\xi_{\text{corr}}^{p_i}\right)_i,p_i\right)\\ \left(f_i^{\text{corr}}\right)_{\min}=\Gamma_2\left(\left(\xi_{\text{corr}}^{p_i}\right)_i,p_i\right)\end{cases}\tag{6-9}$$

以 θ_i^{corr} 作为阈值，定义函数 $\Psi\left(\left(\xi_{\text{corr}}^{p_i}\right)_i,\theta_i^{\text{corr}}\right)=\begin{cases}1, & \left(\xi_{\text{corr}}^{p_i}\right)_i\geqslant\theta_i^{\text{corr}}\\ 0, & \left(\xi_{\text{corr}}^{p_i}\right)_i<\theta_i^{\text{corr}}\end{cases}$，表示第 ith 子系统的第 p_ith 输入特征的选择准则如下式所示：

$$\alpha_i^{p_i}=\Psi\left(\left(\xi_{\text{corr}}^{p_i}\right)_i,\theta_i^{\text{corr}}\right)\tag{6-10}$$

选择其中 $\alpha_i^{p_i}=1$ 的特征 $\left(\boldsymbol{x}^{p_i}\right)_i$ 作为基于相关系数选择的候选特征并将其标记为 $\left(\boldsymbol{x}^{(p_i)_{\text{corr}}^{\text{sel}}}\right)_i$。对第 ith 子系统的全部原始输入特征执行上述过程，并将所选择的候选特征标记为：

$$(\boldsymbol{X}_{\text{corr}}^{\text{sel}})_i=\left[\left(\boldsymbol{x}^1\right)_i,\cdots,(\boldsymbol{x}^{(p_i)_{\text{corr}}^{\text{sel}}})_i,\cdots,(\boldsymbol{x}^{(p_i)_{\text{corr}}^{\text{sel}}})_i\right]\tag{6-11}$$

式中，$(P_i)_{\text{corr}}^{\text{sel}}$ 为基于相关系数选择的第 ith 子系统过程变量的个数。

对全部子系统重复上述过程，则基于相关系数度量选择的特征可标记为 $\left\{\left(\boldsymbol{X}_{\text{corr}}^{\text{sel}}\right)_i\right\}_{i=1}^{I}$。

② 基于互信息的单特征相关性度量　首先，计算不同原始输入特征与 DXN 排放浓度间的互信息值。以第 ith 子系统的第 pth 输入特征 $\left(\boldsymbol{x}^{p_i}\right)_i$ 为例，如下式所示：

$$\left(\xi_{\text{mi}}^{p_i}\right)_i=\sum_{n=1}^{N}\sum_{n=1}^{N}\left\{p_{\text{rob}}\left(\left(x_n^{p_i}\right)_i,y_n\right)\log_2\left(\frac{p_{\text{rob}}\left(\left(x_n^{p_i}\right)_i,y_n\right)}{p_{\text{rob}}\left(\left(x_n^{p_i}\right)_i\right)p_{\text{rob}}\left(y_n\right)}\right)\right\}\tag{6-12}$$

式中，$p_{\text{rob}}\left(\left(x_n^{p_i}\right)_i,y_n\right)$ 为联合概率密度；$p_{\text{rob}}\left(\left(x_n^{p_i}\right)_i\right)$ 和 $p_{\text{rob}}(y_n)$ 为边际概率密度。

重复上述过程，获得全部原始输入特征的互信息值并记为 $\left\{\xi_{\text{mi}}^{p_i}\right\}_{p_i=1}^{P_i}$。结合依据经验确定的比例系数 f_i^{mi}（默认值为 1），将基于互信息选择输入特征的阈值 θ_i^{mi} 采用如下公式计算：

$$\theta_i^{\text{mi}}=f_i^{\text{mi}}\frac{1}{p_i}\sum_{p_i=1}^{P_i}\left(\xi_{\text{mi}}^{p_i}\right)_i\tag{6-13}$$

式中，f_i^{mi} 为第 ith 子系统的权重因子。当该值大于 1 时表示从该子系统选择较少的特征，反之选择较多的特征，可以依据子系统与 DXN 排放浓度的先验知识进行预设定。其最大$\left(f_i^{\mathrm{mi}}\right)_{\max}$ 和最小值$\left(f_i^{\mathrm{mi}}\right)_{\min}$ 采用如下公式进行计算：

$$\begin{cases}\left(f_i^{\mathrm{mi}}\right)_{\max}=\Gamma_1\left(\left(\xi_{\mathrm{mi}}^{p_i}\right)_i,p_i\right)\\\left(f_i^{\mathrm{mi}}\right)_{\min}=\Gamma_2\left(\left(\xi_{\mathrm{mi}}^{p_i}\right)_i,p_i\right)\end{cases}\tag{6-14}$$

以 θ_i^{mi} 作为阈值，第 ith 系统的第 p_ith 输入特征的选择准则如下所示：

$$\beta_i^{p_i}=\Psi\left(\left(\xi_{\mathrm{mi}}^{p_i}\right)_i,\theta_i^{\mathrm{corr}}\right)\tag{6-15}$$

选择其中 $\beta_i^{p_i}=1$ 的特征$\left(\boldsymbol{x}^{p_i}\right)_i$ 作为基于互信息选择的候选特征，并将其标记为$\left(\boldsymbol{x}^{(p_i)_{\mathrm{mi}}^{\mathrm{sel}}}\right)_i$。对第 ith 子系统的全部输入特征执行上述过程，并将所选择的候选特征标记为：

$$\left(\boldsymbol{X}_{\mathrm{mi}}^{\mathrm{sel}}\right)_i=\left[\left(\boldsymbol{x}^1\right)_i,\cdots,\left(\boldsymbol{x}^{(p_i)_{\mathrm{mi}}^{\mathrm{sel}}}\right)_i,\cdots,\left(\boldsymbol{x}^{(P_i)_{\mathrm{mi}}^{\mathrm{sel}}}\right)_i\right]\tag{6-16}$$

式中，$(P_i)_{\mathrm{mi}}^{\mathrm{sel}}$ 为基于互信息选择的第 ith 子系统全部特征的个数。

对全部子系统重复上述过程，基于互信息度量选择的特征可标记为$\left\{\left(\boldsymbol{X}_{\mathrm{mi}}^{\mathrm{sel}}\right)_i\right\}_{i=1}^{I}$。

（2）基于综合评价值的单特征相关性度量

以第 ith 子系统为例，同时考虑具有相关系数和互信息贡献度的输入特征在$\left(\boldsymbol{X}_{\mathrm{mi}}^{\mathrm{sel}}\right)_i$ 和$\left(\boldsymbol{X}_{\mathrm{corr}}^{\mathrm{sel}}\right)_i$ 中得到新的候选特征集合，其策略为：

$$\begin{aligned}\left(\boldsymbol{X}_{\mathrm{corr\_mi}}^{\mathrm{sel}}\right)_i&=\left(\boldsymbol{X}_{\mathrm{mi}}^{\mathrm{sel}}\right)_i\cap\left(\boldsymbol{X}_{\mathrm{corr}}^{\mathrm{sel}}\right)_i\\&=\left[\left(\boldsymbol{x}^1\right)_i,\cdots,\left(\boldsymbol{x}^{(p_i)_{\mathrm{corr\_mi}}^{\mathrm{sel}}}\right)_i,\cdots,\left(\boldsymbol{x}^{(p_i)_{\mathrm{corr\_mi}}^{\mathrm{sel}}}\right)_i\right]\end{aligned}\tag{6-17}$$

式中，$\cap$ 表示取交集；$\boldsymbol{X}_i^{(p_i)_{\mathrm{corr\_mi}}^{\mathrm{sel}}}$ 为第 ith 系统的第$(p_i)_{\mathrm{corr_mi}}^{\mathrm{sel}}$ th 候选特征，对应的相关系数值与互信息值为$\left(\xi_{\mathrm{corr}}^{(p_i)_{\mathrm{corr_mi}}^{\mathrm{sel}}}\right)_i$ 和$\left(\xi_{\mathrm{mi}}^{(p_i)_{\mathrm{corr_mi}}^{\mathrm{sel}}}\right)_i$。

为消除不同输入特征的相关系数值和互信息值的大小所导致的差异性，按如下公式进行标准化处理：

$$\left(\zeta_{\mathrm{corr\_norm}}^{(p_i)_{\mathrm{corr\_mi}}^{\mathrm{sel}}}\right)_i=\frac{\left(\zeta_{\mathrm{corr}}^{(p_i)_{\mathrm{corr\_mi}}^{\mathrm{sel}}}\right)_i}{\sum\limits_{(P_i)_{\mathrm{corr\_mi}}^{\mathrm{sel}}=1}^{(P_i)_{\mathrm{corr\_mi}}^{\mathrm{sel}}}\left(\zeta_{\mathrm{corr}}^{(p_i)_{\mathrm{corr\_mi}}^{\mathrm{sel}}}\right)_i}\tag{6-18}$$

$$\left(\zeta_{\mathrm{mi\_norm}}^{(p_i)_{\mathrm{corr\_mi}}^{\mathrm{sel}}}\right)_i=\frac{\left(\zeta_{\mathrm{mi}}^{(p_i)_{\mathrm{corr\_mi}}^{\mathrm{sel}}}\right)_i}{\sum\limits_{(P_i)_{\mathrm{corr\_mi}}^{\mathrm{sel}}=1}^{(P_i)_{\mathrm{corr\_mi}}^{\mathrm{sel}}}\left(\zeta_{\mathrm{mi}}^{(p_i)_{\mathrm{corr\_mi}}^{\mathrm{sel}}}\right)_i}\tag{6-19}$$

式中，$\left(\zeta_{\text{corr\_norm}}^{(p_i)_{\text{corr\_mi}}^{\text{sel}}}\right)_i$ 和 $\left(\zeta_{\text{mi\_norm}}^{(p_i)_{\text{corr\_mi}}^{\text{sel}}}\right)_i$ 分别为第 ith 子系统的第 $p_{\text{corr_mi}}^{\text{sel}}$th 标准化的相关系数值和互信息值。

本节新定义一种候选输入特征的综合评价值 $\zeta_i^{(p_i)_{\text{corr\_mi}}^{\text{sel}}}$，表示形式为：

$$\zeta_{\text{corr\_mi}}^{(p_i)_{\text{corr\_mi}}^{\text{sel}}} = k_i^{\text{corr}} \zeta_{\text{corr\_norm}}^{(p_i)_{\text{corr\_mi}}^{\text{sel}}} + k_i^{\text{mi}} \zeta_{\text{mi\_norm}}^{(p_i)_{\text{corr\_mi}}^{\text{sel}}} \tag{6-20}$$

式中，k_i^{corr} 和 k_i^{mi} 表示比例系数（默认取值为 0.5），满足 $k_i^{\text{corr}} + k_i^{\text{mi}} = 1$。

重复上述过程，获得全部候选输入特征的综合评价值并记为 $\left\{\zeta_{\text{corr\_mi}}^{(p_i)_{\text{corr\_mi}}^{\text{sel}}}\right\}_{(p_i)_{\text{corr\_mi}}^{\text{sel}}=1}^{(P_i)_{\text{corr\_mi}}^{\text{sel}}}$。

结合依据经验确定的比例系数 $f_i^{\text{corr\_mi}}$（默认值为 1），将基于综合评价值选择输入特征的阈值 θ_i^{1stsel} 采用下式进行计算：

$$\theta_i^{\text{1stsel}} = f_i^{\text{corr\_mi}} \frac{1}{(P_i)_{\text{corr\_mi}}^{\text{sel}}} \sum_{(p_i)_{\text{corr\_mi}}^{\text{sel}}}^{(P_i)_{\text{corr\_mi}}^{\text{sel}}} \left(\zeta_{\text{corr\_mi}}^{(p_i)_{\text{corr\_mi}}^{\text{sel}}}\right)_i \tag{6-21}$$

式中，$f_i^{\text{corr\_mi}}$ 为第 ith 子系统的权重因子。当该值大于 1 时表示从该子系统选择较少的特征，反之选择较多的特征。最大 $\left(f_i^{\text{corr\_mi}}\right)_{\max}$ 和最小值 $\left(f_i^{\text{corr\_mi}}\right)_{\min}$ 采用如下公式进行计算：

$$\begin{cases} \left(f_i^{\text{corr\_mi}}\right)_{\max} = \Gamma_1\left(\left(\zeta_{\text{corr\_mi}}^{(p_i)_{\text{corr\_mi}}^{\text{sel}}}\right)_i, p_i\right) \\ \left(f_i^{\text{corr\_mi}}\right)_{\min} = \Gamma_2\left(\left(\zeta_{\text{corr\_mi}}^{(p_i)_{\text{corr\_mi}}^{\text{sel}}}\right)_i, p_i\right) \end{cases} \tag{6-22}$$

以 θ_i^{1stsel} 作为阈值，以第 ith 子系统的第 $(p_i)_{\text{corr\_mi}}^{\text{sel}}$ th 候选输入特征为例，按如下规则进行选择：

$$\gamma^{(p_i)_{\text{corr\_mi}}^{\text{sel}}} = \Psi\left(\zeta_{\text{corr\_mi}}^{(p_i)_{\text{corr\_mi}}^{\text{sel}}}, \theta_i^{\text{1stsel}}\right) \tag{6-23}$$

对全部的原始候选输入特征执行上述过程，选择其中 $\gamma^{(p_i)_{\text{corr\_mi}}^{\text{sel}}} = 1$ 的变量作为基于综合评价值选择的输入特征，并标记为：

$$\left(\boldsymbol{X}_{\text{1st}}^{\text{sel}}\right)_i = \left[\left(\boldsymbol{x}^1\right)_i, \cdots, \left(\boldsymbol{x}^{p_i^{\text{sel}}}\right)_i, \cdots, \left(\boldsymbol{x}^{P_i^{\text{sel}}}\right)_i\right] \tag{6-24}$$

重复上述过程完成对全部子系统第 1 层特征的选择，并串行排列可得到基于单特征相关性的第一层特征 $\boldsymbol{X}_{\text{1st}}^{\text{sel}}$：

$$\begin{aligned} \boldsymbol{X}_{\text{1st}}^{\text{sel}} &= \left[\left(\boldsymbol{X}_{\text{1st}}^{\text{sel}}\right)_1, \cdots, \left(\boldsymbol{X}_{\text{1st}}^{\text{sel}}\right)_i, \cdots, \left(\boldsymbol{X}_{\text{1st}}^{\text{sel}}\right)_I\right] \\ &= \left[\boldsymbol{x}^{1_{\text{1st}}^{\text{sel}}}, \cdots, \boldsymbol{x}^{p_{\text{1st}}^{\text{sel}}}, \cdots, \boldsymbol{x}^{P_{\text{1st}}^{\text{sel}}}\right] \end{aligned} \tag{6-25}$$

式中，$\boldsymbol{x}^{p_{1st}^{sel}}$ 为第 1 层特征选择集合中的第 p_{1st}^{sel}th 特征；$P_{1st}^{sel}=\sum_{i=1}^{I}P_i^{sel}$ 为全部第 1 层特征的数量。

（3）基于多特征冗余性的第 2 层特征选择

上述第 1 层特征的选择过程仅考虑单输入特征与 DXN 排放浓度之间的相关性，未考虑多特征间存在的冗余性。此处采用基于 GA-PLS 的特征选择算法，同时考虑多个特征间的冗余性进行第 2 层特征选择。考虑到 DXN 排放浓度建模的小样本特点和 GA 算法的随机性，此处采用如图 6-6 所示的第 2 层特征选择策略。

由图 6-6 可知，上述策略的输入为第 1 层选择的特征 $\boldsymbol{X}_{1st}^{sel}$；运行第 jth GA-PLS 的输出为第 2 层选择的特征 $\left(\boldsymbol{X}_{2nd}^{sel}\right)_j$；第 p_{1st}^{sel}th 特征的选择次数为 $f_{num}^{p_{1st}^{sel}}$；J 为 GA-PLS 算法的运行次数；J_{sel} 为 GA-PLS 模型预测误差小于 J 次运行均值的数量。

上述第 2 层特征选择的步骤如下：

第 1 步：设定 GA-PLS 的运行次数 J，以及 GA-PLS 算法参数，即初始种群数量、最大遗传代数、变异概率、交叉方式、PLS 算法潜在变量数量等；设定 $j=1$，启动第 2 层的特征选择过程，开始运行。

第 2 步：判断是否达到运行次数 J，若满足，则转到第 11 步，否则，转到第 3 步。

第 3 步：采用二进制方式对特征进行编码，其中染色体的长度为输入特征个数，1 表示特征被选中，0 表示特征未被选中。

第 4 步：采用随机方式对种群初始化。

第 5 步：对种群进行适应度评价，采用留一法交叉验证法计算均方根验证误差 $RMSECV$，值越小表明适应度越好。

第 6 步：判断是否达到最大遗传代数的终止条件，如不满足，转到第 7 步，否则转到第 9 步。

第 7 步：进行选择、交叉和变异等遗传操作。其中，选择操作采用精英替代策略即采用适应度好的个体替换适应度较差的个体，交叉操作采用单点交叉，变异操作采用单点变异。

第 8 步：获得新种群，转到第 5 步。

第 9 步：获得第 jth 次运行 GA-PLS 算法的最佳个体，进一步解码得到所选择的第 2 层特征，并将其记为 $\left(\boldsymbol{X}_{2nd}^{sel}\right)_j$。

第 10 步：令 $j=j+1$，转到第 2 步。

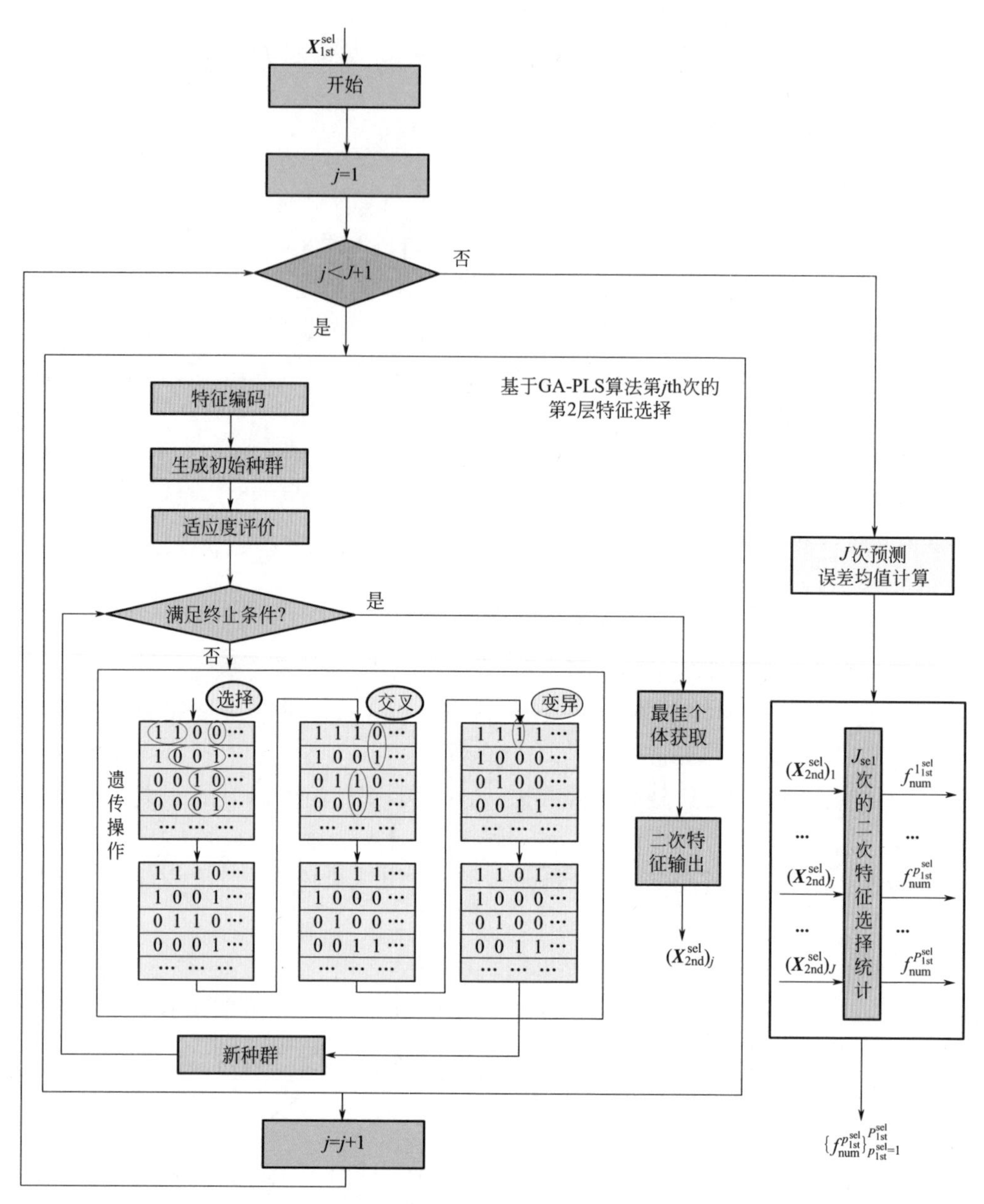

图 6-6 基于多特征冗余性的第 2 层特征选择策略

第 11 步：计算全部 J 次运行得到的预测模型的均方根误差（$RMSE$）的平均值，将大于此平均值的 GA-PLS 模型的数量标记为 J_{sel}。对 J_{sel} 次所选择的第 2 层特征进行处理，统计 P_{1st}^{sel} 个第 1 层特征的被选择次数，如下式所示：

$$\left\{\left(\boldsymbol{X}_{2nd}^{sel}\right)_j\right\}_{j=1}^{J_{sel}} \Rightarrow \left\{f_{num}^{1_{1st}^{sel}},\cdots,f_{num}^{p_{1st}^{sel}},\cdots,f_{num}^{P_{1st}^{sel}}\right\}=\left\{f_{num}^{p_{1st}^{sel}}\right\}_{p_{1st}^{sel}=1}^{P_{1st}^{sel}},1\leqslant f_{num}^{p_{1st}^{sel}}\leqslant J_{sel} \tag{6-26}$$

式中，$f_{\text{num}}^{p_{\text{1st}}^{\text{sel}}}$ 为第 $p_{\text{1st}}^{\text{sel}}$th 第 1 层特征的被选择次数。

（4）基于模型预测性能的第 3 层特征选择与建模

基于上述步骤得到的全部 $P_{\text{1st}}^{\text{sel}}$ 个第 1 层特征的被选择次数为 $\left\{f_{\text{num}}^{p_{\text{1st}}^{\text{sel}}}\right\}_{p_{\text{1st}}^{\text{sel}}=1}^{P_{\text{1st}}^{\text{sel}}}$，结合依据经验确定的比例系数 $f_{\text{DXN}}^{\text{RMSE}}$（其默认值为 1），确定用于第 3 层特征选择的阈值下限 $\theta_{\text{DXN}}^{\text{downlimit}}$，采用如下公式进行计算：

$$\theta_{\text{DXN}}^{\text{downlimit}} = floor\left(f_{\text{DXN}}^{\text{RMSE}} \frac{1}{P_{\text{1st}}^{\text{sel}}} \sum_{p_{\text{1st}}^{\text{sel}}=1}^{P_{\text{1st}}^{\text{sel}}} f_{\text{num}}^{p_{\text{1st}}^{\text{sel}}}\right) \tag{6-27}$$

式中，$floor(\cdot)$ 为取整函数；$f_{\text{DXN}}^{\text{RMSE}}$ 值取 1 时表示阈值下限为全部第 1 层特征选择次数的均值，其最大值 $\left(f_{\text{DXN}}^{\text{RMSE}}\right)_{\max}$ 和最小值 $\left(f_{\text{DXN}}^{\text{RMSE}}\right)_{\min}$ 采用如下公式进行计算：

$$\begin{cases} \left(f_{\text{DXN}}^{\text{RMSE}}\right)_{\max} = \Gamma_1\left(f_{\text{num}}^{p_{\text{1st}}^{\text{sel}}}, P_{\text{1st}}^{\text{sel}}\right) \\ \left(f_{\text{DXN}}^{\text{RMSE}}\right)_{\min} = \Gamma_2\left(f_{\text{num}}^{p_{\text{1st}}^{\text{sel}}}, P_{\text{1st}}^{\text{sel}}\right) \end{cases} \tag{6-28}$$

第 3 层特征选择的阈值上限 $\boldsymbol{\theta}_{\text{DXN}}^{\text{uplimit}}$ 取为全部 $P_{\text{1st}}^{\text{sel}}$ 个第 1 层特征被选择次数的最大值：

$$\theta_{\text{DXN}}^{\text{uplimit}} = \max\left(f_{\text{num}}^{1_{\text{1st}}^{\text{sel}}}, \cdots, f_{\text{num}}^{p_{\text{1st}}^{\text{sel}}}, \cdots, f_{\text{num}}^{P_{\text{1st}}^{\text{sel}}}\right) \tag{6-29}$$

将第 3 层特征选择的阈值记为 $\theta_{\text{DXN}}^{\text{3rd}}$，其值在 $\theta_{\text{DXN}}^{\text{downlimit}}$ 和 $\theta_{\text{DXN}}^{\text{uplimit}}$ 之间。第 3 层特征的筛选机制如下式所示：

$$\mu^p = \Psi(f_{\text{num}}^{p_{\text{1st}}^{\text{sel}}}, \theta_{\text{DXN}}^{\text{3rd}}) \tag{6-30}$$

式中，$f_{\text{num}}^{p_{\text{1st}}^{\text{sel}}}$ 为第 $p_{\text{1st}}^{\text{sel}}$th 第 1 层特征经 J 次 GA-PLS 算法被选择的次数；μ^p 为第 3 层特征选择的阈值筛选标准。选择 $\mu^p = 1$ 的特征变量并记为 $\boldsymbol{X}_{\text{3rd}}^{\text{sel\_temp}}$，接着，以其为输入构建模型并计算模型的 *RMSE*。

进一步，在 $\theta_{\text{DXN}}^{\text{downlimit}}$ 和 $\theta_{\text{DXN}}^{\text{uplimit}}$ 之间按步长增加 $\theta_{\text{DXN}}^{\text{3rd}}$ 值以构建多个软测量模型，选择 *RMSE* 最小的作为基于数据驱动选择过程变量的 DXN 排放浓度软测量模型。

进一步，结合先验知识判断必选的机理相关特征是否被选入；若未选，则补选特征，获得基于阈值 $\theta_{\text{DXN}}^{\text{3rd}}$ 和先验知识的第 3 层选择特征 $\boldsymbol{X}_{\text{3rd}}^{\text{sel}}$，构建结合基于数据驱动与机理选择过程变量的 DXN 模型软测量。

综上可知，本节所提多层特征选择的过程可表示如下：

$$\xrightarrow[\text{第1层特征选择}]{X \xrightarrow{\text{子系统}} \left\{\left(X_{\text{1st}}^{\text{sel}}\right)_i\right\}_{i=1}^{I} \xrightarrow{\text{组合}} X_{\text{1st}}^{\text{sel}}} \Rightarrow \xrightarrow[\text{第2层特征选择}]{\left\{\left(X_{\text{2nd}}^{\text{sel}}\right)_j\right\}_{j=1}^{J}} \Rightarrow \xrightarrow[\text{第3层特征选择}]{X_{\text{3rd}}^{\text{sel\_temp}} \xrightarrow{\text{机理先验}} X_{\text{3rd}}^{\text{sel}}} \tag{6-31}$$

6.2.4 实验验证

（1）建模数据描述

本节建模数据源于某基于炉排炉的 MSWI 电厂，涵盖了 2012 ～ 2018 年所记录的有效 DXN 排放浓度检测样本，数量 34 个；原始变量维数 314 维（包含 MSWI 过程的全部过程变量），预处理后为 287 维。可见，输入特征数量远远超过建模样本数量，进行维数约简是十分必要的。本节将焚烧、锅炉、烟气处理、蒸汽发电、烟气排放和公用工程 6 个子系统分别标记为 Incinerator、Boiler、Flue gas、Steam、Stack 和 Common。

（2）建模结果

① 基于单特征相关性的特征选择结果　针对不同的子系统，取相关系数和互信息的特征选择权重因子 f_i^{corr} 、f_i^{mi} 和 $f_i^{\text{corr\_mi}}$ 均为 0.8，k_i^{corr} 和 k_i^{mi} 均为 0.5，不同的子系统所选择过程变量的相关系数值、互信息值和综合指标评价值如图 6-7 ～图 6-12 所示。

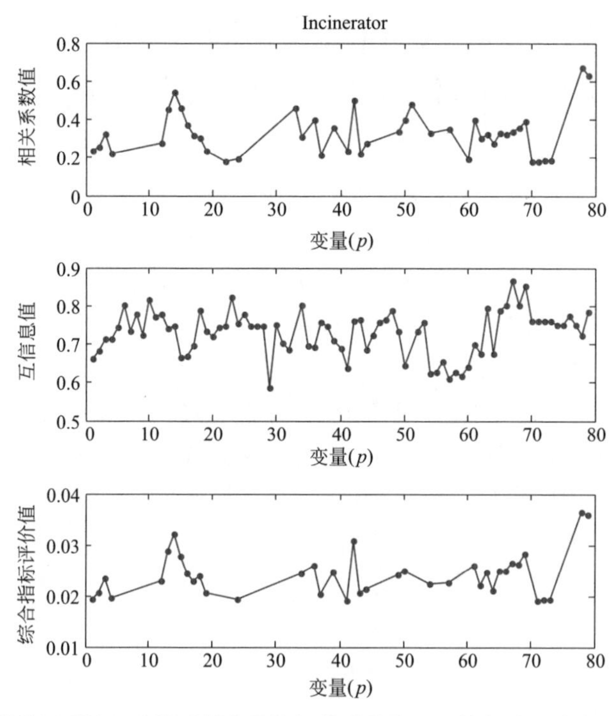

图 6-7　焚烧子系统所选择过程变量的相关系数值、互信息值和综合指标评价值

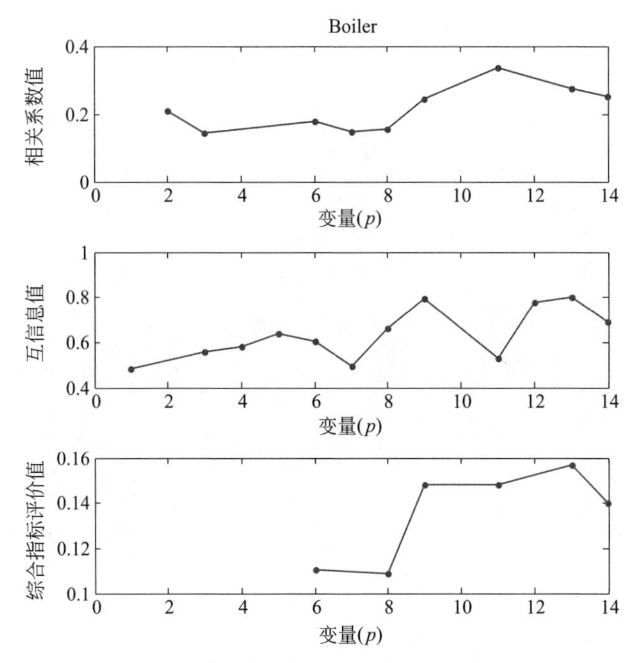

图 6-8　锅炉子系统所选择过程变量的相关系数值、互信息值和综合指标评价值

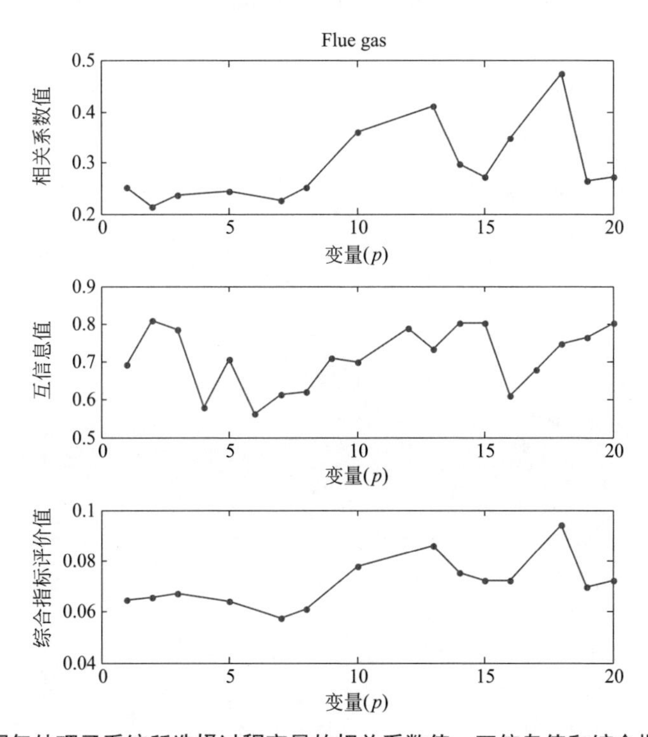

图 6-9　烟气处理子系统所选择过程变量的相关系数值、互信息值和综合指标评价值

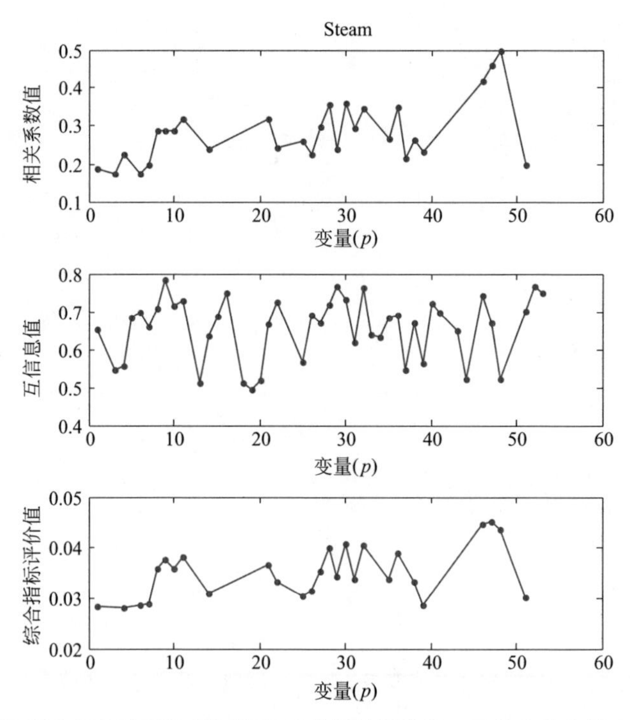

图 6-10　蒸汽发电子系统所选择过程变量的相关系数值、互信息值和综合指标评价值

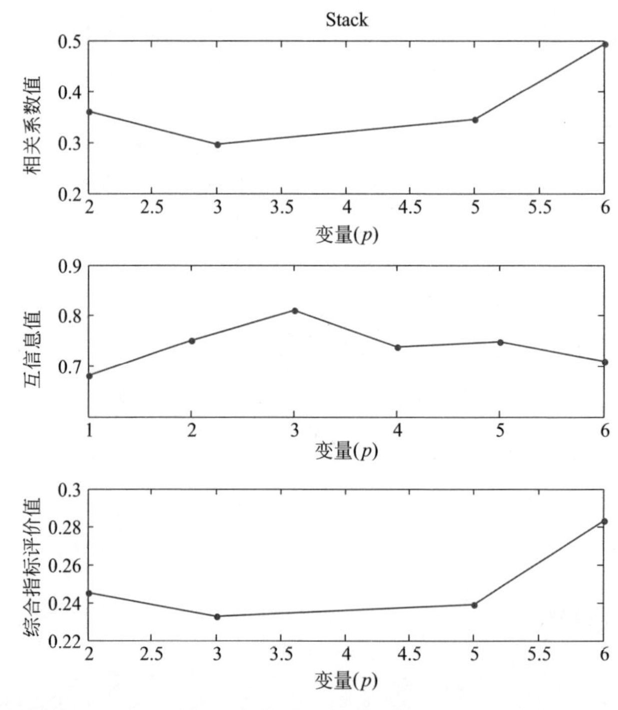

图 6-11　烟气排放子系统所选择过程变量的相关系数值、互信息值和综合指标评价值

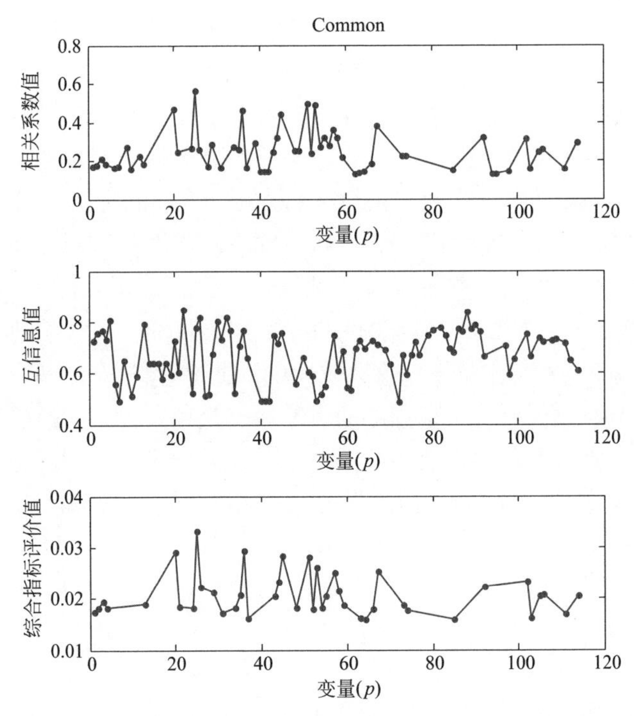

图 6-12　公用子系统所选择过程变量的相关系数值、互信息值和综合指标评价值

由图 6-7 ～图 6-12 可知，不同子系统过程变量的相关系数、互信息值和综合指标评价值间存在差异，其最小值、均值和最大值的统计结果如表 6-1 所示。

表 6-1　不同子系统过程变量的相关性度量结果统计

序号	子系统	相关系数值			互信息值			综合指标评价值		
		最小值	均值	最大值	最小值	均值	最大值	最小值	均值	最大值
1	焚烧	0.006888	0.2098	0.6760	0.4680	0.7254	0.8665	0.01771	0.02380	0.03661
2	锅炉	0.06305	0.1743	0.3358	0.2596	0.5861	0.8025	0.09123	0.1250	0.1568
3	烟气处理	0.03686	0.2448	0.4756	0.4885	0.7005	0.8103	0.05765	0.07142	0.09420
4	蒸汽发电	0.01507	0.2011	0.4970	0.3003	0.6125	0.7856	0.02457	0.03448	0.04523
5	烟气排放	0.001346	0.2816	0.4948	0.6811	0.7401	0.8103	0.2329	0.2500	0.2827
6	公用工程	0.8848e-4	0.1630	0.5628	0.1928	0.6014	0.8511	0.01296	0.01960	0.03331

由表 6-1 可知：a. 子系统过程变量相关系数值、互信息值和综合指标评价值平均值的最大值均源于烟气排放子系统，分别为 0.2816、0.7401 和 0.2500，原因

在于烟气排放子系统测量的是与 DXN 同时排放至大气中的易检测气体，如“烟囱排放 HCl 浓度”“烟囱排放 O_2 浓度”“烟囱排放 CO 浓度”等，这与 DXN 的产生机理和文献中关于 DXN 排放检测的综述是相符合的。b. 子系统过程变量相关系数值、互信息值和综合指标评价值最大值的最大值分别源于焚烧子系统、焚烧子系统和烟气排放子系统，分别为 0.6760、0.8665 和 0.2827，均是与 DXN 生成过程相关的系统。c. 系统过程变量相关系数值、互信息值和综合指标评价值最小值的最小值均源于公用工程子系统。从机理上讲，该子系统与 DXN 产生过程不具备直接的联系，但从单特征相关性的度量结果可知，包含的部分过程变量与 DXN 间的相关系数值和互信息值还是较大的。d. 上述统计表明，从现场采集的 DXN 排放浓度工业数据具有一定程度的可靠性，从单特征相关性的视角，排在前 3 的是与 DXN 生成、处理和排放相关的系统，但其他子系统的部分过程变量从数据视角也与 DXN 排放浓度具有较大相关性，故需要结合机理知识进行最终的特征选择。

进一步，基于综合指标评价值所选择的特征变量数量如表 6-2 所示。

表 6-2　基于综合指标评价值所选择的特征变量数量

序号	统计项目		焚烧	锅炉	烟气处理	蒸汽发电	烟气排放	公用工程	汇总
1	原始特征数量		79	14	20	53	6	115	287
2	特征变量数量	相关系数值	44	9	14	29	4	58	158
		互信息值	77	12	19	44	6	90	248
		综合指标评价值	39	6	14	27	4	42	132

结合图 6-12 和表 6-2 可知，基于相关系数值和互信息值选择的特征变量数量并不相同；基于综合评价值选择的特征变量为 132 个，数量最多的为焚烧（39）和公用工程（42）子系统。此外，分别从各个子系统进行特征变量的选择保证了每个子系统均能够为下步的特征选择贡献特征，也便于后续对不同子系统进行独立分析。

② 基于多特征冗余性的特征选择结果　对上述过程所选择的 132 个基于单特征相关性的过程变量，采用 GA-PLS 算法确定最佳过程变量的组合，去除冗余特征。

GA-PLS 所采用的运行参数为：种群数量 20、最大遗传代数 40、最大潜变量（LV）数量 6、遗传变异率 0.005、窗口宽度 1（即对变量进行逐个选择）、收敛百分比 98%、变量初始化百分比 30%。

基于上述参数运行 100 次，所得预测模型的 RMSE 统计结果如表 6-3 所示。

表 6-3　运行 100 次 GA-PLS 的 RMSE 统计结果

数据类别	最大	均值	最小
训练数据	0.005726	0.001359	4.3480e-8
测试数据	0.03110	0.02571	0.01853

由表 6-3 可知，从预测性能的统计结果看，GA-PLS 的运行结果具有较大的波动性，这与所采用的建模数据量小和 GA 算法自身具有随机性相关。对大于预测均值的 GA-PLS 算法所获得的预测模型进行统计，可得到用于特征选择频次统计的模型数量为 49。进一步，计算 132 个过程变量的被选择次数，如表 6-4 所示。

表 6-4　基于多特征选择的特征变量被选择次数统计表

序号	子系统	变量被选择次数	变量数量
1	焚烧	{13　9　13　13　9　7　18　14　9　13　23　21　3　3　10　21　33　9　0　10　7　11　29　3　11　4　8　12　5　5　7　16　11　6　9　9　12　28　6}	39
2	锅炉	{ 12　7　12　7　22　8 }	6
3	烟气处理	{ 12　37　8　9　8　19　17　29　4　22　9　19　10　23}	14
4	蒸汽发电	{37　10　11　17　18　27　26　23　20　16　8　20　11　11　15　13　11　11　18　18　14　23　13　32　18　44　10}	27
5	烟气排放	{2　6　0　5}	4
6	公用工程	{5　12　14　21　10　48　27　26　34　10　14　33　26　11　3　1　20　8　12　15　6　2　5　2　23　18　4　8　20　17　10　1　15　16　8　1　10　7　3　2　11　32}	42

由表 6-4 可知，132 个特征变量被选择的平均次数为 13 次，具有最大选择次数的特征变量源于公用工程子系统。具有最大单特征相关性的烟气排放子系统 4 个特征变量的被选择次数最大仅为 6，可见进行多特征冗余性与单特征相关性的选择结果间存在差异性，结果同时也说明 GA-PLS 算法存在随机性。上述结果也表明，仅是基于数据驱动的特征变量选择还是存在缺陷的，需要机理知识的补充。

③ 基于模型预测性能的特征选择结果　基于上述 GA-PLS 的运行结果，将特征选择阈值的范围设定为 13 ～ 48。特征选择阈值与预测性能间的关系如图 6-13 所示。

按照图 6-13 所示结果，将阈值确定为 18，则所选择的过程变量数量为 39 个，其在各个子系统中所选择的特征变量如表 6-5 所示。

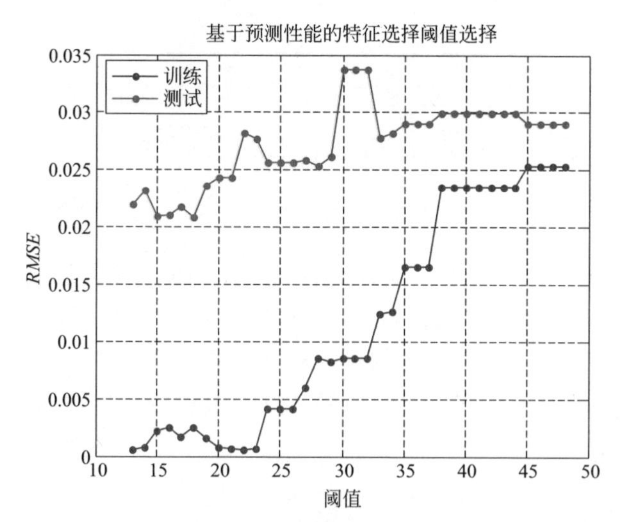

图 6-13 特征选择阈值与预测性能间的关系

表 6-5 基于模型预测性能选择的特征变量统计表

序号	子系统	变量被选择次数	变量数量
1	焚烧	{'燃烧炉排右空气流量' '二次空预器出口温度' '干燥炉排入口空气温度' '燃烧炉排 2-2 左内温度' '燃烧炉排 2-2 右内温度' '二次风机出口空气压力' '燃烬炉排左侧速度'}	7/39
2	锅炉	{'反应器入口氧气浓度'}	1/6
3	烟气处理	{'混合器水流量 A' '布袋差压 A' '烟道入口烟气流量' 'NID 入口 O_2 浓度' '石灰储仓给料量' '尿素溶剂供应流量'}	6/14
4	蒸汽发电	{'省煤器出口压力' '凝汽器 A 侧循环水进口温度' '凝汽器 A 侧循环水出口温度' '凝汽器 B 侧循环水进口温度' '凝汽器 B 侧循环水出口温度' '凝汽器出口温度' '1# 除氧器水位' '汽机轴向轴承副推力面金属温度' '发电机前轴承轴瓦温度' '汽机小齿轮后轴承温度' '汽机前轴承振动' '汽机后轴承振动' '发电机前轴承振动'}	13/27
5	烟气排放	{—}	0/4
6	公用工程	{'燃油罐油温 4' '定压补水罐压力' '仪用压缩空气母管流量' '1# 汽包炉水' '2# 汽包炉水电导率' '雨水泵前池液位' 'NID 系统补水箱液位' '1 段抽汽母管压力' '空预器减温减压器出口压力' '旁路减温减压器出口温度' '1# 发电机 B 相电流' '0# 启动 / 备用变压器 6kV 侧电流'}	12/42

由表 6-5 可知，输入特征维数降为 39，与 DXN 产生机理相关的特征仅为 14 个（焚烧 7 个，烟气处理 6 个，锅炉 1 个）。采用上述基于数据驱动选择过程变量构建 PLS 模型，LV 数量与预测性能 *RMSE* 间的关系如图 6-14 所示。

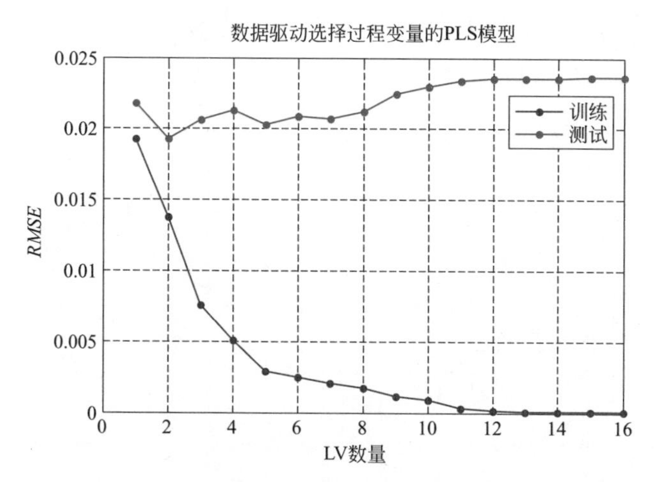

图 6-14　基于数据驱动选择过程变量 PLS 模型的 LV 数量与 *RMSE* 间的关系

由图 6-14 可知，当 LV 数量为 2，其训练和测试 *RMSE* 分别为 0.01375 和 0.01929。不同编号 LV 对应的潜在变量的贡献率如表 6-6 所示。

表 6-6　基于不同输入特征 PLS 模型的 LV 贡献率　　%

LV编号	数据驱动选择过程变量				数据驱动与机理结合方式选择过程变量			
	输入数据		输出数据		输入数据		输出数据	
	单个 LV	总计	单个 LV	总计	单个 LV	总计	单个 LV	总计
1	29.62	29.62	55.18	55.18	29.23	29.23	56.00	56.00
2	26.96	56.58	21.95	77.13	28.15	57.38	11.55	67.54
3	9.97	66.55	15.90	93.04	9.68	67.05	14.26	81.81
4	7.15	73.70	3.92	96.96	7.31	74.36	6.48	88.29
5	2.60	76.31	2.06	99.01	7.50	81.86	2.37	90.65
6	7.47	83.78	0.26	99.27	4.40	86.26	1.80	92.45
7	3.70	87.48	0.22	99.49	5.14	91.39	0.59	93.04
8	2.94	90.42	0.16	99.65	3.14	94.53	0.86	93.90
9	1.51	91.93	0.20	99.85	1.65	96.18	1.85	95.75
10	2.96	94.89	0.06	99.90	1.22	97.40	1.34	97.09

依据 DXN 产生机理可知，蒸汽发电子系统和公用工程子系统与 DXN 排放浓度的相关性不大，烟气排放子系统与 DXN 相关。此处，结合机理增加烟气排放子系统的 4 个过程变量（烟囱排放 HCl 浓度，烟囱排放 O_2 浓度，烟囱排放 NO_x 浓度，烟囱排放 CO 浓度）作为输入特征。

采用上述基于数据驱动与机理结合选择的18个过程变量构建PLS模型。LV数量与预测性能*RMSE*间的关系如图6-15所示。

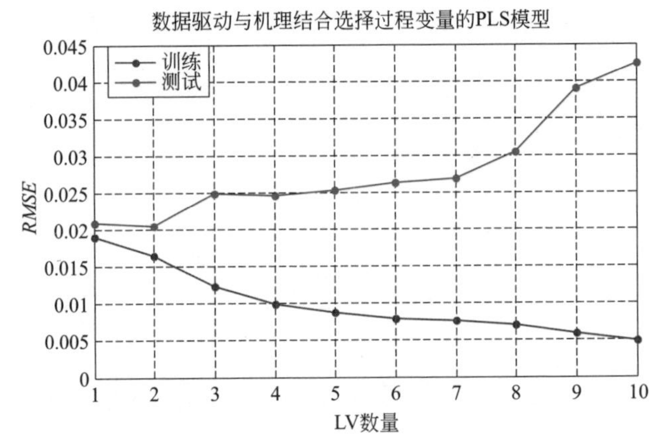

图6-15　基于数据驱动与机理结合选择过程变量PLS模型的LV数量与*RMSE*间的关系

由图6-15可知，当LV数量为2时，其训练和测试*RMSE*分别为0.01638和0.02048。不同编号LV对应的潜在变量的贡献率如表6-6所示。

由表6-6可知，加入基于机理知识确定的过程变量后，LV在输入数据中的贡献率提高了约2%，在输出数据中的贡献中降低了约2%，可见去除和加入的过程变量对预测性能的影响是有限的。考虑到DXN建模数据预处理中是将24h的数据进行均值化而获得的，对应的DXN检测值是连续采样6h并离线化验1周获得的，在处理过程中难免会引入不确定因素。同时，此处以引入较小的预测误差为代价，引入部分机理相关的过程变量是正确的。具体更加深入的机理分析需要结合DXN排放过程的数值仿真研究才能进行。

（3）比较与讨论

由上文可知，所提方法能够均衡地考虑相关系数与互信息度量的贡献度。采用PLS算法建立基于上述不同输入特征的软测量模型，统计结果如表6-7所示，不同方法的预测曲线如图6-16和图6-17所示。

表6-7　基于不同输入特征的PLS模型统计结果

序号	方法	特征选择系数 $(f_i^{corr}, f_i^{mi}, f_i^{corr\_mi})$, (k_i^{corr}, k_i^{mi})	输入维数	*RMSE*		备注 LV数量，数据集
				训练	测试	
1	PLS	—	287	0.01720	0.02004	2，全流程
2	相关系数值PLS	(0.8，—，—)，(1，—)	153	0.01612	0.02015	2，全流程

续表

序号	方法	特征选择系数 $(f_i^{corr}, f_i^{mi}, f_i^{corr\_mi})$, (k_i^{corr}, k_i^{mi})	输入维数	*RMSE*		备注 LV 数量，数据集
				训练	测试	
3	互信息值 PLS	(—，0.8，—)，(1，—)	235	0.01764	0.02055	2，全流程
4	综合指标评价值 PLS	(0.8，0.8，0.8)，(0.5，0.5)	98	0.01649	0.02070	2，全流程
5	本节方法	(0.8，0.8，0.8)，(0.5，0.5)	39	0.01375	0.01929	2，数据驱动，部分子系统
		(0.8，0.8，0.8)，(0.5，0.5)	18	0.01638	0.02048	2，数据驱动＋机理，部分子系统

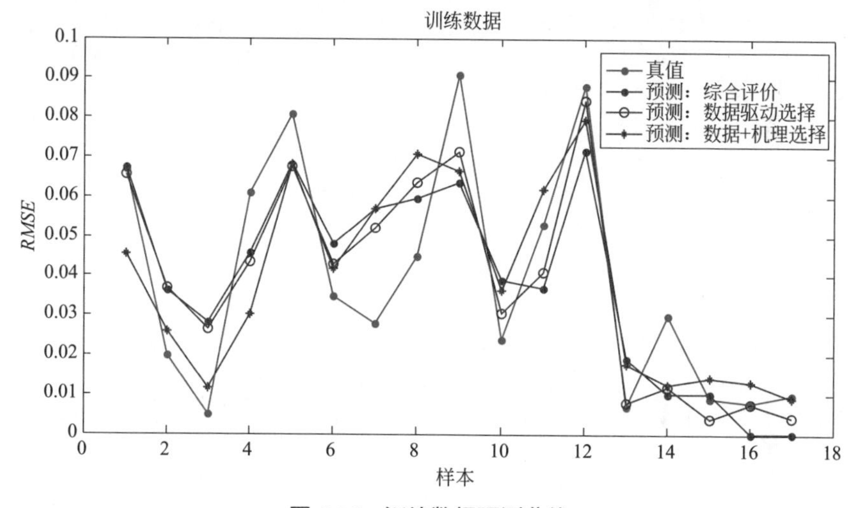

图 6-16　训练数据预测曲线

由上述结果可知：采用相同 LV 数量，基于不同输入特征的 PLS 建模方法在测试数据的预测性能上效果相差不大，但在输入特征的维数约简上却差距明显；输入特征维数由高到低分别为：原始特征 287 维、基于互信息 235 维、基于相关系数 153 维、基于综合指标评价值 98 维、基于本节数据驱动为 39 维、基于本节数据驱动与机理混合为 18 维。可见本节方法在特征变量数量上缩减了约 16 倍。由此可见，本节所提方法对构建物理含义清晰、可解释的软测量模型是有效的。同时也表明，对工业过程数据的分析需要结合机理知识才能深入进行。

本节在进行特征选择时，涉及多个特征选择系数，这些系数对特征选择结果和模型预测性能的影响还需要进一步的深入分析。此外，本节所采用的建模方法为简单的线性模型，所选择的特征为混合的线性与非线性特征，因此在更为合理的建模策略的选择上也还有待于研究。工业过程数据的可靠性如何度量也是值得深入考虑的问题。针对机理知识明晰的输入特征，需要考虑在遗传算法的初始化中利用先验知识，以保证选择具有较强机理相关性的过程变量。

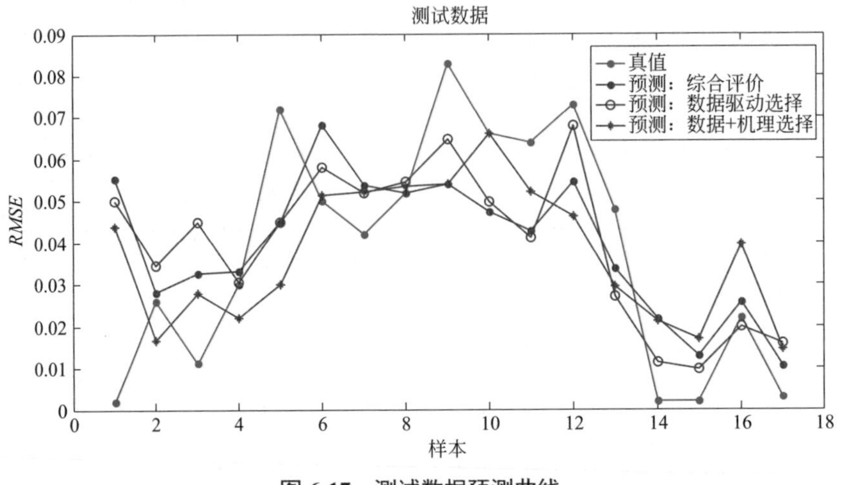

图 6-17　测试数据预测曲线

6.3 基于虚拟样本优化选择的二噁英排放浓度软测量

6.3.1　概述

受限于 DXN 排放浓度检测的高难度、长周期、高费用等特性，以及 MSWI 过程的复杂性、动态性和不确定性，构建数据驱动预测模型所需的有标记真实样本（真输入 - 真输出）稀缺。数据驱动建模常用于数据足够丰富且样本真值获取成本相对较低的场景 [87]。本节所研究的 MSWI 过程 DXN 排放浓度预测问题可归类为典型的“小样本问题”，即样本数量小于 30 的建模问题 [88-89]。显然，小样本集难以反映真实的过程特性，从而难以建立有效的预测模型。此外，工业过程数据多具有较强非线性，且存在噪声、缺失值和不确定性等问题，导致基于小样本构建的数据驱动模型难以提取有效知识 [90]。因此，克服上述数据特性的缺点是提高小样本建模精度的关键。小样本问题的本质是因样本数量有限导致其分布稀疏而不能完全表征真实数据分布。而且，样本间的信息间隔较大也进一步降低了建模样本对总体数据空间的表征能力。此外，小样本数据通常还存在分布不平衡等问题，导致模型训练存在偏差。因此，基于小样本构建的模型往往具有片面性和偏差性，预测结果并不能真实反映实际输出。目前，已有多种机器学习方法用于小样本数据建模，包括基于灰度 [91]、基于支持向量机 [92]、基于核回归 [93] 和基于贝叶斯网络等。但是，在样本数量不足、分布稀疏和不平衡的情况下，上述算法均会出现“过拟合”现象，导致模型的泛化性能差和鲁棒性弱。

解决上述问题的手段之一是通过撷取小样本数据间隙中存在的潜在信息产生适当数量虚拟样本，即虚拟样本产生（VSG），进而提高对总体数据空间的表征能力和模型的学习与泛化能力。虚拟样本思想最初由模式识别领域的科学家 Tomaso Poggio 和 Thomas Vetter 于 1992 年提出 [94]。之后，研究学者相继提出了扩散神经网络（DNN）、整体趋势扩散技术（MTD）、基于高斯分布和 Monte Carlo 算法 [95] 等多种 VSG 技术，在柔性制造系统调度、癌症识别、可靠性分析等诸多领域得到了广泛的应用 [96]。

但上述研究中的 VSG 大多面向分类问题，本节主要关注如何利用 VSG 辅助构建 MSWI 过程的 DXN 排放浓度软测量模型，即面向回归问题的 VSG。文献 [88] 给出了真实样本与虚拟样本分布间的关系，表明了 VSG 的本质是通过“填充”期望样本空间分布中的不完整和不平衡信息以实现样本扩充。进一步，文献 [97] 证明 VSG 技术等价于将先验知识合并为正则化矩阵。为实现样本扩充，文献 [98] 提出基于噪声注入的非线性 VSG 方法；文献 [99-100] 提出基于遗传算法和粒子群优化（PSO）生成虚拟样本的 VSG 策略，均有效地提高了建模精度；文献 [101] 提出了产生通用结构数据的 VSG 策略。为去除真实样本中的噪声信息，文献 [102-103] 提出了基于神经网络隐含层映射的 VSG 技术。文献 [104]提出基于改进大趋势扩散和隐含层插值的 VSG 方法，并将其应用于 MWSI 过程 DXN 排放浓度预测。以上方法存在的共性问题是，生成的虚拟样本之间存在冗余，存在不利于提升预测模型泛化性能的“坏”虚拟样本。如何消除虚拟样本间的冗余仍是有待解决的开放性问题。

综上，本节提出基于虚拟样本优化选择的 DXN 排放浓度预测策略以及基于 PSO 和等间隔插值 VSG 的 DXN 排放浓度软测量模型构建方法。首先，依据已有研究获取的输入特征，基于改进 MTD 技术对约简小样本的输入 / 输出进行域扩展；然后，结合机理知识采用等间隔插值方式生成虚拟样本输入，再采用映射模型获得虚拟样本输出，并结合扩展输入 / 输出边界对虚拟样本进行删减以获得候选虚拟样本；接着，基于 PSO 算法对候选虚拟样本进行优化选择；最后，基于优选虚拟样本与约简小样本组成的混合样本构建预测模型。结合某 MSWI 工厂的多年 DXN 数据验证了上述方法的有效性。

6.3.2 建模策略

本节提出了基于虚拟样本优化选择的 DXN 排放浓度软测量策略，如图 6-18 所示。

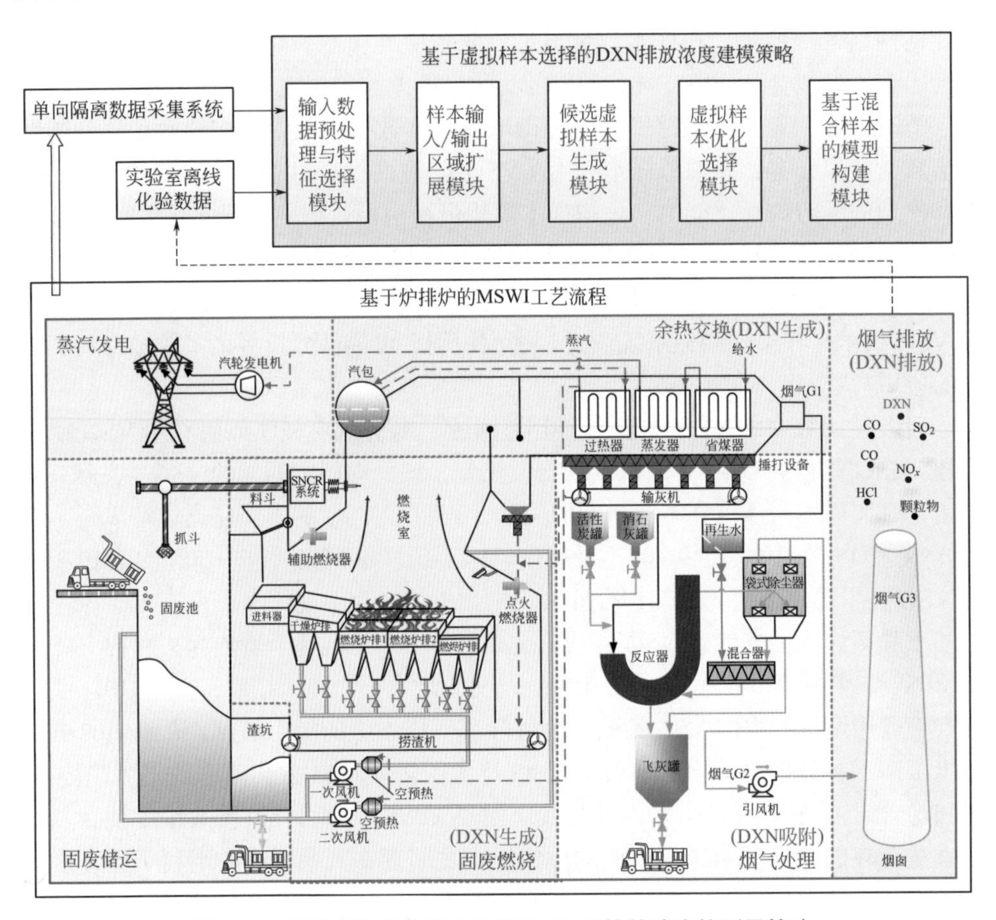

图 6-18　基于虚拟样本优化选择的 DXN 排放浓度软测量策略

该策略由输入数据预处理与特征选择、样本输入 / 输出区域扩展、候选虚拟样本生成、虚拟样本优化选择、基于混合样本的模型构建 5 个模块组成，功能如下。

输入数据预处理与特征选择模块：对过程变量、易检测气体浓度和 DXN 排放浓度数据进行剔除离群点、匹配输入 / 输出数据对等处理，以获取高维输入 / 单输出的原始小样本，同时结合 MSWI 过程不同阶段特性和机理知识进行特征选择，进而获得约简小样本。

样本输入 / 输出区域扩展模块：基于领域专家知识和相关技术对约简小样本

建模数据集的输入/输出域进行扩展，获得期望建模样本输入/输出的可行域上下限。

候选虚拟样本生成模块：基于约简小样本输入特征，在虚拟样本可行域中进行等间隔插值以生成临时虚拟样本输入，通过采用约简小样本构建的映射模型获得临时虚拟样本输出；因在可行域外存在部分临时虚拟样本输出，故对其进行删减以获得候选虚拟样本。

虚拟样本优化选择模块：因候选虚拟样本中仍可能存在不符合整体数据空间的样本，基于智能优化算法对候选虚拟样本进行优选以获得最优虚拟样本子集。

基于混合样本的模型构建模块：基于混合样本构建 DXN 软测量模型。

6.3.3 建模算法

根据以上的建模策略和文献 [105] 提出的基于多层评价机制的特征选择策略，本节提出了基于 PSO 和 VSG 的 DXN 排放浓度软测量模型构建方法，步骤如下：首先，通过改进 MTD 技术的区域扩展算法获得扩展输入/输出空间的上限和下限；然后，采用等间隔插值法的 VSG 得到候选虚拟样本；接着，采用 PSO 算法进行虚拟样本的优化选择；最后，基于混合样本构建 DXN 排放软测量模型。其结构如图 6-19 中的虚框所示。

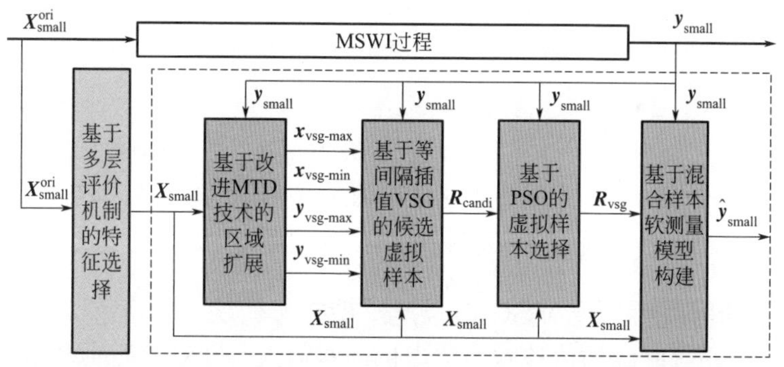

图 6-19　基于 PSO 和 VSG 的 DXN 排放浓度软测量模型构建方法

（1）基于改进 MTD 技术的区域扩展模块

① 样本输入集的区域扩展　首先，对约简小样本训练集进行划分。基于传统 MTD 方法得到第 pth 小样本数据 $\boldsymbol{x}^p$ 的均值 x_{ave}^p，将小样本数据集 $\boldsymbol{x}^p$ 分为大于均值的 $\boldsymbol{x}_{high}^p$ $\left(\boldsymbol{x}_{high}^p=\left\{\left(\boldsymbol{x}_{high}^p\right)_{n_{x-high}}\right\}_{n_{x-high}=1}^{N_{x-high}}\right)$ 和小于均值的 $\boldsymbol{x}_{low}^p$ $\left(\boldsymbol{x}_{low}^p=\left\{\left(x_{low}^p\right)_{n_{x\text{-low}}}\right\}_{n_{x\text{-low}}=1}^{N_{x\text{-low}}}\right)$；接着，选取 $\boldsymbol{x}^p$ 的最大值 x_{max}^p 和最小值 x_{min}^p 作为扩展中心；然后，求解 $\boldsymbol{x}_{high}^p$ 和 $\boldsymbol{x}_{low}^p$

的平均值 $x^p_{\text{H-ave}}$ 和 $x^p_{\text{L-ave}}$；最后，采用改进 MTD 方法对样本空间进行扩展。

对于样本集 $\boldsymbol{x}^p$，其上限 $x^p_{\text{vsg-max}}$ 和下限 $x^p_{\text{vsg-min}}$ 由下式估算：

$$x^p_{\text{vsg-max}} = x^p_{\max} + rate^p_{\text{high}}\sqrt{-2d^p_{x\text{-high}} / \left[N^p_{x\text{-high}} \ln\left(10^{-20}\right)\right]} \tag{6-32}$$

$$x^p_{\text{vsg-min}} = x^p_{\min} - rate^p_{\text{low}}\sqrt{-2d^p_{x\text{-low}} / \left[N^p_{x\text{-low}} \ln\left(10^{-20}\right)\right]} \tag{6-33}$$

式中，$d^p_{x\text{-high}} = \left\|x^p_{\text{H-ave}} - x^p_{\max}\right\|$ 为 $\boldsymbol{x}^p_{\text{high}}$ 中的最大值 $x^p_{\max}$ 和平均值 $x^p_{\text{H-ave}}$ 之间的欧氏距离；$d^p_{x\text{-low}} = \left\|x^p_{\text{L-ave}} - x^p_{\min}\right\|$ 为 $\boldsymbol{x}^p_{\text{high}}$ 中最小值 $x^p_{\min}$ 和平均值 $x^p_{\text{L-ave}}$ 之间的欧氏距离；$rate^p_{\text{high}}$ 和 $rate^p_{\text{low}}$ 分别为样本特征的上下扩展偏度，其定义为：

$$rate^p_{\text{high}} = N_{\text{high}} / \left(N_{\text{high}} + N_{\text{low}}\right) \tag{6-34}$$

$$rate^p_{\text{low}} = N_{\text{low}} / \left(N_{\text{high}} + N_{\text{low}}\right) \tag{6-35}$$

式中，N_{high} 和 N_{low} 分别为样本特征中大于和小于其均值的数量。

② 样本输出集的区域扩展　采用相同方法扩展样本输出。首先，计算约简小样本输出 $\boldsymbol{y}_{\text{small}} = \{\mathbf{y}_n\}_n^N$ 的平均值 y_{ave}；其次，将约简小样本输出 $\boldsymbol{y}_{\text{small}}$ 划分为大于平均值的 y_{high} 和小于平均值的 y_{low} 两个部分；接着，选择约简小样本输出 $\boldsymbol{y}_{\text{small}}$ 的最大值 $y_{\max}$ 和最小值 $y_{\min}$ 作为扩展中心；然后，求解 y_{high} 和 y_{low} 的平均值 $y_{\text{H-ave}}$ 和 $y_{\text{L-ave}}$；最后，采用下式计算约简小样本输出 $\boldsymbol{y}_{\text{small}}$ 的上限 $y_{\text{vsg-max}}$ 和下限 $y_{\text{vsg-min}}$。

$$y_{\text{vsg-max}} = y_{\max} + rate_{\text{high}}\sqrt{-2d_{y\text{-high}} / \left[N_{y\text{-high}} \ln\left(10^{-20}\right)\right]} \tag{6-36}$$

$$\begin{cases} y_{\text{vsg-min-temp}} = y_{\min} - rate_{\text{low}}\sqrt{-2d_{y\text{-low}} / \left[N_{y\text{-low}} \ln\left(10^{-20}\right)\right]} \\ y_{\text{vsg-min}} = \max\left(y_{\text{vsg-min-temp}}, y_{\text{vsg-min-know}}\right) \end{cases} \tag{6-37}$$

式中，$d_{y\text{-high}} = \left\|y_{\text{H-ave}} - y_{\max}\right\|$ 为 y_{high} 的最大值 $y_{\max}$ 和平均值 $y_{\text{H-ave}}$ 之间的欧氏距离；$d_{y\text{-low}} = \left\|y_{\text{L-ave}} - y_{\min}\right\|$ 为 y_{low} 的最小值 $y_{\min}$ 和平均值 $y_{\text{L-ave}}$ 之间的欧氏距离；$y_{\text{vsg-min-know}}$ 为由已知经验确定的 DXN 排放浓度下限值。

（2）基于等间隔插值 VSG 的候选虚拟样本模块

首先，采用等间隔插值技术生成虚拟样本输入。针对约简小样本数据，选择两组相邻样本进行等间隔插值。假定对每组相邻样本以相等间隔生成 N_{equal} 组数据，以第 pth 变量中的第 nth 和第 $(n+1)$ th 样本为例，具体实现如下式所示：

$$\left(\boldsymbol{x}^p_{\text{equal}}\right)_n = \left[x^p_1, \cdots, x^p_{N_{\text{equal\_temp}}}\right]^{\text{T}} = \begin{bmatrix} \dfrac{1\times\left(x^p_n + x^p_{n+1}\right)}{N_{\text{equal-temp}}+1} \\ \cdots \\ \dfrac{N_{\text{equal-temp}}\left(x^p_n + x^p_{n+1}\right)}{N_{\text{equal-temp}}+1} \end{bmatrix} \tag{6-38}$$

$$\boldsymbol{x}_{\text{equal}}^{p}=\left\{\left(\boldsymbol{x}_{\text{equal}}^{p}\right)_{1},\cdots,\left(\boldsymbol{x}_{\text{equal}}^{p}\right)_{n},\cdots,\left(\boldsymbol{x}_{\text{equal}}^{p}\right)_{N}\right\} \tag{6-39}$$

式中，$N_{\text{equal-temp}}$ 为小样本数据集的扩展倍数。

以上描述针对原始空间的等间隔插值，类似地，结合虚拟样本域扩展上下限，分别对下扩展域空间和上扩展域空间进行等间隔插值得到虚拟样本输入。

接着，采用随机权神经网络（RWNN）作为映射模型获得虚拟样本输出，如下式所示：

$$\begin{aligned}\hat{\boldsymbol{y}}_{\text{equal}}&=\Gamma_{\text{map}}\left(\boldsymbol{\omega}_{\text{equal}},\boldsymbol{b}_{\text{equal}},\boldsymbol{X}_{\text{equal}}\right)\cdot\boldsymbol{\beta}_{\text{equal}}\\&=\boldsymbol{H}_{\text{equal}}\cdot\boldsymbol{\beta}_{\text{equal}}\end{aligned} \tag{6-40}$$

式中，$\Gamma_{\text{map}}(\cdot)$ 为映射函数；$\boldsymbol{\omega}_{\text{equal}}$ 和 $\boldsymbol{b}_{\text{equal}}$ 分别为基于 RWNN 映射模型的输入层到隐含层的权值和偏置；$\boldsymbol{\beta}_{\text{equal}}$ 为相应的输出权值；$\boldsymbol{H}_{\text{equal}}$ 为其隐含层矩阵。

由以上描述可获得未删减的等间隔插值虚拟样本 $\boldsymbol{R}_{\text{equal}}=\left\{\boldsymbol{X}_{\text{equal}},\hat{\boldsymbol{y}}_{\text{equal}}\right\}$。

然后，根据虚拟样本输出的上 / 下限 $y_{\text{vsg-max}}$ / $y_{\text{vsg-min}}$ 以及约简小样本的上 / 下限 $y_{\max}$ / $y_{\min}$，对不同区域的虚拟样本进行删减，可获得等间隔插值并删减后的候选虚拟样本 $\boldsymbol{R}_{\text{candi}}=\left\{\boldsymbol{X}_{\text{candi}},\hat{\boldsymbol{y}}_{\text{candi}}\right\}$。式中，$\boldsymbol{X}_{\text{candi}}$ 和 $\hat{\boldsymbol{y}}_{\text{candi}}$ 分别表示候选虚拟样本输入和输出，且 $\boldsymbol{R}_{\text{candi}}\in\mathbb{R}^{N_{\text{candi}}\times P}$，$N_{\text{candi}}$ 为候选虚拟样本数量。

（3）基于 PSO 的虚拟样本选择模块

粒子群优化（PSO）算法是模拟鸟群在飞行过程中始终保持队形且不会相撞的生物行为智能优化算法。粒子群中任何粒子都有自己的位置与速度，在迭代过程中不断地更新自己的位置，以在可行域内寻找到目标函数最优解。本节中，基于 PSO 的虚拟样本选择的基本原理类似于基于 PSO 的特征选择方法 [106]，即期望粒子群在迭代过程中寻找最优虚拟样本子集以使得模型性能最佳。

基于 PSO 的虚拟样本选择流程图如图 6-20 所示。

图 6-20 中，$\boldsymbol{R}_{\text{candi}}$ 表示经等间隔插值生成并删减后的候选虚拟样本；P_{num} 表示种群中粒子个数；N_{iter} 表示粒子群迭代次数；rep_{num} 表示档案中最优解的最大数量；w_{inertia} 表示惯性权重，其决定了迭代搜索过程的搜索步长；c_{self} 和 c_{society} 分别表示个体和社会学习因子；θ_{select} 表示虚拟样本被选择的阈值。

虚拟样本的选择流程是：首先，对候选虚拟样本进行编码，即对粒子进行设计；其次，对 PSO 算法进行初始化，包括初始化粒子群的位置和速度等相关参数；再次，在粒子群迭代搜索过程中寻优，每个解码粒子对应一个虚拟样本子集，将虚拟样本子集与训练集 $\boldsymbol{R}_{\text{train}}$ 构成临时混合样本集 $\boldsymbol{R}'_{\text{mix}}$，并基于 RWNN 进行建模，之后，用验证集 $\boldsymbol{R}_{\text{valid}}$ 对模型进行验证，以获得适应度评价值 $Fitness^{p}$；然后，由此选择个体最优 pbest 和全局最优 gbest，并更新档案 REP；接着，进行下一次迭代，分别计算并更新粒子的速度及位置；重复上述步骤，直到达到迭代次数；最后，对档案中的粒子进行解码以获得最优虚拟样本子集 $\boldsymbol{R}_{\text{vsg}}$。

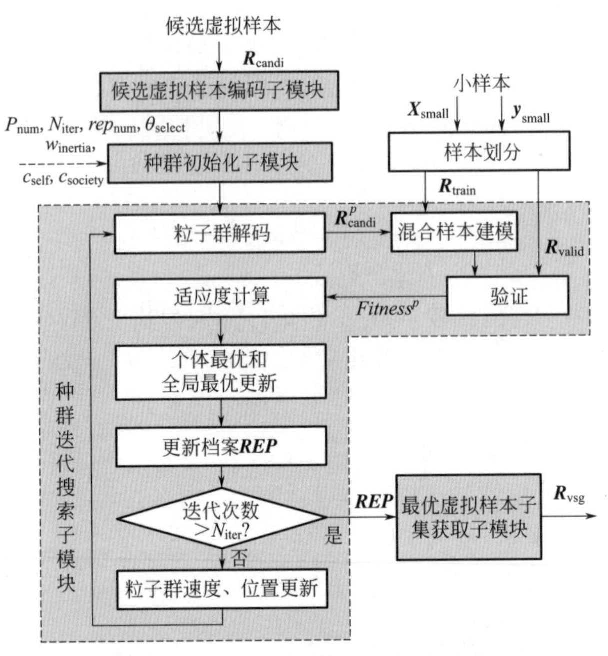

图 6-20　基于 PSO 的虚拟样本选择流程图

① 候选虚拟样本编码子模块　利用 PSO 算法进行虚拟样本选择的问题可抽象为以下简要范式：

$$
\begin{aligned}
&\min f(\boldsymbol{z}) \\
&\text{s.t. } \boldsymbol{z} \in \boldsymbol{\varOmega}
\end{aligned}
\tag{6-41}
$$

式中，$\boldsymbol{z}=(z_1,\cdots,z_n)$ 为决策变量，即自变量；$\varOmega$ 为可行搜索域，表示决策变量可到达的空间范围；$f(\boldsymbol{z}):\varOmega \to \boldsymbol{S}$ 为目标优化函数，$\boldsymbol{S}$ 为目标空间。

本节中，利用 PSO 算法进行虚拟样本选择的目的是寻找最优的虚拟样本子集，以获得最优的建模性能。此处将 DXN 排放浓度软测量模型的测试性能指标作为优化目标。根据以上对优化目的的描述，对决策变量进行抽象，即粒子的设计如下：

$$
\begin{aligned}
&\boldsymbol{R}_{\text{candi}}=\left\{\boldsymbol{r}_1,\cdots,\boldsymbol{r}_n,\cdots,\boldsymbol{r}_{N_{\text{candi}}}\right\} \\
&\boldsymbol{z}=\left(z_1,\cdots,z_n,\cdots,z_{N_{\text{candi}}}\right), z_n \in (0,1)^{\mathbb{R}}
\end{aligned}
\tag{6-42}
$$

式中，N_{candi} 为候选虚拟样本集 $\boldsymbol{R}_{\text{candi}}$ 中的虚拟样本数量，相应地，虚拟样本的编码为 $(1,\cdots,n,\cdots,N_{\text{candi}})$；决策向量 $\boldsymbol{z}$ 包含的 N_{candi} 个决策变量与候选虚拟样本一一对应，即粒子的每维均对应一个虚拟样本。

② 种群初始化子模块　首先，结合虚拟样本选择问题特性及 DXN 排放浓度预测模型先验知识设定粒子个数 P_{num} 、粒子群迭代次数 N_{iter}、档案最大数量 rep_{num} 、惯性权重 w_{inertia} 、学习因子 c_{self} 和 c_{society} 、阈值 θ_{select} 等参数。然后，生成粒子群并设置其初始位置和速度，即生成 P_{num} 个粒子组成种群 $\boldsymbol{Z}=\left\{\boldsymbol{z}^1,\cdots,\boldsymbol{z}^p,\cdots,\boldsymbol{z}^{P_{\text{num}}}\right\}$ ，并在可行域 $\Omega=\left\{(0,1)^{N_{\text{candi}}}\right\}^{\mathbb{R}}$ 中随机初始化粒子位置，同时将其初始速度设置为 0，如下式所示：

$$\begin{aligned}\boldsymbol{z}^p&=\left(z_1^p,\cdots,z_n^p,\cdots,z_{N_{\text{candi}}}^p\right),z_n^p=rand(1)\\\boldsymbol{v}^p&=\left(v_1^p,\cdots,v_n^p,\cdots,v_{N_{\text{candi}}}^p\right),v_n^p=0\end{aligned}\tag{6-43}$$

接着，定义粒子适应度值 $Fitness^p$ 、个体最优位置 pbest、全局最优位置 gbest、档案 ***REP*** 等变量，以便在种群迭代搜索中作为关键因素不断更新。

③ 种群迭代搜索子模块　种群在不断迭代更新过程中对可行域空间进行启发式搜索，个体和全局最优位置指导其下一步的搜索方向和步长，进而不断靠近最优位置，并将最优解存入档案中。评价粒子位置优劣的标准是目标函数 $f(\boldsymbol{z})$ 的值，即粒子的适应度值。

种群迭代搜索的主要步骤包括：粒子群解码、适应度值计算、个体最优和全局最优更新、档案更新、粒子群速度和位置更新。

a. 粒子群解码。每个决策变量都在（0，1）中取值，即决策向量的可行域为 $\Omega=\left\{(0,1)^{N_{\text{candi}}}\right\}^{\mathbb{R}}$ 。由此可知，第 p 个粒子的解码方法可描述为：

$$\begin{aligned}\dot{\boldsymbol{R}}_{\text{candi}}^p&=f_{\text{decode}}\left(\boldsymbol{z}^p,\boldsymbol{R}_{\text{candi}}\right)\\&=\begin{cases}\text{add }\boldsymbol{r}_n, & z_n^p\geqslant\theta_{\text{select}}\\\text{nothing}, & z_n^p<\theta_{\text{select}}\end{cases}\end{aligned}\tag{6-44}$$

式中，θ_{select} 为虚拟样本的选择阈值。

解码方法为：如果第 p 个粒子的第 n 维决策变量大于等于阈值 θ_{select} ，则选择 $\boldsymbol{R}_{\text{candi}}$ 中第 n 个虚拟样本加入候选虚拟样本子集；若其小于阈值 θ_{select} ，则不选择。采用相同方式对粒子 p 的每一维进行解码，可得到该粒子所选择的虚拟样本子集 $\dot{\boldsymbol{R}}_{\text{candi}}^p$ 。

b. 适应度值计算。基于 PSO 对虚拟样本进行选择的优化目标如下式所示：

$$\min f(\boldsymbol{z})=f_{\text{Fitness}}\left(\boldsymbol{z},\boldsymbol{X}_{\text{small}},\boldsymbol{y}_{\text{small}}\right)\tag{6-45}$$

式中，$f_{\text{Fitness}}(\cdot)$ 为计算粒子适应度值的映射函数。以种群中第 p 个粒子为例描述其映射过程：

$$\begin{aligned}&\boldsymbol{z}^p\xrightarrow{f_{\text{decode}}}\dot{\boldsymbol{R}}_{\text{candi}}^p\xrightarrow{f_{\text{division}}}\boldsymbol{R'}_{\text{mix}}^p\\&\xrightarrow{f_{\text{train}}}f_{\text{RWNN}}(\cdot)\rightarrow f_{\text{RWNN}}\left(\boldsymbol{R}_{\text{valid}}\right)\\&\rightarrow Fitness^p\end{aligned}\tag{6-46}$$

式中，$f_{\text{decode}}(\bullet)$、$f_{\text{division}}(\bullet)$ 和 $f_{\text{train}}(\bullet)$ 分别为解码函数、样本划分函数和模型训练函数，其描述如下式所示：

$$\dot{\boldsymbol{R}}_{\text{candi}}^{p} \leftarrow f_{\text{decode}}\left(\boldsymbol{z}^{p}, \boldsymbol{R}_{\text{candi}}\right) \tag{6-47}$$

$$\left\{\boldsymbol{R}_{\text{train}}, \boldsymbol{R}_{\text{valid}}\right\} \leftarrow f_{\text{division}}\left(\boldsymbol{X}_{\text{small}}, \boldsymbol{y}_{\text{small}}\right) \tag{6-48}$$

$$f_{\text{RWNN}}(\bullet) \leftarrow f_{\text{train}}\left(\boldsymbol{R}_{\text{mix}}'^{p}\right) \tag{6-49}$$

式中，式（6-48）对约简小样本划分后获得训练集 $\boldsymbol{R}_{\text{train}}$ 和验证集 $\boldsymbol{R}_{\text{valid}}$。由训练集 $\boldsymbol{R}_{\text{train}}$ 与虚拟样本子集 $\dot{\boldsymbol{R}}_{\text{candi}}^{p}$ 组成的临时混合样本集，如下式所示：

$$\boldsymbol{R}_{\text{mix}}'^{p} = \left\{\boldsymbol{R}_{\text{train}}, \dot{\boldsymbol{R}}_{\text{candi}}^{p}\right\} \tag{6-50}$$

式（6-49）中，$f_{\text{RWNN}}(\bullet)$ 为基于混合样本集 $\boldsymbol{R}_{\text{mix}}'^{p}$ 构建的 RWNN 映射模型。基于验证集 $\boldsymbol{R}_{\text{valid}}$ 获得的性能指标 $Fitness^{p}$ 作为适应度值。

c. 个体最优和全局最优更新。种群中除各粒子均具有位置、速度、适应度值等特性外，还具有个体最优 pbest 和全局最优 gbest 特性，它们共同启发粒子的搜索方向和步长。个体最优和全局最优的更新方法如下式所示：

$$\boldsymbol{d}(t+1)=\begin{cases}\boldsymbol{z}^{p}(t+1), f\left(\boldsymbol{z}^{p}(t+1)\right)<f(\boldsymbol{d}^{p}(t)) \\ \boldsymbol{d}^{p}(t), \quad \text{其他}\end{cases} \tag{6-51}$$

$$\boldsymbol{g}(t+1)=\begin{cases}\boldsymbol{d}^{k}(t+1), f\left(\boldsymbol{d}^{k}(t+1)\right)<f(\boldsymbol{g}(t)) \\ \boldsymbol{g}(t), \quad \text{其他}\end{cases} \tag{6-52}$$

式中，$\boldsymbol{d}^{p}=\left(d_{1}^{p}, \cdots, d_{n}^{p}, \cdots, d_{N_{\text{candi}}}^{p}\right)$ 表示第 p 个粒子的个体最优位置 pbest；$\boldsymbol{g}=\left(g_{1}, \cdots, g_{n}, \cdots, g_{N_{\text{candi}}}\right)$ 表示全局最优位置 gbest；$\boldsymbol{d}^{k}$ 表示适应度值最小的粒子；$k=\arg\min\limits_{1 \leqslant p \leqslant N}\left\{f\left(\boldsymbol{d}^{p}(t)\right)\right\}$。

d. 档案更新。档案 $\boldsymbol{REP}$ 中保存着种群迭代过程中所搜索到的最优解，即适应度值最佳的粒子。虽然本节所求解的优化问题在理论上只存在一个最优解，但考虑到所采用的 RWNN 算法具有随机性，此处保存一定数量的次优解。采取的方法是：将种群最优解存入档案 $\boldsymbol{REP}$；同时，结合最优解与档案最大数量 rep_{num} 选择次优解。

档案更新策略如下式所示：

$$\begin{aligned}&\boldsymbol{REP}=\left\{\boldsymbol{g}, \boldsymbol{g}_{1}', \cdots, \boldsymbol{g}_{i}'\right\}, i=0, \cdots, rep_{\text{num}}-1 \\ &\left|f(\boldsymbol{g})-f\left(\boldsymbol{g}_{i}'\right)\right|<\varepsilon\end{aligned} \tag{6-53}$$

式中，$\boldsymbol{g}$ 和 $\boldsymbol{g}_{i}'$ 分别为全局最优解和次优解，档案中可存在 $0 \sim \left(rep_{\text{num}}-1\right)$ 个次优解；ε 为选择次优解的限制条件，即要求 $f\left(\boldsymbol{g}_{i}'\right)$ 在 $f(\boldsymbol{g})$ 的 ε 邻域内，其依据优化问题和经验进行设定。

若适应度值在 $f(\boldsymbol{g})$ 的 ε 邻域内的粒子多于 $rep_{\text{num}}-1$ 个，则将比 $\left|f(\boldsymbol{g})-f\left(\boldsymbol{g}_{i}'\right)\right|$

更小的粒子存入档案。

e. 粒子群速度和位置更新。种群在可行域内的搜索方向和步长取决于粒子速度，后者受该粒子当前位置、个体及全体最优位置的影响。粒子迭代中通过跟随当前最优引导得到最优解，粒子根据下式更新其速度与位置：

$$v_n^p(t+1)=w_{\text{inertia}}(t)v_n^p(t)+c_{\text{self}}r_{1n}^p\left(d_n^p(t)-z_n^p(t)\right)+c_{\text{society}}r_{2n}^p(t)\left(g_n(t)-z_n^p(t)\right) \tag{6-54}$$

$$z_n^p(t+1)=z_n^p(t)+v_n^p(t+1) \tag{6-55}$$

式中，w_{inertia} 为惯性权重，表示搜索步长，随迭代次数线性减小；r_{1n}^p 和 r_{2n}^p 分别服从 [0，1] 间的均匀分布；c_{self} 和 c_{society} 为学习因子，代表粒子搜索方向受个体和全局最优位置的影响程度，体现粒子个性和社会性的统一。

（4）基于混合样本的预测模型构建模块

依据以上步骤，种群不断进行迭代搜索，直至迭代次数大于设定值 N_{iter}，则停止寻优。本节为克服 RWNN 的随机性带来的不足，所采取的策略是：首先在档案中保存部分次优解，在优化结束后对最优解和次优解进行多次计算适应度值并求其平均值，以此作为指标重新选择最优解；然后再对其进行解码后获得最优虚拟样本子集 $\boldsymbol{R}_{\text{vsg}}$。

将最优虚拟样本子集与约简小样本训练集组合形成混合样本集，如下式所示：

$$\boldsymbol{R}_{\text{mix}}=\left\{\boldsymbol{R}_{\text{train}},\boldsymbol{R}_{\text{vsg}}\right\} \tag{6-56}$$

首先，计算隐含层神经元的输出矩阵 $\boldsymbol{H}^{\text{ori}}$，如下式所示：

$$\boldsymbol{H}^{\text{ori}}=\Gamma_{\text{map}}\left(\boldsymbol{\omega},\boldsymbol{b},\boldsymbol{X}_{\text{mix}}\right)=\begin{bmatrix} h_{11} & \cdots & h_{1l} & \cdots & h_{1L} \\ & & \cdots & & \\ h_{m1} & \cdots & h_{ml} & \cdots & h_{mL} \\ & & \cdots & & \\ h_{M1} & \cdots & h_{Ml} & \cdots & h_{ML} \end{bmatrix} \tag{6-57}$$

式中，$h_{ml}=\Gamma_{\text{map}}\left(\omega_l,b_l,x_m\right)$ 为隐含层节点值；$\boldsymbol{\omega}=\left\{\omega_1,\cdots,\omega_l,\cdots,\omega_L\right\}$ 为随机生成的输入层和隐含层神经元之间的权值；$\boldsymbol{b}=\left\{b_1,\cdots,b_l,\cdots,b_L\right\}$ 为神经元偏置；L 为隐含层节点数量；$\boldsymbol{X}_{\text{mix}}$ 为混合样本集的输入；M 为混合样本集的样本数量；Γ_{map} 为以 sigmoid 为激活函数的映射函数。

然后，利用广义逆矩阵计算隐含层与输出层之间的权值 $\boldsymbol{\beta}$：

$$\boldsymbol{\beta}=\left(\boldsymbol{H}^{\text{ori}}\right)^{+}\boldsymbol{y}_{\text{mix}} \tag{6-58}$$

式中，$\left(\boldsymbol{H}^{\text{ori}}\right)^{+}$ 为 $\boldsymbol{H}^{\text{ori}}$ 的广义逆；$\boldsymbol{y}_{\text{mix}}$ 为混合样本集的输出。

RWNN 模型基于混合样本集的预测输出为：

$$\hat{\boldsymbol{y}}_{\text{mix}} = \boldsymbol{H}^{\text{ori}}\boldsymbol{\beta} \tag{6-59}$$

接着，使用测试集 $\boldsymbol{R}_{\text{test}}$ 进行测试：

$$\hat{\boldsymbol{y}}_{\text{test}} = \Gamma_{\text{map}}\left(\omega, b, \boldsymbol{X}_{\text{test}}\right)\boldsymbol{\beta} = \boldsymbol{H}^{\text{test}}\boldsymbol{\beta} \tag{6-60}$$

式中，$\boldsymbol{X}_{\text{test}}$ 为测试样本集的输入；$\boldsymbol{H}^{\text{test}}$ 为测试集在模型上的隐含层输出；$\hat{\boldsymbol{y}}_{\text{test}}$ 为测试集的预测输出。

6.3.4 实验验证

所提方法采用工业数据进行验证，同时设计 3 组对比实验：实验 A，基于 RWNN 的真实小样本；实验 B，基于 MTD 扩展的等间隔插值法获得的混合样本；实验 C，基于 MTD 扩展的等间隔插值和 PSO 选择后的混合样本。

为降低随机性对实验效果的影响，上述实验均重复实验 30 次。上述方法中，等间隔插值法的扩展倍数采用遍历法确定。

（1）数据集描述

本节所采用的工业数据源于某基于炉排炉的 MSWI 焚烧企业，涵盖了 2012 ～ 2018 年所记录的有效 DXN 排放浓度检测样本 34 个，原始变量 314 维，经预处理后为 287 维。本节实际采用的 DXN 排放浓度简约样本是文献 [105] 进行特征选择后的数据集，共 34 个样本，输入特征 18 维，输出 1 维，即 DXN 排放浓度。

（2）实验结果

① 基于改进 MTD 的域扩展结果　分别采用一般 MTD 与改进 MTD 域扩展方法对可行域空间进行扩展，18 维输入特征的最大值 $\boldsymbol{x}_{\max}$ 和最小值 $\boldsymbol{x}_{\min}$ 经过域扩展得到虚拟样本的可行域上限 $\boldsymbol{x}_{\text{vsg-max}}$、下限 $\boldsymbol{x}_{\text{vsg-min}}$ 和空间扩展率 $rate_x$ 如图 6-21 所示。

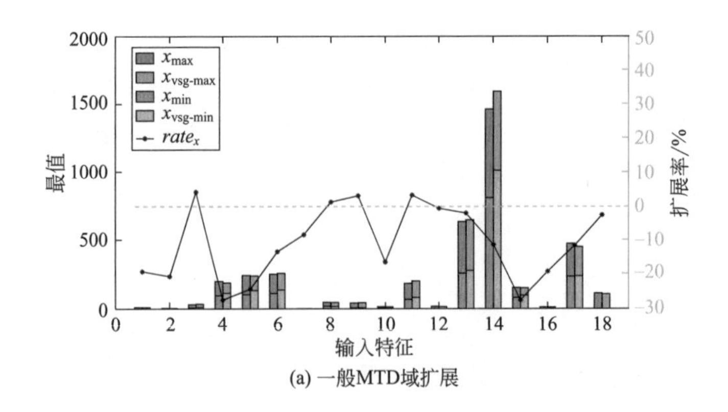

(a) 一般MTD域扩展

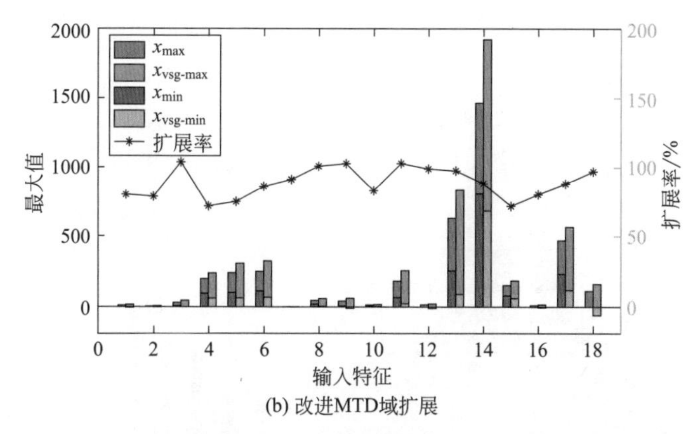

(b) 改进MTD域扩展

图 6-21　DXN 数据输入特征域扩展前后对比及其域扩展率

输出的最大值 y_{max} 和最小值 y_{min} 经过域扩展得到输出可行域上限 $y_{vsg-max}$、下限 $y_{vsg-min}$ 和扩展率 $rate_y$，如表 6-8 所示。

表 6-8　DXN 数据输出域扩展前后对比

类比	y_{min}/（ng TEQ/kg）	$y_{vsg-min}$/（ng TEQ/kg）	y_{max}/（ng TEQ/kg）	$y_{vsg-max}$/（ng TEQ/kg）	$rate_y$
一般 MTD	0.002	0.0002	0.083	0.093	1.98%
改进 MTD	0.002	0	0.083	0.133	64.20%

如图 6-21 及表 6-8 所示，一般 MTD 方法对输入特征的平均扩展率为 -10.60%，对输出的扩展率为 1.98%；改进 MTD 方法对虚拟样本输入特征的可行域整体空间进行了有效扩展，扩展率平均为 89.40%。考虑样本输出的物理意义，将域扩展的最小值限制为 0，可行域整体扩展率为 64.20%。

② 基于等间隔插值的 VSG 结果　依据虚拟样本的域扩展结果和映射模型，进行等间隔插值生成虚拟样本。虚拟样本输出及前 5 个输入特征如表 6-9 所示（以插值倍数 3，样本 6 和样本 7 间生成的样本为例）。

表 6-9　DXN 数据等间隔插值方法生成的虚拟样本输入 / 输出

输入 / 输出	S6	S7	VS1	VS2	VS3
输入 1	4.80	3.10	4.38	3.95	3.53
输入 2	1.50	2.80	1.83	2.15	2.48
输入 3	14	25	16.75	19.50	22.25
输入 4	176	177	176.25	176.50	176.75
输入 5	181	185	182	183	184
输出	0.05	0.04	0.05	0.05	0.04

表 6-9 中，输入 1 ～ 5 分别表示反应器入口氧气浓度、燃烧炉排右空气流量、二次空预器出口温度、干燥炉排入口空气温度、燃烧炉排 2-2 左内温度，输出为 DXN 排放浓度。

基于等间隔插值生成的虚拟样本删减后剩余的数量如图 6-22 所示。

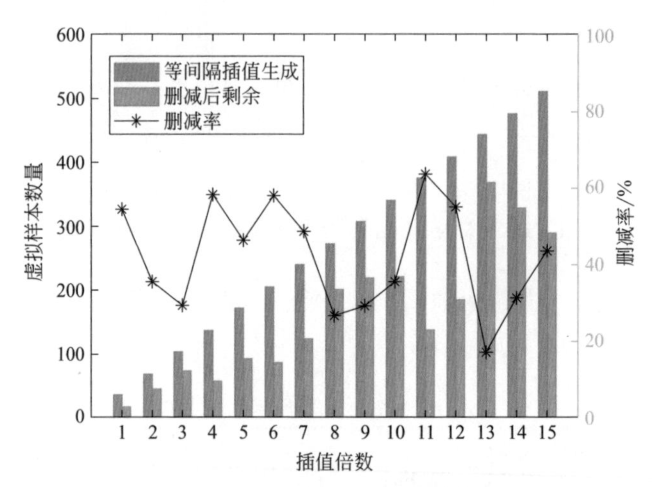

图 6-22　DXN 数据生成虚拟样本删减前后数量对比

如图 6-22 所示，基于等间隔插值生成的虚拟样本平均删减率为 41.997%。虚拟样本“合格率”较低的原因可能是：基于改进 MTD 域扩展范围与实际特征空间存在差异，构建的映射模型存在随机性。

③ 基于 PSO 虚拟样本选择后的结果　进行虚拟样本选择时，PSO 算法的相关参数设定如表 6-10 所示。

表 6-10　DXN 数据虚拟样本选择 PSO 算法的参数设定

参数	P_{num}	N_{iter}	$w_{inertia}$	c_{self}	$c_{society}$	θ_{select}	ε
数值	30	50	0.6	2	2.2	0.5	0.001

图 6-23 所示为经 PSO 选择前后的虚拟样本数量对比。图中，PSO 优选算法对候选虚拟样本的平均选择率为 52.619%，最终剩余虚拟样本平均为 82.5 个，其样本扩展率为 585.3%。

以插值倍数 14 为例，获得最终虚拟样本的结果（随机选择 4 个虚拟样本的前 5 个输入特征）如表 6-11 所示。

图 6-24 所示为样本的分布情况。

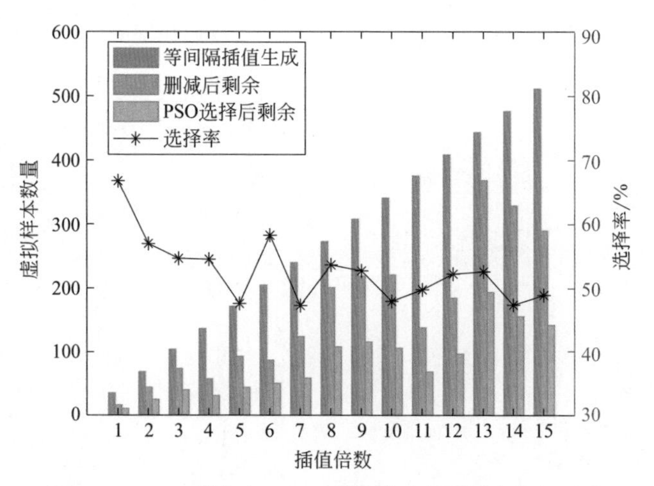

图 6-23　DXN 数据经 PSO 选择前后虚拟样本数量对比

表 6-11　DXN 数据经 PSO 选择后的虚拟样本输入 / 输出

输入 / 输出	1	2	5	6
x_{vsg}	11.272	7.633	4.880	7.633
	4.869	0.733	1.900	0.733
	31.504	14.333	28	14.333
	203.382	143.667	189.200	143.667
	247.246	164.667	180.800	164.667
y_{vsg}	0.0136	0.0656	0.0390	0.0656

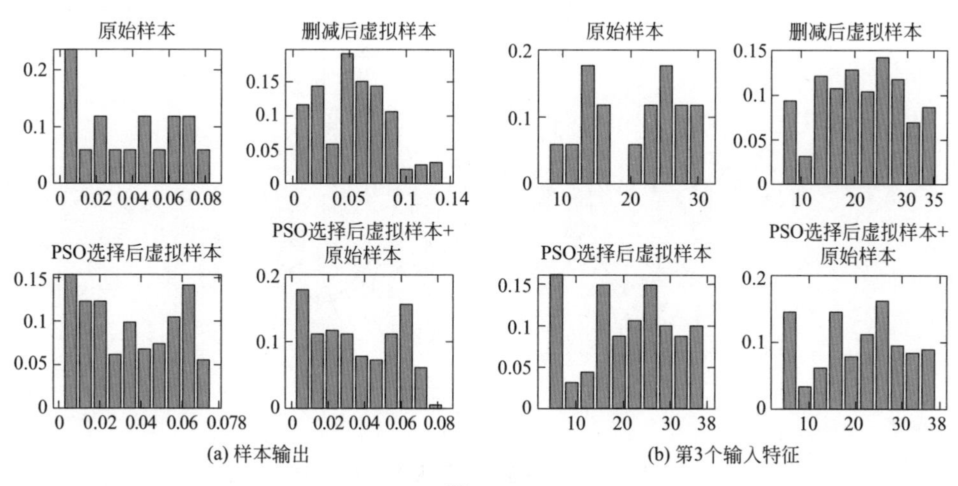

图 6-24

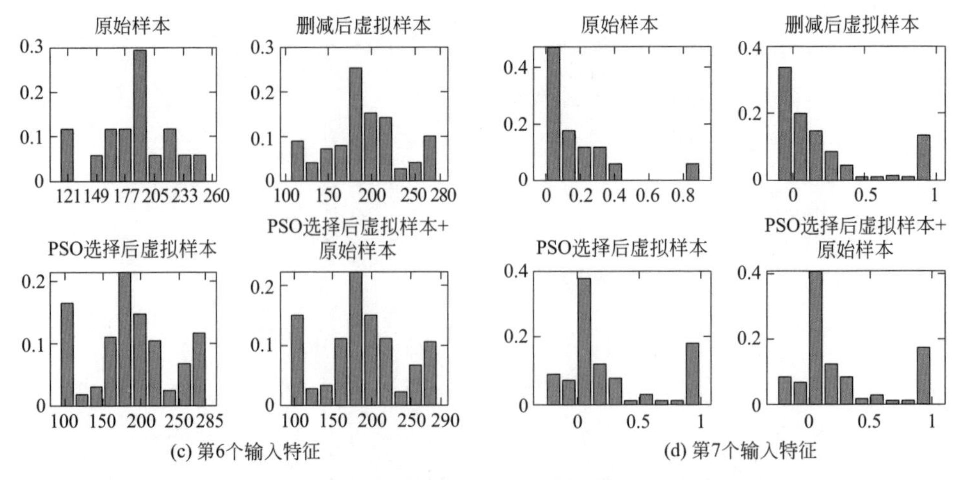

(c) 第6个输入特征　　(d) 第7个输入特征

图 6-24　约简小样本、候选虚拟样本、PSO 选择后虚拟样本和混合样本的分布

基于等间隔插值生成的虚拟样本有效扩充了虚拟样本的数量。同时，如表 6-11 和图 6-24 所示，生成的虚拟样本经删减和 PSO 选择后，剩余的虚拟样本均能够对约简小样本间的信息间隙进行有效填充，尤其是有效地填补了实际特征空间的边缘区域，能够保留约简小样本分布的主要特征。

④ 基于混合样本的预测模型构建结果　图 6-25 所示为实验 A、B、C 的模型测试输出对比图，展示了插值倍数为 9 时，模型测试的输出预测值。

如图 6-25 所示，本节所提方法构建的预测模型性能优于约简小样本构建的预测模型，其预测精度还有待提高。

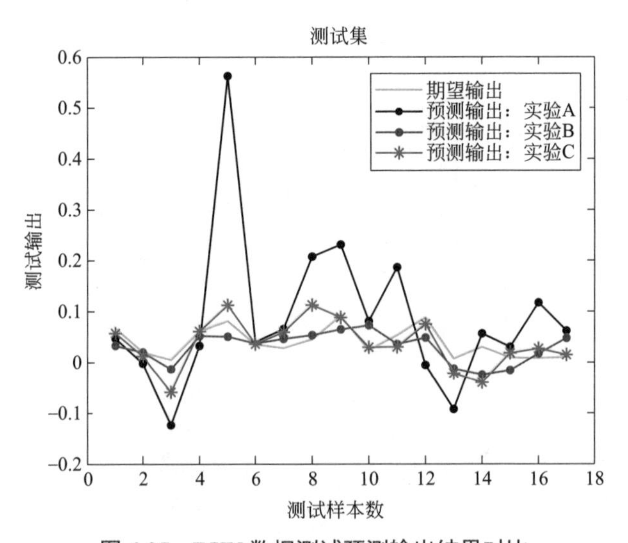

图 6-25　DXN 数据测试预测输出结果对比

（3）对比讨论

表 6-12 所示为对比实验的测试结果。实验 A、B 和 C 建模所采用的样本分别为原始样本、候选虚拟样本、PSO 优选后的虚拟样本。

表 6-12　DXN 数据的建模实验对比结果

实验	VS 数量	*RMSE* 均值	*RMSE* 方差	*RMSE* 最小值	N_{equal}
A	0	0.0788	3.166×10^{-3}	—	—
B	328	0.0398	1.708×10^{-4}	0.0175	14
C	155	0.0332	7.899×10^{-5}	0.0167	14
L[104]	501	0.0286	1.697×10^{-5}	0.0254	—

注：L 为文献 [104] 中的实验结果。

由表 6-12 可知：①约简小样本集（无 VSG 方法）的 *RMSE* 均值为 0.0788，本节所提方法的最小 *RMSE* 为 0.0167，结果表明本节所提方法可整体提高小样本建模性能 78.81%；②对比实验 B 和 C 可知，经 PSO 选择后的虚拟样本在数量减少 52.744% 的情况下，混合样本建模测试的 *RMSE* 均值改善了 16.58%，结果验证了本节所提基于 PSO 对虚拟样本进行筛选方法的有效性，也表明了合理虚拟样本数量的重要性，但如何生成更多有效的虚拟样本仍然有待深入；③本节所提方法 *RMSE* 方差较小，表明稳定性较好，对比文献 [104] 的实验结果可知本节所提方法在最佳 *RMSE* 上具有优势，这是由本节与文献 [104] 所构建模型的结构差异造成的。

由上述结果可知，所提方法基于 DXN 数据集能够对生成的冗余虚拟样本进行有效筛选，筛选后的虚拟样本扩展了约简小样本的数量，并能够有效填补约简小样本间的信息间隙，改善了虚拟样本的有效性、平衡性和数据完整性。此外，虚拟样本也能够有效填补实际特征空间边缘的信息间隙。然而，所提方法构建的模型性能不高，如何生成更多、更优质的虚拟样本以进一步改善模型的预测性能是有待解决的问题。

6.4 本章小结

对 DXN 排放浓度进行有效检测是实现 MSWI 过程优化控制的关键之一。针对 DXN 生成和吸附阶段的机理复杂不清难以构建精确的数学模型和工业现场

DXN 排放浓度检测周期长、成本高导致可标记建模样本稀缺的问题，本章提出了两种建模策略：第一种是采用面向高维过程变量的多层特征选择方法，在大幅度约简输入特征数量的同时也提升了模型的泛化性能，但其并未解决 DXN 建模样本的稀疏性问题；第二种是基于虚拟样本优化选择的软测量方法，虽然在一定程度上解决了上述问题，但在如何获取具有互补特性的虚拟样本的同时合理确定虚拟样本数量和获得最佳预测性能等问题仍未解决。这些相关问题还有待于进一步的深入研究。

参考文献

[1] KHANDELWAL H，DHAR H，THALLA A K，et al. Application of Life Cycle Assessment in Municipal Solid Waste Management：A Worldwide Critical Review[J]. Journal of Cleaner Production，2019，209：630-654.

[2] LOMBARDI L，CARNEVALE E A. Evaluation of The Environmental Sustainability of Different Waste-to-Energy Plant Configurations[J]. Waste Management，2017，73：232-246.

[3] MAVROTAS G，GAKIS N，SKOULAXINOU S，et al. Municipal Solid Waste Management and Energy Production：Consideration of External Cost Through Multi-Objective Optimization and Its Effect on Waste-to-Energy Solutions[J]. Renewable and Susta-inable Energy Reviews，2015，51：1205-1222.

[4] ZHANG D Q，TAN S K，GERSBERG R M. Municipal Solid Waste Management in China：Status，Problems and Challenges[J]. Journal of Environmental Management，2010，91（8）：1623-1633.

[5] HU Y A，CHENG H F，SHU T. The Growing Importance of Waste-to-Energy（WTE）Incineration in China's Anthropogenic Mercury Emissions：Emission Inventories and Reduction Strategies[J]. Renewable and Sustainable Energy Reviews，2018，97：119-137.

[6] HUANG T，ZHOU L，LIU L，et al. Ultrasound-Enhanced Electrokinetic Remediation for Removal of Zn，Pb，Cu and Cd in Municipal Solid Waste Incineration Fly Ashes[J]. Waste Management，2018，75：226-235.

[7] DONG J，TANG Y J，NZIHOU A，et al. Comparison of Waste-to-Energy Technologies of Gasification and Incineration Using Life Cycle Assessment：Case Studies in Finland，France and China[J]. Journal of Cleaner Production，2018，203：287-300.

[8] ZHENG L J，SONG J C，LI C Y，et al. Preferential Policies Promote Municipal Solid Waste（MSW）to Energy in China：Current Status and Prospects[J]. Renewable & Sustainable Energy Reviews，2014，36（C）：135-148.

[9] 柴天佑 . 自动化科学与技术发展方向 [J]. 自动化学报，2018，44（11）：1923-1930.

[10] 柴天佑 . 复杂工业过程运行优化与反馈控制 [J].

自动化学报，2013，39（11）：1744-1757.
[11] HOYOS A，COBO M，ARISTIZÃ B，et al. Total Suspended Particulate（TSP），Polychlorinated Dibenzodioxin（PCDD）and Polychlorinated Dibenzofuran（PCDF）Emissions From Medical Waste Incinerators in Antioquia，Colombia[J]. Chemosphere，2008，73（1）：137-42.
[12] 罗建松 . 二噁英指示物的反应特性及其在线检测研究 [D]. 浙江：浙江大学，2007.
[13] 解艳，薛科社 . 二噁英分析检测方法研究进展及展望 [J]. 环境科学与管理，2011，36（3）：84-86.
[14] BAI J，SUN X M，ZHANG C X，et al. Mechanism and Kinetics Study on the Ozonolysis Reaction of 2，3，7，8-TCDD in the Atmosphere[J]. Journal of Environmental Sciences，2014，26（1）：181-188.
[15] 罗阿群，刘少光，林文松，等 . 二噁英生成机理及减排方法研究进展 [J]. 化工进展，2016，35（3）：910-916.
[16] SOFIAN K，FATIN S. Dioxins and Furans：A Review from Chemical and Environ-mental Perspectives[J]. Trends in Enviromental Analytical Chemistry，2018，17：1-13.
[17] LI X M，ZHANG C M，LI Y Z，et al. The Status of Municipal Solid Waste Incineration（MSWI）in China and Its Clean Development[J]. Energy Procedia，2016，104：498-503.
[18] PHILLIPS K J O，LONGHURST P J，WAGLAND S T. Assessing the Perception and Reality of Arguments Against Thermal Waste Treatment Plants in terms of Property Prices[J]. Waste Management. 2014，34（1）：219-225.
[19] MCKAY G. Dioxin Characterisation，Formation and Minimisation during Municipal Solid Waste（MSW）Incineration：Review[J]. Chemical Engineering Journal，2002，86（3）：343-368.
[20] NI Y W，ZHANG H J，SU F，et al. Emissions of PCDD/Fs from Municipal Solid Waste Incinerators in China[J]. Chemosphere，2009，75（9）：1153-1158.
[21] 生活垃圾焚烧污染控制标准 [DB]，http：//www.mee.gov.cn/ywgz/fgbz/bz/bzwb/gthw /gtfwwrkzbz/201405/t20140530_276307.shtml.
[22] 唐娜，李馥琪，罗伟铿，等 . 废物焚烧及工业金属冶炼烟气中二噁英的排放水平及同系物分布 [J]. 安全与环境学报，2018，18（4）：1496-1502.
[23] 俞明锋，付建英，詹明秀，等 . 生活废弃物焚烧处置烟气中二噁英排放特性研究 [J]. 环境科学学报，2018，38（5）：1983-1988.
[24] 严建华，陈彤，谷月玲，等 . 垃圾焚烧炉飞灰中二噁英的低温热处理试验研究 [J]. 中国电机工程学报，2005，25（23）：95-99.
[25] 赵英孜，蒋友胜，张建清，等 . 深圳市废弃物焚烧炉飞灰中二噁英含量水平和特征分析 [J]. 环境科学学报，2015，35（9）：2739-2744.
[26] 钱莲英，潘淑萍，徐哲明，等 . 生活垃圾焚烧炉烟气中二噁英排放水平及控制措施 [J]. 环境监测管理与技术，2017，29（3）：57-60.
[27] 林斌斌，李晓东，王天娇，等 . 生活垃圾焚烧炉中二噁英、氯苯排放特性及关联 [J]. 环境化

学，2018，37（3）：428-436.

[28] 张益．我国生活垃圾焚烧处理技术回顾与展望[J]. 环境保护，2016，44（13）：20-26.

[29] 李大中，唐影．垃圾焚烧发电污染物排放过程建模与优化 [J]. 可再生能源，2015，33（1）：118-123.

[30] 林海鹏，于云江，李琴．二噁英的毒性及其对人体健康影响的研究进展 [J]. 环境科学与技术，2009，32（9）：93-97.

[31] 李海英，张书廷，赵新华．城市生活垃圾焚烧产物中二噁英检测方法 [J]. 燃料化学学报，2005，33（3）：379-384.

[32] 张诺，孙韶华，王明泉．荧光素酶表达基因法（CALUX）用于二噁英检测的研究进展 [J]. 生态毒理学报，2014，9（3）：391-397.

[33] BUNSAN S，CHEN W Y，CHEN H W，et al. Modeling the Dioxin Emission of a Municipal Solid Waste Incinerator Using Neural Networks[J]. Chemosphere，2013，92：258-264.

[34] URANO K，KATO M，NAGAYANAGI Y，et al. Convenient Dioxin Measuring Method Using an Efficient Sampling Train，an Efficient HPLC System and a Highly Sensitive HRGC/LRMS with a PTV Injector[J]. Chemosphere，2001，43（4）：425-431.

[35] HUNG P C，CHANG S H，BUEKENS A，et al. Continuous Sampling of MSWI Dioxins[J]. Chemosphere，2016，145：119-124.

[36] LAVRIC E D，KONNOV A A，RUYCK J D. Surrogate Compounds for Dioxins in Inci-neration. A Review[J]. Waste Management，2005，25（7）：755-765.

[37] LAVRIC E D，KONNOV A A，RUYCK J D. Implementation of a Detailed Reaction Mechanism for the Modeling of Dioxins Precursors Formation[J]. Organohalogen Compounds，2002，56：201-204.

[38] 尹雪峰，李晓东，陆胜勇．模拟烟气中痕量有机污染物生成的在线实时监测 [J]. 中国电机工程学报，2007，27（17）：29-33.

[39] GULLETT B K，OUDEJANS L，TABOR D，et al. Near-Real-Time Combustion Monitoring for PCDD/PCDF Indicators by GC-REMPI-TOFMS[J]. Environmental Science & Technology，2012，46（2）：923-928.

[40] 郭颖，陈彤，杨杰，等．基于关联模型的二噁英在线检测研究 [J]. 环境工程学报，2014，8（8）：3524-3529.

[41] 李阿丹，洪伟，王晶．激光解吸 / 激光电离 - 质谱法二噁英及其关联物的在线检测 [J]. 燕山大学学报，2015，39（6）：511-515.

[42] 曹轩，等．用于二噁英在线检测的气相色谱 - 质谱间传输线系统：CN 206378474U[P]. 2017-08-04.

[43] YAN M，LI X D，CHEN T，et al. Effect of Temperature and Oxygen on the Formation of Chlorobenzene as the Indicator of PCDD/Fs[J]. Journal of Environmen-tal Sciences，2010，22（10）：1637-1642.

[44] EVERAERT K，BAEYENS J. The Formation and Emission of Dioxins in Large Scale Thermal Processes[J]. Chemosphere，2002，46（3）：439-448.

[45] NAKUI H，KOYAMA H，TAKAKURA A，et al. Online Measurements of Low-Volatile Organic Chlorine for Dioxin Monitoring

at Municipal Waste Incinerators[J]. Chemosphere, 2011, 85 (2): 151-155.
[46] 汤健，田福庆，贾美英 . 基于频谱数据驱动的旋转机械设备负荷软测量 [M]. 北京：国防工业出版社，2015.
[47] CHANG N B, HUANG S H. Statistical Modelling for the Prediction and Control of PCDDs and PCDFs Emissions from Municipal Solid Waste Incinerators[J]. Waste Management & Research, 1995, 13 (4), 379-400.
[48] CHANG N B, CHEN W C. Prediction of PCDDs/PCDFs Emissions from Municipal Incinerators by Genetic Programming and Neural Network Modeling[J]. Waste Management & Research, 2000, 18 (4), 341-351.
[49] 胡文金 . 面向无害化垃圾焚烧发电的二噁英软测量精简化建模研究 [R]. 国家自然科学基金资助项目结题报告，批准号：61174015，2016.
[50] 王海瑞，张勇，王华 . 基于 GA 和 BP 神经网络的二噁英软测量模型研究 [J]. 微计算机信息，2008，24 (21)：222-224.
[51] 胡文金，苏盈盈，汤毅，等 . 基于小样本数据的垃圾焚烧二噁英软测量建模 [C]// 第 23 届过程控制会议论文集 . 厦门：中国自动化学会，2012.
[52] OLIE K, VERMEULEN P L, HUTZINGER O. Chlorodibenzo-P-Dioxins and Chlorodiben-zofurans are Trace Components of Fly Ash and Flue Gas of Some Municipal Incinera-tors in The Netherlands[J]. Chemosphere, 1977, 6 (8): 103-108.
[53] PALMER D, POU J O, GONZALEZSABATÉ L, et al. Multiple Linear Regression based Congener Profile Correlation to Estimate the Toxicity (TEQ) and Dioxin Concentr-ation in Atmospheric Emissions[J]. Science of the Total Environment, 2017, 622-623: 510-516.
[54] GOUIN T, DALY T H L, WANIA F, et al. Variability of Concentrations of Poly-brominated Diphenyl Ethers and Polychlorinated Biphenyls in Air: Implications for Monitoring, Modeling and Control[J]. Atmospheric Environment, 2005, 39 (1): 151-166.
[55] 郑明辉，余立风，丁琼，等 . 二噁英类生物检测技术 [M]. 北京：中国环境出版社，2014.
[56] 金艳勤 . 二噁英类化合物快速检测系统的初步构建 [D]. 天津：天津大学，2010.
[57] SHUAB W M, TSANG W. Dioxin Formation in Incinerators[J]. Environmrnt Science & Technology, 1983 (17): 721-730.
[58] HUANG H, BUSKENS A. Comparison of Dioxin Formation Levels in Laboratory Gas-Phase Flow Reactors with Those Calculated Using the Shaub-Tsang Mechanism[J]. Chemosphere, 1999, 38 (7): 1595-1602.
[59] ZHOU H, MENG A, LONG Y, et al. A Review of Dioxin-Related Substances During Municipal Solid Waste Incineration[J]. Waste Management, 2015, 36: 106-118.
[60] 姜欣 . 日本对二噁英的研究现状 [J]. 皮革与化工，2006，23 (4)：39-42.
[61] 钱原吉，吴占松 . 生活垃圾焚烧炉中二噁英的生成和计算方法 [J]. 动力工程学报，2007，

27 (4): 616-619.

[62] ZHANG H J, NI Y W, CHEN J P, et al. Influence of Variation in the Operating Conditions on PCDD/F Distribution in a Full-Scale MSW Incinerator[J]. Chemosphere, 2008, 70 (4): 721-730.

[63] MUKHERJEE A, DEBNATH B, GHOSH S K. A Review on Technologies of Removal of Dioxins and Furans from Incinerator Flue Gas[J]. Procedia Environmental Sciences, 2016, 35: 528-540.

[64] LIN X, YAN M, DAI A, et al. Simultaneous Suppression of PCDD/F and NOx During Municipal Solid Waste Incineration[J]. Chemosphere, 2015, 126: 60-66.

[65] GERASIMOV G. Modeling Study of Polychlorinated Dibenzo-P-Dioxins and Diben-zofurans Behavior in Flue Gases under Electron Beam Irradiation[J]. Chemosphere, 2016, 158: 100-106.

[66] HAVUKAINEN J, ZHAN M X, DONG J, et al. Environmental Impact Assessment of Municipal Solid Waste Management Incorporating Mechanical Treatment of Waste and Incineration in Hangzhou, China[J]. Journal of Cleaner Production, 2017, 141: 453-461.

[67] ZHANG R Z, LUO Y H, YIN R H. Experimental Study on Dioxin Formation in an MSW Gasification-combustion Process: An Attempt for the Simultaneous Control of Dioxins and Nitrogen Oxides[J]. Waste Management, 2018, 82: 292-301.

[68] CHEN Z L, LIN X Q, LU S Y, et al. Suppressing Formation Pathway of PCDD/Fs by S-N-Containing Compound in Full-Scale Municipal Solid Waste Incinerators[J]. Chemical Engineering Journal, 2019, 359: 1391-1399.

[69] WEN Z G, DI J H, LIU S T, et al. Evaluation of Flue-Gas Treatment Technologies for Municipal Waste Incineration: A Case Study in Changzhou, China[J]. Journal of Cleaner Production, 2018, 184: 912-920.

[70] 汤健，乔俊飞. 基于选择性集成核学习算法的固废焚烧过程二噁英排放浓度软测量 [J]. 化工学报，2019，70 (2)：696-706.

[71] 肖晓东，卢加伟，海景，等. 垃圾焚烧烟气中二噁英类浓度的支持向量回归预测 [J]. 可再生能源，2017，35 (8)：1107-1114.

[72] 汤健，乔俊飞，郭子豪. 基于潜在特征选择性集成建模的二噁英排放浓度软测量 [J/OL]. 自动化学报：1-19[2020-08-11]. https://doi.org/10.16383/j.aas.c190254.

[73] HASNAT A, MOLLA A U. Feature Selection in Cancer Microarray Data Using Multi-Objective Genetic Algorithm Combined With Correlation Coefficient[C]//2016 International Conference on Emerging Technological Trends (ICETT). IEEE, 2016: 1-6.

[74] COELHO F, BRAGA A P, Verleysen M. Multi-Objective Semi-Supervised Feature Selection and Model Selection Based on Pearson's Correlation Coefficient[J]. Lecture Notes in Computer Science, 2010, 6419: 509-516.

[75] BATTITI R. Using Mutual Information for

Selecting Features in Supervised Neural Net Learning[J]. IEEE Transactions on Neural Networks, 1994, 5 (4): 537-550.

[76] VERGARA J R, ESTÉVEZ P A. A Review of Feature Selection Methods Based On Mutual Information[J]. Neural Computing and Applications, 2014, 24 (1): 175-186.

[77] JAIN A K, DUIN R P W, MAO J. Statistical Pattern Recognition: A Review[J]. IEEE Transactions on Pattern Analysis and Machine Intelligence, 2000, 22 (1): 4-37.

[78] FLEURET F. Fast Binary Feature Selection with Conditional Mutual Information[J]. Journal of Machine Learning Research, 2004, 5: 1531-1555.

[79] ESTÉVEZ P A, TESMER M, PEREZ C A, et al. Normalized Mutual Information Fea-ture Selection[J]. IEEE Transactions on Neural Networks, 2009, 20 (2): 189-201.

[80] AMIRI F, YOUSEFI M M R, LUCAS C, et al. Mutual Information-Based Feature Selection for Intrusion Detection Systems[J]. Journal of Network and Computer Applications, 2011, 34 (4): 1184-1199.

[81] MOHAMMADI S, MIRVAZIRI H, GHAZIZADEHAHSAEE M. Multivariate Correlation Coe-fficient and Mutual Information-Based Feature Selection in Intrusion Detection[J]. Information Security Journal: A Global Perspective, 2017, 26 (5): 229-239.

[82] PENG H, LONG F, DING C. Feature Selection Based On Mutual Information Criteria of Max-Dependency, Max-Relevance, and Min-Redundancy[J]. IEEE Transac-tions on Pattern Analysis and Machine Intelligence, 2005, 27 (8): 1226-1238.

[83] TIHONOV A N. Solution of Incorrectly Formulated Problems and the Regulari-zation Method[J]. Soviet Math, 1963, 4: 1035-1038.

[84] WOLD S, RUHE A, WOLD H, et al. The Collinearity Problem in Linear Regression. The Partial Least Squares (PLS) Approach to Generalized Inverses[J]. SIAM Journal on Scientific and Statistical Computing, 1984, 5 (3): 735-743.

[85] LEARDI R, BOGGIA R, TERRILE M. Genetic Algorithms as a Strategy for Feature Selection[J]. Journal of Chemometrics, 1992, 6 (5): 267-281.

[86] 汤健，柴天佑，赵立杰，等 . 融合时频信息的磨矿过程磨机负荷软测量 [J]. 控制理论与应用，2012，29 (5)：564-570.

[87] ZHONG K, HAN M, HAN B. Data-driven based fault prognosis for industrial aystems: a concise overview[J]. IEEE/CAA Journal of Automatica Sinica, 2020, 7 (2): 330-345.

[88] 朱宝 . 虚拟样本生成技术及建模应用研究 [D]. 北京：北京化工大学，2017.

[89] WANG Y Q, WANG Z Y, SUN J Y, et al. Gray Bootstrap Method for Estimating Frequency-Varying Random Vibration

Signals with Small Samples[J]. Chinese Journal of Aeronautics，2014，27（2）：383-389.

[90] ZHU Q X，CHEN Z S，ZHANG X H，et al. Dealing with Small Sample Size Problems in Process Industry Using Virtual Sample Generation：A Kriging-Based Approach[J]. Soft Computing，2020，24（9）：6889-6902.

[91] TALAFUSE T P，POHL E A. Small Sample Reliability Growth Modeling Using a Grey Systems Model[J]. Quality Engineering，2017，29（3）：455-467.

[92] HONG W C，LI M W，GENG J，et al. Novel Chaotic Bat Algorithm for Forecasting Complex Motion of Floating Platforms[J]. Applied Mathematical Modelling，2019，72：425-443.

[93] SHAPIAI M I，IBRAHIM Z，KHALID M，et al. Function and Surface Approximation Based On Enhanced Kernel Regression for Small Sample Sets[J]. International Journal of Innovative Computing，Information And Control，2011，7（10）：5947-5960.

[94] POGGIO T，VETTER T. Recognition and Structure from One 2D Model View：Obser-vations on Prototypes，Object Classes and Symmetries[R]. Laboratory Massachusetts Institute of Technology，1992.

[95] KARAIVANOVA A，IVANOVSKA S，GUROV T. Monte Carlo Method for Density Recon-struction Based On Insufficient Data[J]. Procedia Computer Science，2015，51：1782-1790.

[96] 汤健，乔俊飞，柴天佑，等. 基于虚拟样本生成技术的多组分机械信号建模[J]. 自动化学报，2018，44（9）：1569-1590.

[97] NIYOGI P，GIROSI F，POGGIO T. Incorporating Prior Information in Machine Learning by Creating Virtual Examples[J]. Proceedings of the IEEE，1998，86（11）：2196-2209.

[98] HE Y L，GENG Z Q，HAN Y M，et al. A Novel Nonlinear Virtual Sample Generation Approach Integrating Extreme Learning Machine with Noise Injection for Enhancing Energy Modeling and Analysis on Small Data：Application to Petrochemical Industries[C]//2018 5th International Conference on Control，Decision and Information Technologies（CoDIT）. IEEE，2018：134-139.

[99] LI D C，WEN I H. A Genetic Algorithm-Based Virtual Sample Generation Technique to Improve Small Data Set Learning[J]. Neurocomputing，2014，143（16）：222-230.

[100] CHEN Z S，ZHU B，HE Y L，et al. A PSO based Virtual Sample Generation Method for Small Sample Sets：Applications to Regression Datasets[J]. Engineering Applications of Artificial Intelligence，2017，59：236-243.

[101] COQUERET G. Approximate NORTA Simulations for Virtual Sample Generation[J]. Expert Systems with Applications，2017，73：69-81.

[102] 朱宝，乔俊飞. 基于 AANN 特征缩放的虚拟

样本生成方法及其过程建模应用 [J]. 计算机与应用化学，2019，36 (4)：304-307.
[103] HE Y L，WANG P J，ZHANG M Q，et al. A Novel and Effective Nonlinear Inter-polation Virtual Sample Generation Method for Enhancing Energy Prediction and Analysis on Small Data Problem：A Case Study of Ethylene Industry[J]. Energy，2018，147：418-427.
[104] 乔俊飞，郭子豪，汤健 . 基于改进大趋势扩散和隐含层插值的虚拟样本生成方法及应用 [J]. 化工学报，2020，71 (12)：5681-5695.
[105] 乔俊飞，郭子豪，汤健 . 基于多层特征选择的固废焚烧过程二噁英排放浓度软测量 [J]. 信息与控制，2021，50 (1)：75-87.
[106] 姚全珠，蔡婕 . 基于 PSO 的 LS-SVM 特征选择与参数优化算法 [J]. 计算机工程与应用，2010，46 (1)：134-136.

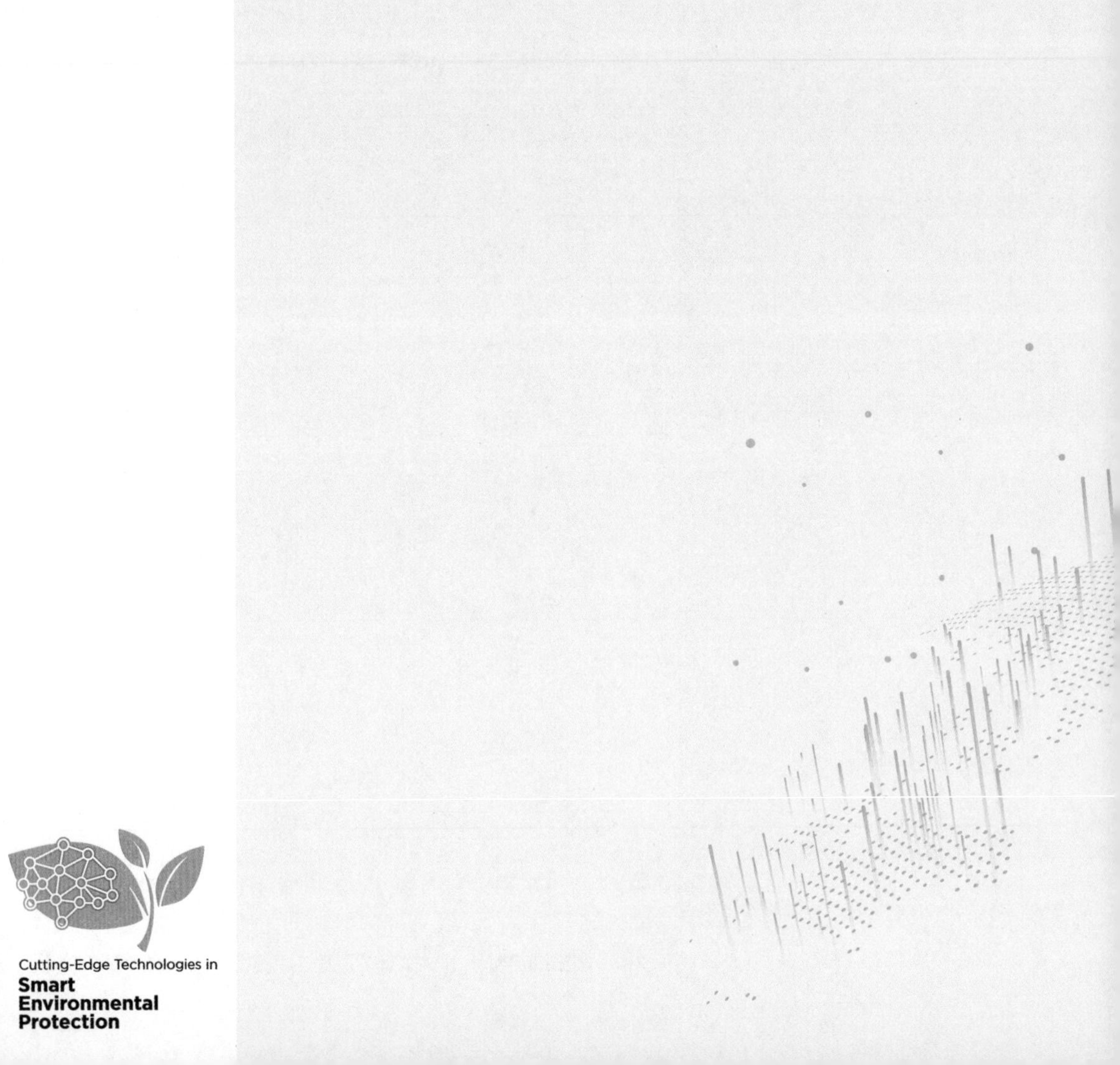

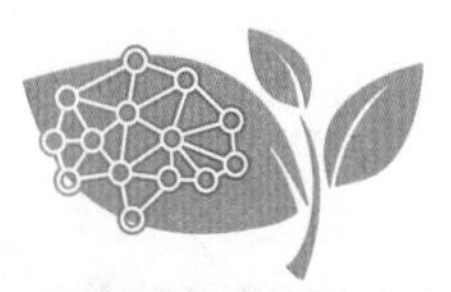
Cutting-Edge Technologies in
Smart
Environmental
Protection

第 7 章

城市固废焚烧（MSWI）过程氮氧化物排放浓度软测量

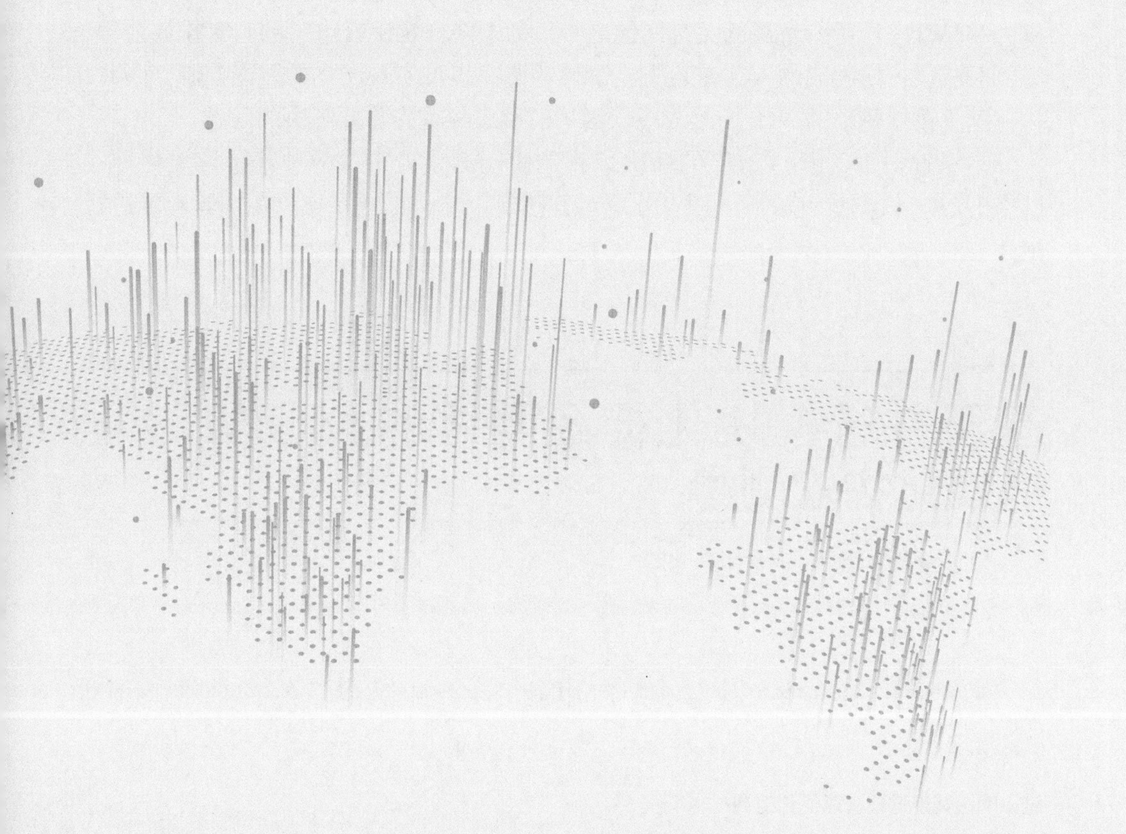

7.1 MSWI过程的氮氧化物（NO_x）检测

随着城市固废焚烧（MSWI）电厂在我国的快速发展以及污染物排放要求的逐步严格，MSWI过程尾气排放中的污染物越来越受到公众的关注和监督。作为酸雨等自然灾害元凶之一的氮氧化物（NO_x）也成为公众重点关注的污染物[1,4]，其超标排放会危害正常生态环境、影响国家工业的可持续发展[2]。目前，我国执行的MSWI排放标准为《生活垃圾焚烧污染控制标准》，其中NO_x小时排放浓度限值与发达国家相比更为宽松。近年来，国家和地方政府对固定污染源的环保要求日益提高，不同省市在国标的基础上相继出台了与MSWI尾气污染物排放相关的地方标准和意见。

目前已投运的大多数MSWI发电厂采取的NO_x污染控制主流技术是SNCR烟气脱硝系统，其具有工艺施工周期短、项目投资少等特点。SNCR的脱硝原理是利用氨气或尿素等还原剂喷入炉内与NO_x进行选择性反应，脱硝效率为40%～60%。

在新环保形势下，基于SNCR技术的NO_x排放浓度能够满足《生活垃圾焚烧污染控制标准》，但无法达到相关地方排放限制要求[3]。为进一步减少MSWI过程的NO_x排放浓度，满足环保新形势下的排放限值要求，低排放的NO_x精准控制已成为MSWI电厂亟待解决的关键问题之一。为了降低MSWI电厂的NO_x排放浓度，需要对焚烧炉内生成的NO_x浓度进行准确检测，以便实现闭环的智能控制。因此，构建基于数据驱动的NO_x排放浓度软测量模型成为首先需要解决的问题。

本章针对NO_x排放浓度的精确预测建模问题，提出了两种基于模块化神经网络的NO_x软测量方法。下面将分别对其建模策略、算法实现以及实验验证进行描述。

7.2 基于并行模块化神经网络的MSWI过程氮氧化物软测量

7.2.1 概述

软测量方法具有良好的推理估计和快速的动态响应能力，能够基于易测辅助变量实现不可测主导变量的在线实时连续估计，因此成为复杂工业过程关键参数在线检测的主流方法[5-7]。根据软测量模型的性质，软测量方法可分为基于机理模型的方法和基于数据驱动的方法。由于 MSWI 过程涉及众多复杂的物理化学反应过程，且受到设备状态以及外部环境扰动等诸多因素的影响，其具有强非线性、强耦合性、不确定性等特征，难以建立精准的机理模型[8]。因此，基于数据驱动的软测量方法已被广泛用于 MSWI 及其他工业过程的 NO_x 检测[9-20]。

基于最小二乘支持向量机和集成学习，文献 [9] 实现了对 NO_x 浓度的快速估计。Tan 等人[10]采用随机权神经网络探索了 NO_x 和其他过程参数间的非线性关系，并通过仿真实验验证了所提方法的精准性。Arsie 等人[11]基于递归神经网络和最小二乘算法建立了 NO_x 预测模型，并在仿真环境中对模型进行性能验证。文献 [12] 基于受限玻尔兹曼和支持向量机建立燃烧锅炉的 NO_x 排放预测模型，并通过粒子群及梯度下降优化算法对模型参数进行调整。基于核的机器学习算法凭借良好的非线性映射能力成为软测量建模的主流方法，但随数据样本大小和维度的增加，模型的效率和精度都随之降低[13]。因此，“分而治之”的策略被用于提高模型的效率及精度。Zheng 等人[19]通过聚类算法划分工况，然后利用最小二乘支持向量机建立各工况下的子模型。Si 等人[20]将预测空间进行分解，进而建立预测模型，并将模型预测性能与 CEMS 性能进行了对比。上述研究表明，如何有效地实施“分而治之”策略仍是一个开放性的问题。

为了解决上述问题，本节提出了一种基于并行模块化神经网络（PMNN）的 MSWI 过程 NO_x 软测量方法，以期实现对 NO_x 浓度的实时准确获取。首先，采用最大相关最小冗余算法选取与 NO_x 高度相关的变量作为辅助变量，降低软测量模型计算复杂度；然后，模拟脑网络结构特征，提出一种类脑模块化分区方法，实现复杂任务最优分解；接着，针对不同子任务设计自组织 RBF 构建子模型，有效保证软测量模型的预测精度；最后，通过实际工业数据验证了所提出方法的有效性及优良性。

7.2.2 建模策略

为实现 NO_x 的实时精准测量，提出一种基于 PMNN 的软测量建模策略，如图 7-1 所示。

由图 7-1 可知，所提建模策略的步骤为：首先，对从 MSWI 厂获取的原始数据进行预处理，得到样本数据集，进一步，将数据集分为训练样本和测试样本，对于训练样本，利用最大相关最小冗余算法选取辅助变量以降低模型复杂度；接着，模拟脑网络模块化分区结构特征，在构建 PMNN 模块化结构的同时实现复杂任务分解；最后，针对不同子任务设计基于自组织 RBF 神经网络的子模型，实现复杂任务的“分而治之”，建立基于 PMNN 的 NO_x 软测量模型；在模型测试阶段，采用“赢者通吃”策略启动相应子网络，进而获得 NO_x 的预测输出。

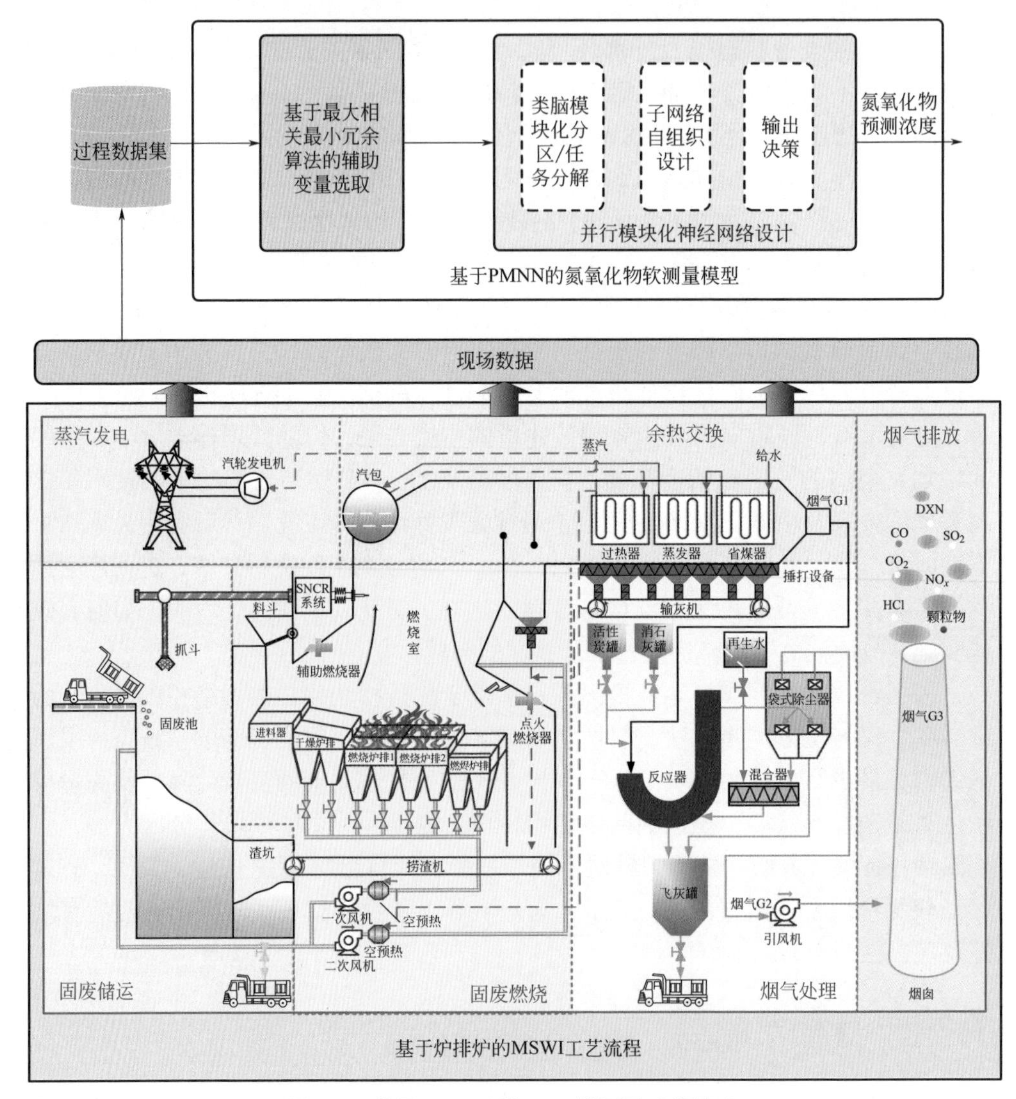

图 7-1　基于 PMNN 的 NO_x 软测量建模策略

7.2.3　建模算法

(1) 基于最大相关最小冗余算法的辅助变量选取

MSWI 过程变量众多，为准确评估变量间的相关性关系以选取辅助变量，本节采用最大相关最小冗余算法描述变量间的相关性。Peng 等人[21]基于互信息提出了最大相关最小冗余（mRMR）算法，通过最大化候选特征与待测变量间的相关性和最小化已选特征间的冗余性实现特征的最优提取。给定两随机变量 x 和 y，其互信息的计算如下：

$$I(x;y)=\iint p(x;y)\log_2\frac{p(x,y)}{p(x)p(y)}\mathrm{d}x\mathrm{d}y \tag{7-1}$$

式中，$p(x)$ 和 $p(y)$ 分别为变量 x 和 y 的边缘概率分布；$p(x,y)$ 为两变量的联合分布。

首先，基于互信息，寻找与待测变量具有最大相关性的特征子集 $\boldsymbol{S}$，如下式所示：

$$\max D(\boldsymbol{S},y), D=\frac{1}{|\boldsymbol{S}|}\sum_{x_i\in\boldsymbol{S}}I\left(x_i;y\right) \tag{7-2}$$

式中，$|\boldsymbol{S}|$ 为集合 $\boldsymbol{S}$ 中特征变量的个数。

若 D 越大，则选取的特征与待测变量 y 的相关性越高。考虑到已选特征间存在一定的相似性，且剔除“冗余”特征并不会影响模型性能，因此有必要计算特征间的冗余性以获得“互斥”特征，如下式所示：

$$\min R(\boldsymbol{S}), R=\frac{1}{|\boldsymbol{S}|^2}\sum_{x_i,x_j\in\boldsymbol{S}}I\left(x_i,x_j\right) \tag{7-3}$$

式中，R 为特征子集 $\boldsymbol{S}$ 中变量间的冗余性，R 越小则冗余性越低。

在 mRMR 算法应用过程中，通常将最大相关性指标和最小冗余性指标统一到评价函数 $\varPhi=D-R$ 中，然后通过寻找该评价函数的最大值以确定最优特征子集 $\boldsymbol{S}$，如下式所示：

$$\max \varPhi(D,R), \varPhi=D-R \tag{7-4}$$

（2）基于 PMNN 的软测量模型

PMNN 模拟人脑结构特征和认知方式，将待处理任务自动分解成若干个独立的子任务，通过“分而治之”实现对复杂任务的高效处理。其由三部分构成，即任务分解层、子网络层以及输出决策层，结构如图 7-2 所示。

如图 7-2 所示，PMNN 的建模过程为：首先，在任务分解层，基于脑网络中模块内部连接紧密、模块间连接稀疏的结构特征构建分区结构，将训练样本自适应分解且分配到子网络层不同的子模块中；其次，对于所分配的子任务，各子模块基于待处理任务的特性采用自组织算法进行设计和样本学习；最后，输出决策层采用“赢者通吃”的整合策略，根据输入样本到各模块中核心节点的欧氏距离启动相应的子网络。特别提出的是，输出决策层仅在网络应用阶段时激活，不参与网络构建和训练阶段。

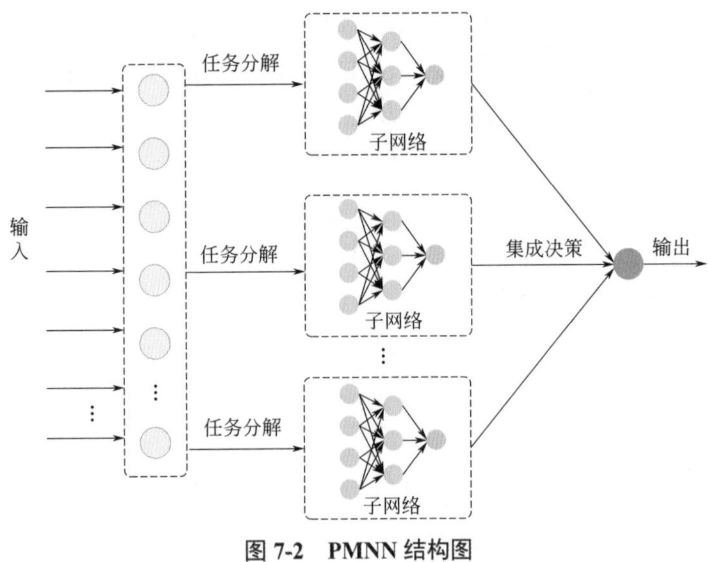

图 7-2　PMNN 结构图

具体实现过程如下。

① 脑网络模块化特征分析　“功能分离”是大脑最基本也是最重要的组织原则，是人脑认知和处理复杂任务的核心基础，而这种功能特性又归功于脑网络的模块化结构特征。

在神经心理学和神经生物学研究中，对“模块”和“模块化”定义如下。

a. 模块（module）。模块是网络中内部联系紧密但对外连接稀疏的节点。脑网络中具有若干个相对独立且又相互联系的模块，内部联系紧密，相互之间连接稀疏。这种结构使具有不同功能的模块可在不影响其他模块的情况下进行相对独立的演化发展。每个模块都包含一个区域核心节点（hub），该节点在每个模块中均发挥重要作用。

b. 模块化（modularity）。模块化是对当前分区情况模块的密集程度进行评价，通过判断密集程度是否达到期望值，从而有效实现模块功能特性的一种方式。目前，在脑网络结构连接模块化特征研究领域，学者们通常基于图论设定“模块化”指标以评判当前网络的模块化程度。指标值越大代表模块化程度越高，意味着模块内的联系越紧密，模块间的联系越稀疏。脑网络的模块化结构特征是人脑具有智能的决定性因素之一。当选用模块化神经网络实现人脑“分而治之”功能时，分区结构的构建应同时体现“多模块”和“模块化”的特征和程度。

② 类脑模块化分区实现　为了衡量评价网络的模块化程度和模拟脑网络中模块化的特性，提出一种面向模块化神经网络的“模块化指标（MQ）”。模块化指标由模块内的密集程度和模块间的稀疏程度组成，前者的计算公式如下式所示：

$$J_{\mathrm{C}}=\frac{1}{P}\sum_{l=1}^{P}\left(\frac{1}{N_l}\sum_{i=1}^{N_l}\exp\frac{-\left\|\boldsymbol{h}_l-\boldsymbol{x}_i\right\|}{r_l}\right) \tag{7-5}$$

式中，P 为当前网络中模块的数量；N_l 为分配给第 l 个模块的样本数；$\boldsymbol{h}_l$ 和 r_l 分别为第 l 个模块中核心节点的位置和作用范围。

模块间的稀疏程度基于欧氏距离进行度量，如下式所示：

$$J_{\mathrm{S}}=\frac{1}{P}\sum_{l=1}^{P}\exp\left[-\min_{s\in P,s\neq l}\left\{d\left(\boldsymbol{h}_l,\boldsymbol{h}_s\right)\right\}\right] \tag{7-6}$$

式中，$d\left(\boldsymbol{h}_l,\boldsymbol{h}_s\right)$ 为第 l 个核心节点和第 S 个核心节点间的距离。

综合考虑模块内的密集程度和模块间的稀疏度，本节提出的模块化指标衡量方式如下：

$$\begin{aligned}MQ=\frac{J_{\mathrm{C}}}{J_{\mathrm{S}}}&=\frac{\frac{1}{P}\sum_{l=1}^{P}\left(\frac{1}{N_l}\sum_{i=1}^{N_l}\exp\frac{-\left\|\boldsymbol{h}_l-\boldsymbol{x}_i\right\|}{r_l}\right)}{\frac{1}{P}\sum_{l=1}^{P}\exp\left[-\min_{s\in P,s\neq l}\left\{d\left(\boldsymbol{h}_l,\boldsymbol{h}_s\right)\right\}\right]}\\&=\frac{\sum_{l=1}^{P}\left(\frac{1}{N_l}\sum_{i=1}^{N_l}\exp\frac{-\left\|\boldsymbol{h}_l-\boldsymbol{x}_i\right\|}{r_l}\right)}{\sum_{l=1}^{P}\exp\left[-\min_{s\in P,s\neq l}\left\{d\left(\boldsymbol{h}_l,\boldsymbol{h}_s\right)\right\}\right]}\end{aligned} \tag{7-7}$$

由上式可得，MQ 的值越大，该网络的模块化程度越高。

此处，提出一种类脑模块化分区方法，其主要思想为：首先，通过核心节点对训练样本进行分配，进而决定是分配给当前已有模块还是新增模块；然后，通过寻求网络最大的“模块化”程度确定已有模块的新核心节点。这使得模块化结构的构建可分为如下的两种情况：增加新模块和更新已有模块。下面分别进行描述。

a. 增加新模块。初始时刻，整个网络的模块数为 0。

当第一个数据样本进入网络后，将其设定为第一个子模块的核心节点：

$$\boldsymbol{h}_1=\boldsymbol{x}_1 \tag{7-8}$$

$$r_1=\xi d_{\max},\xi\in\left[\frac{1}{5},\frac{1}{3}\right] \tag{7-9}$$

$$d_{\max}=\max_{i\neq j}\left\{\left\|x_i-\boldsymbol{x}_j\right\|\right\} \tag{7-10}$$

式中，$\boldsymbol{h}_1$ 和 r_1 分别为第一个核心节点的位置和作用范围；$\boldsymbol{x}_1$ 为第一个训练样本的输入向量；$d_{\max}$ 为训练样本间的最大距离。

在 t 时刻，当第 t 个训练样本进入网络时，假设已经存在 l 个模块，找到距该样本最近的核心节点：

$$l_{\min} = \arg\min_{s\in(1,\cdots,l)} \{\|\boldsymbol{x}_t - \boldsymbol{h}_s\|\} \tag{7-11}$$

若第 t 个训练样本不在该核心节点的作用范围内，则需要新增一个模块来对当前样本进行学习。新增模块对应核心节点参数设置如下：

$$\boldsymbol{h}_{l+1} = \boldsymbol{x}_t \tag{7-12}$$

$$r_{l+1} = \xi d_{\max}, \quad \xi \in \left[\frac{1}{5}, \frac{1}{3}\right] \tag{7-13}$$

式中，$\boldsymbol{x}_t$ 为第 t 个训练样本的输入向量；$d_{\max}$ 为其他核心节点到新增模块核心节点的最远距离。

b. 更新已有模块。此时，认为该样本可归于 $l_{\min}$ 模块内。为使网络具有最优的“模块化”程度，根据公式（7-7）分别计算在当前样本与原有核心节点分别作为核心节点的情况下，整个网络的模块化指标值 MQ_t 和 $MQ_{l_{\min}}$ 。

若 $MQ_{l_{\min}} < MQ_t$ ，则认为选用当前输入样本作为核心节点的网络模块化程度要更高，用该样本替换已有核心节点成为新的核心节点，初始参数设置如下：

$$\boldsymbol{h}_{l_{\min}} = \boldsymbol{x}_t \tag{7-14}$$

$$r_{l_{\min}} = \max\{\|\boldsymbol{h}_{l_{\min}} - \boldsymbol{x}_i\|\}, \quad i = 1, 2, \cdots, N_{l_{\min}} \tag{7-15}$$

若 $MQ_{l_{\min}} \geqslant MQ_t$ ，则当前核心节点保持不变，只需要调整该节点的作用范围即可，如下式所示：

$$r_{l_{\min}} = \max\{\|\boldsymbol{h}_{l_{\min}} - \boldsymbol{x}_i\|\}, \quad i = 1, 2, \cdots, N_{l_{\min}} \tag{7-16}$$

最后，当所有训练样本都比较完毕后，样本被分配到了不同的子模块，分区结构形成。此时，可确定当前网络的模块化程度最大，接着需针对每个子模块的任务构建子网络。

③ 子网络结构设计。当任务被分配给不同子模块后，针对各子任务集构建相应的子网络并对其进行处理。子网络结构的复杂程度和泛化能力影响着整个PMNN的性能。因此，需针对每个任务子集，设计结构精简、泛化能力良好的子网络。由于径向基函数（RBF）神经网络具有良好的非线性映射能力，本节将其用于PMNN子网络构建。

RBF神经网络是一种典型的三层前馈型神经网络，由输入层、隐含层以及输出层组成，其中，输入层接收外界的信息传递给隐含层；隐含层对接收的信息进行整合映射；输出层是线性层，为作用于输出层的激活信号提供响应。

假设RBF网络结构为 N-J-M（N 个输入层神经元，J 个隐含层神经元，M 个输出层神经元)，其网络结构如图7-3所示。

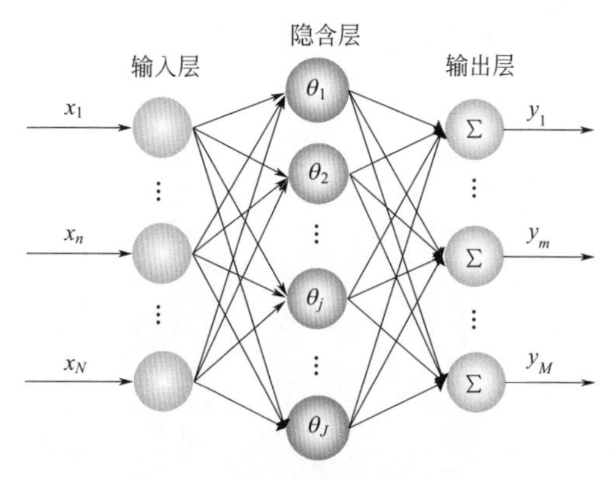

图 7-3　RBF 神经网络结构图

在图 7-3 中，$\boldsymbol{x}=\left(x_1,x_2,\cdots,x_N\right)^{\mathrm{T}}$ 为网络输入向量，J 为隐含层神经元个数，激活函数常选用如下式所示的径向基函数：

$$\theta_j(\boldsymbol{x})=\mathrm{e}^{-\frac{\left\|x-c_j\right\|^2}{2\sigma_j^2}} \tag{7-17}$$

式中，$\boldsymbol{c}_j$ 为第 j 个 RBF 神经元的中心向量，σ_j 为第 j 个 RBF 神经元的径向作用范围，则第 m 个输出层神经元的输出为：

$$y_m=\sum_{j=1}^{J} w_{jm}\theta_j \tag{7-18}$$

式中，w_{jm} 为第 j 个隐含层神经元到第 m 个输出层神经元的连接权值。

研究表明，结构和参数不仅是神经网络的主要组成部分，更是神经网络学习性能和泛化性能的主要影响因素 [22]。本节提出一种自组织 RBF 神经网络设计算法，即采用神经元增长机制与合并机制确定网络结构、利用二阶学习算法训练网络参数，进而获得结构精简、学习性能和泛化性能良好的 RBF 神经网络。

a. 神经元增长机制。神经网络训练过程中的残差是期望输出与网络实际输出之差，代表了网络的学习能力。良好的学习能力是神经网络具有良好泛化性能的前提，本节通过在残差较大处新增神经元提高网络学习精度，核心思想为：针对某一具体任务，若网络实际输出与期望输出相差较大，说明当前网络学习能力存在不足、难以对部分样本进行响应，需新增神经元对这部分样本进行学习，以补偿当前学习能力的不足。

本节所提出的 RBF 神经网络结构增长过程具体描述如下。

首先，设定初始时刻隐含层神经元的个数为 0，网络最大残差处对应的样本即为输出绝对值最大的样本：

$$k_1=\arg\max\left[\left\|y_{d1}\right\|,\left\|y_{d2}\right\|,\cdots,\left\|y_{dp}\right\|,\cdots\left\|y_{dP}\right\|\right] \tag{7-19}$$

式中，P 为训练集样本数量，y_{dp} 为第 p 个样本的期望输出。因此，基于第 k_1

个样本的信息，隐含层中第 1 个 RBF 神经元各参数分别设置如下：

$$\boldsymbol{c}_1 = \boldsymbol{x}_{k_1} \tag{7-20}$$

$$\sigma_1 = 1 \tag{7-21}$$

$$w_1 = y_{dk_1} \tag{7-22}$$

式中，$\boldsymbol{x}_{k_1}$ 为第 k_1 个样本的输入；y_{dk_1} 为该样本的期望输出。

在 t 时刻，若网络中有 j 个 RBF 神经元，计算当前网络的实际输出，寻找实际响应与期望输出相差最大的样本 k_t：

$$k_t = \arg\max\left\{\|e_1(t)\|, \|e_2(t)\|, \cdots, \|e_p(t)\|, \cdots, \|e_P(t)\|\right\} \tag{7-23}$$

$$e_p(t) = y_{dp} - \hat{y}_p(t) \tag{7-24}$$

式中，$e_p(t)$ 为 t 时刻第 p 个样本期望输出与实际网络输出的差值；$\hat{y}_p(t)$ 为第 p 个样本的实际输出值。

然后，新增一个 RBF 神经元对第 k_t 个样本进行学习，神经元初始参数为：

$$\boldsymbol{c}_t = \boldsymbol{x}_{k_t} \tag{7-25}$$

$$\sigma_t = \min\left\{ dist\left(\boldsymbol{c}_t, \boldsymbol{c}_{j\neq t}\right)\right\} \tag{7-26}$$

$$w_{k_t} = y_{dk_t} - \hat{y}_{k_t}(t) \tag{7-27}$$

新增神经元均采用二阶学习算法对参数进行调整，当达到预期的学习精度或迭代步数后，训练停止。

b. 神经元合并机制。由于二阶学习算法对网络参数进行持续优化，使得神经元中心向量和径向作用范围不断调整，会出现两神经元距离较近且在另一神经元径向作用范围内的情况，这导致网络结构出现冗余。因此，这里引入神经元合并机制，通过合并相邻神经元，保证所设计的 RBF 神经网络结构的精简性。在新增神经元完成参数调整后，对比相邻神经元间的欧氏距离与神经元径向作用范围间的关系，若相邻两神经元满足以下关系：

$$dist\left(\boldsymbol{c}_m, \boldsymbol{c}_n\right) < \min\left\{\sigma_m, \sigma_n\right\}, m \neq n \tag{7-28}$$

则对第 m 个神经元和第 n 个神经元进行合并。

合并后的新神经元参数设置如下：

$$\boldsymbol{c}_{m,n} = \frac{\boldsymbol{c}_m + \boldsymbol{c}_n}{2} \tag{7-29}$$

$$\sigma_{m,n} = \max\left\{\sigma_m, \sigma_n\right\} \tag{7-30}$$

$$w_{m,n} = w_m + w_n \tag{7-31}$$

在完成神经元合并后，采用二阶学习算法对网络参数进行调整，当达到预定的学习精度或迭代步数后，网络参数调整停止。

c. 参数二阶学习算法。结构和参数是影响神经网络泛化性能的重要因素。当网络结构发生变化后，需对网络参数进行相应调整以保证网络的学习性能。梯度类算法是较为常用的神经网络参数优化算法，包括以最速下降算法为代表的一阶学习算法和以牛顿法及 Levenberg-Marquardt（LM）算法为代表的二阶学习算法。与一阶学习算法相比，二阶学习算法收敛速度更快。然而，牛顿法只适用于 Hessian 矩阵为正定的情况，存在着一定局限性。为了避免病态解出现并尽可能保证 Hessian 矩阵的正定性，LM 算法对 Hessian 矩阵进行正则化处理，如下式所示：

$$\boldsymbol{\theta}_{k+1}=\boldsymbol{\theta}_k-\left(\boldsymbol{H}_k+\mu_k\boldsymbol{I}\right)^{-1}\boldsymbol{g}_k \tag{7-32}$$

式中，$\boldsymbol{\theta}_k=\left[\theta_1(k),\theta_2(k),\cdots,\theta_N(k)\right]$ 为 k 时刻的参数向量；μ_k 为组合系数；$\boldsymbol{H}_k$ 和 $\boldsymbol{g}_k$ 分别为 k 时刻的 Hessian 矩阵和梯度向量，如下式所示：

$$\boldsymbol{H}=\begin{bmatrix}\dfrac{\partial^2 f(\boldsymbol{\theta})}{\partial\theta_1^2} & \dfrac{\partial^2 f(\boldsymbol{\theta})}{\partial\theta_1\partial\theta_2} & \cdots & \dfrac{\partial^2 f(\boldsymbol{\theta})}{\partial\theta_1\partial\theta_N}\\ \dfrac{\partial^2 f(\boldsymbol{\theta})}{\partial\theta_2\partial\theta_1} & \dfrac{\partial^2 f(\boldsymbol{\theta})}{\partial\theta_2^2} & \cdots & \dfrac{\partial^2 f(\boldsymbol{\theta})}{\partial\theta_2\partial\theta_N}\\ \vdots & \vdots & \ddots & \vdots\\ \dfrac{\partial^2 f(\boldsymbol{\theta})}{\partial\theta_N\partial\theta_1} & \dfrac{\partial^2 f(\boldsymbol{\theta})}{\partial\theta_N\partial\theta_2} & \cdots & \dfrac{\partial^2 f(\boldsymbol{\theta})}{\partial\theta_N^2}\end{bmatrix} \tag{7-33}$$

$$\boldsymbol{g}=\begin{bmatrix}\dfrac{\partial f(\boldsymbol{\theta})}{\partial\theta_1} & \dfrac{\partial f(\boldsymbol{\theta})}{\partial\theta_2} & \cdots & \dfrac{\partial f(\boldsymbol{\theta})}{\partial\theta_N}\end{bmatrix}^{\mathrm{T}} \tag{7-34}$$

式中，$f(\bullet)$ 为性能评价函数，通常为均方误差函数。

Hessian 矩阵和梯度向量的计算复杂度与训练集大小和参数数量相关。因此，当训练样本集较大时，LM 算法性能有限。为了克服上述不足，这里采用一种改进型二阶学习算法 [23] 对 RBF 神经元中心向量、径向作用范围以及到输出层的连接权值进行优化，并通过改变 Hessian 矩阵和梯度向量的求取方式降低算法复杂度和提高算法精度。

改进型二阶学习算法参数的调整规则如下：

$$\boldsymbol{\theta}_{k+1}=\boldsymbol{\theta}_k-\left(\boldsymbol{Q}_k+\mu_k\boldsymbol{I}\right)^{-1}\boldsymbol{g}_k \tag{7-35}$$

$$\boldsymbol{Q}=\sum_{p=1}^{P}\boldsymbol{q}_p \tag{7-36}$$

式中，$\boldsymbol{Q}$ 为类 Hessian 矩阵；$\boldsymbol{q}_p$ 为类 Hessian 子矩阵。$\boldsymbol{\eta}_p$ 为梯度子向量，其与 $\boldsymbol{q}_p$ 均可由 Jacobian 向量计算得到，如下式所示：

$$\boldsymbol{q}_p=\boldsymbol{j}_p^{\mathrm{T}}\boldsymbol{j}_p \tag{7-37}$$

$$\boldsymbol{\eta}_p = \boldsymbol{j}_p^{\mathrm{T}} \boldsymbol{e}_p \tag{7-38}$$

$$\boldsymbol{j}_p = \left[\frac{\partial e_p}{\partial \theta_1} \cdots \frac{\partial e_p}{\partial \theta_2} \cdots \frac{\partial e_p}{\partial \theta_N} \right] \tag{7-39}$$

根据链式求导法则，Jacobian 向量中的每个分量计算如下式所示：

$$\begin{aligned} \frac{\partial e_p}{\partial c_j} &= -\frac{\partial y_{dp}}{\partial c_j} = -\frac{\partial y_{dp}}{\partial \phi_j(\boldsymbol{x}_p)} \times \frac{\partial \phi_j(\boldsymbol{x}_p)}{\partial c_j} \\ &= -\frac{w_j \phi_j(\boldsymbol{x}_p) \|\boldsymbol{x}_p - c_j\|}{\sigma_j^2} \end{aligned} \tag{7-40}$$

$$\begin{aligned} \frac{\partial e_p}{\partial \sigma_j} &= -\frac{\partial y_{dp}}{\partial \sigma_j} = -\frac{\partial y_{dp}}{\partial \phi_j(\boldsymbol{x}_p)} \times \frac{\partial \phi_j(\boldsymbol{x}_p)}{\partial \sigma_j} \\ &= -\frac{w_j \phi_j(\boldsymbol{x}_p) \|\boldsymbol{x}_p - c_j\|^2}{\sigma_j^3} \end{aligned} \tag{7-41}$$

$$\frac{\partial e_p}{\partial w_j} = -\frac{\partial y_{dp}}{\partial w_j} = -\phi_j(\boldsymbol{x}_p) \tag{7-42}$$

④ 输出决策　输出决策层在 PMNN 构建阶段不参与调试，其在测试阶段或者应用 PMNN 时采用“赢者通吃”策略激活相应的子网络。

在 T 时刻，当第 T 个测试样本进入 PMNN 后，通过寻找距离该样本最近的核心节点激活该节点所属子模块：

$$l_{\text{act}} = \arg \min_{s \in (1, \cdots, P)} \left\{ \|\boldsymbol{x}_T - \boldsymbol{h}_s\| \right\} \tag{7-43}$$

因此，PMNN 的实际输出即为第 l_{act} 个子网络的输出：

$$\hat{y}_T = \tilde{y}_{l_{\text{act}}} \tag{7-44}$$

式中，$\hat{y}_T$ 为 PMNN 在 T 时刻的实际输出；$\tilde{y}_{l_{\text{act}}}$ 为第 l_{act} 个子网络的实际输出。

7.2.4 实验验证

(1) 数据集描述

选取某 MSWI 厂的实际运行数据进行仿真验证。在剔除异常数据后，共获得 1000 组 96 维的实验数据，其中，750 组数据用于建立软测量模型，其余的 250 组数据用于模型性能测试。

（2）实验结果

① 辅助变量选取结果　基于获取的数据样本，采用 mRMR 算法进行特征选择以获得软测量模型的辅助变量。表 7-1 列出了通过 mRMR 算法选择的 20 维辅助变量以及与 NO_x 间的相关性。

表 7-1　NO_x 软测量模型辅助变量

编号	变量	相关性
1	2# 活性炭储仓给料量累积	0.9201
2	2# 锅炉出口烟气量累计	0.9188
3	2# 炉一次风流量累计	0.9185
4	2# 石灰给料器累积量	0.9178
5	2# 炉尿素溶液量累计	0.9172
6	2# 尿素溶剂供应流量累积	0.9167
7	一次燃烧室右侧温度	0.8621
8	一级燃烧室右侧烟气温度 3	0.8587
9	燃烧段炉排右 1-1 段空气流量	0.8553
10	一级燃烧室左侧烟气温度 1	0.8537
11	一级燃烧室右侧烟气温度 2	0.8530
12	燃烧段炉排左 1-1 段空气流量	0.8528
13	燃烬段炉排顶端气温右	0.8511
14	一次燃烧室温度	0.8505
15	干燥炉排右 1 空气流量	0.8500
16	锅炉出口主蒸汽流量	0.8499
17	炉膛平均温度	0.8495
18	干燥炉排右 2 空气流量	0.8495
19	干燥炉排左 2 空气流量	0.8455
20	一级燃烧室左侧烟气温度 4	0.8404

② 子网络的结果　基于本节所提类脑模块化分区方法，750 组训练样本被分成三类，相应地，PMNN 由 3 个子网络构成，各子网络的结构均为 20-8-1。图 7-4 ～图 7-6 分别为各子网络的训练结果，由图中可知这些子网络在所分配的子任务集上都取得了较为理想的训练效果。

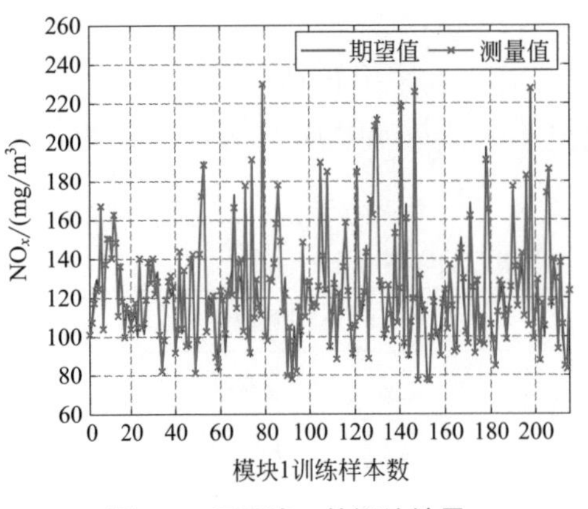

图 7-4 子网络 1 的训练结果

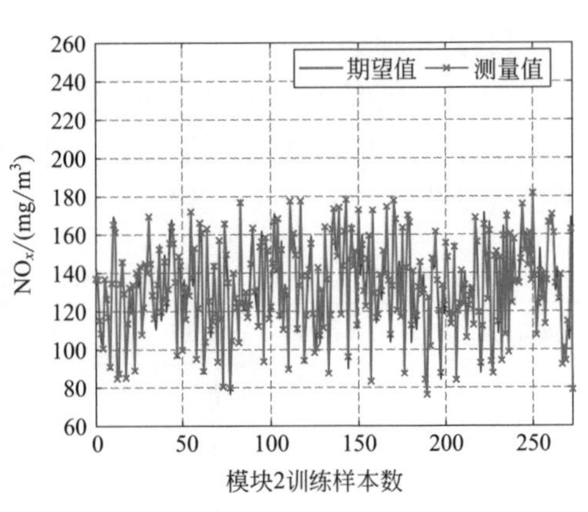

图 7-5 子网络 2 的训练结果

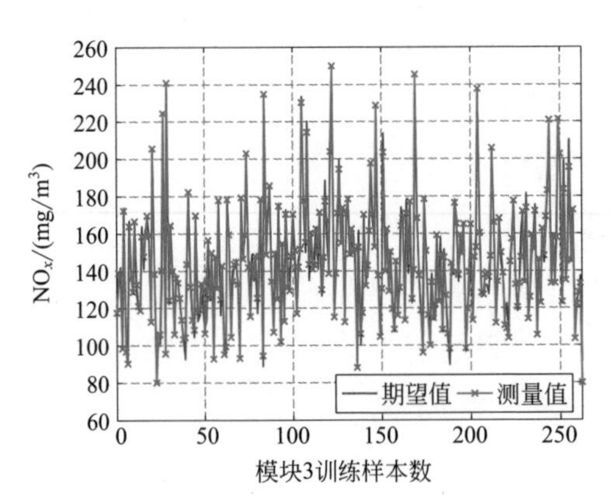

图 7-6 子网络 3 的训练结果

图 7-7 和图 7-8 分别为 PMNN 软测量模型的测试结果，可知：预测输出能较好逼近 NO_x 的实际测量值，表明提出的方法能获得较好的预测精度。

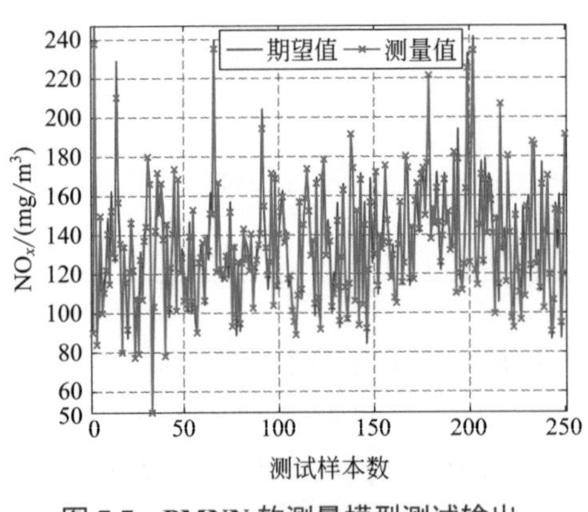

图 7-7 PMNN 软测量模型测试输出

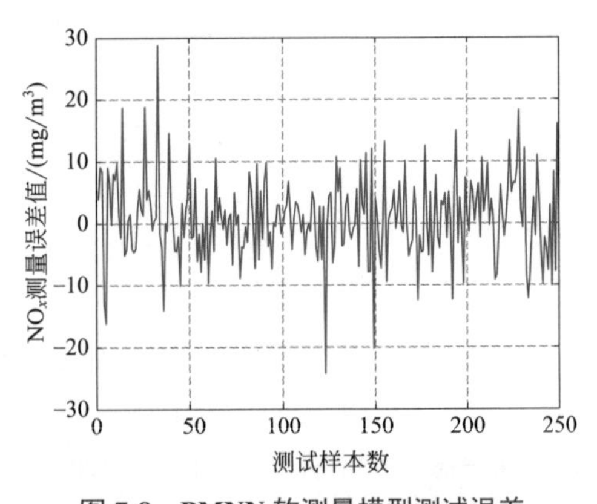

图 7-8 PMNN 软测量模型测试误差

（3）对比讨论

此外，为进一步验证 PMNN 在 NO_x 软测量建模中的有效性，本节将所提方法与几种常用的单一神经网络建模方法进行对比，如 GGAP[24] 和 ErrCor[23]，其中，GGAP 算法参数设置为 $\varepsilon_{max}=0.2, \varepsilon_{min}=0.2, \gamma=0.9999, k=0.7, P_0=0.9, Q_0=0.009$；ErrCor 算法的初始学习率设置为 0.01。具体对比结果见表 7-2。

表 7-2 PMNN 与其他软测量模型的结果对比

方法	建模时间 /s	*RMSE*	*MAPE* /%	R^2	模型结构
GGAP	11902.719	9.1182	5.1546	0.9099	398
ErrCor	211.770	8.8385	5.1368	0.9154	25
PMNN	10.861	6.4031	3.9941	0.9556	24

由表 7-2 可知：当 GGAP 隐含层的神经元个数增至 398 时，该软测量模型的输出能够逼近实际 NO_x 值，但建模时间较长；虽然 ErrCor 模型在精度和结构上较 GGAP 有显著优势，但其建模时间仍有待进一步提高；本节所提出的 PMNN 方法在建模效率和模型精度显著提高，如建模时间缩短至少 90%、预测精度提高至少 27%。综上，本节提出的方法在 MSWI 过程 NO_x 软测量问题上能取得理想的预测性能。

7.3 基于级联模块化神经网络的 MSWI 过程氮氧化物软测量

7.3.1 概述

随着社会经济的发展和城镇居民生活水平的不断提高，城市固废（MSW）以 8% 的全球年增长率不断增加[25]，对生态环境造成极大影响。MSW 焚烧（MSWI）是目前较为常用的处理方式之一。氮氧化物（NO_x）是 MSWI 排放尾气中的典型排放物之一，其主要包括 NO 和 NO_2[26-27]，也是造成环境污染的主要来源[28]。因此，减少 MSWI 尾气中 NO_x 的排放量尤为重要。目前，控制 NO_x 排放的主要方法是通过脱硝装置降低 NO_x 的生成，实时准确地检测 NO_x 浓度对于控制 MSWI 厂 NO_x 的排放和提高环保要求具有重要意义。

实际工业过程中，通常使用进口 CEMS 设备对尾气排放中的 NO_x 浓度进行检测，但该设备需要专业公司进行维保，存在价格昂贵和故障时排查维护难度较大等问题[29-30]。因此，稳定、经济的 NO_x 在线测量新方法对保证 MSWI 电厂的安全高效运行具有重要意义。软测量技术通过建立机理模型或数据驱动模型估计待测变量，已成功应用到多个工业过程[31-35]。目前，面向 MSWI 过程 NO_x 排放浓度软测量的研究尚未报道，但在其他工业领域，例如针对燃煤锅炉中 NO_x 排放浓度预测的研究已经比较成熟。Li 等人[36]提出了一种基于深度随机神经网络的 NO_x 软测量方法，实现了对燃煤锅炉 NO_x 排放的实时预测，但存在网络规模比较大、参数众多等问题。Tang 等人[37]利用深度信念网络建立了 NO_x 软测量模型，取得了优于随机权神经网络的检测效果。为了提高检测精度，Lv 等人[9]构建了基于最小二乘支持向量机的集成模型，用于实现 NO_x 的软测量。鉴于浅层网络对于 MSWI 中 NO_x 浓度变化建模的局限性，Nan 等人[38]引入卷积神经网络进行 NO_x 浓度预测，但其采用的输入变量比较多，所构建模型的预测性能受参数影响较大，无法从根本上解决 MSWI 工况适应性的问题，并且该算法所提取特征的可解释性很差。此外，MSWI 过程包含复杂的物理化学反应，NO_x 浓度与入炉 MSW 成分、炉膛内温度和风量等众多过程变量相关，并且焚烧过程的运行工况多变，这些因素导致基于单一神经网络所构建的软测量模型难以满足实际复杂工业生产运行的需求。

模块化神经网络（MNN）由多个子网络组成，模拟脑网络"模块化"结构特征和"分而治之"的功能特性[39-42]，其中每个子网络处理全局任务中的一个子任务，能够有效提高处理复杂任务的能力。Hoori 等人[43]证明了多列径向基函数神经网络从准确性和训练时间上较传统径向基网络具有较大的改进。Auda 等人[44]提出了一种协同模块化神经网络，利用投票的思想整合模块中的有用信息并做出集体决策。薄迎春等人[45]提出了一种多模块协同参与信息处理的神经网络，从仿生学角度将任务分解与集成处理相结合。Qiao 等人[46]提出了一种在线自适应模块化神经网络，能够根据数据流在线确定网络结构，且整个过程不需要进行再训练。针对子网络输出权重优化的问题，Qiao 等人[47]提出了一种基于自适应粒子群优化算法的动态模块化神经网络方法，优化子网权值和调整子网络个数。蒙西等人[48]提出了一种基于类脑模块化神经网络的软测量方法，将复杂任务分解成若干子任务，每个任务由单一的子网络计算，最后将各个模块输出进行集成。Li 等人[49]提出了一种基于特征聚类的自适应模块化神经网络，利用自适应特征聚类算法分解任务，根据特征聚类数自动确定模块个数。Wang 等人[50]采用 FCC 神经网络对多个子模块的结果进行集成，并综合考虑了不同工况下的模块预测能力。总之，在处理复杂任务时，模块化神经网络均取得了优于单一神经网络的效果。在 MSWI 过程中，NO_x 的排放浓度受温度、风量和尿素等不同过程变量的影响，并且在不同工况下这些过程变量具有不同的分布特性。因此，上述研究中"分而治之"的策略能够解决 MSWI 中运行工况的适应性问题。

综上，本节提出了一种基于级联模块化神经网络（CMNN）的 MSWI 过程 NO_x 排放浓度软测量方法。首先，采用模糊 C 均值（FCM）算法对全局任务进行分解，降低任务复杂度；接着，根据分解的子任务采用径向基函数 RBF 神经网络建立相应的子网络；最后，通过全连接级联（FCC）神经网络对子网络进行集成。通过国内某 MSWI 电厂的真实数据验证了所提方法的有效性。

7.3.2 建模策略

本节提出了基于 CMNN 的 NO_x 排放浓度软测量模型，由数据预处理、任务分解、子网络构建和输出集成四部分组成，如图 7-9 所示。

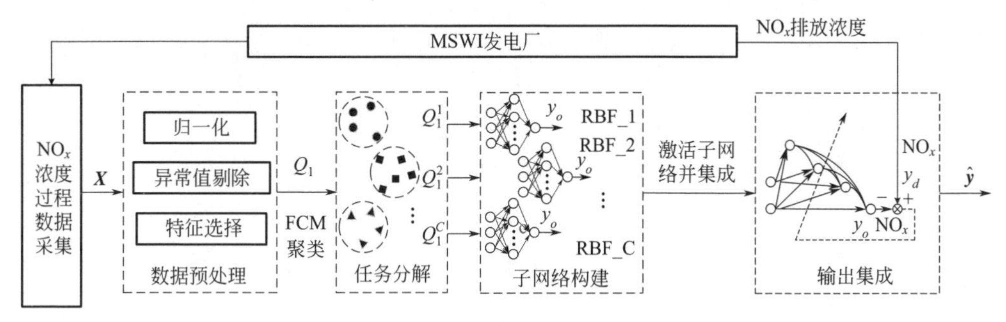

图 7-9 MSWI 过程 NO_x 排放浓度软测量模型

由图 7-7 可知建模过程为：首先，对采集到的过程数据 $\boldsymbol{X}$ 进行异常值剔除和归一化处理后，得到数据集 $\boldsymbol{S}$，其中 $\boldsymbol{X}=[\boldsymbol{x}_1,\boldsymbol{x}_2,\ldots,\boldsymbol{x}_o]^{\mathrm{T}}$，$\boldsymbol{X}\in R^{O\times M}$，$\boldsymbol{S}=[\boldsymbol{s}_1,\boldsymbol{s}_2,\cdots,\boldsymbol{s}_N]^{\mathrm{T}}$，$\boldsymbol{S}\in R^{N\times M}$，$O$ 表示原始样本集大小，N 表示剔除异常值后的样本大小，M 表示影响 NO_x 浓度的变量个数；接着，采用基于互信息（MI）的 mRMR 算法进行过程变量选择，最终得到数据集 $\boldsymbol{S}^{\mathrm{MI}}\in R^{N\times P}$，其中 P 表示特征变量的个数；然后，采用 FCM 算法对数据集 $\boldsymbol{S}^{\mathrm{MI}}$ 进行任务分解，进而分别得到 C 组数据，表示为 $\boldsymbol{s}_1^{\mathrm{MI}},\boldsymbol{s}_2^{\mathrm{MI}},\cdots,\boldsymbol{s}_C^{\mathrm{MI}}$，其中 C 表示数据类别个数；再然后，针对每个类别的数据构建相应的 RBF 子网络，相应地，分别采用 $\mathrm{RBF\_1}$，$\mathrm{RBF\_2}$，…，$\mathrm{RBF\_}C$ “分而治之”处理不同组别的数据；最后，将多个同时被激活的子网络的输出采用 FCC 神经网络集成，对各子网络输出进行综合评价，进而得到最终输出。

7.3.3 建模算法

（1）数据预处理

① 数据标准化　为消除输入过程变量不同量纲的影响，加快子网络求解速度

和提高训练精度，本节采用 Z-score 标准化方法进行处理，如下式所示：

$$\boldsymbol{x}_{\text{nor}}^{m}=\frac{\boldsymbol{x}^{m}-\mu^{m}}{\sigma^{m}} \tag{7-45}$$

式中，$\boldsymbol{x}_{\text{nor}}^{m}$ 为影响 NO_x 排放浓度的第 m 个变量标准化后的数据；μ^m 和 σ^m 分别为变量 m 的均值和标准差。

② 异常值剔除　由于 CEMS 易受焚烧炉内复杂环境的影响，采集到的 NO_x 浓度数据常含有异常值。此处采用 Rajda 准则[51]，即高于 NO_x 浓度数据 3 倍标准差的方法剔除数据中的异常值，如下式所示：

$$|y_o-\mu|\geqslant 3\sigma \tag{7-46}$$

式中，y_o 为样本中第 o 个 NO_x 浓度数据；μ 和 σ 分别为 NO_x 浓度数据的均值标准差。将满足式（7-46）的数据 y_o 视为异常值，并将第 o 个样本从数据集中剔除。预处理后数据集表示为 $\boldsymbol{S}$，则 $\boldsymbol{S}=\left[\boldsymbol{s}_1,\boldsymbol{s}_2,\cdots,\boldsymbol{s}_N\right]^{\mathrm{T}}$，$N$ 表示剔除异常值后数据集的大小。

③ 数据集分割　为防止过拟合，将数据 $\boldsymbol{S}$ 按比例 2 ：1 ：1 划分为三部分，分别用 $\boldsymbol{s}_1$、$\boldsymbol{s}_2$ 和 $\boldsymbol{s}_3$ 表示，则存在 $\boldsymbol{S}=\boldsymbol{s}_1\cup\boldsymbol{s}_2\cup\boldsymbol{s}_3$。这些数据子集的作用为：首先，利用 $\boldsymbol{s}_1$ 进行任务分解，并为每一个数据簇建立相应的 RBF 子网络模块，并由 $\boldsymbol{s}_1$ 进行训练；然后，利用 $\boldsymbol{s}_2$ 对 RBF 子网络进行测试，并训练 FCC 神经网络进行输出集成；最后，利用 $\boldsymbol{s}_3$ 完成对整个软测量模型的测试。

④ 特征选择　MSWI 过程包含的过程变量众多，并且变量之间相互关联和耦合。为了提高软测量模型的计算效率和精度，在依据先验和机理知识剔除无关变量之后，本节采用基于 MI 的 mRMR 算法[21]对过程变量进行选择，其原理是：最大化过程变量和 NO_x 浓度之间的相关性，同时最小化过程变量之间的冗余度。通过 MI 度量各个变量之间的关系，如下式所示：

$$I\left(S^i,S^j\right)=\iint p\left(S^i,S^j\right)\log_2\frac{p\left(S^i,S^j\right)}{p\left(S^i\right)p\left(S^j\right)}\mathrm{d}\left(S^i\right)\mathrm{d}\left(S^j\right) \tag{7-47}$$

式中，$p\left(S^i\right)$ 和 $p\left(S^j\right)$ 分别为变量 S^i 和 S^j 的概率密度函数；$p\left(S^i,S^j\right)$ 为变量 S^i 和 S^j 的联合概率密度函数。

因此，最大化过程变量和 NO_x 浓度之间的相关性可以表述为；

$$\max D\left(S^i,S^{NO_x}\right)=\frac{1}{|\boldsymbol{S}|}\sum_{S^i\in\boldsymbol{S}}I\left(S^i,S^{NO_x}\right) \tag{7-48}$$

式中，S^i 和 S^{NO_x} 分别为第 i 个过程变量和 NO_x 浓度变量；$\boldsymbol{S}$ 为特征集合。

同理，最小化过程变量之间的冗余度可以表述为：

$$\min R\left(S^i,S^j\right)=\frac{1}{|\boldsymbol{S}|^2}\sum_{S^i,S^j\in\boldsymbol{S}}I\left(S^i,S^j\right) \tag{7-49}$$

将式（7-48）和式（7-49）结合起来得到 mRMR 算法的评估准则为：

$$\max \Phi(D,R), \Phi=D-R \tag{7-50}$$

经过特征选择后，数据集表示为 $\boldsymbol{S}^{\mathrm{MI}}\in R^{N\times P}$，$P$ 表示所选择的特征个数。

（2）任务分解

任务分解以实现模块化设计为前提，通过任务分解，将数据划分至不同子集中。在 MSWI 过程中，NO_x 排放浓度的特性受入炉 MSW 成分、风量和温度的影响比较大，同时也受焚烧炉内复杂工况的影响，这些相关过程变量具有不同的分布特性。因此，本节采用 FCM 算法对影响 NO_x 浓度的过程变量进行聚类，以降低任务的复杂度。

以数据子集 $\boldsymbol{S}_1^{\mathrm{MI}}$ 为例，待聚类的样本集合为 $\boldsymbol{S}_1^{\mathrm{MI}}=\left[\boldsymbol{s}_1^{\mathrm{MI}},\boldsymbol{s}_2^{\mathrm{MI}},\cdots,\boldsymbol{s}_N^{\mathrm{MI}}\right]^{\mathrm{T}}$，FCM 算法通过优化目标函数得到每个样本点相对所有类中心的隶属度。

FCM 算法的目标函数定义为：

$$\min\{J(\boldsymbol{U},\boldsymbol{V})\}=\sum_{c=1}^{c}\sum_{n=1}^{N}\left[\left(u_{cn}\right)^r\left\|\boldsymbol{v}_c-\boldsymbol{s}_n^{\mathrm{MI}}\right\|^2\right] \tag{7-51}$$

式中，$\boldsymbol{U}$ 为由 u_{cn} 构成的隶属度矩阵；$\boldsymbol{V}$ 是由 $\boldsymbol{v}_c$ 构成的聚类中心矩阵；u_{cn} 为第 n 个影响变量对第 c 类的隶属度且 $u_{cn}\in(0,1)$；r 为加权指数；$\boldsymbol{v}_c$ 为第 c 个聚类中心点；$\boldsymbol{s}_n^{\mathrm{MI}}$ 为输入变量集中第 n 个样本。

每个样本点对各个聚类隶属度之和为 1，因此式（7-51）满足的约束条件为：

$$\sum_{c=1}^{C}u_{cn}=1 \tag{7-52}$$

为了求解目标函数的极小值，引入拉格朗日乘子 λ 构造拉格朗日函数：

$$F(\boldsymbol{U},V,\lambda)=\sum_{n=1}^{N}\sum_{c=1}^{c}\left(u_{cn}\right)^r\left(\left\|\boldsymbol{v}_c-\boldsymbol{s}_n^{\mathrm{MI}}\right\|\right)^2+\sum_{n=1}^{N}\lambda\left(\sum_{c=1}^{c}u_{cn}-1\right) \tag{7-53}$$

基于式（7-53）分别对 u_{cn}、$\boldsymbol{v}_c$ 和 λ 求导，并令等式为 0，如下式所示：

$$\frac{\partial F}{\partial u_{cn}}=ru_{cn}^{r-1}\left\|\boldsymbol{v}_c-\boldsymbol{s}_n^{\mathrm{MI}}\right\|^2+\lambda=0 \tag{7-54}$$

$$\frac{\partial F}{\partial \lambda}=\sum_{c=1}^{c}u_{cn}-1=0 \tag{7-55}$$

$$\frac{\partial F}{\partial \boldsymbol{v}_c}=\sum_{n=1}^{N}\left(-2\left(\boldsymbol{v}_c-\boldsymbol{s}_n^{\mathrm{MI}}\right)u_{cn}^r\right)=0 \tag{7-56}$$

结合式（7-54）～式（7-56），可得下式：

$$u_{cn}=\frac{1}{\sum_{g=1}^{C}\left(\frac{d_{cn}}{d_{gn}}\right)^{2/(r-1)}} \tag{7-57}$$

式中，d_{cn} 和 d_{gn} 分别为第 n 个样本 $\boldsymbol{s}_n^{\mathrm{MI}}$ 和聚类中心 $\boldsymbol{v}_c$、$\boldsymbol{v}_g$ 之间的欧氏距离。

$$\boldsymbol{v}_c=\frac{\sum_{n=1}^{N}u_{cn}^{r}\boldsymbol{s}_n^{\mathrm{MI}}}{\sum_{n=1}^{N}u_{cn}^{r}} \tag{7-58}$$

通过上述计算，可得到隶属度矩阵 $\boldsymbol{U}$：

$$\boldsymbol{U}=\begin{bmatrix} u_{11},u_{12},\cdots,u_{1N} \\ u_{21},u_{22},\cdots,u_{2N} \\ \vdots \\ u_{C1},u_{C2},\cdots,u_{CN} \end{bmatrix} \tag{7-59}$$

根据隶属度阈值 t 对数据进行“软划分”，当满足 $u_{cn}>t$ 时，则对应的样本 $\boldsymbol{s}_n^{\mathrm{MI}}$ 隶属第 C 类，如式（7-60）所示。

$$\left\{cluster\left(\boldsymbol{s}_n^{\mathrm{MI}}\right)=c\middle|u_{cn}>t\right\} \tag{7-60}$$

式中，$cluster(\bullet)$ 用于判断样本的类别。

经过任务分解之后，影响 NO_x 排放浓度的过程变量可聚类为 C 类，如下式所示：

$$FCM(\boldsymbol{S}_1^{\mathrm{MI}},t)=\begin{cases} \boldsymbol{S}^{\mathrm{MI\_1}} \\ \boldsymbol{S}^{\mathrm{MI\_2}} \\ \vdots \\ \boldsymbol{S}^{\mathrm{MI\_}C} \end{cases} \tag{7-61}$$

式中，$FCM(\bullet)$ 为采用的算法；t 为隶属度阈值；$\boldsymbol{S}^{\mathrm{MI\_1}}$，$\boldsymbol{S}^{\mathrm{MI\_2}}$，…，$\boldsymbol{S}^{\mathrm{MI\_}C}$ 为 C 个样本子集。

（3）基于 RBF 神经网络的子网络构建

经过任务分解之后，建立基于子任务驱动的子网络，以“分而治之”地处理不同数据子集。由于 RBF 网络结构简单且能逼近任意的非线性函数，本节选择 RBF 构建子网络，其拓扑结构如图 7-10 所示。

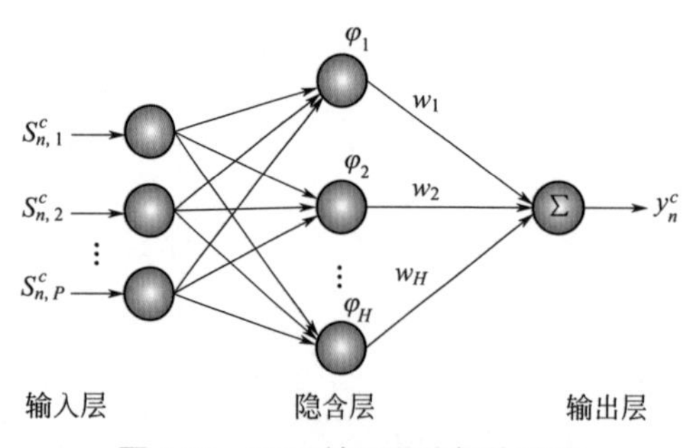

图 7-10 RBF 神经网络拓扑结构

由图 7-10 可知，RBF 网络由三部分构成，分别是输入层、隐含层和输出层，其功能为：输入层将影响 NO_x 的过程变量传输到网络中；隐含层通过基函数完成输入空间到隐藏空间的非线性变换，记隐含层的节点个数为 H；输出层在新的空间中实现线性加权组合。

RBF 神经网络通常选择高斯函数作为基函数，则对于任意子集 $\boldsymbol{S}^{\text{MI\_}C}$ 下的任意样本 $\boldsymbol{s}_n^c=\left[s_n^{c\_1},s_n^{c\_2},\cdots,s_n^{c\_P}\right]$，存在下式：

$$\varphi_h\left(\boldsymbol{s}_n^c\right)=\exp\left(-\left\|\boldsymbol{s}_n^c-\boldsymbol{\theta}_h\right\|^2/\sigma_h^2\right),\quad h=1,2,\cdots,H \tag{7-62}$$

式中，$\boldsymbol{s}_n^c$ 为第 n 个输入变量，维数大小为 M，类别属于第 c 类；$\boldsymbol{\theta}_h$ 和 σ_h 分别为第 h 个径向基函数的中心和宽度；$\varphi_h\left(\boldsymbol{s}_n^c\right)$ 为第 h 个隐含层节点的输出。

由 RBF 子网络得到的 NO_x 排放浓度测量值 $\hat{y}_n^c$ 可表示为：

$$\hat{y}_n^c=w_0+\sum_{h=1}^{H}w_h\exp\left(-\left\|\boldsymbol{s}_n^c-\theta_h\right\|^2/\sigma_h^2\right) \tag{7-63}$$

式中，w_0 为偏差；$w_h(h=1,\cdots,H)$ 为隐含层和输出层之间的连接权值。

（4）输出集成

当几个子网络同时被激活时，需要对子网络输出的 NO_x 浓度测量值进行综合评价。本节采用 FCC 神经网络进行输出集成，其拓扑结构如图 7-11 所示。

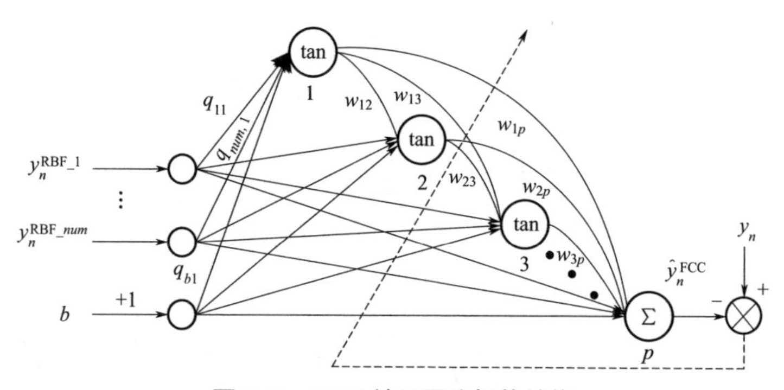

图 7-11 FCC 神经网络拓扑结构

图 7-11 中，num 为被激活的子网络个数；$y_n^{\text{RBF\_1}},\cdots,y_n^{\text{RBF\_}num}$ 为被激活子网络对 NO_x 浓度的测量值，其作为 FCC 网络的 num 个输入；b 为网络的偏置；$\boldsymbol{Q}$ 为输入权重，即 $\boldsymbol{Q}=\left[q_{11},q_{12},\cdots,q_{1p};\cdots;q_{num,1},q_{num,2},\cdots,q_{num,p};b_1,b_2,\cdots,b_p\right]$；$\boldsymbol{W}$ 为节点之间的权重，即 $\boldsymbol{W}=\left[w_{12},w_{13},\cdots,w_{1p};w_{23},\cdots,w_{2p};\cdots;w_{p-1,p}\right]$，则 $\boldsymbol{\psi}=[\boldsymbol{Q},\boldsymbol{W}]$；$\hat{y}_n^{\text{FCC}}$ 为第 n 个样本的 NO_x 测量值的集成输出，y_n 为该样本对应的 NO_x 的真值，p 为神经元节点个数。

选择 $\tan(\bullet)$ 作为前 $p-1$ 个神经元的激活函数，最后一个神经元 p 采用简单的线性求和函数，则 FCC 网络对 NO_x 测量值的集成输出 $\hat{y}_n^{\text{FCC}}$ 如下式所示：

$$\hat{y}_n^{FCC}=f\left(y_n^{\text{RBF\_1}},\cdots,y_n^{\text{RBF\_}num};\psi\right) \tag{7-64}$$

式中，$f(\bullet)$ 为子网络输出和 NO_x 测量值间的非线性映射。

二阶梯度算法较一阶梯度算法收敛速度快，因此采用改进的 LM 算法 [52] 调整 FCC 网络的参数，调整公式为：

$$\boldsymbol{\psi}_{t+1}=\boldsymbol{\psi}_t-\left(\boldsymbol{J}_t^{\mathrm{T}}\boldsymbol{J}_t+\mu\boldsymbol{I}\right)^{-1}\boldsymbol{g}_t \tag{7-65}$$

$$\boldsymbol{g}_t=\boldsymbol{J}_t^{\mathrm{T}}\bullet\boldsymbol{err}_t \tag{7-66}$$

式中，$\boldsymbol{\psi}_t$ 为网络权值向量；t 为迭代次数；$\boldsymbol{J}_t$ 表示第 t 为次迭代对应的 Jacobian 矩阵；μ 为阻尼因子；$\boldsymbol{g}_t$ 为梯度向量；$\boldsymbol{err}_t$ 为 N_1 个输入向量对应的 NO_x 真值与预测值的误差向量，即 $\boldsymbol{err}=\left[e_1,e_2,\cdots,e_{N_1}\right]^{\mathrm{T}}$。存在以下公式：

$$e_n=y_n-\hat{y}_n^{\text{FCC}} \tag{7-67}$$

$$\boldsymbol{J}_t=\begin{bmatrix}\delta_{p,1}^1\times\{\boldsymbol{net}_1\} & \delta_{p,2}^1\times\{\boldsymbol{net}_2\} & \cdots & \delta_{p,p}^1\times\{\boldsymbol{net}_p\}\\ \delta_{p,1}^2\times\{\boldsymbol{net}_1\} & \delta_{p,2}^2\times\{\boldsymbol{net}_2\} & \cdots & \delta_{p,p}^2\times\{\boldsymbol{net}_p\}\\ & & \vdots & \\ \delta_{p,1}^{N_1}\times\{\boldsymbol{net}_1\} & \delta_{p,2}^{N_1}\times\{\boldsymbol{net}_2\} & \cdots & \delta_{p,p}^{N_1}\times\{\boldsymbol{net}_p\}\end{bmatrix} \tag{7-68}$$

式中，$\delta_{p,j}^n$ 为当对第 n 个样本进行计算时，神经元 j 和输出神经元 p 之间的残差，输出神经元 j 位于神经元 p 的前面，因此 $p\geqslant j$；当 $j=p$ 时，$\delta_{p,p}=z_p$，z_p 为神经元 p 激活函数的导数；$\boldsymbol{net}_j$ 为神经元 j 的输入向量。残差 $\delta_{p,j}^n$ 的计算如下式所示：

$$\delta_{p,j}=\delta_{p,p}\sum_{i=j}^{p-1}w_{i,p}\delta_{i,j} \tag{7-69}$$

将式（7-66）～式（7-69）分别代入式（7-65）中，即可求得调整后的权值向量 $\boldsymbol{\psi}_{t+1}$。

7.3.4 实验验证

（1）数据集描述

为验证所提方法的有效性，本节采用从某 MSWI 厂采集的 4540 组实际数据进行工业实验。

（2）实验结果

① 数据预处理　采用 3σ 法则共剔除 40 个异常值，保留 4500 组数据。按照 2∶1∶1 的比例划分为 $\boldsymbol{S}_1$、$\boldsymbol{S}_2$ 和 $\boldsymbol{S}_3$ 三部分，相应地各子集的大小分别为 2250、

1125 和 1125。采用基于 mRMR 的特征选择算法筛选出 20 个辅助变量作为软测量模型的输入，具体如表 7-1 所示。

② 任务分解　本节采用 FCM 算法对输入变量进行任务分解，FCM 算法中的关键参数 C 表示聚类后的数据簇个数，如果 C 值太大，则每个数据簇包含的样本个数较少，将影响子网络在测试集上的泛化性；反之，如果 C 值太小，则每个数据簇包含的样本个数较多，将增大子网络的训练难度。因此，权衡考虑以上两种因素，本节确定 C 值为 3，相应地将数据划分为 3 个类别，根据隶属度阈值得到的数据分布情况如表 7-3 所示。

表 7-3　基于 FCM 算法的任务分解结果

数据簇类别	$\boldsymbol{S}^{\mathrm{MI\_1}}$	$\boldsymbol{S}^{\mathrm{MI\_2}}$	$\boldsymbol{S}^{\mathrm{MI\_3}}$	$\boldsymbol{S}^{\mathrm{MI\_13}}$	$\boldsymbol{S}^{\mathrm{MI\_23}}$
样本个数	744	540	717	84	165

表 7-3 中，$\boldsymbol{S}^{\mathrm{MI\_1}}$、$\boldsymbol{S}^{\mathrm{MI\_2}}$ 和 $\boldsymbol{S}^{\mathrm{MI\_3}}$ 分别表示仅属于第 1 类、第 2 类和第 3 类的数据簇；$\boldsymbol{S}^{\mathrm{MI\_13}}$ 和 $\boldsymbol{S}^{\mathrm{MI\_23}}$ 分别表示同时属于第 1 类和第 2 类及第 2 类和第 3 类的数据簇。

③ 子网络构建　基于子任务驱动的 RBF 子网络模型，设定最低精度为 0.001，最大神经元节点个数为 50，则最终确定的各子网络的结构分别为 20-50-1、20-31-1 和 20-50-1。

为了评估子网络的测量精度，采用均方差（MSE）作为度量指标，其计算公式如下：

$$MSE=\frac{1}{N}\sum_{i=1}^{N}\left(\left(y_o^{\mathrm{NO}_x}\right)_i-\left(y_d^{\mathrm{NO}_x}\right)_i\right)^2 \tag{7-70}$$

各子网络的训练结果如图 7-12 ～图 7-14 所示。由图可知，各子网络在各自所分配的子任务集上均取得了较好的训练效果。

④ CMNN 软测量模型的测试结果与测试误差分别如图 7-15 和图 7-16 所示。

由图 7-15 和图 7-16 可知，软测量模型的输出结果能够较好地拟合实际 NO_x 浓度，具有良好的测量精度。基于本节所提 CMNN 建立的 NO_x 软测量

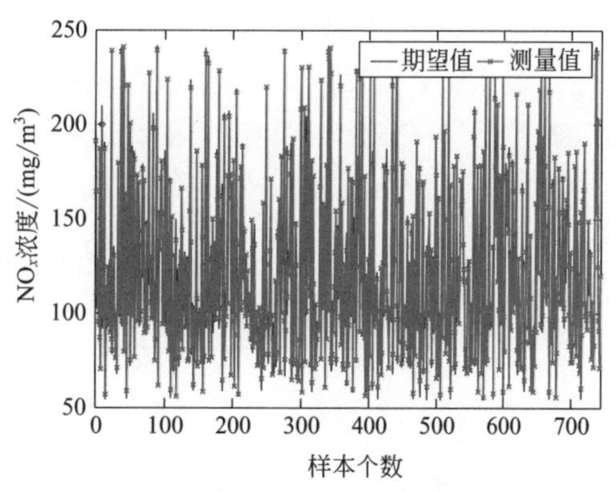

图 7-12　子网络 1 训练结果

模型在训练集和测试集上的均方误差分别为 27.2004 和 25.9145。

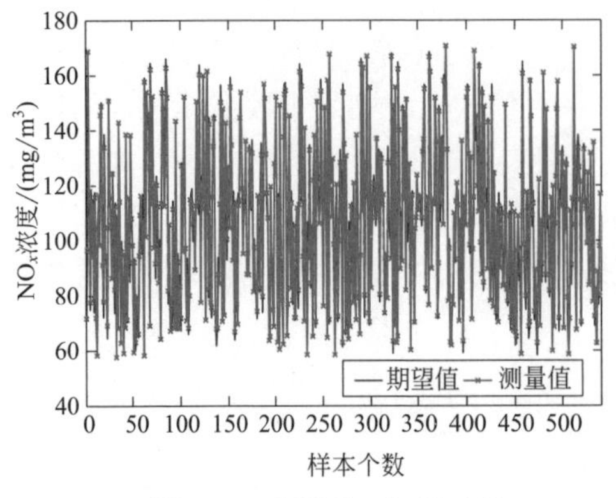

图 7-13　子网络 2 训练结果

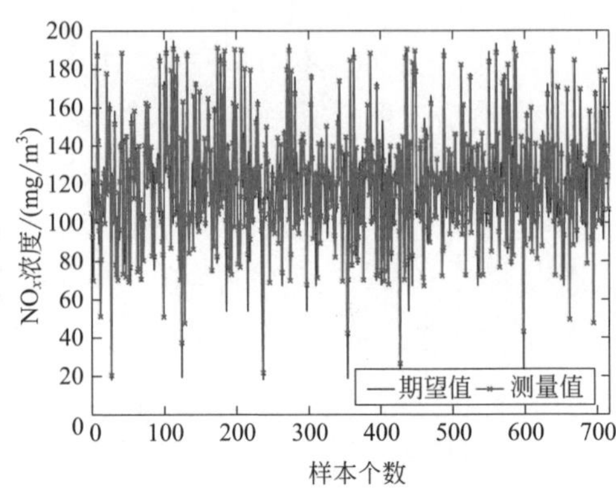

图 7-14　子网络 3 训练结果

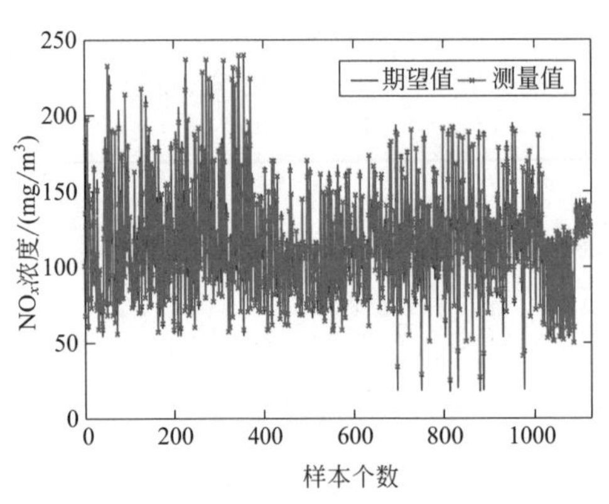

图 7-15　CMNN 软测量模型的测试结果

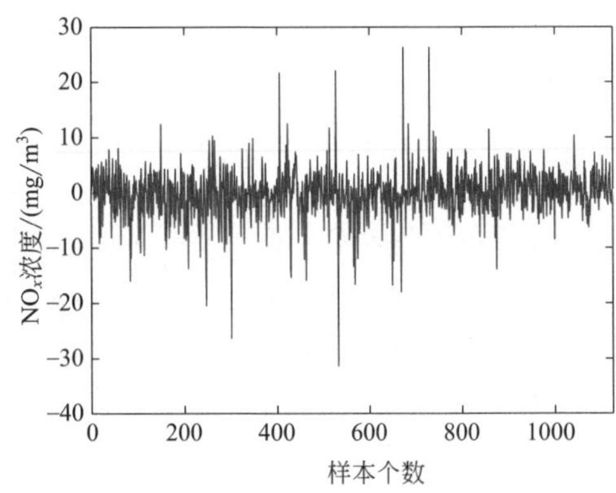

图 7-16　CMNN 软测量模型的测试误差

（3）对比讨论

本节将所提方法与单一 RBF 神经网络和基于加权集成的 MNN 方法进行了对比，其中，设定网络训练的最低精度为 0.001，最大的神经元节点个数为 50，最终确定的单一 RBF 神经网络的结构为 20-50-1，基于加权集成的 MNN 的各子网络的结构为 20-50-1、20-12-1 和 20-10-1。对比结果如表 7-4 所示。

表 7-4　CMNN 与其他建模方法的测试结果比较

方法	训练 *MSE*	测试 *MSE*
单一 RBF 神经网络	35.1251	46.3957
基于加权集成的 MNN	36.141	47.6424
本节方法	27.2004	25.9145

由表 7-3 可知：与单一 RBF 神经网络相比，CMNN 展现了其较高测量精度，体现了 CMNN“分而治之”的优越性；本节所提基于 FCC 输出集成的软测量模型的测量精度高于基于加权集成的 MNN 网络，原因在于 FCC 神经网络能够更好地捕捉数据之间的非线性映射关系，体现了 FCC 神经网络的有效性。

7.4 本章小结

氮氧化物（NO_x）是 MSWI 过程排放的主要污染物之一，针对 NO_x 难以实时准确测量的问题，本章提出了两种基于模块化神经网络的 NO_x 软测量方法，其中，并行模块化神经网络（PMNN）模拟脑网络结构特征，通过定量指标衡量网络“模块化”程度，实现了复杂任务最优分解，针对不同子任务设计了结构精简、收敛较快、具有良好非线性映射能力的自组织径向基神经网络；级联模块化神经网络（CMNN）通过任务分解捕捉输入变量的内部分布特性，采用 FCC 对子模块进行非线性集成。基于某 MSWI 电厂实际运行数据的仿真验证了所提方法，有效地提高了软测量模型的建模速度及精度。

参考文献

[1] 郝江涛，王鸿飞，张新月 . 生物质再燃脱硝在垃圾焚烧电厂的应用分析 [J]. 科技与创新，2021（03）：33-36，40.

[2] 王占山 . 燃煤火电厂和工业锅炉及机动车大气污染物排放标准实施效果的数值模拟研究 [D]. 北京：中国环境科学研究院，2013.

[3] 李涛 . 新形势下福建省生活垃圾焚烧烟气氮氧化物污染防治技术对比分析 [J]. 化学工程与装备，2019（12）：262-265.

[4] SVOBODA K，BAXTER D，MARTINEC J. Nitrous Oxide Emissions From Waste Incineration[J]. Chemical Papers，2006，60（1）：78-90.

[5] YUAN X，HUANG B，WANG Y，et al. Deep Learning-Based Feature Representation and Its Application for Soft Sensor Modeling with Variable-Wise Weighted SAE[J]. IEEE Transactions on Industrial Informatics，2018，14（7）：3235-3243.

[6] YUAN X，LI L，WANG Y. Nonlinear Dynamic Soft Sensor Modeling with Supervised Long Short-Term Memory Network[J]. IEEE Transactions on Industrial Informatics，2019，16（5）：3168-3176.

[7] MENG X，ROZYCKI P，QIAO J，et al. Nonlinear System Modeling Using RBF Networks for Industrial Application[J]. IEEE Transactions on Industrial Informatics，2018，14（3）：931-940.

[8] MAGNANELLI E，TRANAS O L，

CARLSSON P, et al. Dynamic Modeling of Municipal Solid Waste Incineration[J]. Energy, 2020, 209: 118426.
[9] LV Y, LIU J Z, YANG T T, et al. A Novel Least Squares Support Vector Machine Ensemble Model for NO_x Emission Prediction of a Coal-Fired Boiler[J]. Energy, 2013, 55 (15): 319-329.
[10] TAN P, XIA J, ZHANG C, et al. Modeling and Reduction of NO_x Emissions for a 700-MW Coal-Fired Boiler With the Advanced Machine Learning Method[J]. Energy, 2016, 94 (X): 672-679.
[11] ARSIE I, CRICCHIO A, DE CESARE M, et al. Neural Network Models for Virtual Sensing of NO_x Emissions in Automotive Diesel Engines With Least Square-based Adaptation[J]. Control Engineering Practice, 2017, 61 (x): 11-20.
[12] FAN W, SI F, REN S, et al. Integration of Continuous Restricted Boltzmann Machine and SVR in NO_x Emissions Prediction of a Tangential Firing Boiler[J]. Chemometrics and Intelligent Laboratory Systems, 2019, 195: 103870.
[13] WANG F, MA S, WANG H, et al. A Hybrid Model Integrating Improved Flower Pollination Algorithm-Based Feature Selection and Improved Random Forest for NO_x Emission Estimation of Coal-Fired Power Plants[J]. Measurement: Journal of the International Measurement Confederation, 2018, 125 (1): 303-312.
[14] WANG F, MA S, WANG H, et al. Prediction of NO_x Emission for Coal-Fired Boilers Based on Deep Belief Network[J]. Control Engineering Practice, 2018, 80 (X): 26-35.
[15] TUTTLE J F, VESEL R, ALAGARSAMY S, et al. Sustainable NO_x Emission Reduction At a Coal-Fired Power Station Through the Use of Online Neural Network Modeling and Particle Swarm Optimization[J]. Control Engineering Practice, 2019, 93 (5): 104167.
[16] WANG G, AWAD O I, LIU S, et al. NO_x Emissions Prediction Based on Mutual Information And Back Propagation Neural Network Using Correlation Quantitative Analysis[J]. Energy, 2020, 198 (x): 117286.
[17] YANG G T, WANG Y N, LI X L. Prediction of the NO_x Emissions From Thermal Power Plant Using Long-Short Term Memory Neural Network[J]. Energy, 2020, 192 (x): 116597.
[18] ZHAI Y, DING X, JIN X, et al. Adaptive LSSVM Based Iterative Prediction Method for NO_x Concentration Prediction in Coal-Fired Power Plant Considering System Delay[J]. Applied Soft Computing, 2020, 89: 106070.
[19] ZHENG W, WANG C, YANG Y, et al. Multi-Objective Combustion Optimization Based on Data-Driven Hybrid Strategy[J]. Energy, 2020, 191: 116478.
[20] SI M, DU K. Development of a Predictive Emissions Model Using a Gradient Boosting Machine Learning Method[J]. Environmental Technology and

Innovation, 2020, 20 (1): 101028.

[21] PENG H C, LONG F H, DING C. Feature Selection Based on Mutual Information Criteria of Max-Dependency, Max-Relevance, And Min-Redundancy[J]. IEEE Transactions on Pattern Analysis and Machine Intelligence, 2005, 27 (8): 1226-1238.

[22] HUNTER D, YU H, PUKISH M S, et al. Selection of Proper Neural Network Sizes And Architectures-A Comparative Study[J]. IEEE Transactions on Industrial Informatics, 2012, 8 (2): 228-240.

[23] YU H, REINER P D, XIE T, et al. An Incremental Design of Radial Basis Function Networks[J]. IEEE Transactions on Neural Networks and Learning Systems, 2014, 25 (10): 1793-1803.

[24] HUANG G B, SARATCHANDRAN P, SUNDARARAJAN N. A Generalized Growing and Pruning RBF (GGAP-RBF) Neural Network for Function Approximation[J]. IEEE Transactions on Neural Networks, 2005, 16 (1): 57-67.

[25] KORAI M S, MAHAR R B, UQAILI M A. The Feasibility of Municipal Solid Waste for Energy Generation and Its Existing Management Practices in Pakistan[J]. Renewable and Sustainable Energy Reviews, 2017, 72: 338-353.

[26] ZHANG H F, LV C X, LI J, et al. Solid Waste Mixtures Combustion in a Circulating Fluidized bed: Emission Properties of NO_x, Dioxin, and Heavy Metals[J]. Energy Procedia, 2015, 75: 987-992.

[27] PARK S W, CHOI J H, PARK J W. The Estimation of N_2O Emissions From Municipal Solid Waste Incineration Facilities: The Korea Case[J]. Waste Management, 2011, 31 (8): 1765-1771.

[28] WANG X T, MA X Q, QU C R, et al. Characteristics of Pd-Rh/CeO_2/Al_2O_3 TWC for NO_x and PAHs Removal in Flue Gas of MSWI[C]//Proceedings of 2011 International Conference on Materials for Renewable Energy & Environment (ICMREE 2011): New York: IEEE, 2011, 2: 110-113.

[29] 张云刚 . 二氧化硫和氮氧化物吸收光谱分析与在线监测方法 [D]. 哈尔滨：哈尔滨工业大学，2012.

[30] LU J W, ZHANG S K, HAI J, et al. Status and Perspectives of Municipal Solid Waste Incineration in China: A Comparison With Developed Regions[J]. Waste Management, 2017, 69: 170-186.

[31] 汤健，乔俊飞，郭子豪 . 基于潜在特征选择性集成建模的二噁英排放浓度软测量 [J]. 自动化学报，2020，48 (01)：223-238. https: //doi.org/10.16383/j.aas.c190254.

[32] TANG Z, LI Y, KUSIAK A. A Deep Learning Model for Measuring Oxygen Content of Boiler Flue Gas[J]. IEEE Access, 2020, 8: 12268-12278.

[33] 王功明，李文静，乔俊飞 . 基于 PLSR 自适应深度信念网络的出水总磷预测 [J]. 化工学报，2017，68 (5)：1987-1997.

[34] DUAN H S, TANG J, QIAO J F. Recognition of Combustion Condition in MSWI Process Based on Multi-Scale Color Moment Features And Random Forest[C]//2019 Chinese

Automation Congress, Hangzhou, China, New York: IEEE, 2019. 2542-2547.

[35] NOVELO A F, EDUARDO Q C, EMILIO G M, et al. Fault Diagnosis of Electric Transmission Lines Using Modular Neural Networks[J]. IEEE Latin America Transactions, 2016, 14 (8): 3663-3668.

[36] LI Y, LI F. NO_x Prediction Method Based on Deep Extreme Learning Machine[C]//2018 3rd International Conference on Computational Intelligence and Applications (ICCIA), Hong Kong. New York: IEEE, 2018: 97-101.

[37] TANG Z, LI Y, ZHAO B. Deep Belief Network Based NO_x Emissions Prediction of Coal-Fired Boiler[C]//2019 Chinese Automation Congress, Hangzhou, China. New York: IEEE, 2019: 1588-1591.

[38] LI N, HU Y. The Deep Convolutional Neural Network for NO_x Emission Prediction of a Coal-Fired Boiler[J]. IEEE Access, 2020, 8: 85912-85922.

[39] 张昭昭 . 模块化神经网络结构自组织设计方法 [D]. 北京：北京工业大学，2013.

[40] QIAO J F, GUO X, LI W J. An Online Self-Organizing Modular Neural Network for Nonlinear System Modeling[J]. Applied Soft Computing, 2020, 97: 106777.

[41] JACOBS R, JORDAN M, NOWLAN S, et al. Adaptive Mixtures of Local Experts[J]. Neural computation, 1991, 3 (1): 79-87.

[42] QIAO J F, MENG X, LI W J, et al. A Novel Modular RBF Neural Network Based on a Brain-Like Partition Method[J]. Neural Computing and Applications, 2018, 32: 899-911.

[43] HOORI A O, MOTAI Y. Multicolumn RBF Network[J]. IEEE Transactions on Neural Networks and Learning Systems, 2018, 29: 766-778.

[44] AUDA G, KAMEL M. CMNN: Cooperative Modular Neural Networks[J]. Neurocomputing, 1998, 20: 189-207.

[45] 薄迎春，乔俊飞，杨刚 . 一种多模块协同参与的神经网络 [J]. 智能系统学报，2011，6 (3): 225-230.

[46] QIAO J F, ZHANG Z Z, BO Y C. An Online Self-Adaptive Modular Neural Network for Time-Varying Systems[J]. Neurocomputing, 2014, 125: 7-16.

[47] QIAO J F, LU C, LI W J. Design of Dynamic Modular Neural Network Based on Adaptive Particle Swarm Optimization Algorithm[J]. IEEE Access, 2018, 6: 10850-10857.

[48] 蒙西，乔俊飞，韩红桂 . 基于类脑模块化神经网络的污水处理过程关键出水参数软测量 [J]. 自动化学报，2019，45 (5): 906-919.

[49] LI W J, LI M, QIAO J F, et al. A Feature Clustering-Based Adaptive Modular Neural Network for Nonlinear System Modeling[J]. ISA Transactions, 2019, 100: 185-197.

[50] WANG L X, MAO S W, WILAMOWSKI B. Short-Term Load Forecasting With LSTM Based Ensemble Learning[C]//2019 IEEE International Congress on Cybermatics: 12th IEEE International Conference on Internet of Things, 15th IEEE International

Conference on Green Computing and Communications, 12th IEEE International Conference on Cyber, Physical and Social Computing and 5th IEEE International Conference on Smart Data, iThings/GreenCom/CPSCom/SmartData 2019, Atlanta, GA, USA. New York: IEEE, 2019: 793-800.

[51] TIAN Z D, LI S J, WANG Y H. A Multi-Model Fusion Soft Sensor Modeling Method and Its Application in Totary Kiln Calcination Zone Temperature Prediction[J]. Transactions of the Institute of Measurement and Control, 2015, 38 (1): 110-124.

[52] WILAMOWSKI B M, YU H. Neural network Learning Without Backpropagation[J]. IEEE Transactions on Neural Networks, 2010, 21 (11): 1793-1803.

Cutting-Edge Technologies in
Smart
Environmental
Protection

第 8 章

面向城市固废焚烧（MSWI）过程软测量模型的概念漂移检测

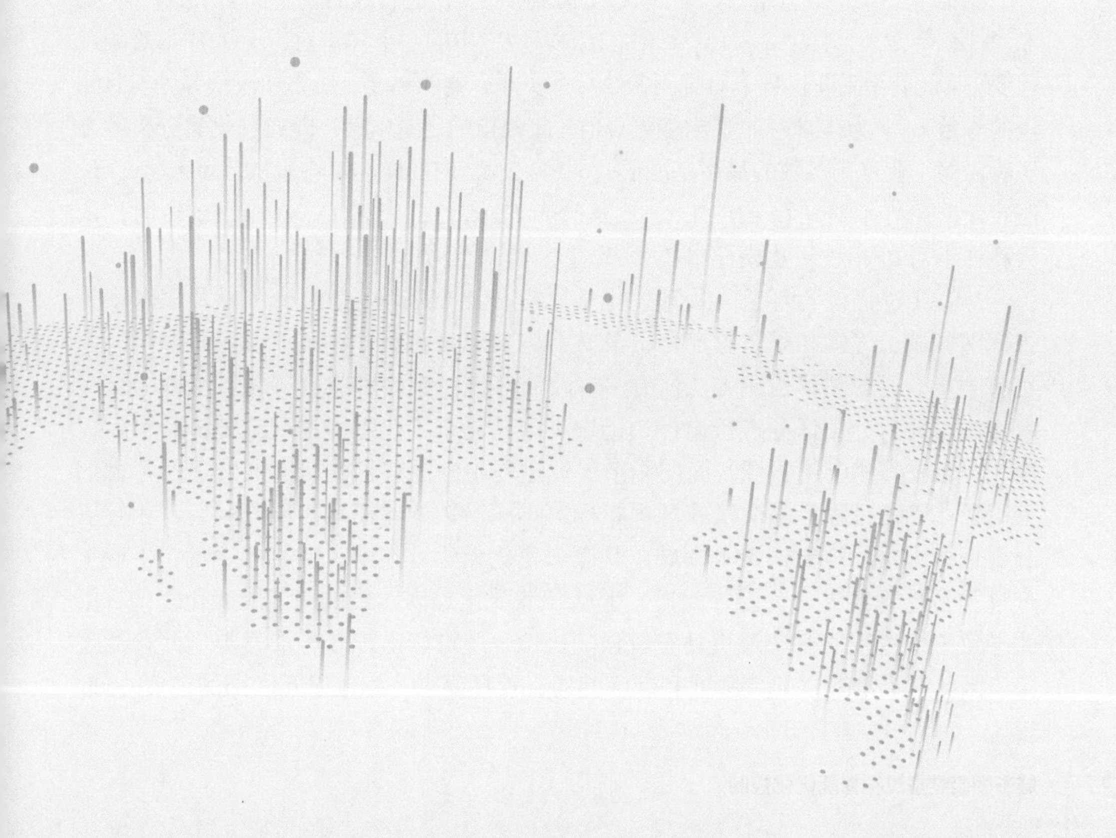

8.1 面向城市固废焚烧（MSWI）过程软测量模型的概念漂移检测

8.1.1 概述

概念漂移是指目标样本的分布随时间发生变化并且该变化通常难以直接测量[1]。从数据驱动的角度分析，概念漂移的形式如图 8-1 所示。

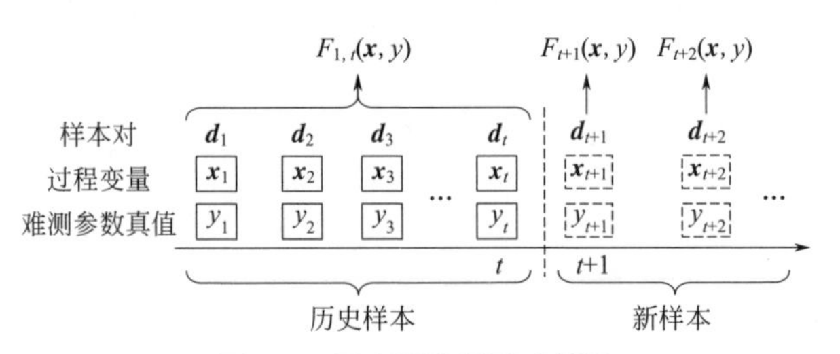

图 8-1 概念漂移的形式描述

结合图 8-1，概念漂移的形式可描述为：给定 $[1,t]$ 时刻内的历史样本集 $S_{1,t}=\{\boldsymbol{d}_1,\cdots,\boldsymbol{d}_t\}$，其中 $\boldsymbol{d}_i=(\boldsymbol{x}_i,y_i)(i\in[1,t])$ 是 $S_{1,t}$ 中的一个样本对，$\boldsymbol{x}_i$ 为样本对的过程变量（此处指工业过程中对难测参数具有实际影响的温度、压力和流量等可实时测量的参数），y_i 为样本对的难测参数真值（此处指约定真值[2]，即通过化验分析等方法确定的工业难测参数的最高基准值）；并且，$S_{1,t}$ 内的样本对均服从分布 $F_{1,t}(\boldsymbol{x},y)$，假定新时刻样本对 $\boldsymbol{d}_k(k\in[t+1,\infty))$ 服从分布 $F_k(\boldsymbol{x},y)$，当 $F_{1,t}(\boldsymbol{x},y)\neq F_k(\boldsymbol{x},y)$ 时，认为新样本对 $\boldsymbol{d}_k$ 相较于建模样本集 $S_{1,t}$ 发生了概念漂移。

MSWI 过程包含复杂的物理、化学反应，其 MSW 成分的比例以及含水率等指标随区域、气候和季节等变化，极易引起 MSWI 过程产生概念漂移现象[3]。但目前为止，概念漂移检测方法研究多围绕互联网、金融和教育等领域展开，且多数方法仅针对分类任务进行设计，仍缺少面向复杂工业过程的理论分析和实际应用[4]。相较其他应用领域，面向复杂工业过程中的漂移检测研究通常还需考虑如下问题：工业过程产品质量或环保指标等难测参数的建模均为回归问题，相较以分类任务为主的视觉识别等领域，其概念变化无法由类别改变直接表示；工业生产过程易受物料成分、设备磨损、生产环境变化等因素影响，工况变化复杂，由此导致工业过程的概念漂移具有较强随机性，还可能出现多种漂移类型共存的现象，因此对检测算法的灵敏度和准确度均有较高要求；相较以互联网的消费心理、用户行为分析等为对象的概念漂移研究，工业概念漂移可预警生产运行过程中可能产生的潜在风险，极易造成经济损失、工业安全事故以及污染物排放超标等情况。

依据不同的视角，概念漂移可划分成多种不同类别，如：Widmer 等根据数据的产生环境不同提出虚、实概念漂移 [5]；Kelly 等根据漂移的产生原因将其描述为样本先验概率、类概率和后验概率的变化 [6]；Kuncheva 依据时间序列分析思想将漂移分为随机噪声、随机趋势、随机替换和系统趋势 [7]；Moreno 等根据数据产生的多源性将概念漂移称为数据漂移 [8]。最为常用的漂移划分类别包括：突然漂移、增量漂移、渐变漂移和重复漂移 [9]，示例如图 8-2 所示。

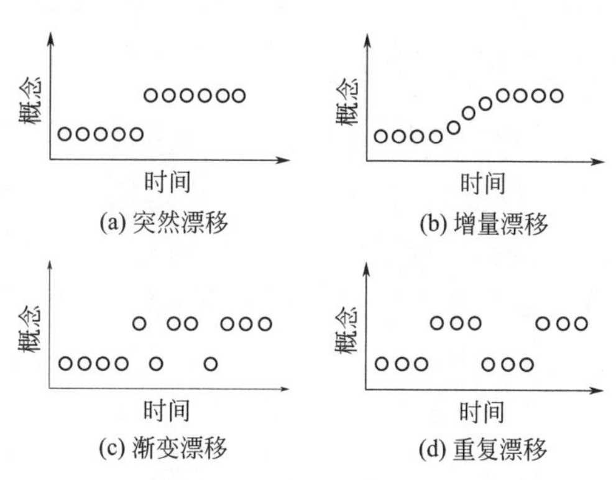

图 8-2　常见概念漂移类型

图 8-2 中，突然漂移与增量漂移分别表示样本概念在较短或较长的时间内改变，渐变漂移表示旧概念不完全消失的情况下新概念将其逐渐替代，重复漂移表现为多种概念交替出现。上述漂移类型的划分依据是概念变化的速度与幅度。

8.1.2　应用场景简述

（1）工业过程软测量建模

当前工业过程主要存在两类软测量建模方式 [10]：机理驱动和数据驱动。前者通常为特定工业过程开发并常用于推理控制，缺点是：①建模需大量经验知识；②通常简化理论背景，不符合真实过程状态；③侧重描述工业过程的理想稳态，不适合瞬态表达。相反，数据驱动模型主要基于与难测参数相关的过程变量建模，因此可从多方面描述实际工业过程。

基于数据驱动的软测量模型的典型建模流程如图 8-3 所示。

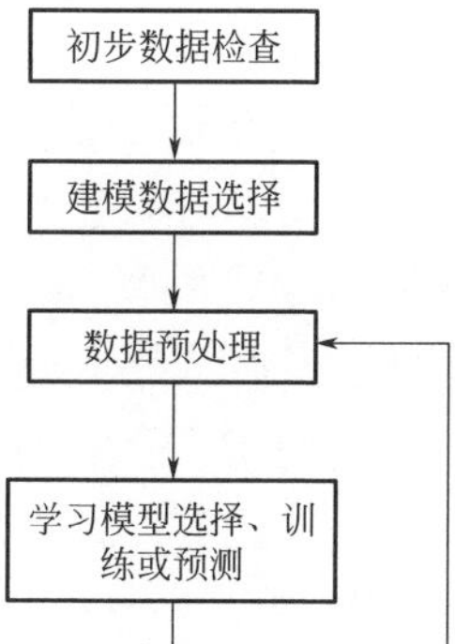

初步数据检查
建模数据选择
数据预处理
学习模型选择、训练或预测
模型维护

图 8-3　典型数据驱动软测量建模流程

由图 8-3 可知，软测量建模过程的具体描述如下：第一阶段为数据初步检查阶段，该阶段获得现有过程数据、识别建模时可能出现的问题并确定建模任务；第二阶段为建模数据选择阶段，该阶段将选出处于平稳状态、适合模型训练和评估的过程数据；第三阶段为数据预处理阶段，该阶段通常将第二阶段选择后得到的过程数据进行标准化表示，并进行特征处理和缺失数据标记等工作；第四阶段选择合适的模型进行训练与测试，常用模型有决策树、支持向量机和神经网络等；第五阶段采用人工的或学习过程中得到的经验更新模型。

工业过程中漂移检测研究属于上述过程的第三和第五阶段，即先对新样本进行概念漂移判别与处理，再将新样本用于更新模型，以使模型在新概念环境下保持良好的鲁棒性与测量精度。

（2）概念漂移的实际影响

概念漂移使得基于历史数据构建的软测量模型在面对漂移工况时泛化性能下降，进而影响工业系统的控制与决策[11]。以现有研究为例，Bakker 等指出在流化床锅炉的燃烧质量与燃料流量测量过程中出现概念漂移现象的原因是燃料等级与成分改变使质量检测信号出现阶跃变化，从而导致模型测量错误并使控制系统无法及时优化锅炉负载[12]；面向工业径向风扇自适应维护过程，Zenisek 等提出变桨器机油中空气含量变化影响旋转叶片仰角，如无法及时检测并进行维护，会降低风扇工作效率[13]；针对半导体蚀刻过程，Rosenthal 等指出不同材料的最佳蚀刻时间存在差异，需要依据材料变化实时调整蚀刻时间，否则将导致半导体结构宽度改变，从而影响电路的电性能[14]；针对搅拌釜系统，Shang 等指出换热器结垢参数值降低使得导体传热效率减小，进而导致模型输出错误的监控值[15]。综上，在软测量模型中引入概念漂移检测技术对提高工业过程控制精度具有重要意义。

（3）概念漂移的产生原因

工业中常将漂移分为过程漂移和传感器漂移。过程漂移产生的两种原因：第一种是过程内部结构变化（机械元件磨损等），如 Andrews 等提出图 8-4 所示的“可靠性浴盆曲线”，表明一般情况下工业部件的可靠性随时间变化并对过程本身产生影响[16]；第二种是过程外部条件变化（气候与工艺要求等），以 MSWI 过程为例，MSW 含水率随季节与温度变化而改变，炉膛温度依据实际燃烧状况进行实时调节，这些变化均会影响出口烟气污染物生成关系[17]。传感器漂移也被称为测量漂移[18]，通常由传感器等硬件的测量精度发生改变而导致。因此，该类漂移不反映运行过程的真实参数变化，相应地在漂移检测领域中研究较少。

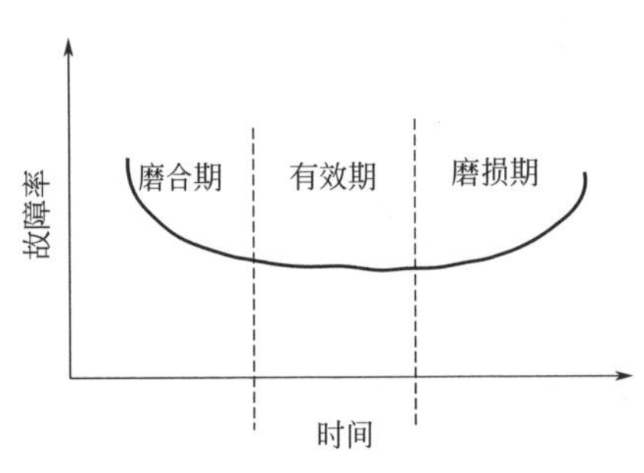

图 8-4 可靠性浴盆曲线

（4）工业应用难点

实际工业过程具有生产环境复杂和工况变化多等特点，导致过程数据的分布特性难以描述，需及时检测并加以控制。工业过程中的概念漂移检测存在以下难点：

① 难测参数预测误差异常的样本不一定能够表征概念漂移　现有工作多围绕分类任务进行，因此样本概念通常可根据标签或类别等具有明显区分性质的信息划分。但实际工业过程多为回归任务，此时二项分布、Hoeffding 不等式和分类器决策边界等常用的阈值界定方法难以直接应用。因此，需要建立有效的工业过程样本概念表示方法与差异性度量标准。

② 单独采用难测参数误差和分布假设检验表征概念漂移均具有片面性　由前文分析可知，工业过程中概念漂移现象常由内部结构或外部环境变化引起。该类变化常预示潜在运行风险，如 MSWI 过程中污染物生成反应异常、焚烧炉内温度异常，此时若无法及时检测概念漂移并更新测量模型，将导致工业系统难以有效控制生产过程，进而引发工业事故。采用逐样本方式进行概念漂移检测与模型更新是提高时效性的关键。

③ 样本标记的高成本、长周期等原因导致难测参数真值不易获取　实际工业过程中，出于检测技术的局限与检测成本的经济性考虑，通常无法为难测参数提供足够的真值，因此要求检测方法能在样本少量标记的情况下对样本分布变化做出有效分析，但无监督方法在过程变量的变化情况较为复杂时难以保证检测结果的准确性。因此，基于半监督的概念漂移检测研究具有重要的应用价值。

8.1.3　概念漂移处理流程

在现有研究基础上，Lu 等提出了如图 8-5 所示的常见概念漂移处理流程[19]。

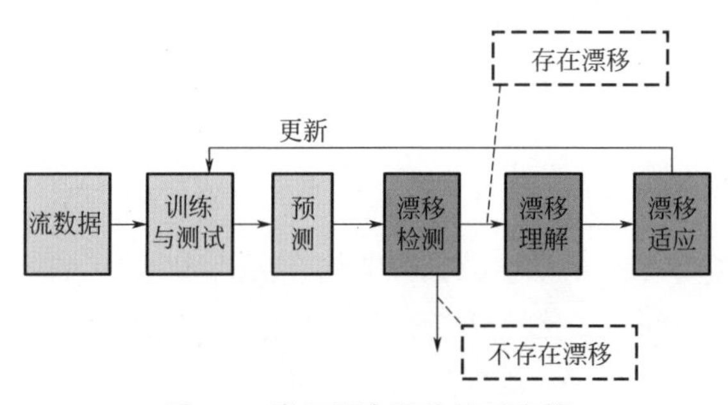

图 8-5　常见概念漂移处理流程

图 8-5 将概念漂移处理分为检测、理解和适应三个步骤，其中，漂移检测是指通过识别变化点或变化间隔以表征和量化概念漂移的技术和机制；漂移理解关注概念的“何时”“何地”和“如何”，即产生漂移时间、区域和程度等状态信息；漂移适应的目的是采用漂移样本信息更新模型，其研究主要集中在简单再训练、

集成再训练和模型调整三个方向。

基于上述概念漂移处理流程，本节考虑实际工业过程中难测参数真值较难获得的情况，将工业过程中概念漂移的处理流程总结为图 8-6 所示内容。

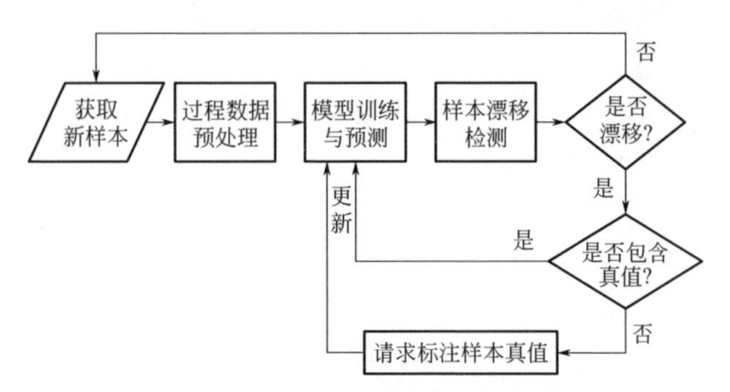

图 8-6　工业过程中概念漂移处理流程

图 8-6 设置样本真值的查询与请求阶段的原因在于实际工业过程中的难测参数真值通常难以及时获得。此外，现场人员通常根据工业过程的性能反馈有选择地标注样本，以保证标注成本处于合理的经济范围内 [20]。

上述情况下常采用基于过程变量的方法进行概念漂移检测。

8.2 基于难测参数误差支撑分布假设检验的概念漂移检测方法

8.2.1　概述

目前软测量模型多采用批次数据以非增量方式构建 [21]，该方式难以表征当前时刻及建模对象随时间的变化特性 [22]。此外，建模数据随工业过程运行逐渐增加，除存储成本不断增长外，实际过程数据分布也随环境变化和物料波动等因素改变，导致建模对象特性发生变化并使基于历史样本构建的软测量模型难以适用于新样本 [23]，该现象称为概念漂移 [24]。例如，在 MSWI 过程中，污染物排放浓度会随入口 MSW 组分波动、炉排速度和一 / 二次风流量配比等参数调整而发生变化，进而对软测量模型的预测精度产生干扰 [17]。因此，如何获得可表征概念变化的漂移样本并用于模型在线更新是提高软测量模型适应性的关键 [25]。

目前针对概念漂移的研究主要包括漂移检测、漂移理解和漂移适应，分别对应于漂移样本识别、漂移区域与时间定位和漂移适应性模型构建[19]。因此，漂移检测是解决概念漂移问题的首要步骤。Gama 等提出的 DDM 法较早定义了完整框架，其依据模型测量错误率判别概念变化，并在错误率达到报警级别时构建新测量模型，在达到漂移级别时采用新模型替换旧模型[26]；Frias 等通过判断模型测量精度变化检测概念漂移[27]。其他具有代表性的一类方法是采用基于窗口的样本选择策略，即通过构建数据窗口分析新旧样本所表征的概念差异[28]，如 Widmer 等提出 FLORA 系列算法，基于模型测量误差实现动态窗口调整、历史概念存储和概念漂移识别[29]；Nishida 等采用全局窗口和新样本窗口分别监视样本总体误差和新样本测量误差，通过比较两窗口内的误差相似性来确认漂移[30]。上述方法主要依据难测参数模型的测量误差判断样本漂移状况，但实际工业过程中测量装置易受环境变化等因素干扰而产生噪声样本，此时仅依据测量误差难以全面表征概念变化。

针对上述问题，部分方法依据样本分布变化检测概念漂移[31]。面向分类任务中：Liu 等采用 k 近邻分类后计算最近邻样本间的欧氏距离判别漂移[32]；Kuncheva 结合 Kullback-Leibler 散度与 t 检验提出半参数对数似然准则（SPLL）以检测服从正态分布样本的概念变化[33]；文献 [34] 基于异构欧氏距离提出漂移度（DOF）检测算法；Katakis 等将样本抽象为概念向量后计算其与聚类中心的距离差异[35]。但上述面向分类任务的方法难以直接应用于工业过程难测参数的回归建模[36]。面向回归任务的相似研究包括：Engel 等提出在核特征空间中采用 ALD 条件检验新旧样本相似关系[37]；Tang 等采用 ALD 条件对在线建模所需的更新样本进行必要性识别[38]；汤健等结合相对 ALD 条件和相对预测误差，采用模糊规则改进上述更新样本识别算法[39]。但上述面向回归任务的相似研究均未考虑样本分布的变化。因此，到目前为止，鲜有针对回归建模问题采用样本分布变化对概念漂移进行检测的工作。

综上，针对难测参数测量误差异常的样本在表征概念漂移时不具备代表性的研究难点，本节提出基于难测参数误差支撑分布假设检验的概念漂移检测方法。首先，采用支持向量回归（SVR）进行难测参数测量误差检测以确定异常样本；然后，采用 F 检验、t 检验和 U 检验三种方法进行异常样本与历史样本间的欧氏距离分布相似性判别；最后，采用新定义的漂移度指标确定概念漂移样本。

8.2.2 相关工作

（1）概念漂移的窗口检测方法

合理组织样本块以推断样本总体分布是常见的概念漂移检测策略之一，该策略常通过窗口法实施[40]。目前，窗口法已由单窗口改进为双窗口、多窗口、自适应窗口等多种形式。常见的窗口法如图 8-7 所示。

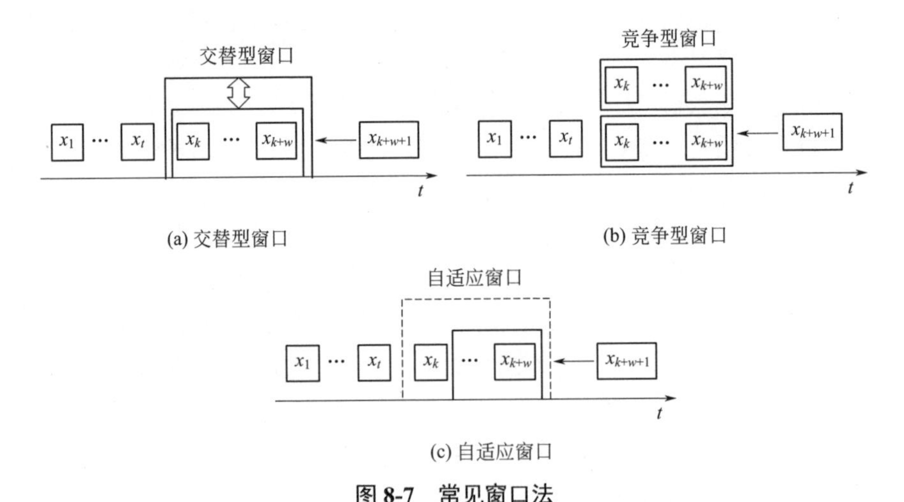

图 8-7　常见窗口法

具有代表性的研究工作如下：Bach 等结合稳定型与灵敏型模型采用交替型窗口策略，本质是根据检测性能变化交替使用双窗口[41]；Lazarescu 等设置了三个竞争型窗口，采用当次测量精度最高的窗口作为漂移判别依据[42]；Almeida 等采用自适应窗口，其窗口大小根据测量错误率实时自动调整[43]。

为便于观测样本的难测参数测量误差与过程变量分布变化，本节采用具有不同检测功能的双窗口法。

（2）支持向量回归

实际工业过程中，难测参数与过程变量间常存在非线性映射关系，采用合适的非线性建模策略是进行工业过程难测参数软测量的前提。相较人工神经网络等建模方式，SVR 的主要优点是对高维变量具有较低的计算复杂度且泛化能力较强，其建模速度快并具有较高的测量精度，现已被广泛应用于实际工业过程[44-45]。本节采用 SVR 获取新样本难测参数的测量误差。

基于结构风险最小化的 SVR 回归函数 $f(\boldsymbol{x})$ 可表示为[44]：

$$f(\boldsymbol{x})=\sum_{j=1}^{k^*}\left(\hat{a}_j-a_j\right)K\left(\boldsymbol{x}_j,\boldsymbol{x}\right)+b \tag{8-1}$$

式中，k^* 为支持向量的个数；b 为偏置，其采用 KKT 条件计算为：

$$\underset{i=1,2,\cdots,k}{b}=y_i\pm\varepsilon-\sum_{j=1}^{k^*}\left(\hat{a}_j-a_j\right)K\left(\boldsymbol{x}_i,\boldsymbol{x}_j\right) \tag{8-2}$$

式中，$\hat{a}_j$ 和 a_j 为拉格朗日乘子；y_i 为难测参数真值；k 为样本数量；$\boldsymbol{x}_i$ 为样

本 $\boldsymbol{d}_i$ 的过程变量；$K\left(\boldsymbol{x}_i,\boldsymbol{x}_j\right)$ 为核函数，常采用径向基核函数（RBF），即：

$$f(\boldsymbol{x})=\sum_{j=1}^{k^*}\left[\left(\hat{a}_j-a_j\right)\times\exp\left(-\left\|\boldsymbol{x}_j-\boldsymbol{x}\right\|^2/2\sigma^2\right)\right]+b \tag{8-3}$$

式中，σ 表示核函数宽度。

（3）样本分布假设检验方法

假设检验是根据样本推断总体分布的方法，目的是判断样本与样本、样本与总体之间是否存在抽样误差或本质差别，即是否存在噪声或分布改变，其原理是：先对总体特征作某种假设，再通过抽样研究推断该假设应该被拒绝还是被接受。常见的检验假设类型包括 F 检验、t 检验以及 U 检验。

F 检验又称联合假设检验和方差齐性检验，其根据样本间方差的关联程度判断样本相关性。记样本集 M 和 N 的方差为 s_M^2 和 s_N^2，在置信水平 F_α^{test} 下，F 检验的结果 $f^{F\text{-test}}\left(s_{\text{M}}^2,s_{\text{N}}^2,F_\alpha^{\text{test}}\right)$ 为：

$$f^{F\text{-test}}\left(s_M^2,s_N^2,F_\alpha^{\text{test}}\right)=\frac{s_M^2}{s_N^2} \tag{8-4}$$

t 检验基于样本间均值差异判断样本相关性，其检验结果 $f^{t\text{-test}}\left(\bar{M},\bar{N},\mu_0,k_M,k_N,t_\alpha^{\text{test}}\right)$ 为：

$$f^{t\text{-test}}\left(\bar{M},\bar{N},\mu_0,k_M,k_N,t_\alpha^{\text{test}}\right)=\frac{\bar{M}-\bar{N}-\mu_0}{\sqrt{s_p^2/k_M+s_p^2/k_N}} \tag{8-5}$$

式中，$\bar{M}$ 和 $\bar{N}$ 分别为 M 和 N 的平均值；μ_0 为 M 与 N 的平均值之差；k_M 和 k_N 分别为 M 和 N 的样本数量；t_α^{test} 表示当前检验置信水平；s_p^2 表示 s_M^2 和 s_N^2 相等时的方差。

U 检验是常用的非参数秩和检验方法，可在总体方差未知时对总体分布进行估计，其检验结果 $f^{U-\text{test}}\left(k_M,Z_M,U_\alpha^{\text{test}}\right)$ 为：

$$f^{U-\text{test}}\left(k_M,Z_M,U_\alpha^{\text{test}}\right)=k_M^2+k_M\left(k_M+1\right)/2-Z_M \tag{8-6}$$

式中，Z_M 为样本 M 的秩和；U_α^{test} 为当前检验置信水平。

分析分布差异是否显著，需预先设置假设检验置信水平 F_α^{test}、t_α^{test} 和 U_α^{test}。在统计检验中，通常选取置信水平为 0.05。

8.2.3 算法策略与实现

本节所提算法的策略如图 8-8 所示。

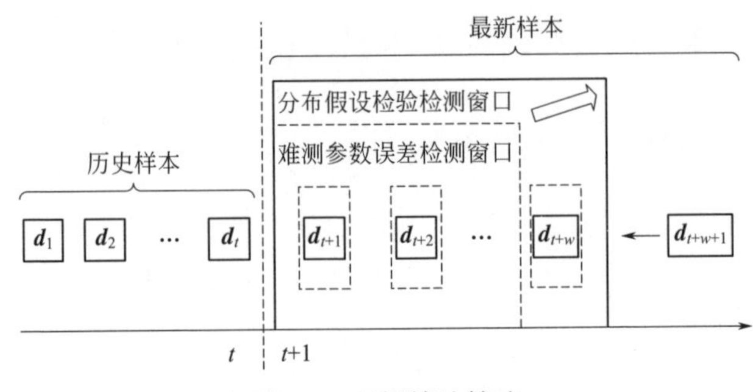

图 8-8　所提算法策略

图 8-8 中，$S_{1,t}=\left[\boldsymbol{d}_1,\boldsymbol{d}_2,\cdots,\boldsymbol{d}_t\right]$ 表示历史样本集，w 表示分布假设检验检测窗口宽度。难测参数误差检测窗口的目的是检测模型测量误差存在异常的样本，分布假设检验检测窗口的目的是确定异常样本中是否存在概念漂移。

本节所提检测算法的具体过程可描述为：首先，基于历史样本构建软测量模型；接着，在难测参数误差检测窗口中，模型从新样本 $\boldsymbol{d}_{t+1}$ 开始进行逐样本测量；然后，当新样本被检为异常样本时，在分布假设检验检测窗口中将其与历史样本集进行判别，并将分布发生变化的异常样本标记为概念漂移样本；最后，当后者数量达到预设窗口宽度 w 时，将概念漂移样本用于模型更新，同时清空窗口并开启下一循环。

(1) 难测参数误差检测窗口

难测参数误差检测窗口内采用由历史样本构建的 SVR 模型进行测量，其损失函数 L_{loss} 定义为[46]：

$$L_{\underset{i=1,2,\cdots,t}{\text{loss}}}\left(\hat{y}-y_i\right)=\begin{cases}0, & \left|\hat{y}_i-y_i\right|<\varepsilon \\ \left|\hat{y}_i-y_i\right|-\varepsilon, & \left|\hat{y}_i-y_i\right|\geqslant\varepsilon\end{cases} \tag{8-7}$$

式中，$\hat{y}_i$ 为难测参数的测量值；ε 为不敏感因子。

通过对回归问题进行优化求解，得到：

$$\hat{y}_i=\sum_{i=1}^{k^*}\left(\hat{\alpha}_i-\alpha_i\right)\boldsymbol{x}_i^{\mathrm{T}}\boldsymbol{x}+b \tag{8-8}$$

采用 SVR 模型对 $\boldsymbol{d}_{t+1}$ 进行测量并获得 $\hat{y}_{t+1}$ 后，依据绝对测量误差 $|e|$ 是否大于设定阈值 ξ 判断该样本是否为异常样本，准则如下：

$$\lambda_{\text{test}}^{\text{outlier}}=\begin{cases}1, & |e|>\xi \\ 0, & |e|\leqslant\xi\end{cases} \tag{8-9}$$

当 $\lambda_{\text{test}}^{\text{outlier}}=1$ 时，难测参数误差检测窗口报警，其中，当阈值 ξ 过小时，难测参数误差检测窗口会频繁报警，分布假设检验检测窗口易长期处于运行状态，进而造成计算时间增加和检测效率下降；当阈值 ξ 过大时，难测参数误差检测窗口的报警频率下降，分布假设检验检测窗口易错过具有漂移特性的样本，同样导致检测效率下降并出现漏检。因此，需依据实际工业过程选取合理阈值，在模型测量精度和分布检测效率间获得均衡。

（2）分布假设检验检测窗口

基于样本分布的概念漂移检测常采用距离函数度量新旧样本的分布关系。样本 $\boldsymbol{d}_i=\left[x_{i1},\cdots,x_{iP}\right]$ 和样本 $\boldsymbol{d}_j=\left[x_{j1},\cdots,x_{jP}\right]$ 间的距离为：

$$D_{ij}\left(\boldsymbol{d}_i,\boldsymbol{d}_j\right)=\sqrt{\left(x_{i1}-x_{j1}\right)^2+\cdots+\left(x_{iP}-x_{jP}\right)^2} \tag{8-10}$$

式中，P 为过程变量维数；x_{iP} 和 x_{jP} 分别为样本 $\boldsymbol{d}_i$ 和 $\boldsymbol{d}_j$ 中第 P 维过程变量 $(i,j=1,2,\cdots,t)$。

首先，计算历史样本集中样本之间的欧氏距离 D_{Old}，以及异常样本与历史样本集间的欧氏距离 D_{New}，如下式所示：

$$D_{\text{Old}}=\left[D_{12},\cdots,D_{1t},\cdots,D_{(t-1)1},\cdots,D_{(t-1)t}\right] \tag{8-11}$$

$$D_{\text{New}}=\left[D_{1(t+i_w)},D_{2(t+i_w)},\cdots,D_{t(t+i_w)}\right] \tag{8-12}$$

式中，D_{1t} 和 $D_{(t-1)t}$ 分别为历史样本集中第 1 个、第 t-1 个样本与第 t 个样本间的欧氏距离；$D_{t(t+i_w)}$ 为分布假设检验检测窗口中第 i_w 个异常样本与历史样本集中第 t 个样本间的欧氏距离；$i_w=1,2,\cdots,w^{\text{out}}$，$w^{\text{out}}$ 为分布假设检验检测窗口中异常样本的数量。

接着，采用 F 检验分析 D_{Old} 和 D_{New} 间方差的差异性：

$$f^{F-\text{test}}\left(s_{\text{Old}}^2,s_{\text{New}}^2,F_\alpha^{\text{test}}\right)=\frac{s_{\text{Old}}^2}{s_{\text{New}}^2} \tag{8-13}$$

式中，s_{Old}^2 和 s_{New}^2 分别为 D_{Old} 和 D_{New} 的方差。

F 检验的返回值 λ_{test}^F 按下式计算：

$$\lambda_{\text{test}}^F=\begin{cases}0，在置信水平F_\alpha^{\text{test}}下方差相同\\1，在置信水平F_\alpha^{\text{test}}下方差不同\end{cases} \tag{8-14}$$

然后，依据上述结果进行处理。

① 当 $\lambda_{\text{test}}^F=0$，即 D_{Old} 和 D_{New} 的方差相同且均为 s_p^2 时，采用 t 检验对 D_{Old} 和 D_{New} 的平均值进行分析，如下式所示：

$$f^{t-\text{test}}\left(\bar{D}_{\text{Old}},\bar{D}_{\text{New}},\mu_{\text{ON}},k_{\text{Old}}^{\text{D}},k_{\text{New}}^{\text{D}},t_\alpha^{\text{test}}\right)=\frac{\bar{D}_{\text{Old}}-\bar{D}_{\text{New}}-\mu_{\text{ON}}}{\sqrt{s_p^2/k_{\text{Old}}^{\text{D}}+s_p^2/k_{\text{New}}^{\text{D}}}} \tag{8-15}$$

式中，$\bar{D}_{\text{Old}}$ 和 $\bar{D}_{\text{New}}$ 分别为 D_{Old} 和 D_{New} 的平均值；μ_{ON} 为 D_{Old} 和 D_{New} 的平均值之差的绝对值；$k_{\text{Old}}^{\text{D}}$ 和 $k_{\text{New}}^{\text{D}}$ 分别为 D_{Old} 和 D_{New} 距离的样本数量；$k_{\text{Old}}^{\text{D}}=(t-1)^2$

且 $k_{\mathrm{New}}^{\mathrm{D}}=tw^{\mathrm{out}}$ 。

t 检验的返回值 $\lambda_{\mathrm{test}}^{t}$ 按下式计算：

$$\lambda_{\mathrm{test}}^{t}=\begin{cases}0, & \text{在置信水平}t_{\alpha}^{\mathrm{test}}\text{下平均值相同}\\1, & \text{在置信水平}t_{\alpha}^{\mathrm{test}}\text{下平均值不同}\end{cases} \tag{8-16}$$

② 当 $\lambda_{\mathrm{test}}^{F}=1$，即 D_{Old} 和 D_{New} 的方差不同时，采用 U 检验对 D_{Old} 和 D_{New} 的秩和进行分析，如下式所示：

$$f^{U-\mathrm{test}}\left(k_{\mathrm{old}}^{\mathrm{D}},Z_{\mathrm{Old}},U_{\alpha}^{\mathrm{test}}\right)=k_{\mathrm{Old}}^{\mathrm{D}}+k_{\mathrm{Old}}^{\mathrm{D}}\left(k_{\mathrm{Old}}^{\mathrm{D}}+1\right)/2-Z_{\mathrm{Old}} \tag{8-17}$$

$$f^{U-\mathrm{est}}\left(k_{\mathrm{New}}^{\mathrm{D}},Z_{\mathrm{New}},U_{\alpha}^{\mathrm{test}}\right)=k_{\mathrm{New}}^{\mathrm{D}}+k_{\mathrm{New}}^{\mathrm{D}}\left(k_{\mathrm{New}}^{\mathrm{D}}+1\right)/2-Z_{\mathrm{New}} \tag{8-18}$$

式中，Z_{Old} 和 Z_{New} 分别为 D_{Old} 和 D_{New} 的秩和。

U 检验的返回值 $\lambda_{\mathrm{test}}^{U}$：

$$\lambda_{\mathrm{test}}^{U}=\begin{cases}0, & \text{在置信水平}U_{\alpha}^{\mathrm{test}}\text{下秩和相同}\\1, & \text{在置信水平}U_{\alpha}^{\mathrm{test}}\text{下秩和不同}\end{cases} \tag{8-19}$$

（3）检验漂移度

根据样本间的欧氏距离及其统计检验结果，本节新定义漂移度指标 Q 用于度量异常样本是否发生漂移：

$$Q=\lambda_{\mathrm{test}}^{F}+2\lambda_{\mathrm{test}}^{t}+2\lambda_{\mathrm{test}}^{U} \tag{8-20}$$

式中，三种检验返回值 $\lambda_{\mathrm{test}}^{F}$、$\lambda_{\mathrm{test}}^{t}$ 和 $\lambda_{\mathrm{test}}^{U}$ 的系数设置目的是区分距离分布差异形式，具体描述为：当历史样本与各异常样本间的欧氏距离分布同时通过 F 检验和 t 检验时，Q 值为 0；当未通过 F 检验但通过 U 检验时，Q 值为 1；当通过 F 检验但未通过 t 检验时，Q 值为 2；当 F 检验和 U 检验均未通过时，Q 值为 3。

因此，基于样本间的欧氏距离，异常样本在统计特性上的显著性差异可由指标 Q 反映，具体为：当 $Q<2$ 时，认为样本间的欧氏距离无显著性差别，即异常样本集中不存在概念漂移，报警由数据噪声引起；当 $Q\geqslant 2$ 时，认为样本间的欧氏距离存在显著性差别，即此时异常样本集中含有漂移样本，报警由数据分布变化引起。

（4）算法流程

本节所提算法的检测流程如图 8-9 所示。

图 8-9 中，w^{drift} 表示异常样本中被检测为漂移样本的数量。

根据图 8-9，所提算法可具体描述为：

① 采用历史样本构建 SVR 并设置分布假设检验检测窗口宽度 w、检验置信水平 α 等参数；当新样本到达后对其进行测量，并当绝对测量误差小于阈值 ξ 时，认为样本正常；当绝对测量误差大于阈值 ξ 时，认为样本为异常样本。

② 计算分布假设检验检测窗口内异常样本与历史样本集间的欧氏距离，并通过 F 检验观察样本间距离方差是否相似：当方差无显著性差异时，对样本间距离

进行 t 检验，计算两组距离的均值相似性；当方差存在显著性差异时，采用 U 检验，计算两组距离的秩和相似性。

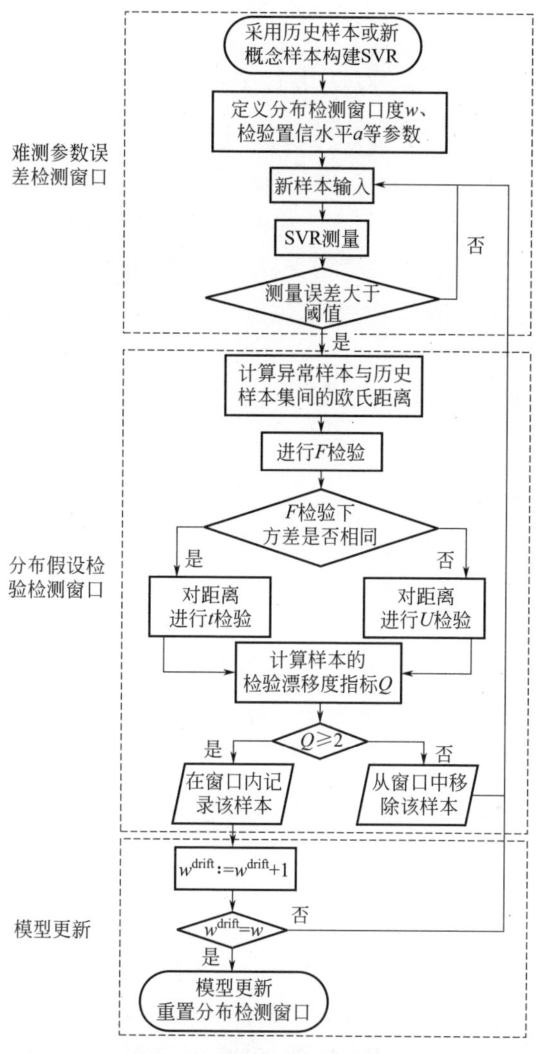

图 8-9　所提算法检测流程图

③ 计算检验漂移度 Q 并判断样本漂移状况，若异常样本未发生漂移，则将其从窗口中移除，进入下一循环；若异常样本发生漂移，则将其记录在窗口内，并当窗口内样本数量达到窗口容量时进行模型更新。

8.2.4　实验验证

本节在合成数据集和 MSWI 工业数据集上对所提算法进行验证，并采用以下指标度量算法性能：

$$\text{检出率}=\frac{\text{漂移区内测得的漂移样本数量}}{\text{漂移区总样本数量}}\times 100\% \tag{8-21}$$

$$\text{漏检率}=\frac{\text{漂移区内未测得的漂移样本数量}}{\text{漂移区总样本数量}}\times 100\% \tag{8-22}$$

$$\text{错检率}=\frac{\text{平稳区内测得的漂移样本数量}}{\text{平稳区总样本数量}}\times 100\% \tag{8-23}$$

（1）数据集

① 合成数据集　合成数据集采用文献 [47] 中的函数构建。

平稳期样本采用 Friedman 函数 [48] 生成：

$$y=10\sin\left(\pi x_1 x_2\right)+20\left(x_3-0.5\right)^2+10x_4+5x_5+\sigma(0,1) \tag{8-24}$$

式中，$x_1 \sim x_5$ 服从 [0,1] 区间内均匀分布；$\sigma(0,1)$ 为服从正态分布的随机数。

突然漂移样本采用 Losc 模型 [49] 生成：

$$y=10x_1x_2+20\left(x_3-0.5\right)+10x_4+5x_5+\sigma(0,1) \tag{8-25}$$

式中，各变量取值范围满足 $\left(x_2<0.3\right)\cap\left(x_3<0.3\right)\cap\left(x_4>0.7\right)\cap\left(x_5<0.3\right)$。

渐变漂移样本采用下式生成：

$$y=10\sin\left(\pi x_2 x_5\right)+20\left(x_4-0.5\right)^2+10x_3+5x_1+\sigma(0,1) \tag{8-26}$$

式中，$x_1 \sim x_5$ 服从 [0,1] 区间内均匀分布。

综上，合成数据集的样本组成为：

a. 突然漂移样本集：训练样本 1000 个，均为平稳期样本；测试样本 1000 个，其中平稳和突然漂移样本各 500 个。

b. 渐变漂移样本集：训练样本 1000 个，与突然漂移样本集训练样本相同；测试样本 1000 个，其中平稳和渐变漂移样本各 500 个。

② 工业数据集　本节工业数据集来自某 MSWI 电厂，其排放的氮氧化物等污染物受不同季节 MSW 水分含量变化、焚烧炉内环境变化等因素的影响，不同运行工况下的污染物浓度不同。该现象符合本章所研究的概念漂移问题。

实验中同时考虑氮氧化物的产生和吸收过程，选取炉膛温度、一次风流量、二次风流量、氧气含量、尿素喷入量等相关性较强的 19 个过程变量作为模型的输入特征。选取 1000 个样本为训练集，另外 1000 个样本等间隔划分为两个测试集，其中，测试集 1 中的前 250 个样本对应炉膛温度为 900 ～ 950℃，后 250 个样本对应炉膛温度为 950 ～ 1000℃；测试集 2 中的前 250 个样本对炉膛温度为 950 ～ 1000℃，后 250 个样本对应炉膛温度为 900 ～ 950℃。实验中，将炉膛温度为 900 ～ 950℃的数据视为平稳样本，炉膛温度为 950 ～ 1000℃的数据视为漂移样本。

综上，MSWI 工业数据集样本组成为：训练样本 1000 个，全部为平稳样本；测试集 1 样本 500 个，包括平稳和漂移样本各 250 个；测试集 2 样本 500 个，包括平稳和漂移样本各 250 个。

（2）实验结果

① 合成数据集　实验中，为 SVR 选择 RBF 核函数、惩罚参数为 1、核函数宽度 σ 为 1、不敏感度 μ 为 0.001；难测参数误差检测窗口中，突然漂移样本集误差阈值 ξ 为 5，渐变漂移样本集误差阈值 ξ 为 1.3；分布假设检验检测窗口中，突然漂移样本集窗口大小为 10，渐变漂移样本集窗口大小为 50，检验置信水平 F_{α}^{test} 、t_{α}^{test} 和 U_{α}^{test} 均为 5%。

测试集的测量曲线及其对应的误差曲线如图 8-10 所示。

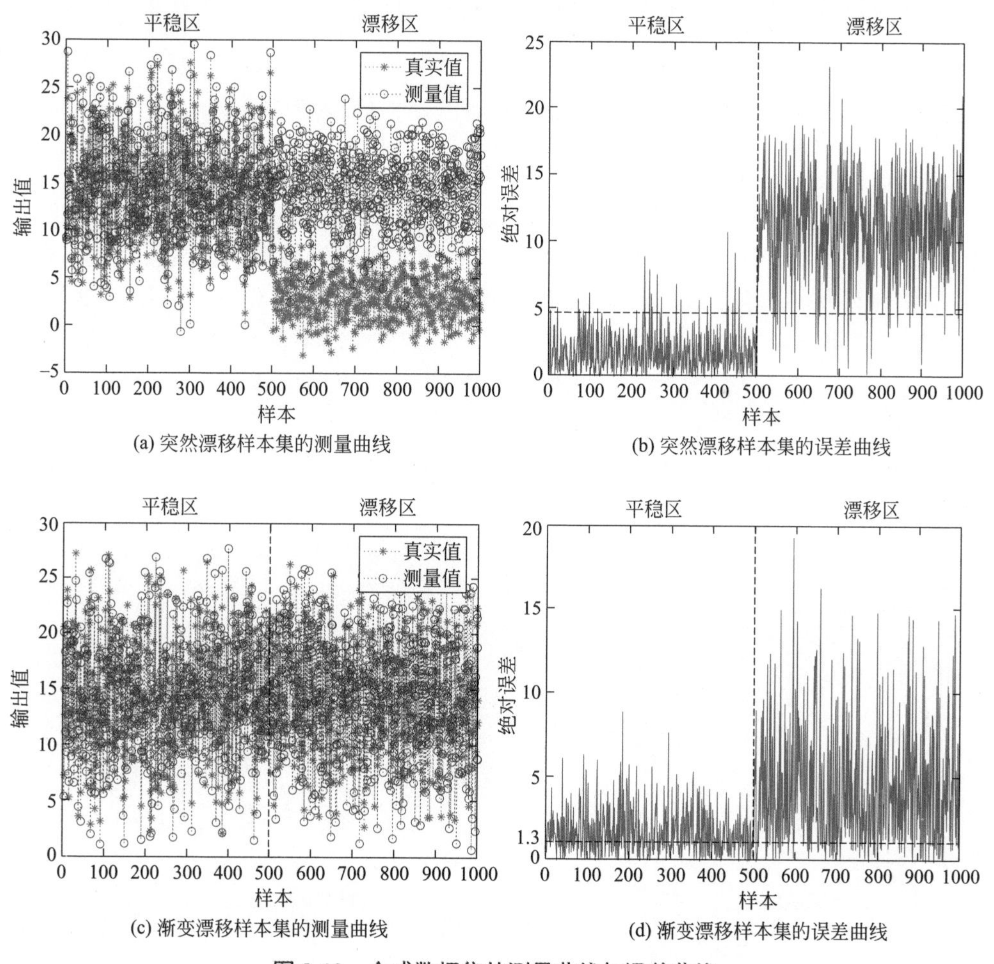

(a) 突然漂移样本集的测量曲线

(b) 突然漂移样本集的误差曲线

(c) 渐变漂移样本集的测量曲线

(d) 渐变漂移样本集的误差曲线

图 8-10　合成数据集的测量曲线与误差曲线

图 8-10 中，所提方法在突然漂移样本集的平稳区和漂移区分别检测出异常样本 21 个和 467 个；在渐变漂移样本集的平稳区和漂移区中各检测出异常样本 275 个和 397 个。针对异常样本，计算其检验漂移度指标 Q，其结果如图 8-11 所示。

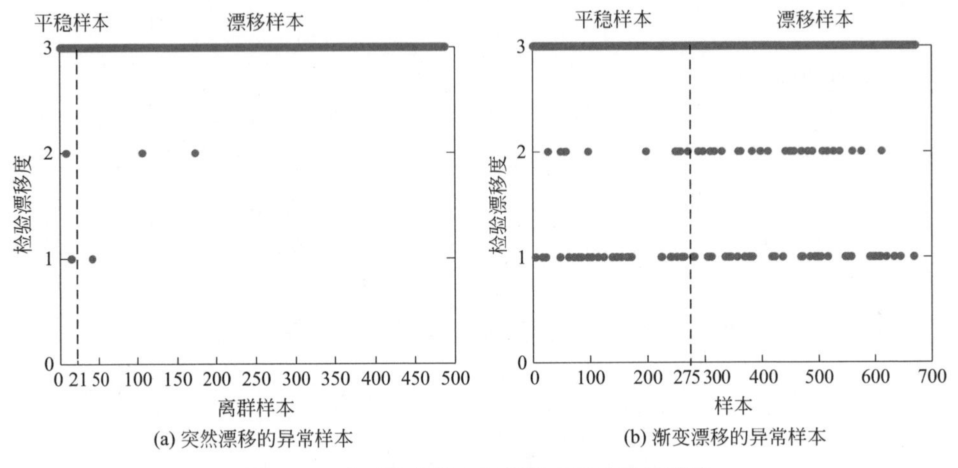

图 8-11　合成数据集中异常样本的检验漂移度

根据图 8-11 可知，突然漂移样本集中：平稳区和漂移区各存在 1 个异常样本被检测为未发生变化；渐变漂移样本集中：平稳区和漂移区分别存在 26 个和 38 个异常样本被检测为未发生变化。综上，本节方法针对突然漂移样本集的检出率、漏检率和错检率分别为 93.2%、6.8% 和 4%；针对渐变漂移样本集的检出率、漏检率和错检率分别为 71.8%、28.2% 和 49.8%。相较突然漂移数据集而言，渐变漂移数据集的漂移状况较难判断，原因在于渐变漂移过程中漂移样本与平稳样本的相似度较高。

两个样本集中，历史建模样本自身距离、历史样本与异常样本间距离的分布情况如图 8-12 和表 8-1 所示。

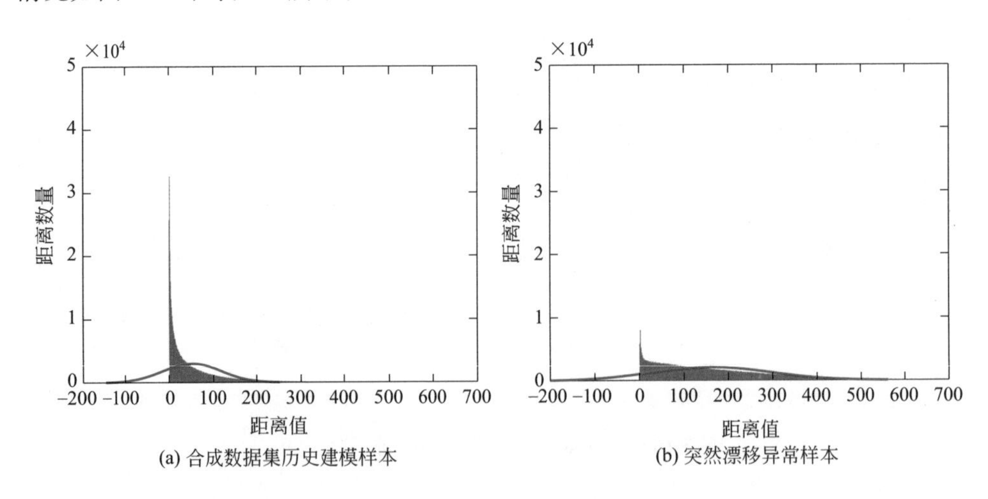

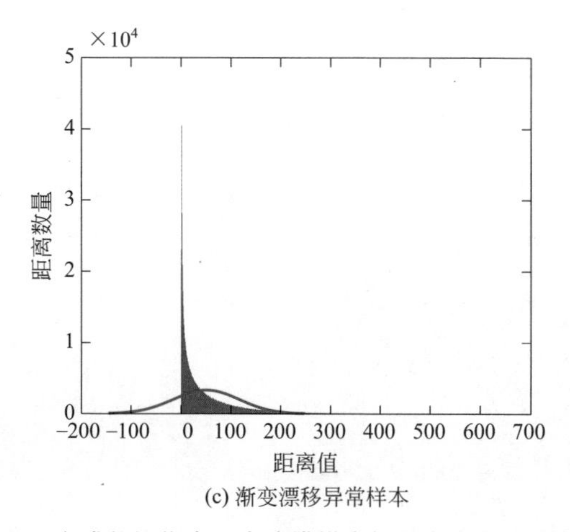

(c) 渐变漂移异常样本

图 8-12　合成数据集中历史建模样本与异常样本的距离分布

表 8-1　合成数据集中不同区间的距离数量占比

距离区间（$\times 10^2$）	训练样本 /%	突然漂移异常样本 /%	渐变漂移异常样本 /%
0 ~ 1	82.94	41.23	83.63
1 ~ 2	12.63	58.77	12.14
2 ~ 3	3.38	32.48	3.22
3 ~ 4	0.84	15.59	0.81
4 ~ 5	0.18	6.25	0.17

由图 8-12 和表 8-1 可知：训练样本在（0 ~ 1）$\times 10^2$ 区间内的样本距离占比最大（82.94%），在（4 ~ 5）$\times 10^2$ 区间内的样本距离占比最小（0.18%）；突然漂移样本集中异常样本在（1 ~ 2）$\times 10^2$ 区间内的样本距离占比最大（58.77%），在（4 ~ 5）$\times 10^2$ 区间内的样本距离占比最小（6.25%）；渐变漂移样本集中异常样本在（0 ~ 1）$\times 10^2$ 区间内样本距离占比最大（83.63%），在（4 ~ 5）$\times 10^2$ 区间内样本距离占比最小（0.17%）。相较渐变漂移数据集，突然漂移数据集中的历史样本与异常样本的距离分布差异较为明显。

当分布假设检验检测窗口中测得漂移后，采用窗口内能表征漂移的样本对模型进行更新。模型更新前后测量误差的变化情况如图 8-13 所示。

根据图 8-13 可知：在突然漂移样本集中，历史模型的测量值均方根误差（*RMSE*）为 8.6769，采用漂移样本更新后新模型的 *RMSE* 为 3.3335，相较原历史模型降低 61.6%；渐变漂移样本集中，历史模型的 *RMSE* 为 4.3156，采用漂移样本更新后新模型的 *RMSE* 为 2.9261，相较原历史模型降低 32.2%。结果表明，采用本节算法检测得到的漂移样本在模型更新后可有效提升模型的适应性。

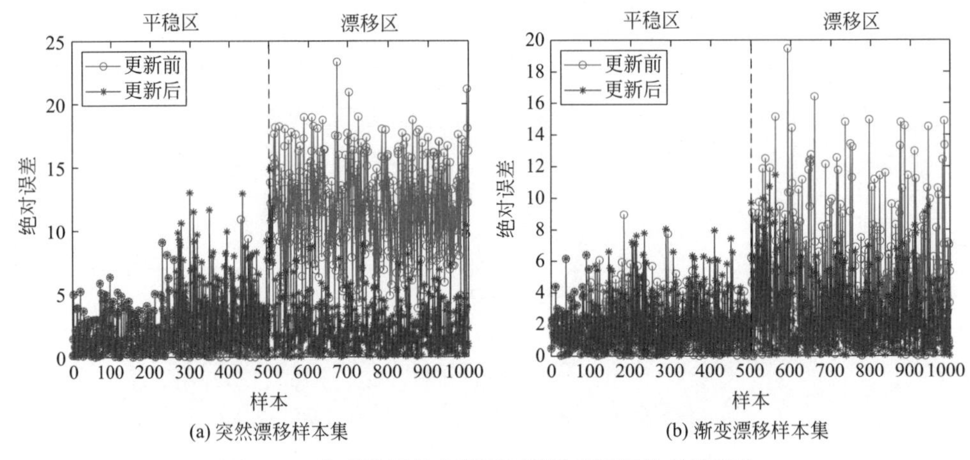

(a) 突然漂移样本集

(b) 渐变漂移样本集

图 8-13 合成数据集中模型更新前后测量误差的变化

② 工业数据集 在 SVR 模型中，选择 RBF 为核函数，惩罚参数、核函数宽度 σ 和不敏感度 μ 分别为 10、10 和 0.001；在难测参数误差检测窗口中，测试集 1 和测试集 2 的误差阈值 ξ 分别为 95 和 80；在分布假设检验检测窗口中，两个测试集窗口大小均为 10，检验置信水平 F_{α}^{test}、t_{α}^{test} 和 U_{α}^{test} 均为 5%。

模型测量曲线和对应的误差曲线如图 8-14 所示。

由图 8-14 可知：当测试集所处工况与训练集相同时，SVR 模型的测量性能较佳；当工况发生转变时，测量出现较大误差。所提方法在测试集 1 的平稳区和漂移区中各检测出异常样本 32 个和 231 个，在测试集 2 的平稳区和漂移区中各检测出异常样本 22 个和 240 个。

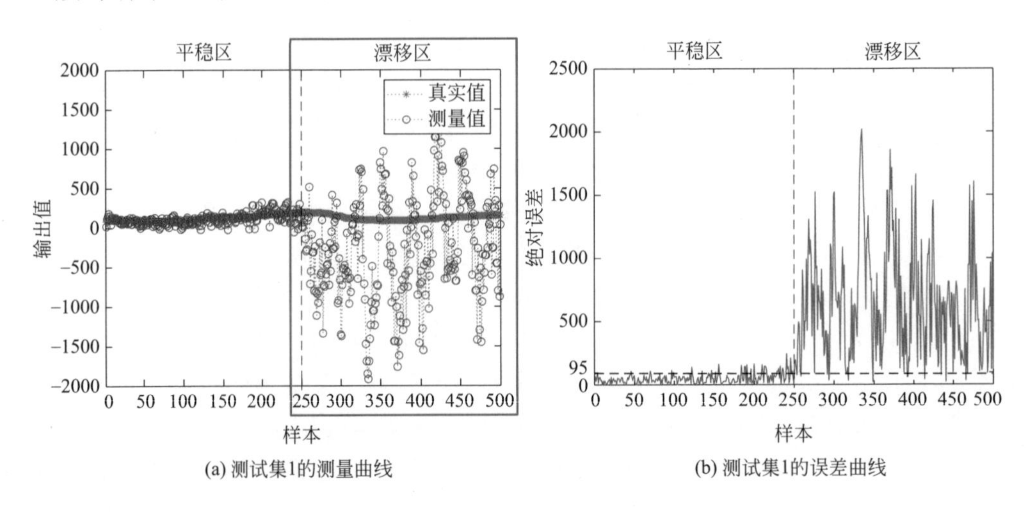

(a) 测试集1的测量曲线

(b) 测试集1的误差曲线

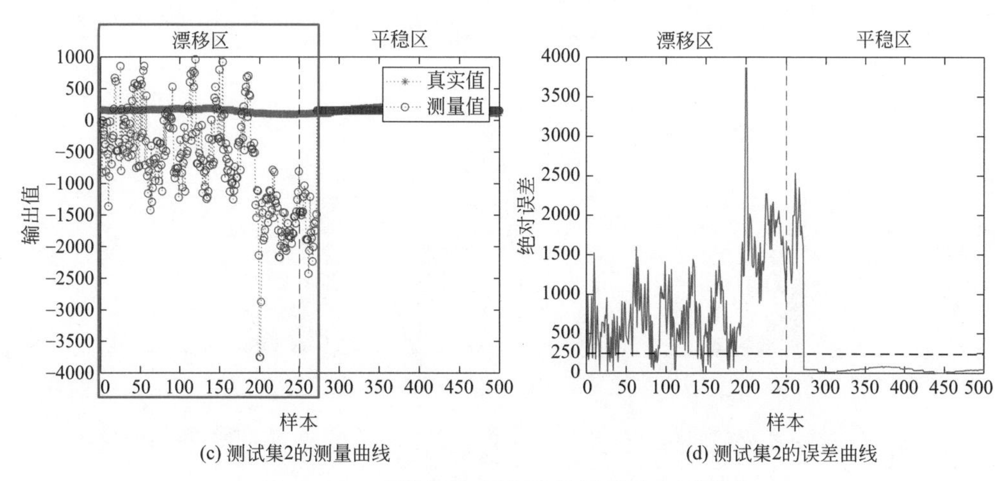

(c) 测试集2的测量曲线
(d) 测试集2的误差曲线

图 8-14　工业数据集中模型测量曲线与误差曲线

针对异常样本计算检验漂移度指标 Q，结果如图 8-15 所示。

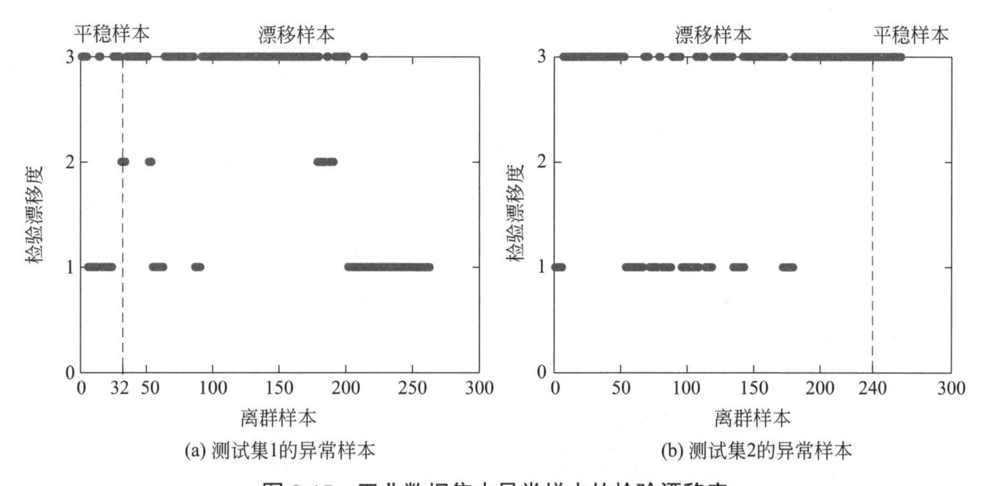

(a) 测试集1的异常样本
(b) 测试集2的异常样本

图 8-15　工业数据集中异常样本的检验漂移度

根据图 8-15 可知：测试集 1 中，平稳区和漂移区各有 17 个和 75 个异常样本被检测为未发生变化；测试集 2 中，测得平稳区和漂移区各有 10 个和 60 个异常样本被检测为未发生变化。综上，本节方法在测试集 1 中的检出率、漏检率和错检率分别为 62.4%、37.6% 和 6%；在测试集 2 中的检出率、漏检率和错检率分别为 72%、28% 和 4.8%。

历史样本间的自身距离、历史样本与两个测试集中异常样本间距离的分布情况如图 8-16 和表 8-2 所示。

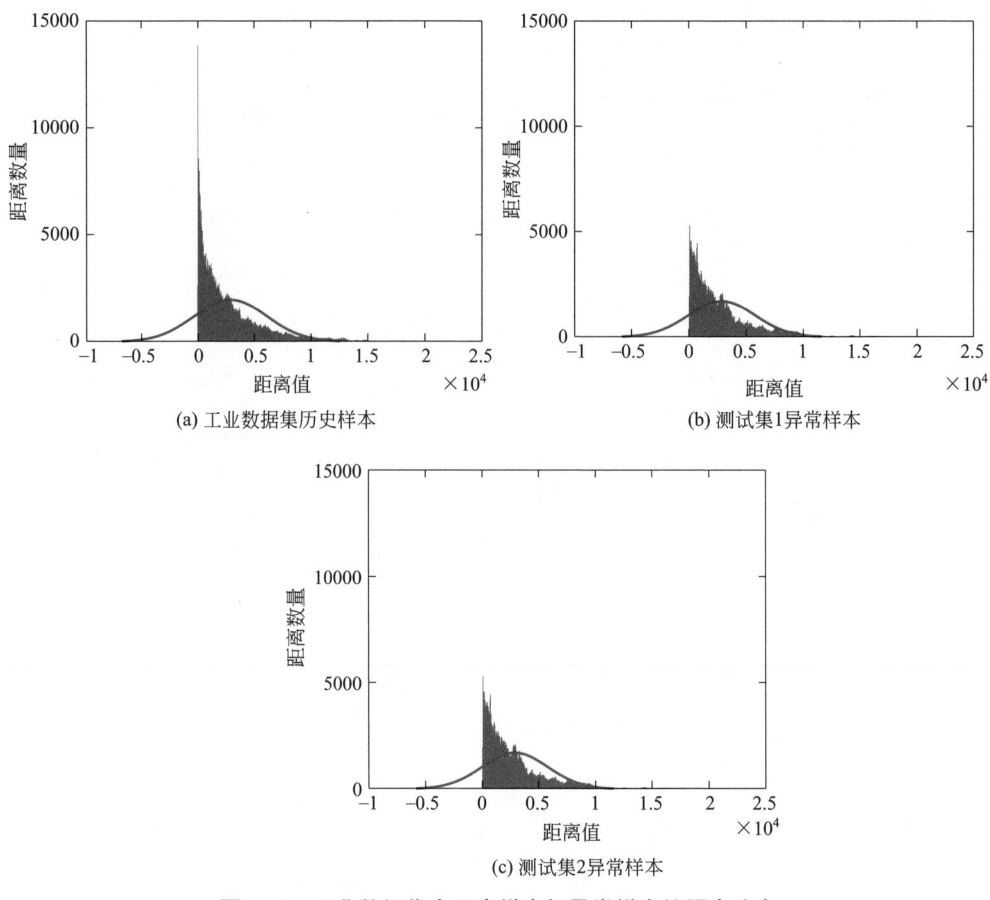

图 8-16　工业数据集中历史样本与异常样本的距离分布

表 8-2　工业数据集中不同区间的距离数量占比

距离区间（$\times 10^4$）	训练样本 /%	测试集 1 异常样本 /%	测试集 2 异常样本 /%
0 ～ 0.5	81.23	77.17	82.10
0.5 ～ 1	14.17	17.64	15.08
1 ～ 1.5	3.75	4.13	2.07
1.5 ～ 2	0.68	1.05	0.71
2 ～ 2.5	0.17	0.001	0.004

由图 8-16 和表 8-2 可知：训练集中，样本在（0 ～ 0.5）$\times 10^4$ 区间内的样本距离占比最大（81.23%），在（2 ～ 2.5）$\times 10^4$ 区间内的样本距离占比最小（0.17%）；测试集 1 中，异常样本在（0 ～ 0.5）$\times 10^4$ 区间内的样本距离占比最大（77.17%），在（2 ～ 2.5）$\times 10^4$ 区间内的样本距离占比最小（0.001%）；测试集 2 中，

异常样本在（0～0.5）×10^4区间内的样本距离占比最大（82.10%），在（2～2.5）×10^4区间内的样本距离占比最小（0.004%）。

当分布假设检验检测窗口中测得漂移后，采用窗口内表征漂移的样本对模型进行更新。模型更新前后测量误差变化情况如图8-17所示。

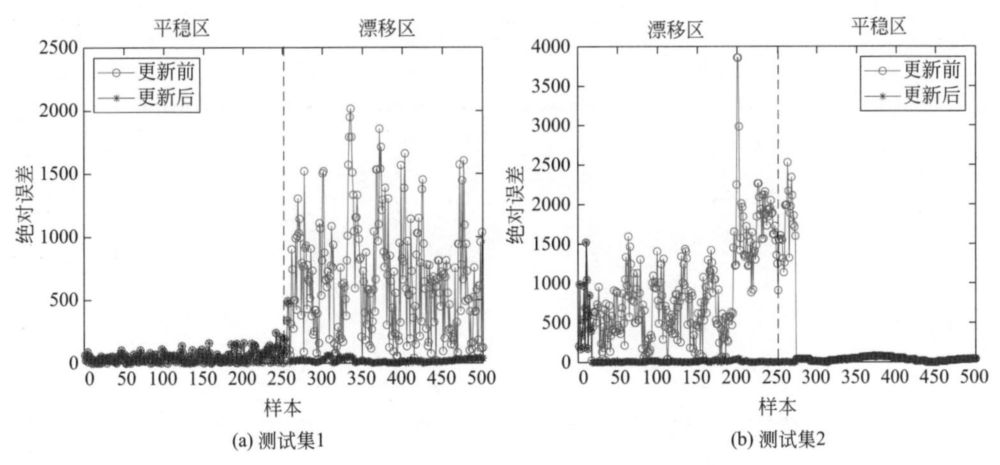

(a) 测试集1　(b) 测试集2

图 8-17　工业数据集中模型更新前后测量误差的变化

根据图8-17，测试集1中，历史模型的*RMSE*为558.7834，采用漂移样本更新后新模型的*RMSE*为60.2543，相较历史模型降低89.2%；测试集2中，历史模型的*RMSE*为854.6024，采用漂移样本更新后新模型的*RMSE*为129.6192，相较原模型降低84.8%。结果表明，采用本节算法检测得到的漂移样本在历史模型更新后，可有效提升模型在工业过程中的适应性。

（3）方法比较

DOF方法是面向分类任务的算法，其原理是：计算异常样本与历史样本集之间的异构欧氏距离，并比较异常样本与其距离最近样本的标签值的一致性。样本$\boldsymbol{d}_i$和$\boldsymbol{d}_j$的异构欧氏距离D_{heom}计算如下：

$$D_{\text{heom}}\left(\boldsymbol{d}_i,\boldsymbol{d}_j\right)=\sqrt{\sum_{a=1}^{P} heom_a^2\left(\boldsymbol{d}_i,\boldsymbol{d}_j\right)} \tag{8-27}$$

$$heom_a\left(\boldsymbol{d}_i,\boldsymbol{d}_j\right)=\frac{\boldsymbol{x}_{ia}-\boldsymbol{x}_{ja}}{P} \tag{8-28}$$

式中，$\boldsymbol{x}_{ia}$和$\boldsymbol{x}_{ja}$分别表示样本$\boldsymbol{d}_i$和$\boldsymbol{d}_j$中的第a维过程变量。

样本不相似度为：

$$disagree\left(i\right)=\begin{cases}1,\ \text{当}\boldsymbol{d}_i\text{与其最近邻样本标签不匹配}\\0,\ \text{当}\boldsymbol{d}_i\text{与其最近邻样本标签相匹配}\end{cases} \tag{8-29}$$

为便于比较，本节将判断目标由标签值改为绝对误差，如下式所示：

$$disagree^*(i)=\begin{cases}1, y_i^*-y_i>s\\0, y_i^*-y_i\leqslant s\end{cases} \tag{8-30}$$

式中，y_i^* 为第 i 个样本的最近邻样本真值；s 为训练样本真值的标准差。

针对合成数据集的实验结果如图 8-18 所示。

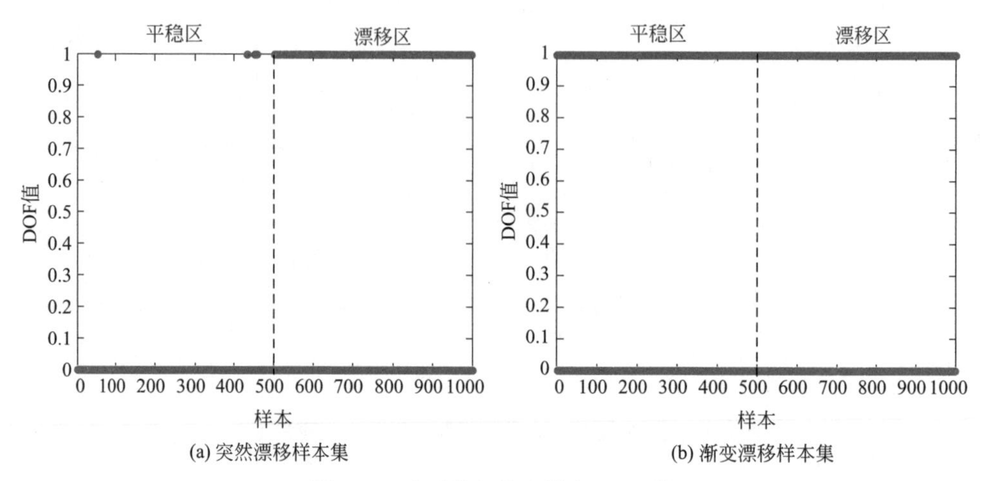

图 8-18　合成数据集中样本 DOF 值

两种方法在合成数据集中检测性能的比较如表 8-3 所示。

表 8-3　合成数据集中检测性能的比较

检测方法	突然漂移样本集					渐变漂移样本集				
	平稳区检出样本	漂移区检出样本	检出率	错检率	漏检率	平稳区检出样本	漂移区检出样本	检出率	错检率	漏检率
DOF	4	172	34.4%	0.8%	65.6%	275	293	58.6%	55%	41.4%
本节	20	466	93.2%	4%	6.8%	249	359	71.8%	49.8%	36.8%

根据表 8-3 可知：所提方法在突然漂移数据集中相比于 DOF 方法具有较高的检出率（93.4%）与较低的漏检率（6.6%），但错检率略高（4%）；在渐变漂移数据集中相比于 DOF 方法具有较高的检出率（71.8%），同时错检率与漏检率也相对较低（49.8% 和 36.8%）。

（4）参数分析

此处主要分析不同参数对检验结果的影响。

① 误差阈值　阈值 ξ 的大小决定着难测参数误差检测窗口的报警频率，影响

模型的内存占用和计算能力，决定着模型测量精度和分布的检验效率。以合成数据集为例，不同阈值下的检验效果如表 8-4 和图 8-19 所示。

表 8-4　不同误差阈值对应的检验效果（F_α^{test}、t_α^{test}、$U_\alpha^{test}=5\%$）

误差阈值	突然漂移样本集			渐变漂移样本集		
	异常样本	漂移样本	计算时间	异常样本	漂移样本	计算时间
$\xi=2.5$	488	468	874s	316	285	665s
$\xi=5$	467	466	525s	175	157	304s
$\xi=10$	328	314	308s	44	39	102s

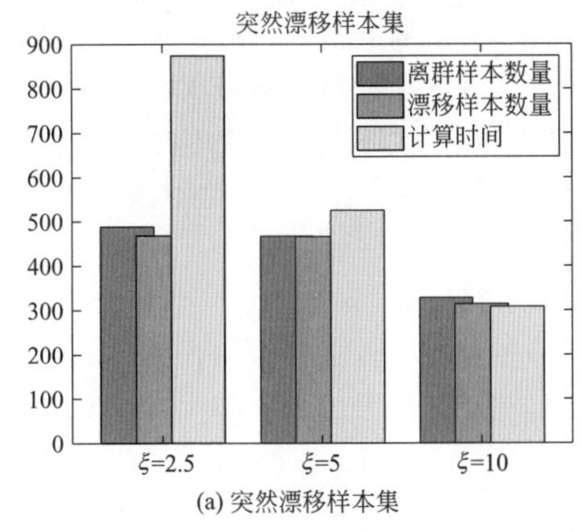

(a) 突然漂移样本集

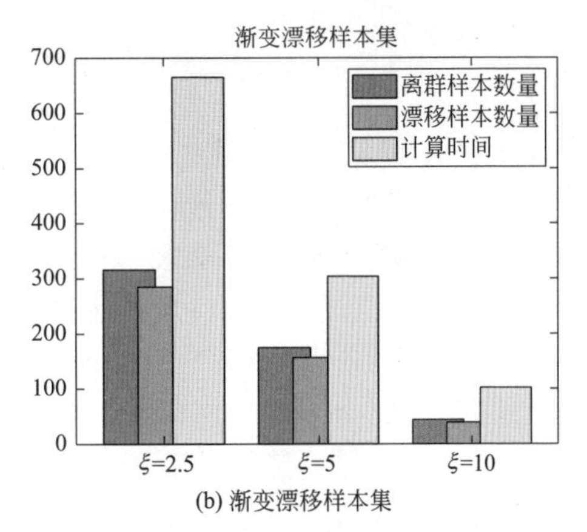

(b) 渐变漂移样本集

图 8-19　合成数据集中不同误差阈值下检测效果的比较

根据表 8-4 可知，当误差阈值 ξ 选为 2.5 时，计算时间最长，但检验结果与 $\xi=5$ 时相近；当误差阈值 ξ 选为 10 时，计算时间最短，但相较 $\xi=2.5$ 和 $\xi=5$ 存在明显的漏检。因此，需要选择适当误差阈值，在检验准确度和计算时间中取得均衡。

② 检验置信水平　置信水平 F_α^{test}、t_α^{test} 和 U_α^{test} 与阈值 ξ 的影响效果相似，其变化会改变分布检验窗口对数据变化的敏感度，进而影响分布检测的及时性。以合成数据集为例，不同置信水平下的检验效果如表 8-5 及图 8-20 所示。

表 8-5　合成数据集不同置信水平的检验结果（$\xi=5$）

检验置信水平	突然漂移样本集		渐变漂移样本集	
	异常样本	漂移样本	异常样本	漂移样本
F_α^{test}、t_α^{test}、$U_\alpha^{test}=1\%$	467	462	175	151
F_α^{test}、t_α^{test}、$U_\alpha^{test}=3\%$	467	463	175	155
F_α^{test}、t_α^{test}、$U_\alpha^{test}=5\%$	467	466	175	157

根据表 8-5 可知，在不同置信水平下的检验结果存在差异性，即置信度越小，对样本间距离差异的敏感度越高。在统计检验中，通常选取 5% 以取得较好效果。

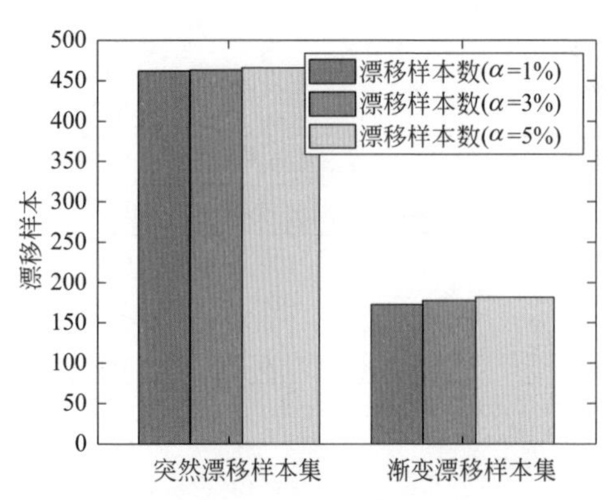

图 8-20　不同置信水平检验的漂移样本数量

③ 其他参数　检验返回值 $\lambda_{\text{test}}^{F}$、$\lambda_{\text{test}}^{t}$ 和 $\lambda_{\text{test}}^{U}$ 的影响：当测量误差大幅上升时，样本之间距离的方差相似度降低，即 $\lambda_{\text{test}}^{F}=1$；当测量性能持续大幅变化时，样本之间距离的均值与秩和等级相似度降低，即 $\lambda_{\text{test}}^{t}=1$ 和 $\lambda_{\text{test}}^{U}=1$。在 MSWI 工业数据集中，测试集中的测量误差与测量性能均呈现较大波动，因此具有 $\lambda_{\text{test}}^{F}=1$ 和 $\lambda_{\text{test}}^{U}=1$。综上，$F$ 检验的返回值具有跟踪异常样本的能力，可在分布可能变化时进行漂移识别；t 检验和 U 检验的返回值具有跟踪分布状况的能力，可在 F 检验基础上确定漂移是否存在。

分布假设检验检测窗口尺寸 w 的影响：窗口较大时可储存更多新概念样本，进而使模型能充分学习概念变化并获取较高测量精度，但由于窗口检索时间过长易导致模型检测不及时；窗口较小时可保证模型检测的及时性，但少量样本携带的新概念信息有限，易使模型进入频繁更新状态，从而增大计算资源消耗。因此，在应用时需充分考虑实际工业过程的及时性与准确性要求，并设置人机交互界面以供实时调整。

8.3 基于综合评估指标的概念漂移检测方法

8.3.1　概述

上一节结合 SVR 测量精度、三种分布假设检验方法及样本间欧氏距离建立了面向实际工业过程软测量的概念漂移检测方法。虽然该方法被证明可有效检测概念漂移样本并能够提高模型测量精度，但其串行式窗口与批次更新的策略易造成概念漂移检测和历史模型更新延迟。此外，在过程数据分布的正态性未知时，分布假设检验方法需通过分析样本间欧氏距离的差异来间接反映样本分布变化，难以直接反映样本概念漂移状态。

依据识别过程所需样本数量，概念漂移检测算法可分为单样本法和多样本法。多样本法是以窗口和样本加权等特定方式将新样本组织为数据块后进行漂移检测的，检测时间较长并易导致关键漂移时刻信息丢失，从而使历史模型不能及时更新而引起测量性能的恶化[50]。相反，单样本法采用逐样本漂移检测方式，研究表明其进行概念漂移检测与模型更新具有较好的时效性[51]。因此，单样本法可及时应对工业过程中由于生产过程意外改变而引起的概念漂移现象，从而能有效防止污染物排放浓度超标等工程事故。本节主要针对单样本概念漂移检测方法进行研究。

目前，基于单样本法进行漂移检测的研究以依据新样本测量误差的变化为主。面向分类问题中，Baena 等提出通过比较模型相邻分类错误间的样本距离判断当前概念变化的 EDDM 法[52]；Martinez 等和 Channoi 等分别基于新样本分类错误的可能性和错误率的变化进行漂移检测[53-54]；Dries 等通过比较相邻单个样本所对应模型的最优线性间隔差异实现漂移检测[55]。面向回归问题中，Liu 等从模型选择性策略视角提出基于预测误差带（PEB）的漂移检测算法[56]，其准则是：当样本测量误差超过依据先验知识设定的规则时，认为发生漂移并进行模型更新。该类方法的特点是实现简便和易于理解，但易受实际工业过程中存在的各类噪声的影响。

基于单样本进行漂移检测研究的另外一种常用策略是基于新样本和建模样本间的分布差异。如：Liu 等结合 PCA 和 AOGE 两种方法，通过投影方差与投影角度分析新样本主成分变化以检测漂移[57]，Toubakh 等采用具有互补性的马氏距离和欧氏距离度量新旧样本过程变量的分布差异[58]。上述方法的共同点是采用过程变量所蕴含信息识别新样本能否表征概念漂移，但是，工业过程中的概念漂移还表现在难测参数模型输入 / 输出间的映射关系变化[59]。

综上，针对缺少能够同时从难测参数误差和样本分布视角进行概念漂移检测的难点，本节提出基于综合评估指标的概念漂移检测方法，主要创新点是：通过设置并行的误差和分布检测窗口，提出设置基准和综合评估指标，直接反映样本概念漂移情况以提升检测效率。

8.3.2 相关工作

(1) 高斯过程回归

高斯过程回归（GPR）通过贝叶斯推理确定样本复杂性水平并建立输入与输出空间的映射关系[60]，具有严格的统计理论基础，对高维数、样本少和非线性等复杂问题有较强的适应性与泛化性，与神经网络和支持向量机等方法相比，更易实现且具有概率意义，近年来在工业领域得到了广泛应用[61]。本节采用 GPR 构建数据驱动软测量模型。

高斯过程的性质由均值函数和协方差函数确定[61]，表示为：

$$\begin{cases} m(\boldsymbol{x}) = E[f(\boldsymbol{x})] \\ k\left(\boldsymbol{x},\boldsymbol{x}'\right) = E\left[(f(\boldsymbol{x}) - m(\boldsymbol{x}))\left(f\left(\boldsymbol{x}'\right) - m\left(\boldsymbol{x}'\right)\right)\right] \end{cases} \tag{8-31}$$

式中，$\boldsymbol{x}$ 为过程变量；$k(\bullet)$ 为核函数，常选取 RBF 核函数，即：

$$k\left(\boldsymbol{x},\boldsymbol{x}'\right) = \sigma_f^2 \exp\left(-\frac{1}{2}\left(\boldsymbol{x} - \boldsymbol{x}'\right)^{\mathrm{T}} \boldsymbol{M}^{-1}\left(\boldsymbol{x} - \boldsymbol{x}'\right)\right) \tag{8-32}$$

式中，$\boldsymbol{M}=\mathrm{diag}\left(l^2\right)$，$l$ 为方差尺度；σ_f^2 与 $\boldsymbol{M}$ 均为超参数，常通过极大似然法计算。

（2）欧氏距离度量

工业过程数据通常具有高维共线性，需要通过某种变换方式在缩减维度的同时保留数据基本特征。距离度量法是常见的变量分布表示方式，计算过程简便高效，已广泛用于变量间相似性的挖掘[62]。

欧氏距离是常见的距离度量法之一，特点是具有相对直观的表达，易于实现，比其他方法的度量能力更强[63]。

训练样本 $\boldsymbol{d}_t^{\mathrm{train}}$ 和新样本 $\boldsymbol{d}_k^{\mathrm{new}}$ 的过程变量分别表示为：

$$\boldsymbol{x}_t^{\mathrm{train}} = \left[x_{t1},\cdots,x_{tn}\right] \tag{8-33}$$

$$\boldsymbol{x}_k^{\mathrm{new}} = \left[x_{k1},\cdots,x_{kn}\right] \tag{8-34}$$

式中，n 为样本过程变量的维数。

样本过程变量间的欧氏距离计算如下：

$$\lambda_{\mathrm{EucDis}} = f_{\mathrm{EucDis}}\left(\boldsymbol{x}_t^{\mathrm{train}},\boldsymbol{x}_k^{\mathrm{new}}\right) = \sqrt{\left(x_{t1} - x_{k1}\right)^2 + \left(x_{t2} - x_{k2}\right)^2 + \cdots + \left(x_{tn} - x_{kn}\right)^2} \tag{8-35}$$

式中，$\lambda_{\mathrm{EucDis}}$ 为欧氏距离值；f_{EucDis} 为欧氏距离度量方式。

8.3.3 算法策略与实现

所提算法包括离线建模、在线测量、概念漂移检测和模型更新阶段，其策略如图 8-21 所示。

图 8-21 中，$\boldsymbol{x}_k^{\mathrm{new}}$ 和 y_k^{new} 分别表示新样本 $\boldsymbol{d}_k^{\mathrm{new}}$ $(k \in [t+1,\infty))$ 的过程变量与难测参数真值，$\tilde{x}_k^{\mathrm{new}}$ 表示标准化后的过程变量，$\hat{y}_k^{\mathrm{new}}$ 表示模型测量输出；$S_{1,t}^{\mathrm{train}}$ 表示由 t 个样本组成的初始训练集；$\varepsilon_{\mathrm{basic}}^0$ 与 $\mathcal{E}_{\mathrm{basic}}^{\mathrm{new}}$、$\delta_{\mathrm{basic}}^0$ 与 $\delta_{\mathrm{basic}}^{\mathrm{new}}$、$Dis_{\mathrm{basic}}^0$ 与 $Dis_{\mathrm{basic}}^{\mathrm{new}}$ 分别表示本节定义的初始和更新后的基准指标；$\varepsilon_k^{\mathrm{new}}$、$\delta_k^{\mathrm{new}}$ 和 $EucDis_k^{\mathrm{new}}$ 表示根据 $\boldsymbol{d}_k^{\mathrm{new}}$ 计算得到的模型测量性能和新旧样本变量分布关系；$I_{\mathrm{P}}^{\mathrm{model}}$ 和 $I_d^{\mathrm{distribution}}$ 分别表示本

节定义的误差与分布评估指标；Q_{drift} 表示新定义的综合漂移指标；$s_k^{newtrain}$ 是包含漂移样本的新训练集，用于在线更新模型；$\{\bullet\} \Rightarrow \bullet$ 表示对应计算关系。

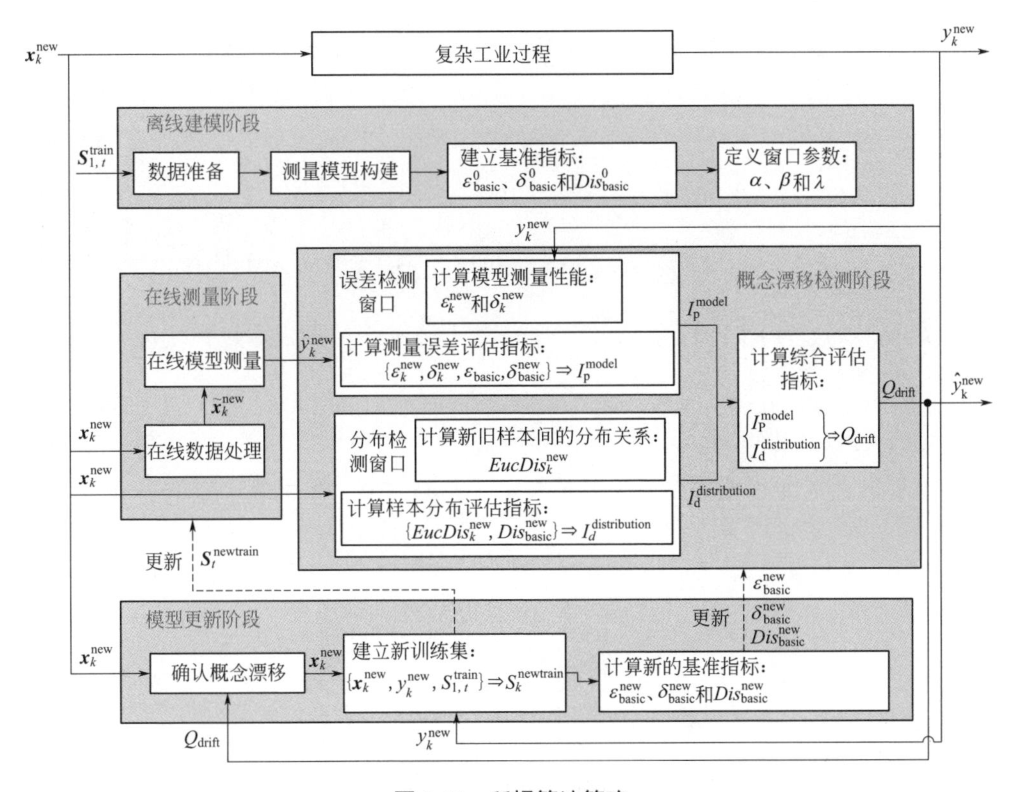

图 8-21　所提算法策略

根据图 8-21，算法通过设置并行的误差与分布检测窗口实现对单个样本的概念漂移检测，其中，误差检测窗口内采用模型绝对与相对测量误差监测新样本测量误差变化的程度与幅度；分布检测窗口内采用欧氏距离分析新旧样本间过程变量的分布差异。该图中不同阶段的功能描述如下。

离线建模阶段：采用历史样本构建难测参数软测量模型，并依据模型测量性能和历史样本间的欧氏距离确定基准评估指标，同时基于先验知识设置窗口参数。

在线测量阶段：采用基于历史样本构建的模型对新样本进行实时测量。

概念漂移检测阶段：在误差检测和分布检测窗口中，首先获取模型对新样本的测量性能以及新样本与历史样本之间的距离关系，最后基于上述结果计算新样本的综合评估指标。

模型更新阶段：根据综合评估指标判断新样本是否发生概念漂移，当发生漂移时将其与特定历史样本结合以构造新的训练集，最后采用新训练集更新软测量模型并计算新的基准评估指标。

(1) 离线建模阶段

离线建模的目的是根据训练样本集 $S_{1,t}^{\text{train}}$ 得到样本难测参数真值集 $\boldsymbol{y}_t^{\text{train}}$ 的先验概率分布：

$$\boldsymbol{y}_t^{\text{prior}} \sim N\left(0, \boldsymbol{K}_t^{\text{cov}}\right) \tag{8-36}$$

式中，$\boldsymbol{K}_t^{\text{cov}}$ 为 $S_{1,t}^{\text{train}}$ 的协方差矩阵，由下式计算：

$$\boldsymbol{K}_t^{\text{cov}} = k_{\text{RBF}}\left(\tilde{X}_t^{\text{train}}, \tilde{X}_t^{\text{train}'}\right) = \sigma^2 \exp\left(-\frac{1}{2\gamma^2}\left\|\tilde{X}_t^{\text{train}} - \tilde{X}_t^{\text{train}'}\right\|^2\right) \tag{8-37}$$

式中，k_{RBF} 为 RBF 核函数；$\tilde{X}_t^{\text{train}}$ 为 $S_{1,t}^{\text{train}}$ 标准化后的样本过程变量集合；γ 和 σ 为模型的超参数。

(2) 在线测量阶段

新样本 $\boldsymbol{d}_k^{\text{new}}$ 在线采集后，首先计算 $\boldsymbol{y}_t^{\text{train}}$ 与测量值 $\hat{y}_k^{\text{new}}$ 的联合概率分布为：

$$\begin{bmatrix} \boldsymbol{y}_t^{\text{tain}} \\ \hat{y}_k^{\text{new}} \end{bmatrix} \sim N\left(0, \begin{bmatrix} \boldsymbol{K}_t^{\text{cov}} & \boldsymbol{K}_{t,k}^{\text{cov}} \\ \left(\boldsymbol{K}_{t,k}^{\text{cov}}\right)^{\text{T}} & \boldsymbol{K}_t^{\text{cov}} \end{bmatrix}\right) \tag{8-38}$$

$$\begin{cases} \boldsymbol{K}_k^{\text{cov}} = k_{\text{RBF}}\left(\tilde{\boldsymbol{x}}_k^{\text{new}}, \tilde{\boldsymbol{x}}_k^{\text{new}}\right) \\ \boldsymbol{K}_{t,k}^{\text{cov}} = k_{\text{RBF}}\left(\tilde{X}_t^{\text{tain}}, \tilde{\boldsymbol{x}}_k^{\text{new}'}\right) \end{cases} \tag{8-39}$$

式中，$\tilde{\boldsymbol{x}}_k^{\text{new}}$ 为待测样本 $\boldsymbol{d}_k^{\text{new}}$ 标准化后的过程变量。

然后，结合训练集先验概率分布 $\boldsymbol{y}_t^{\text{prior}}$，可通过贝叶斯公式计算 $\hat{y}_k^{\text{new}}$ 的后验概率分布：

$$\hat{y}_k^{\text{new}} \mid \boldsymbol{X}_t^{\text{train}}, \boldsymbol{y}_t^{\text{train}}, \boldsymbol{X}_k^{\text{new}} \sim N\left(\mu^*, \boldsymbol{K}^*\right) \tag{8-40}$$

$$\begin{cases} \mu^* = \left(\boldsymbol{K}_{t,k}^{\text{cov}}\right)^{\text{T}} \cdot \left(\boldsymbol{K}_t^{\text{cov}}\right)^{-1} \cdot \boldsymbol{y}_t^{\text{train}} \\ \boldsymbol{K}^* = \boldsymbol{K}_k^{\text{cov}} - \left(\boldsymbol{K}_{t,k}^{\text{cov}}\right)^{\text{T}} \cdot \left(\boldsymbol{K}_t^{\text{cov}}\right)^{-1} \cdot \boldsymbol{K}_{t,k}^{\text{cov}} \end{cases} \tag{8-41}$$

接着，得到新样本测量值 $\hat{y}_k^{\text{new}}$ 的估计：

$$\hat{y}_k^{\text{new}} \sim N\left(\mu^*, \boldsymbol{K}^*\right) \tag{8-42}$$

最后，通常取 $\hat{y}_k^{\text{new}}$ 估计范围内的均值作为新样本 $\boldsymbol{d}_k^{\text{new}}$ 的实际测量输出。

(3) 概念漂移检测阶段

① 误差检测窗口　概念漂移对模型的直接影响是导致其泛化性能降低，由于建模与采样方式等因素的影响，仅基于模型测量误差变化进行漂移检测可能导致正常样本被误检，因此还需考虑测量误差的变化程度。本节从误差变化幅度与变

化程度两个视角考虑，提出综合绝对测量误差与相对测量误差的方式确定误差评估指标。

软测量模型在训练样本集 $\boldsymbol{S}_{1,t}^{\text{train}}$ 中的绝对测量误差 $E_{\text{mean}}^{\text{train}}$ 、相对测量误差 $\delta_{\text{mean}}^{\text{train}}$ 和测量误差方差 $E_{\text{var}}^{\text{train}}$ 可通过下式计算：

$$\begin{cases} E_{\text{mean}}^{\text{train}} = \dfrac{1}{t}\displaystyle\sum_{i=1}^{t}\left|y_i^{\text{train}} - \hat{y}_i^{\text{train}}\right| \\ \delta_{\text{mean}}^{\text{train}} = \dfrac{1}{t}\displaystyle\sum_{i=1}^{t}\dfrac{\left|y_i^{\text{train}} - \hat{y}_i^{\text{train}}\right|}{y_i^{\text{train}}} \\ E_{\text{var}}^{\text{train}} = \dfrac{1}{t}\displaystyle\sum_{i=1}^{t}\left(\left|y_i^{\text{train}} - \hat{y}_i^{\text{train}}\right| - E_{\text{mean}}^{\text{train}}\right)^2 \end{cases} \tag{8-43}$$

为直观比较新旧样本中基于上述指标的模型性能差异，本节建立基准绝对误差指标 $\varepsilon_{\text{basic}}^{0}$ 与相对误差指标 $\delta_{\text{basic}}^{0}$ ，定义如下：

$$\begin{cases} \varepsilon_{\text{basic}}^{0} = \alpha E_{\text{mean}}^{\text{train}} + (1-\alpha)E_{\text{var}}^{\text{train}} \\ \delta_{\text{basic}}^{0} = \lambda\delta_{\text{mean}}^{\text{train}} \end{cases} \tag{8-44}$$

式中， $\varepsilon_{\text{basic}}^{0}$ 和 $\delta_{\text{basic}}^{0}$ 为仅根据训练集计算得到的初始基准指标； α 和 λ 为误差窗口预设参数，其由如下经验规则确定：

$$(\alpha,\lambda) = Rule\left(E_{\text{mean}}^{\text{train}}, E_{\text{var}}^{\text{train}}, \delta_{\text{mean}}^{\text{train}}\right)(0 \leqslant \alpha,\lambda \leqslant 1) \tag{8-45}$$

综上，基准绝对误差 $\varepsilon_{\text{basic}}^{0}$ 表示模型在训练集中测量误差的总体离散程度，基准相对误差 $\delta_{\text{basic}}^{0}$ 表示模型测量误差与样本真值的平均偏离程度。模型对新样本的合理测量误差范围由基准误差指标 $\varepsilon_{\text{basic}}^{0}$ 与 $\delta_{\text{basic}}^{0}$ 共同限制，以此反映新样本误差变化的幅度与程度。

在线测量过程中，当误差检测窗口接收到新样本时，将计算其绝对误差 ε_{new} 与相对误差 δ_{new} 。以 k 时刻的新样本 $\boldsymbol{d}_k^{\text{new}}$ 为例，计算如下：

$$\begin{cases} \varepsilon_k^{\text{new}} = \left|y_k^{\text{new}} - \hat{y}_k^{\text{new}}\right| \\ \delta_k^{\text{new}} = \dfrac{\varepsilon_{\text{k}}}{y_k^{\text{new}}} \end{cases} \tag{8-46}$$

定义误差评估指标 $I_{\text{P}}^{\text{model}}$ ，如下式所示：

$$I_{\text{P}}^{\text{model}} = \begin{cases} 1, \left(\varepsilon_k^{\text{new}} > \varepsilon_{\text{basic}}^{0}\right) \wedge \left(\delta_k^{\text{new}} > \delta_{\text{basic}}^{0}\right) \\ 0, \left(\varepsilon_k^{\text{new}} \leqslant \varepsilon_{\text{basic}}^{0}\right) \vee \left(\delta_k^{\text{new}} \leqslant \delta_{\text{basic}}^{0}\right) \end{cases} \tag{8-47}$$

即当新样本中绝对与相对测量误差均大于基准指标时，认为误差检测窗口内的样本可能存在概念漂移。

② 分布检测窗口　在分布检测窗口中，首先计算训练集 $\boldsymbol{S}_{1,t}^{\text{train}}$ 中每个样本与其

余样本间的平均欧氏距离，以第 m 个样本为例，如下式所示：

$$EucDis_m^{\text{train}} = \frac{1}{t-1}\sum_{i=1}^{t} EucDis\left(\boldsymbol{x}_m^{\text{train}}, \boldsymbol{x}_i^{\text{train}}\right)(0 \leqslant m \leqslant t) \tag{8-48}$$

通过上式计算所有训练样本后，得到这些距离的均值，如下式所示：

$$EucDis_{\text{mean}}^{\text{train}} = \frac{1}{t}\sum_{m=1}^{t} EucDis_m^{\text{train}} \tag{8-49}$$

然后，建立基准距离指标 Dis_{basic}^0 ：

$$Dis_{\text{basic}}^0 = \beta \bullet EucDis_{\text{mean}}^{\text{train}} \tag{8-50}$$

式中，Dis_{basic}^0 为仅根据训练集得到的初始基准指标；β 为根据实际模型确定的分布窗口预设参数，$0 \leqslant \beta \leqslant 1$。

基准距离指标 Dis_{basic}^0 是训练集中各样本间的加权平均欧氏距离，表示训练样本间的平均相似程度。新样本的合理变化范围由基准距离指标 Dis_{basic}^0 限制。

当分布检测窗口接收到新样本时，将计算其与各训练样本间的平均欧氏距离 $EucDis_{\text{new}}$ ，以 k 时刻的新样本 $\boldsymbol{d}_k^{\text{new}}$ 为例，如下式所示：

$$EucDis_k^{\text{new}} = \frac{1}{t}\sum_{i=1}^{t} EucDis\left(\boldsymbol{x}_k^{\text{new}}, \boldsymbol{x}_i^{\text{train}}\right) \tag{8-51}$$

最后，根据新旧样本距离与基准指标的差异，定义分布评估指标 $I_d^{\text{distribution}}$ ，如下式所示：

$$I_d^{\text{distribution}} = \begin{cases} 1, EucDis_k^{\text{new}} > Dis_{\text{basic}}^0 \\ 0, EucDis_k^{\text{new}} \leqslant Dis_{\text{basic}}^0 \end{cases} \tag{8-52}$$

即当新样本与训练样本间的平均欧氏距离大于基准距离时，认为分布检测窗口内的样本可能存在概念漂移。

③ 综合评估指标　为描述新样本最终概念漂移的检测结果，根据上述过程中得到的误差评估指标 $I_{\text{P}}^{\text{model}}$ 和分布评估指标 $I_d^{\text{distribution}}$ ，新定义综合评估指标 Q_{drift} ，如下式所示：

$$Q_{\text{drift}} = I_{\text{P}}^{\text{model}} + I_d^{\text{distribution}} \tag{8-53}$$

上述公式的具体描述为：当新样本中的误差评估指标和分布评估指标均为0时，Q_{drift} 值为0；当任一指标为1时，Q_{drift} 值为1；当两个指标均为1时，Q_{drift} 值为2。

因此，新样本的概念漂移情况由指标 Q_{drift} 反映，具体为：当 $Q_{\text{drift}} \leqslant 1$ 时，认为新样本不存在漂移；当 $Q_{\text{drift}} > 1$ ，认为新样本为漂移样本。

（4）模型更新阶段

当 $Q_{\text{drift}} > 1$ 时，历史模型将依据能够表征漂移的新样本进行模型的在线更新。为有效提高模型对后续新样本（包括正常样本和概念漂移样本）的测量性能，并尽可能消除历史样本对新概念学习的干扰，此处选择该样本及与其欧氏距离最近邻的历史样本对模型进行更新。

以表征概念漂移的新样本 $\boldsymbol{d}_k^{\text{new}}$ 为例，与其欧氏距离最小的 τ 个历史样本对可表示为：

$$\Omega_{\text{nearest}}=\left\{\left(\boldsymbol{x}_{\text{near\_1}},y_{\text{near\_1}}\right),\cdots,\left(\boldsymbol{x}_{\text{near\_}\tau},y_{\text{near\_}\tau}\right)\right\} \tag{8-54}$$

式中，Ω_{nearest} 为与 $\boldsymbol{d}_k^{\text{new}}$ 最近邻的历史样本对的集合；$\boldsymbol{x}_{\text{near\_}\tau}$ 和 $y_{\text{near\_}\tau}$ 分别为第 τ 个历史样本对的过程变量与真值；τ 为根据先验知识设置的最近邻数量。

因此，新训练集 $\boldsymbol{S}_k^{\text{newtrain}}$ 可由表征概念漂移的新样本及其最近邻的历史样本共同表示，如下式所示：

$$\boldsymbol{S}_k^{\text{newtrain}}=\begin{bmatrix}\Omega_{\text{nearest}}\\ \boldsymbol{d}_k^{\text{new}}\end{bmatrix} \tag{8-55}$$

依据更新结果，重新计算模型平均测量误差 $E_{\text{mean}}^{\text{new}}$、误差率 $\delta_{\text{mean}}^{\text{new}}$ 和方差 $E_{\text{var}}^{\text{new}}$ 以及新的平均欧氏距离 $EucDis_{\text{mean}}^{\text{new}}$，如下式所示：

$$\left\{\boldsymbol{X}_k^{\text{newtrain}},\boldsymbol{y}_k^{\text{newtrain}}\right\}\Rightarrow f_{\text{GPR}}(\bullet)\Rightarrow\left\{E_{\text{mean}}^{\text{new}},\delta_{\text{mean}}^{\text{new}},E_{\text{var}}^{\text{new}}\right\} \tag{8-56}$$

$$\left\{\boldsymbol{X}_k^{\text{newrain}}\right\}\Rightarrow f_{\text{GPR}}(\bullet)\Rightarrow\left\{EucDis_{\text{mean}}^{\text{new}}\right\} \tag{8-57}$$

式中，$\boldsymbol{X}_k^{\text{newtrain}}$ 和 y_k^{newtrain} 分别为 $\boldsymbol{s}_k^{\text{newtrain}}$ 过程变量和真值的集合。

同时更新两窗口内的基准指标为：

$$\begin{cases}\varepsilon_{\text{basic}}^{\text{new}}=\alpha E_{\text{mean}}^{\text{new}}+(1-\alpha)E_{\text{var}}^{\text{new}}\\ \delta_{\text{basic}}^{\text{new}}=\lambda\delta_{\text{mean}}^{\text{new}}\\ Dis_{\text{basic}}^{\text{new}}=\beta\cdot EucDis_{\text{mean}}^{\text{new}}\end{cases} \tag{8-58}$$

至此，当下个时间步即 k+1 时刻的样本 $\boldsymbol{d}_{k+1}^{\text{new}}$ 到来时，其漂移判别标准将采用更新后的指标进行计算，如下式所示：

$$I_{\text{P}}^{\text{model}}=\begin{cases}1,\left(\varepsilon_{k+1}^{\text{new}}>\varepsilon_{\text{basic}}^{\text{new}}\right)\wedge\left(\delta_{k+1}^{\text{new}}>\delta_{\text{basic}}^{\text{new}}\right)\\ 0,\left(\varepsilon_{k+1}^{\text{new}}\leqslant\varepsilon_{\text{basic}}^{\text{new}}\right)\vee\left(\delta_{k+1}^{\text{new}}\leqslant\delta_{\text{basic}}^{\text{new}}\right)\end{cases} \tag{8-59}$$

$$I_d^{\text{distribution}}=\begin{cases}1,EucDis_{k+1}^{\text{new}}>Dis_{\text{basic}}^{\text{new}}\\ 0,EucDis_{k+1}^{\text{new}}\leqslant Dis_{\text{basic}}^{\text{new}}\end{cases} \tag{8-60}$$

式中，$\varepsilon_{k+1}^{\text{new}}$、$\delta_{k+1}^{\text{new}}$ 和 $EucDis_{k+1}^{\text{new}}$ 分别为新样本对 $\boldsymbol{d}_{k+1}^{\text{new}}$ 对应的测量误差、误差率及其与训练样本的平均欧氏距离。

8.3.4 实验验证

本节在合成、基准和 MSWI 过程数据集中对所提方法进行验证。为验证方法性能，采用漂移检出率（*DDR*）、漂移错检率（*DPR*）和漂移漏检率（*DNR*）三个指标进行度量[64]，定义如下：

$$DDR=\frac{\text{漂移样本中检测出的漂移样本数}}{\text{实际漂移样本数}}\times 100\% \tag{8-61}$$

$$DPR=\frac{\text{正常样本中检测出的漂移样本数}}{\text{实际正常样本数}}\times 100\% \tag{8-62}$$

$$DNR=\frac{\text{漂移样本中检测出的正常样本数}}{\text{实际漂移样本数}}\times 100\% \tag{8-63}$$

(1) 数据集

① 合成数据集　本节采用文献 [47] 所提方法构建合成数据集。正常样本按照下式生成：

$$y=10\sin\left(\pi x_1x_2\right)+20\left(x_3-0.5\right)^2+10x_4+5x_5+\sigma(0,1) \tag{8-64}$$

式中，$x_1\sim x_5$ 服从 [0,1] 区间内的均匀分布；$\sigma(0,1)$ 为服从正态分布的随机数。

漂移样本按照下式生成：

$$y=10x_1x_2+20\left(x_3-0.5\right)+10x_4+5x_5+\sigma(0,1) \tag{8-65}$$

式中，各变量取值范围满足 $\left(0\leqslant x_2<0.3\right)\cap\left(0\leqslant x_3<0.3\right)\cap\left(0.7<x_4\leqslant 1\right)\cap\left(0\leqslant x_5<0.3\right)$。

合成数据集共包含样本 2000 个，其中，训练样本 500 个，均为正常样本；测试样本 1500 个，前 600 个为随机噪声，后 900 个为漂移样本。

② 基准数据集　本节从 UCI 机器学习存储库中选择“电网稳定性模拟数据”[65] 作为基准数据集，该数据集包含 10000 组模拟样本，分别来自系统稳定（正常样本）和不稳定（漂移样本）两种工况，其测量目标为系统稳定性系数。本节选择其中 1500 个样本进行仿真，包含：训练样本 500 个，均为正常样本；测试样本 1000 个，前 100 个为随机噪声，后 900 个为漂移样本。

③ MSWI 过程数据集　MSWI 过程数据来自某 MSWI 电厂，选择氮氧化物的排放浓度作为测量目标，考虑其生成和吸收过程选取炉膛温度、一次风流量、二次风流量、炉膛剩余氧量、尿素喷入量等相关性较强的 19 个过程变量作为模型输入。MSWI 过程数据集中共包含样本 1500 个，其中，训练样本 500 个，均为正常样本；测试样本 1000 个，前 100 个为随机噪声，后 900 个为漂移样本。

上述数据集的详细组成如表 8-6 所示。

表 8-6　数据集的组成统计表

数据集	总样本数	训练样本数	测试样本数		过程变量维数
			随机噪声	漂移样本	
合成	2000	500	600	900	5
基准	1500	500	100	900	12
MSWI 过程	1500	500	100	900	19

(2) 实验结果

实验验证过程中，针对数据集的参数设置如表 8-7 所示。表中，γ 与 σ 分别为 GPR 模型中径向基核函数的惩罚因子与核宽度。

表 8-7 实验验证过程中的参数设置

数据集	GPR 核函数参数		窗口预设参数			最近邻样本数量
	γ	σ	τ	α	β	λ
合成	−0.8086	0.2093	300	0.95	0.95	300
基准	−2.8535	0.6673	300	0.9	0.95	300
过程	0.0262	0.1551	300	0.1	0.82	300

模型对三个数据集中测试样本的测量结果如图 8-22 所示。

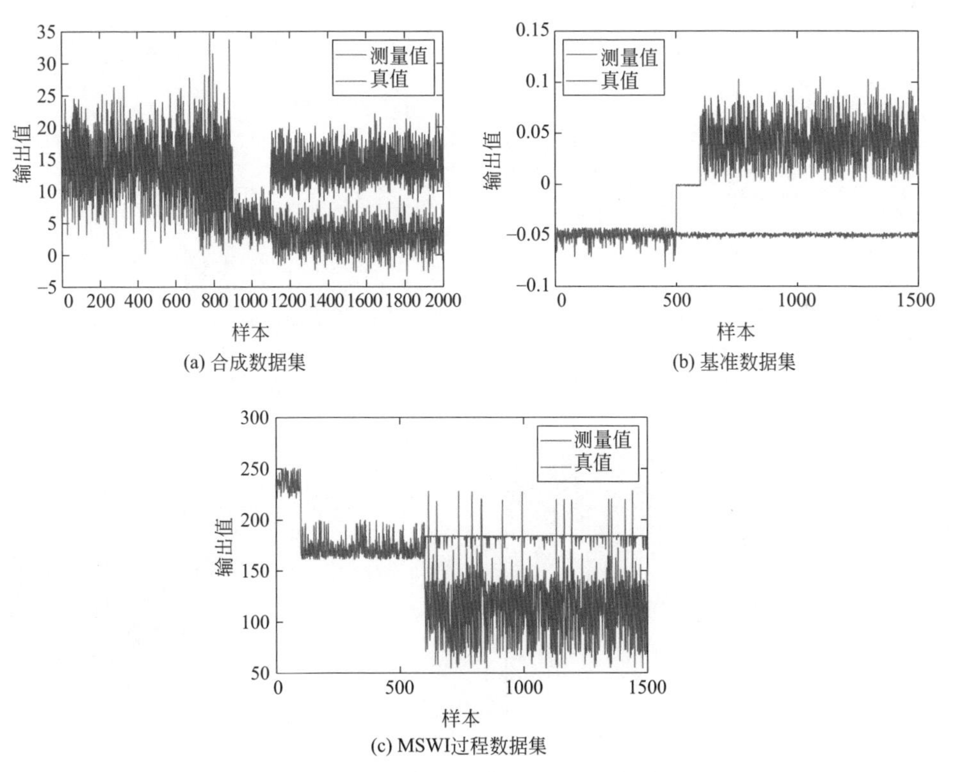

(a) 合成数据集 (b) 基准数据集 (c) MSWI过程数据集

图 8-22 离线检测阶段模型测量输出曲线

根据图 8-22 可知：①模型对正常样本测量效果良好，测量值与真值均能在一定范围内实现拟合；②模型对漂移样本的测量效果欠佳，大部分测量值与真值无法拟合，并在漂移发生时刻，模型的测量性能产生明显变化。

两个检测窗口针对三个测试集的概念漂移检测结果分别如图 8-23 和图 8-24 所示，对应不同 Q_{drift} 值的样本数量分布如图 8-25 所示。

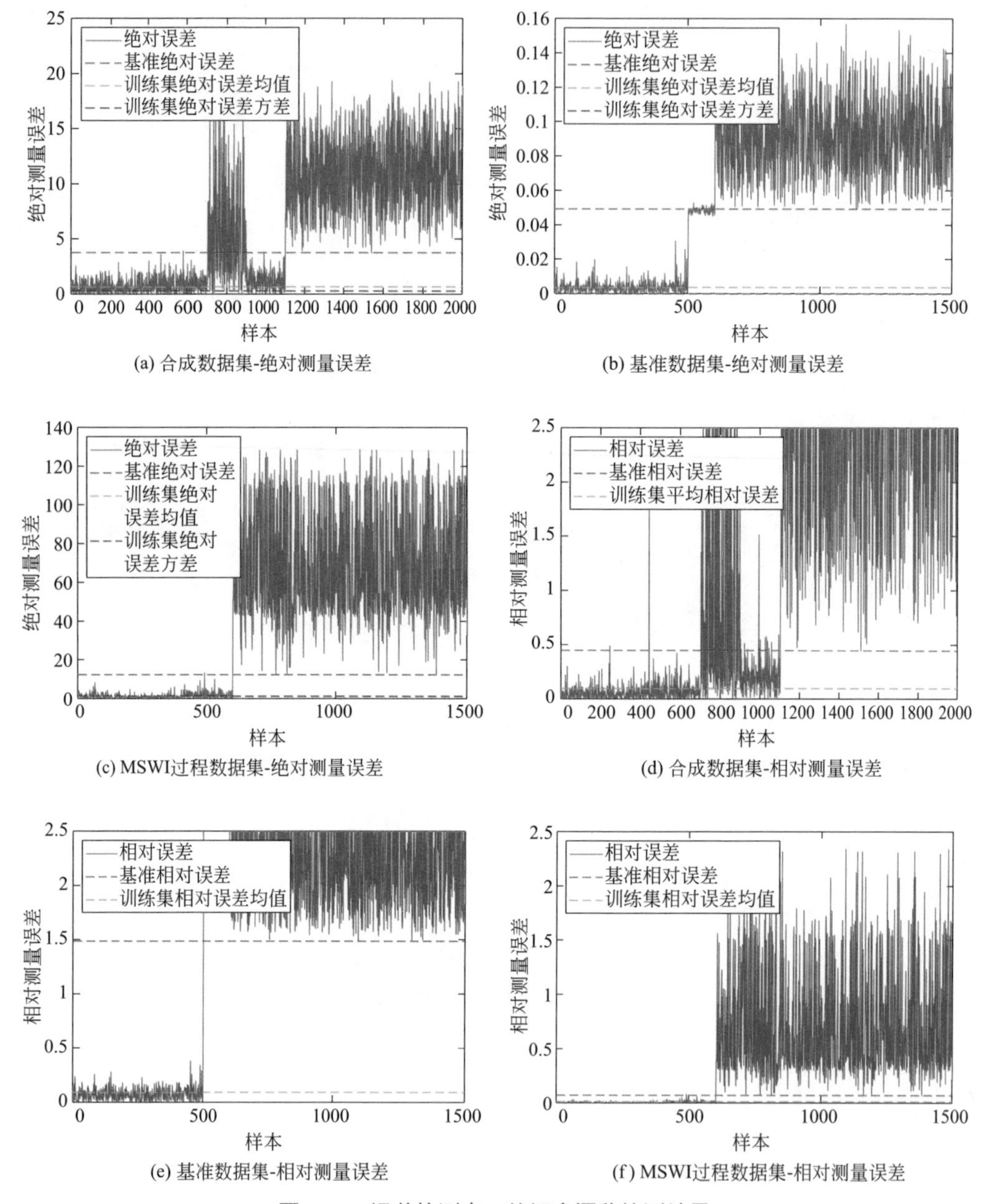

图 8-23　误差检测窗口的概念漂移检测结果

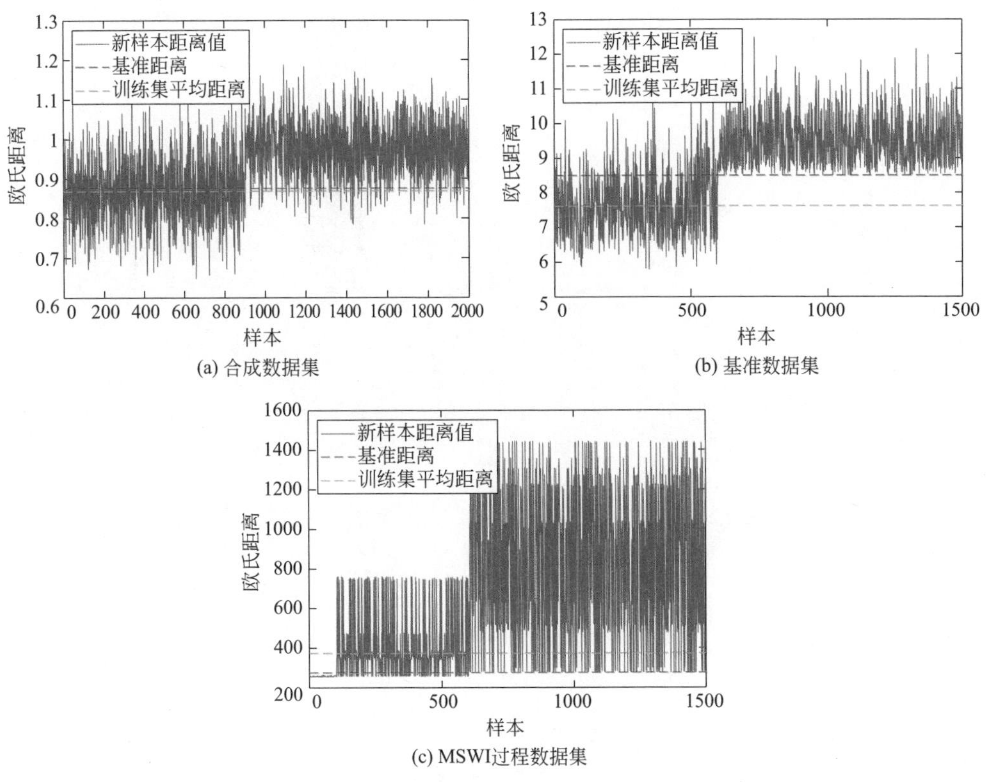

(a) 合成数据集

(b) 基准数据集

(c) MSWI过程数据集

图 8-24　分布检测窗口的概念漂移检测结果

图 8-23 ～图 8-25 表明了所提算法对各数据集的概念漂移检测情况，详细检测结果如表 8-8 所示。

由表 8-8 可知：在合成数据集中的检出率为 92.7%，错检率为 6.8%；基准数据集中的漂移样本均被检出，即检出率为 100%，错检率为 16%；过程数据集中的漂移样本均被检出，未在噪声样本中测得漂移，即检出率为 100%，错检率为 0。

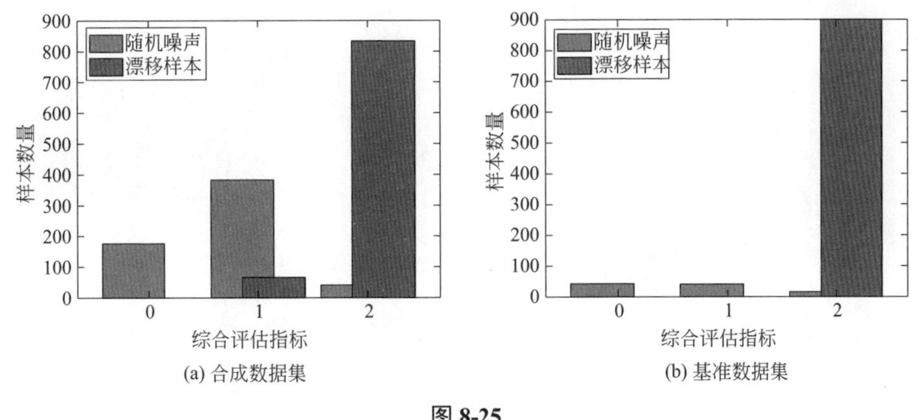

(a) 合成数据集

(b) 基准数据集

图 8-25

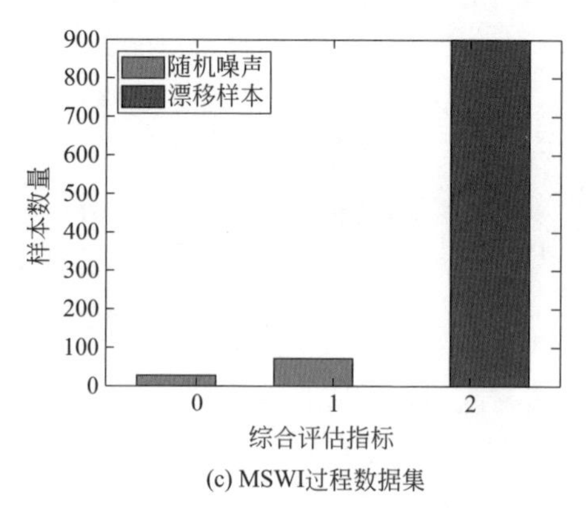

(c) MSWI过程数据集

图 8-25 对应不同 Q_{drift} 值的样本数量分布

表 8-8 概念漂移检测的统计结果

数据集	概念漂移样本（$Q_{drift}>1$）	随机噪声（$Q_{drift}>1$）	*DDR*	*DPR*	*DNR*
合成	834	41	92.7%	6.8%	7.3%
基准	900	16	100%	16%	0
MSWI 过程	900	0	100%	0	0

上述结果表明，本节所提算法在三个数据集中均可有效检测漂移样本，其中，在基准与 MSWI 过程数据集中均能检测出全部漂移样本，在 MSWI 过程数据集中能有效分辨全部漂移样本。

采用所提检测算法获得的更新样本对历史模型进行更新后，其测量性能的变化曲线如图 8-26 所示。

根据图 8-23 和图 8-26 可知，采用本节检测算法获得更新样本进行历史模型更新后，在线测量精度得到显著改善，统计结果如表 8-9 所示。

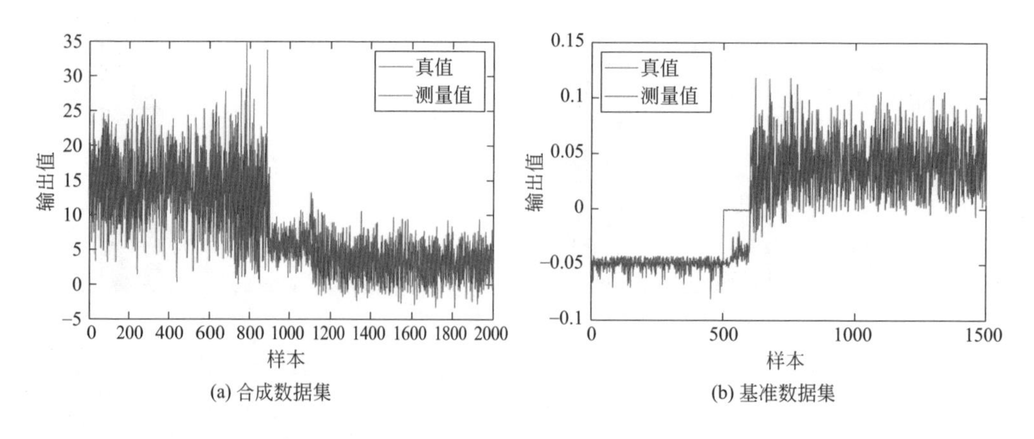

(a) 合成数据集　　(b) 基准数据集

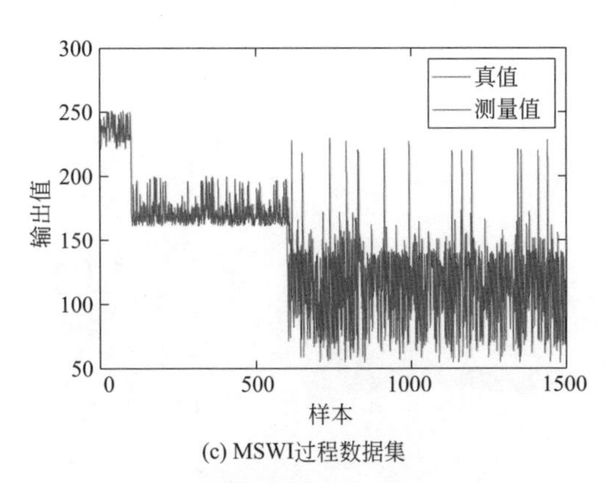

(c) MSWI过程数据集

图 8-26 模型更新阶段测量输出曲线

表 8-9 模型更新后的测量性能变化统计表

数据集	概念漂移检测策略	*RMSE*
合成	未采用	9.3643
	本节算法	2.5240
基准	未采用	0.0917
	本节算法	0.0137
MSWI 过程	未采用	71.4739
	本节算法	6.6078

由表 8-9 可知，本节算法使得软测量模型在合成数据集、基准数据集和MSWI 过程数据集中的 *RMSE* 降低率分别为 73%、85% 和 91%。

（3）方法比较

为验证所提算法具有优于已有方法的性能，此处分别选择基于模型测量误差与基于样本分布差异的单样本概念漂移检测策略进行比较，其中，基于样本分布差异的方法源自 Liu 等提出的基于 PCA 和 AOGE 的检测方法 [57]，基于模型测量误差的方法源自 Channoi 等提出的基于误差的慢性呼吸道疾病测量方法 [54]。同时，此处还与 8.2 节所提算法进行对比，以体现检测性能的改进效果。采用不同检测算法后，更新模型在三个数据集中的部分测量性能曲线如图 8-27 所示。

不同检测算法的性能与软测量模型的测量性能的对比结果如表 8-10 所示。

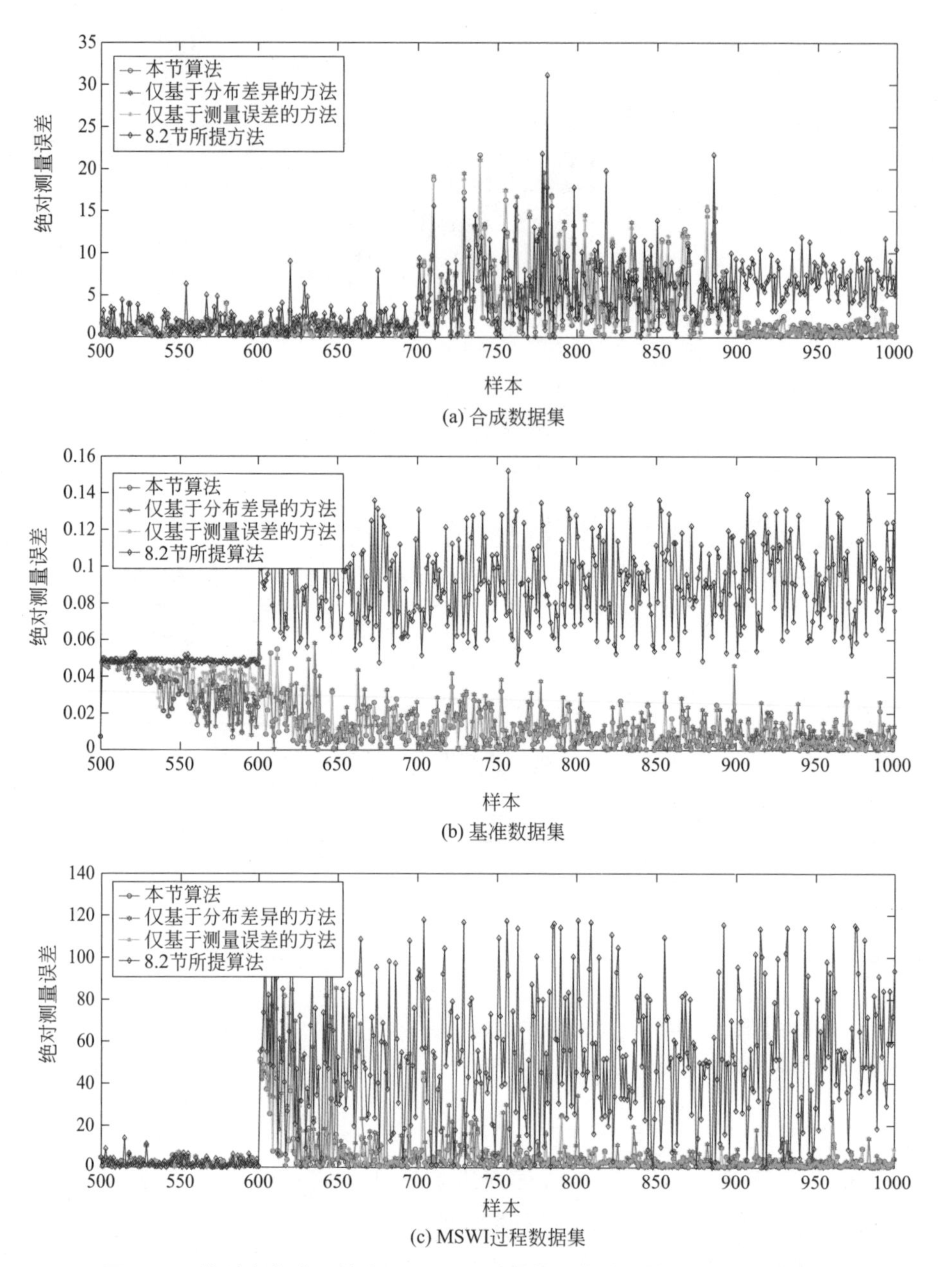

(a) 合成数据集

(b) 基准数据集

(c) MSWI过程数据集

图 8-27 模型在合成、基准和 MSWI 过程数据集中的绝对测量误差曲线

表 8-10 不同概念漂移检测算法的性能对比统计表

数据集	概念漂移检测算法	检出率 ***DDR***	错检率 ***DPR***	漏检率 ***DNR***	最大测量误差	最小测量误差	平均测量误差	***RMSE***
合成	未采用	—	—	—	21.1418	0.0038	7.6886	9.3643

续表

数据集	概念漂移检测算法	检出率 *DDR*	错检率 *DPR*	漏检率 *DNR*	最大测量误差	最小测量误差	平均测量误差	*RMSE*
合成	仅基于模型测量误差	80%	96.3%	20%	20.9804	0.0021	1.9552	3.1726
	仅基于样本分布差异	32.2%	53.5%	67.8%	21.0043	0.0009	1.9141	3.1593
	8.2 节所提算法	87.1%	15.8%	12.9%	31.0517	0.0004	2.5310	3.8224
	本节算法	92.7%	6.8%	7.3%	21.5925	0.0005	1.7692	2.5240
基准	未采用	—	—	—	0.1571	0.0072	0.0880	0.0917
	仅基于模型测量误差	100%	54%	0	0.0546	0.000006	0.0104	0.0163
	仅基于样本分布差异	38.2%	42%	61.8%	0.0579	0.000003	0.0119	0.0166
	8.2 节所提算法	89.4%	1%	10.1%	0.1544	0.000004	0.0589	0.0735
	本节算法	100%	16%	0	0.0546	0.000002	0.0099	0.0137
MSWI过程	未采用	—	—	—	128.9154	0.0038	62.9547	71.4739
	仅基于模型测量误差	97.7%	100%	2.3%	103.3845	0.0004	3.3974	8.2136
	仅基于样本分布差异	70.6%	94%	29.4%	105.5216	0.0004	4.9809	12.2812
	8.2 节所提算法	89.7%	0	10.3%	128.6194	0.0007	33.1782	48.2345
	本节算法	100%	0	0	104.0675	0.0053	3.2987	6.6078

由图 8-27 和表 8-10 可知：

① 基于样本分布差异的方法采用 PCA 和 AOGE 分析样本过程变量间的差异[57]，其在过程变量变化复杂的 MSWI 过程数据集中检测性能良好，具有较高的 *DDR*（70.6%），但由于合成和基准数据集中的过程变量变化范围有限，在所比较算法中其 *DDR* 为最低（32.2%，38.2%）。

② 基于模型测量误差的方法采用误差变化表征概念漂移现象[54]，其在三个数据集中均具有较好的 *DDR*（80%，100%，97.7%），但部分正常样本的误差变化范围与概念漂移样本接近，此时该方法无法有效分辨概念漂移样本，因此其具有较高的 *DPR*（96.3%，54%，100%）。

③ 8.2 节所提算法在三个数据集中均具有较好的 *DDR*（87.1%，89.4%，89.7%），且 *DPR* 也相对较低（15.8%，1%，0），但受限于串行窗口与批次更新策略所导致的模型更新不及时，使得 *RMSE* 较大（3.8224，0.0735，48.2345）。

④ 本节所提方法相较其他方法具有最好的检测性能：在三个数据集中，*DDR*

均为最高（92.7%，100%，100%），*DPR* 均为最低（6.8%，16%，0），且模型进行在线更新后获得了最佳的测量性能（*RMSE*：2.5240，0.0137，6.6078）。原因在于该方法结合绝对与相对测量误差改进了误差变化判别方式，同时采用基于欧式距离的样本分布变化判别降低了算法的错检率，并且模型可依据所检测得到的表征概念漂移的样本进行及时更新，进而提升了测量性能。

根据上述结果可知：本节方法可有效检测过程数据中存在的概念漂移现象，并能显著提高软测量模型在漂移环境中的适应性；相较仅基于模型测量误差的方法，可有效去除环境噪声干扰，因此具有较低的错检率；相较仅基于样本分布差异的方法，可有效提高检测准确度，并因此具有较高的检出率。需指出的是，算法中各参数依据经验和实验确定，在实际应用中需结合具体工业过程对象确定，并应设置人机交互机制。

8.4 联合样本输出与特征空间的半监督概念漂移检测方法

8.4.1 概述

前两节分别介绍了两种不同策略的概念漂移检测方法，仿真结果均表明能够有效检测工业过程中的概念漂移；但在应用于实际工业过程时，上述算法未考虑难测参数真值无法全部获取的情况。例如，在 MSWI 过程中，氮氧化物的排放浓度采用人工采样分析方法时真值获取周期过长，采用烟气传感器检测时易受恶劣工况影响而导致测量失真[66]；因采样与化验分析的复杂性，导致二噁英排放浓度的真值标注周期长且成本高昂。此时，现有的有监督型概念漂移检测方法难以在实际工业过程中直接使用。

概念漂移可表述为数据分布随时间发生变化，从软测量模型的视角可理解为样本输出空间与特征空间的映射关系发生了改变[29]，是由难以预知的工业生产环境改变、物料成分波动和设备磨损与维护等因素引起的，进而导致模型测量精度显著降低[67]。例如，MSWI 过程中的炉膛温度变化可使烟气污染物生成关系改变，MSW 含水率的差异会导致炉内燃烧状态的变化，这些现象均会引起概念漂移，使得基于历史数据构建的污染物浓度软测量模型的精度下降[39]。因此，如何采用漂移检测方法有效识别能够表征新概念的漂移样本并将其用于软测量模型的更新，是提高模型泛化性能需要解决的首要问题。

有监督型漂移检测的代表性算法是DDM[26]，其根据新样本测量性能定义警告与漂移等级：当测量误差超过警告等级时存储新样本，当超过漂移等级时采用存储的新样本及历史样本构建新模型以代替旧模型。类似地，Pesaranghader 等计算模型在总体样本和最近样本中获得可接受测量误差的概率，采用 Hoeffding 不等式判断概率差异后确认是否发生漂移[64]；Yang 等通过比较模型更新前后输出权重值的变化程度表征漂移[68]。由上可知，难测参数的测量误差变化能够表征概念漂移对软测量模型的直接影响，该类方法具有计算过程简便高效的优点；但面向实际工业过程，上述算法忽视了难测参数真值无法全部获取的实际现状。

无监督型漂移检测的代表性算法有：Han 等提出基于多元统计策略分析样本特征空间的分布变化[69]；Xu 等基于距离度量策略采用马氏距离和领域熵度量特征空间的概念变化[70]；Wang 等基于假设检验策略提出基于重采样的检测方法[71]。该类算法的特点是在漂移检测阶段不依赖难测参数真值，但在模型更新阶段仍需采用标注真值的样本，因此难以在短期内使得模型具有对漂移的适应能力[72]。

此外，复杂工业过程中概念漂移的影响同时体现为模型测量误差和样本特征空间的综合变化。因此，仅基于样本特征空间的分布差异难以有效表征概念漂移现象。针对上述问题，面向分类任务，Haque 等提出半监督漂移学习框架，通过监视分类器置信度变化初步筛选漂移样本，再根据置信度得分估计漂移样本的伪标签，最后进行模型更新[73]。类似地，Tan 等提出基于密度估计的半监督漂移检测，在少量有标注样本的前提下采用增量估计器标注其余样本的标签而实现漂移检测[74]。但目前为止，面向复杂工业过程回归建模领域的半监督概念漂移检测方法鲜有报道。由于分类任务常具有明确且有限的类别标签用于划分样本概念，其算法设计方式不适用于连续型变量，因此上述方法难以直接用于回归建模领域[75]。

综上，针对实际工业过程的难测参数真值获取难的问题，本节提出联合样本输出与特征空间的半监督漂移检测方法。首先，采用 GPR 依据历史样本构建离线软测量模型；然后，采用基于 PCA 的无监督机制检测特征空间漂移的样本并将其记录在待标注缓存窗口；接着，在样本输出空间中采用基于时间差分（TD）学习的半监督机制，对上述缓存窗口内的样本进行伪真值标注，并采用 Page-Hinkley 检测法确认能够表征概念漂移的新样本；最后，采用新样本与历史样本更新软测量模型。

8.4.2 相关工作

（1）时间差分学习

伪真值标注是实现半监督漂移检测的前提。现有研究中，Kaneko 等证明 TD

学习对特征空间漂移的样本具有良好的测量性能[11]。TD学习通过分析样本输出与特征空间的一阶差分量变化实现新样本测量[76]，其思路可描述如下。

首先，计算历史样本集 $\boldsymbol{S}_{1,t}^{\text{train}}$ 内在样本输出与特征空间的一阶差分量，以样本 $\boldsymbol{d}_t^{\text{train}}$ 为例计算如下：

$$\Delta \boldsymbol{X}_t^{\text{train}} = \boldsymbol{X}_t^{\text{train}} - \boldsymbol{X}_{t-1}^{\text{train}} \tag{8-66}$$

$$\Delta y_t^{\text{train}} = y_t^{\text{train}} - y_{t-1}^{\text{train}} \tag{8-67}$$

式中，$\boldsymbol{X}_t^{\text{train}}$ 和 $\boldsymbol{X}_{t-1}^{\text{train}}$ 分别为样本 $\boldsymbol{d}_t^{\text{train}}$ 和 $\boldsymbol{d}_{t-1}^{\text{train}}$ 的特征空间；y_t^{train} 和 y_{t-1}^{train} 分别为样本 $\boldsymbol{d}_t^{\text{train}}$ 和 $\boldsymbol{d}_{t-1}^{\text{train}}$ 的难测参数真值集合。

然后，建立关于一阶差分量的回归测量模型：

$$\Delta \boldsymbol{y} = f^{\text{regression}}(\Delta \boldsymbol{X}) \tag{8-68}$$

新时刻样本的特征空间 $\boldsymbol{X}_{t+1}^{\text{new}}$ 获取后，计算其一阶差分量：

$$\Delta \boldsymbol{X}_{t+1}^{\text{new}} = \boldsymbol{X}_{t+1}^{\text{new}} - \boldsymbol{X}_t^{\text{train}} \tag{8-69}$$

据此计算其输出空间差分量：

$$\Delta \hat{y}_{t+1}^{\text{new}} = f^{\text{regression}}\left(\Delta \boldsymbol{X}_{t+1}^{\text{new}}\right) \tag{8-70}$$

最终，新样本测量输出 $\hat{y}_{t+1}^{\text{new}}$ 可表示为：

$$\hat{y}_{t+1}^{\text{new}} = \Delta \hat{y}_{t+1}^{\text{new}} + y_t^{\text{train}} \tag{8-71}$$

（2）Page-Hinkley 检测

合理分析样本伪真值和测量值间的差异是确认样本最终是否能够表征概念漂移情况的关键。现有研究表明，基于累积和思想推导的Page-Hinkley检测法具有对分布漂移敏感、计算简便等特点，可有效用于输出空间的漂移检测[72]。该方法中给定一系列观测值 $[l_1, l_2, \cdots, l_m]$，计算备择假设（观测值中存在漂移点 θ，即 $1 < \theta < m$）对原假设（观测值中不存在漂移，即 $\theta > m$）的似然比统计量[77]：

$$L_{m,\theta} = \frac{\prod_{i=1}^{\theta} f_D(l_i) \prod_{i=\theta+1}^{m} f_D(l_i - \delta)}{\prod_{i=1}^{m} f_D(l_i)} \tag{8-72}$$

式中，$\prod_{i=m+1}^{m} f_D(l_i) = 1$，$\sum_{i=m+1}^{m} l_i = 0$；$f_D(\bullet)$ 为标准正态分布 N（0，1）的分布密度函数；δ 表示漂移样本服从数学期望为 δ 的正态分布。

上式以对数形式表示为：

$$Z_{m,\theta} = \ln L_{m,\theta} = \delta \sum_{i=\theta+1}^{m} \left(l_i - \frac{\delta}{2} \right) \tag{8-73}$$

据此，备择假设（有漂移）对原假设（无漂移）的对数似然比统计量为：

$$Z_m = \max_{1\leqslant\theta<m} Z_{m,\theta} = \max\left\{\delta\sum_{i=\theta+1}^{m}\left(l_i - \frac{\delta}{2}\right)\right\} \tag{8-74}$$

通过设置阈值与 Z_m 进行比较，即可判断当前系列观测值内是否存在概念漂移。

8.4.3 算法策略与实现

依据上述分析，本节提出联合样本输出与特征空间的半监督概念漂移检测算法，其策略如图 8-28 所示。

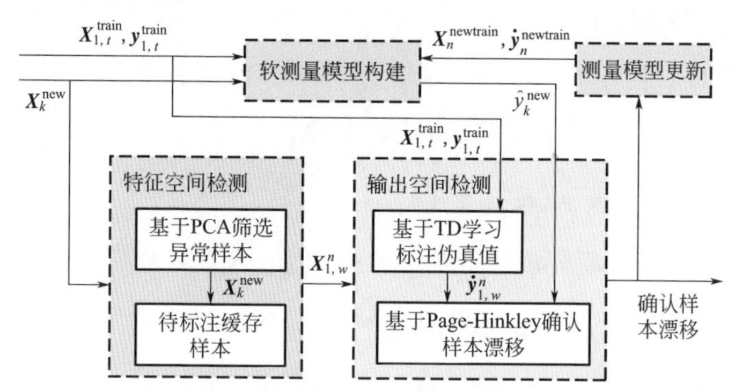

图 8-28 联合样本输出与特征空间的半监督概念漂移检测算法策略

图 8-28 中，$X_{1,t}^{\text{train}}$ 和 $y_{1,t}^{\text{train}}$ 分别表示初始训练集的特征空间与真值集合；X_k^{new} 和 $\hat{y}_k^{\text{new}}$ 分别表示新样本特征空间与测量值；$X_{1,w}^n$ 和 $\dot{y}_{1,w}^n$ 分别表示缓存窗口第 n 次填满时窗口内样本的特征空间与伪真值集合；X_n^{newtrain} 和 $\dot{y}_n^{\text{newtrain}}$ 分别表示新训练集的特征空间与伪真值集合。

不同模块的功能描述如下。

软测量模型构建模块：采用历史样本构建基础软测量模型，并依据新样本的特征空间输出测量值。

特征空间检测模块：采用 PCA 对新样本的特征空间进行漂移检测，当检测值超过 PCA 控制限时认为样本具有漂移可能性，此时将该样本存入待标注缓存窗口，当窗口内样本数量达到预设窗口容量时，将这些样本送入输出空间检测模块。

输出空间检测模块：基于 TD 学习对待标注缓存窗口内样本的伪真值进行标注，再采用 Page-Hinkley 检测法分析样本的伪真值与模型的测量值差异以确认样本是否漂移。

软测量模型更新模块：确认当前缓存窗口内样本发生概念漂移后，将其结合历史样本共同构造为新训练集并重新训练软测量模型，同时重置待标注缓存窗口。

上述各模块的实现方式如下。

（1）软测量模型构建模块

本节采用 GPR 构建基础软测量模型。GPR 通过贝叶斯推理确定样本复杂性水平并建立特征空间与输出空间的映射关系，现已广泛应用于多种工业领域[78]。

该过程首先根据训练样本集 $\boldsymbol{S}_{1,t}^{\text{train}}$ 获得样本真值集合 $\boldsymbol{y}_{1,t}^{\text{train}}$ 的先验概率分布：

$$\boldsymbol{y}_{1,t}^{\text{prior}} \sim N(0, \boldsymbol{K}_{1,t}^{\text{cov}}) \tag{8-75}$$

式中，$\boldsymbol{K}_{1,t}^{\text{cov}}$ 是 $\boldsymbol{S}_{1,t}^{\text{train}}$ 中样本的特征空间 $\boldsymbol{X}_{1,t}^{\text{train}}$ 对应的协方差矩阵，其计算方式可详见本章参考文献 [60]。

据此，GPR 对新样本 $\boldsymbol{d}_k^{\text{new}}$ 的测量值 $\hat{y}_k^{\text{new}}$ 的估计可表示为：

$$\hat{y}_k^{\text{new}} \sim N\left(\boldsymbol{\mu}^*, \boldsymbol{K}^*\right) \tag{8-76}$$

$$\begin{cases} \boldsymbol{\mu}^* = \left(\boldsymbol{K}_{(1,t)k}^{\text{cov}}\right)^{\text{T}} \bullet \left(\boldsymbol{K}_{1,t}^{\text{cov}}\right)^{-1} \bullet \boldsymbol{y}_{1,t}^{\text{train}} \\ \boldsymbol{K}^* = \boldsymbol{K}_k^{\text{cov}} - \left(\boldsymbol{K}_{(1,t)k}^{\text{cov}}\right)^{\text{T}} \bullet \left(\boldsymbol{K}_{1,t}^{\text{cov}}\right)^{-1} \bullet \boldsymbol{K}_{(1,t)k}^{\text{cov}} \end{cases} \tag{8-77}$$

式中，$\boldsymbol{K}_{(1,t)k}^{\text{cov}}$ 和 $\left(\boldsymbol{K}_{(1,t)k}^{\text{cov}}\right)^{\text{T}}$ 分别为由 $\boldsymbol{y}_{1,t}^{\text{train}}$ 与 $\hat{y}_k^{\text{new}}$ 联合概率分布求得的协方差矩阵及其转置矩阵；$\left(\boldsymbol{K}_{1,t}^{\text{cov}}\right)^{-1}$ 为 $\boldsymbol{X}_{1,t}^{\text{train}}$ 对应协方差矩阵的逆矩阵；$\boldsymbol{K}_k^{\text{cov}}$ 为新样本的特征空间 $\boldsymbol{X}_k^{\text{new}}$ 对应的协方差矩阵。

模型测量输出通常取测量值 $\hat{y}_k^{\text{new}}$ 估计范围内的均值。

（2）特征空间检测模块

本节采用 PCA 对新样本的特征空间进行概念漂移检测。PCA 可有效从高维特征中提取关键变化信息，因此被广泛应用于工业过程监控和故障诊断[79]。采用历史样本的特征空间 $\boldsymbol{X}_{1,t}^{\text{train}}$ 建立 PCA 模型后，对新样本 $\boldsymbol{d}_k^{\text{new}}$ 的检测流程如下[39]。

首先，将 $\boldsymbol{d}_k^{\text{new}}$ 的特征空间 $\boldsymbol{X}_k^{\text{new}}$ 分解为：

$$\begin{cases} \boldsymbol{X}_k^{\text{new}} = \hat{\boldsymbol{X}}_k^{\text{new}} + \tilde{\boldsymbol{X}}_k^{\text{new}} \\ \hat{\boldsymbol{X}}_k^{\text{new}} = \boldsymbol{X}_k^{\text{new}} \hat{\boldsymbol{P}}_{1,t} \hat{\boldsymbol{P}}_{1,t}^{\text{T}} \\ \tilde{\boldsymbol{X}}_k^{\text{new}} = \boldsymbol{X}_k^{\text{new}} \left(\boldsymbol{I} - \hat{\boldsymbol{P}}_{1,t} \hat{\boldsymbol{P}}_{1,t}^{\text{T}}\right) \end{cases} \tag{8-78}$$

式中，$\hat{\boldsymbol{X}}_k^{\text{new}}$ 和 $\tilde{\boldsymbol{X}}_k^{\text{new}}$ 分别为 $\boldsymbol{X}_k^{\text{new}}$ 在 PCA 模型主元子空间和残差子空间中的投影；$\hat{\boldsymbol{P}}_{1,t}$ 为 $\boldsymbol{X}_{1,t}^{\text{train}}$ 对应的载荷矩阵。

然后，计算 $\boldsymbol{X}_k^{\text{new}}$ 的 PCA 统计量 SPE_k^{new} 和 $T_k^{2\text{new}}$ ：

$$
\begin{cases}
SPE_k^{\text{new}} \equiv \left\| \tilde{\boldsymbol{X}}_k^{\text{new}} \right\|^2 = \left\| \boldsymbol{X}_k^{\text{new}} \left(\boldsymbol{I} - \hat{\boldsymbol{P}}_{1,t} \hat{\boldsymbol{P}}_{1,t}^{\text{T}} \right) \right\|^2 \\
T_k^{2\text{new}} = \boldsymbol{X}_k^{\text{new}} \hat{\boldsymbol{P}}_{1,t} \hat{\boldsymbol{\Lambda}}_{1,t}^{-1} \hat{\boldsymbol{P}}_{1,t}^{\text{T}} \left(\boldsymbol{X}_k^{\text{new}} \right)^2 \\
\hat{\boldsymbol{\Lambda}}_{1,t} = \dfrac{\hat{\boldsymbol{T}}_{1,t}^{\text{T}} \hat{\boldsymbol{T}}_{1,t}}{t-1} = \text{diag}\left\{ \lambda_1, \lambda_2, \cdots, \lambda_c \right\}
\end{cases} \tag{8-79}
$$

式中，$\hat{\boldsymbol{\Lambda}}_{1,t}$ 为由 $\boldsymbol{X}_{1,t}^{\text{train}}$ 中前 c 个特征值组成的特征向量；$\hat{\boldsymbol{T}}_{1,t}$ 为 PCA 模型得分矩阵。

最后，当满足如下条件时，样本 $\boldsymbol{d}_k^{\text{new}}$ 被认为在特征空间发生漂移，并记录在待标注缓存窗口内：

$$
\left(SPE_k^{\text{new}} > SPE_\alpha \right) \vee \left(T_k^{2\text{new}} > T_\alpha^2 \right) \tag{8-80}
$$

式中，SPE_α 和 T_α^2 为 PCA 统计量控制限，其定义可详见本章参考文献 [80]。

（3）输出空间检测模块

① 基于时间差分学习的伪真值标注　由于 TD 学习在面对特征空间漂移的样本时具有较好的鲁棒性，本节将其用于标注缓存窗口内样本的伪真值。经过 PCA 筛选且待标注缓存窗口已被填满后，记窗口内样本集为 $\boldsymbol{S}_{\text{window}} = \left\{ \boldsymbol{d}_1^{\text{window}}, \cdots, \boldsymbol{d}_w^{\text{window}} \right\}$，其中，$w$ 为预设缓存窗口样本容量。

计算历史样本输出与特征空间的一阶差分量集合，分别标记为 $\Delta \boldsymbol{y}^{\text{train}}$ 和 $\Delta \boldsymbol{X}^{\text{train}}$，请现场人员标注窗口内第一个样本 $\boldsymbol{d}_1^{\text{window}}$ 的真值。原因是：实际工业过程因存在成本高昂、检测延迟和维护困难等问题导致难以对全部样本进行真值标注；新样本发生概念漂移时，其输入输出关系相比历史样本有较大改变，此时仅依据历史样本难以推断漂移样本的伪真值。因此，仅标注窗口内第一个样本的真值可在缩减标注成本的同时提高后续伪真值标注工作的准确性。

据此，构建新一阶差分量集合为：

$$
\Delta \boldsymbol{y}^{\text{train}'} = \begin{bmatrix} \Delta \boldsymbol{y}^{\text{train}} \\ \Delta y_1^{\text{window}} \end{bmatrix} \tag{8-81}
$$

$$
\Delta \boldsymbol{X}^{\text{train}'} = \begin{bmatrix} \Delta \boldsymbol{X}^{\text{train}} \\ \Delta \boldsymbol{X}_1^{\text{window}} \end{bmatrix} \tag{8-82}
$$

式中，$\Delta y_1^{\text{window}}$ 和 $\Delta \boldsymbol{X}_1^{\text{window}}$ 为 $\boldsymbol{d}_1^{\text{window}}$ 与当前训练集中最后时刻样本共同计算获得的一阶差分量。

y_1^{window} 和 $\boldsymbol{X}_1^{\text{window}}$ 分别为 $\boldsymbol{d}_1^{\text{window}}$ 的真值与特征空间。从 $\boldsymbol{d}_2^{\text{window}}$ 起，计算其与 $\boldsymbol{d}_1^{\text{window}}$ 的特征空间 $\boldsymbol{X}_1^{\text{window}}$ 的一阶差分量：

$$
\Delta \boldsymbol{X}_2^{\text{window}} = \boldsymbol{X}_2^{\text{window}} - \boldsymbol{X}_1^{\text{window}} \tag{8-83}
$$

基于最近邻思想，通过欧氏距离从 $\Delta \boldsymbol{X}^{\text{train}'}$ 中选取与 $\Delta \boldsymbol{X}_2^{\text{window}}$ 距离最小的 ε 个

特征空间差分量，并结合其对应的输出空间差分量标记为下式：

$$\boldsymbol{\Omega}_{\text{nearest}}=\left\{\left(\Delta\boldsymbol{X}_{\text{nearest\_1}}^{\text{train}'},\Delta y_{\text{nearest\_1}}^{\text{train}'}\right),\cdots,\left(\Delta\boldsymbol{X}_{\text{nearest\_}\varepsilon}^{\text{train}'},\Delta y_{\text{nearest\_}\varepsilon}^{\text{train}'}\right)\right\} \tag{8-84}$$

采用 $\boldsymbol{\Omega}_{\text{nearest}}$ 建立新的 GPR 模型，对 $\boldsymbol{d}_2^{\text{window}}$ 的输出空间差分量 $\Delta\hat{y}_2^{\text{window}}$ 进行测量：

$$\boldsymbol{\Omega}_{\text{nearest}} \Rightarrow GPR_{\text{nearest}} \tag{8-85}$$

$$GPR_{\text{nearest}}\left(\Delta\boldsymbol{X}_2^{\text{window}}\right)\Rightarrow\Delta\hat{y}_2^{\text{window}} \tag{8-86}$$

进而将 $\boldsymbol{d}_2^{\text{window}}$ 的伪真值 $\dot{y}_2^{\text{window}}$ 标注为：

$$\dot{y}_2^{\text{window}}=\Delta\hat{y}_2^{\text{window}}+y_1^{\text{window}} \tag{8-87}$$

此时，$\boldsymbol{d}_2^{\text{window}}$ 可表示为 $\boldsymbol{d}_2^{\text{window}}=\left(\boldsymbol{X}_2^{\text{window}},\dot{y}_2^{\text{window}}\right)$。重复上述过程至窗口内样本均完成伪真值标注。

② 基于 Page-Hinkley 检测法的漂移样本确认　当待标注缓存窗口内样本均完成伪真值标注后，本节采用 Page-Hinkley 检测法对这些样本的输出空间进行概念漂移检测。以 T 时刻的观测值 Obs（T）为例，检测流程如下[72]。

首先，计算关于 Obs（T）的累计变量 φ_T：

$$\overline{Obs}_{T-1}=\frac{1}{T-1}\sum_{m=1}^{T-1}Obs(m) \tag{8-88}$$

$$\varphi_T=\sum_{m=1}^{T}\left(Obs(m)-\overline{Obs}_{m-1}\right) \tag{8-89}$$

式中，$\overline{Obs}_{T-1}$ 为此前 $T-1$ 时刻所有历史观测值的均值；累计变量 φ_T 为当前观测值 Obs（T）与历史观测值均值之差。

然后，通过计算变化指标 PH_T 判断当前观测值 Obs（T）是否异常：

$$\phi_T=\min_{m=1,\cdots,T}\varphi_m \tag{8-90}$$

$$PH_T=\varphi_T-\phi_T \tag{8-91}$$

式中，ϕ_T 为从当前所有时刻中记录的最小累计变量值；PH_T 为当前 T 时刻累计变量 φ_T 与最小累计变量值之差。

当满足条件 $PH_T>\lambda$ 时，认为观测值 Obs（T）异常，其中 λ 是经验阈值。

记待标注缓存窗口第 n 次填满且样本均被标注时窗口内样本集为 $\boldsymbol{S}_{\text{window}}^n=\left\{\boldsymbol{d}_1^n,\cdots,\boldsymbol{d}_w^n\right\}$。计算当前窗口内样本平均测量误差 $AveEro_n$，如下式所示：

$$AveEro_n=\frac{1}{w}\sum_{m=1}^{w}\left|\hat{y}_m^n-\dot{y}_m^n\right| \tag{8-92}$$

式中，$\hat{y}_m^n$ 和 $\dot{y}_m^n$ 分别为窗口内第 m 个样本的测量值与伪真值。

最后，本节将观测值 Obs（T）选取为窗口第 n 次填满时窗口内样本的累积平均测量误差，即：

$$Obs(T)\big|_{T=n}=\frac{Obs(T-1)(n-1)+AveEro_n}{n},\ n\geqslant 1 \tag{8-93}$$

此时，累计变量 φ_T 为当前累计平均测量误差与历史累计平均测量误差均值之差；ϕ_T 为当前记录的最小 φ_T 值。

此外，缓存窗口第一次被填满，即 n=1 时存在 $\phi_T=\varphi_T$，此时样本输出空间中缺乏漂移判断依据，因此本节将 ϕ_T 表示为：

$$\phi_T\big|_{T=n}=\begin{cases}\min\limits_{m=1,\cdots,T}\varphi_m, n\geqslant 1\\ \phi_0, n=0\end{cases} \tag{8-94}$$

式中，ϕ_0 为依据验证样本平均测量误差获得的基准累计平均测量误差。

同时，本节设置 $\lambda=0$，即当 $\varphi_T>\phi_T$ 时，代表当次窗口内累计平均测量误差相较历史样本明显升高时，认为窗口内样本可表征概念漂移，并将其用于构建新训练集。

（4）测量模型更新模块

当缓存窗口内样本被确认漂移后，本节根据历史样本和当前窗口内样本共同构建新训练集对软测量模型进行更新。以缓存窗口被第 n 次填满时窗口内样本 $\boldsymbol{S}_{\text{window}}^{n}$ 为例，构造新训练集 $\boldsymbol{S}_n^{\text{newtrain}}$，如下式所示：

$$\boldsymbol{X}_n^{\text{newtrain}}=\begin{bmatrix}\boldsymbol{X}_{1,t}^{\text{train}}\\ \boldsymbol{X}_{1,w}^{n}\end{bmatrix} \tag{8-95}$$

$$\boldsymbol{y}_n^{\text{newtrain}}=\begin{bmatrix}\boldsymbol{y}_{1,t}^{\text{train}}\\ \dot{\boldsymbol{y}}_{1,w}^{n}\end{bmatrix} \tag{8-96}$$

式中，$\boldsymbol{X}_n^{\text{newtrain}}$ 和 $\boldsymbol{y}_n^{\text{newtrain}}$ 分别为新训练集 $\boldsymbol{S}_n^{\text{newtrain}}$ 的特征空间与真值集合；$X_{1,w}^{n}$ 和 $\dot{\boldsymbol{y}}_{1,w}^{n}$ 分别为当前窗口内样本的特征空间与伪真值集合。

8.4.4 实验验证

（1）数据集

本节采用合成数据集验证所提方法的有效性，并通过真实 MSWI 过程数据集验证其实际应用效果。

① 合成数据集　合成数据集采用本章参考文献 [47] 所提方法构建。正常样本生成依据为：

$$y=10\sin\left(\pi x_1 x_2\right)+20\left(x_3-0.5\right)^2+10x_4+5x_5+\sigma(0,1) \tag{8-97}$$

式中，$x_1\sim x_5$ 均服从 [0，1] 区间内均匀分布；$\sigma(0,1)$ 为服从正态分布的随机数。

漂移样本生成依据分别为：

$$y_R = 10x_1x_2 + 20(x_3 - 0.5) + 10x_4 + 5x_5 + \sigma(0,1) \tag{8-98}$$

式中，各特征取值范围满足：

$$(0 \leqslant x_1 \leqslant 1) \cap (x_2 < 0.3) \cap (x_3 < 0.3) \cap (x_4 > 0.7) \cap (x_5 < 0.3) \tag{8-99}$$

合成数据集共有样本 1500 个，其中前 1000 个为正常样本，后 500 个为漂移样本。在正常样本中，又划分前 500 个为建模样本，后 500 个为验证样本。验证样本设置的目的是获得基准累计平均测量误差 ϕ_0 值。

② MSWI 过程数据集　MSWI 过程数据来自某 MSWI 电厂，数据中包含的缺失值和异常值均根据现场经验以人工方式去除。实验中选择氮氧化物的排放浓度作为测量目标，考虑其生成和吸收过程，选取炉膛温度、一次风流量、二次风流量、炉膛剩余氧量、尿素喷入量等相关性较强的 18 个变量作为样本特征。MSWI 过程数据集中具有样本 1500 个，其中前 1000 个为正常样本，后 500 个为漂移样本。在正常样本中，又划分前 500 个为建模样本，后 500 个为验证样本。需要提出的是，本节此处：正常样本在炉膛温度为 900 ～ 950℃时采集；漂移样本在炉膛温度为 950 ～ 1000℃时采集。

上述数据集的详细参数及各特征在漂移环境中的变化情况如表 8-11 和图 8-29 所示。

表 8-11　本节采用数据集参数统计

数据集	样本总数	建模样本数	验证样本数	漂移样本数	特征空间维数
合成	1500	500	500	500	5
过程	1500	500	500	500	18

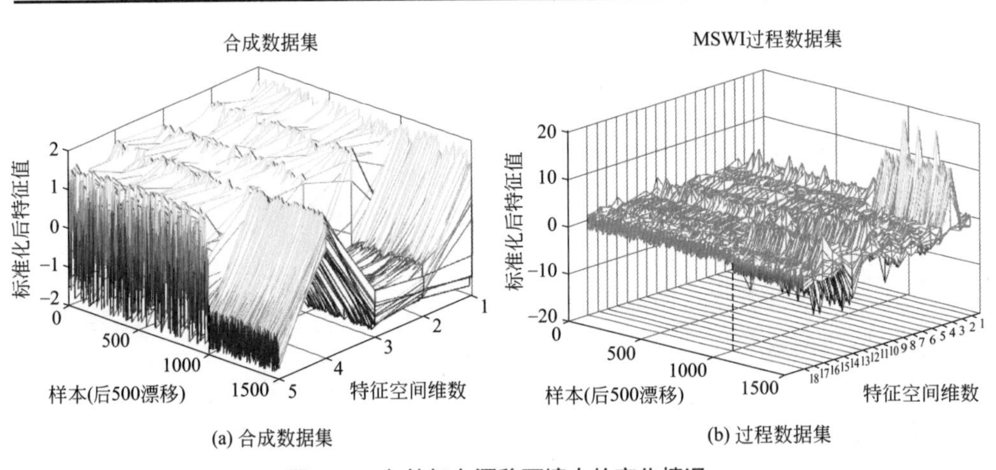

(a) 合成数据集　　(b) 过程数据集

图 8-29　各特征在漂移环境中的变化情况

(2) 实验结果

实验中各参数设置如表 8-12 所示。

表 8-12 参数设置

参数名称	数据集	
	合成	过程
GPR 核函数	RBF	RBF
核函数宽度	0.5967	1.5116
核函数特征长度	0.7939	1.4734
待标注样本窗口容量（w）	8	50
PCA 控制限置信度（$Conf_{SPE}$，$Conf_{T^2}$）	0.8，0.8	0.9，0.9
TD 学习最近邻数量（ε）	6	5
Page-Hinkley 检测法基准累计平均测量误差（ϕ_0）	2.2919	16.8846

表 8-12 中，$Conf_{SPE}$ 和 $Conf_{T^2}$ 分别为 PCA 统计量控制限 SPE 和 T^2 的置信度；ϕ_0 为验证样本平均测量误差。

原始软测量模型在各数据集中的测量结果如图 8-30 所示。

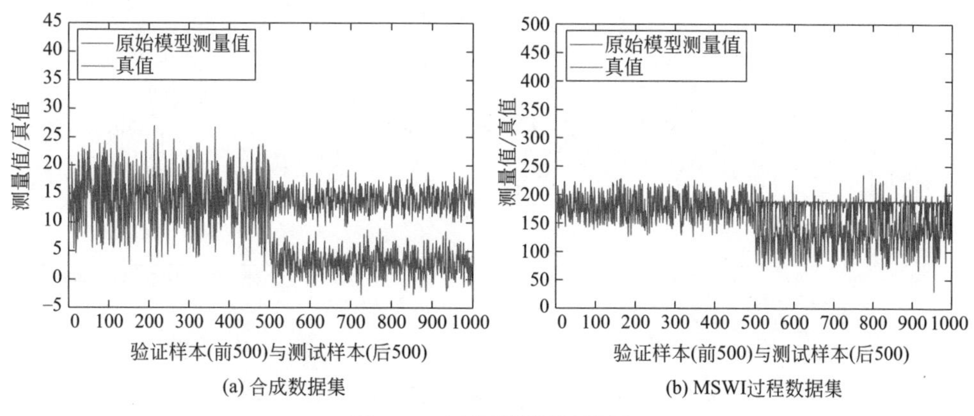

图 8-30 原始模型测量结果

由图 8-30 可知，原始软测量模型在两个数据集的漂移发生时刻（第 500 个样本）均产生较大的测量误差，并对此后的漂移样本均无法有效拟合。

① 特征空间漂移检测 针对数据集中存在的概念漂移现象，采用 PCA 对验证样本和漂移样本特征空间的漂移检测结果如图 8-31 所示。

图 8-31 显示了验证样本和漂移样本特征空间的 PCA 统计量与 PCA 统计控制限的大小关系，其中，在合成数据集中和 MSWI 过程数据集中测得的特征空间漂移样本分别为 400 和 450 个。从图 8-31 中可知，MSWI 过程数据集中样本特征空间分布受工况变化影响较为敏感，因此采用 PCA 可有效测出漂移时刻对应样本。

② 基于 TD 学习的伪真值标注 针对特征空间漂移的样本，基于 TD 学习对其伪真值标注结果如图 8-32 所示。

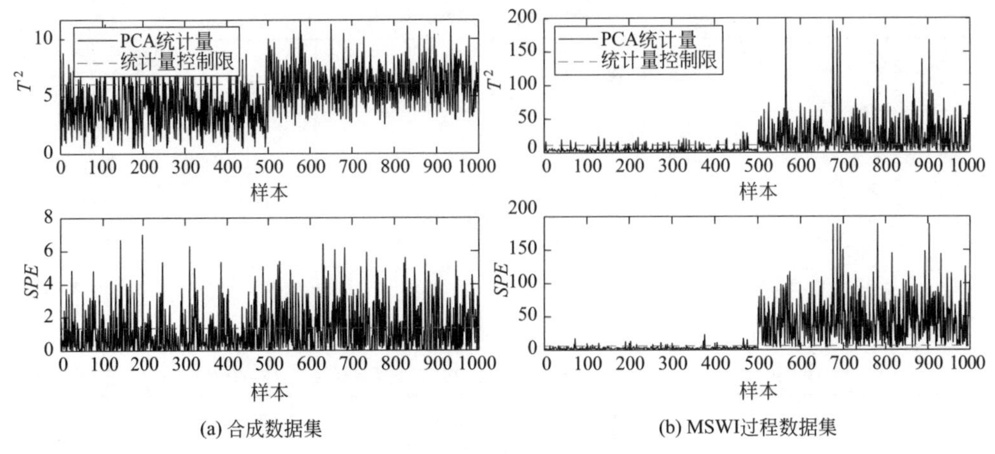

图 8-31　针对特征空间的漂移检测结果

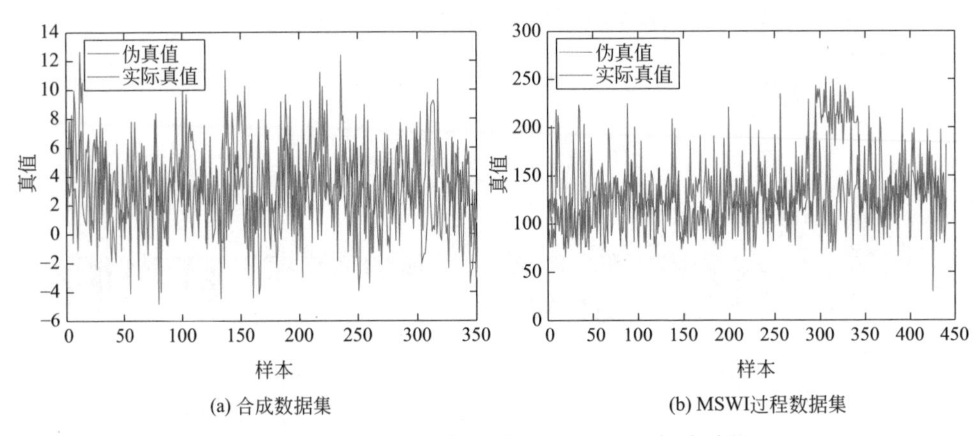

图 8-32　针对特征空间漂移样本的伪真值标注结果

图 8-32 为样本实际真值与伪真值的比较结果，其中，在合成数据集中共标注伪真值 350 个，伪真值与真值间平均误差为 3.2760；在 MSWI 过程数据集中共标注伪真值 441 个，伪真值与真值间平均误差为 35.9429。两个数据集中伪真值平均标注误差与实际真值自身离散程度相似。此外，由图 8-32 可知，伪真值变化趋势与样本真值相近。因此，在样本真值难以完全获取时，可采用伪真值对样本输出空间的漂移情况进行近似分析。

③ 输出空间检测结果　对特征空间漂移的样本完成伪真值标注后，采用 Page-Hinkley 检测法对样本输出空间的漂移检测结果如图 8-33 所示。

图 8-33 为每次待标注缓存窗口被填满且其中样本均被标注伪真值后，窗口内样本累计平均测量误差的变化情况，其中，在合成数据集和 MSWI 过程数据集中的待标注缓存窗口的填满次数分别为 50 次和 9 次。由图 8-33 可知，在漂移开始

发生的时刻，窗口内样本累计平均测量误差明显较大，但随着模型的不断更新，其逐渐趋于平稳，这表明所提算法可有效检测样本输出空间中存在的概念变化。

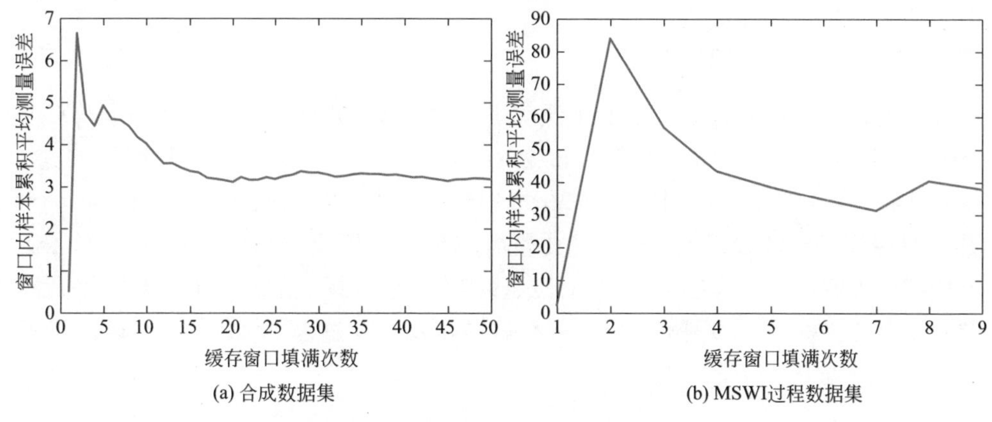

(a) 合成数据集　　(b) MSWI过程数据集

图 8-33　针对输出空间的漂移检测结果

④ 软测量模型更新　依据上述检测结果，模型采用由表征概念漂移的新样本和历史样本组成的新训练集更新后，在各数据集中的测量性能变化如图 8-34 所示。

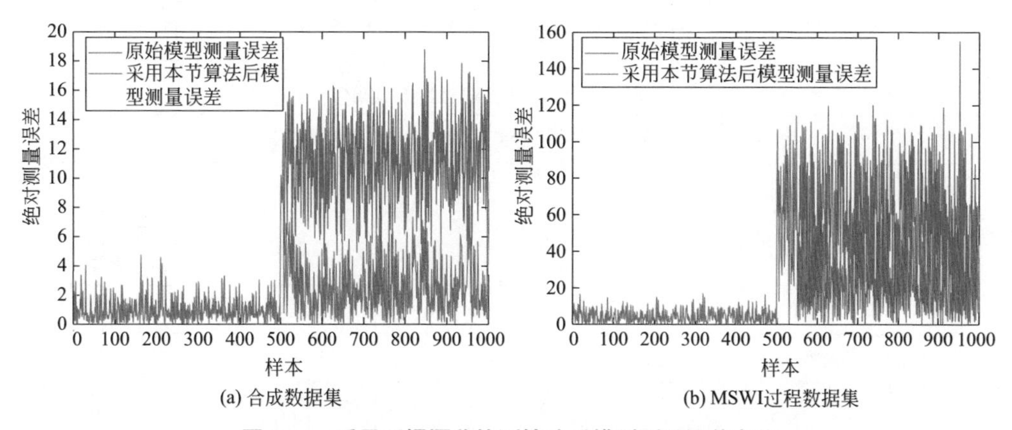

(a) 合成数据集　　(b) MSWI过程数据集

图 8-34　采用所提漂移检测算法后模型测量误差变化

由图 8-34 可知，软测量模型采用所提漂移检测算法后，测量误差相较原始模型存在明显下降，详细更新信息及模型 *RMSE* 变化情况如表 8-13 所示。

表 8-13　所提算法检测信息

项目	合成数据集	MSWI 过程数据集
缓存窗口填满次数	50	9
模型更新次数	44	8
标注漂移样本伪真值数	350	441

续表

项目	合成数据集	MSWI 过程数据集
原始模型 *RMSE*	7.6478	53.0210
采用本节算法后模型 *RMSE*	2.5840	28.8785

由表 8-13 可知：在存在 500 个漂移样本的合成数据集中，共标注样本伪真值 350 个，更新后使模型 *RMSE* 降低 66.2%，相较原始模型真值需求量降低 99.2%；在同样存在 500 个漂移样本的 MSWI 过程数据集中，共标注样本伪真值 441 个，更新后使模型 *RMSE* 降低 45.5%，真值需求量与原始模型相比，降低了 98.2%。上述结果表明：所提算法可在大部分漂移样本真值未标注的情况下，显著提升模型面对概念漂移样本的测量性能，可有效提高 MSWI 过程氮氧化物浓度软测量模型在漂移环境中的测量精度。

(3) 方法比较

① 漂移检测性能比较　为验证所提漂移检测算法具有优于已有方法的性能，此处与仅基于特征空间的无监督型算法和仅基于输出空间的有监督型算法进行比较，前者基于 PCA 检测样本特征空间漂移状况 [57]，后者采用模型测量误差检测样本输出空间漂移状况 [54]。比较结果如表 8-14 和图 8-35 所示。

表 8-14　不同算法检测性能比较

数据集	检测算法	模型更新次数	更新所需真值数	模型测量 *RMSE*	其他
合成	无监督型	101	101	2.5846	需采用真值更新
	有监督型	99	990	2.2943	需采用真值检测与更新
	本节算法	44	50	2.5840	采用伪真值更新
过程	无监督型	463	463	35.8261	需采用真值更新
	有监督型	19	450	28.4729	需采用真值检测与更新
	本节算法	8	9	28.8785	采用伪真值更新

由上述结果分析可知：相较无监督型算法，本节算法在两个数据集中均使模型更新后具有更低的 *RMSE* 值，更新过程中真值需求分别缩减 50.5%（合成数据集）和 98%（MSWI 过程数据集）；相较进行比较的有监督型算法，本节算法除具有更低的更新次数外，在真值需求量缩减的情况下仍使更新模型具有较低的 *RMSE* 值。综上表明：所提算法可有效提升无监督型算法的更新效率，能在仅有少量真值标注的情况下，保持与有监督型算法相近的泛化性能。

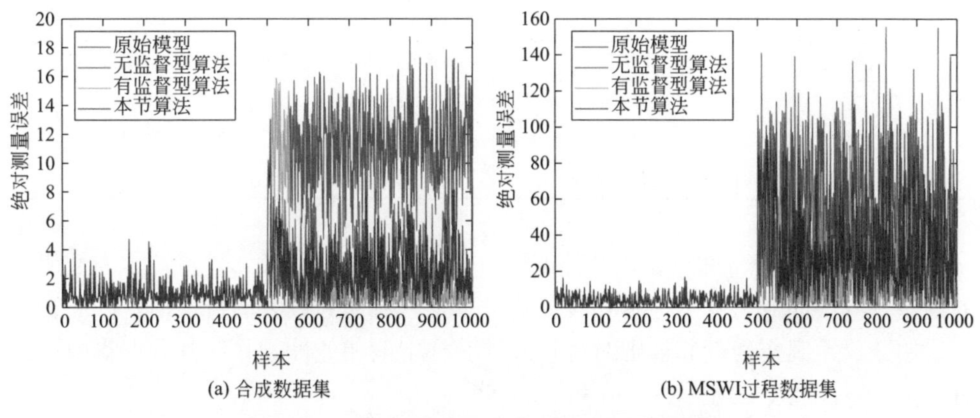

(a) 合成数据集　　(b) MSWI过程数据集

图 8-35　采用不同算法时模型绝对测量误差变化

② 建模策略比较　为验证 GPR 模型的高效测量性能，此处与两种常用的机器学习模型［SVR 和回归树（RT）］进行比较。除模型外其余参数均与上述实验中保持一致，比较结果如表 8-15 所示。

表 8-15　不同模型测量性能比较

数据集	软测量模型	核函数（核宽度）	最小叶尺寸	训练 *RMSE*	训练 R^2	测量 *RMSE*
合成	SVR	RBF（0.5600）	—	0.2479	0.94	3.7900
	RT	—	4	0.3034	0.91	3.1241
	GPR	RBF（0.5967）	—	0.1899	0.96	2.5840
过程	SVR	RBF（1.1000）	—	0.1369	0.98	30.3916
	RT	—	4	0.1630	0.97	29.9548
	GPR	RBF（1.5116）	—	0.1348	0.98	28.8785

由表 8-15 分析可知，上述模型均取最优测量结果时，GPR 的表现仍优于其他模型。在合成数据集中，GPR 具有最优的训练 *RMSE*、R^2 和测量 *RMSE*（分别为 0.1899、0.96 和 2.5840）；在 MSWI 过程数据集中，GPR 在训练阶段的拟合效果与 SVR 相近（分别为 0.1348 和 0.98），但在测量阶段具有最优泛化性能（28.8785）。

③ 近邻规则比较　为验证基于 TD 学习的伪真值标注过程中，欧氏距离作为近邻规则的有效性，此处与两种常用的相似性度量方式，即曼哈顿距离与切比雪夫距离进行比较。比较过程中参数设置与实验部分保持一致，结果如表 8-16 所示。

表 8-16　不同距离函数对模型更新性能的影响

数据集	距离函数	伪真值标注平均误差	模型测量 *RMSE*
合成	曼哈顿距离	3.3434	3.1939
	切比雪夫距离	3.2382	3.2484
	欧氏距离	3.2760	2.5840

续表

数据集	距离函数	伪真值标注平均误差	模型测量 *RMSE*
过程	曼哈顿距离	38.0043	28.9954
	切比雪夫距离	37.7392	28.9947
	欧氏距离	35.9429	28.8785

由表 8-16 分析可知，相较其他度量方式，欧氏距离能够体现特征空间数值上的绝对差异，而概念漂移样本相较历史样本常具有差异较大的特征值。因此，模型采用欧氏距离作为近邻规则时可较好捕获样本的相似性，并在各数据集中均具有最优测量性能（分别为 2.5840 和 28.8785）。

（4）参数分析

仿真过程中固定参数（软测量模型核函数类型、核函数宽度与特征长度及基准累计平均测量误差 ϕ_0）根据模型最小训练误差与最小验证样本测试误差选取，可变参数（待标注样本窗口容量 w、PCA 控制限置信度 $Conf_{SPE}$ 与 $Conf_{T^2}$ 及 TD 学习最近邻数量 ε）依据经验选取。

以 MSWI 过程数据集为例，不同可变参数对算法性能影响的分析结果如表 8-17 所示。

表 8-17　可变参数不同时的算法性能比较结果

样本窗口容量 w	最近邻数量 ε	PCA 控制限 $Conf_{SPE}$，$Conf_{T^2}$	缓存窗口填满次数	标注伪真值数	更新次数	伪真值标注平均误差	模型测量 *RMSE*
30	3	0.85，0.85	16	464	13	38.9005	31.0823
		0.9，0.9	16	464	15	48.2016	35.2513
		0.95，0.95	16	464	12	37.7528	28.9876
	5	0.85，0.85	16	464	15	40.0004	30.4071
		0.9，0.9	16	464	15	47.6636	34.2694
		0.95，0.95	15	435	13	39.0258	31.0078
	8	0.85，0.85	16	464	12	40.1782	28.8912
		0.9，0.9	16	464	15	46.5567	32.8323
		0.95，0.95	15	435	14	38.4400	30.5321
50	3	0.85，0.85	9	441	8	42.9923	30.1536
		0.9，0.9	9	441	8	36.8999	29.7216
		0.95，0.95	9	441	7	31.2822	29.3330
	5	0.85，0.85	9	441	8	43.4483	29.8960
		0.9，0.9	9	441	9	35.9429	28.8785
		0.95，0.95	9	441	7	31.9674	29.9178
	8	0.85，0.85	9	441	8	42.9759	29.4615
		0.9，0.9	9	441	8	37.0338	29.2796
		0.95，0.95	9	441	6	31.4267	29.3356

续表

样本窗口容量 w	最近邻数量 ε	PCA 控制限 $Conf_{SPE}$，$Conf_{T^2}$	缓存窗口填满次数	标注伪真值数	更新次数	伪真值标注平均误差	模型测量 *RMSE*
70	3	0.85，0.85	6	414	5	44.7315	33.6308
		0.9，0.9	6	414	5	46.9859	36.2573
		0.95，0.95	6	414	5	33.4711	33.1686
	5	0.85，0.85	6	414	5	41.9744	32.4663
		0.9，0.9	6	414	5	44.4580	34.3495
		0.95，0.95	6	414	5	33.6287	34.2660
	8	0.85，0.85	6	414	5	42.3929	31.0446
		0.9，0.9	6	414	5	45.8771	34.5003
		0.95，0.95	6	414	5	33.2206	33.5950

由表 8-17 可知：

① 待标注缓存窗口容量 w 变化时，会改变伪真值标注次数与模型更新次数，进而对更新后的模型 *RMSE* 产生影响。当 w 偏小时，缓存窗口易被填满，更多样本被检测为特征空间异常并被确认漂移，因此伪真值标注量与模型更新次数增加，但由于单次更新模型的漂移样本数过少，导致模型无法在每次更新时充分学习漂移特征，易使更新后的模型 *RMSE* 偏大；当 w 偏大时，缓存窗口难以填满，伪真值标注量与模型更新次数随之降低，但其较长的样本检索时间导致模型无法及时适应概念漂移，同样易使更新后模型 *RMSE* 偏大。

② TD 学习中最近邻数量 ε 变化时，会改变伪真值标注精度，进而对更新后的模型 *RMSE* 产生影响。当 ε 偏小时，被用于标注伪真值的历史样本数减少，因此算法无法获取充足历史差分量变化信息，导致难以准确输出伪真值并易使更新后的模型 *RMSE* 偏大；当 ε 偏大时，被用于标注伪真值的历史样本数增多，此时算法易受相似度较低的历史差分量变化信息干扰，同样导致更新后的模型 *RMSE* 偏大。

③ 特征空间漂移检测过程中 PCA 控制限（$Conf_{SPE}$ 与 $Conf_{T^2}$）的变化将改变算法在输出空间的检测样本数量，进而使待标注缓存窗口填满次数、伪真值标注次数、模型更新次数及伪真值标注精度发生变化，并对更新后的模型 *RMSE* 产生影响。其影响方式与可变参数 w、ε 变化所产生的影响相似，即改变模型对漂移的学习程度与其更新效率。

上述分析表明，可变参数的设置方式对软测量模型的最终性能具有一定影响。在选择参数时需结合实际应用背景，具体为：新样本概念变化缓慢或对模型测量影响程度较小时，应设置较大缓存样本窗口容量以充分学习漂移特征，从而获取最优测量性能，反之则应设置较小窗口容量以及时避免测量性能快速恶化；当新样本的特征空间分布与历史样本接近时，应设置较小的最近邻数量以避免提取冗余差分量信息，同时设置较低的 PCA 控制限以利于在输出空间区分新概念样本，反之则应设置较大的最近邻数量和 PCA 控制限，从而准确标注新样本伪真值并提前将其在特征空间与历史样本区分，提高输出空间检测效率。实际上，更新后的模型 *RMSE* 变化不是由算法中单一可变参数改变引起的，而是体现为上述参数的综合影响。因此，所提漂移检测算法应用于工业过程时，应设置可交互界面实时调整可变参数，以获取最优的检测及模型更新效果。

8.5 本章小结

针对实际工业过程因概念漂移导致基于历史样本构建的软测量模型泛化性能下降的问题，本章依据不同应用场景分别提出基于难测参数误差和分布假设检验的概念漂移检测方法、基于综合评估指标的概念漂移检测方法以及联合样本输出与特征空间的半监督概念漂移检测方法，并且基于合成和真实工业过程数据集验证了所提方法具有优于已有方法的性能。未来在实际算法设计时，可进一步结合虚拟样本生成和小样本分析等技术充分利用已有真值样本的分布信息，同时建立可靠的无监督检测策略进行异常样本筛选。此外，由于单个样本所携带的分布信息有限，未来应从样本输出空间、变量空间和变量子空间等方面进行多视角并行分析，同时引入多步预测与变化率分析等策略，实现对未来发生漂移的可能性、时间和程度等信息进行预判，以充分发挥单样本检测的时效性特点。考虑到在工业运行过程中的适用性，除在算法中引入噪声识别等数据预处理技术外，同时应结合专家知识与工艺机理识别工况，建立多模式集成或自适应调整的漂移检测模型，提高在工业环境中的漂移检测效率。除概念漂移的检测方式外，其他研究内容如漂移理解、漂移适应性模型的构建与更新策略等仍需进一步讨论。

参考文献

[1] LIU A，SONG Y，ZHANG G，et al. Regional Concept Drift Detection and Density Synchronized Drift Adaptation[C]//IJCAI International Joint Conference on Artificial Intelligence.Melbourne：AAAI，2017：2280-2286.

[2] GARCIA S S，GARCIA P M，FUENTES A X. Conventional True Values Compared[J]. Accreditation and Quality Assurance，2006，10（12）：686-689.

[3] 段滈杉，乔俊飞，蒙西，等 . 基于模块化神经网络的城市固废焚烧过程氮氧化物软测量 [C]// 第 31 届中国过程控制会议（CPCC 2020）摘要集 . 徐州：中国自动化学会过程控制专业委员会，2020.

[4] 乔俊飞，孙子健，汤健 . 面向工业过程软测量建模的概念漂移检测综述 [J/OL]. 控制理论与应用，2021，38（8）：1159-1174. http：//kns.

cnki.net/kcms/detail/44.1240.tp.20210311.1552.006.html.

[5] WIDMER G，KUBAT M. Effective Learning in Dynamic Environments by Explicit Context Tracking[C]//European Conference on Machine Learning. Berlin：Springer，1993：227-243.

[6] KELLY M G，HAND D J，ADAMS N M. The Impact of Changing Populations on Classifier Performance[C]//Proceedings of the fifth ACM SIGKDD international conference on Knowledge discovery and data mining. San Diego，California，USA：ACM，1999：367-371.

[7] KUNCHEVA L I. Classifier Ensembles for Changing Environments[C]//International Workshop on Multiple Classifier Systems. Berlin：Springer，2004：1-15.

[8] MORENO T J G，RAEDER T，ALAIZ R R O，et al. A unifying view on Dataset Shift in Classification[J]. Pattern Recognition，2012，45（1）：521-530.

[9] ZLIOBAITE I. Learning under Concept Drift：An Overview. Computer Science，2010，4（2）：107-194.

[10] KADLEC P，GABRYS B，STRAND T S. Data-Driven Soft Sensors in The Process Industry[J]. Computers & Chemical Engineering，2009，33（4）：795-814.

[11] 袁小锋，葛志强，宋执环 . 基于时间差分和局部加权偏最小二乘算法的过程自适应软测量建模[J]. 化工学报，2016，2016（03）：724-728.

[12] BAKKER J，PECHENIZKIY M，ZLIOBAITE I，et al. Handling Outliers and Concept Drift in Online Mass Flow Prediction in CFB Boilers[C]//Proceedings of the Third International Workshop on Knowledge Discovery from Sensor Data. New York：ACM，2009：13-22.

[13] ZENISEK J，HOLZINGER F，AFFENZELLER M. Machine Learning Based Concept Drift Detection for Predictive Maintenance[J]. Computers & Industrial Engineering，2019，137：106031.

[14] ROSENTHAL F，VOLK P B，HAHMANN M，et al. Drift-Aware Ensemble Regression[C]//International Workshop on Machine Learning and Data Mining in Pattern Recognition. Berlin：Springer，2009：221-235.

[15] SHANG L，LIU J，ZHANG Y，et al. Efficient Recursive Canonical Variate Analysis Approach for Monitoring Time-Varying Processes[J]. Journal of Chemometrics，2017，31（1）：e2858.

[16] ANDREWS J D，MOSS T R. Reliability and Risk Assessment[M]. 2nd Ed. USA：Wiley-Blackwell，2002.

[17] 乔俊飞，郭子豪，汤健 . 面向城市固废焚烧过程的二噁英排放浓度检测方法综述[J]. 自动化学报，2020，46（6）：1063-1089.

[18] ROWCLIFFE W. Learning in The Presence of Sudden Concept Drift and Measurement Drift[D]. Ames，Iowa：Iowa State University，2013.

[19] LU J，LIU A，DONG F，et al. Learning under Concept Drift：A Review[J]. IEEE Transactions on Knowledge and Data Engineering，2018，31（12）：2346-2363.

[20] LUGHOFER E. Hybrid Active Learning

(HAL) for Reducing The Annotation Efforts of Operators in Classification Systems[J]. Pattern Recognit, 2012, 45 (2): 884-896.
[21] 汤健，夏恒，乔俊飞，等. 深度集成森林回归建模方法及应用研究[J/OL]. 北京工业大学学报，2021，47(11): 1219-1229[2021-06-11]. https: //kns.cnki.net/kcms/detail/11.228 6.T.20200723.1048.002.html.
[22] RAMIREZ G S, KRAWCZYK B, GARCIA S, et al. A Survey on Data Preprocessing for Data Stream Mining: Current Status and Future Directions[J]. Neurocomputing, 2017, 239: 39-57.
[23] CAO F, HUANG J Z, LIANG J. Trend Analysis of Categorical Data Streams with A Concept Change Method[J]. Information Sciences, 2014, 276: 160-173.
[24] GAMA J, ZLIOBAITE I, BIFET A, et al. A Survey on Concept Drift Adaptation[J]. ACM Computing Surveys, 2014, 46 (4): 1-37.
[25] IWASHITA A S, PAPA J P. An Overview on Concept Drift Learning[J]. IEEE Access, 2018, 7: 1532-1547.
[26] GAMA J, MEDAS P, CASTILLO G, et al. Learning with Drift Detection[C]// Brazilian Symposium on Artificial Intelligence. Berlin: Springer, 2004: 286-295.
[27] FRIAS B I, CAMPO A J, RAMOS J G, et al. Online and non-parametric Drift Detection Methods Based on Hoeffding' s Bounds[J]. IEEE Transactions on Knowledge and Data Engineering, 2014, 27 (3): 810-823.
[28] DITZLER G, POLIKAR R. Incremental Learning of concept drift from Streaming Imbalanced Data[J]. IEEE Transactions on Knowledge and Data Engineering, 2013, 25 (10): 2283-2301.
[29] WIDMER G, KUBAT M. Learning in the Presence of Concept Drift and Hidden Contexts[J]. Machine Learning, 1996, 23 (1): 69-101.
[30] NISHIDA K, YAMAUCHI K. Detecting Concept Drift Using Statistical Testing[C]// International conference on discovery science. Berlin: Springer, 2007: 264-269.
[31] SUN Z J, TANG J, QIAO J F, et al. Review of Concept Drift Detection Method for Industrial Process Modeling[C]//2020 39th Chinese Control Conference (CCC). New York: IEEE, 2020: 5754-5759.
[32] LIU M, ZHANG D B, ZHAO Y Y. Concept drift detection based on Distance Measurement of Overlapped Data Windows[J]. Journal of Computer Applications, 2014, 34 (2): 542-545.
[33] KUNCHEVA L I. Change Detection in Streaming Multivariate Data Using Likelihood Detectors[J]. IEEE Transactions on Knowledge and Data Engineering, 2013, 25 (5): 1175-1180.
[34] SOBHANI P, BEIGY H. New Drift Detection Method for Data Streams[C]// Proceedings of International Conference on Adaptive and Intelligent Systems. Klagenfurt: IEEE, 2011: 88-97.
[35] KATAKIS I, TSOUMAKAS G, VLAHAVAS I. Tracking Recurring Contexts Using Ensemble Classifiers: An Application to Email Filtering[J]. Knowledge and

Information Systems, 2010, 22 (3): 371-391.

[36] ZLIOBAITE I, PECHENIZKIY M, GAMA J. An overview of concept drift applications[M] // JAPKOWICZ N, STEFANOWSKI J. Big Data Analysis: New Algorithms for A New Society. Cham: Springer International Publishing, 2016: 91-114.

[37] ENGEL Y, MANNOR S, MEIR R. The Kernel Recursive Least-squares Algorithm[J]. IEEE Transactions on Signal Processing, 2004, 52 (8): 2275-2285.

[38] TANG J, YU W, CHAI T, et al. On-line Principal Component Analysis with Application to Process Modeling[J]. Neurocomputing, 2012, 82: 167-178.

[39] 汤健，柴天佑，刘卓，等 . 基于更新样本智能识别算法的自适应集成建模 [J]，自动化学报，2016，42 (7)：1040-1052.

[40] LU N, LU J, ZHANG G, et al. A Concept Drift-tolerant Case-base Editing Technique[J]. Artificial Intelligence, 2016, 230: 108-133.

[41] BACH S H, MALOOF M A. Paired Learners for Concept Drift[C]//2008 Eighth IEEE International Conference on Data Mining. New York: IEEE, 2008: 23-32.

[42] LAZARESCU M M, VENKATESH S, BUI H H. Using Multiple Windows to Track Concept Drift[J]. Intelligent Data Analysis, 2004, 8 (1): 29-59.

[43] ALMEIDA P R L, OLIVEIRA L S, JR A S, et al. Adapting Dynamic Classifier Selection for Concept Drift[J]. Expert Systems with Applications, 2018, 104: 67-85.

[44] 陈荣，梁昌勇，谢福伟 . 基于 SVR 的非线性时间序列预测方法应用综述 [J]. 合肥工业大学学报：自然科学版，2013，36 (3)：369-374.

[45] AWAD M, KHANNA R. Support Vector Regression[M]//AWAD M, KHANNA R. Efficient Learning Machines. Berkeley: Apress, 2015: 67-80.

[46] ALEX J S, BERNHARD S. A Tutorial on Support Vector Regression[J]. Stats and Computing, 2004, 14 (3): 199-222.

[47] IKONOMOVSKA E. Algorithms for Learning Regression Trees and Ensembles on Evolving Data Streams[D]. Ljubljana: Jožef Stefan International Postgraduate School, 2012.

[48] FRIEDMAN J H. Multivariate Adaptive Regression Splines[J]. The Annals of Statistics, 1991, 19 (1): 1-67.

[49] KARALIČ A. Employing Linear Regression in Regression Tree Leaves[C]//The 10th European Conference on Artificial intelligence. Netherlands: IOS Press, 1992: 440-441.

[50] KHAMASSI I, SAYED M M, HAMMAMI M, et al. Discussion and Review on Evolving Data Streams and Concept Drift Adapting[J]. Evolving Systems, 2018, 9 (1): 1-23.

[51] MELLO R F, VAZ Y, GROSSI C H, et al. On Learning Guarantees to Unsupervised Concept Drift Detection on Data Streams[J]. Expert Systems with Applications, 2019, 117: 90-102.

[52] BAENA G M, CAMPO A J, FIDALGO R, et al. Early Drift Detection Method[C]//Fourth International Workshop on Knowledge Discovery from Data Streams. Netherlands: IOS Press, 2006, 6: 77-86.

[53] MARTINEZ R D, FERNANDEZ F D, FONTENLA R O, et al. Stream Change Detection via Passive-aggressive Classification and Bernoulli CUSUM[J]. Information Sciences, 2015, 305: 130-145.
[54] CHANNOI K, MANEEWONGVATANA S. Concept Drift for CRD Prediction in Broiler Farms[C]//2015 12th International Joint Conference on Computer Science and Software Engineering. New York: IEEE, 2015: 287-290.
[55] DRIES A, RUCKERT U. Adaptive Concept Drift Detection[J]. Statistical Analysis and Data Mining: The ASA Data Science Journal, 2009, 2 (5-6): 311-327.
[56] LIU Y, WANG H, YU J, et al. Selective Recursive Kernel Learning for Online Identification of Nonlinear Systems with NARX Form[J]. Journal of Process Control, 2010, 20 (2): 181-194.
[57] LIU S, FENG L, WU J, et al. Concept Drift Detection for Data Stream Learning Based on Angle Optimized Global Embedding and Principal Component Analysis in Sensor Networks[J]. Computers & Electrical Engineering, 2017, 58: 327-336.
[58] TOUBAKH H, SAYED M M. Hybrid Dynamic Data-driven Approach for Drift-like Fault Detection in Wind Turbines[J]. Evolving Systems, 2015, 6 (2): 115-129.
[59] RAMAKRISHNA B, RAO S K M. Concept Drift Detection in Data Stream Mining: The Review of Contemporary Literature[J]. Global Journal of Computer Science and Technology, 2017, 17 (2): 1-12.
[60] SCHULZ E, SPEEKENBRINK M, KRAUSE A. A Tutorial on Gaussian Process Regression: Modelling, Exploring, and Exploiting Functions[J]. Journal of Mathematical Psychology, 2018, 85: 1-16.
[61] 何志昆，刘光斌，赵曦晶，等. 高斯过程回归方法综述 [J]. 控制与决策，2013，28 (8): 1121-1129.
[62] FALOUTSOS C, RANGANATHAN M, MANOLOPOULOS Y. Fast Subsequence Matching in Time-series Databases[J]. Acm Sigmod Record, 1994, 23 (2): 419-429.
[63] DING H, TRAJCEVSKI G, SCHEUERMANN P, et al. Querying and Mining of Time Series Data: Experimental Comparison of representations and Distance Measures[J]. Proceedings of the VLDB Endowment, 2008, 1 (2): 1542-1552.
[64] PESARANGHADER A, VIKTOR H L. Fast Hoeffding Drift Detection Method for Evolving Data Streams[C]//Joint European Conference on Machine Learning and Knowledge Discovery in Databases. Berlin: Springer, 2016: 96-111.
[65] ARZAMASOV V, BOHM K, JOCHEM P. Towards Concise Models of Grid Stability[C]//2018th IEEE International Conference on Communications, Control, and Computing Technologies for Smart Grids. New York: IEEE, 2018: 1-6.
[66] KORPELA T, KUMPULAINEN P, MAJANNE Y, et al. Indirect NO_x Emission Monitoring in Natural Gas Fired Boilers[J]. Control Engineering Practice. 2017, 65: 11-25.

[67] WANG S, SCHLOBACH S, KLEIN M. What Is Concept Drift and How to Measure It?[C]//International Conference on Knowledge Engineering and Knowledge Management. Berlin: Springer, 2010: 241-256.

[68] YANG Z, DAHIDI S, BARALDI P, et al. A Novel Concept Drift Detection Method for Incremental Learning in Nonstationary Environments[J]. IEEE Transactions on Neural Networks and Learning Systems, 2019, 31 (1): 309-320.

[69] HAN X, TIAN S, ROMAGNOLI J A, et al. PCA-SDG Based Process Monitoring and Fault Diagnosis: Application to an Industrial Pyrolysis Furnace[J]. IFAC-PapersOnLine, 2018, 51 (18): 482-487.

[70] XU S, FENG L, LIU S, et al. Self-adaption Neighborhood Density Clustering Method for Mixed Data Stream with Concept Drift[J]. Engineering Applications of Artificial Intelligence, 2020, 89: 103451.

[71] WANG X S, KANG Q, ZHOU M C, et al. A Multiscale Concept Drift Detection Method for Learning from Data Streams[C]//IEEE 14th International Conference on Automation Science and Engineering. New York: IEEE, 2018: 786-790.

[72] LUGHOFER E, WEIGL E, HEIDL W, et al. Recognizing Input Space and Target Concept Drifts in Data Streams with scarcely labeled and Unlabelled Instances[J]. Information Sciences, 2016, 355: 127-151.

[73] HAQUE A, KHAN L, BARON M, et al. Efficient Handling of Concept Drift and Concept Evolution over Stream Data[C]//2016 IEEE 32nd International Conference on Data Engineering (ICDE). New York: IEEE, 2016: 481-492.

[74] TAN C H, LEE V, SALEHI M. Online Semi-supervised Concept Drift Detection with Density Estimation[J]. arXiv preprint arXiv: 1909.11251, 2019.

[75] ZHOU Z H, LI M. Semi-supervised Regression with Co-Training[C]//The International Joint Conference on Artificial Intelligence. AAAI, 2005: 908-913.

[76] KANEKO H, FUNATSU K. Classification of The Degradation of Soft Sensor Models and Discussion on Adaptive Models[J]. AIChE Journal, 2013, 59 (7): 2339-2347.

[77] 濮晓龙. 关于累积和(CUSUM)检验的改进[J]. 应用数学学报, 2003, 2003 (02): 225-241.

[78] WANG B, MAO Z. Outlier Detection Based on Gaussian Process with Application to Industrial Processes[J]. Applied Soft Computing, 2019, 76: 505-516.

[79] YIN S, DING S X, XIE X, et al. A Review on Basic Data-driven Approaches for Industrial Process Monitoring[J]. IEEE Transactions on Industrial Electronics, 2014, 61 (11): 6418-6428.

[80] TANG J, YU W, CHAI T Y, et al. Selective Ensemble Modeling Load Parameters of Ball Mill Based on Multi-Scale Frequency Spectral Features and Sphere Criterion[J]. Mechanical Systems and Signal Processing, 2016, 66: 485-504.

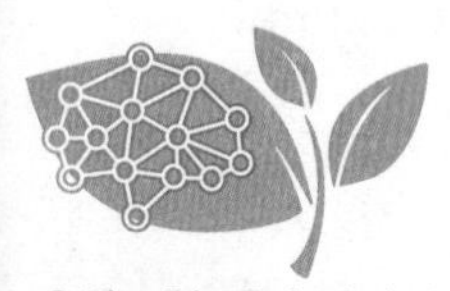
Cutting-Edge Technologies in
Smart
Environmental
Protection

第9章

基于案例推理的城市固废焚烧（MSWI）过程故障诊断

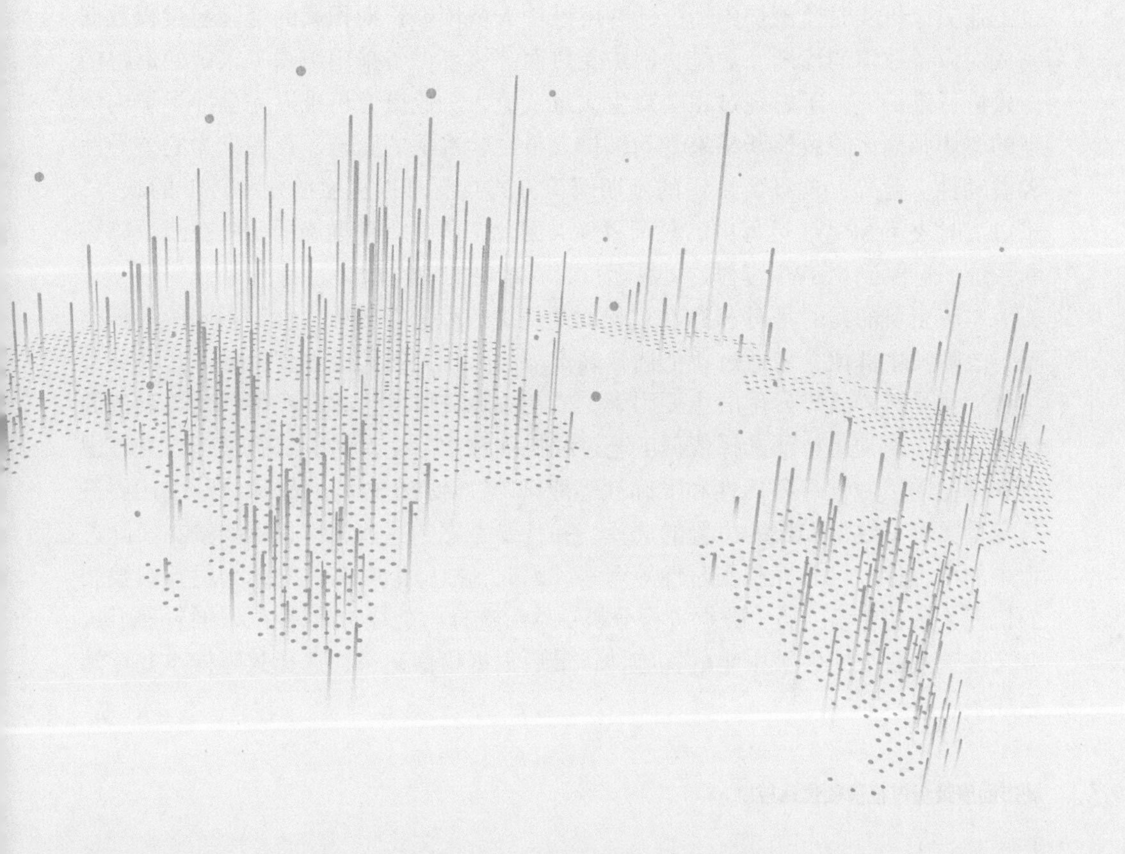

9.1 MSWI 过程的故障分析

由于城市固废（MSW）成分复杂多变、设备性能退化等因素，将会使得 MSWI 过程的锅炉负荷与炉膛负压波动大、燃烧所产生的高温熔融物与酸性气体多等复杂炉况，进而导致经常出现受热面结焦、炉内积灰、烟气腐蚀等故障[1]。上述故障若未得到及时处理，就易造成 MSW 的不充分燃烧并使得处理量急剧降低，从而影响能源的回收利用，甚至对焚烧炉系统组成元件造成不可恢复的损坏，进而威胁现场工作人员和焚烧运行设备的安全。此外，不充分燃烧的 MSW 也会引起污染排放物二噁英（DXN）浓度的上升[2]。因此，需要及时地诊断 MSWI 过程的故障以进行相应的处理，从而确保 MSW 的稳定燃烧、避免故障恶化带来不必要的经济损失和人员事故，进而减少 MSWI 过程异常启停次数，以保证其能够环保、安全和高效运行。

MSWI 过程具有强耦合、非线性、大惯性及大滞后等特征[3]，并且由于干扰因素多、准确的机理模型难以构建，使得常规的故障诊断方法难以发挥作用。实际生产过程中，由于焚烧炉内特殊的高温环境，现场对焚烧炉性能的判定主要通过工业摄像机实时监测炉内情况，并由维护人员依据长期积累的经验与过程数据完成对设备故障的诊断。炉排、锅炉受热面等核心设备采用组织工人定期巡检的方式进行维护。由于燃烧过程会产生大量灰渣，工业摄像机难以完全捕捉炉内清晰的燃烧画面，导致诊断结果受到维护人员经验水平的影响，存在人为的差异性和波动性。此外，现场所采用的定期巡检方式具有难以克服的效率较低的缺点，难以实时决策 MSWI 过程中的复杂故障。因此，研究一种准确的实时在线故障诊断系统，对保证 MSWI 过程的可靠运行具有重要的现实意义。

本节主要的目的是对 MSWI 过程的焚烧炉故障进行分析。针对不同的故障类型、故障发生部位，需通过特征选择确定与故障相关的关键过程变量。这些关键过程变量是影响故障发生的主要因素，或在故障将要发生时影响某些焚烧设备的性能变化。通常，特征选择依据工艺过程机理和实际生产情况综合进行，并考虑诊断模型的灵敏性、鲁棒性和准确性等原则[4]。MSWI 过程的故障诊断中还要进行变量类型、数量和检测位置的选择，并且要考虑到这些关键过程变量在实际过程中的可行性、可靠性和实时性等因素。因此，故障诊断需首先结合运行参数间的机理关系和现场的历史数据进行分析；然后选择与焚烧炉故障相关的特征变量，并考虑这些特征能够被采集的实施性；最后根据检修记录，选择故障样本并存储形成案例库。

9.1.1 常见故障类型

炉膛和烟气通道是MSWI过程的故障频发区域，其中，炉膛故障易造成燃烧不充分，污染物排放浓度增大；烟气通道故障影响余热锅炉的能量回收，降低锅炉热效率和加重烟气处理系统的工作，严重时甚至造成烟气流通面积减小或过热器、省煤器爆管等导致焚烧炉停炉检修的事故。

下面分别对炉膛和烟气通道区域的故障类型及成因进行介绍。

① 炉膛是指MSW进入炉内后，在炉排上被干燥、燃烧、燃烬的区域，主要完成MSW的焚烧。基于运行工况的记录分析以及实际现场的调研情况，可知该区域的故障主要包括：

a. 局部烧穿。MSW在炉排上料层的分布不均匀或者一次风流量较大，将会导致局部MSW燃烧速度较快，进而在局部料层的底部形成空洞[5]。此时，若未能及时补充MSW生料，则会引起炉排底部的一次风供风不均匀，导致部分MSW未能充分燃烧，使得炉膛温度降低，从而达不到污染物被分解的条件；同时，一次风所携带的飞灰量将大幅度增加，影响烟气除尘装置的正常运行和处理量。该故障发生时需采取的措施是：通过降低一次风流量、调整进料推杆和炉排移动速度等措施快速覆盖空洞。

b. 排渣不畅。因MSW预处理阶段的措施不当或所收集的MSW自身含有较多金属、石块等不易燃烧的材料，这些类型的MSW在炉排上行进的过程中会形成较大结块，一方面会堵塞炉排进风口引起其他MSW的不充分燃烧，另一方面也会加大炉排片的磨损和造成炉排卡住无法动作等问题。如果此类MSW的含量较多且未得到及时处理，会导致排渣口逐渐被堵住，使得后续产生的炉渣也不能顺利排出，从而造成炉膛负压的波动和炉膛温度的降低，严重时将导致停炉。因此，在此类故障发生的早期，需要降低进料器和炉排移动速度以减少进料量，并及时采取人力清渣处理措施和增大捞渣机的工作频率。

c. 炉膛结焦。由于燃烧室温度较高或炉内局部含氧量较低，MSW燃烧产生的低熔点挥发性灰组分在高温下变为熔融物，其较容易结成小的焦状物；若未及时采取措施，这些小的焦状物会联结形成较大的焦块并粘附在炉壁和炉排表面，造成设备的受热不均匀，进而缩短设备的使用寿命[6]。如果焦块过大，其最终会在重力的影响下掉落，严重时会砸坏设备或引起锅炉灭火进而导致停炉。炉膛结焦是MSWI过程中较为普遍的问题，需要在结焦早期适当提高一次风流量，再通过锤击振打装置增加清灰次数，进而调整燃烧室温度。

② 烟气通道是指对高温烟气的能量进行回收并将其排出锅炉的区域。在烟气通过锅炉尾部的水平对流烟道时，依次在水冷壁、保护管、过热器和蒸发器的作用下产生过热蒸汽，同时对烟气进行降温降压处理后排出锅炉。该区域发生的故

障主要包括：

a. 烟气结渣。为促进焚烧所产生的 DXN 等有毒物质的充分分解，工艺上要求烟气温度必须高于 850℃并停留 2s 以上，但该工艺要求会导致烟气中所携带的低熔点挥发性灰组分熔融软化。在正常工况下，烟气在水冷壁的吸热作用下温度降低，熔融的灰组分冷凝形成固态灰渣并直接落入渣口；但是，如果烟气温度过高并且灰组分仍呈熔融状态，则其极易粘附在水冷壁、过热器等装置表面，进而形成难以去除的焦状物。结焦导致受热面的热阻增大，使得水冷壁、过热器换热效率大幅下降，严重时堵塞烟气通道，导致炉内负压无法维持，这种情况下，必须要做停炉处理。当烟气通道发生结焦时，应该采取的措施是：调整炉内燃烧状态以降低烟气温度，进行清焦处理，及时维护水冷壁、过热器等换热装置 [7]。

b. 烟气腐蚀。MSW 中的橡胶和塑料等材质的占比较大，使得焚烧过程产生 HCl、SO_2、NO_x 等酸性气体。在此种情况下，烟气内的酸性成分会与灰粒发生化学作用，进而产生能够腐蚀金属管壁的强腐蚀性复合物，导致金属管壁出现裂纹和腐蚀坑，使得排烟温度上升和炉膛负压降低，严重时甚至导致炉膛冒正压 [8]。如果该情况长期未得到有效处理，金属管壁会因变形导致的受力不均而出现爆管等严重威胁 MSWI 过程安全的事故。因此，发生烟气腐蚀故障时，需要采取的措施包括：及时加入干燥剂等碱性物质、合理控制烟气温度和减少锅炉给水量等。

c. 飞灰堵塞。在一次风流量过大或炉膛负压过高的情况下，烟气中携带大量的炉渣灰粒，若灰粒中的高熔点物质较多，则灰粒一直呈现固态形式，但是，固态灰粒一方面加速设备的磨损，另一方面也在水平烟道内发生累积堵塞，进而造成烟气流通面积减小、排烟温度上升和加重烟气净化装置负荷。此时采取的措施包括：调节炉膛负压、降低烟气流量、加大吹灰器的吹灰力度等。

综上所述，针对炉膛和烟气通道，最为常见的 3 种故障及处理办法如表 9-1 和表 9-2 所示。

表 9-1　炉膛故障及处理方法

故障号	故障原因	处理方法
1	局部烧穿	降低一次风流量，调整进料推杆和炉排速度
2	排渣不畅	减少进料量，增大捞渣机工作频率，人力清渣维护
3	炉膛结焦	降低炉膛温度，增大一次风流量，加强吹灰操作并进行清焦处理

表 9-2　烟气通道故障及处理方法

故障号	故障原因	处理方法
1	烟气结渣	降低烟气温度，对锅炉受热面进行清焦维护
2	烟气腐蚀	降低烟气温度，减少锅炉给水量并加碱维护
3	飞灰堵塞	调节炉膛负压，降低烟气流量，增加锤击振打装置清灰次数

实际 MSWI 过程中，故障处理主要依赖现场工作人员的巡检判断炉内情况并采取相应的措施，不仅劳动强度较大、差异性大，而且容易对异常情况误报、漏报，进而导致结焦、积灰等异常现象频发，影响焚烧过程的稳定性。造成上述现象的重要原因之一是缺少能够对焚烧炉性能进行监测的实时故障诊断系统。将人工智能技术应用至 MSWI 过程的故障诊断，在故障早期予以预警并辅助操作人员决策可有效避免上述问题。

9.1.2 故障影响因素

稳定燃烧是保证焚烧效益最大和环境影响最低的前提，炉内燃烧的控制需要遵循“3T”原则：保证炉内温度（Temperature）保持在 850℃以上，保证烟气有足够的高温停留时间（Time），增加湍流度（Turbulence）充分混合搅拌以达到完全燃烧[9]。“3T”参数直接影响 MSW 的燃烬率，焚烧炉发生故障时会导致这些工艺参数异常。

下面分别介绍各个参数对焚烧炉性能的影响。

① 温度。温度是 MSWI 过程的主要控制指标，焚烧炉内温度的分布稳定有利于保证蒸汽的产量和品质。较高的炉温有利于 MSW 的干燥和挥发分的析出与燃烧，加速有害物质的分解，但炉内温度过高会加速低熔点物质的熔融，导致出现结焦、积灰等现象，从而导致炉内某些区域的温度分布异常。

② 停留时间。一方面是指 MSW 在炉内的停留时间，主要通过 MSW 的进料量和炉排的移动速率进行控制；另一方面是指燃烧所产生的高温烟气排出炉膛的时间，其与炉膛负压、炉内供风情况等因素有关。烟气停留时间过短，会导致烟气温度过高和烟气中的 HCl 等酸性气体含量过高，从而腐蚀锅炉受热面等装置；若烟气停留时间过长，会加重烟气通道中过热器和蒸发器的负荷，同时也会对炉膛负压产生影响。

③ 湍流度。其表征 MSW 和空气的混合程度，与风量供给、炉膛负压等因素有关。若湍流度较低，会使得 MSW 燃烧不充分，易产生大量的腐蚀性气体，并且导致焚烧所产生的 DXN 难以有效分解，在影响焚烧炉性能的同时也无法达到国家规定的环保排放标准；若湍流度过高，会导致炉排上易出现局部烧穿等现象，进而导致 MSW 燃烧不均匀。此外，湍流度对烟气温度也有非常大的影响。

基于上述对故障产生的机理和焚烧炉性能影响因素的分析，采用德尔菲法[10]对专家经验进行归纳、整理和反馈，同时考虑实际工业现场数据样本的数据特征，最终得到的结论如下。

影响炉膛故障的特征变量包括：干燥段炉排空气流量、燃烧Ⅰ段炉排空气流量、燃烧Ⅱ段炉排空气流量、燃烬段炉排空气流量、二次风流量、进料器速度、干燥段炉排温度、燃烧Ⅰ段炉排温度、燃烧Ⅱ段炉排温度、燃烬段炉温、炉膛温度以及炉膛负压12个特征。

与烟气通道故障相关的特征变量包括：烟气灰尘浓度、烟气NO_x浓度、烟气HCl浓度、烟气CO浓度、烟气SO_2浓度、保护管烟气温度、过热器烟气温度、蒸发器烟气温度、省煤器进口烟气温度、省煤器出口烟气温度、省煤器出口烟气压力以及锅炉主蒸汽流量12个特征。

根据工业实际现场的检修记录，由这些过程变量和故障类型所整理组成的案例库分别如表9-3和表9-4所示。

表9-3 炉膛故障诊断模型的案例描述

符号	属性名	单位
x_1	干燥段炉排空气流量	km^3/h
x_2	燃烧Ⅰ段炉排空气流量	km^3/h
x_3	燃烧Ⅱ段炉排空气流量	km^3/h
x_4	燃烬段炉排空气流量	km^3/h
x_5	二次风流量	km^3/h
x_6	进料器速度	%
x_7	干燥段炉排温度	℃
x_8	燃烧Ⅰ段炉排温度	℃
x_9	燃烧Ⅱ段炉排温度	℃
x_{10}	燃烬段炉温	℃
x_{11}	炉膛温度	℃
x_{12}	炉膛负压	Pa

表9-4 烟气通道故障诊断模型的案例描述

符号	属性名	单位
x_{13}	烟气灰尘浓度	mg/m^3
x_{14}	烟气NO_x浓度	mg/m^3
x_{15}	烟气HCl浓度	mg/m^3
x_{16}	烟气CO浓度	mg/m^3
x_{17}	烟气SO_2浓度	mg/m^3
x_{18}	保护管烟气温度	℃
x_{19}	过热器烟气温度	℃
x_{20}	蒸发器烟气温度	℃
x_{21}	省煤器进口烟气温度	℃
x_{22}	省煤器出口烟气温度	℃
x_{23}	省煤器出口烟气压力	kPa
x_{24}	锅炉主蒸汽流量	t/h

表 9-3 和表 9-4 表明，针对不同故障的影响变量众多，故障机理模型难以建立。因此，本章拟采用案例推理（CBR）建立 MSWI 过程的故障诊断模型。

值得注意的是，对于表 9-1 ～表 9-4 所述的故障类别和特征变量而言，如果不能选择起主要作用的特征变量，则会影响 CBR 故障诊断的准确性并降低诊断效率。此外，所选择的特征变量对各类故障的影响程度也不同，因此需要评估其影响度并分配合理的权重，以提高案例检索的性能。

9.2 基于互信息的案例推理故障诊断模型

9.2.1 概述

针对复杂工业过程的故障诊断，目前已有方法为：基于机理模型、基于专家知识和基于数据建模 [11]。基于机理模型的方法是通过工业过程的深入分析后建立准确的数学模型，通过估计模型参数得到故障特征，其主要包括：过程参数估计法 [12]、状态估计法 [13] 和解析模型法 [14]。基于专家知识的方法是利用领域专家长期积累的实践经验建立知识库，通过推理完成故障诊断。然而，MSWI 过程机理复杂、参数众多，且存在大时滞、强耦合、强非线性等特点，准确的数学模型难以建立，并且知识获取困难大，这些因素导致上述两种常规方法难以发挥作用。

近年来，对 MSWI 过程进行故障诊断的公开报道甚少，之前的研究中多采用非机理建模法，以基于数据建模的方法为主，即：利用工业过程存在的大量历史数据建立诊断模型后，再对过程运行数据进行分析处理以判断系统状态，进而完成故障诊断。国内外学者先后将多元统计分析法 [15-16]、神经网络法 [17]、故障树分析结合专家规则 [18] 等方法应用至 MSWI 过程。下面分别对这些方法进行具体介绍。

多元统计分析法 [19] 的原理是：根据过程变量的历史工况数据，首先将样本空间分解为低维度的主元空间和残差子空间，然后分别在主元空间和残差子空间建立统计量进行数据分析，从而判断是否发生故障，主要包括主元分析法（PCA）和偏最小二乘法（PLS）等。PCA 是一种线性降维技术，通过对样本协方差矩阵的映射分解得到保留初始样本大部分方差信息的主元。采用 PCA 法进行故障诊断的主要步骤为：首先，对正常工况下的高维数据进行预处理，分解样本协方差矩阵获取主元，并确定保留的主元个数；然后，计算统计量和控制阈值；最后，通过观测新样本的统计量是否超过阈值来判断是否有故障发生。由于 PCA 法仅能检测系统是否异常，通常将 PCA 与其他技术结合运用于故障诊断。文献 [15] 将主元分析法与规则推理结合用于小型立式焚烧炉的早期故障诊断，过程是：PCA 模型监测焚烧系统的状态以检测是否发生故障；规则推理负责诊断所发生的故障类型，用于排查 MSW 焚烧炉可能发生的局部烧穿、排渣不畅和局部结焦等故障。与基于专家系统的规则推理方法相比，其结果表明 PCA 与规则推理相结合的方法有效地降低了故障误报率。但是，该方法的规则提取依赖于专家的主观经验，受专家知识、能力和经历的影响，而且规则不能自动更新，其诊断效率有待提高。葡萄牙研究人员在文献 [16] 中提出了一种结合 PCA 和 PLS 的方法，用于移动炉排式焚烧炉的过程状态监测、故障检测以及操作预测，实验验证了该模型能够有效监测 MSWI 系统的运行状况和以较小的误差预测蒸汽流量，但是，该方法未考虑到 MSWI 过程的非线性、高度复杂性、时变性以及干扰等问题，难以获得代表性的数据，而且贡献图也难以描述具体故障，使得诊断效果并不理想。

神经网络法用于故障诊断的原理：利用神经网络的自学习能力，通过训练数据样本建立故障识别和分类模型，然后将新数据输入模型，依据预测结果进行异常情况的判断[20]。孙蓉等提出了基于反向传播神经网络（BPNN）的立式焚烧炉故障诊断方法[12]，选用焚烧段和燃烬段的平均温度、温度变化率作为模型的输入，构建 4 输入 3 输出的 BP 神经网络诊断模型，实验证明该模型的诊断精度较高，但是，难以实现在线的实时诊断。

此外，文献 [18] 提出结合故障树诊断法与规则推理专家系统的方法，并将其应用于焚烧炉的在线早期故障诊断，过程是：基于焚烧过程工艺流程分析和实际现场历史经验总结建立故障树，采用规则推理机进行故障诊断。研究人员通过对比实验验证了方法的有效性，但其建立的故障树与推理机制容易陷入知识获取瓶颈，需要在实际生产过程中不断调整，限制了该方法的进一步应用。

案例推理（CBR）[21] 是根据解决类似问题的历史经验求解新问题的方法，是人工智能领域的一种推理学习算法，适用于数学模型建立困难、知识获取不完全的决策环境和对象[22]，在优化设定[23]、风险评估[24]、产品设计[25]、故障诊断[26-27]等多个领域获得了成功应用。CBR 主要由检索（Retrieve）、重用（Reuse）、修正（Revise）和存储（Retain）四部分组成，其中案例检索是上述问题求解循环最为关键的一步，检索质量的优劣直接影响着诊断模型的求解性能[28]。然而，传统案例检索过程多采用基于距离的相似性度量方法，这导致冗余特征及不合理的权重分配方式显著影响检索结果的准确性[29-30]。鉴于 CBR 所具有的求解效率高、知识获取方便、易于理解和模型自学习完善等特点，此处考虑充分利用 MSWI 过程所存储的大量故障历史数据和检修记录，针对案例库采用增量式学习模式，从而使得诊断模型精度不断提高。MSWI 过程中具有数以百计的检测仪表与装置，如何从中选取与故障相关的关键特征以及选择合理的权重分配方法是成功应用 CBR 方法的难点与重点。

基于 MI 的特征选择就是基于高阶统计矩进行特征选择 [31-32]，主要优点是对噪声和数据变换具有较好的鲁棒性 [31,33]。理论上，该方法可提供与分类器（估计函数）无关的最优特征子集 [34]。文献 [31] 提出了互信息特征选择（MIFS）算法，在候选特征中选择特征子集作为神经网络分类器的输入。该算法首先分别计算每个特征与分类变量以及特征与特征之间的 MI，然后，选择与分类变量具有最大 MI 的特征，同时惩罚与已选特征具有较大 MI 的特征，最终采用贪婪算法优选最优特征子集。文献 [35] 提出的 MIFS-U 算法改进 MIFS 算法中输入特征与类别变量间 MI 的估计方法。文献 [36] 提出了最小冗余最大相关（mRMR）算法，第一步采用最小冗余最大相关的准则寻找候选特征子集；第二步在候选特征子集中基于最小分类误差准则，通过前向或后向选择策略选择最佳特征子集，并分别基于离散数据和连续数据的分类问题对所提算法进行验证。文献 [34] 提出了最优特征选择 -MI（OPS-MI）算法，该算法中采用 Parzen 窗估计器和量化互信息（QMI）对 MI 进行更加有效的估计。文献 [37] 则对各个特征的熵值进行了标准化处理，提出规范化互信息特征选择（NMIFS）方法，并提出了与 GA 相结合的 GAMIFS 算法用于分类问题。文献 [38] 指出基于 MI 的特征选择方法比其他方法更易于理解。针对高维光谱数据的回归问题，文献 [39] 提出了采用 MI 选择与输出变量最相关的第一个特征，然后采用前向 / 后向特征选择算法选择其他特征，最后建立面向光谱数据的线性和非线性模型。文献 [40] 建立了基于 MI 和核偏最小二乘（Kernel Partial Least Squares，KPLS）的软测量模型，该文将 MIFS 算法的惩罚参数设为 0，只根据输入特征和输出变量间的 MI 值进行特征选择，利用 KPLS 可消除变量间共线性的特点，简化了特征选择过程。

9.2.2 案例推理描述

（1）系统结构

根据 Aamodt 和 Plaza 提出的 4R 认知推理模型 [21]，传统 CBR 故障诊断求解过程的结构原理图如图 9-1 所示，主要涉及案例检索、案例重用、案例修正和案例存储。

① 案例表示。案例表示是指对历史经验知识的描述，其所采用的方式决定着 CBR 后续求解步骤，常见方法主要有：属性特征值描述法、文本描述法、面向对象法和框架表示法 [41] 等。此处利用 MSWI 过程的分布式控制系统（DCS）所存储的大量历史数据进行故障诊断研究，选择属性特征值描述法作为案例表示方法，将过程变量值与其对应的故障类别表示成一个二元组，即＜问题描述，解描述＞的形式。

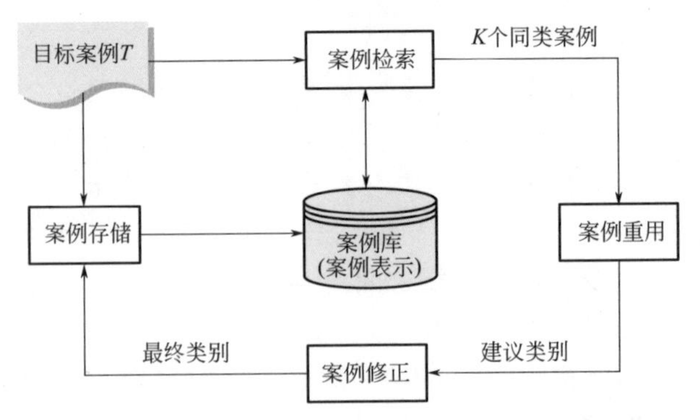

图 9-1 传统 CBR 故障诊断模型结构原理图

② 案例检索。案例检索是指通过合适的相似性度量方法检索出用于解决目标案例的历史经验。检索策略的优劣是 CBR 系统的关键所在，直接影响推理系统的求解质量。传统检索策略采用以距离作为度量方式的 K 近邻（KNN）算法 [42]，即计算目标案例与源案例之间的加权欧氏距离，进而寻找与目标案例距离最小的 K 个相似案例。

③ 案例重用。案例重用是指重用检索到的相似案例的解，通常包括最大相似度重用和多数重用 [43] 两种，其中，前者以重用与目标案例最相似案例的解作为建议类别；后者是统计检索得到的 K 个源案例所对应的类别个数，将占多数的类别作为建议类别。

④ 案例修正。案例修正是指若重用得到的建议解不符合要求，则需要对该解进行调整以得到正确结论，即对此建议类别进行评价，若评价为失败，则对诊断结果进行修正以获得确认的最终类别。

⑤ 案例存储。案例存储是指将目标案例和修正后的确认类别合并为一条新案例存储于案例库中，为下次问题求解丰富案例库，进而实现模型的增量式学习。

(2) 基本算法

下面介绍基于图 9-1 所示模型结构的 MSWI 过程 CBR 故障诊断算法的实现步骤。

① 构建故障案例库。将根据历史检修记录筛选的过程变量 $x_1 \sim x_{24}$（即影响炉膛和烟气通道故障的过程变量）与其对应的炉膛和烟气通道故障类别表示成特征向量形式，进而形成 p 条历史样本（源案例）并存储于故障案例库中，可表示为如下形式：

$$\boldsymbol{C}_k : \langle \boldsymbol{X}_k ; \boldsymbol{Y}_k \rangle, k = 1, 2, \cdots, p \tag{9-1}$$

式中，$\boldsymbol{C}_k$ 为历史数据中的第 k 条样本；p 为历史样本的总数；$\boldsymbol{Y}_k$ 为第 k 条历史样本 $\boldsymbol{C}_k$ 中的炉膛及烟气通道故障类别；$\boldsymbol{X}_k$ 为第 k 条历史样本的过程变量集合。

$\boldsymbol{X}_k$ 和 $\boldsymbol{Y}_k$ 的表示如下式所示：

$$\begin{cases}\boldsymbol{X}_k=\left(x_{1,k},\cdots,x_{i,k},\cdots,x_{24,k}\right)\\ \boldsymbol{Y}_k=\left(l_k,y_k\right)\end{cases} \tag{9-2}$$

式中，$x_{i,k}(i=1,\cdots,24)$ 为 $\boldsymbol{C}_k$ 中第 i 个过程变量值，l_k 和 y_k 分别为炉膛故障和烟气通道故障类别。

② 案例检索。设待求解目标案例的问题描述为 $\boldsymbol{X}_{p+1}$，首先将待求解的炉膛故障类别和烟气通道故障类别分别记为 l_{p+1} 和 y_{p+1}，然后合并目标案例和源案例进行归一化处理。目标案例与源案例的相似度计算公式是：

$$s_k=1-\sqrt{\sum_{i=1}^{24}\omega_i\left(x_{i,p+1}-x_{i,k}\right)^2},k=1,2,\cdots,p \tag{9-3}$$

式中，$\omega_i(i=1,2,\cdots,n)$ 为第 i 个特征属性的权重，表示第 i 个特征属性对相似度的影响程度，相应的约束条件为：

$$\sum_{i=1}^{n}\omega_i=1,\ \omega_i\geqslant 0 \tag{9-4}$$

传统 CBR 的权重分配采用的是均权分配方式，即每个属性的影响程度相同，如下式所示：

$$\omega_i=\frac{1}{n},n=24 \tag{9-5}$$

式中，n 为过程变量的总数。

通过式（9-3）计算得到不同案例的相似度，然后对这些相似度进行降序排列，取出前 K 个相似度对应的源案例以供案例重用阶段采用。

③ 案例重用。根据 K 近邻原则，统计检索出的炉膛故障和烟气通道故障相似案例的类别个数，将占比最多的类别作为建议故障类别。在人机界面显示建议解以供操作专家参考，由操作专家对所建议的故障类别进行评价，若评价为失败，则对该诊断结果进行修正，最终获得操作专家确认的故障类别。经评价确认后，自动将当前工况描述和故障类别合并后自动存储至案例库，为下次诊断求解提供支撑。

依次采用上述步骤，进而完成整个案例推理的诊断求解过程。

（3）问题分析

案例检索是 CBR 系统的重要步骤，案例中存在大量的不相关或冗余特征，不但会增加案例检索阶段的计算负担，而且也会影响整个 CBR 系统的诊断精度。随着案例库规模的增大，如果这些冗余特征未得到有效处理，则诊断系统的检索时间会线性增长，同时也会影响诊断结果的准确度。此外，传统 KNN 检索策略为每个特征分配相同的权重，这种策略不仅不能反映每个特征的重要程度，而且也不能客观地反映出目标案例与源案例间的相似程度，难以保证诊断系统的可靠性和学习能力。因此，需研究一种合理的特征选择和权重分配方式以解决上述问题。

目前，常用特征选择方法包括：粗糙集 [44]（RS）、邻域粗糙集 [45]（NRS）、遗传算法 [46]（GA）等。这些方法虽具有一定成效但也存在局限性：RS 约简过程需对数据进行离散化，这会导致样本数据中有用信息的丢失；NRS 缺少设置邻域半径值的有效办法，在处理大样本数据时会出现过拟合现象；GA 搜索速度较慢，导致模型训练时间较长。与上述方法不同，互信息可以度量变量间的依赖程度，不需要对特征间的关系作任何假设，其运行计算效率也较高，已经得到了学术界和工业领域的广泛关注与应用。

在案例推理的实际应用中，如何确定实例的属性权重是案例检索阶段的主要研究方向之一，目前主要分为主观分析法和客观算法。主观分析法是根据领域专家经验对属性权重进行赋值，主要包括均权法、调查统计法、专家咨询法等方法 [47]；但是，这些方法受到领域专家经验知识和其主观能力的影响，缺乏对问题客观性的认识，存在差异性和随意性，这会对检索结果产生影响。客观算法主要包括遗传算法、熵权法、注水法和膜计算 [48] 等方法。客观算法虽然避免了主观分析法的不足，使得权重分配的方式更加智能且更具有通用性，但在实际应用过程中也存在一定缺陷：遗传算法容易陷入局部最优；根据属性的信息熵和综合指标的重要程度分配权重的熵权法易受样本噪声与干扰的影响；注水法与膜计算的时间复杂度较高等。

本书在传统 CBR 诊断模型的基础上，利用互信息（MI）的约简效率高且对数据的要求不局限于线性关系的优点 [49]，研究基于 MI 的特征选择方法，同时利用 MI 值量化不同特征对故障类别的贡献度进而实现属性权重的分配。

9.2.3 互信息描述

基于互信息（MI）的特征选择方法易于理解，并且比较灵活，在高维谱数据和基因数据的特征选择中得到了广泛应用 [39,50]。熵由香农于 1948 年引至信息论中。信息熵可度量变量中的不确定性和标定变量间共享信息的数量 [51]，其原始含义是对于物理系统无序度状态的描述或紊乱程度的一种测度，对数据而言解释为不纯度的表示 [52]。信息熵采用下式表示：

$$H(X)=-\sum p(x)\log_2 p(x) \tag{9-6}$$

MI 是基于“信息熵”对两个随机变量间的共享信息进行度量。MI 定义为：

$$I(\boldsymbol{Y};\boldsymbol{X})=\sum\sum p(y,x)\log_2\frac{p(x,y)}{p(x)p(y)}=H(\boldsymbol{Y})-H(\boldsymbol{Y}|\ \boldsymbol{X}) \tag{9-7}$$

式中，$H(\boldsymbol{Y}|\boldsymbol{X})$ 为 $\boldsymbol{X}$ 已知时 $\boldsymbol{Y}$ 的条件熵，采用下式进行计算：

$$H(\boldsymbol{Y}|\boldsymbol{X})=-\sum\sum p(y|x)\log(p(y|x)) \tag{9-8}$$

对于连续的随机变量，信息熵和 MI 采用如下公式进行计算：

$$H(\boldsymbol{X})=-\int_x p(x)\log_2 p(x)\mathrm{d}x \tag{9-9}$$

$$H(\boldsymbol{Y}|\boldsymbol{X})=-\iint_{x,y} p(y,x)\log_2(p(y|x))\mathrm{d}x\mathrm{d}y \tag{9-10}$$

$$I(\boldsymbol{Y};\boldsymbol{X})=\iint_{x,y} p(y,x)\log_2\frac{p(x,y)}{p(x)p(y)}\mathrm{d}x\mathrm{d}y \tag{9-11}$$

因此，基于概率论和信息论，MI 可用于定量地度量两个变量间的互相依靠程度。

9.2.4 互信息改进 CBR 模型的故障诊断

本节将 MI 应用于 CBR 模型，首先设计 MSWI 过程基于 MI 特征约简和权重分配的 CBR 故障诊断模型的结构与功能，然后介绍算法的实现，最后给出算法步骤。

（1）结构与功能

在传统 CBR 故障诊断模型的 4R 循环内，本书所提的基于 MI 改进的 CBR 故障诊断模型增加了特征提取和权重分配两个环节，如图 9-2 所示，其主要功能如下。

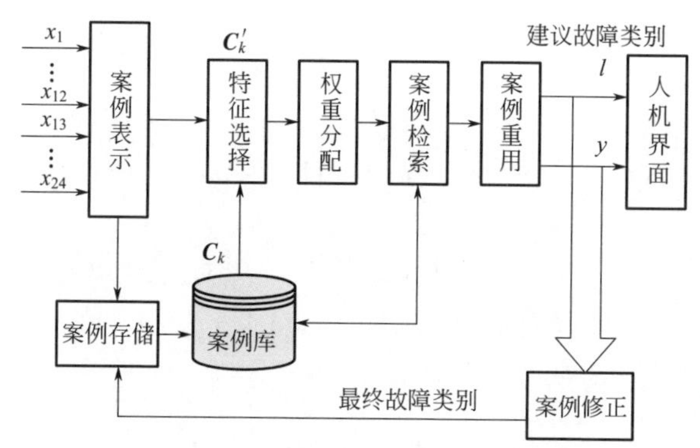

图 9-2　基于 MI 特征提取和权重分配的 CBR 故障诊断模型结构

① 根据工业现场的历史检修记录筛选数据形成历史故障案例库，并将历史故障样本表示成特征向量的形式。

② 计算每个特征与故障类别间的互信息值，根据互信息均值选择策略提取关键特征子集。

③ 根据计算的互信息值分配这些特征的权重。

④ 将 MSWI 过程现场 DCS 系统的过程变量依据约简后的特征形式表示成对当前工况的描述，并视为目标案例。

⑤ 采用基于欧氏距离的相似度评估方法计算目标案例与案例库中源案例的相似度，利用 KNN 策略检索出 K 个相似案例并依据多数重用原则得到目标案例的故障类别。

⑥ 将人工确认和调整后的目标案例及其真实故障类别自动存于案例库中，供下次求解。

重复上述步骤，即可实现对 MSWI 过程故障的实时诊断。

（2）算法描述

下面介绍图 9-2 所示故障诊断模型各组成部分算法的实现。

① 案例表示及案例库构建。与传统 CBR 方法相同，由式（9-1）和式（9-2）所表示的方式可得到历史样本。

② 特征选择。首先，计算第 i 个过程变量 x_i 的熵：

$$H\left(x_i\right)=-\sum_{k=1}^{p} p\left(x_{i,k}\right)\log_2 p\left(x_{i,k}\right) \tag{9-12}$$

式中，$p\left(x_{i,k}\right)$ 为 x_i 的概率密度函数。

然后，分别计算过程变量关于炉膛故障类别和烟气通道故障类别的条件熵：

$$\begin{cases} H\left(x_j| \ l\right)=-\sum_{k'=1}^{p}\sum_{k=1}^{p} p\left(x_{j,k'},l_k\right)\log_2 p\left(x_{j,k'}| \ l_k\right) \\ H\left(x_m| \ y\right)=-\sum_{k'=1}^{p}\sum_{k=1}^{p} p\left(x_{m,k'},y_k\right)\log_2 p\left(x_{m,k'}| \ y_k\right) \end{cases} \tag{9-13}$$

式中，$p\left(x_{j,k'},l_k\right)$ 为 $x_{j,k'}$ 和 l_k 的联合概率；$p\left(x_{j,k'}|l_k\right)$ 为 $x_{j,k'}$ 和 l_k 的条件概率；$p\left(x_{m,k'},y_k\right)$ 为 $x_{m,k'}$ 和 y_k 的联合概率；$p\left(x_{m,k'}|y_k\right)$ 为 $x_{m,k'}$ 和 y_k 的条件概率。

接着，分别计算相应的互信息值：

$$\begin{cases} I\left(x_j;l\right)=H\left(x_j\right)-H\left(x_j| \ l\right) \\ I\left(x_m;y\right)=H\left(x_m\right)-H\left(x_m| \ y\right) \end{cases} \tag{9-14}$$

再次，分别计算上述互信息的均值作为阈值：

$$
\begin{cases}
a_1 = \dfrac{1}{12}\sum_{j=1}^{12} I\left(x_j;l\right) \\
a_2 = \dfrac{1}{12}\sum_{m=13}^{24} I\left(x_m;y\right)
\end{cases}
\tag{9-15}
$$

最后，根据以上阈值，将 $I\left(x_j;l\right)\leqslant\alpha_1$ 及 $I\left(x_m;y\right)\leqslant\alpha_2$ 的那些特征变量删除，从而得到 $n=n_1+n_2$（$1<n<24$，$1<n_1, n_2<12$）个特征变量，n_1 和 n_2 分别为特征选择后影响炉膛故障和烟气通道故障的特征个数。此处，将这 n 个特征变量按原来顺序从小到大重新编号，进而得到如下形式的源案例：

$$
\boldsymbol{C}'_k:\left(x_{1,k},x_{2,k},\cdots,x_{n,k};l_k,y_k\right),k=1,2,\cdots,p
\tag{9-16}
$$

③ 权重分配。根据式（9-14）计算得到特征选择后的炉膛故障特征 $x_j\left(j=1,2,\cdots,n_1\right)$ 及其故障类别 l 的互信息值 $I\left(x_j;l\right)$，还可得到烟气通道故障特征 $x_m\left(m=n_1+1,n_1+2,\cdots,n\right)$ 及其故障类别 y 的互信息值 $I\left(x_m;y\right)$，按下式分别计算每个特征变量的权重：

$$
\begin{cases}
\omega_j = I\left(x_j;l\right)\Big/\sum_{j=1}^{n_1} I\left(x_j;l\right) \\
\omega_m = I\left(x_m;y\right)\Big/\sum_{m=n_1+1}^{n} I\left(x_m;y\right)
\end{cases}
\tag{9-17}
$$

④ 案例检索。将来自 DCS 系统的现场当前工况描述 $x_1\sim x_{24}$，按式（9-10）将其表示成待求解的目标案例 x_{p+1}、待求解的炉膛故障类别 l_{p+1} 和烟气通道故障类别 y_{p+1}。

具体的检索过程如下。

首先，将式（9-16）所示源案例 $\boldsymbol{C}'_k$ 中 n 个特征变量的历史数据和目标案例的数据 $x_{1,p+1}$，$x_{2,p+1}$，…，$x_{n,p+1}$ 进行组合并做归一化处理，如下所示：

$$
\tilde{x}_{j,k}=\frac{x_{j,k}-\min\left(x_{j,1},\cdots,x_{j,p+1}\right)}{\max\left(x_{j,1},\cdots,x_{j,p+1}\right)-\min\left(x_{j,1},\cdots,x_{j,p+1}\right)},j=1,2,\cdots,n;k=1,2,\cdots,p+1
\tag{9-18}
$$

接着，采用基于欧氏距离的相似性度量方法分别计算目标案例与源案例中炉膛故障特征和烟气通道故障特征的相似度值 s_{k1} 和 s_{k2}：

$$
\begin{cases}
s_{k1}=1-\sqrt{\sum_{i=1}^{n_1}\omega_j\left(x_{j,p+1}-x_{j,p}\right)^2},k=1,2,\cdots,p \\
s_{k2}=1-\sqrt{\sum_{m=n_1+1}^{n}\omega_m\left(x_{m,p+1}-x_{m,k}\right)^2},k=1,2,\cdots,p
\end{cases}
\tag{9-19}
$$

通过式（9-19）计算，可以得到 $2p$ 个相似度 s_{k1} 和 s_{k2}，将按其大小降序排列，再根据 KNN 策略分别取出前 K 个炉膛故障及烟气通道故障相似案例对应的故障类别，供案例重用阶段使用。

⑤ 案例重用。根据 KNN 规则，统计检索出的炉膛故障和烟气通道故障相似案例的类别个数，其中占比最多的类别即为目标案例的建议故障类别，记作下式：

$$\hat{\boldsymbol{Y}}_{p+1}=\left(\hat{l}_{p+1},\hat{y}_{p+1}\right) \tag{9-20}$$

式中，$\hat{l}_{p+1}$ 为炉膛故障的建议类别；$\hat{y}_{p+1}$ 为烟气通道故障的建议类别。

⑥ 案例修正。由操作人员对上述建议故障类别 $\hat{\boldsymbol{Y}}_{p+1}$ 进行评价修正，从而获得确认的最终故障类别 $\boldsymbol{Y}_{p+1}$：

$$\boldsymbol{Y}_{p+1}=\left(l_{p+1},y_{p+1}\right) \tag{9-21}$$

式中，l_{p+1} 为炉膛故障的最终故障类别；y_{p+1} 为烟气通道故障的最终故障类别。

⑦ 案例存储。将当前工况描述 x_1～x_{24} 与修正后的故障类别 $\boldsymbol{Y}_{p+1}$ 作为新的源案例存储于案例库中，为下次故障诊断求解提供支撑。

按照上述过程，至此则完成了基于互信息特征选择和权重分配的 CBR 诊断求解的一次过程。

（3）算法步骤

由上述的算法描述可知，MSWI 过程的故障诊断方法分为两个阶段：第 1 个阶段是采用 MI 计算过程变量与故障类别间的关联程度，目的是去除冗余特征以得到相关性较高的特征子集，并根据计算的 MI 值分配特征权重；第 2 个阶段是采用 CBR 分别对炉膛故障和烟气通道故障进行诊断求解。算法步骤如下所示。

阶段 1：MI 约简冗余特征及分配权重。

步骤 1：按式（9-1）和式（9-2）的样本表示方式构建历史故障案例库。

步骤 2：按式（9-12）～式（9-14）分别计算过程变量 x_1～x_{12} 关于炉膛故障类别 l 以及过程变量 x_{13}～x_{24} 关于烟气通道故障类别 y 的互信息值。

步骤 3：按式（9-15）计算选择阈值，删除 MI 值小于均值的特征。

步骤 4：对约简后的特征变量按原来序号进行排列，构成源案例的特征子集形式 C_k'。

步骤 5：按式（9-17）分别计算炉膛故障特征和烟气通道故障特征的权重。

阶段 2：CBR 模型诊断求解。

步骤 1：对新出现的过程变量，按照特征选择后的特征形式表示为目标案例。

步骤 2：将式（9-16）所示 C_k' 中的源案例与目标案例合并，并进行归一化处理。

步骤 3：按式（9-19）计算目标案例与源案例的相似度，检索出 K 个相似案例。

步骤 4：分别统计炉膛故障和烟气通道故障相似案例的类别个数，将数量最多的类别视为目标案例的建议故障类别 $\hat{Y}_{p+1}$。

步骤 5：基于操作专家的认知确认或修正故障类别 $\hat{Y}_{p+1}$，分别得到炉膛故障和烟气通道故障的正确解 Y_{p+1}。

步骤 6：将目标案例的最终解 Y_{p+1} 与其过程变量值 x_1～x_{24} 合并构成一条新的源案例，将其存储至案例库为下次诊断求解提供支撑。

步骤 7：若出现新的过程变量，转至阶段 1 的步骤 1。

9.2.5 实验验证

（1）数据集描述

为验证本节所提改进 CBR 方法在 MSWI 过程故障诊断中的应用效果，此处选用某 MSWI 厂的历史故障数据对诊断方法和性能进行测试，其中，炉膛故障样本量 479，烟气通道故障样本量 504。

（2）性能评价指标

如下的性能评价指标通常用于考察故障诊断方法的应用效果：

① 实际样本是故障的且诊断方法结果为故障，记为真阳（*TP*）；

② 实际样本是故障的但诊断方法结果为正常，记为假阴（*FN*）；

③ 实际样本是正常的且诊断方法结果为正常，记为真阴（*TN*）；

④ 实际样本是正常的但诊断方法结果为故障，记为假阳（*FP*）。

本书以故障诊断准确率（*Accuracy*）、漏报率（*FNR*）、灵敏度（*TPR*）、误报率（*FPR*）及接收者操作特征图（ROC）[53] 作为评价指标，其中评价指标的计算公式如下所示：

$$Accuracy=\frac{TP+TN}{TP+TN+FP+FN} \tag{9-22}$$

$$FNR=\frac{FN}{TP+FN} \tag{9-23}$$

$$TPR=\frac{TP}{TP+FN} \tag{9-24}$$

$$FPR=\frac{FP}{FP+TN} \tag{9-25}$$

上述各个指标的物理含义如下。

诊断准确率（*Accuracy*）表示系统诊断结论正确的比例，包括实际正常且诊断结果正常、实际故障且诊断结果故障占所有样本的比例。

假阴率（*FNR*）又称漏报率，表示系统错将故障样本诊断为正常占所有故障样本的比例。

真阳率（*TPR*）又称灵敏度、召回率，表示系统正确诊断出的故障样本占所有故障样本的比例。

假阳率（*FPR*）又称误报率，表示系统误将正确样本诊断为故障占所有正常样本的比例。

ROC 图是以 *FPR* 为横坐标、*TPR* 为纵坐标的二维图，空间上的点（*FPR*，*TPR*）越接近于左上角（0，1），表明误报率越低灵敏度越高，象征诊断系统的性能越佳。

（3）实验结果与对比讨论

为验证所提改进 CBR 方法的故障诊断性能，将其与 KNN、SVM、BP 及常规 CBR 四种典型故障诊断方法进行对比，采用五折交叉验证法进行实验。不同方法的参数设置如下：SVM 算法中，核函数取高斯径向基函数，惩罚因子取 10；BP 算法中采用三层网络结构，隐层神经元个数为 15，激活函数使用 sigmoid 函数，训练函数选择 *Trainrp*，训练次数为 1200，学习速率为 0.1，收敛误差设定 0.01；KNN 与 CBR 中近邻数 *K* 值均设置为 1。

① 二分类故障的实验结果　为验证所提方法对 MSWI 过程炉膛故障（3 种）和烟气通道故障（3 种）的诊断效果，分别采用 KNN、SVM、BP、CBR 及改进 CBR 方法进行故障诊断结果的对比分析。此处采用的样本处理方式为：将 6 种故障与正常样本合并后构成 6 个 MSWI 过程的二分类数据集，处理结果如表 9-5 所示。

表 9-5　MSWI 过程的二分类数据集统计表

故障序号	案例库构成	样本数	类别数
1	局部烧穿与正常样本	267	2
2	炉膛结焦与正常样本	353	2
3	排渣不畅与正常样本	301	2
4	烟气结渣与正常样本	338	2
5	烟气腐蚀与正常样本	313	2
6	飞灰堵塞与正常样本	297	2

不同方法对每类故障的诊断准确率（*Accuracy*）分析和误报率（*FNR*）如表 9-6 和表 9-7 所示。

表 9-6　不同方法针对每类故障的诊断准确率　　　%

故障序号	KNN	SVM	BP	CBR	改进 CBR
1	99.29	98.50	89.45	98.90	99.64
2	96.29	98.29	83.46	98.00	99.71
3	100	99.00	84.00	99.67	100
4	96.73	94.96	88.14	97.33	97.91
5	92.73	96.57	76.09	96.23	97.16
6	97.02	96.67	88.53	97.34	97.34
平均值	97.01	97.33	84.94	97.91	98.63

由表 9-6 可知，改进 CBR 对 6 种故障的诊断准确率均表现优异。本书所采用的不同方法的平均故障诊断准确率由低到高的顺序依次是：BP、KNN、SVM、CBR 和改进 CBR。上述结果说明了本节所提方法在 MSWI 过程中的有效性。

表 9-7　不同方法对每类故障的误报率　　　%

故障序号	KNN	SVM	BP	CBR	改进 CBR
1	0	0.45	0	0	0
2	0	1.36	0.91	0	0
3	0	1.36	0.45	0	0
4	4.55	8.16	0	2.73	2.73
5	5.71	5.24	5.67	2.19	1.30
6	0	0.45	0	0	0
平均值	1.71	2.84	1.17	0.82	0.67

由表 9-7 可知，改进 CBR 针对 6 种故障的误报率均最低，并且针对烟气腐蚀故障表现优异。从平均诊断误报率可知，改进 CBR 方法在传统 CBR 基础上降低了 0.15%。

对于局部烧穿、炉膛结焦、排渣不畅、烟气结渣、烟气腐蚀和飞灰堵塞 6 种故障而言：对局部烧穿和炉膛结焦故障，改进 CBR 性能最优；针对排渣不畅故障，改进 CBR、KNN、SVM、CBR 性能相当，但均优于 BP；针对烟气结渣故障，诊断性能从高到低依次为：改进 CBR、CBR、KNN、SVM 和 BP；针对烟气腐蚀故障，诊断性能从高到低依次为：改进 CBR、SVM、CBR、KNN 和 BP；针对飞灰堵塞故障，改进 CBR 的诊断性能最好。

综合上述结果可知，改进 CBR 故障诊断方法对 MSWI 过程的 6 种故障均有不错应用效果，相比于 BP、SVM、KNN 和 CBR 等典型方法进一步提高了诊断准确率，具有较好的综合性能。

② 多故障诊断的实验结果　为验证改进 CBR 算法在 MSWI 过程故障诊断中的效果，分别将炉膛故障和烟气通道故障的不同类别的故障数据混合，采用五折交叉实验比较不同方法的性能以实现多故障诊断，这些方法的准确率对比结果如表 9-8 和表 9-9 所示。

表 9-8　不同方法的炉膛多故障诊断准确率　%

实验次数	KNN	SVM	BP	CBR	改进 CBR
1	73.68	78.95	48.42	82.11	84.21
2	80.00	91.58	41.58	89.47	91.58
3	87.37	94.74	45.26	90.53	90.53
4	86.32	82.11	41.58	90.53	91.58
5	89.90	89.90	42.12	86.87	90.91
平均值	83.45	87.45	43.79	87.90	89.76

表 9-9　不同方法的烟气通道多故障诊断准确率　%

实验次数	KNN	SVM	BP	CBR	改进 CBR
1	84.00	82.00	44.00	88.00	91.00
2	93.00	98.00	32.00	98.00	99.00
3	96.00	98.00	38.00	98.00	97.00
4	98.00	100.00	23.00	98.00	100.00
5	83.65	84.62	42.31	88.46	88.46
平均值	90.93	92.52	35.86	94.09	95.09

由上述结果可知，从炉膛区域和烟气通道区域的故障诊断平均准确率的视角，改进 CBR 的诊断效果均最优，其排序为：改进 CBR ＞ CBR ＞ SVM ＞ KNN ＞ BP。此外，相比于传统的采用均权和无特征选择策略的 CBR 而言，改进 CBR 方法均提高了诊断准确率，表明基于 MI 的特征选择和权重分配方法有效地提高了案例检索的性能。

9.3 基于相似性度量的案例推理故障诊断模型

9.3.1 概述

相似性度量是衡量数据之间相似程度的重要指标[54]，在机器学习、数据挖掘、计算机视觉和信息检索等多个领域[55]均有典型应用，在聚类、分类、特征选择、模式识别等方向具有很高的研究价值[56]。相关学者早在二十世纪八九十年代就对相似性度量方法[57-59]进行研究，目前主流的方法是由 Xing 等人于 2003 年建立的[60]。

传统的相似性度量方法主要有两种：距离度量方法和相似系数度量方法。距离度量包括欧氏距离、曼哈顿距离、马氏距离、切比雪夫距离等，主要是利用数据之间的距离计算相似度。欧氏距离[61]又被称为欧几里得距离，是最为常见的一种距离计算方法，经常用在分类或聚类算法的相似性度量中，主要是计算空间中两点间的真实距离或者向量中某点到原点的长度。在计算过程中，各样本处理过程类似，均忽略个体间的差异，不能准确计算向量间的相似性，这一点有时与实际存在差异。为了克服欧氏距离的弊端，标准欧氏距离和加权欧氏距离[62]相继被提出，二者均利用均值和方差计算距离。曼哈顿距离[63]又被称为城市街区距离，有的文献中也将其称为绝对值距离或棋盘距离，主要是计算空间中两点构成的线段对轴的投影距离总和。马氏距离[64]表示的是数据间的协方差距离，计算时需要用到矩阵和协方差矩阵。与欧氏距离相比，马氏距离能够考虑变量间的关系，并根据不同属性变量的差异性将其差别化对待。Aik 等[65]将马氏距离代替欧氏距离用于经典的模糊 C 均值聚类方法中，能有效改善欧氏距离弱化变量关系的问题，并能提高训练的精度。切比雪夫距离又被称为 L_∞ 度量，由著名数学家切比雪夫得名，类似于国际象棋中最少步数寻优，即计算空间中各坐标数值差的最大值。

相似系数度量包括余弦相似度、皮尔森相关系数、杰卡德（Jaccard）相关系数等[66]，主要是利用数据对象的向量夹角计算相似度。余弦相似度[65]又被称为夹角余弦，在几何空间中可以衡量向量间的方向，但在分类与聚类分析中可将两个向量夹角计算得到的余弦值作为两个样本间相似性与差异性的度量，向量夹角越与 0°靠近，余弦值越靠近 1，表示两个向量越相似。夹角余弦适用于空间中数值型数据的相似性度量，较适合处理空间中的空值现象，度量时并没有考虑数据的所有维度，只有当两个向量的值都含非空时才对相似度产生影响。皮尔森相关系数[67]又被称为皮尔森积矩相关系数，通过计算协方差与标准差的商表示两个变量相关性，相关系数越接近 -1 和 1，则相似度越高，越接近 0 则相似度越低；适用于空间中数值型数据的相似性度量。Jaccard 相关系数[68]又称为 Jaccard 相似系数，是衡量布尔值度量或符号度量型样本间相似度的指标，无法衡量值的大小，只能针对个体间的特征得到“相同”与“不同”的结果，可应用到网页去重、考试防作弊装置及论文查重系统等场景中。在比较相似度时，需要将序数、比例标度变量及区间标度等数据类型均转化为二元形式，这会造成转换进程中信息丢失的现象，其能较好反映属性间的相似度，Jaccard 相似值越大表示属性越相似。

传统的相似性度量方法虽然在低维数据上性能较好，但伴随着大规模数据不断被收集，也面临着大样本容量和高维度的双重压力。理查德 • 贝尔曼在 1962 年指出，高维数据空间会出现稀疏性现象，这易造成维度灾难。也就是说，随着数据维度的增加，高维数据空间变得稀疏，这导致数据维度增加至一定程度时算法的时间复杂度逐步增加。传统的距离度量方法计算的数据对象间的距离是相等的，这会导致结果不稳定且使用效果不佳。

针对大样本量和复杂特定领域问题，许多新的度量方法不断被提出。目前诸多学者提出的方法主要包括两种：对传统相似性度量方法的改进和基于新概念定义的相似性度量方法。对于传统相似性度量方法的改进，文献 [69] 提出了一种具备联机效应的马氏距离度量方法，在计算每一步时都用一个新的成对约束迭代散度矩阵，接着对矩阵做半正定的投影，最终通过计算得到距离对相似性求解。文献 [70] 在传统相似性度量方法的基础上，提出了一种基于投影和局部特征的度量方法，减轻了对特征量计算的复杂度，能有效改进 K 近邻算法。文献 [71] 采用增加权重提升基于距离度量的聚类效果，提出了特征加权距离以克服传统欧氏距离度量对高维大数据样本的局限性。文献 [72] 提出了一种未知模式下的自适应规则，以此自适应距离度量避免不相关变量的影响。文献 [73] 在距离度量和数据点中引入调节变量，提出用基于数据点密度距离修正的矩阵替换模糊 C 均值聚类中的传统基于距离的矩阵，能有效避免传统欧氏距离度量的适用范围。文献 [74] 提出了一种新的度量函数，对传统距离度量方法进行改进，能够忽略变量间相差较大的维度，更加注重相似变量的值，有效避免噪声影响及维度灾难。上述对于传统相似性度量方法的改进，本质上都是基于距离的度量，这不仅在数据归一化处理过程中造成信息流失，而且其缺乏学习能力也使应用场合受到限制。因此，为避免这些问题的发生，基于新概念定义的相似性度量方法不断出现。

基于新概念定义的相似性度量方法主要利用学习技术实现。文献 [75] 提出了一种基于互信息的相似性度量方法：首先利用互信息保留变量间的相关关系并对变量进行特征化，从而得到对称的互信息矩阵；然后将矩阵的上三角排成向量形式；最后将度量后的选择特征基于 SVM 分类器验证所提方法的性能。文献 [76] 提出了一种基于主成分分析的 Eros 相似性度量方法：首先通过计算样本间的协方差保留变量间的相关关系，得到特征矩阵；然后对矩阵进行奇异值分解获得主成分变量；最后通过右边的特征矩阵计算相似度。文献 [77] 提出了新定义的 KML 方法，用于人脸识别亲属关系中，其首先建立基于耦合深度神经网络 DNN 的模型模拟隔代差异，在此基础上，通过学习深度严谨的交叉得到一个新的深度相似性度量，最后经过数据集验证 KML 能显著提升亲属关系的验证水平。文献 [78] 提出了一种基于 BP 神经网络的学习型伪度量方法用于图像分类，首先采用具有监督学习的标准反向传播神经网络从语义图像中引出相似性概念，接着利用度量准则训练 BP 网络，最后通过将数据对输入网络模型中计算得出相似度。将此度量方法用于构建 KNN 分类器，结果表明在图像分类任务中具有良好的效果。

目前，相似性度量在图像检索、时间序列数据、社会网络及业务流程等实际中均得到了广泛应用。图像检索中的相似性度量，应用场景包括图像识别、刷脸支付、视频监控、人机交互等。文献 [79] 针对图像视觉相似性难以准确获得的问题，将相似性度量技术引入图像检索，通过提出一种基于卷积神经网络的度量方法，在图像中提取视觉矢量并根据回归学习协议获得图像间的相似程度。文献 [80] 针对监视和安全场所需要高效的面部图像压缩方法对过往人群进行面部识别的需求，引入了基于学习的面部图像压缩框架，成功应用到 GAN 网络中并作为度量方法进行基于面部的图像压缩，实验结果表明面部验证精度明显提高。时间序列数据的相似性度量，场景来源包括股票数据、人口数据、购物数据、空间中运动轨迹等。时间序列数据普遍具有种类复杂、数据量庞大及干扰众多的特点，所以基于时间序列的相似性度量对数据分析与挖掘具有关键性作用。针对时间序列的度量方法主要分为三种：基于范数距离（如欧氏距离）、基于动态弯曲距离和基于编辑距离。文献 [81] 针对时间序列数据存在数值差异及形态波动的特点，将动态弯曲距离和符号聚合近似相结合，提出了一种数值型和形态波动特征相结合的相似性度量方法，能有效提高时间序列分类质量。社会网络的相似性度量，主要应用体现在各种社会媒体（如微博、论坛及各类社交网站）的内在结构中。文献 [82] 对微博社会网络中的用户属性关系进行分析，采用编辑距离的方法计算用户背景信息相似度，采用余弦相似度计算用户社交信息，通过爬虫用户的有效信息分析相似度推荐效果。业务流程中的相似性度量，可以用高效准确的检索方法解决某些企业（如医院、公司等）的业务流程管理问题。现有的流程相似性度量大多从文本标签、拓扑和行为方式等方面进行分析。文献 [83] 针对外科手术在不同指标层面的手术合规性，建立了一个比较规范的手术过程的相似性度量模型，通过临床数据集验证评估模型度量结果的有效性，成功为手术流程规范节约了时间成本。

上述为相似性度量的实际应用场景，不同的度量方法适合的场景不同。这些研究表明相似性度量的应用范围广泛，应用潜力巨大。

此外，相似性度量从如何定义相似性问题的视角可分为三类[84-86]：①基于特征视角，采用特征描述对象，用对象间的共同特征和不同特征表示相似性；②基于几何视角，采用空间中的点描述对象，用对象间距离的倒数表示相似性；③基于结构视角，采用图描述和节点表示对象，对象间的联系即为边，用图的匹配表示相似性。目前不存在一种算法能够解决所有领域的相似性问题，故每种人工智能算法都需要一种与其特性相匹配的相似性度量方法[87]。现有度量方法，如欧氏距离、曼哈顿距离、马氏距离、切比雪夫距离等[88]，均无法保证适用于当前待解决的问题，并且在处理不同数据类型时会出现很多新问题，例如：这些度量方法在针对不同数据类型进行数据转换和归一化处理的过程中存在信息流失现象，并且缺乏学习能力等，这使得这些度量方法的应用场合具有局限性。因此，非常有必要对相似性度量方法进行深入研究。

针对 MSWI 过程的故障诊断问题，本节面向案例推理（CBR）算法采用学习型伪度量算法指导案例检索，通过度量目标案例与每个源案例间的相似性以获得同类案例，最后通过案例重用、案例修正和案例存储，实现 MSWI 过程的故障检测。

9.3.2 相似性度量描述

（1）相似度概念与常见度量方法

相似度（Similarity）表示两种模式或对象之间的相似程度。经常以数据形式对相似度进行定义，取值常在 0（不相似）和 1（相似）范围内，具有非负性。通常是对象间越相似，其之间的相似度值越大。若 $\boldsymbol{x}$ 和 $\boldsymbol{y}$ 之间的相似度采用 $sim(\boldsymbol{x},\boldsymbol{y})$ 定义，则具有如下性质：

a. $sim(\boldsymbol{x},\boldsymbol{y})=1$，当且仅当$\boldsymbol{x}=\boldsymbol{y}$；

b. $sim(\boldsymbol{x},\boldsymbol{y})=sim(\boldsymbol{y},\boldsymbol{x})$，对于所有的$x$和$y$(对称性)。

此处引入的一个概念是相异度 $d(\boldsymbol{x},\boldsymbol{y})$，又称为距离，也可将其作为相似度的度量标准。当 $\boldsymbol{x}$ 和 $\boldsymbol{y}$ 相似时，距离 $d(\boldsymbol{x},\boldsymbol{y})$ 较小；反之亦然。假设 $d(\boldsymbol{x},\boldsymbol{y})\geqslant 0$，距离也同样具有对称性，即 $d(\boldsymbol{x},\boldsymbol{y})=d(\boldsymbol{y},\boldsymbol{x})$。

在模式识别研究中，常用距离和相关系数描述对象之间的相似度。传统相似性度量主要采用基于向量或者基于距离的方法，其中，基于距离的度量方法包括欧氏距离、曼哈顿距离、切比雪夫距离、马氏距离等；基于向量的度量方法包括夹角余弦、皮尔森相关系数、杰卡德系数等。下面介绍常见的相似性度量方法。

假设讨论域 $\boldsymbol{\lambda}=\{\boldsymbol{\lambda}_1,\boldsymbol{\lambda}_1,\cdots,\boldsymbol{\lambda}_n\}$ 被划分为 n 个由 M 个指标构成的数据对象，其中第 i 个数据对象可表示为：$\boldsymbol{\lambda}_i=\{\lambda_{i1},\lambda_{i1},\cdots,\ \lambda_{in}\}(i=1,2,\cdots,n)$。明考斯基距离的计算公式如下式所示：

$$d(\boldsymbol{\lambda}_i,\boldsymbol{\lambda}_j)=\left[\sum_{k=1}^{M}\left|\lambda_{ik}-\lambda_{jk}\right|^q\right]^{(1/q)} \tag{9-26}$$

式中，$d\left(\boldsymbol{\lambda}_i,\boldsymbol{\lambda}_j\right)$表示第$i$个数据对象和第$j$个数据对象间的距离。

① 欧氏距离（Euclidean Distance）。

式（9-26）中，当$q=2$时，即为欧氏距离：

$$d\left(\boldsymbol{\lambda}_i,\boldsymbol{\lambda}_j\right)=\sqrt{\sum_{k=1}^{M}\left|\lambda_{ik}-\lambda_{jk}\right|^2} \tag{9-27}$$

从空间视角，欧氏距离表示空间上点A和点B间的绝对距离d，A和B两点的关系如图9-3所示。

由图9-3可知，距离d越小，相似度越大，表示对象之间越相似。

理想情况下，进行相似性度量的特征向量所对应维度应为相同物理量。实际情况下，特征向量间的物理量多不相同，但欧氏距离却将数据间的差别进行同等对待，未考虑变量之间的相关性，这导致欧式距离在实际应用中存在误差。通常，欧氏距离用于分析特征空间中球形超球体类型数据对象间的相似性。

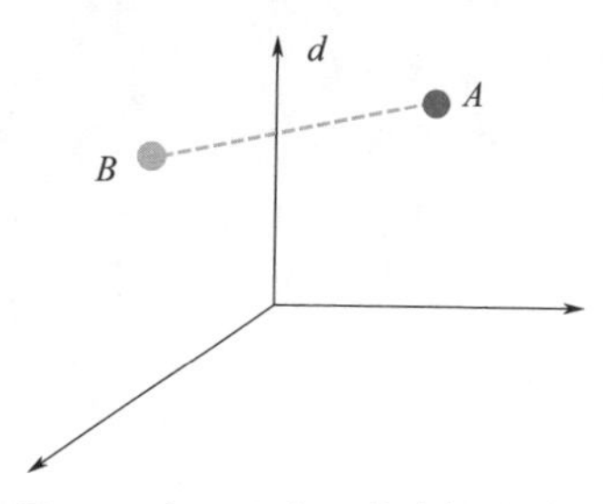

图9-3　点A和点B的空间关系图

② 曼哈顿距离（Manhattan Distance）。

式（9-26）中，当$q=1$时，即为曼哈顿距离：

$$d\left(\boldsymbol{\lambda}_i,\boldsymbol{\lambda}_j\right)=\sum_{k=1}^{M}\left|\lambda_{ik}-\lambda_{jk}\right| \tag{9-28}$$

从空间视角，某两点在直角坐标系上所形成的直线线段关于其对称轴产生投影的计算距离之和即为曼哈顿距离，其多用于分析特征空间中菱形状超立方体类型数据对象间的相似性。

③ 切比雪夫距离（Chebyshev Distance）。

式（9-26）中，当$q=\infty$时，即为切比雪夫距离：

$$d\left(\lambda_i,\lambda_j\right)=\max\left|\lambda_{ik}-\lambda_{jk}\right| \tag{9-29}$$

从空间视角，切比雪夫距离可视为对空间向量的度量，表示对象从一个位置移至另一位置的最短距离，表示为空间中某两点各个坐标的最大数值的差值，可用于分析特征空间中含矩形超立方体结构间的相似性。

④ 马氏距离（Mahalanobis Distance）。

在样本集中，样本$\boldsymbol{\lambda}_i$和$\boldsymbol{\lambda}_j$间的马氏距离采用下式进行计算：

$$d\left(\boldsymbol{\lambda}_i,\boldsymbol{\lambda}_j\right)=\left(\boldsymbol{\lambda}_i,\boldsymbol{\lambda}_j\right)^{\mathrm{T}}\boldsymbol{\Sigma}^{-1}\left(\boldsymbol{\lambda}_i,\boldsymbol{\lambda}_j\right) \tag{9-30}$$

式中，$\boldsymbol{\Sigma}$为样本的协方差矩阵。

若$\boldsymbol{\Sigma}$为单位矩阵，则表示欧氏距离；若$\boldsymbol{\Sigma}$为对角矩阵，则表示标准化欧氏距离。$\boldsymbol{\Sigma}$ 的计算如下式所示：

$$\boldsymbol{\Sigma}=\begin{pmatrix} COV(\lambda_{11},\lambda_{11}) & \cdots & COV(\lambda_{11},\lambda_{1M}) \\ \vdots & \ddots & \vdots \\ COV(\lambda_{M1},\lambda_{11}) & \cdots & COV(\lambda_{MM},\lambda_{MM}) \end{pmatrix} \tag{9-31}$$

马氏距离在本质上为样本散度矩阵，又可表示为样本间的协方差距离，能得到两个未知样本集间的相似性。由上可知，其能消除因变量的量纲不同而造成的对聚类分析结果的影响，较好地避免了一致性聚类分析现象的发生。但是，马氏距离也存在一些弊端，如夸张变化较小的变量的作用，并且 $\boldsymbol{\Sigma}$ 较难确定，进而引起马氏距离效果不理想。

⑤ 夹角余弦（Cosine）。

设 $\boldsymbol{\lambda}_i$ 和 $\boldsymbol{\lambda}_j$ 为两个 M 维向量的样本点，两者之间的相似度可以表示为：

$$d(\boldsymbol{\lambda}_i,\boldsymbol{\lambda}_j)=\cos\theta=\frac{\sum_{k=1}^{M}\lambda_{ik}\lambda_{jk}}{\sqrt{\sum_{k=1}^{M}\lambda_{ik}^2}\sqrt{\sum_{k=1}^{M}\lambda_{jk}^2}} \tag{9-32}$$

由上式可知，夹角余弦值的范围为 [−1，1]。从空间时间上看，点 A 和点 B 之间的夹角 θ 越小，余弦值也越接近于 1，方向也就越吻合，即表明两者之间越相似，反之两者之间不相似。由图 9-4 可知，欧氏距离表示空间中两点间的绝对距离，数值大小与两点的空间具体位置有关；余弦距离表示向量间的夹角大小，其表现在方向的差异性，与具体位置无关。

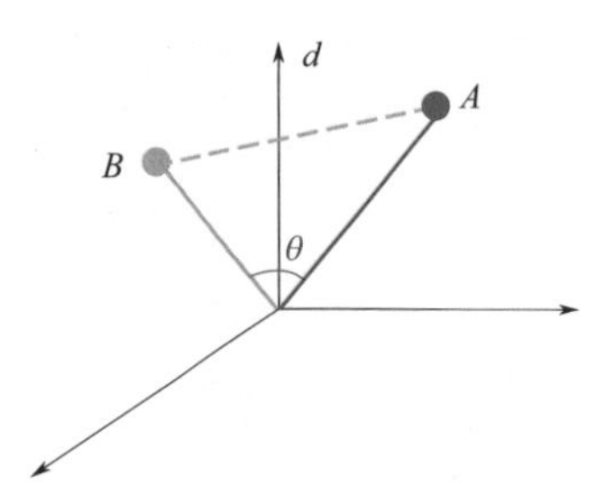

图 9-4　夹角余弦示意图

⑥ 皮尔森相关系数（Pearson Correlation）。

向量 $\boldsymbol{\lambda}_i$ 和 $\boldsymbol{\lambda}_j$ 的相关系数可表示为：

$$c(\boldsymbol{\lambda}_i,\boldsymbol{\lambda}_j)=\frac{\sum_{k=1}^{M}(\lambda_{ik}-\bar{\lambda}_i)(\lambda_{jk}-\bar{\lambda}_j)}{\sqrt{\sum_{k=1}^{M}(\lambda_{ik}-\bar{\lambda}_i)^2}\sqrt{\sum_{k=1}^{M}(\lambda_{jk}-\bar{\lambda}_j)^2}} \tag{9-33}$$

由上式可知，皮尔森相关系数的取值范围为 [−1，1]，其绝对值越大，表示 $\boldsymbol{\lambda}_i$ 和 $\boldsymbol{\lambda}_j$ 间的相关度越高。可见，相关系数法与距离法相反。

向量 $\boldsymbol{\lambda}_i$ 和 $\boldsymbol{\lambda}_j$ 的距离也可以通过相关系数获得，其定义如下式所示：

$$d(\boldsymbol{\lambda}_i,\boldsymbol{\lambda}_j)^2=1-c(\boldsymbol{\lambda}_i,\boldsymbol{\lambda}_j)^2 \tag{9-34}$$

⑦ 杰卡德系数（Jaccard Index）。

Jaccard 系数表示样本集 A 和 B 取交集之后的元素在其并集中所占比例的大小，

取值范围为 [0，1]，如下式所示：

$$c(A,B)=\frac{|A\cap B|}{|A\cup B|} \tag{9-35}$$

其中，当集合 A 和 B 相同时，其值为 1；当集合 A 和 B 为空集时，其值为 0。由上式可知，Jaccard 值越大表示样本间的相似度越高，反之亦然。

上述相似性度量方法可应用于专门领域或特定数据类型，但这些度量方法的共性是缺乏学习能力。因此，如何获得具有学习能力的样本相似性是目前研究中的重要问题。

（2）面向 CBR 的相似度问题分析

相似性度量方法的选择直接影响案例推理问题的求解效率和准确度。针对定量数据，距离度量方法较为适用。基于欧氏距离的目标案例与源案例相似度的求解公式如下：

$$sim_k=1-\sqrt{\sum_{i=1}^{n}\omega_i\left(x_{i,p+1}-x_{i,k}\right)^2},k=1,2,\cdots,p \tag{9-36}$$

式中，源案例 $\boldsymbol{X}_k(k=1,2,\cdots,p)$ 和目标案例 $\boldsymbol{X}_{p+1}$ 的第 i 个特征属性的归一化值分别为 $x_{i,k}$ 和 $x_{i,p+1}$；$\omega_i(i=1,2,\cdots,n)$ 为第 i 个特征属性的权重，该值越大其相应的特征贡献越大，反之越小。

由式（9-36）可计算得到出 p 个相似度，其结果受到两个因素的影响：

① 特征权重分配难题。特征权重分配作用于案例检索环节并对解的质量产生影响。目前权重分配的方法包括主观赋权法中的无差异折中法、调查统计法、专家咨询法、相关分析法、层次分析法等 [89]，其中应用最广泛的为层次分析法 [90]，前三种方法是通过获取领域知识后，采用相关方法确定属性值，进而达到提高系统学习性能的目标；相关分析法是数学统计方法，较前三种有一定进步，但也存在主观性较强的弱点。总体上，上述几种方法都过于依靠主观经验进行判断，这对检索阶段解的质量造成不确定的影响。进一步，相继出现了对权重进行分配优化的客观赋权法，如信息熵 [91]、遗传算法 [92]、粗糙集 [93] 等，但上述方法仍存在神经网络结构不易确定、遗传算法容易陷入局部极小、粗糙集容易约简属性的有用信息等固有缺陷。综合上述主观法与客观法，其共同点在于：属性权重确定后便不进行调整，但是案例库却是处于不断更新并增加案例的过程。显然，在面对工业实际问题的复杂多样性时，以上未进行权重调整的学习方式存在弊端，导致检索的学习能力明显不足，相似度的计算结果不准确。

② 易陷入距离陷阱的难题。目标案例 $\boldsymbol{X}_{p+1}$ 和源案例 $\boldsymbol{X}_k(k=1,2,\cdots,p)$ 间的距离通常存在两种情况：一种是目标案例 $\boldsymbol{X}_{p+1}$ 与源案例中的某个案例 $\boldsymbol{X}_k$ 的距离最近，但它们之间的相对距离却较远，如图 9-5（a）所示，这种情况下检索到的距

离最近的案例有可能不是最相似的结果；另一种是目标案例 $\boldsymbol{X}_{p+1}$ 与多个不同的源案例均相距比较近，即 $\boldsymbol{X}_{p+1}$ 位于多个源案例的交叉位置，如图 9-5（b）所示，这样计算相似度得到的也可能不是正确的分类结果。

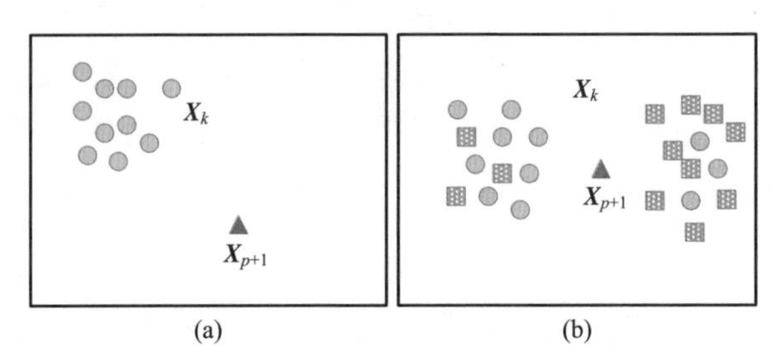

图 9-5 目标案例和源案例的距离情况

基于距离的相似性度量方法在面对上述两个难题时，会导致求解过程中分类模型性能不高。因此，对于上述仍未彻底解决的难题，有必要研究新的相似性度量方法。

基于局部保留匹配（Locality Preserving Matching，LPM）的相似性度量方法[78]在图像分类问题中效果显著。显然可以将该度量方法代替基于欧氏距离的相似性度量方法并用于 CBR 检索阶段。文献 [94] 研究基于 LPM 的案例检索方法，采用度量准则训练 BP 神经网络并通过实验验证了在模式分类问题中的准确率明显提高，具有显著的应用优势。虽然该方法解决了由距离度量带来的距离陷阱和权重分配的难题，但其面临两个问题：一是 BP 神经网络所固有的缺点，如收敛速度较慢、容易陷入局部最优及网络隐含层层数和神经元个数依赖经验确定等；二是训练 LPM 的时间随着样本数量的增加而变长。随机权神经网络对非线性映射具有良好的通用逼近特性，能够避免局部最优，同时对于大规模数据样本训练速度快且可行性强。作为一种改进算法，随机配置网络（SCN）具有监督机制下随机分配输入权重和隐层节点的偏置并确定隐层节点个数的优点，能够有效避免采用 BP 网络所造成的影响。

综上所述，在案例检索环节，需要解决基于距离的相似性度量方法所带来的权重分配困难和易陷入距离陷阱的问题。

（3）学习型伪度量描述

度量（Metric）是描述集合中元素距离的函数，相应地，有度量的集合称为度量空间，又称为距离空间，是与欧几里得距离最为相近的一种抽象空间，也是泛函分析基础之一。

定义 1 令 $\boldsymbol{X}$ 为一个非空集合，d 为集合 $\boldsymbol{X}$ 中的一个度量，满足映射 $d:\boldsymbol{X}\times\boldsymbol{X}\rightarrow R$。对于任何的 $\boldsymbol{x},\boldsymbol{y},\boldsymbol{z}\in\boldsymbol{X}$，二次函数 d 均满足以下四个条件：

① $d(\boldsymbol{x},\boldsymbol{x})=0$(自反性)。

② $d(\boldsymbol{x},\boldsymbol{y})=0 \Leftrightarrow \boldsymbol{x}=\boldsymbol{y}$(分离性)。

③ $d(\boldsymbol{x},\boldsymbol{y})=d(\boldsymbol{y},\boldsymbol{x})$(对称性)。

④ $d(\boldsymbol{x},\boldsymbol{z})\leqslant d(\boldsymbol{x},\boldsymbol{y})+d(\boldsymbol{y},\boldsymbol{z})$(三角不等式)。

其中，$d(\boldsymbol{x},\boldsymbol{y})$为点$\boldsymbol{x}$和点$\boldsymbol{y}$间的距离；$(\boldsymbol{X},\boldsymbol{d})$称为一个度量空间。

伪度量（Pseudo-metric）空间定义如下所示。

定义 2 令$\boldsymbol{X}$为一个非空集合，d为集合X中的一个伪度量，满足映射$d:\boldsymbol{X}\times\boldsymbol{X}\rightarrow R$。对于任何的$\boldsymbol{x},\boldsymbol{y},\boldsymbol{z}\in X$，二次函数$d$均满足以下三个条件：

① $d(\boldsymbol{x},\boldsymbol{x})=0$(自反性)。

② $d(\boldsymbol{x},\boldsymbol{y})=d(\boldsymbol{y},\boldsymbol{x})$(对称性)。

③ $d(\boldsymbol{x},\boldsymbol{z})\leqslant d(\boldsymbol{x},\boldsymbol{y})+d(\boldsymbol{y},\boldsymbol{z})$(三角不等式)。

其中，$d(\boldsymbol{x},\boldsymbol{y})$为点$\boldsymbol{x}$和点$\boldsymbol{y}$间的距离；$(\boldsymbol{X},d)$称为一个伪度量空间。

伪度量空间与度量空间定义的区别在于：伪度量允许对于相异元素x和y，存在$d(\boldsymbol{x},\boldsymbol{y})=0$，即在伪度量空间中可能存在着距离为零但不相同的两个点。针对分类或聚类问题，若特征空间中的两个点位于同一类或同一组中，那么它们的接近度（相似性度量）为 0，否则为 1。

下面通过介绍等价关系和等价类引出伪度量的含义。

定义 3 令$\boldsymbol{X}$为一个非空集合，集合X上的等价关系是二元的，且具备自反、对称和传递的性质。对于所有的$\boldsymbol{x},\boldsymbol{y},\boldsymbol{z}\in\boldsymbol{X}$，其等价关系均可以表示为“～”。

① $\boldsymbol{x}\sim\boldsymbol{x}$(自反性)。

② 若$\boldsymbol{x}\sim\boldsymbol{y}$那么$\boldsymbol{y}\sim\boldsymbol{x}$(对称性)。

③ 若$\boldsymbol{x}\sim\boldsymbol{y}$并且$\boldsymbol{y}\sim\boldsymbol{z}$,那么$\boldsymbol{x}\sim\boldsymbol{z}$(传递性)。

对于给定的集合$\boldsymbol{X}$及其等价关系“～”，$\boldsymbol{X}$中任意一个元素a的等价类即为与a有关系的所有元素的集合$\{\boldsymbol{x}\in\boldsymbol{X};\}\boldsymbol{x}\sim a$，通常该等价类表示为$[a]$。

下面利用等价类定义伪度量。

定理 令$\{[a_j],j=1,2,\cdots,p\}$是集合$\boldsymbol{X}$上的一组等价类，集合$\boldsymbol{X}$上的伪度量满足下式所定义的函数：

$$f(\boldsymbol{x},\boldsymbol{y})=\begin{cases}1,\ x\in[a_i]且y\in[a_j],i\neq j\\0,\boldsymbol{x}\in[a_i]且y\in[a_j],i=j\end{cases} \tag{9-37}$$

式中，$\boldsymbol{x}$和$\boldsymbol{y}$是集合$\boldsymbol{X}$上的任意元素。

学习型伪度量就是具有学习能力的伪度量，即根据机器学习技术，比如神经网络等得到函数$f(x,y)$进而实现x和y相似程度的伪度量。

9.3.3 相似度改进 CBR 模型的故障诊断模型

(1) 结构与功能

采用基于随机配置网络（SCN）的学习型伪度量代替传统度量方法，提出如图 9-6 所示 MSWI 过程故障诊断模型。

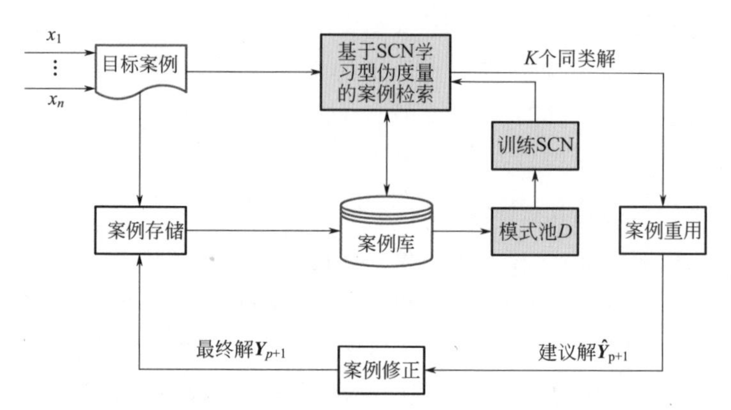

图 9-6 基于 SCN 学习型伪度量的 CBR 故障诊断模型

主要功能描述如下。

首先，将源案例 $\boldsymbol{C}_k(k=1,2,\cdots,p)$ 和目标案例 $\boldsymbol{X}_{p+1}$ 的特征属性归一化处理为特征向量形式，进而构建案例库。然后，进行案例检索，分三个步骤：构建模式池 D，并将其分为训练集 D_{train} 和测试集 D_{test}；用 D_{train} 训练 SCN，建立基于 SCN 学习型伪度量的检索模型；目标案例 $\boldsymbol{X}_{p+1}$ 作为输入，通过检索模型度量与每个源案例间的相似性，得到 K 个同类案例解。接着，根据多数重用原则得到目标案例的建议解 $\hat{\boldsymbol{Y}}_{p+1}$。最后通过修正对建议解进行确认和调整，并将相应的目标案例及正确 $\boldsymbol{Y}_{p+1}$ 存储于案例库中，至此完成一次推理求解的学习过程。当下一条案例出现时，重复上述过程以实现 CBR 对 MSWI 过程的故障诊断功能。

(2) 算法描述

① 构建案例库。将目标案例 $\boldsymbol{X}_{p+1}$ 和源案例 $\boldsymbol{C}_k$ 的问题描述和其解进行归一化处理，进而以二元组表示为特征向量形式，最终形成 p 条源案例在案例库中存储。记每条源案例为 $\boldsymbol{C}_k(k=1,2,\cdots,p)$，其可用如下的二元组形式进行表示：

$$\boldsymbol{C}_k:\langle \boldsymbol{X}_k;\boldsymbol{Y}_k\rangle,k=1,2,\cdots,p \tag{9-38}$$

式中，p 为源案例总数；$\boldsymbol{X}_k$ 为第 k 条源案例中的特征属性集；$\boldsymbol{Y}_k$ 为第 k 条源案例中的特征属性类别。

假设每条源案例有 n 个特征属性，则 $\boldsymbol{X}_k$ 可用下述形式表示：

$$\boldsymbol{X}_k=\left(x_{1,k},\cdots,x_{i,k},\cdots,x_{n,k}\right) \tag{9-39}$$

式中，$x_{i,k}$ 为第 k 条记录中的第 i 个特征属性的归一化值。

② 构建模式池。构建模式池 $\boldsymbol{D}$ 并将其分成 $\boldsymbol{D}_{\text{train}}$ 和 $\boldsymbol{D}_{\text{test}}$，所形成的数据对数目为 $p(p-1)/2$。

设 $\boldsymbol{C}=\left\{C_1,C_2,\cdots,C_p\right\}$ 是一个属性样本集，将其进行归一化处理后，特征属性集表示为 $X_k=\left(x_1,\cdots,x_i,\cdots,x_n\right)$，对应的决策属性为 $\boldsymbol{Y}_k(k=1,2,\cdots,n)$。样本集 $\boldsymbol{C}$ 的每个特征属性都是 [0，1] 间的实值数据，任意两个特征属性间的相似度都通过 [0,1] 间的实数进行衡量，相似度较高时取的实数较大，反之取的实数较小。$\boldsymbol{C}_k$ 是样本集 $\boldsymbol{C}$ 中表示某类实值数据的一个子集。令 M 是一个 n 维提取器，可将 $\boldsymbol{C}_k$ 映射至它的特征空间 $\boldsymbol{F}_k$ 上，即：

$$\boldsymbol{F}_k=\left\{\boldsymbol{x}=M(\boldsymbol{e})\in R^{n+1}:\boldsymbol{e}\in\boldsymbol{C}_k\right\},k=1,\cdots,p \tag{9-40}$$

式中，$\boldsymbol{x}$ 是点集 $\boldsymbol{\chi}$ 中的元素。定义模式池 D 如下：

$$\boldsymbol{D}=\left\{(\boldsymbol{x},\boldsymbol{y})\mapsto\delta_{ij}:(\boldsymbol{x},\boldsymbol{y})\in F_i\times F_j,i,j=1,\cdots,p\right\} \tag{9-41}$$

式中，× 表示笛卡尔积，可将任意两个特征属性 F_i 和 F_j 进行组合；$\delta_{i,j}(\boldsymbol{x},\boldsymbol{y})$ 为狄利克雷符号函数，当 $\boldsymbol{x}$ 和 $\boldsymbol{y}$ 属于同一类别时其值为 0，否则为 1，即 $i=j$ 时 $\delta_{ij}=0$，否则 $\delta_{ij}=1$。

根据式（9-38）的定义，可从样本集形成若干样本数据对并构建模式池 D，将其分为训练集模式池 $\boldsymbol{D}_{\text{train}}$ 和测试集模式池 $\boldsymbol{D}_{\text{test}}$，用于训练和验证网络模型。

③ 建立基于 SCN 的学习型伪度量模型。

SCN[95] 是由输入层、隐含层和输出层构成的三层网络，其中，输入层在监督机制下随机给输入权重 $\boldsymbol{w}$ 和偏置 b 赋值；隐含层中的激活函数选用 sigmoid 函数，令 $\boldsymbol{w}_L$ 和 b_L 分别为第 L 个隐含层节点的输入权重和偏置，则第 L 个隐含层节点的输出可表示为：

$$g_L=\operatorname{sigmoid}\left(\boldsymbol{w}_L^{\mathrm{T}}\bullet\boldsymbol{x}+b_L\right) \tag{9-42}$$

式中，• 表示点积。此时，隐含层的输出矩阵可描述为：

$$\boldsymbol{h}_L(\boldsymbol{X})=\left[g_L\left(\boldsymbol{\omega}_L^{\mathrm{T}}\boldsymbol{x}_1+b_L\right),\cdots,\mathrm{g}_L\left(\boldsymbol{\omega}_L^{\mathrm{T}}\boldsymbol{x}_N+b_L\right)\right]^{\mathrm{T}} \tag{9-43}$$

相应地，隐含层输出矩阵可描述为 $\boldsymbol{H}_L=\left[\boldsymbol{h}_1,\boldsymbol{h},\cdots,\boldsymbol{h}_L\right]$。如果隐含层节点的输出权重为 $\boldsymbol{\beta}$，则整个网络的输出为：

$$\boldsymbol{Y}_L=\boldsymbol{H}_L\bullet\boldsymbol{\beta} \tag{9-44}$$

在对网络输出权值进行更新时，输出权重经求解下式得到：

$$\boldsymbol{\beta}=\arg\min_{\beta}\|\ \boldsymbol{Y}-\boldsymbol{T}\|_{\mathrm{F}}^2=\arg\min_{\beta}\left\|\boldsymbol{H}_L\boldsymbol{\beta}-\boldsymbol{T}\right\|_{\mathrm{F}}^2=\boldsymbol{H}_L^{\dagger}\boldsymbol{T} \tag{9-45}$$

式中，$\boldsymbol{H}_L^{\dagger}$ 为广义伪逆矩阵；$\|\cdot\|_{\mathrm{F}}$ 表示 Frobenius 范数；$\boldsymbol{T}$ 为标签矩阵。

SCN 能够在不等式约束条件下随机分配输入权重和隐含层节点的偏置，特点是隐含层节点数具有可变性。在设置最大隐含层节点数、随机配置最大时间和训练误差限度等参数作为网络训练停止的前提条件下，隐含层节点数随着训练逐渐增加，直到触发停止条件则停止训练并输出最终结果。下面介绍网络结构选择、学习参数配置、随机参数配置和确定输出权重等部分。

首先，利用训练集确定输入层和输出层节点个数、隐含层的层数和神经元个数。在实际应用过程中，输入层节点个数为训练集的维数，输出层节点个数在本节中为 1，隐含层的层数设置为 1。隐含层神经元数量的确定采用文献 [95] 所描述的方法，此处予以简单介绍。假设 $\forall \boldsymbol{g} \in \Gamma$ 使得 $0<\|\boldsymbol{g}\|<b_g$，其中偏置 $b_g \in \mathbb{R}^+$（正实数域）。任意给定 $0<r<1$ 和非负实数序列 $\{\mu_L\}$，使 $\lim\limits_{L\to+\infty}\mu_L=0$，$\mu_L=(1-r)/(L+1)$。对于 $L=1,2,\cdots$，记作：

$$\delta_L=\sum_{q=1}^{m}\delta_{L,q},\delta_{L,q}=\left(1-r-\mu_L\right)\left\|\boldsymbol{e}_{L-1,q}\right\|^2,q=1,2,\cdots,m \tag{9-46}$$

式中，m 为隐含层神经元个数；$\delta_{L,q}$ 为任意给定的 L 个隐含层神经元范围内的第 q 个神经元的值；$\|\bullet\|$ 表示矩阵范数；$\boldsymbol{e}_{L-1,q}$ 为 $L-1$ 个隐含层神经元范围上的第 q 个神经元的残差。

在隐含层神经元数量的选择过程中，需要满足以下不等式：

$$\left\langle \boldsymbol{e}_{L-1,q},\boldsymbol{g}_L\right\rangle^2 \geqslant b_g^2\delta_{L,q},q=1,2,\cdots,m \tag{9-47}$$

然后，进行学习参数的配置，包括训练误差上限 ε、最大隐含层节点数 $L_{\max}$、最大候选节点数 nB、随机配置最大时间 $T_{\max}$、激活函数等。

接着，对随机参数权重 w_L 和偏置 b_L 进行配置。给定系列正值 $\gamma=\{\lambda_{\min}:\Delta\lambda:\lambda_{\max}\}$，$\lambda\in\gamma$，初始化 $\boldsymbol{e}_0:=\boldsymbol{Y}_k^{\mathrm{T}}$，$\boldsymbol{w}_L$ 和 b_L 在 $[-\lambda,\lambda]^d$ 和 $[-\lambda,\lambda]$ 间随机分配。当 $L\leqslant L_{\max}$ 且 $\|\boldsymbol{e}_0\|_F>\varepsilon$ 时，进行参数配置；同时，引入变量集 $\xi_{L,q},q=1,2,\cdots,m$。当 $\min\{\xi_{L,1},\xi_{L,2},\cdots,\xi_{L,\mathrm{m}}\}\geqslant 0$ 时，计算变量 $\xi_{L,q}$ 的最大值即可得到 $\boldsymbol{w}_L$ 和 b_L。进一步，$\xi_{L,q},q=1,2,\cdots,m$ 可表示为：

$$\xi_{L,q}=\left(\frac{\left(\boldsymbol{e}_{L-1,q}^{\mathrm{T}}(\boldsymbol{X})\bullet\boldsymbol{h}_L(\boldsymbol{X})\right)^2}{\boldsymbol{h}_L^{\mathrm{T}}(\boldsymbol{X})\bullet\boldsymbol{h}_L(\boldsymbol{X})}-(1-r-\mu)\boldsymbol{e}_{L-1,q}^{\mathrm{T}}(\boldsymbol{X})e_{L-1,q}(\boldsymbol{X})\right) \tag{9-48}$$

最后，确定输出权重。在实际应用过程中，目标函数以输入输出对形式呈现，输出权重由式（9-49）变为式（9-50）。考虑到权重 $\beta_L=\left[\beta_{j,1},\cdots,\beta_{j,m}\right]^{\mathrm{T}}$ 是由式（9-49）分析获得，并且在后面保持不变，为确保较快的收敛率，采用最小二乘法对输出权重进行更新。

$$\beta_{L,q}=\frac{\left\langle \boldsymbol{e}_{L-1,q},\boldsymbol{g}_L\right\rangle}{\left\|\boldsymbol{g}_L\right\|^2},q=1,2,\cdots,m \tag{9-49}$$

$$\beta_{L,q}=\frac{\boldsymbol{e}_{L-1,q}^{\mathrm{T}}(\boldsymbol{X})\boldsymbol{\cdot}\boldsymbol{h}_L(\boldsymbol{X})}{\boldsymbol{h}_L^{\mathrm{T}}(\boldsymbol{X})\boldsymbol{\cdot}\boldsymbol{h}_L(\boldsymbol{X})},q=1,2,\cdots,m \tag{9-50}$$

$$\left[\beta_1^*,\beta_2^*,\cdots,\beta_L^*\right]=\arg\min_{\beta}\left\|\boldsymbol{y}_q-\sum_{j=1}^{L}\beta_j^*\boldsymbol{g}_j\right\| \tag{9-51}$$

通常，SCN模型首先从较小规模的网络开始，逐步增加隐含层节点数至预设定目标。针对分类问题来说，因为模型输出正好为0或1是较难获得的，所以采用如下四条度量准则对基于SCN的伪度量模型性能进行评判[78]：

A1：$Y_{\mathrm{NN}}(\boldsymbol{x},\boldsymbol{y})<\varepsilon_1$，当$\boldsymbol{x}$和$\boldsymbol{y}$属于同一类别。

A2：$Y_{\mathrm{NN}}(\boldsymbol{x},\boldsymbol{y})\geqslant\varepsilon_2$，当$\boldsymbol{x}$和$\boldsymbol{y}$属于不同类别。

A3：$|Y_{\mathrm{NN}}(\boldsymbol{x},\boldsymbol{y})-Y_{\mathrm{NN}}(\boldsymbol{y},\boldsymbol{x})|\leqslant\varepsilon_3$，$\boldsymbol{x}$和$\boldsymbol{y}$任意。

A4：$Y_{\mathrm{NN}}(\boldsymbol{x},\boldsymbol{z})\leqslant Y_{\mathrm{NN}}(\boldsymbol{x},\boldsymbol{y})+Y_{\mathrm{NN}}(\boldsymbol{y},\boldsymbol{z})$，对任意的$\boldsymbol{z}$,$\boldsymbol{x}$和$\boldsymbol{y}$属于不同类别。

式中，$\boldsymbol{x}$、$\boldsymbol{y}$和$\boldsymbol{z}$均为特征向量；$Y_{\mathrm{NN}}(\boldsymbol{x},\boldsymbol{y})$为SCN网络模型的输出，表示$\boldsymbol{x}$和$\boldsymbol{y}$之间的相似程度；$\varepsilon_1$、$\varepsilon_2$和$\varepsilon_3$为常数，通常情况下$\varepsilon_1=\varepsilon_3$，其值为0.2～0.3，$\varepsilon_2$取值为0.7～0.8。

若模型以一定比例$\alpha\%[\alpha\in(0,100)]$满足如上度量准则（A1～A4），比如$\alpha=80$，则模型构建过程终止。此时，$Y_{\mathrm{NN}}$（$\boldsymbol{x}$，$\boldsymbol{y}$）为模型的相似度输出值。

④ 基于SCN学习型伪度量的案例检索。将目标案例的输入变量$\boldsymbol{X}_{p+1}$与源案例的输入变量$\boldsymbol{X}_k=(x_1,\cdots,x_i,\cdots,x_n)$组成$p$个输入对，即：

$$\boldsymbol{D}_k:\left\langle\boldsymbol{X}_{p+1};\boldsymbol{X}_k\right\rangle,k=1,2,\cdots,p \tag{9-52}$$

再根据基于SCN的学习型伪度量模型得到p个$\boldsymbol{Y}_{\mathrm{NN}}(\boldsymbol{X}_{p+1},\boldsymbol{X}_k)$，根据上步中所描述的度量准则中的A1，获得与目标案例$\boldsymbol{X}_{p+1}$为同类的$\boldsymbol{K}$个源案例。

⑤ 案例重用。根据多数重用原则统计检索得到的$\boldsymbol{K}$个源案例所对应的故障类别个数，将数目最多的类别作为建议故障类别$\hat{\boldsymbol{Y}}_{p+1}$。

⑥ 案例修正。对此建议故障类别$\hat{\boldsymbol{Y}}_{p+1}$进行评价，若评价为失败，则需对故障分类结果进行修正，以获得确认的正确故障类别$\boldsymbol{Y}_{p+1}$。

⑦ 案例存储。将目标案例及修正后的正确故障类别形成一条新的案例存储于案例库中。进而，源案例数目变更为$p\rightarrow p+1$，完整的一次CBR求解过程至此完成。

（3）算法步骤

综上所述，基于相似性度量的案例推理故障诊断算法的步骤如下。

步骤 1：将样本集中的特征属性归一化处理。

步骤 2：构建模式池 $\boldsymbol{D}$，并将其分为模式池训练集 $\boldsymbol{D}_{\text{train}}$ 和测试集 $\boldsymbol{D}_{\text{test}}$ 。

步骤 3：确定 SCN 网络模型结构。

步骤 4：初始化，设置 SCN 学习参数和随机参数等。

步骤 5：十折交叉验证开始。

步骤 6：用 $\boldsymbol{D}_{\text{train}}$ 训练 SCN 构建学习型伪度量模型。

步骤 7：用 $\boldsymbol{D}_{\text{train}}$ 和 $\boldsymbol{D}_{\text{test}}$ 测试学习型伪度量模型。

步骤 8：判断模型是否以设定比例 $\alpha\%$ 且满足度量准则（A1 ～ A4），若满足，继续求解，转到步骤 9；否则回到步骤 6。

步骤 9：验证结束。

步骤 10：目标特征属性与样本中每个特征属性分别组成输入对，输入到伪度量模型并输出结果。

算法流程如图 9-7 所示。

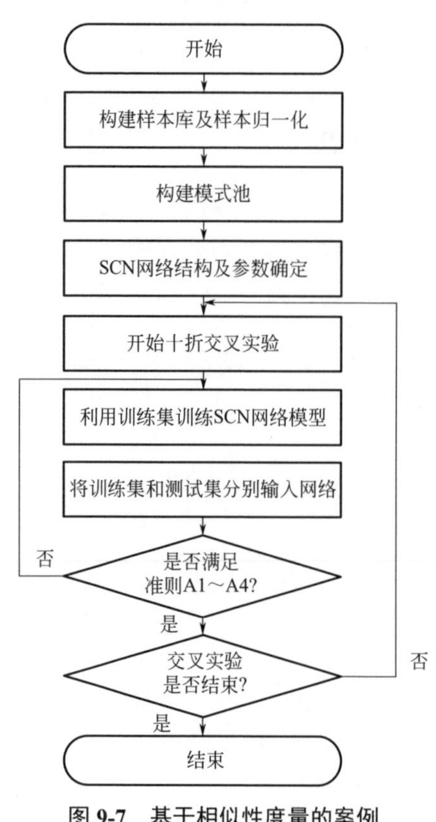

图 9-7　基于相似性度量的案例推理故障诊断算法流程图

9.3.4　实验验证

（1）数据集描述

实验过程数据源自 MSWI 电厂的分布式控制系统，其中，汽水系统样本量 390，水平烟气通道样本量 345，炉膛样本量 409。

实验在 MATLAB R2016a 9.0.0 环境下编程实现，所用计算机的 CPU 为 Inter（R）Core（TM）i5-4570H CPU @3.20 GHz，内存为 8GB。

（2）实验结果与对比讨论

本书此处对缩写词的规定如下：支持向量机算法记为 SVM；采用基于欧氏距离的相似性度量方法记为 KNN；采用基于 BP 学习型伪度量的相似性度量方法记为 BP-LPM；采用基于 SCN 学习型伪度量的相似性度量方法记为 SCN-LPM；采用基于欧氏距离相似性度量的 CBR 算法记为 KNN-CBR；采用基于 BP 学习型伪度量的 CBR 算法记为 BP-CBR；采用基于 SCN 学习型伪度量的 CBR 算法记为 SCN-CBR；BP 神经网络算法记为 BP。

各种算法中参数设置为：SVM 算法中，惩罚因子取 10，损失因子是 0.1，核函数取高斯径向基函数；BP 算法中，网络结构为三层，隐含层神经元个数设置为 15，激活函数使用 sigmoid 函数，训练函数选择 *Trainrp*，训练次数为 1200，目标误差值为 10^{-5}，学习速率和收敛误差分别为 0.1 和 0.01；KNN-CBR 算法中 K 取 5；BP-CBR 算法中，$\varepsilon_1=\varepsilon_3=0.3$，$\varepsilon_2=0.7$，终止 LPM 模型的条件是满足 9.3.3 节中度量准则（A1 ～ A4）的比例为 80%，其他参数设置与 BP 算法相同；SCN-CBR 算法中，$\varepsilon_1=\varepsilon_3=0.3$，$\varepsilon_2=0.7$，终止 LPM 模型的条件是满足 9.3.3 节中度量准则（A1 ～ A4）的比例为 80%，SCN 采用三层网络结构，最大隐层节点数为 100，训练误差限度为 0.01，随机权重范围为 [0.5, 1, 5, 10, 30, 50, 100]，最大随机配置次数为 100，最大候选节点数为 1，激活函数使用 sigmoid 函数。

下面对模型进行四方面的性能分析：稳定性、鲁棒性、检测准确率及 ROC 分析。

① 稳定性　为评估学习型伪度量模型的稳定性，进行十折交叉验证实验。由于 3 个区域类别数相同，输入属性个数与样本数几乎相同，故选取其中一个样本如汽水系统，评估伪度量模型的稳定性，得到的度量准则 A1 ～ A4 的满足率如表 9-10 所示。

表 9-10　汽水系统的度量准则满足率　%

输入对数	训练集				测试集			
	（A1）	（A2）	（A3）	（A4）	（A1）	（A2）	（A3）	（A4）
1000	96.57	95.24	91.30	89.34	96.34	89.02	95.23	86.24
4000	97.32	96.02	92.05	89.57	97.48	88.53	95.17	85.49
8000	96.81	95.67	91.84	89.25	96.01	89.74	95.46	86.02
12000	97.29	95.38	91.79	88.36	96.27	88.36	95.12	87.10
16000	95.75	96.35	90.96	89.02	95.51	88.68	96.04	86.28
20000	96.04	95.39	91.38	88.43	97.30	89.12	95.85	86.93
平均值	96.63	95.68	91.55	89.00	96.49	88.91	95.48	86.34
标准差	0.59	0.39	0.37	0.45	0.69	0.46	0.35	0.54

由表 9-10 可知：在数据对数目逐渐增加的情况下，训练集对于四条度量准则满足率的标准差分别为 0.59、0.39、0.37、0.45，测试集对于四条度量准则满足率的标准差分别为 0.69、0.46、0.35、0.54。可见，测试集和训练集的度量准则满足率基本保持不变，说明基于 SCN 的学习型伪度量模型对于此数据集能控制在合理

精度范围内，具有一定稳定性。

② 鲁棒性　为考察 SCN-CBR 算法的鲁棒性，进行输入属性存在噪声干扰情况下的测试。在存在噪声的情况下，对 6 种故障（故障 1：过热器泄漏；故障 2：省煤器泄漏；故障 3：水平烟道积灰；故障 4：水平烟道结渣；故障 5：炉膛结焦；故障 6：排渣不畅）分别对应的数据集进行鲁棒性测试。首先，每一折交叉验证实验进行时，都会自动产生一个服从（-1，1）均匀分布的随机向量，即噪声 noise_i；接着，在噪声中加入 10 个不同的干扰因子 $\lambda_i(i=1,\cdots,10)$，这时 SCN-CBR 模型的输入向量 $\boldsymbol{s}$ 就为输入向量与噪声之和，即 $\left[\boldsymbol{I}+\lambda_i\times\mathbf{diag}\left(\text{noise}_i\right)\right]\boldsymbol{s}$，其中 λ_i 的变化范围是 1% ～ 10%，$\boldsymbol{I}$ 是单位矩阵，$\mathbf{diag}(\bullet)$ 为对角矩阵；最后，获得存在干扰因子和噪声的情况下的故障检测模型分类准确率的变化曲线，如图 9-8 所示。

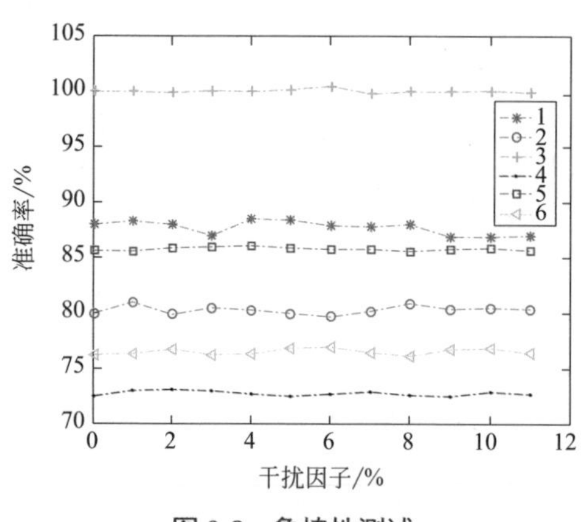

图 9-8　鲁棒性测试

由图 9-8 可知，在加入不同干扰因子后，模型的分类准确率并没有发生明显的波动，这说明所构建的故障检测模型具有一定的抗干扰能力，鲁棒性较好。

③ 检测准确率　为了进一步验证故障检测模型的有效性，采用故障数据将本节方法与 BP、SVM、KNN-CBR 和 BP-CBR 等方法进行对比实验。单故障和多故障情况下的检测准确率分别如图 9-9 和图 9-10 所示。

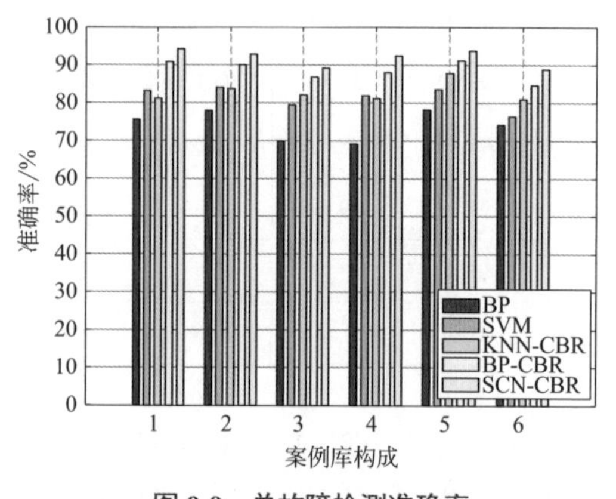

图 9-9　单故障检测准确率

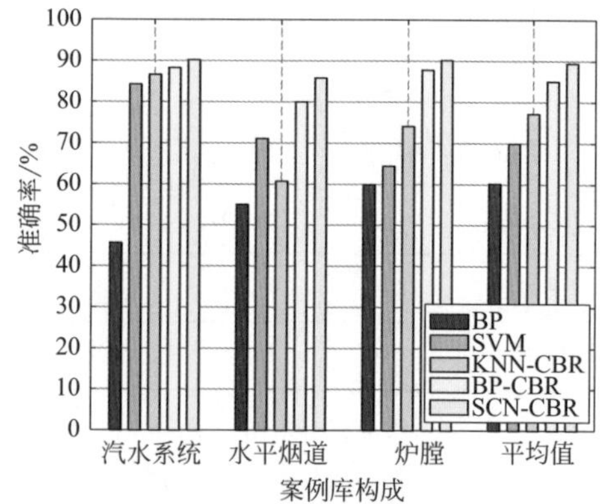

图 9-10　多故障检测准确率

由图 9-9 可知，对于 3 个不同区域的 6 种不同故障，SCN-CBR 的故障诊断模型的分类准确率均为最高，说明本节方法在单故障检测准确率上的优势明显。由图9-10可知，对于每个区域的多种故障，本节方法的检测准确率均高于其他方法。综上可知，基于SCN-CBR的故障诊断方法在MSWI过程故障检测中的综合性能较强。

汽水系统、水平烟气通道和炉膛3类不同故障诊断方法的运行时间如图9-11～图9-13所示。

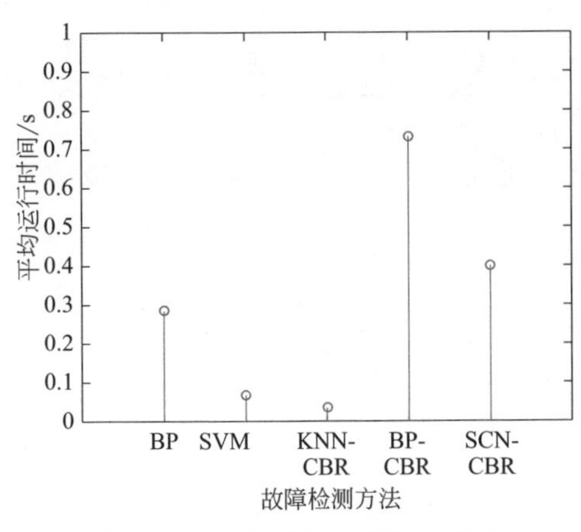

图9-11 汽水系统故障检测不同方法的运行时间

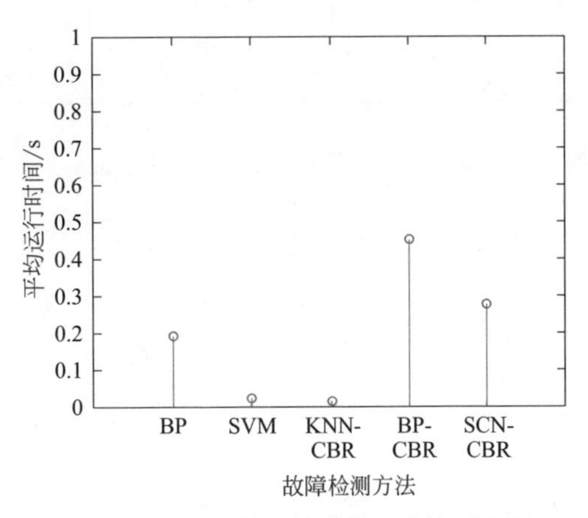

图9-12 水平烟气通道故障检测不同方法的运行时间

由图9-11～图9-13可知，SCN-CBR虽比BP、SVM、KNN-CBR运行时间较长，但与BP-CBR的运行时间相比而言明显缩短，说明SCN-CBR能够有效改善BP-CBR随着样本量增加模型训练时间变长的问题。

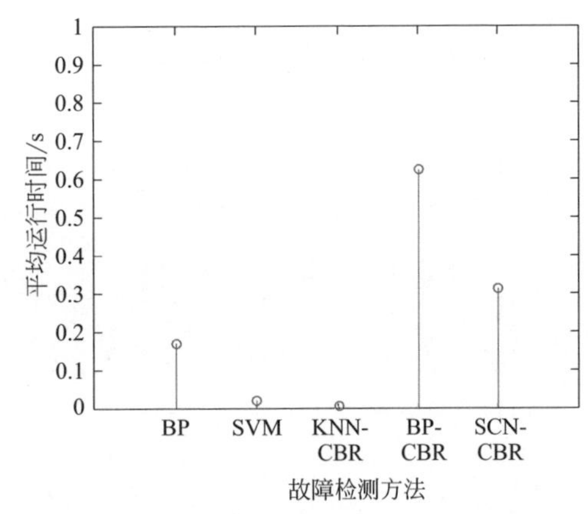

图9-13 炉膛故障检测不同方法的运行时间

因此，综合检测准确率和运行时间，本节所提SCN-CBR的综合性能更占优势。

④ ROC分析 ROC分析是以*FPR*为横轴、*TPR*为纵轴的二维图形，图上的对应点（*FPR*，*TPR*）越靠近点（0, 1）则表示模型的性能越好。

此处，将实际样本中3个区域的6种故障（汽水系统2种、水平烟道2种、炉膛2种）分别与正常样本结合构成6个二分类的样本集，如表9-11所示。

表 9-11　6 种故障的样本信息表

区域	序号	样本集	样本数	类别数
汽水系统	1	过热器泄漏与正常样本	328	2
	2	省煤器泄漏与正常样本	303	2
水平烟道	3	水平烟道积灰与正常样本	282	2
	4	水平烟道结渣与正常样本	304	2
炉膛	5	炉膛结焦与正常样本	364	2
	6	排渣不畅与正常样本	286	2

对基于过热器泄漏、省煤器泄漏、水平烟道积灰、水平烟道结渣、炉膛结焦和排渣不畅 6 种故障的检测模型进行 ROC 分析，结果如图 9-14 ～图 9-19 所示。

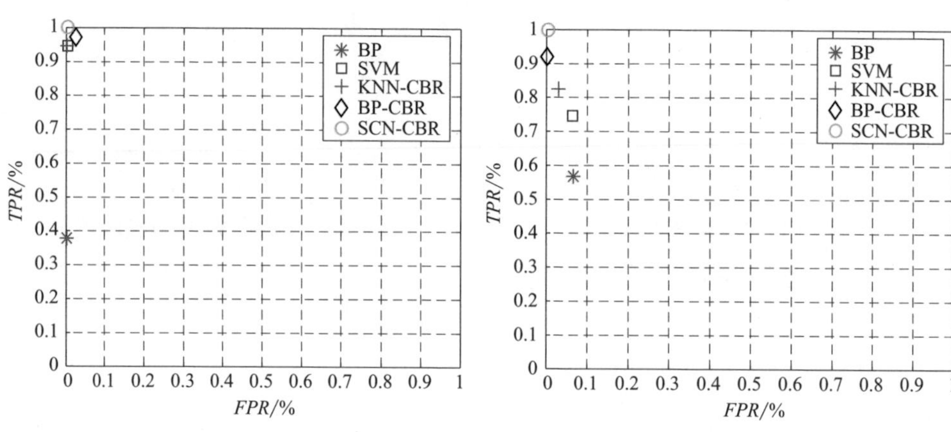

图 9-14　过热器泄漏的 ROC 分析

图 9-15　省煤器泄漏的 ROC 分析

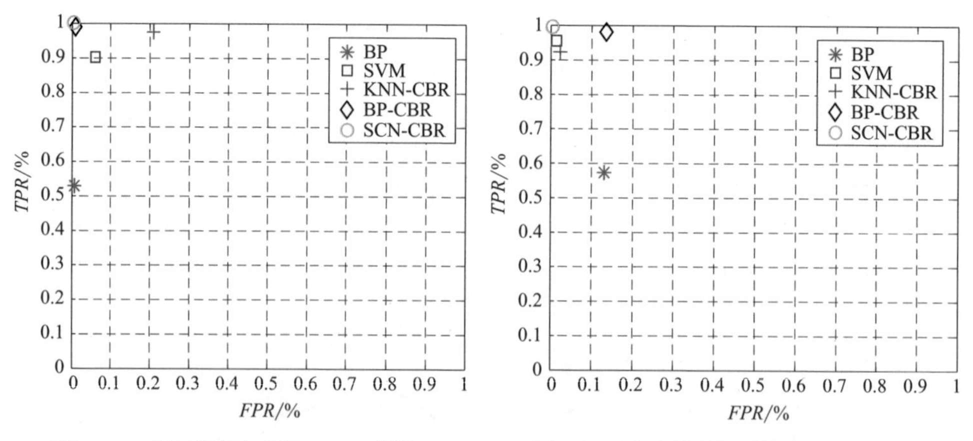

图 9-16　水平烟道积灰的 ROC 分析

图 9-17　水平烟道结渣的 ROC 分析

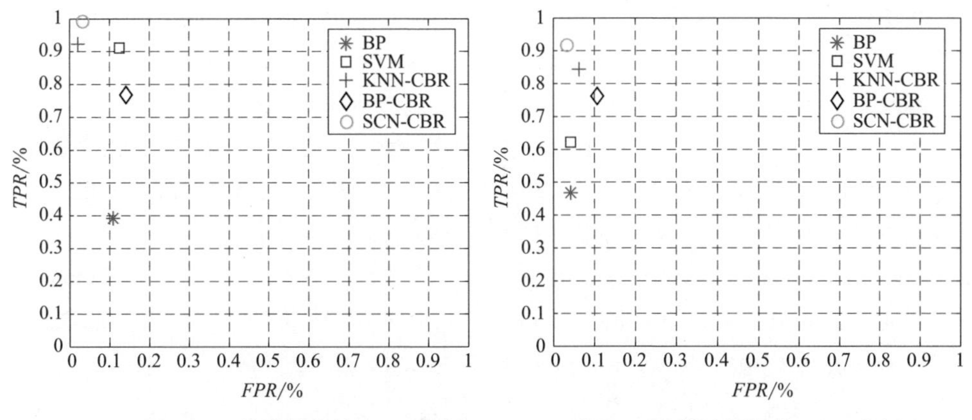

图 9-18　炉膛结焦的 ROC 分析　　　　**图 9-19　排渣不畅的 ROC 分析**

由图 9-14 和图 9-15 可知，故障检测模型的性能高低依次为：SCN-CBR > BP-CBR > KNN-CBR > SVM > BP；由图 9-16 可知，故障检测模型的性能高低依次为：SCN-CBR > BP-CBR > SVM > KNN-CBR > BP；由图 9-17 可知，故障检测模型的性能高低依次为：SCN-CBR > BP-CBR > SVM > KNN-CBR > BP；由图 9-18 可知，故障检测模型的性能高低依次为：SCN-CBR > KNN-CBR > SVM > BP-CBR > BP；由图 9-19 可知，故障检测模型的性能高低依次为：SCN-CBR > KNN-CBR > BP-CBR > SVM > BP。

综上可知，本章所提 SCN-CBR 的 ROC 分析均最接近（0,1），模型诊断性能最优。

9.4 本章小结

城市固废焚烧过程的炉况复杂，容易导致炉内出现受热面结焦、炉内积灰、烟气腐蚀等故障现象，从而影响能源的回收利用，甚至威胁工作人员和运行设备的安全。基于互信息的改进 CBR 方法可有效避免冗余特征并能够在案例检索环节实现合理权重分配方式，提高了传统 CBR 算法在 MSWI 过程故障过程的性能。基于相似性度量的案例推理故障诊断模型采用学习型伪度量算法指导案例检索，通过度量目标案例与每个源案例间的相似性以获得同类案例，进一步提高了 MSWI 过程的故障诊断模型的稳定性、鲁棒性和检测准确率。

参考文献

[1] 张衍国，王亮，蒙爱红，等 . 垃圾焚烧炉受热面结渣实验研究 [J]. 中国电机工程学报，2010，

30（29）：1-7.
[2] YOON Y W，JEON T W，SON J L，et al. Characteristics of PCDDS/PCDFS in Stack Gas from Medical Waste Incinerators[J]. Chemosphere，2017，188（12）：478-485.
[3] KANNANGARA M，DUA R，AHMADI L，et al. Modeling and Prediction of Regional Municipal Solid Waste Generation and Diversion in Canada Using Machine Learning Approaches[J]. Waste Management，2018，7（4）：3-15.
[4] WILLIS M J，MONTAGUE G A，MASSIMO C D，et al. Artificial Neural Networks in Process Estimation and Control[J]. Automatica，1992，28（6）：1181-1187.
[5] 陶怀志．小型立式垃圾焚烧炉故障诊断与过程控制研究 [D]. 北京：北京化工大学，2008.
[6] 吴永新．生活垃圾机械炉排焚烧炉结焦积灰的问题分析及控制对策研究 [D]. 北京：清华大学，2013.
[7] 王隽哲，徐俊，孙军，等．生活垃圾焚烧炉积灰结渣问题研究 [J]. 能源与环境，2017，6：5-7.
[8] 潘葱英．垃圾焚烧炉内过热器区 HCl 高温腐蚀研究 [D]. 杭州：浙江大学，2004.
[9] 胡杰．垃圾焚烧炉排炉运行与常见问题处理 [J]. 能源与节能，2016，11：34-35.
[10] GU D X，LIANG C Y，BICHINDARITZ I，et al. A Case-Based Knowledge System for Safety Evaluation Decision Making of Thermal Power Plants[J]. Knowledge-Based Systems，2012，26（2）：185-195.
[11] 周东华，刘洋，何潇．闭环系统故障诊断技术综述 [J]. 自动化学报，2013，39（11）：1933-1943.
[12] 孙蓉，刘胜，张玉芳．基于参数估计的一类非线性系统故障诊断算法 [J]. 控制与决策，2014（3）：506-510.
[13] 刘春生，胡寿松．一类基于状态估计的非线性系统的智能故障诊断 [J]. 控制与决策，2005，20（5）：557-561.
[14] 贾庆贤，张迎春，管宇，等．基于解析模型的非线性系统故障诊断方法综述 [J]. 信息与控制，2012，41（3）：356-364.
[15] ZHAO J S，HUANG J C，SUN W. Online Early Fault Detection and Diagnosis of Municipal Solid Waste Incinerators[J]. Waste Management，2008，28（2）：2406-2414.
[16] TAVARES G，ZSIGRAIOVA Z，SEMIAO V，et al. Monitoring，Fault Detection and Operation Prediction of MSW Incinerators Using Multivariate Statistic Methods[J]. Waste Management，2011，31（3）：1635-1644.
[17] 陶怀志，孙巍，赵劲松，等．基于 BP 神经网络的垃圾焚烧过程故障诊断 [J]. 环境工程学报，2008，2（7）：889-993.
[18] 陶怀志，孙巍，赵劲松，等．专家系统在垃圾焚烧炉故障诊断中的应用 [J]. 环境科学与技术，2008，31（11）：65-68.
[19] JIANG Q C，HUANG B. Distributed Monitoring for Large-Scale Processes based on Multivariate Analysis and Bayesian Method[J]. Journal of Process Control，2016，46（10）：75-83.
[20] KUMAR A，PARTAP A S. Transistor Level Fault Diagnosis in Digital Circuits Using Artificial Neural Network[J]. Measurement，2016，82（3）：384-390.

[21] AAMODT A, PLAZA E. Case-Based Reasoning: Foundational Issues, Methodological Variations, and System Approaches[J]. AI Communications, 1994, 7 (1): 39-59.

[22] MÁNTARAS R L D, MCSHERRY D, BRIDGE D, et al. Retrieval, Reuse, Revision and Retention in Case-based Reasoning [J]. The Knowledge Engineering Review, 2005, 20 (3): 215-240.

[23] 严爱军，黄晓倩．竖炉焙烧过程的多变量智能优化设定模型 [J]. 控制理论与应用，2015，32 (5): 709-715.

[24] TAEHOON H, CHOONGWAN K, DAEHO K, et al. An Estimation Methodology for the Dynamic Operational Rating of a New Residential Building Using the Advanced Case-Based Reasoning and Stochastic Approaches[J]. Applied Energy, 2015, 150 (7): 308-322.

[25] HU J, QI J, PENG Y. New CBR Adaptation Method Combining With Problem-Solution Relational Analysis for Mechanical Design[J]. Computers in Industry, 2015, 66 (1): 41-51.

[26] ZHAO H, LIU J W, DONG W, et al. An Improved Case-Based Reasoning Method and Its Application on Fault Diagnosis of Tennessee Eastman Process[J]. Neurocomputing, 2017, 249 (2): 266-276.

[27] 严爱军，王英杰，王殿辉．Tennessee-Eastman 过程的学习型案例推理故障诊断方法 [J]. 控制理论与应用，2017，34 (9): 1179-1184.

[28] INCE H. Short Term Stock Selection with Case-Based Reasoning Technique[J]. Applied Soft Computing, 2014, 22 (5): 205-212.

[29] ZHU G, HU J, QI J, et al. An Integrated Feature Selection and Cluster Analysis Techniques for Case-Based Reasoning[J]. Engineering Applications of Artificial Intelligence, 2015, 39 (3): 14-22.

[30] 严爱军，钱丽敏，王普．案例推理属性权重的分配模型比较研究 [J]. 自动化学报，2014，40 (9): 1896-1902.

[31] BATTITI R. Using Mutual Information for Selecting Features in Supervised Neural Net Learning[J]. IEEE Transactions on Neural Network, 1994, 5 (4): 537-550.

[32] KWAK N, CHOI C H. Input Feature Selection by Mutual Information based on Parzen Window[J]. IEEE Transactions on Pattern Analysis & Machine Intelligence, 2002, 24 (12): 1667-1671.

[33] LI W. Mutual Information Functions Versus Correlation Functions[J]. Journal of Statistical Physics, 1990, 60 (5): 823-837.

[34] CHOW T, HUANG D. Estimating Optimal Feature Subsets Using Efficient Estimation of High-Dimensional Mutual Information[J]. IEEE Transactions on Neural Networks, 2005, 16 (1): 213-224.

[35] KWAK N, CHOI C H. Input Feature Selection for Classification Problems[J]. IEEE Transactions on Neural Networks, 2002, 13 (1): 143-159.

[36] PENG H, LONG F, DING C. Feature

Selection Based on Mutual Information: Criteria of Max-Dependency, Max-Relevance, and Min-Redundancy.[J]. IEEE Transactions on Pattern Analysis & Machine Intelligence, 2005, 27 (8): 1226-1238.

[37] PABLO A, TESMER M, PEREZ C A, et al. Normalized Mutual Information Feature Selection[J]. IEEE Transactions on Neural Networks, 2009, 20 (2): 189-202.

[38] LIU H W, SUN J G, LIU L, et al. Feature Selection with Dynamic Mutual Information[J]. Pattern Recognition, 2009, 42 (7): 1330-1339.

[39] BENOUDJIT N, FRANCOIS D, MEURENS M, et al. Spectrophotometric Variable Selection by Mutual Information[J]. Chemometrics and Intelligent Laboratory Systems, 2004, 74 (2): 243-251.

[40] TAN C, LI M L. Mutual Information-Induced Interval Selection Combined With Kernel Partial Least Squares for Near-Infrared Spectral Calibration[J]. Spectrochimica Acta Part A: Molecular & Biomolecular Spectroscopy, 2008, 71 (4): 1266-1273.

[41] BERGMANN R, KOLODNER J, PLAZA E. Representation in Case-Based Reasoning[J]. Knowledge Engineering Review, 2005, 20 (3): 209-213.

[42] COVER T M, HART P E. Nearest Neighbor Pattern Classification[J]. IEEE Transactions on Information Theory, 1967, 13 (1): 21-27.

[43] COSTA C A, LUCIANO M A, LIMA C P, et al. Assessment of a Product Range Model Concept to Support Design Reuse Using Rule Based Systems and Case Based Reasoning[J]. Advanced Engineering Informatics, 2012, 26 (2): 292-305.

[44] JING S Y. A Hybrid Genetic Algorithm for Feature Subset Selection in Rough Set Theory[J]. Soft Computing. 2014, 18 (7): 1373-1382.

[45] DUAN J, HU Q, ZHANG L, et al. Feature Selection for Multi-Label Classification based on Neighborhood Rough Sets[J]. Journal of Computer Research and Development, 2015, 52 (1): 52-65.

[46] DAS A K, DAS S, GHOSH A. Ensemble Feature Selection Using Bi-Objective Genetic Algorithm[J]. Knowledge-Based Systems, 2017, 123 (1): 116-127.

[47] 李斌．层次分析法和特尔菲法的赋权精度与定权 [J]. 系统工程理论与实践，1998 (12): 74-79.

[48] YAN A, SHAO H, WANG P. Weight Optimization for Case-Based Reasoning Using Membrane Computing[J]. Information Sciences, 2014, 287 (12): 109-120.

[49] ESCOLANO F, HANCOCK E, LOZANO M, et al. The Mutual Information Between Graphs[J]. Pattern Recognition Letters, 2017, 87 (1): 12-19.

[50] CAI R C, HAO Z F, YANG X W, et al. An Efficient Gene Selection Algorithm based on Mutual Information[J]. Neurocomputing, 2004, 72 (4-6): 991-999.

[51] COVER T M，THOMAS J A. Elements of Information Theory[M]. New Jersey：Willey，2005.

[52] 阮吉寿，张华 . 信息论基础 [M]. 北京：机械工业出版社，2005.

[53] JOHN T，LAURA M，STACY A. ROC Analysis in Theory and Practice[J]. Journal of Applied Research in Memory and Cognition，2017，6 (3)：343-351.

[54] HOURRI S，KHARROUBI J. A Novel Scoring Method based on Distance Calculation for Similarity Measurement in Text-Independent Speaker Verfication[J]. Procedia Computer Science，2019，148 (2019)：256-265.

[55] SUN J G，JIE L，ZHAO L Y. Clustering Algorithms Research[J]. Journal of Software，2008，19 (1)：48-61.

[56] FAYYAD U，PIATETSKY-SHAPIRO G，SMYTH P. From Data Mining to Knowledge Discovery in Databases[J]. AI Magazine，1996，17 (3)：37.

[57] HASTIE T，TIBSHIRANI R. Discriminant Adaptive Nearest Neighbor Classification[J]. Pattern Analysis and Machine Intelligence，IEEE Transactions on，1996，18 (6)：607-616.

[58] SHORT R D，FUKUNAGA K. The Optimal Distance Measure for Nearest Neighbor Classification[J]. Information Theory，IEEE Transactions on，1981，27 (5)：622-627.

[59] BAXTER J，BARTLETT P. The Canonical Distortion Measure in Feature Space and 1-NN Classify-cation[J]. Advances in Neural Information Processing Systems，1998：245-251.

[60] XING E P，JORDAN M I，RUSSELL S J，et al. Distance Metric Learning with Application to Clustering with Side-Information[C]//International Conference on Neural Information Processing Systems. Cambridge：MIT Press，2002.

[61] DEZA M M，DEZA E. Encyclopedia of distances[J]. Reference Reviews，2009，24 (6)：1-583.

[62] CROSBY H，DAMOULAS T，JARVIS S A. Embedding Road Networks and Travel Time Into Distance Metrics for Urban Modelling[J]. Internatinal Journal of Geographical Information Science，2019，33 (3)：512-536.

[63] SATHISH T，MUTHULAKSHMANAN A. Modelling of Manhattan K-Nearest Neighbor for Exhaust Emission Analysis of CNG-Diesel Engine[J]. Journal of Applied Fluid Mechanics，2018，11 (12)：240-250.

[64] MAHALANOBIS P C. On the Generalized Distance in Statistic[J]. Proceedings of the National Institute of Sciences (Calcutta)，1936，2：49-55.

[65] AIK L E，CHOON T W. An Incremental Clustering Algorithm based on Mahalanobis Distance[J]. AIP Conference Proceedings，2014，1635 (1)：788-793.

[66] HE L，WU L，CAI Y. Similarity Measurement of Data In High-dimensional Spaces[J]. Mathematics in Practice and Theory，2006，9.

[67] 彭天昊，潘有顺，杨胜林．基于 MapReduce 的聚类算法相似性度量分析研究 [J]. 现代信息科技，2018，2（11）：18-20.

[68] BAG S，KUMAR S K，TIWARI M K. An Efficient Recommendation Generation Using Relevant Jaccard Similarity[J]. Information Sciences，2019，483（5）：53-64.

[69] SHALEVSHWARTZ S，SINGER Y，NG A Y. Online and Batch Learning of Pseudometrics[C]//Inter-national Conference. Banff，Canada：DBLP，2004.

[70] 湘涛，史忠植，李晓黎．高维数据中有效的相似性计算方法 [J]. 计算机研究与发展，2000，37（10）：1166-1172.

[71] 王骏，王世同，王晓明．基于特征加权距离的双指数模糊子空间聚类算法 [J]. 控制与决策，2010，25（8）：1207-1210.

[72] CHEN I L，PAI K C，KUO B C，et al. An Adaptive Rule based on Unknown Pattern for Improving K-Nearest Neighbor Classifier[C]//2010 International Conference on Technologies and Application of Artificial Intelligence. New York：IEEE，2010.

[73] 楼晓俊，李隽颖，刘海涛．距离修正的模糊 C 均值聚类算法 [J]. 计算机应用，2012，32（3）：646-648.

[74] SHAO C S，LOU W，YAN L M. Optimization of Algorithm of Similarity Measurement in High-Dimensinal Data[J]. Computer Technology & Development，2011，21（2）.

[75] HAN M，LIU X. Feature Selection Techniques with Class Separability for Multivariate Time Series[J]. Neurocomputing，2013，110：29-34.

[76] YANG K，SHAHABI C. A PCA-Based Similarity Measure for Multivariate Time Series[C]. Washington DC USA：ACM，2004：65-74.

[77] ZHOU X Z，JIN K，XU M，et al. Learning Deep Compact Similarity Metric for Kinship Verification from Face Images[J]. Information Fusion，2019，48（8）：84-94.

[78] WANG D，MA X，KIM Y S. Learning Pseudo Metric for Intelligent Multimedia Data Classification and Retrieval[J]. Journal of Intelligent Manufacturing，2005，16（6）：575-586.

[79] GARCIA N，VOGIATZIS G. Learning Non-Metric Visual Similarity for Image Retrieval[J]. Image and Vision Computing，2019，82（2）：451-458.

[80] CHEN Z，HE T. Learning Based Facial Image Compression with Semantic Fidelity Metric[J]. Neurocomputing，2019，338（4）：16-25.

[81] 李海林，梁叶．基于数值符号和形态特征的时间序列相似性度量方法 [J]. 控制与决策，2017，32（3）：1207-1210.

[82] 徐志明，李栋，刘挺，等．微博用户的相似性度量及其应用 [J]. 计算机学报，2014，37（1）：207-218.

[83] NEUMUTH T，LOEBE F，JANNIN P. Similarity Metrics for Surgical Process Models[J]. Artificial Intelligence in Medicine，2012，54（1）：15-27.

[84] SARKER B R，ISLAM K M S. Relative Performances of Similarity and Dissimilarity

Measures[J]. Computers & Industrial Engineering，1999，37 (4)：769-807.

[85] DOHNAL V，GENNARO C，ZEZULA P. Similarity Join In Metric Spaces Using Ed-Index[C]// Database and Expert Systems Applications，14th International Conference，DEXA 2003，Prague，Czech Republic，September 1-5，2003，Proceedings.Prague，Czech Republic：DBLP，2003.

[86] FAN J，XIE W. Some Notes on Similarity Measure and Proximity Measure[J]. Fuzzy Sets and Systems，1999，101 (3)：403-412.

[87] 邓楠洁 . 基于数据依赖的高维大数据相似性度量方法研究 [D]. 北京：北京邮电大学，2018.

[88] JIANG Q，JIN X，LEE S J，et al. A New Similarity/Distance Measure Between Intuitionistic Fuzzy Sets based on the Transformed Isosceles Triangles and Its Applications to Pattern Recognition[J]. Expert Systems With Applications，2019，116 (2)：439-453.

[89] KRISTI R，QIANG Y. Redundancy Detection in Semi-Structured Case Bases[J]. IEEE Transactions on Knowledge and Data Engineering，2001，13 (3)：513-518.

[90] PARK C S，HAN I. A Case-Based Reasoning with the Feature Weights Derived by Analytic Hierarchy Process for Bankruptcy Prediction[J]. Expert Systems With Applications，2002，23 (3)：255-264.

[91] WANG H B，XU A J，AI L X，et al. An Integrated CBR Model for Predicting Endpoint Temperature of Molten Steel in ADO[J]. ISIJ International，2012，52 (1)：80-86.

[92] AHN H，KIM K J，MAN I. Global Optimization of Feature Weights and the Number of Neighbors That Combine In a Case-Based Reasoning System[J]. Expert Systems，2006，23 (5)：290-301.

[93] 韩敏，王心哲，李洋，等 . 基于贝叶斯粗糙集和混合专家模型的 CBR 系统 [J]. 控制与决策，2013，28 (1)：157-160.

[94] YAN A，YU H，WANG D. Case-Based Reasoning Classifier based on Learning Pseudo Metric Retrival[J]. Expert Systems With Applications，2017，89 (12)：91-98.

[95] WANG D，LI M. Stochastic Configuration Networks：Fundamentals and Algorithms[J]. IEEE Transactions on Cybernetics，2017，47 (10)：3466-3479.

Cutting-Edge Technologies in
Smart
Environmental
Protection

第10章

城市固废焚烧（MSWI）过程风量设定智能优化

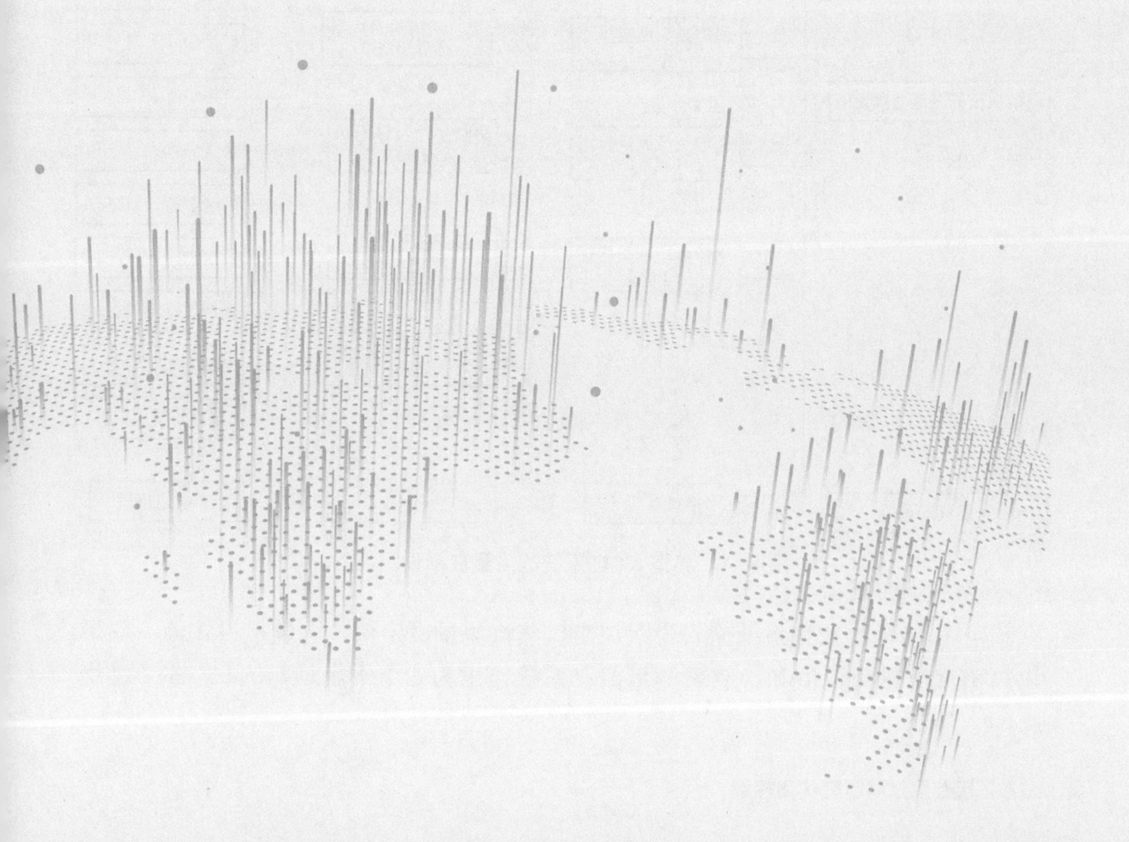

10.1 MSWI 过程的风量优化设定描述

目前，已投入运行的城市固废焚烧（MSWI）过程的风量控制主要以自动燃烧控制（ACC）系统为主，依据焚烧过程的重要参数变化实时计算风量设定值。由于国内 MSW 具有热值较低、水分变化范围大、灰分含量大、成分复杂等特性，引进 ACC 系统难以有效投运，这使得现场操作人员只能根据经验，对焚烧工艺参数进行人工调整。

典型 ACC 系统中的风量自动设定系统如图 10-1 所示。

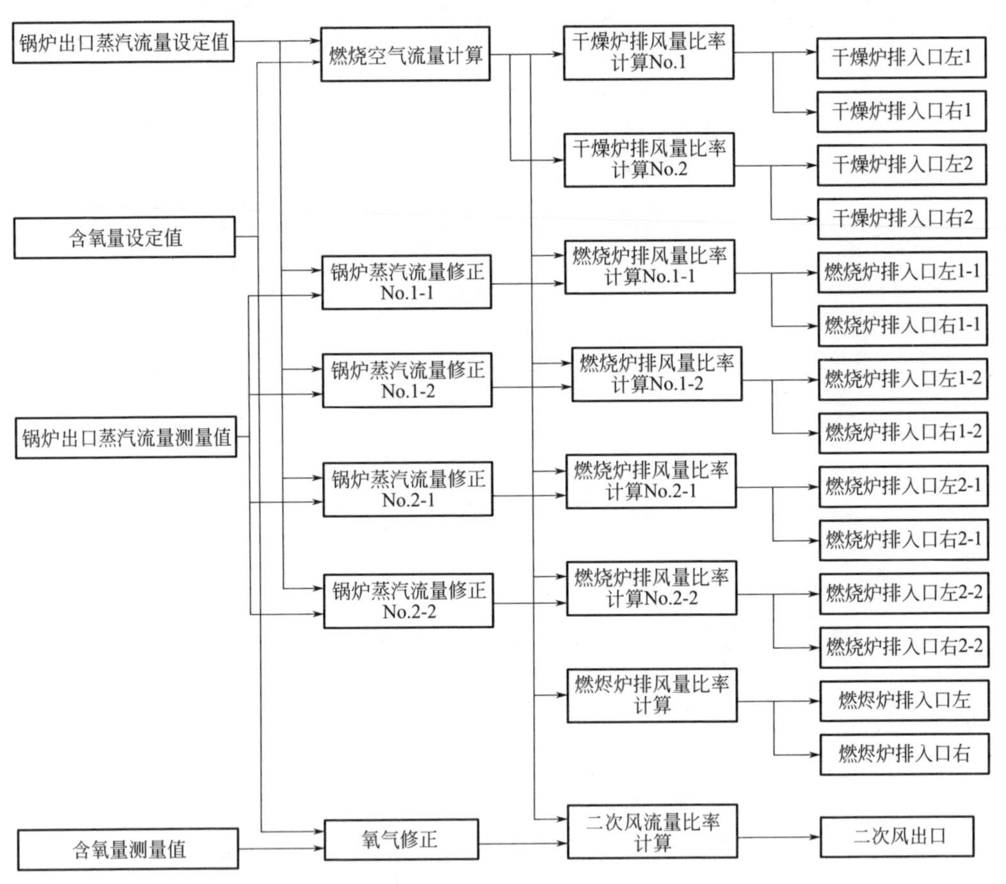

图 10-1　典型 ACC 系统的风量自动设定框图

由图 10-1 可知：系统输入为锅炉出口蒸汽流量设定值、含氧量设定值、锅炉出口蒸汽流量测量值和含氧量测量值；系统输出为 4 个干燥炉排入口、4 个燃烧炉排 1 段入口、4 个燃烧炉排 2 段入口和 2 个燃烬炉排入口的风量。受限于技术的保密性，燃烧空气流量计算、锅炉蒸汽流量修正、氧气修正、燃烧炉排风量比率计算、燃烬炉排风量比率计算和二次风量比率计算模块的计算方法缺失。通常，在稳定燃烧状态下，焚烧量、热值、蒸汽流量和烟气含氧量是影响风量的主要因素。国外 MSW 热值稳定，焚烧投入量比较稳定，导致其 ACC 系统只考虑了主蒸汽流量和含氧量；但是，我国 MSW 的实际热值范围波动较大，相应的焚烧量也随热值而产生较大变化。显然，国外 ACC 系统所计算的风量设定值不符合我国 MSWI 过程的控制要求，也无法保证尾气排放中的污染物符合环保标准。

基于上述分析，本章针对炉排式焚烧炉的一次风流量和二次风流量的智能优化设定进行研究。

10.2 基于案例推理的 MSWI 过程风量智能设定

10.2.1 概述

复杂工业过程智能控制的目标是将质量、效率、环保等工艺指标控制在期望的目标范围之内，但早期研究均建立在已获得关键过程参数优化设定值的假定之下，忽略了偏离优化设定点时的智能控制，这难以确保控制系统维持稳定运行状态的实际情况。针对这一问题，大量学者进行了关于工业过程关键参数优化设定的研究，目前参数的优化设定已经成为实现过程优化控制的核心技术之一[1]。实际工业生产过程中的设备众多、设备运行过程的工况复杂、设备间的耦合性强，这导致关键参数的设定值主要依赖经验丰富的领域专家进行人工设定。当运行过程的工况发生变化时，因凭经验人工设定难以及时准确地对设定值进行调整，常常出现故障工况。基于人工智能领域的机器学习方法对这些工业过程中的关键参数进行设定，可避免因人工设定所存在的滞后性和随意性等问题。工业过程关键参数设定的基本思想是利用模型对历史工况和当前运行工况进行分析比较，然后计算得到关键参数的最佳设定值，最终达到优化控制的目标，其核心问题是如何保证设定值的合理性和最优性。针对这一问题，国内外很多专家学者进行了大量的研究和探讨，取得了阶段性的研究成果。现有方法包含基于机理、基于数据驱动和基于数据与机理结合 3 种类型，下面分别进行描述。

① 基于机理建模的参数设定方法。Chan 等人[2]针对风冷式制冷机效率低下的问题，利用仿真程序开发冷却器模型，通过冷凝温度的设定值确定级联冷凝器

风扇的数量，当冷凝温度的设定值随室外温度线性变化时可获得最大制冷机效率，这使得冷凝温度成为可控因素，从而在不同运行条件下降低了冷却器效率的波动；实验结果表明该设定方法明显提高了制冷效率。Flemming 等人[3]提出了一种随机闭环优化方法，通过非线性规划对设定值进行优化计算，利用不确定性的随机分布在利润率和可靠性之间达成理想的均衡。该方法使用具有多个约束输出的非线性系统求解方法，使得计算过程可选择单个或联合约束，其在连续精馏塔中的实验应用表现出较好的鲁棒性。Guerrero 等人[4]采用基于活性污泥模型的优化设定改善污水处理厂的控制性能，结果表明优化后的控制系统使开环方案的运行成本降低了约 45%，使出水质量得到显著改善，同时超过排放限值的时间也大幅缩短。上述基于机理的关键过程参数设定方法，仅仅是针对某一具体过程表现出较好的成效。但是，复杂工业过程难以采用精准的数学机理模型描述，并且具有运行工况易变等综合复杂性，因而难以建立准确的基于机理的设定模型[5]。

② 基于数据驱动建模的参数设定方法。利用工业过程分布式控制系统（DCS）所产生的海量历史数据进行关键过程参数设定的智能建模是研究人员关注的热点之一。显然，基于数据驱动的工业过程关键参数设定方法具有研究周期短、成本低和易于实现等优点。为提高赤铁矿的金属回收率和精矿品位，文献[6] 提出了基于 CBR 的设定和 RBS 的反馈补偿混合组成的智能优化设定策略，将目标值、目标值范围和边界条件作为输入，通过优化设定计算出冲洗水流量、励磁电流、进给密度控制回路的预置点，然后，利用补偿器根据偏移量和相应运行状态产生补偿值，最终，将金属回收率和精矿品位控制在目标范围内。Wang 等[7]采用模糊 C 均值聚类算法，使用粗糙集理论提取操作模式和规则，构建操作模式数据库，用以优化电渣重熔过程的重熔电流和重熔电压的设定值，结果表明了该方法的可行性和有效性。Yang 等[8]将神经网络和指标反馈智能补偿器相结合建立生料浆质量预测模型，首先，根据混匀工艺的历史生产和下游工艺的当前要求，在线设定生料浆质量目标值，然后，基于预测结果与质量目标值的偏差，提出了一种分级推理策略，用于实时在线计算最优设定值，最终的实际运行结果表明该方法有效地提高了原浆合格率，成功地简化了配料过程并降低了能耗。Liu 等[9]针对复杂工业过程的设定值补偿问题，提出了多速率输出反馈控制的设定值补偿方法，采用反馈比例积分控制器使局部对象适应动态变化的设定值，再通过实时优化生成静态设定点，每个操作层步骤的误差由补偿器计算动态设定点，应用结果证明了该方法的有效性。赵洪伟等[10]针对浮选生产过程中浮选槽液位设定问题，将案例推理、改进 LS-SVM 和自学习模糊推理等算法混合集成，构建了智能优化设定模型，结果表明该方法有效减小了液位波动，使合格率及回收率均得到了提高。柴天佑等[11]提出了根据运行工况实时更新控制回路设定值的混合智能设定方法，原理是：当运行工况变化或出现故障时，动态计算温度、流量和时间的设定

值，并利用基础控制系统实现设定值的稳定控制。该方法在针对竖炉焙烧过程的应用中实现了磁选管回收率的有效控制。

③ 基于数据与机理结合建模的参数设定方法。Wang 等[12] 在热工机理的基础上引入专家规则推理，提出了用于加热炉温度控制的最优设定模型，采用专家规则补偿器抑制外部干扰，使得该模型可在边界条件变化的情况下自动更新各区域炉温的最佳设定值，同时利用动态校正等手段保证加热炉炉温优化设定的合理性，通过仿真和工业试验表明了该模型的可行性和有效性。Vega 等[13] 将静态和动态实时优化与非线性模型预测控制相结合，对污水处理厂的控制结构进行实验测试，其结果表明非线性模型预测控制与静态或动态优化设定效果较佳，具有较快的响应速度和精确的设定点跟踪能力。该方案降低了约 20% 的运行成本，同时保证排放物符合正常的质量指标。Sun 等[14] 针对除钴过程，首先采用 RBF 神经网络预测反应器的锌粉利用因子，然后求解线性规划问题优化反应器的钴去除率，最后采用 SVM 模型得到氧化还原电位等参数的设定值，结果表明其可以有效降低锌粉消耗。由上述研究可知，基于机理与数据的混合模型具有明显优势，生产指标的改善效果显著。

针对 MSWI 过程的关键过程参数设定的相关研究较少。Carrasco 等[15] 研发了基于知识的燃烧控制系统，以炉温、炉膛负压、蒸汽发电量和过量空气系数为输入，以给料量、炉膛空气流量和空气温度为设定值输出，建立了炉排炉的动态模型，通过分析变量之间的关系获得知识库规则，利用专家因果建模自动语言（ALCMEN）和嵌入式专家系统（SimCEES）实现了炉温的稳定控制。随后，Carrasco 等[16] 结合卡尔曼滤波算法与神经网络控制器实现了空气流量的优化设定，最终通过对含氧量和氮氧化物浓度的控制实现了炉温的稳定控制。文献 [17] 对 MSWI 过程中的炉膛进风量、炉排速度等参数的设定进行了分析，给出了蒸汽流量稳定产生、过量空气系数有效控制和维持稳定燃烧的方案。我国 MSW 热值和含水量波动范围较大，现场运行人员的操作习惯和经验知识也存在差异性，使得引进自动燃烧控制（ACC）系统在使用中常出现设定值不准确等问题，导致 MSW 的焚烧效果远达不到预期，同时也容易引发故障工况。为解决这些问题，本章针对 MSWI 过程的一次风流量和二次风流量两个关键参数进行智能设定研究。

MSWI 过程的控制需要面对连续入炉的 MSW 组分的动态变化，以获得稳定的余热锅炉蒸发量为目标，通过对各级炉排速度和风量的设定，满足燃烧室温度 850℃以上、烟气在炉膛内停留 2s 以上和热灼减率控制在 5% 的范围内等要求，并确保烟气排放达标。燃烧系统由一次风机、二次风机、一次和二次空气预热器及风道组成，其中，一次风机和二次风机的送风量通过变频风机的变频器进行调节，一次风流量通过炉排下方的配风管道分配给干燥、燃烧、燃烬各段炉排，二次风流量在燃烧室中部供给以保证燃烧室内产生高度湍流并使有害气体充分分解，风温主要通过调整空气预热器入口的蒸汽量进行控制。

MSWI 过程主要分为干燥、燃烧和燃烬三个阶段，停留时间一般为 1.5 ～ 2h。显然，该过程比较缓慢，需要对炉排速度、风量等关键参数进行实时调整，其中风量控制是 MSWI 过程控制的关键。通过对 MSWI 电厂运行工况和人工设定风量经验的分析总结可知，除锅炉出口蒸汽流量和含氧量外，炉膛负压是保证炉膛气密性的重要指标，并且其与一次风流量具有明显的相关性，例如，一次风流量的突变会引起炉膛负压瞬时变化率过大，进而易导致负压控制系统出现暂态不稳定工况 [18]。此外，文献 [19] 对焚烧炉进行数值仿真，结果表明在给定炉膛总进风量的条件下，一次风流量和二次风流量的配比会直接影响炉膛中部的温度分布，同时表明风量与 CO 排放浓度间存在较高的相关性；文献 [20] 针对二次风速度的数值模拟结果表明，二次风速越大则 MSW 的燃烬越高，同时也有助于实现 CO 的稳定排放；文献 [21] 通过数值模型模拟焚烧炉内的气相燃烧过程，结果表明在无二次风流量输入的情况下，炉内 MSW 会出现燃烧不完全的现象。

综上可知，与 MSWI 过程的风量控制相关的参数包括：锅炉出口蒸汽流量、含氧量、炉膛负压、碳氧化物和氮氧化物等。依据我国现有 MSWI 过程的控制现状可知，风量设定不仅需要考虑过程数据所蕴含的知识，同时也需引入运行人员丰富的经验知识对设定结果进行辅助修正，以保证 MSWI 过程能够安全稳定地运行。

10.2.2 智能设定策略

由前述章节所描述的基于炉排炉的典型 MSWI 工艺可知，焚烧炉内的风流量是一次风流量和二次风流量的总和，其中，一次风流量由一次风机从 MSW 储备池中抽取，经过由主蒸汽母管蒸汽加热的空气预热器加热后，从布置在炉排下方的 14 个进气口喷入炉膛，分配比例由进风管道上的一次风挡板开度进行调节，以保证干燥、燃烧、燃烬过程的正常进行；二次风流量由二次风机从 MSW 储备池中抽取，加热后从炉膛腰部前后端的风管喷入炉内，目的是促进高温烟气中可燃成分的进一步燃烧。

在 MSWI 过程中，虽然适当增加一次风流量能够加快 MSW 的干燥程度和燃烧速度，但风量不当时会存在以下问题：第一，一次风流量过高时会因空气流速高和风力强劲等原因造成料层堆燃和料层烧穿等问题；第二，一次风流量过低时会因空气流速变低等原因出现无法穿透通风孔的现象，进而出现一次风分布不均和燃烧效果差等问题。此外，当炉排温度过高时，一次风起到降温保护作用。工业现场中，炉排下方的一次风流量主要通过调节各个分风量管道的挡板进行控制。由于 14 个进风管道同时从一次风母管引风，当某个进风管道的挡板动作时也会导致其他13个进风管道的风量发生变化，因此一次风流量的控制并不能采用随意调节挡板开度的方式实现。通常的控制方式是采用一次风机的变频器调节控制一次风总量，依据经验设定的挡板开度保持不变。

在MSWI过程中，适当的二次风流量能够使炉膛中部的高温烟气产生湍流，促进烟气中的可燃成分与二次风中的氧气充分接触。二次风流量偏大时能有效降低炉膛温度，使炉温维持在正常范围内，进而提高设备机组的运行安全性。通常，依据炉膛温度和过剩空气系数的变化趋势调节二次风机的变频器频率来改变二次风流量。

现有文献资料表明，一次风流量和二次风流量的设定值可按比例进行调节，例如：文献[22]指出理想工况状态下的一次风流量应占总风流量的80%左右，而二次风流量应在15%～25%之间；文献[23]指出在依据MSW成分和给料量的情况下确定总风量，应在4：1～3：2的范围内调节一次风流量和二次风流量。然而，我国MSW组分的特殊性等因素导致炉膛燃烧状况多变，这使得MSWI电厂多依赖运行专家的人工经验对一次风流量和二次风流量进行人工设定。

案例推理（CBR）是人工智能领域中基于知识的问题求解方法，基本原理是：在假设相似问题具有相似解的基础上利用现有经验求解新问题，其采用的4R认知模型框架包括案例检索（Retrieve）、重用（Reuse）、修正（Revise）和存储（Retain）。

综上，本节在CBR基础框架下研究风量智能设定算法，基本思路为：在案例修正环节中，将案例检索环节得到的相似度值与相似度阈值进行比较，进而将工况分成两种以对应不同的修正环节，并对建议解进行不同程度的修正，以现场运行人员经验总结的专家规则对CBR系统的确认解进行修正，最终得到风量的智能设定模型。

所提基于CBR的风量智能设定策略如图10-2所示。

如图10-2所示，风量智能设定过程的概述如下。

首先，将从MSWI过程的控制系统中采集的当前工况数据$\left(x_1,x_2,\cdots,x_8\right)$（锅炉出口主蒸汽流量$x_1$、一级燃烧室左侧烟气温度$x_2$、一级燃烧室中间烟气温度$x_3$、一级燃烧室右侧烟气温度$x_4$、出口烟气CO浓度$x_5$、出口烟气$NO_x$浓度$x_6$、炉膛负压$x_7$、出口烟气$CO_2$浓度$x_8$）表示成目标案例$\boldsymbol{X}_{K+1}$，接着采用欧氏距离对目标案例与源案例$\boldsymbol{C}_1,\boldsymbol{C}_2,\cdots,\boldsymbol{C}_K$进行对比检索，得到$K$个相似度值$\{sim_k\}_{k=1}^{K}$，从中选取最大值$sim_{\max}$，将其与相似度阈值$sim_{\mathrm{v}}$进行比较，存在两种情况：①当$sim_{\max} \geqslant sim_{\mathrm{v}}$（$sim_{\mathrm{v}}$为初始设定阈值）时，表示当前工况变化不大，利用炉膛温度均值（FCGT）和过量空气系数（GOC）计算当前修正值$\varDelta$，然后与具有最大相

似度值 $sim_{\max}$ 的源案例中的建议解 $\hat{y}_1^{sim}$ 和 $\hat{y}_2^{sim}$ 相加，进而得到确认解 $\hat{y}_1$ 和 $\hat{y}_2$；②当 $sim_{\max}<sim_{\mathrm{v}}$ 时，表示当前工况变化剧烈，通过计算目标案例特征与具有最大相似度值 $sim_{\max}$ 的源案例中特征的变化率，进而得到修正值 $\varDelta$，再与建议解 $\hat{y}_1^{sim}$ 和 $\hat{y}_2^{sim}$ 相加，进而得到确认解 $\hat{y}_1$ 和 $\hat{y}_2$。

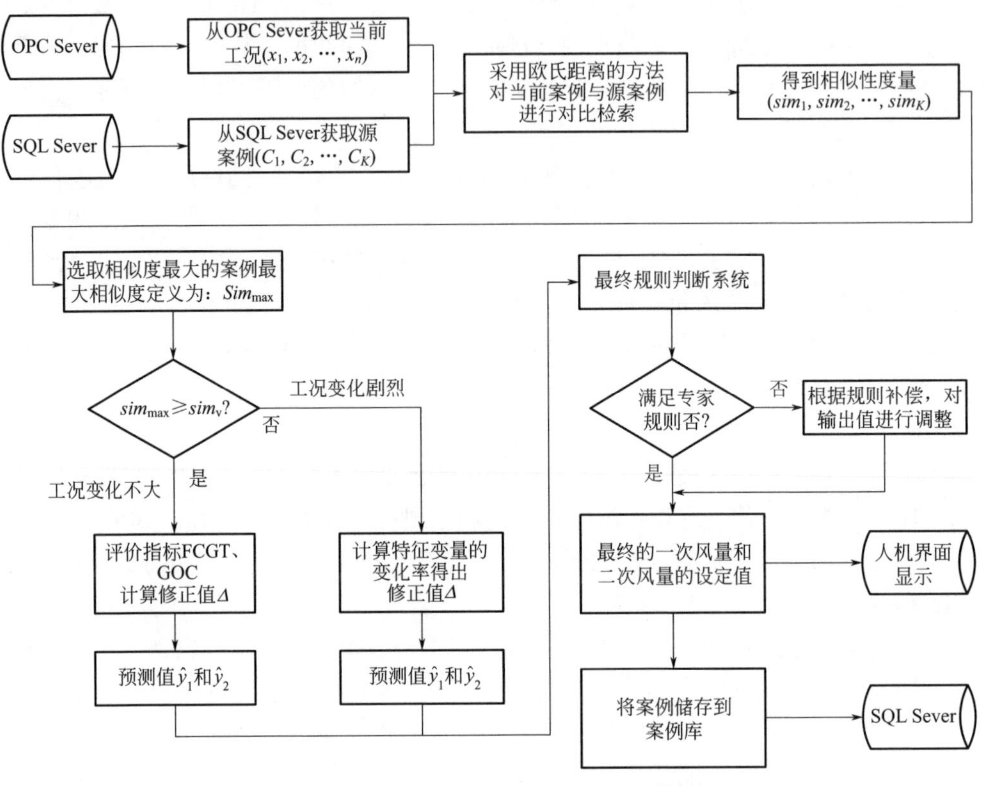

图 10-2　基于 CBR 的风量智能设定策略

接着，将 CBR 系统得到的确认解 $\hat{y}_1$ 和 $\hat{y}_2$ 输入专家规则系统，存在两种情况：①当确认解 $\hat{y}_1$ 和 $\hat{y}_2$ 满足规则时，直接将 $\hat{y}_1$ 和 $\hat{y}_2$ 在人机界面显示，完成风量设定；②当确认解 $\hat{y}_1$ 和 $\hat{y}_2$ 不符合规则时，根据专家规则对 $\hat{y}_1$ 和 $\hat{y}_2$ 进行补偿，然后将补偿后的值 $\hat{y}_2$ 在人机界面显示，完成风量设定。

最后，将新的案例存储在案例库中，进而完成一次智能设定过程。

10.2.3　智能设定算法及实现

(1) 案例库的构建

此处构建的案例库如表 10-1 所示。

表 10-1　风量智能设定案例库

序号	历史工况	决策变量		评价指标		工况描述
1	$x_{11},x_{21},\cdots,x_{81}$	$\hat{y}_{11}$	$\hat{y}_{21}$	FCGT	GOC	主蒸汽流量偏小，温度偏低
2	$x_{12},x_{22},\cdots,x_{82}$	$\hat{y}_{12}$	$\hat{y}_{22}$	FCGT	GOC	含氧量变小，燃烧状态增强，燃烧不充分，易产生CO
…	…	…	…	…	…	…
k	$x_{1k},x_{2k},\cdots,x_{8k}$	$\hat{y}_{1k}$	$\hat{y}_{2k}$	FCGT	GOC	含氧量过高，炉膛负压偏小，主蒸汽流量偏小，炉膛温度偏低
…	…	…	…	…	…	…
K	$x_{1K},x_{2K},\cdots,x_{8K}$	$\hat{y}_{1K}$	$\hat{y}_{2K}$	FCGT	GOC	停炉

将表 10-1 中的过程变量 $x_1,x_2,\cdots,x_8$ 所表征的历史工况、决策变量、评价指标和工况描述表示成四元组案例形式，进而形成 K 条源案例存储于案例库中。记每条源案例为 $\boldsymbol{C}_k$，其可表示为如下形式：

$$\boldsymbol{C}_k=\left\langle \boldsymbol{X}_k;\boldsymbol{Y}_k;\boldsymbol{E}_k;\boldsymbol{D}_k \right\rangle, k=1,2,\cdots,K \tag{10-1}$$

式中，$\boldsymbol{X}_k$ 为第 k 条源案例 $\boldsymbol{C}_k$ 的过程数据；$\boldsymbol{Y}_k$ 为第 k 条源案例 $\boldsymbol{C}_k$ 中的一次风流量和二次风流量；$\boldsymbol{E}_k$ 为针对源案例工况的两个评价指标；$\boldsymbol{D}_k$ 为源案例对应的工况描述信息。

进一步，$\boldsymbol{X}_k$ 和 $\boldsymbol{Y}_k$ 可表示为：

$$\begin{cases}\boldsymbol{X}_k=\left(x_{1,k},\cdots,x_{i,k},\cdots,x_{8,k}\right)\\ \boldsymbol{Y}_k=\left(y_{1k},y_{2k}\right)\end{cases} \tag{10-2}$$

式中，$x_{i,k}(i=1,\cdots,8)$ 表示源案例 $\boldsymbol{C}_k$ 中第 i 个过程变量的测量值。

FCGT 和 GOC 两个指标用于评价 CBR 输出的一次风流量和二次风流量是否合适，如果不合适则进行相应的调整，使得一次风流量和二次风流量的设定值符合当前工况的需求。

首先，进行评价指标等级划分和修正值 $\varDelta$ 的确定。将 FCGT 的值 T 分为三个级别，如表 10-2 所示，其中，T 表示 FCGT 的实际测量值，修正值 $\varDelta$ 的选取范围一般为 [0,1]。

表 10-2　FCGT 的分级与决策表

FCGT/%	所属区间	等级	源案例的建议解	修正值
T	（800，850）	偏低	$\hat{y}_{1k}^{sim}$	$\hat{y}_{1k}^{sim}+\varDelta$
T	[850，980]	正常	$\hat{y}_{1k}^{sim}$	$\hat{y}_{1k}^{sim}$
T	（980，1100）	偏高	$\hat{y}_{1k}^{sim}$	$\hat{y}_{1k}^{sim}+\varDelta$

由表 10-2 可知：

① 当T的范围为(800,850)时，定义 FCGT 为偏低，在一次风流量建议解 $\hat{y}_{1k}^{sim}$ 的基础上加上$\varDelta$；

② 当T的范围为[850,980]时，定义 FCGT 为正常，则不改变一次风流量建议解 $\hat{y}_{1k}^{sim}$；

③ 当T的范围为(900,1100)时，定义 FCGT 为偏高，则在一次风流量建议解 $\hat{y}_{1k}^{sim}$ 的基础上减去$\varDelta$。

进一步，将 GOC 分为五个级别，如表 10-3 所示，其中，O表示 GOC 的实际测量值。

表 10-3 GOC 的分级与决策表

GOC/%	所属区间	等级	源案例的建议解	修正值
O	(0,5.0]	太低	$\hat{y}_{2k}^{sim}$	$\hat{y}_{2k}^{sim}+2\varDelta$
O	(5.0,6.0)	偏低	$\hat{y}_{2k}^{sim}$	$\hat{y}_{2k}^{sim}+\varDelta$
O	[6.0,7.2]	正常	$\hat{y}_{2k}^{sim}$	$\hat{y}_{2k}^{sim}$
O	(7.2,10.0)	偏高	$\hat{y}_{2k}^{sim}$	$\hat{y}_{2k}^{sim}-\varDelta$
O	[10.0,+∞)	太高	$\hat{y}_{2k}^{sim}$	$\hat{y}_{2k}^{sim}-2\varDelta$

由表 10-3 可知：

① 当O的范围为(0,5.0]时，定义 GOC 为太低，在二次风流量建议解 $\hat{y}_{2k}^{sim}$ 的基础上加上$2\varDelta$；

② 当O的范围为(5.0,6.0)时，定义 GOC 为偏低，在二次风流量建议解 $\hat{y}_{2k}^{sim}$ 的基础上加上$\varDelta$；

③ 当O的范围为[6.0,7.2]时，定义 GOC 为正常，不改变二次风流量建议解 $\hat{y}_{2k}^{sim}$；

④ 当O的范围为(7.2,10.0)时，定义 GOC 为偏高，在二次风流量建议解 $\hat{y}_{2k}^{sim}$ 的基础上减去$\varDelta$；

⑤ 当O的范围为[10.0,+∞)时，定义 GOC 为太高，在二次风流量建议解 $\hat{y}_{2k}^{sim}$ 的基础上减去$2\varDelta$。

（2）案例检索

首先，将 MSWI 过程的当前工况检测值$x_1,x_2,\cdots,x_8$表示为目标案例$\boldsymbol{X}_{K+1}$，与案例库中K个源案例$\{\boldsymbol{X}_k\}_{k=1}^{K}$进行归一化处理，如下式所示：

$$\tilde{x}_{i,k}=\frac{x_{i,k}-\min\left(x_{i,1},\cdots,x_{i,K+1}\right)}{\max\left(x_{i,1},\cdots,x_{i,K+1}\right)-\min\left(x_{i,1},\cdots,x_{i,K+1}\right)},\quad i=1,2\cdots,n;k=1,2\cdots,K+1 \tag{10-3}$$

式中，$x_{i,k}$为第k个案例中第i个特征变量的值；$\tilde{x}_{i,k}$为第k个案例中第i个特征变量归一化后的值，存在$\tilde{x}_{i,k}\in[0,1]$；$\max\left(x_{i,1},\cdots,x_{i,K+1}\right)$为第$i$个特征变量的最大值；$\min\left(x_{i,1},\cdots,x_{i,K+1}\right)$为第$i$个特征变量的最小值。

接着，采用基于欧氏距离的度量方法，计算目标案例与源案例库中案例的欧氏距离，如下式所示：

$$d_k=\sqrt{\sum_{i=1}^{8}w_1\left(x_1-x_{1k}\right)^2+w_2\left(x_2-x_{2k}\right)^2+\cdots+w_8\left(x_8-x_{8k}\right)^2},k=1,2,\cdots,K \tag{10-4}$$

式中，w_i为第i个特征变量的权重，约束条件为：

$$\sum_{i=1}^{8}w_i=1,\ w_i>0 \tag{10-5}$$

利用式（10-4）进行K次计算，得到K个欧氏距离值$d_1,d_2,\cdots,d_K$。

然后，将上述所得的欧氏距离转换为相似度值sim_k，以d_k为例，其转换过程如下式所示：

$$sim_k=1-\frac{d_k}{1+d_k},k=1,2,\cdots,K \tag{10-6}$$

由上式可知，距离越小则相似度值越大，也表示工况越相似。

进一步，利用式（10-6）进行K次计算，得到K个相似度值$sim_1,sim_2,\cdots,sim_K$。从K个相似度值中选取最大相似度值（记为$sim_{\max}$）所对应的源案例供案例重用阶段使用。

（3）案例重用与修正

将上步案例检索得到的最大相似度值$sim_{\max}$与相似度阈值sim_{v}进行比较，存在如下两种情况：

① 若$sim_{\max}\geqslant sim_v$，表示目标案例与源案例中的第$k$个案例非常相似，这表示当前工况变化不明显或基本没有变化，即源案例中的建议解具有很高的参考价值。因此，将第k个案例$\boldsymbol{C}_k=\left(x_{1k},x_{2k},\cdots,x_{8k};\hat{y}_{1k},\hat{y}_{2k};\boldsymbol{E}_k;\boldsymbol{D}_k\right)$中的一次风流量和二次风流量作为建议解$\hat{y}_{1k}^{sim}$和$\hat{y}_{2k}^{sim}$，再根据实时测量的FCGT、GOC值对建议解进行评价，根据表10-2和表10-3中的修正值对$\hat{y}_{1k}^{sim}$和$\hat{y}_{2k}^{sim}$进行重用或者进行调整，进而得到案例修正后的确认解$\hat{y}_{1k}$和$\hat{y}_{2k}$。

② 若$sim_{\max}<sim_v$，表示当前工况变化剧烈，即源案例中的建议解参考价值较小。此时，需要计算最大相似度值案例$\boldsymbol{C}_k=\left(x_{1k},x_{2k},\cdots,x_{8k};\hat{y}_{1k},\hat{y}_{2k};\boldsymbol{E}_k;\boldsymbol{D}_k\right)$与目标案例特征变量的变化率（如表10-4所示），依据变化率对$\hat{y}_{1k}^{sim}$和$\hat{y}_{2k}^{sim}$进行相应补

偿，进而得到案例修正后的确认解 $\hat{y}_{1k}$ 和 $\hat{y}_{2k}$。

表 10-4　特征变量的变化率

项目	锅炉出口主蒸汽流量（x_1）	一级燃烧室左侧烟气温度（x_2）	一级燃烧室中间烟气温度（x_3）	一级燃烧室右侧烟气温度（x_4）	出口烟气 CO 浓度（x_5）	出口烟气 NO_x 浓度（x_6）	炉膛负压（x_7）	出口烟气 CO_2 浓度（x_8）
源案例 k	x_{1k}	x_{2k}	x_{3k}	x_{4k}	x_{5k}	x_{6k}	x_{7k}	x_{8k}
目标案例	x_1	x_2	x_3	x_4	x_5	x_6	x_7	x_8
变化率/%	V_{1k}	V_{2k}	V_{3k}	V_{4k}	V_{5k}	V_{6k}	V_{7k}	V_{8k}

由表 10-4 可知：当变化率 $V_{ik}>0$ 时，表示目标案例特征变量的值增加；当变化率 $V_{ik}<0$ 时，表示目标案例特征变量的值减小；当变化率 $V_{ik}=0$ 时，表示没有变化。

以第 i 个特征变量为例，目标案例与源案例 $\boldsymbol{C}_k$ 的特征变化速率计算过程如下：

$$V_{ik}=\frac{x_i-x_{ik}}{x_{ik}} \tag{10-7}$$

式中，V_{ik} 为目标案例中第 i 个特征变量与相似源案例 $\boldsymbol{C}_k$ 中第 i 个特征变量的变化速率；x_i 为目标案例中第 i 个特征变量值；x_{ik} 为源案例 $\boldsymbol{C}_k$ 中第 i 个特征变量值。

然后，根据式（10-7）计算的变化率查表 10-5，即可得到一次风流量和二次风流量的确认解。

表 10-5　特征变化范围与调整值

变化范围	（−∞，−10%）	（−10%，−5%）	（−5%，5%）	（5%，10%）	（10%，∞）
y_1 调整值	$+2\Delta$	$+\Delta$	0	$-\Delta$	-2Δ
y_2 调整值	$+\Delta$	$+\Delta$	0	$-\Delta$	$-\Delta$

由表 10-5 可知：

① 当变化率 V_{ik} 在 $(10\%,+\infty)$ 区间时，表示目标案例特征变量的值向上变化剧烈，则在一次风流量建议解 $\hat{y}_{1k}^{sim}$ 和二次风流量建议解 $\hat{y}_{2k}^{sim}$ 的基础上分别减去 2Δ 和 Δ；

② 当变化率 V_{ik} 在 $(5\%,10\%)$ 区间时，表示目标案例特征变量的数值向上变化，

则在一次风流量建议解 $\hat{y}_{1k}^{sim}$ 和二次风流量建议解 $\hat{y}_{2k}^{sim}$ 的基础上减去 $\varDelta$；

③ 当变化率 V_{ik} 在 $(-5\%,5\%)$ 区间时，表示目标案例特征变量的数值变化不明显，则对一次风流量建议解 $\hat{y}_{1k}^{sim}$ 和二次风流量建议解 $\hat{y}_{2k}^{sim}$ 不做修改；

④ 当变化率 V_{ik} 在 $(-10\%,-5\%)$ 区间时，表示目标案例特征变量的数值向下变化，则在一次风流量建议解 $\hat{y}_{1k}^{sim}$ 和二次风流量建议解 $\hat{y}_{2k}^{sim}$ 的基础上加上 $\varDelta$；

⑤ 当变化率 V_{ik} 在 $(-\infty,-10\%)$ 区间时，表示目标案例特征变量的数值向下变化剧烈，则在一次风量建议解 $\hat{y}_{1k}^{sim}$ 和二次风量建议解 $\hat{y}_{2k}^{sim}$ 的基础上分别加上 $2\varDelta$ 和 $\varDelta$。

修正值 $\varDelta$ 的选取范围一般为 [0，1]。

最后，计算确认解的过程可表示为：

$$\begin{cases} \hat{y}_1 = \hat{y}_1^{sim} + \sum_{i=1}^{8} V_{ik} \\ \hat{y}_2 = \hat{y}_2^{sim} + \sum_{i=1}^{8} V_{ik} \end{cases} \tag{10-8}$$

式中，$\hat{y}_1$ 和 $\hat{y}_2$ 分别为 CBR 系统计算的一次风流量和二次风流量确认解；$\hat{y}_1^{sim}$ 和 $\hat{y}_2^{sim}$ 分别为案例检索模块的一次风流量和二次风流量建议解；$\sum_{i=1}^{8} V_{ik}$ 为 8 个特征变量变化率调整值的总和。

（4）专家规则集

对实际 MSWI 过程的运行专家经验进行分析，总结得到如下所示的 4 条规则。

规则 1：如果一次风流量确认解 $\hat{y}_1$ 与二次风流量确认解 $\hat{y}_2$ 的和位于 [0,50）区间，则将二次风量确认解 $\hat{y}_2$ 增加 10，如下式所示。

$$如果\ \hat{y}_1 + \hat{y}_2 \geqslant 0，\hat{y}_1 + \hat{y}_2 < 50，则\ \hat{y}_1 = \hat{y}_1 + 10，\hat{y}_2 = \hat{y}_2 \tag{10-9}$$

规则 2：如果一次风流量确认解 $\hat{y}_1$ 与二次风流量确认解 $\hat{y}_2$ 的和位于 [50,90] 区间，则不调整一次风流量确认解 $\hat{y}_1$ 和二次风流量确认解 $\hat{y}_2$，如下式所示。

$$如果\ \hat{y}_1 + \hat{y}_2 \geqslant 50，\hat{y}_1 + \hat{y}_2 \leqslant 90，则\ \hat{y}_1 = \hat{y}_1，\hat{y}_2 = \hat{y}_2 \tag{10-10}$$

规则 3：如果一次风流量确认解 $\hat{y}_1$ 与二次风流量确认解 $\hat{y}_2$ 的和位于（90,100）区间，则将二次风流量确认解 $\hat{y}_2$ 减小 10，如下式所示。

$$如果\ \hat{y}_1 + \hat{y}_2 > 90，\hat{y}_1 + \hat{y}_2 < 100，则\ \hat{y}_1 = \hat{y}_1，\hat{y}_2 = \hat{y}_2 - 10 \tag{10-11}$$

规则 4：如果一次风流量确认解 $\hat{y}_1$ 与二次风流量确认解 $\hat{y}_2$ 的和位于 [100,+∞）区间，则将二次风流量确认解 $\hat{y}_2$ 减小 20，如下式所示。

$$如果\ \hat{y}_1 + \hat{y}_2 \geqslant 100，则\ \hat{y}_1 = \hat{y}_1，\hat{y}_2 = \hat{y}_2 - 20 \tag{10-12}$$

（5）案例库维护

主要包括案例的增加和删除两部分，维护方式分为人工和自动两种，其中，人工维护需要操作人员或程序员对历史案例进行筛选，并决定是增加新案例还是删除某条旧案例，自动维护方式需要设定模型具备自学习能力。

此处对自动维护方式中的案例增加和案例删除进行如下说明。

① 案例增加。对历史数据自动进行分析，在时段为1h的历史数据中选择FCGT和GOC值，将正常范围的n条案例作为新案例并添加至源案例库。

② 案例删除。将新增加的n条案例与源案例库中的案例进行对比，重新执行“（2）案例检索”阶段，依次利用归一化、欧氏距离计算、相似度计算、相似度比较，然后获得相似度值最大且大于初始设定阈值的案例，比较FCGT和GOC值的大小，按照以下规则进行：如果FCGT和GOC值相等，随机选择其中一条案例（或几条案例）从数据库中删除；反之，选择最邻近FCGT和GOC标准值所对应的案例并将其删除。此外，由于相似度值小于阈值的案例表示运行工况具有差异性的操作案例，为保证数据库的多样性和差异性，对其予以保留。

10.2.4 实验验证

（1）数据集描述

建模数据为某MSWI电厂1#炉的300条真实数据，包含8个过程变量、一次风流量和二次风流量测量值、炉膛温度均值和过量空气系数。将数据集切分为10份，其中9/10为训练样本，其余为测试样本。

在MATLAB环境下通过十折交叉实验进行了不同方法的对比实验和结果分析。实验用计算机的CPU为Intel（R）Core i5 @1.6GHz 2.11GHz，内存为8GB。

（2）实验结果与对比分析

为了验证本节所提方法的有效性，与基于BP、SVM和RBF的典型方法进行实验对比，其中，本节方法中，$sim_v = 0.9$，$\varDelta = 0.5$；BP方法采用三层前馈网络结构，激活函数为sigmoid；SVM方法采用高斯径向基函数为核函数；RBF方法采用高斯函数为径向基函数的三层网络结构。

针对训练集和测试集，不同设定方法性能的10次统计结果如表10-6和图10-3所示。

表 10-6　不同设定方法的误差比较结果

项目	BP		SVM		RBF		本节方法	
	y_1	y_2	y_1	y_2	y_1	y_2	y_1	y_2
1	4.1518	3.3506	3.8233	4.6826	2.8265	4.0444	1.7359	2.8243
2	3.4621	3.4732	2.8941	3.6513	2.6032	4.5447	2.4024	3.1790
3	3.4386	3.8828	2.4984	3.2080	2.8906	4.1071	2.2346	3.6455
4	3.4919	4.5716	3.3129	4.2363	2.6673	3.4514	2.1945	2.3892
5	4.1797	6.0698	3.6702	5.1526	2.8302	3.0991	2.2551	3.0820
6	3.3761	5.1525	2.0471	4.5173	3.4045	2.3554	2.5441	3.3405
7	3.8922	4.0092	3.5120	5.4807	2.6022	2.8707	2.2136	2.3836
8	3.5951	4.3302	3.8448	2.3582	2.6936	3.0104	2.4629	4.0169
9	3.3019	5.8112	2.5719	4.5783	2.6222	3.3537	2.4152	3.1989
10	3.2936	4.4262	2.3739	6.2802	2.8435	2.7780	2.5223	2.2515
平均值	3.6183	4.5077	3.0548	4.4145	2.7984	3.3615	2.2980	3.0311

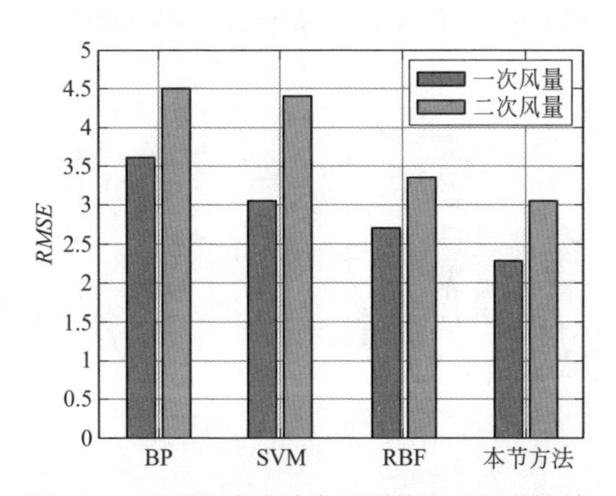

图 10-3　不同设定方法在测试集中的误差比较

不同设定方法针对一次风流量和二次风流量的拟合曲线如图 10-4 和图 10-5 所示。

由表 10-6、图 10-3 ～图 10-5 可知：在十折交叉验证结果的均值中，本节所提方法对一次风流量和二次风流量设定值的预测误差最小，*RMSE* 值分别为 2.2980 和 3.0311，可知本节方法具有很好的稳定性；由于实际现场对二次风流量的人工干预较多，二次风流量设定值的预测误差明显高于一次风流量。因此，基于经验推理的 CBR 方法在工业应用中比其他方法拥有更好的性能。

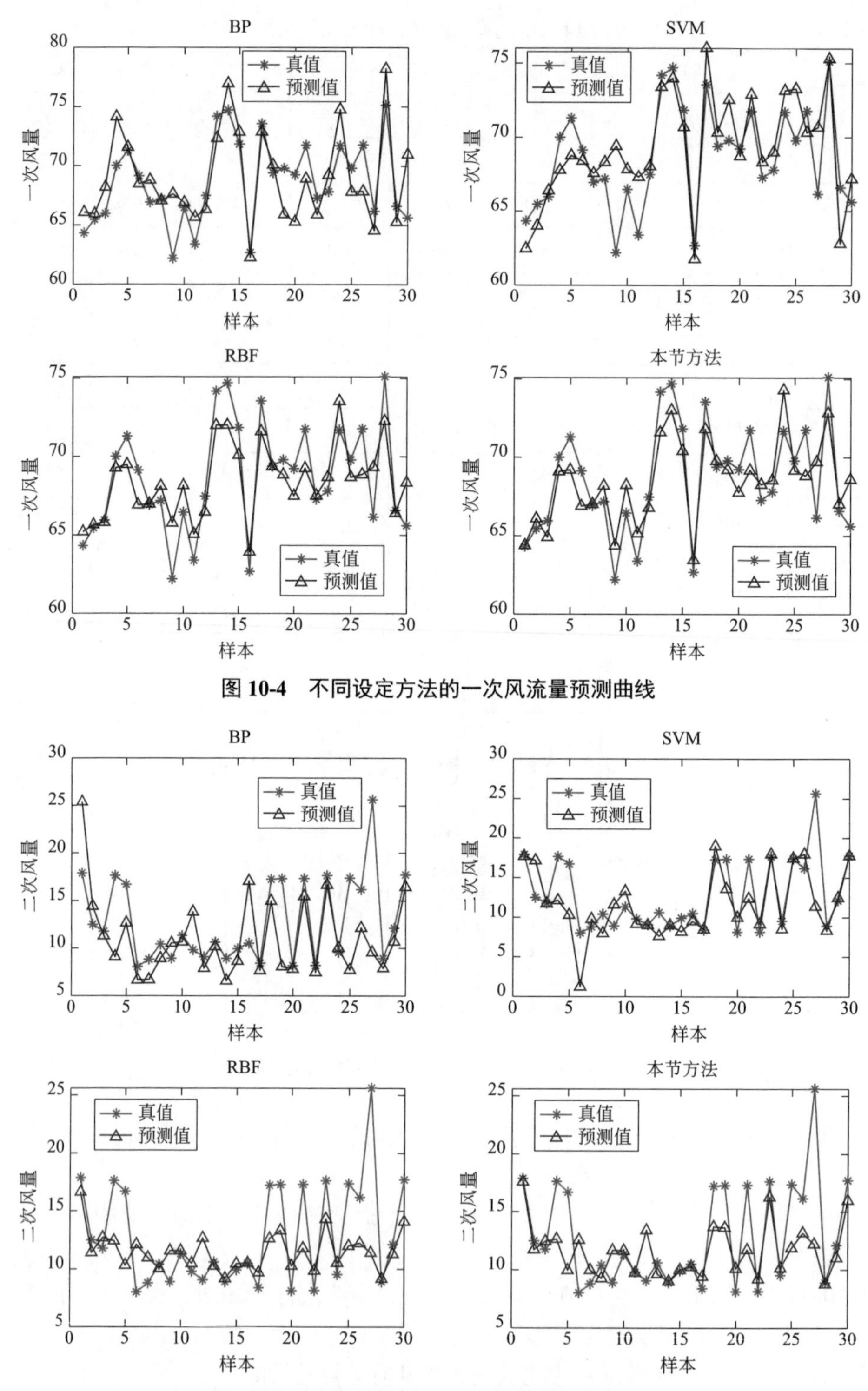

图 10-4　不同设定方法的一次风流量预测曲线

图 10-5　不同设定方法的二次风流量预测曲线

10.3 基于多目标粒子群优化算法的 MSWI 过程风量优化设定

10.3.1 概述

随着城市化进程的不断加快，城市固废（MSW）的急剧增加导致“垃圾围城”现象愈发严重[24-25]。城市固废焚烧（MSWI）技术因其具有减容减量效果显著、无害化处理充分和资源利用率高等特点，已逐渐成为我国处理 MSW 的主要方式[26]。然而，由于国内 MSW 热值较低、含水量高且成分复杂，在焚烧过程中容易出现焚烧稳定性差、燃烧效率较低以及焚烧烟气中的污染物排放浓度较高等问题[27]。MSWI 过程排放的氮氧化物（NO_x）是造成大气污染的主要污染源之一，严重危害人体和动物健康[28]。目前，部分 MSWI 电厂通过调节一次风流量和二次风流量等关键变量减少氮氧化物的排放浓度，但风量设定值多依赖运行专家经验进行设定，难以满足实际需求。燃烧效率反映了 MSW 燃烧的充分性，影响 MSW 的减量化效果。因此，为保证 MSWI 过程中的氮氧化物排放浓度达标，同时可以提高燃烧效率，研究能够均衡两者的风量优化设定至关重要。

锅炉燃烧过程[29-31]、污水处理过程[32-35]以及针铁矿法沉铁过程[36-37]等复杂工业过程都在运行优化方面取得了重要进展。例如，针对锅炉燃烧过程的优化问题，Tang 等[29]在建立锅炉模型的基础上，通过给模型的输出（锅炉效率和氮氧化物排放）分配不同的权值，将其转化为单目标优化问题，基于实际运行数据验证了同时实现最大化能源效率和最小化氮氧化物排放的可能性。文献 [30] 将锅炉燃烧产生的一氧化碳和氮氧化物排放浓度之和作为优化的目标函数，将决策变量值作为循环神经网络（RNN）模型输入以获取目标估计值，通过粒子群优化（PSO）算法的迭代寻优实现最大限度地降低污染物的排放浓度。此外，Zheng 等[31]提出了基于数据驱动混合策略的多目标燃烧优化方法，对锅炉燃烧过程的不同工况分别建立氮氧化物排放和锅炉效率的模型，然后设计多目标 PSO 基于相应的模型求解风量设定值，实验结果验证了该方法的有效性和即时性。为抑制出水氨氮浓度、总氮浓度峰值并降低能耗，栗三一等[33]提出了污水处理过程优化决策方法，采用前馈神经网络（FNN）建立了能耗和水质模型，基于多目标优化算法获得多个非支配解，通过出水水质达标约束确定溶解氧和硝态氮浓度的最优设定值。Hreiz 等 [34] 采用基于精英选择的多目标遗传算法对溶解氧和硝态氮等变量进行优化设定，以实现降低运行成本和氮排放量的目标。此外，文献 [35] 建立了污水处理过程双层运行指标模型，采用多目标 PSO 分别对上层运行指标泵送能耗和下层运行指标水质和曝气能耗进行优化，以求解不同工况下操作变量的设定值，通过仿真实验平台验证了所提出的方法能够有效地改善多个运行指标。为实现针铁矿法沉铁过程的运行优化，熊富强等 [36] 基于预测模型建立多目标优化函数，设计双种群协同进化算法求解多目标优化模型，实现了降低反应耗氧量以及提高铁渣铁含量的目标，实验结果证明了该方法用于指导实际工业过程的可行性。在文献 [37] 中，采用径向基函数（RBF）神经网络在线估计除铁工艺的氧气反应效率，并通过非线性约束优化方法满足除铁工艺的技术需求，在此基础上最小化实际的过程损耗。除上述过程以外，在选矿过程 [38-39]、炼铁工艺过程 [40]、烧结法氧化铝生产过程 [41] 等，都有不少专家学者对过程优化进行了相应的研究，并取得了一系列重要成果。

从上述分析可知，复杂工业过程的运行优化主要包括两方面：一是运行指标模型的建立，这是实现运行指标优化的基础；二是选取合适的优化算法求解关键控制变量（操作变量）的设定值，以实现多个运行指标的优化。针对第一个问题，一些研究采用机理模型直接进行优化 [42-43]，但是大多数工业过程的机理模型难以获取，且机理模型的复杂性高，模型精度难以保证，会影响优化结果。随着数据采集技术的发展，以数据驱动的建模方法成为研究热点并广泛用于工业过程。支持向量机（SVM）[31,44] 和神经网络（NN）[29,30,45] 技术的广泛应用表明了数据驱动方法适合用于建立流程工业过程模型，特别是 NN 具有良好的学习和自适应能力，能够准确描述过程相关变量与运行指标之间的关系 [32-33]。针对第二个问题，为了求解操作变量设定值，一些优化研究将多个运行指标的优化问题转化为单目标优化问题进行求解 [40,46]。由于大部分工业过程具有非线性和强耦合性的特点，在以加权求和方式将多目标问题转化为单目标时，面临着权重系数确定难的问题。近年来，多目标优化算法被广泛地用于解决流程工业过程中的多目标优化问题（MOPs）。属于进化算法类的多目标遗传算法（GA）[34] 和多目标 PSO（MOPSO）[31,35] 相比其他传统方法具有更好的优化性能，其能获得一组代表多目标之间折中的 Pareto 解用于实现复杂流程工业的多运行指标优化。

基于以上研究及分析，为实现氮氧化物最小化和燃烧效率最大化的多目标优化问题，本节提出了面向 MSWI 过程的风量优化设定方法。首先，基于输入特征选择结果，通过前馈神经网络建立燃烧效率和氮氧化物排放浓度的评价模型。然后，基于所建立的运行指标模型，设计分阶段多目标粒子群优化优化（SMOPSO）算法实现 MSWI 过程多运行指标优化的求解。最后，基于求解的

Pareto 解集确定一次风流量和二次风流量的优化设定值。

10.3.2 优化设定策略

MSWI 排放的氮氧化物源于 MSW 中含氮有机物的分解转化和空气中氮气的高温氧化[47]。如果大量氮氧化物气体排放至空气中，会造成一定的污染。随着 MSWI 过程的尾气排放标准越来越严格，减少氧气的供给量等运行操作虽然能从源头降低氮氧化物的生成，但同时也会降低燃烧效率。

燃烧效率（*CE*）主要表征 MSW 燃烧完全与否，是评估焚烧是否达到预期处理要求的指标，其与一氧化碳和二氧化碳的浓度有关[47]，主要通过下式获得：

$$CE = \frac{[CO_2]}{[CO_2]+[CO]} \times 100\% \tag{10-13}$$

通常，*CE* 值较低表明 MSW 的焚烧效果差，未能充分焚烧以实现减量化处理，并会产生较多的 CO 气体污染空气。因此，对 MSWI 过程中与氮氧化物的生成以及燃烧效率有关的关键控制变量进行优化设定，以达到两个目标的同时优化。降低氮氧化物的排放与提高燃烧效率两个目标之间存在相互冲突的关系，因此这属于典型的多目标优化问题。

在整个 MSWI 过程中，一次风流量和二次风流量是两个重要的操作参数，其中一次风从炉排下方鼓入，二次风从炉膛中间进入，两者提供氧气以保证燃烧充分[26]。通常，足量的空气供给能促进 MSW 燃烧进而提高燃烧效率。但是，燃烧过程中氮氧化物的生成特别是燃料型氮氧化物[47]的生成与供给炉膛内的空气量有着密切的联系。大量的氧气供给虽然能提高燃烧效率，但也会增加氮氧化物的生成量。因此，本节选择一次风流量和二次风流量作为优化的控制变量，通过获取合适的设定值，在提高燃烧效率的同时降低氮氧化物的排放浓度。

基于以上分析，本节提出了一种基于分阶段多目标粒子群（SMOPSO）算法的 MSWI 过程风量优化设定策略，如图 10-6 所示。

由图 10-6 可知，所提策略主要包括：运行指标模型的建立、设定值多目标优化和最优设定值的确定 3 个模块，各部分的功能如下：

① 运行指标模型的建立：基于 MSWI 过程的数据，结合特征选择方法及前馈神经网络建立燃烧效率和氮氧化物排放的数据驱动模型，用于评估运行指标。

② 设定值多目标优化：依据运行指标模型建立多目标优化模型，采用 SMOPSO 算法求解 MSWI 过程的多目标优化模型，获得一次风流量和二次风流量的优化解集。

③ 最优设定值的确定：对于所求解的控制变量优化解集，通过计算解集中各

个解的效用函数确定一次风流量和二次风流量的优化设定值。

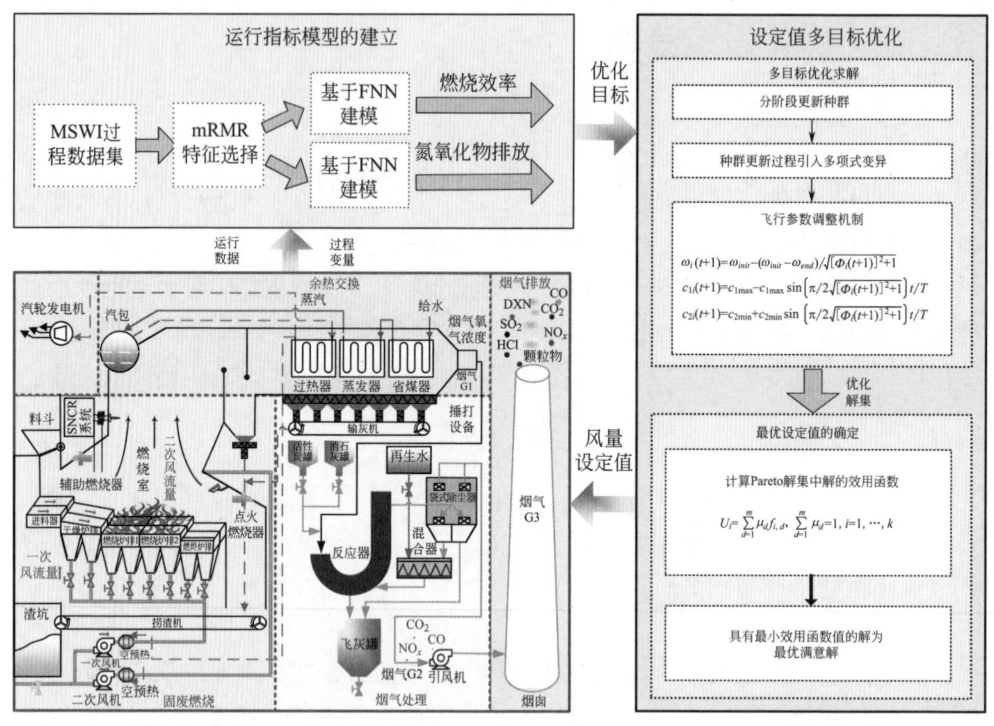

图 10-6 基于分阶段多目标粒子群算法的 MSWI 过程风量优化设定策略

10.3.3 优化设定算法及实现

根据 MSWI 过程机理分析及所提出的风量优化设定策略，本节设计了基于 SMOPSO 的 MSWI 过程风量优化设定算法，实现步骤如下：首先，基于 mRMR 特征选择方法确定模型的输入变量；然后，基于前馈神经网络分别建立燃烧效率和氮氧化物排放浓度的评价模型；其次，依据运行指标的评价函数，建立 MSWI 过程的多目标优化模型；再接着，采用 SMOPSO 算法求解所建立的多目标优化模型，获得控制变量的优化解集；最后，基于求解的 Pareto 解集确定一次风流量和二次风流量的优化设定值，以实现进一步优化。

(1) 运行指标模型的建立

除了已选择的优化变量一次风流量和二次风流量外，本节待优化的运行指标变量（燃烧效率和氮氧化物排放浓度）也与 MSWI 过程中的其他过程变量相关，如锅炉出口主蒸汽流量、尿素溶液量、燃烧室烟气温度等。可见，过程变量维数较高且相互之间通常耦合较严重，将其全部作为输入将导致运行指标模型精度降低、训练时间增长。因此，首先通过最大相关最小冗余准则（mRMR）[48] 选择最优特征子集，然后再依据焚烧机理获得最终的模型输入特征。

mRMR 算法的核心目标是获取一组给定数量的特征变量，使得这组变量与输出变量之间的相关性最高，即“最大相关性”；同时，这些被选择的变量之间的相关性要最低，即“最小冗余性”。变量之间的相关性通过互信息值衡量，如下式所示：

$$NI\left(x_i;p\right)=\frac{I\left(x_i;p\right)}{\sqrt{H\left(x_i\right)H(p)}} \tag{10-14}$$

式中，$NI\left(x_i;p\right)$ 为标准化处理后的互信息值；$H\left(x_i\right)$ 和 $H(p)$ 分别为变量 x_i 和变量 p 的信息熵；$I\left(x_i,p\right)$ 为特征变量 x_i 和输出变量 p 之间的互信息值，其通过变量的信息熵和联合熵进行计算 [49]，如下式所示：

$$I\left(x_i;p\right)=H\left(x_i\right)+H(p)-H\left(x_i;p\right) \tag{10-15}$$

由于前馈神经网络结构简单，易于实现，且拥有完备的理论基础和实际应用背景，本节基于 FNN 建立氮氧化物排放浓度和燃烧效率的数据驱动模型。图 10-7 和图 10-8 是燃烧效率和氮氧化物排放浓度模型的结构图。

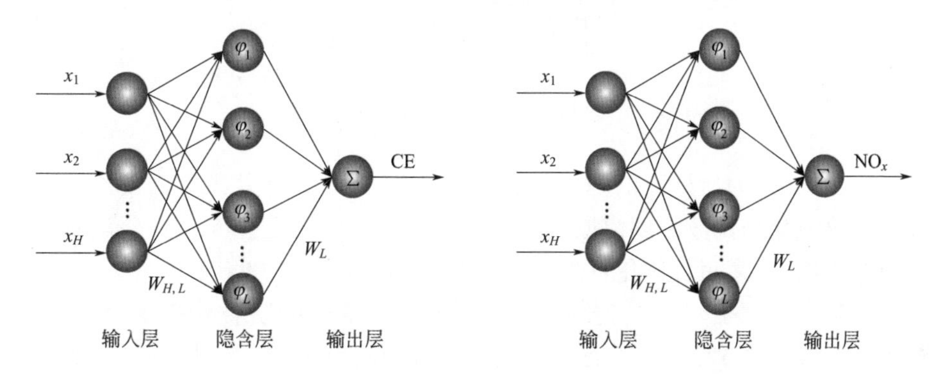

图 10-7　基于 FNN 的燃烧效率模型

图 10-8　基于 FNN 的氮氧化物排放浓度模型

模型为由输入层、隐含层和输出层构成的三层前馈神经网络，其输出可描述为：

$$y(\boldsymbol{x})=\sum_{l=1}^{L}W_l\varphi_l(\boldsymbol{x})+B \tag{10-16}$$

式中，$\boldsymbol{x}=\left[x_1,x_2,\cdots,x_H\right]$ 为模型的输入向量；W_l 为隐含层第 l 个神经元与输出节点之间的连接权值；B 是偏置。

隐含层神经元个数用 L 表示，通过试凑法确定。$\varphi_l(\boldsymbol{x})$ 是隐含层第 l 个神经元的输出函数，激活函数采用 *sigmoid* 函数，如下式所示：

$$\varphi_l(\boldsymbol{x})=\text{sigmoid}\left(\sum_{h=1}^{H}w_{h,l}x_h+b_l\right) \tag{10-17}$$

式中，$w_{h,l}$ 为第 h 个输入节点与隐含层第 l 个神经元之间的连接权值；b_l 为偏置。

输入神经元个数为 H，与模型输入变量维数相同。

确定网络结构后，需要对网络参数进行训练。本节采用二阶 LM 算法 [50] 更新网络参数以达到训练网络的目的，更新规则为：

$$\Delta_{n+1}=\Delta_n-\left(\boldsymbol{J}_n^{\mathrm{T}}\boldsymbol{J}_n+\lambda_n\boldsymbol{I}\right)^{-1}\boldsymbol{J}_n^{\mathrm{T}}\boldsymbol{e}_n \tag{10-18}$$

式中，Δ 为网络待更新的参数；$\boldsymbol{J}_n$ 为 Jacobian 矩阵；λ_n 为学习系数；$\boldsymbol{e}_n$ 为期望输出与实际输出之间的误差向量。

（2）设定值多目标优化

MSWI 过程多目标优化的目标是实现最大化 MSW 燃烧效率和最小化氮氧化物排放浓度，选择一次风流量和二次风流量作为优化设定的变量。因此，建立 MSWI 过程多目标优化模型的目的是通过寻找一次风流量和二次风流量的优化解，在提高 MSW 燃烧效率的同时使氮氧化物的排放浓度最小。基于此，MSWI 过程的多目标优化模型如下所示：

$$\begin{aligned}&\min \boldsymbol{y}=\left[-y_1(\boldsymbol{x}),y_2(\boldsymbol{x})\right]\\&\boldsymbol{x}=\left[x_1,x_2,\cdots,x_{16}\right]\\&\text{s.t.}\quad 56\leqslant x_1\leqslant 68\\&\qquad\quad 1\leqslant x_2\leqslant 16\end{aligned} \tag{10-19}$$

式中，$y_1(\boldsymbol{x})$ 为所建立的基于前馈神经网络的 MSW 燃烧效率模型；$y_2(\boldsymbol{x})$ 为所建立的氮氧化物排放浓度模型；x_1 和 x_2 分别为一次风流量和二次风流量。为最小化目标函数 $\boldsymbol{y}$，多目标优化算法用于寻找各目标函数间的 Pareto 折中解。

为获取一次风流量和二次风流量的优化解，MOPSO 算法用于求解多目标优化模型。在 MOPSO 中，一方面要求具有较快的收敛速度，能快速收敛到全局最优区域；另一方面要求能够保持求得的 Pareto 解的多样性，均匀地分布在 Pareto 前沿 [51]。因此，本节提出了 SMOPSO 算法，以改善算法的性能，特别是提高解的多样性，为多属性决策提供更多可选择解。

在 MOPSO 算法中，每个粒子都在解空间中迭代搜索，通过不断调整自己的位置搜索新解。在每次迭代中，粒子主要通过跟踪两个“极值”进行更新，即粒子本身搜索到的最好解 $p_{i,d}$ 和整个种群搜索到的最优解 $g_{i,d}$ [52]。

$$v_{i,d}(t+1)=\omega v_{i,d}(t)+c_1r_1\left(p_{i,d}(t)-x_{i,d}(t)\right)+c_2r_2\left(g_{i,d}(t)-x_{i,d}(t)\right) \tag{10-20}$$

$$x_{i,d}(t+1)=x_{i,d}(t)+v_{i,d}(t+1) \tag{10-21}$$

式中，$v_{i,d}(t)$ 和 $v_{i,d}(t+1)$ 分别为粒子在第 t 次和 $t+1$ 次迭代时第 d 维的速度；$x_{i,d}(t+1)$ 为粒子更新后的位置；r_1 和 r_2 为 0 ～ 1 之间的随机数；ω 、c_1 和 c_2 为粒子群优化算法的飞行参数，分别表示惯性权重和学习因子 [53]。

由粒子更新公式可知，种群全局最优粒子的选择对算法性能的影响很大。此外 PSO 虽然相比其他优化算法具有较快的收敛速度，但是在进化时也存在容易陷入局部最优的问题[53]。因此，本节提出改进的 SMOPSO 算法，缓解种群陷入局部最优的问题，促使种群在快速收敛的同时提高进化多样性。

在种群进化过程中，粒子间的进化能力和种群的整体进化能力均处于变化状态。在不同的进化状态下，设计不同的全局最优选择策略引导种群进化。综合考虑每次迭代后种群的进化信息，通过判断种群进化情况确定种群进化阶段，从而分阶段改善种群的进化性能[54]。

种群和粒子的进化能力通过下式获得：

$$\Phi_i^g(t)=\sqrt{\sum_{j=1}^{m}\left(f_{i,j}^g(t)-f_{i,j}^g(t-1)\right)^2} \tag{10-22}$$

$$\Phi_i(t)=\sqrt{\sum_{j=1}^{m}\left(f_{w,j}(t)-f_{i,j}(t)\right)^2\Big/\sum_{j=1}^{m}\left(f_{w,j}(t)-f_{b,j}(t)\right)^2} \tag{10-23}$$

式中，$f_{i,j}^g(t)$ 为全局最优解的第 j 个目标值；$f_{w,j}(t)$ 和 $f_{b,j}(t)$ 分别为当前种群中较好解和较差解的第 j 个目标值；$f_{i,j}(t)$ 为种群中第 i 个粒子的第 j 个目标值。为使各个目标处于相同的数值尺度，需要对目标值先进行归一化处理。

种群中每个粒子的进化效率表明了在当前迭代时刻粒子的综合进化实力，定义如下所示：

$$E_i(t+1)=\sqrt{\left(\Phi_i^g(t)\right)^2+\left(\Phi_i(t)\right)^2} \tag{10-24}$$

在迭代初期，若种群中每个粒子的进化实力趋于一致，说明此时具有较强的进化能力，应扩大种群搜索范围，进而提高粒子的多样性。在迭代后期，若种群中粒子的进化实力趋于一致，说明此时种群存在陷入局部最优进而造成“进化停滞”的可能性，应通过多样化引导使种群跳出局部最优。相反，在种群进化过程中，若每个粒子的进化效率差别较大，此时应通过“精英”选择策略促进种群中进化能力弱的粒子向能力强的粒子学习，从而更快到达较优的搜索区域。

在进化过程中，将种群粒子实力趋于一致的阶段定义为“阶段 1”，将种群中粒子的进化效率参差不齐的阶段定义为“阶段 2”。基于种群进化阶段的划分，所提改进算法中全局最优解的选择主要用于实现不同的进化阶段要求，即分阶段选择种群的全局引导者。全局最优粒子的选择主要依据拥挤距离和收敛度准则。

若种群的进化属于“阶段 1”，则全局引导者主要侧重于引导多样性的进化。此时，基于差分进化算子对选择的全局引导者引入变异操作，如下式所示：

$$g_{i,d}(t)=g'_{i,d}(t)+M\left(g_d^{\text{Arc1}}(t)+g_d^{\text{Arc2}}(t)\right) \tag{10-25}$$

式中，$g'_{i,d}(t)$为依据拥挤距离所确定的全局引导者；$g_d^{\mathrm{Arc1}}(t)$和$g_d^{\mathrm{Arc2}}(t)$为从种群的外部档案中随机选择的非支配较优解；M为在区间[0.5,1]之间产生的变异参数。通过对全局最优解引入差分进化变异操作，能够为种群粒子的进化提供更加多样化的引导者，从而提高种群的多样性，避免陷入局部最优。

若种群的进化属于“阶段2”，则全局引导者主要侧重于引导种群粒子向较优的搜索区域收敛。此时，通过对档案中已选择的较优解进行收敛度评估以确定最终的全局引导者，如下式所示：

$$ConD_i(t)=\sum_{j=1}^{m} f_{i,j}^{\mathrm{Arc}}(t) \tag{10-26}$$

式中，$ConD_i(t)$为种群中第i个粒子的收敛度，即对归一化后的粒子目标值进行求和。本节所采用的策略是：首先从外部档案中选择具有较大拥挤距离值的前25%的粒子，然后计算所选择的每个粒子的收敛度，最后选择具有最大收敛度的粒子作为全局最优粒子。

此外，为了扩大粒子的搜索范围，本节还对种群的进化施加一定的扰动。在种群进化的“阶段1”，通过引入随机变异机制提高种群的全局搜索能力，避免粒子在前期由于收敛速度较快而陷入局部最优，同时提高种群跳出局部“陷阱”的能力。对更新后的粒子位置采用多项式变异规则，变异概率取0～1之间的随机小数，进而提高种群中粒子的多样性。

所提出的SMOPSO算法能够很大程度地改善传统PSO算法在解决实际工业多目标优化问题时存在的寻优效果差和易陷入局部最优的现象，其流程如图10-9所示。

（3）最优设定值的确定

为从SMOPSO算法所获得的Pareto解集中选择最优的一次风流量和二次风流量设定值，此处提出基于Pareto解集的最优解选取方法，步骤如下所示。

首先，根据当前先验知识，即决策者的偏好信息，确定针对各个优化运行指标的偏好。

然后，依据基于解的效用函数确定最优满意解[31]。Pareto解集中第i个解的效用函数定义如下式所示：

$$U_i=\sum_{j=1}^{m}\mu_j f_{i,j},\quad \sum_{j=1}^{m}\mu_j=1,\quad i=1,\cdots,k \tag{10-27}$$

式中，k为Pareto解集中解的个数；μ_j为根据决策偏好获得的第j个优化目标的权重值，每个运行指标的权重值可依据MSWI电厂的实际需求经验给定，默认权重相等。

最后，将最小效用函数值对应的解确定为当前工况状态下的最优满意解。

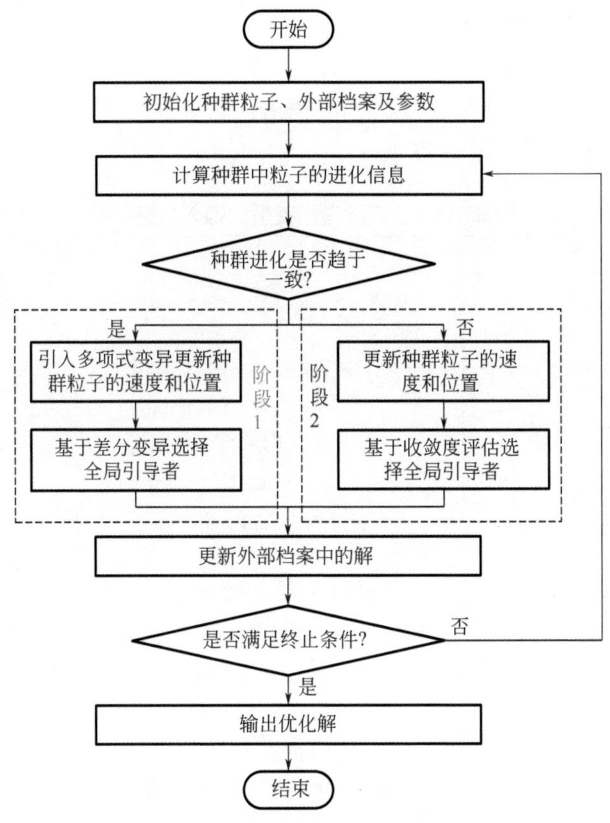

图 10-9　SMOPSO 算法流程图

10.3.4　实验验证

（1）数据集的描述

实验采用某 MSWI 电厂的过程数据，共计 1000 组数据。依据 3σ 原则[31] 和实际 MSWI 过程，将异常值从原始数据中剔除，处理以后数据集为 800 组。随机选择 600 组数据训练神经网络，随机选取 200 组数据用于测试运行指标模型的性能和验证所提多目标优化方法的有效性。为消除不同过程变量的数量差别较大所造成的影响，对数据进行标准化处理[29]，如下式所示：

$$s_i^{\text{scaled}} = \frac{s_i - s_{i,\min}}{s_{i,\max} - s_{i,\min}} \tag{10-28}$$

式中，s_i^{scaled} 为标准化处理后的数据；s_i、$s_{i,\max}$ 和 $s_{i,\min}$ 分别为原始数据、原始数据中的最大值和最小值。

（2）实验结果与对比分析

① 运行指标预测结果　基于 mRMR 准则和 MSWI 过程机理进行特征选择，最终选取包括一次风流量和二次风流量在内的 16 个过程变量作为运行指标模型的输入特征，其具体含义如表 10-7 所示。

表 10-7　运行指标模型的输入特征

编号	符号	含义	单位
1	x_1	一次风流量	km^3/h
2	x_2	二次风流量	km^3/h
3	x_3	一次燃烧室右侧烟气温度	℃
4	x_4	一次燃烧室左侧烟气温度	℃
5	x_5	一次燃烧室右侧温度	℃
6	x_6	一次燃烧室左侧温度	℃
7	x_7	干燥炉排右 1 空气流量	km^3/h
8	x_8	干燥炉排左 1 空气流量	km^3/h
9	x_9	燃烧段炉排右 1-1 段空气流量	km^3/h
10	x_{10}	燃烧段炉排左 1-1 段空气流量	km^3/h
11	x_{11}	尿素溶液量	L/h
12	x_{12}	石灰给料量	kg/h
13	x_{13}	活性炭储仓给料量	kg/h
14	x_{14}	锅炉出口主蒸汽流量	t/h
15	x_{15}	入口烟气含氧量	%
16	x_{16}	炉膛平均温度	℃

为了评估本节采用 FNN 所建立的运行指标模型的预测精度，采用的度量指标包括平均绝对百分比误差（*MAPE*）、均方根误差（*RMSE*）和判定系数（R^2），其定义如下式所示：

$$MAPE=\frac{1}{N}\sum_{i=1}^{N}\left|\frac{\hat{y}_i-y_i}{y_i}\right|\times100\% \tag{10-29}$$

$$RMSE=\sqrt{\frac{1}{N}\sum_{i=1}^{N}\left(\hat{y}_i-y_i\right)^2} \tag{10-30}$$

$$R^2=1-\frac{\sum_{i=1}^{N}\left(\hat{y}_i-y_i\right)^2}{\sum_{i=1}^{N}\left(y_i-\sum_{i=1}^{N}y_i\right)^2} \tag{10-31}$$

式中，y_i 和 $\hat{y}_i$ 分别为第 i 个样本的实际采样值和模型的预测输出值；N 为样本个数。

图 10-10 和图 10-11 分别给出了基于前馈神经网络的燃烧效率和氮氧化物排放浓度模型的预测效果。

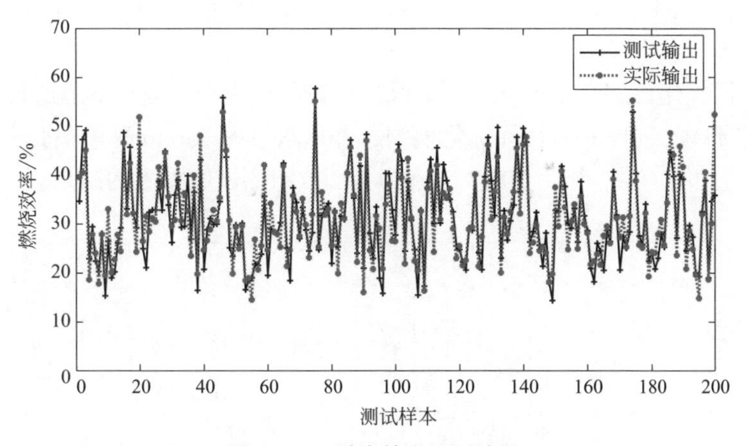

图 10-10 燃烧效率预测结果

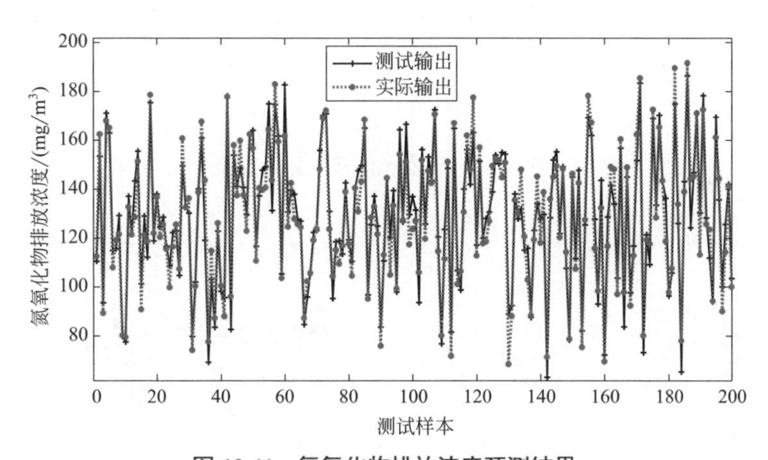

图 10-11 氮氧化物排放浓度预测结果

由图 10-10 可知，本节所建立的运行指标模型可较好地预测 MSW 燃烧效率，误差范围在 ±5% 左右。由图 10-11 可知，氮氧化物排放浓度的预测结果与实际输出的变化趋势吻合，预测误差在 ±10mg/m³ 左右。

运行指标模型预测结果如表 10-8 所示。

表 10-8 运行指标模型预测结果

模型	度量指标		
	MAPE	***RMSE***	R^2
燃烧效率模型	9.8665%	0.0364	0.8231
氮氧化物排放模型	5.0338%	7.6881	0.9218

由表 10-8 可知，燃烧效率模型预测 *RMSE* 为 0.0364，氮氧化物排放浓度模型预测 *RMSE* 为 7.6881，3 个度量指标结果均表明了所建立的基于 FNN 的运行指标预测模型输出能较好地拟合燃烧效率和氮氧化物排放浓度的实际输出，具有良好的预测性能。

② 风量优化设定结果　基于所训练的运行指标模型，通过本节所提 SMOPSO 算法求解 MSWI 过程的多目标优化模型，并从求解的 Pareto 解集中获得各风量的优化设定值。图 10-12 和图 10-13 分别为在 200 组测试数据上的结果。

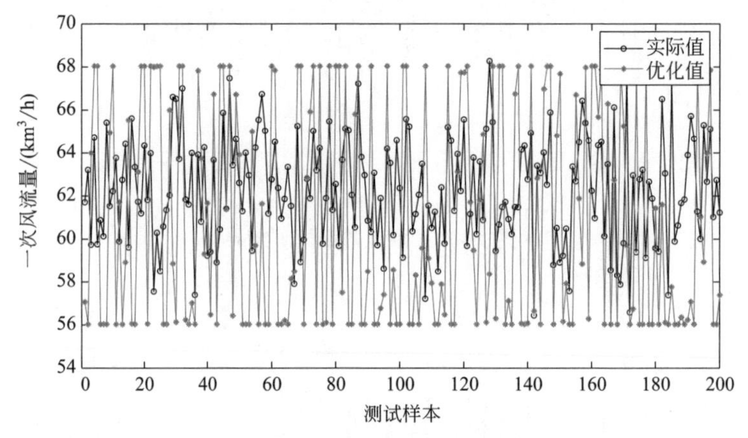

图 10-12　一次风流量优化设定值

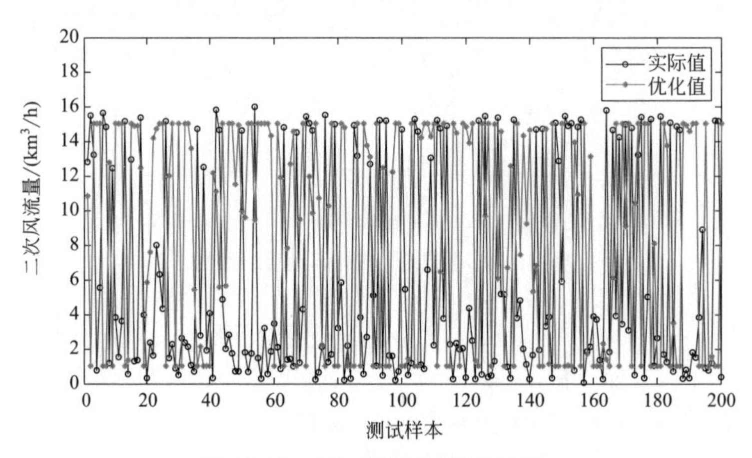

图 10-13　二次风流量优化设定值

由图 10-12 和图 10-13 可知，一次风流量的调节范围明显增大，表明所提出的 SMOPSO 算法能够搜索更大的空间；二次风流量整体的优化设定值与实际数据相比偏高，但均在合理的运行操作范围之内。

基于所求解的一次风流量和二次风流量优化设定值，获得了 2 个运行指标在

200 组测试数据上的优化结果。图 10-14 和图 10-15 分别是燃烧效率和氮氧化物排放浓度的优化结果。

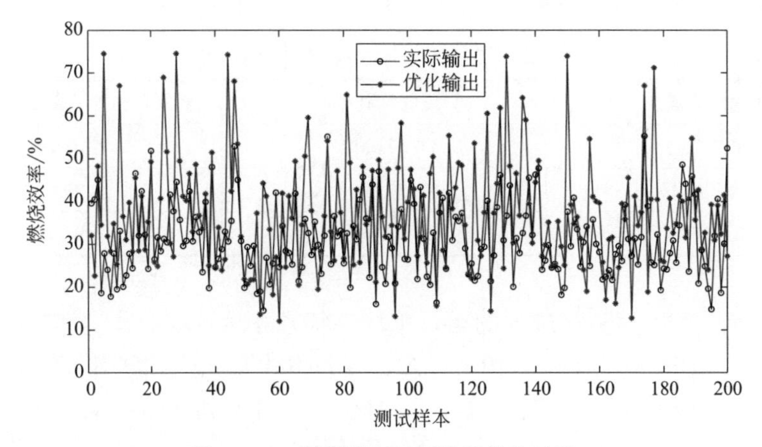

图 10-14 燃烧效率运行指标优化结果

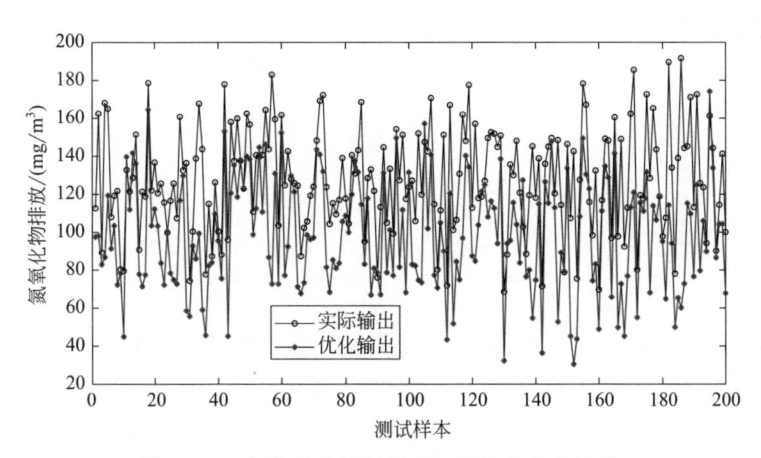

图 10-15 氮氧化物排放浓度运行指标优化结果

由图 10-14 和图 10-15 可知：燃烧效率整体优化结果与实际运行结果相比有很大提升，对提高 MSWI 电厂的燃烧效率具有重要的指导意义，部分优化结果数值低于实际运行结果的可能原因是预测模型自身的建模精度问题和优化时的模型输入数据超出了模型训练集数据范围；优化后的氮氧化物排放浓度低于优化前的实际运行结果，还低于国家污染物排放标准的限值，这进一步说明了虽然两个目标之间存在冲突，但是通过调整控制变量，可同时实现最大化的 MSW 燃烧效率和最小化的氮氧化物排放浓度。此外，仿真结果也表明，与历史运行数据相比较，优化后的燃烧效率平均提高了 21.21%，氮氧化物排放浓度平均降低了 23.42%。

此外，为了验证本节所提出的SMOPSO算法对于MSWI过程的风量优化模型求解的有效性，将其与基本MOPSO算法和基于拥挤距离的MOPSO（MOPSOCD）算法进行对比。表10-9展示了不同算法的效果对比。

表10-9　不同优化算法的优化结果比较

对比算法	燃烧效率/%	氮氧化物排放浓度/（mg/m^3）
SMOPSO	37.63	98.18
MOPSO	37.22	99.10
MOPSOCD	37.36	98.97

优化前，实际MSWI过程的运行平均燃烧效率为31.04%，平均氮氧化物排放浓度为128.20mg/m^3。由表10-9可知，经过SMOPSO、MOPSO和MOPSOCD算法优化后，燃烧效率分别提高了21.21%、19.91%和20.38%，氮氧化物排放浓度分别降低到98.18mg/m^3、99.10mg/m^3和98.97mg/m^3，分别降低了23.42%、22.70%和22.80%。由此得出结论，虽然上述3个优化算法均能够实现对MSWI过程运行指标的优化，但本节所提SMOPSO算法的寻优结果优于其他对比算法，能最大限度地降低氮氧化物的排放浓度和提高MSW的燃烧效率。

10.4 本章小结

本章针对MSWI过程中的风量设定问题进行了模拟专家经验的智能设定研究和基于多运行指标的优化设定研究。通过对风量控制过程及其相关影响因素的详细分析和描述，给出了面向MSWI过程风量设定所存在的主要问题和难点。在智能设定研究中，提出了案例推理结合专家规则的风量智能设定方法，通过结合运行专家知识实现MSWI过程的风量设定。在优化设定研究中，以提高燃烧效率和降低氮氧化物排放浓度作为MSWI过程的运行指标，提出了基于分阶段多目标粒子群优化算法的MSWI过程风量优化设定方法获得风量设定的最优解。以实际现场采集的MSWI过程数据仿真验证了所提风量设定方法的有效性。

参考文献

[1] 孙优贤．用工业自动化技术提升我国传统产业[J]. 自动化博览，2002（2）：5-8.

[2] CHAN K T，YU F W. Optimum Setpoint of Condensing Temperature for Air-Cooled Chillers[J]. HVAC and R Research，2004，10（2）：113-127.

[3] FLEMMING T, BARTL M, LI P. Set-Point Optimization for Closed-Loop Control Systems under Uncertainty[J]. Industrial and Engineering Chemistry Research, 2007, 46 (14): 4930-4942.

[4] GUERRERO J, GUISASOLA A, VILANOVA R, et al. Improving the Performance of a WWTP Control System by Model-Based Setpoint Optimisation[J]. Environmental Modelling and Software, 2011, 26 (4): 492-497.

[5] 丁进良，杨翠娥，陈远东，等．复杂工业过程智能优化决策系统的现状与展望 [J]. 自动化学报，2018，44 (11)：1931-1943.

[6] CHAI T Y, LIU J X, DING J L, et al. Hybird Intelligent Control for Hematite High Intensity Magnetic Separating Process[J]. Measurement and Control, 2007, 40 (6): 171-175.

[7] WANG J S, NING C X, YANG Y. Rough Set based Operation Pattern Extraction and Set-Point Optimization of Electroslag Remelting Process[J]. ICIC Express Letters, Part B: Applications, 2014, 5 (4): 1185-1191.

[8] YANG C, GUI W, KONG L, et al. Modeling and Optimal-Setting Control of Blending Process in a Metallurgical Industry[J]. Computers and Chemical Engineering, 2009, 33 (7): 1289-1297.

[9] LIU F, GAO H, QIU J, et al. Networked Multirate Output Feedback Control for Setpoints Compensation and Its Application to Rougher Flotation Process[J]. IEEE Transactions on Industrial Electronics, 2014, 61 (1): 460-468.

[10] 赵洪伟，谢永芳，蒋朝辉，等．基于泡沫图像特征的浮选槽液位智能优化设定方法 [J]. 自动化学报，2014，40 (6)：1086-1097.

[11] 柴天佑，丁进良，王宏，等．复杂工业过程运行的混合智能优化控制方法 [J]. 自动化学报，2008 (05)：505-515.

[12] WANG W, LI H X, ZHANG J T. A Hybrid Approach for Supervisory Control of Furnace Temperature[J]. Control Engineering Practice, 2003, 11 (11): 1325-1334.

[13] VEGA P, REVOLLAR S, FRANCISCO M, et al. Integration of Set Point Optimization Techniques Into Nonlinear MPC for Improving the Operation of WWTPs[J]. Computers and Chemical Engineering, 2014, 68 (9): 78-95.

[14] SUN B, GUI W H, WANG Y L, et al. Intelligent Optimal Setting Control of a Cobalt Removal Process[J]. Journal of Process Control, 2014, 24 (5): 586-599.

[15] CARRASCO F, LLAURÓ X, POCH M. A Methodological Approach to Knowledge-Based Control and Its Application to a Municipal Solid Waste Incineration Plant[J]. Combustion Science and Technology, 2006, 178 (4): 685-705.

[16] CARRASCO R, SANCHEZ E N, RUIZ-CRUZ R, et al. Neural Control for a Solid Waste Incinerat-or[C]//2014 International Joint Conference on Neural Networks (IJCNN). New York: IEEE, 2014: 3289-3294.

[17] 邹包产，韩秋喜，王文凯，等. 炉排炉垃圾焚烧控制策略 [J]. 环境工程，2013，31（2）：80-82.
[18] 曾卫东，薛宪民，薛景杰. 炉排炉垃圾焚烧控制特点 [J]. 热力发电，2004（12）：57-58.
[19] 陈鹏，李军，陈竹. 垃圾焚烧炉配风比对燃烧过程影响的数值模拟研究 [J]. 环境卫生工程，2015，23（5）：29-32.
[20] 王进，邵哲如，郭镇宁，等. 大型混流式生活垃圾焚烧炉数值模拟及二次风优化 [J]. 中国科技成果，2016（17）：56-60.
[21] 黄昕，黄碧纯，纪辛，等. 二次风对垃圾焚烧炉燃烧影响的数值模拟 [J]. 华东电力，2010，38（6）：930-933.
[22] 赵传军. 焚烧炉的配风方法初探 [J]. 北京机电通讯，1999（26）：15-17.
[23] 刘鑫. 风对机械炉排炉燃烧控制的影响分析 [J]. 环境卫生工程，2017，25（6）：71-73.
[24] LU J W，ZHANG S K，HAI J，et al. Status and Perspectives of Municipal Solid Waste Incineration In China：A Comparison with Developed Regions[J]. Waste Management，2017，69：170-186.
[25] 徐海云. 城市生活垃圾处理行业 2017 年发展综述 [J]. 中国环保产业，2018（07）：5-9.
[26] 姜明男，汪守康，何俊捷，等. 基于支持向量机的大型生活垃圾焚烧炉排炉运行参数预测 [J]. 中国电机工程学报，2021：1-14.
[27] LI W，YUAN Z H，CHEN X L，et al. Green Refuse Derived Fuel Preparation and Combustion Performance from the Solid Residues to Build the Zero-Waste City[J]. Energy，2021，225：120252.
[28] RAHAT A A M，WANG C，EVERSON R M，et al. Data-Driven Multi-Objective Optimisation of Coal-Fired Boiler Combustion Systems[J]. Applied Energy，2018，229：446-458.
[29] TANG Z H，ZHANG Z J. The Multi-Objective Optimization of Combustion System Operations based on Deep Data-Driven Models[J]. Energy，2019，182：37-47.
[30] SAFDARNEJAD S M，TUTTLE J F，POWELL K M. Dynamic Modeling and Optimization of a Coal-Fired Utility Boiler to Forecast and Minimize NO_x and CO Emissions Simultaneously[J]. Computers and Chemical Engineering，2019，124：62-79.
[31] ZHENG W，WANG C，YANG Y J，et al. Multi-Objective Combustion Optimization based on Data-Driven Hybrid Strategy[J]. Energy，2020，191（15）：116478.
[32] 韩广，乔俊飞，韩红桂，等. 基于 Hopfield 神经网络的污水处理过程优化控制 [J]. 控制与决策，2014，29（11）：2085-2088.
[33] 栗三一，乔俊飞，李文静，等. 污水处理决策优化控制 [J]. 自动化学报，2018，44（12）：2198-2209.
[34] HREIZ R，ROCHE N，BENYAHIA B，et al. Multi-Objective Optimal Control of Small-Size Wastewater Treatment Plants[J]. Chemical Engineering Research and Design，2015，102：345-353.
[35] HAN H G，ZHANG L，LIU H X，et al. Intelligent Optimal Control System with Flexible Objective Functions and Its Applications in Wastewater Treatment Process[J]. IEEE Transactions on

Systems, Man, and Cybernetics: Systems, 2019: 1-13.

[36] 熊富强，桂卫华，阳春华，等. 一种双种群协同进化算法在湿法炼锌过程中的应用[J]. 控制与决策，2013，28（04）：590-594.

[37] XIE S W, XIE Y F, LI F B, et al. Optimal Setting and Control for Iron Removal Process based on Adaptive Neural Network Soft-Sensor[J]. IEEE Transactions on Systems, Man, and Cybernetics: Systems, 2020, 50（7）: 2408-2420.

[38] 马天雨，桂卫华，王雅琳，等. 磨矿分级过程动态优化控制[J]. 控制与决策，2012，27（02）：286-290.

[39] 代伟，柴天佑. 数据驱动的复杂磨矿过程运行优化控制方法[J]. 自动化学报，2014，40（09）：2005-2014.

[40] ZHOU H, ZHANG H F, YANG C J. Hybrid-Model-Based Intelligent Optimization of Ironmaking Process[J]. IEEE Transactions on Industrial Electronics, 2020, 67（03）: 2469-2479.

[41] 白锐，佟绍成，柴天佑. 氧化铝生料浆制备过程的智能优化控制方法[J]. 控制与决策，2013，28（04）：525-530，536.

[42] LIANG Z Y, MA X Q. Mathematical Modeling of MSW Combustion and SNCR in a Full-Scale Municipal Incinerator and Effects of Grate Speed and Oxygen-Enriched Atmospheres on Operating Conditions[J]. Waste Management, 2010, 30（12）: 2520-2529.

[43] ZHAO H R, SHEN J, LI Y G, et al. Coal-Fired Utility Boiler Modelling for Advanced Economical Low-NO_x Combustion Controller Design[J]. Journal of Engineering, 2017, 58: 127-141.

[44] MANU D S, THALLA A K. Artificial Intelligence Models for Predicting the Performance of Biological Wastewater Treatment Plant in the Removal of Kjeldahl Nitrogen from Wastewater[J]. Applied Water Science, 2017, 7（7）: 3783-3791.

[45] SAPTORO A, YAO H M, TADÉ M O, et al. Prediction of Coal Hydrogen Content for Combustion Control in Power Utility Using Neural Network Approach[J]. Chemometrics and Intelligent Laboratory Systems, 2008, 94（2）: 149-159.

[46] SONG J, ROMERO C E, YAO Z, et al. Improved Artificial Bee Colony-Based Optimization of Boiler Combustion Considering NO_x Emissions, Heat Rate and Fly Ash Recycling for On-Line Applications[J]. Fuel, 2016, 172: 20-28.

[47] 沈凯. 垃圾焚烧炉自适应控制策略及热值监测模型研究[D]. 武汉：华中科技大学，2005.

[48] PENG H C, LONG F H, CHRIS D. Feature Selection Based on Mutual Information: Criteria of Max-Dependency, Max-Relevance, and Min-Redundancy[J]. IEEE Transactions on Pattern Analysis and Machine Intelligence, 2005, 27（8）: 1226-1238.

[49] WANG X J, TAO Y R, ZHENG K F. Feature Selection Methods in the Framework of mRMR[C]//2018 Eighth International Conference on

Instrumentation & Measurement, Computer, Communication and Control, Harbin, China. New York: IEEE, 2018: 1490-1495.

[50] MENG X, ROZYCKI P, QIAO J F, et al. Nonlinear System Modeling Using RBF Networks for Industrial Application[J]. IEEE Transactions on Industrial Informatics, 2018, 14 (3): 931-940.

[51] WU B L, HU W, HU J J, et al. Adaptive Multiobjective Particle Swarm Optimization Based on Evolutionary State Estimation[J]. IEEE Transactions on Cybernetics, 2019 (99): 1-14.

[52] HAN H G, LU W, ZHANG L, et al. Adaptive Gradient Multiobjective Particle Swarm Optimiza-tion[J]. IEEE Transactions on Cybernetics, 2018, 48 (11): 3067-3079.

[53] NEBRO A J, DURILLO J J, GARCIA-NIETO J, et al. SMPSO: A New PSO-Based Metaheuristic for Multi-Objective Optimization[C]//2009 IEEE Symposium on Computational Intelligence in Multi-Criteria Decision-Making (MCDM). New York: IEEE, 2009: 66-73.

[54] CUI Y Y, QIAO J F, MENG X. Multi-stage Multi-Objective Particle Swarm optimization Aalgorithm Based on the Evolutionary Information of Population[C]//2020 Chinese Automation Congress (CAC), Shanghai, China. New York: IEEE, 2020: 3412-3417.